240/280 型柴油机运用故障分析

陈纯北　编著

中国铁道出版社

2010年·北京

内 容 提 要

本书主要介绍内燃机车用 240/280 型柴油机及其辅助系统与辅助传动装置在运用过程中发生的故障、故障表象、故障分析与故障处理。

本书适用于内燃机车乘务员、地勤质检、验收、技术检修人员车上检修作业、故障判断与处理,可作为机车乘务员及内燃机运用与检修人员的培训教材。

图书在版编目(CIP)数据

240/280 型柴油机运用故障分析/陈纯北编著. —北京:
中国铁道出版社,2010.9
ISBN 978-7-113-11852-5

Ⅰ.①2… Ⅱ.①陈… Ⅲ.①柴油机 – 故障诊断②柴
油机 – 故障修复 Ⅳ.①TK428

中国版本图书馆 CIP 数据核字(2010)第 174666 号

书 名:	**240 /280 型柴油机运用故障分析**
作 者:	陈纯北 编著

责任编辑:聂清立	**电话:**(010)51873138	**电子信箱:**tdpress@126.com
封面设计:薛小卉		
责任校对:孙 玫		
责任印制:郭向伟		

出版发行:中国铁道出版社(100054,北京市宣武区右安门西街 8 号)
网 址:http://www.tdpress.com
印 刷:三河市华业印装厂
版 次:2010 年 10 月第 1 版 2010 年 10 月第 1 次印刷
开 本:787 mm×1 092 mm 1/16 印张:23.75 字数:592 千
印 数:0 001~4 000 册
书 号:ISBN 978-7-113-11852-5
定 价:48.00 元

前言 Foreword ◀◀◀◀◀

自 20 世纪 80 年代我国铁路动力牵引确定内、电并举发展的方针以来,内燃机车一直是我国铁路客、货运输的中坚力量。在国产内燃机车中绝大多数装用 240/280 型柴油机。随着科学技术的进步,柴油机的设计制造技术也在不断地提升,但作为铁路内燃机车牵引动力的柴油机,对其技术要求受到十分苛刻的机车车辆限界及机车运行环境条件的限制。因此,给机车运用带来一定的隐患。

现代内燃机车中虽然对柴油机采取了多项新技术与改进措施,来适应机车限界与不同运用环境,尽可能满足机车运用条件需要,以提升机车柴油机的运用效率与使用寿命,减少机车运用故障率。但柴油机在运转中,其运用工况非常复杂,同时任何机械设备均有一定的使用寿命期及非常态下的损耗与破损。而柴油机的机械部件均是协同配合的,一般情况下,其某部件的损坏,均是一损俱损的连带关系(如气门损坏会殃及到气缸盖及气门装置等,严重时波及到活塞、气缸套及废气支、总管与增压器)。现代柴油机的结构决定其只能在三种情况下停止自动运转(停机),即机油压力输出低于规定值,柴油机超速运转,曲轴箱压力超标。其他情况下一般柴油机是不会自动停机的。例如一个气缸与多个气缸不能工作(破损)时,哪怕是连杆大端裂损在曲轴箱内"耍大刀",将相邻的部件打坏,柴油机也不会发生自动停机。

为避免柴油机内部运动及其他固定部件的非正常性损坏,在机车柴油机上设置了多项监控、监测装置。因柴油机零部件多数属内置式不可视性部件,目前,无有效技术措施,来监测柴油机内部机械性损坏。如为内燃机车研制的机车当量公里记录仪与光一铁锗金属分析仪,均是针对柴油机实际运用量与部件磨损情况而设计的监控、监测仪器,主要功能是给柴油机状态修提供一定的修程依据。但如遇柴油机早期机械性破损就显得力不从心了,它们对机械性的裂损、碰撞、泄漏等损坏并无监控与监测预报作用。所以,早期发现机车柴油机内置部件的机械性损坏,将该类故障消灭在萌芽状态,除提高机车柴油机应用材料及制造水准,相应提升机车检修质量外,更应提升操纵人员的运用技能。根据机械运动规律,柴油机内置式部件的损坏均有一个前提与早期损坏现象(书中列举有大量机车运用的各类故障事例)。本书对内燃机车用 240/280 型柴油机运用中的故障进行了分析,揭示其运动中的故障规律,以利于早期发现与检查出其故障所在,避免行车事故与柴油机大部件破损事件的发生。本书的重点是通过柴油机运转中的结构性与运用性故障分析,在不可视情况下通过其故障表象(如异常的振动、声响、温度差、压力脉冲、烟雾及各类异味等),探知柴油机内部的疑似故障所在。本书着重探讨的是机车运用中的柴油机故障分析,重点叙述间接识别柴油机内在故障的技能知识(并非检修技能),即机车技术检查作业技能,来提高对机车用柴油机运用故障的检查诊断能力,做到运用故障早预报早检修,使机车运用始终处于完好的运用可控的理想状态,真正做到机车运用安全第一,预防为主。希望本书有益于提升机车司乘与地勤质检人员对机车柴油机运用故障的判断技能。

作者曾在20世纪80年代中期参加过大连机车厂培训中心举办的铁道部首届司乘人员培训班。记得曾有一位工程师谈过这样一段经历：他在美国进修学习时，所在地的一发电厂里一台大型火力发电机内部疑似发生故障，但又不能准确判定出故障所在，因此停止发电机的运转。只得从德国请来发电机生产厂的专家诊断，该位专家在不停止发电机运转的情况下，经检查判断出该台发电机的故障所在，仅在该台发电机相应故障点的机壳上划了一条几厘米长的粉笔道，指明故障处所。经过停机检修，果然在粉笔道所划部位发现了发电机内部故障。厂方在付报酬时，该位专家要出了1万美元的天价。当时在场的厂方人员就质询道，您这条粉笔道就值一万美元，专家回答，这条粉笔道仅值一美元，然后指着自己大脑说，这里是剩余的价值。20多年过去了，这段往事在我脑海里一直有着深刻的印象。这位专家的判断方法其实质就是间接识别法，发电机发生故障一般情况下只有两类，即内部绝缘破损后，相应所在机壳位置隐现着温度升高的表象，或机械性破损发出不同的噪声。机车柴油机运转中其内部部件的损坏有非常多的类似情况，只要通过仔细观察、比较、鉴别，加上当事人的准确判断，就能得出正确的结论。多年来，作者在这方面做过多方面的探索与实践，成效是比较显著的，希望本书的出版对提高机车运用技能有所帮助。对避免机车带伤出段或运行中的机车维持运行，杜绝机车途停堵塞正线带来扰乱行车秩序的行车事故发生，为机车安全运用提供可靠的保证。

书中根据机车运用人员(司乘、地勤质检人员)在检查柴油机时应掌握的知识结构，撰写了柴油机部件的结构与修程技术要求，并叙述了柴油机部件的结构性与运用性故障分析，分类阐述了其结构性故障类型与故障所在，与运用性故障产生的原因及表象。并以"模糊学"的方法，确定柴油机疑似故障所在，确定其是否可继续机车牵引运行，或给机车返回段碎(检)修提供可靠依据。因此而提高检修的准确率，缩短机车段(库)停时，提高机车的运用效率。书内讲述了240/280型柴油机及辅助系统与辅助传动装置发生故障所在，及典型的故障案例，以便于司乘、地勤(质检)人员举一反三，并能充分利用现有的比较成熟的检查手段(视、听、摸、检)，加上间接识别的判断方法，将机车柴油机隐蔽性故障检查出来。同时，书中叙述了在机车运行中，发生相应故障时的处理方法，及维持机车运行的可行性。

书中所述240/280型柴油机运用故障分析，仅是机车运用中部分故障的分析叙述，不能代表其全部。作者仅就所在机务段运用该类型机车的故障特征进行描述，希望能以此举一反三，引起机车运用同仁们的重视，杜绝可知与未知机车柴油机运用故障的发生。我国生产制造内燃机车运用已走过50多年的历史，自20世纪80年代中期内燃机车运用以来，现代内燃机车制造质量、检修工艺水平、运用技能均有了大幅度提升，但与铁路运输增长的要求与世界水平还有一定的差距。本书希望通过对240/280型柴油机运用故障的分析描述，能使有关方面有所拾零点滴。并着重于机车运用技能，弥补制造、检修质量的不足，防止机车运用行车事故的发生，提升我国内燃机车的运用技能水平与运用效率。

为了对240/280型柴油机故障分析作到全面叙述，书中在第9章中重点介绍了机车辅助传动装置(包括机械传动装置、液压传动装置与改进的新设备交流电力辅助传动装置)运用故障分析内容。因辅助传动装置是柴油机必不可少的辅助设备，与柴油机正常运转息息相关，该系统装置的运转正常与否，直接关系到柴油机能否正常运转与发挥出正常效率。所以，作者将辅助传动装置在机车运用中的故障分析列入柴油机辅助设备一同叙述。并列举大量机械性故障案例，其中交流电力辅助传动装置属新改造设备，所发生的故障多数属电气控制系统故障，书内仅对其结构作了介绍。

书中机车运用中的柴油机故障案例素材，由有关行车事故报告分析及乌鲁木齐机务段哈密技术室刘彦龙工程师提供，以及作者亲历单位职工教学培训中的资料总结。由于装车于东风$_4$系列与东风$_{8B}$、东风$_{11}$型机车柴油机部件还在不断改进完善中，若因某项部件的改进与本书叙述有不同之处，请以相应机车改进部件的随车履历簿内的记录说明，或有关设计改进文件为依据。

在撰写本书过程中得到了作者所在单位领导的大力支持，并得到了乌鲁木齐机务段哈密技术室柴油机工程师武阳与检修部门广大师傅们给予的帮助，以及乌鲁木齐机务段教育科、档案室在查阅资料方面给予的协助，在此表示衷心感谢！

撰写本书中，由于时间仓促，水平所限，遗漏、谬误在所难免，对提出的批评指正谨表谢意！

陈纯北

2009 年 10 月于新疆哈密

目录 CONTENTS

第一章　概　述

240/280 型柴油机在我国铁路机车运用中有多种类型。本书所叙述仅指 16V240ZJB 型柴油机(简称 B 型机),16V240ZJC 型柴油机(简称 C 型机),16V240ZJD 型柴油机(简称 D 型机),统称 240 系列柴油机;16V280ZJA 型柴油机简称 280 型柴油机。该类柴油机作为我国主型内燃机车的动力源,其工作状态的好坏直接关系到机车的运用效率。本书对该类型柴油机在运用过程中的运用故障进行了系统分析,每章节以部件结构、修程技术要求与故障分析(部件结构性与运用性故障分析及机车运行中部件发生故障后维持运行的可行性)及案例说明的方式展开叙述。全书分为九章,第一章概述,第二章柴油机固定件,内容包括机体与油底壳,机体的附属件连接箱、泵支承和弹性支承,曲轴箱防护装置,气缸套与轴瓦。第三章运动部件,内容包括活塞组、连杆组、减振器、弹性联轴节及齿轮传动装置。第四章配气机构,内容包括气门机构与气门驱动装置,气缸盖及附件。第五章增压系统与进排气系统及中间冷却器,内容包括废气涡轮增压器(简称增压器)、进排气总管、空气中间冷却器(简称中冷器)。第六章燃油循环系统,内容包括燃油系统组成,喷油泵、喷油器及高压油管。第七章调控系统,内容包括调节器、调控机构、调控传动装置与极限调速器。第八章油、水循环及空气滤清系统,内容包括机油循环系统,冷却水循环系统,空气滤清系统。第九章辅助传动系统,内容包括机械传动装置,静液压传动装置,交流电力辅助传动系统。其中交流电力辅助传动装置为改造性机车新设备,属介绍性叙述。本书以 240/280 型柴油机在机车运用中的故障分析为主,并附有机车运用故障具体案例。

第一节　柴油机固定与运动部件

固定件主要指柴油机的非运动部件,即柴油机运动部件的支承体。主要由机体与油底壳,连接箱、泵支承箱和弹性支承,曲轴箱防护装置,柴油机盘车机构,油封装置,气缸套和轴瓦(主轴瓦、连杆瓦)组成。运动部件主要包括活塞组、连杆组、曲轴组、减振器与弹性联轴节及传动装置等。本书的第二、三章主要介绍 240/280 型柴油机的固定与运动部件结构、修程质量保证期和技术要求,对部件结构性与运用性故障进行了分析,阐述了损坏性部件在柴油机运转中的故障表象,并附有相应的机车运用故障具体案例。

一、240 系列柴油机固定与运动部件

1. 结构

(1)固定部件

该系列柴油机的固定部件主要由机体与油底壳,连接箱、泵支承箱和弹性支承,曲轴箱防护装置,气缸套和轴瓦组成。

①机体与油底壳

240 系列柴油机均是将气缸体和曲轴箱做成一体,称为机体。其结构基本相同,均是由机体、气缸套、主轴承盖、主轴承与气缸盖螺柱、前油封、后油封、凸轮轴承和各种盖板等组成。机体又是整个柴油机的骨架和安装的基础,柴油机上的运动件、固定件及辅助设备均安装在它的内、外四周。在机体内腔布置有气道、油道,以保证柴油机换气、冷却和润滑的需要。另外为组装检修需要而设置了各种检查观察孔。现代大功率柴油机的机体一般为焊接体,或铸铁整体铸造和铸钢与钢板构成的铸、焊混合结构,240系列柴油机机体为铸、焊混合结构。

240系列柴油机油底壳是用钢板压制成型的壳体,再用各种板件、法兰和底梁等件焊接而成。为了防止污物、杂质、破损金属、漆皮等进入油底壳机油里,油底壳上装有滤网。

在控制端(柴油机自由端)开有主机油泵吸油口法兰,法兰内侧焊有延伸到油底壳中部的吸油管。油底壳控制端端板左上方设有回油管连接法兰,左侧靠控制端处设有辅助机油泵吸油管连接法兰,右侧设有启动机油泵吸油管法兰,控制端底部设有放油堵,油标尺位于油底壳两侧。

②机体附属件与曲轴箱防护装置

连接箱、泵支承箱、弹性支承及曲轴箱防护装置分别属柴油机机体的附属件,主要起机械支承与防护和保护作用。

③气缸套与轴瓦

气缸套与气缸盖、活塞共同组成柴油机的燃烧室,因柴油机机型的不同,其缸套也有所区别。同时,气缸套对活塞工作时起支承和导向作用,并导出活塞在工作时所承受的部分热量。气缸套通过上部的支承法兰安装在机体顶板的座孔上,气缸盖通过低碳钢密封垫圈压在支承法兰面上,并用气缸螺栓将气缸盖与气缸套一起压紧在机体上,为了避开气缸螺栓,在气缸套的支承法兰相应位置上设有半圆形缺口,便于气缸套在机体上的安装。

主轴瓦和连杆瓦是柴油机十分重要的零部件,同属柴油机固定部件,直接影响着柴油机的工作可靠性和检修周期。作为柴油机曲轴和连杆的轴瓦,必须具有能承受较大的压力和冲击、耐磨、耐腐蚀、耐疲劳、小的摩擦系数、大的热传导系数、良好的化学稳定性和嵌入性、良好的机械性能。

(2)运动部件

240系列柴油机的运动部件主要由活塞组、连杆组、曲轴组、减振器、弹性联轴节、传动装置组成。

①活塞连杆组

用于240系列柴油机的活塞有多种类型,有整体锻铝活塞、中凸铝型活塞、整体薄壁球铁活塞、钢顶铝裙活塞与钢顶铁裙活塞。因机型不同,装配的活塞也有所不同。就各类型活塞而言,各有其特点,现装配于240系列柴油机的活塞主要采用整体薄壁球铁活塞、钢顶铝裙与钢顶铁裙活塞。

连杆组是柴油机的主要运动部件之一,由连杆体、连杆盖、连杆螺钉、小头衬套和连杆轴瓦、定位销等组成。V形柴油机的连杆有几种形式,240系列柴油机均采用并列连杆。

②曲轴组与附属装置

活塞的往复运动通过连杆转变为曲轴的旋转运动,柴油机的功率通过曲轴输出,并直接或间接地驱动配气机构、喷油泵、机油泵、水泵等部件。曲轴的一端通过法兰与簧片式弹性联轴节的花键轴法兰相连接,由弹性联轴节再与牵引发电机相连,进行柴油机的功率输出,因此该端称为输出端。从柴油机的前、后方向来说,它又称为后端。曲轴的另一端装有正时齿轮、减振器、泵传动齿轮、万向联轴节叉形接头等零件驱动凸轮轴、调节器、转速表、水泵、机油泵以及

机车的辅助装置,因此曲轴的该端称为自由端,也可称为前端。

减振器是为了避免柴油机在运转中曲轴产生强烈的扭转共振,在机车柴油机上均采用扭振减振器,一般安装在扭转振幅最大的曲轴控制端(即柴油机自由端)。弹性联轴节是柴油机的功率输出装置,它通过橡胶或弹簧等弹性元件,起到传递扭矩与在扭矩方向上起弹性和阻尼作用,用它与主发电机连接,构成柴油—发电机组。曲轴及附属装置因机型的不同与后期改进,在结构形式不变的基础上,其尺寸与附属装置的结构稍有变化,关于这些相关章节均有介绍。

③传动装置

柴油机的传动装置包括凸轮轴传动装置,泵传动装置和万向联轴节部分。为了便于安装和润滑,传动装置均布置在柴油机的自由端。

2. 修程

固定与运动部件分别分为大修、段修修程,文中对零部件的检修质量保证期与修程技术要求均进行了详细叙述。

3. 故障分析

240 系列柴油机固定与运动部件在机车运用中的损坏,固定部件故障主要发生在机体的裂损,气缸螺栓断裂,气缸套内壁的非正常性磨损,机体附属机件的损坏,曲轴箱保护装置的非正常性误动作,轴瓦空蚀与碾片或拉伤。运动部件故障主要发生在活塞顶部被烧损,活塞撞击性破损,连杆裂损,连杆螺栓断裂,连杆油路被阻塞,连杆杆身变形弯曲,曲轴颈拉伤,减振器与弹性联轴节泄漏机油,传动装置齿轮断齿等故障。在机车运行中,其故障表象为,柴油机运转中振动大,压缩压力降低,燃烧不良引起的柴油机冒黑烟,差示压力计起保护作用(或误动作),联节轴旋转中甩油,柴油机内部运动中有异音等异常现象。

二、280 型柴油机固定与运动部件

280 型与 240 系列柴油机固定与运动部件结构形式与功用基本相同。因柴油机体积的增大,其结构尺寸和布置有所区别。

另外机车修程技术要求和机车运用中所发生故障及机车运行中的故障表象,与 240 系列柴油机固定与运动部件基本相似。

第二节　配气机构与增压系统

配气机构与增压系统同属柴油机的附属装置。本书的第四、五章主要介绍 240/280 型柴油机的配气机构与增压系统结构,修程质量保证期和技术要求,对部件结构性与运用性故障进行了分析,阐述了损坏性部件在柴油机运转中的故障表象,并附有相应的机车运用故障案例。

一、配气机构

配气机构是保证柴油机的换气过程按配气正时的要求,准确无误地进行。即在规定的时刻,在一定的时间内将气缸内的燃烧产物排出,将新鲜空气引入,以保证柴油机工作循环的不断进行,它们非常敏感地影响着柴油机的性能。配气机构为本书第四章叙述内容。240 系列柴油机附属的配气机构,与 280 型柴油机附属的配气机构有所区别。因此按 240 系列与

280 型柴油机配气机构分别叙述。

1.240 系列柴油机配气机构

配气机构采用顶置式四气门结构,两个进气门和两个排气门分别布置在气缸盖的左、右侧。同名气门采用串联式布置,使进、排气管布置在气缸的同一侧,进、排气总管布置在柴油机 V 形夹角中间。每列气缸的进、排气门通过一根凸轮轴驱动,摇臂结构一致。

(1)结构

在 240 系列柴油机中 B、C 型机配气机构结构相同,D 型机与此结构稍有区别(仅个别零部件尺寸与加工工艺稍有变化)。气门机构由气门、气门弹簧、传动机构、进排气阀装置等部件组成;气门驱动机构主要由凸轮轴和横臂、摇臂、顶杆、推杆等组成;气缸盖采用含铜合金蠕虫状石墨铸铁铸造成为一整体,主要与气缸套和活塞组成一密封的燃烧室,并起到支承进排气系统驱动机构的作用。

(2)修程

分为大修、段修修程。文中对零部件的检修质量保证期与修程技术要求均进行了详细叙述。

(3)故障分析

配气机构在机车运用中,因其部件构成不同,故障发生也有所不同,主要分为机械性非正常磨损与碰撞性损坏,与材质因素和疲劳性损坏。发生在驱动装置中的部件损坏多数情况属机械性损坏,发生在连通器(管道)装置中的部件损坏多数情况属疲劳性损坏。其故障表象为,柴油机运转中呈现不同的非正常性机械振动与声响,部件损坏多数情况下属疲劳性损坏,并发生不同程度的泄漏(漏油、漏水、漏烟)。

2.280 型柴油机配气机构

280 型与 240 系列柴油机配气机构结构与功用相同。配气机构由气门驱动机构、气门组件、气缸盖及附件等组成。因柴油机体积的增大,其结构布置有所区别。

280 型柴油机修程、故障表象与 240 系列柴油机配气机构基本相似。

二、增压系统

增压系统,即利用柴油机燃烧产生的废气驱动增压器的涡轮,由涡轮将废气的部分能量转化为机械功,带动与涡轮同轴的压气机旋转,给进入压气机的空气加压,经过增压后的空气温度升高,需经过中冷器冷却,进一步提高空气密度,增加进入气缸的空气质量。240 系列与 280 型柴油机的增压系统,因柴油机结构不同而有所区别。

1.240 系列柴油机增压系统

(1)结构

增压系统主要由增压器、进排气总管与中冷器等装置组成。涡轮增压器主要由外壳壳体与内部零部件组件组成,壳体由压气机导流壳和出气壳、涡轮进气壳和出气壳构成;内部零部件主要由转子组件、扩压器组件、喷嘴环组件、轴承组件、油封和气封等组成。240 系列柴油机配套用增压器型号有:45GP802-1A 型、VTC254-13 型、ZN310 型。其中 ZN310E 与 45GP802-1A 型有较为相似的外形。进排气系统主要由进气总管(进气稳压箱)、进气支管、排气总管、排气支管及相应的连接弯管与连接软管等组成。进气总管是连接增压器(压气机出气口)、中间冷却器与气缸的进气管道装置;排(废)气总管是连接各气缸排(废)气支管,将气缸内燃烧做功后的废气输送至增压器涡轮侧,推动涡轮叶片带动转子轴旋转,进而带动压气机做功。

（2）修程

分为大修、段修修程。文中对零部件的检修质量期保证与修程技术要求均进行了详细叙述。

（3）故障分析

增压器是利用柴油机排出的废气能量，通过涡轮实现能量转换，与柴油机无机械连接。增压器在运用中所发生的破损故障有多种多样，主要分为两类：即内部（自身）结构性故障，材质、设计缺陷，组装工艺不到位，零部件超期服役引起的疲劳机械性损坏；异物进入涡轮壳（或压气机蜗壳内），将增压器内部高速旋转的零部件碰撞性损坏，而且这些故障的发生在机车运用中事先判断有一定难度。其故障表象普遍是柴油机严重冒黑烟，机车柴油机输出功率低，甚至无功率输出，并在相应挡位下压转速，使其无法在加载情况下升速。遇此类情况，机车就得被迫停车，而终止牵引列车运行。严重地干扰行车秩序，对行车安全十分不利。在增压系统中的进、排气总管与中间冷却器主要故障表象为泄漏气与水，这类情况在机车运行中一般不影响机车牵引运行，但应加强防范，避免机车火灾险情与"水锤"事件的发生。

2. 280 型柴油机增压系统

280 型与 240 系列柴油机增压器功用相同，结构因增压器在柴油机上布置的差异而有所区别。280 型柴油机增压器系统由增压器、进排气总管与中冷器等组成。因柴油机体积的增大，其结构布置有所区别。因 280 型柴油机输出功率的增大，与之相配套的增压器型号也有所不同；进、排气管道结构也稍有区别，进气管道因中冷器直接座在稳压箱上，因此减少了弯管连接；排气总管采用左右并列两根，后期出厂的机车采用了 MPC 系统（即串接式脉冲转换系统）与相应的增压器配套。中间冷却器内芯散热器也有所改进。

280 型柴油机修程、故障表象与 240 系列柴油机增压器系统基本相似。

第三节 调控与油水循环系统

调控系统属柴油机的控制机构，燃油、机油与冷却水三大循环系统属柴油机辅助系统。本书第六、七、八章主要介绍了这些系统的结构，修程质量保证期和技术要求，对其部件结构性与运用性故障进行了分析，阐述了损坏性部件在柴油机运转中的故障表象，并附有机车运用故障案例。

一、240 系列柴油机调控与油水及空气滤清系统

燃油系统的任务是根据柴油机的运转工况，在最佳时刻，在预定的时间内，将一定数量的燃油，以一定的压力，雾状喷入气缸内，以便与进入气缸的空气充分混合燃烧，使燃料的化学能转变为机械能，实现功率输出。

1. 燃油循环系统

240 系列柴油机的燃油系统分为内循环与外循环系统。内循环系统内设有燃油精滤器、低压输油管、喷油泵、高压输油管、喷油器、限压阀及喷油泵和喷油器等输供回油管系。外循环系统设有燃油箱、燃油粗滤器、燃油输送泵、逆止阀、安全阀、燃油预热器及管件等供回油管系。外循环系统是为了保证向柴油机供给足够数量的清洁的燃油。内循环系统是将外循环系统送来的清洁燃油进一步滤清，将燃油压力提升，按柴油机配气相位的要求将高压性油喷入气缸内发火燃烧。

2. 调控系统

调控系统由调节器(调速器)、控制机构、调控传动装置和极限调速器四大部分组成。调节器通过控制系统来控制柴油机的转速、功率,以适应外界负荷的变化,使柴油机在最佳状态下工作。240/280 型柴油机用调节器有多种类型,也在不断改进完善中。控制机构是控制系统的执行机构。调控传动装置一般与凸轮轴相连,用以驱动调节器和极限调速器,使其在合适的转速范围内运转。极限调速器是一种保护装置,当柴油机转速超过规定值时起作用,通过控制机构将所有喷油泵齿条拉回停油位,以防柴油机超转速损坏部件。对调控系统的要求是稳定、灵敏、安全、可靠,为了实现紧急情况下的停机要求,还设置了紧急停车按钮,相应设置了复原手柄。为了显示柴油机的转速,设立了柴油机转速表及其传动装置,由凸轮轴传动。为了使柴油机喷油泵的供油量不致过大,设置了供油止挡。

调节器不但需对柴油机进行转速调节,稳定柴油机的转速。现代机车柴油机用调节器还应具备对功率进行调节控制、机油系统保护、车轮空转保护,并根据扫气压力限油以及随海拔高度修正功率等功能,因此采用电子调节器。电子调节器增加了柴油机工作的可靠性,向着发挥柴油机最佳效能和定值控制方向发展。240/280 型柴油机普遍采用 C 型(C_3、C_3X 型)、302型(302D-Z 型、302D-W 型)、PGMV 型调节器。

240 系列柴油机中的 B 型机采用 C 型联合调节器,而 C、D 型机采用的联合调节器为"C_3"、"C_3X"型,它们与 C 型调节器的内部结构与功用基本相同,区别在于动力活塞下方的输出轴上无曲柄传动机构,其余部分完全一样。

3. 油水循环及空气滤清系统

机油与冷却水循环系统属柴油机的辅助系统,文中分别介绍 240 系列与 280 型柴油机机油与冷却水循环及空气滤清供给系统。机车运用中的跑、冒、滴、漏故障就易发生在此类系统之中,本章分别阐述系统的结构、检修要求与结构性及运用故障分析,并提出了机车出段前对这类隐形故障的预防性检查与运行中的应急处理方法。

(1)机油循环系统

机油系统的作用:润滑作用、导热作用、清洗作用、密封作用、缓冲作用及其他作用(防锈、防腐、减少杂音等)。润滑的种类:飞溅润滑、压力润滑、高压注油润滑、混合式润滑。根据机油集存的位置不同,柴油机的机油系统又可分为湿式曲轴箱润滑系统和干式曲轴箱润滑系统。

240 系列柴油机中的 B、C、D 型机均采用混合润滑方式的湿式曲轴箱机油系统。机油系统分为机内系统与机外系统,机油内循环系统是指柴油机内部循环通路;机油机外系统是指柴油机机外循环通路。

机油系统按照机油循环顺序,由柴油机油底壳、主机油泵、机油热交换器、机油滤清器、柴油机内部各润滑和冷却处所及机油离心精滤器、阀、管路等组成。为了保证柴油机润滑,还设有油压继电器。

(2)冷却水循环系统

柴油机机工作时,如不能对其产生的高温进行及时的、适度的冷却,将使相关零部件的材料机械性能下降,在严重的热应力作用下会发生变形、裂损,引起摩擦副的强烈磨损,甚至咬死。并会使工作介质润滑机油老化变质、黏度下降,破坏润滑油膜的建立,同时柴油机中有相当多的零部件是靠循环机油来冷却的,如果没有可靠的冷却系统的支持,柴油机将失去可靠运转保障。

240 系列柴油机的冷却水系统均采用密闭式循环系统,由高温、低温、预热循环系统和高、

低温冷却水泵及相关部件组成。

（3）空气滤清系统

空气滤清器是保证柴油机耐久可靠工作必不可少的。进入柴油机气缸中的空气,如有灰尘、砂或其他杂物,不仅污染中间冷却器,降低其效率,而且还会造成柴油机气门、气门座、活塞、活塞环和气缸套等部件严重磨损,甚至破坏柴油机的正常工作。因此,在保证柴油机进气压力的情况下,过滤后的空气越清洁越好。

空气滤清器根据柴油机的布置,分前后及左右两侧各一组滤清器,分别与柴油机的两个增压器进气口相连,为防止振动与安装的差异,与增压器连接处采用帆布软管。

空气滤清器的箱体为普通钢板及型钢焊接结构,并与机车车体形成空气通道。旋风滤清器安装在一个箱体上,然后再组装在机车车体侧壁上,钢板网滤清器安装在滤清器壳体上,并以本身的弹簧片压靠在壳体边框上。后期运用于风沙地区的机车又在旋风滤清器与钢板滤清器间的简体内增设了一道纸介滤清器。文中分别介绍240系列与280型柴油机用空气滤清系统的结构,增改设备及结构性与运用故障给柴油机带来的危害。

4. 修程

燃油、调控、机油、冷却水、空气滤清系统分别分为大修、段修修程。文中对零部件的检修质量保证期与修程技术要求均进行了详细叙述。

5. 故障分析

燃油、调控、机油、冷却、空气滤清系统在机车运用中,因其系统内部件构成不同,故障发生也有所不同,主要属于"小而广"的故障范畴,除调控系统外,其故障主要发生在相应的管路系统的裂损,突出在管路焊波与接口处,其故障表象为泄漏油(燃油、机油)与水。机车在运行中,对于发生的此类故障一般情况下经过简单处理,可维持机车继续牵引运行,但应做好防火预防措施。调控系统主要发生在柴油机转速不升不降,及柴油机输出功率下降,该类故障,既有调节器内部调节的故障,也有外部供油拉杆犯卡等因素的影响,同时还存在电气控制类故障。

二、280型柴油机调控与油水及空气滤清系统

280型柴油机的调控系统、燃油、机油、冷却水及空气滤清系统,与240系列柴油机基本相似。所不同处,在调控系统中,采用302型(302D-Z型、302D-W型)、PGMV型调节器,供油杠杆系统的传动机构也有所改进。燃油系统采用了新型280型喷油泵,其特点是喷油泵采用了进出油管,使燃油在泵体循环,将柱塞副的热量及时带走,避免了泵卡滞故障发生。机油系统采用了无泵支承箱结构的主机油泵,并设置了两台机油泵,其相应的管路及附属件也有所改进。冷却水系统主要采用了双流道散热器与风冷油空散热器等新技术,后期运用机车其冷却百叶窗也由液压驱动改为风动驱动。空气滤清系统与240系列柴油机相同。

1. 修程

修程与240系列柴油机燃油、调控、机油、冷却、空气滤清系统相同。

2. 故障分析

280型柴油机燃油、调控、机油、冷却、空气滤清系统在机车运用中发生的故障,与240系列柴油机基本相同。

第四节 柴油机辅助传动装置

辅助传动装置由机械传动装置、静液压传动装置和直流电动机驱动装置组成。辅助传动装置中传递动力的辅助设备有励磁机、启动(辅助)发电机、前通风机、后通风机、冷却风扇,及由电动机直接驱动的空气压缩机等。240/280 型柴油机辅助传动装置中的机械传动结构基本相似,均是采用前、后输出轴带动前、后变速箱,通过前、后变速箱齿轮的放大作用,经半刚性联轴节与尼龙绳软轴带动相应的辅助电机和通风机。区别在于机车类型不同变速箱的齿轮传动比有所不同。文中主要介绍 240/280 型柴油机辅助传动装置结构,即机械辅助传动装置、静液压传动装置和交流电力辅助传动装置结构,修程质量保证期和技术要求,对其部件结构性与运用性故障进行了分析,阐述了损坏性部件在柴油机运转中的故障表象,并附有相应的机车运用故障具体案例。

一、240 系列柴油机辅助传动装置

240 系列柴油机辅助传动装置由机械传动装置与液压传动系统组成。

1. 机械传动装置

机械传动装置主要由启动变速箱、静液压变速箱和输入、输出轴及联轴器等组成。

变速箱是启动变速箱(或称前变速箱)与静液压变速箱(或称后变速箱)的统称。启动变速箱由上、下箱体、主动轴、过轮轴、两根输出轴及各轴齿轮、轴承、法兰等组成;静液压变速箱由上、下箱体、主动轴、三根输出轴及各轴齿轮、轴承和法兰等组成。

输出轴有前、后输出轴之分,前输出轴也称万向轴。万向轴用以传递柴油—发电机组与启动变速箱之间的动力,它由两端叉头法兰、中间轴及万向节总成等零部件组成。后输出轴用以传递柴油机与静液压变速箱之间的动力。它由带有弹性联轴器的叉头法兰、万向节及花键轴等组成。联轴器有绳联轴器(俗称尼龙轴)与弹性联轴器之分,绳联轴器是靠绳来保证联轴器扭矩的传递,它能充分地调节传动环节的扭振性能,可以补偿相连机械轴线的径向、轴向位移和角度位移,主要完成前、后变速箱与前、后通风机的联结。启动变速箱与启动电动机和励磁机用弹性柱销联轴器连接。

2. 液压传动装置

240 系列柴油机静液压传动系统主要为驱动冷却风扇而设置,其驱动装置采用了静液压传动技术。静液压马达通过温度控制阀的自动控制,使冷却风扇的转速实现了无级变速,从而使柴油机润滑油和冷却水的温度达到了自动恒温控制。该传动系统中装有两个冷却风扇,每个风扇各自具有一套独立的静液压传动系统。除了系统内的感温元件温度有差异外,两个系统内的部件完全一样,均由静液压泵、温度控制阀、静液压马达、安全阀、热交换器、静压油箱、高压软管、百叶窗油缸及其管件组成。

3. 修程

分为大修、段修修程。文中对零部件的检修质量保证期与修程技术要求均进行了详细叙述。

4. 故障分析

辅助传动装置是机车与柴油机的主要配属系统,如果没有辅助装置良好的运转工作,柴油机将得不到正常工作的保证。在该传动装置运转中也同样存在着结构性与运用故障。该系统

机械传动中主要发生的是断裂破损与非正常性磨损故障;在液压传动系统中所发生的故障,多数情况下为管路裂损泄漏与内部阻塞。这类故障在机车运用中的表象,机械传动系统相应故障的运动部件会发出异响和超幅值摆动;液压传动系统会出现油水温度高,柴油机卸载,管路漏油。在机车运行中发生该类故障除管路的小量泄漏外,一般处理比较困难。因此,应加强机车出段前的技术检查作业。

辅助传动装置有机械与液压系统两部分,在机车运用中机械部分主要为疲劳性破损断裂与软绳联轴器的断损。液压传动部分因没有直接的机械连接,靠管路液压油传递动力,因为机车与柴油机的振动,管路接口与焊波处易发生裂损,造成管路内高压液压油的泄漏。同时因某种因素的影响,液压油内存有杂质,易造成液压元件的非正常磨损或各类阀的关闭不严与阻塞。在机车运用中的故障表象为冷却风扇不能正常运转,油水温度的升高,机车柴油机卸载的故障。

二、280 型柴油机辅助传动装置

1. 结构

280 型与 240 系列柴油机用辅助传动装置结构基本类似,也是由机械传动装置与液压传动系统组成。不同之处是在机械传动装置中增设了一台主发电机通风机;在静液压油传动装置中冷却风扇的最高转速提升为 1 500 r/min(240 系列为 1 150 r/min),同时其静液压油的冷却方式改为风冷。280 型柴油机装配的 DF$_{8B}$ 型机车辅助传动装置,部分运用机车正在进行交流电力辅助传动改造,或出厂机车装配交流电力辅助传动装置。

2. 交流电力辅助传动装置

DF$_{8B}$ 型机车辅助交流传动采用变频交流辅助传动系统。其系统由一台 400 kV·A 的交流辅助发电机(下称辅发)、三台 45 kW 的通风机交流电动机(后期改造机车减少了一台主发电机通风机的交流电机,其通风机直接由前变速箱驱动)、二台 75 kW 的冷却风扇交流电动机和一台 TGF42-4C 型辅助变流柜及相关的控制机构所组成。整个系统由逻辑控制单元按程序要求自动进行控制,系统的工作状态与故障均在司机室操纵台的屏显上有显示,极大地方便了操作者。同时,在系统运转中发生故障时,司机可根据提示或要求进行应急处理,避免机车途停。

3. 修程

分为大修、段修修程要求。文中对零部件的检修质量保证与修程技术要求均进行了详细叙述(注:交流辅助传动装置因属新设备,现时未见公布该装置大修、段修修程技术要求)。

4. 故障分析

280 型与 240 系列柴油机的辅助传动装置结构基本相同。机车运用中的故障也基本相同,同属结构性与运用性故障,运用性故障多数情况下属结构性故障引起。发生在机械传动装置中的故障表象:前、后绳联结轴非正常磨损断脱,前、后通风机风扇叶片损坏等。发生在液压传动装置中的故障表象:冷却风扇转速降低,水(油)温度升高,使柴油机卸载,静液压泵(马达)内部发出非正常性运转声响,管路与管路接口裂损泄漏等。

交流电力辅助传动装置在机车运用中的故障表象,主要发生在柴油机水(油)温度接近临界值的持续工作下,微机控制系统起保护性作用,而使该装置不能正常运转。

第二章　柴油机固定件

固定件主要指柴油机的非运动部件,即柴油机运动部件的支承体。主要由机体与油底壳,连接箱、泵支承箱和弹性支承,曲轴箱防护装置,柴油机盘车机构,油封装置,气缸套和轴瓦(主轴瓦、连杆瓦)组成。本章主要介绍240/280型柴油机固定件的结构和修程要求,着重阐述了其结构性与运用性故障分析,并附有相应的机车运用故障案例。

第一节　机体、油底壳结构与修程及故障分析

240系列与280型柴油机固定件的结构基本相同。其区别在于部件结构、工艺上因柴油机功率增加与气缸直径有所不同而有所区别。

一、柴油机机体

(一)240系列柴油机机体

16V240ZJB、16V240ZJC与16V240ZJD型柴油机(下称240系列柴油机)将气缸体和曲轴箱做成一体,称为机体。机体是整个柴油机的骨架和安装的基础,柴油机上的运动件、固定件及辅助设备都安装在机体上。在机体内腔布置有气道、油道,以保证柴油机换气、冷却和润滑的需要。另外为组装检修需要而设置了各种检查观察孔。因此,机体结构复杂,对工艺要求高,制造工作量也大。柴油机在工作状态时,气缸盖要承受燃气压力,气缸套要承受活塞的侧压力,曲轴要承受连杆传递来的力,这些力都要传递到机体上。除此之外,机体还要承受由于曲柄连杆机构运动时,对机体造成的倾覆力矩和轴系未被平衡的力矩。因此,柴油机机体的受力情况非常复杂,而且负荷很大,为了保证柴油机能可靠、耐久工作,同时又要保证不使柴油机单位功率的质量过大,就必须从结构设计及工艺上保证机体有足够的强度和刚度。

1.240系列柴油机机体结构

现代大功率柴油机的机体一般为焊接结构,或铸铁整体铸造和铸钢与钢板构成的铸、焊混合结构。焊接结构具有重量轻的优点,但刚度较差。整铸机体工艺要求高,但具有较好的强度和刚度,240系列柴油机普遍采用铸造主轴承座和机体骨架,顶板、侧板、隔板采用钢板的铸、焊混合结构。

为了提高柴油机机体的强度和刚度,现代机车柴油机均采用拱门式机体。同时机车用大功率柴油机均采用V形结构,其机体的横剖面形式已由过去曲型的八边的"Y"型发展为六边形结构。240系列柴油机均采用六边形结构。

作为拱门式机体,曲轴通过主轴承盖悬挂在机体的主轴承座上,而主轴承盖与主轴承座面的定位方式有多种形式。即止口定位、锯齿定位、平口定位并增设主轴承盖横拉螺栓。目前,大功率机车柴油机多数采用平口定位并增设主轴承盖横拉螺栓的结构。

240系列柴油机机体均采用铸、焊结构,它由主轴承座(整体铸钢件)和钢板及钢结构凸轮

轴座焊接而成。在机体上装有主轴承盖和止推轴承盖,高锡铝合金钢背主轴瓦,止推挡圈,主轴承螺栓和横拉螺钉,主轴承螺母,气缸螺栓。

机体的横截面为六边形,左、右气缸孔中心线夹角为 50°,前、后错开 74 mm,同侧气缸孔缸心距为 400 mm。每个气缸孔有 6 个 M36 × 2 螺栓,用以紧固气缸盖,左、右气缸孔外侧对应设有进、排气推杆孔和喷油泵安装孔。

机体 V 形夹角内是空气腔和机油腔,机体输出端有连接箱座板,控制端有齿轮座板和泵支承箱座板,两侧面有曲轴箱、凸轮轴箱检查孔,并设有相应的孔盖(见图 2-1)。

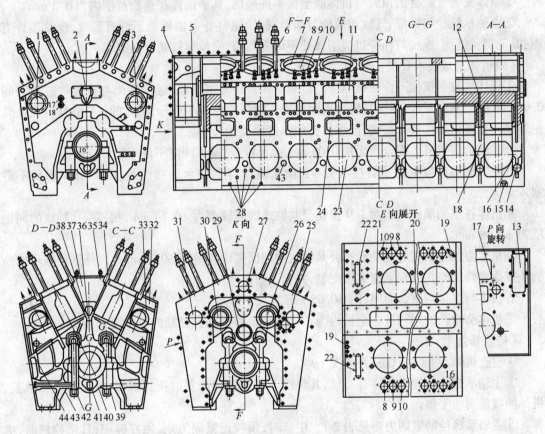

图 2-1　B 型柴油机机体

1-输出端左凸轮轴孔;2-输出端主机油道盖板;3-输出端右凸轮轴孔;4-控制端端板;5-传动齿轮箱;6-气缸盖螺栓;7-气缸孔;8-排气挺杆孔;9-进气挺杆孔;10-喷油泵挺杆孔;11-凸轮轴检查孔;12-油管;13-罩盖孔;14-止推主轴承盖;15-底面定位孔销;16-止推环;17-机油进油孔;18-支承主轴承;19-增压器排油孔;20-稳压箱出气孔;21-稳压管前端进气孔;22-控制拉杆系统孔;23-曲轴箱检查孔;24-进气管间隔;25-调控传动箱连接法兰;26-左侧过轮支架座;27-呼吸管孔;28-前弹性支承螺栓孔;29-中间齿轮支承座;30-右侧过轮支架座;31-转速表传动轴孔;32-挺杆箱;33-凸轮轴箱;34-顶板;35-中顶板;36-主轴承管;37-稳压箱;38-主机油道;39-主轴承盖与主轴承座接合面;40-曲轴孔;41-主轴承座;42-主轴承螺栓;43-横拉螺钉;44-连通管

C/D 型机与 B 型机机体结构基本相同,比较明显的区别可从控制端端板进行区分,端板上部有个孔,与呼吸管和油气分离器相通,B 型机机体的该孔布置在中央,C 型机机体该孔布置在距中心线左侧 142 mm 处。为了使前增压器的机油回油管拆装方便,B 型机机体的该孔布置后期也改成与 C 型机机体一致。

2. 机体大修、段修

（1）大修质量保证期

①在机车运行90万km或7年（即一个大修期）内，新柴油机机体不得发生裂纹。

②在机车运行30万km或30个月（包括中修解体）内，柴油机机体不得发生裂纹、破损。

（2）大修技术要求

①机体主机油道须进行1 MPa水压试验，保持20 min不许渗漏。

②机体安装气缸套的顶面与机体底坐面不许碰伤，其平面度在全长范围内为0.2 mm。

③主轴承螺栓与螺母、气缸盖螺栓与螺母、横拉螺钉与主轴承盖不许有裂纹，螺纹不许有断扣、毛刺及碰伤，螺纹与杆身过渡圆弧处不许有划痕，横拉螺钉须重新镀铜。

（3）机体总成技术要求

①机体气缸盖螺栓不许松缓、延伸，以800 N·m力矩扭紧，螺栓座面与机体气缸顶面间0.03 mm塞尺不许塞入；螺栓与机体顶面的垂直度公差为ϕ1.0 mm；机体的气缸盖螺栓孔及其他螺纹孔允许做扩孔镶套处理，但螺纹孔须保持原设计尺寸。

②主轴承盖与机体配合侧面用0.03 mm塞尺检查，塞入深度不许超过10 mm。

③主轴承螺母与主轴承盖接合处、主轴承螺母与主轴承座接合处，0.03 mm塞尺不许塞入。

④机体各主轴承孔轴线对1、9位孔公共轴线的同轴度为ϕ0.14 mm，相邻两孔轴线的同轴度为ϕ0.08 mm。

⑤机体曲轴止推面对主轴承孔公共轴线的端面圆跳动量为ϕ0.05 mm，内外侧止推环按曲轴止推面磨修量与止推轴承座宽度配制，并记入履历簿。

⑥机体与连接箱结合面间，用ϕ0.05 mm塞尺不许塞入。

⑦机体凸轮孔的同轴度在全长内为ϕ0.40 mm，相邻两孔轴线的同轴度为ϕ0.12 mm。

（4）段修技术要求

①检查机体、油底壳状态，并清洗干净。

②主轴承螺栓及螺母不许有裂纹，其螺纹不得损坏或严重磨损。螺母、垫圈与主轴承盖、机体的接触面须平整。

③主轴承螺栓的紧固力矩见表2-1。中修时，须校正紧固力矩，做好标记；日常检修时，应按标记紧固。

表2-1　240系列柴油机机体主轴承螺栓、横拉螺钉紧固力矩　　　　　单位：N·m

部件名称＼紧固力矩	16V240ZJB型	16V240ZJC型	16V240ZJD型	备　　注
主轴承螺栓	2 950～3 000	3 100～3 150	伸长量为(0.83±0.03) mm	B/C型柴油机主轴承螺栓伸长量为$0.60^{+0.05}_{0}$ mm
横拉螺钉	无	1 000	1 000	

④主机油道在中修时须冲洗干净，焊修后须做0.7 MPa的水压试验（D型机机体须做1 MPa的水压试验），保持10 min无泄漏.

⑤机体及油底壳应配对组装，更换其中任何一个时，机体与油底壳总长尺寸偏差超过

0.1 mm 时允许加垫调整。输出端油底壳应低于机体端,但不得大于 0.05 mm。

3. 故障分析

240 系列柴油机机体运用故障主要产生于结构性,其机体运用性故障主要来自于结构性。在机车运用柴油机运转中,机体承受着各种作用力而变形,因此造成运动摩擦副的过早磨损,甚至产生故障和损伤。对于机体自身而言,也会因机体变形使某些部位的应力大大增加产生裂损。同时,机体上设有空气腔、冷却水腔和机油道,在其中流通的增压空气、冷却水和润滑油均具有一定的压力,必须保证密封的严密。如机体尺寸精度和刚度得不到保证时,不但给各零部件的安装造成困难,还会使柴油机的工作性能恶化,甚至引起油、水、气的泄漏和机件的腐蚀。

(1)结构性故障

柴油机机体的受力情况较为复杂,除受静载荷外,更受到复杂的动载荷作用。首先,柴油机工作时,气缸的爆发压力,一方面通过气缸盖、气缸盖螺栓作用在机体上,另一方面通过活塞、连杆、曲轴、主轴承盖和主轴承螺栓也作用到机体上,使机体受到拉伸作用。另外,由于气缸爆发压力和柴油机活塞、连杆等运动件的惯性力会对机体产生倾覆力矩。柴油机运转时,即使在同一时刻,各气缸对机体产生的作用力大小和方向也不相同,这就对机体产生扭转(矩)作用。同时,机体还承受曲轴未能完全平衡的内力矩的作用,使机体受到纵向弯曲。最后,由于各缸活塞、连杆的质量差异,在运转中产生不平衡的惯性力和力矩,它们也作用在机体上。上述作用在机体上的各种力和力矩,其大小周期变化,一方面使机体产生振动,另一方面在机体上形成交变应力。

机体所受的静载荷,一是,装在机体上的零部件重量产生的重力负荷,二是,连接件螺栓产生的紧固力。由于机体的重量占柴油机总重的 30% 左右,不仅对柴油机的重量,甚至对机车的重量都有明显的影响。因《铁路技术管理规程》对机车的轴重与限界限制,故机车设计时对柴油机的重量与尺寸有严格的限制,机体的重量也受到限制。

机体是一个大型铸铁件,其铸造尺寸精度要求高,需要严格控制铸件各部位的厚度和相对位置尺寸,以满足重量、强度、机械加工裕量、机体内部运动件的运动空间和零部件的安装位置等方面的要求。同时,机体的铸造缺陷还必须受到严格控制。这是因为机体内布置了各种油道、水道和气腔,铸造缺陷会影响对腔道内介质的密封;机体受力部位的铸造缺陷会大大降低该处的强度甚至造成机体的损坏,各种铸造缺陷会影响零部件安装配合面和安装面的完整性等等。因此,机体结构性的好坏是直接影响到柴油机的正常运用与使用寿命重要因素。机体结构性故障带来的运用性故障的主要表象为机体外、中、内侧板焊波处裂损,凸轮轴机体隔板体焊波处裂损,气缸盖螺栓抻断等。

(2)运用性故障

机车运用中,机体损坏主要为内部侧板的裂损,但基本上这类故障均属不可视性,并不影响机车的继续运行。机体内部损坏的主要故障表象为机体振动大,也有可能呈现非可视性泄漏机油(可通过柴油机机油进出口压力差的大小进行判断),这些故障主要发生在机体外、中、内侧板的焊接处焊波裂损。柴油机机体因受工作中各种力的作用,使其内侧板、顶板焊波裂,机体 V 形夹角中的主机油道焊波裂损。机体破损主要原因绝大多数均属疲劳性裂损,主要发生在内侧板与顶板的焊波处,而发生的处所均在相应于柴油机右侧的第 4 缸至 8 缸处,柴油机左侧的第 13 缸至第 16 缸区段的内侧板和顶板焊波裂损。这些裂损情况在机车运用中是无法表现出来的,多数情况下是在对柴油机进行中修时,对其机体探伤检查时被发现。机车运行中发现柴油机机体裂损或运行中运动部件打坏机体事例很少。

近年来,由于提速增吨的需要,机车柴油机长时间处于高负荷工况下,如作者所在机务段兰新线上的牵引区段中,哈密至柳园区段中的盐泉至小泉东就处于连续长大上坡道,而其中烟墩至红柳河为连续 12.5‰ 的长大坡道,机车柴油机在连续负荷下长达 4 h 左右。所以,柴油机机体破损情况相应有所增加。

除此之外,环境温度对柴油机机体也具有很大的影响,尤其在机车运用于冬春与秋冬交接季度,外界昼夜温差较大(如作者所处的地域,西域戈壁旷野,昼热晚凉),特别是机车运行在高负荷区(连续的长大上坡道时),机械间中门或百叶窗开启,外界冷空气对机体的侵蚀,所产生的冷热交变应力对机体的损害是很大的。机车在长期运用中,其冷热温差所产生的交变应力,使机体内部侧板焊接处产生的隐裂变形带来的运用性故障,虽然在机车运用中这类裂损故障并不能立即被发生,也是不可忽视的事实。机车运用中柴油机部件的损坏是一综合性问题,并不是某一项故障原因就能导致其直接损坏,因此机车运用保养也是重要因素之一。机车运用中防止此类故障的发生,作者认为除做好按工艺要求检修好柴油机机体外,日常机车运用中应将重点放在机车出段前的技术检查作业上。加强机车技术检查作业,可通过多种渠道,如机车运行日志的动态记录,重点对故障部位的检查。运用柴油机运转中高、低不同转速位的运转工况,并通过视、听、摸、测等技术检查(间接识别方法)综合手段,根据该类故障表象,将故障疑似点检查出来,杜绝带有此类安全隐患的机车出段牵引列车。

机车运用中,机体某部发生裂损故障时,多数情况均发生在柴油机内部,属不可视性故障。其故障表象为相应柴油机该故障点所在的周边振(震)动比较大,其直接损坏导致柴油机不能运转得有一过程。所以,在机车运行中发生此类故障,一般情况下并不影响机车的当次交路运用。机车运用司乘人员在机车返回段内后,将此故障现象应及时反馈给机车地勤质检人员,做到其故障能得到及时检修,避免柴油机大部件的破损与行车事故的发生。

4. 案例

(1)柴油机机体外、中、内侧板裂损

2006 年 6 月 17 日,DF$_{4B}$型 0278 机车牵引货物列车返回段内进行库检作业时,据司乘人员反映,机车运行中柴油机震动超常,柴油机手柄位越高,呈现的震动越大。经机车地勤质检人员进行动态检查,其震动较大源发生在柴油机第 10 ~ 13 缸一侧,因此扣临修。解体检查,发现柴油机机体裂损,其裂损点发生在柴油机第 11、12、13 缸机体外侧板、中侧板、内侧板处,以及相应的顶板焊波处。

查询机车检修运用记录,该台机车已过中修质量保证期,属疲劳裂损,定责材质。经分析,当机体发生裂损时,因其配合尺寸发生变化,其强度变弱,柴油机运转中的故障表象,就为其震动较大,而且是柴油机负荷越大呈现的震动就越大。

(2)凸轮轴机体隔板体裂

2006 年 5 月 5 日,DF$_{4C}$型 5051 机车牵引货物列车运行中,司乘人员巡检机械间时,发现柴油机右侧中部振动明显高于其他各处。待该台机车返回段内后,及时向机车地勤质检人员反映,扣临修。经解体检查,发现柴油机第 6、7 缸凸轮轴机体隔板体裂,裂度大约为 100 mm。

查询机车检修运用记录,该台机车为中修后走行 154 013 km,已过机车质量保证期,属疲劳性裂损,定责材质。经分析,因凸轮轴机体隔板处裂损,使配合尺寸发生变化,其强度变弱,因此柴油机运转中的故障表象,其非正常振动不太强烈,主要在与裂损有关的气缸裂损段有比较大的震动。

(3)柴油机中、内板裂损

2008 年 8 月 29 日,DF$_{4B}$ 型 0594 机车,担当货物列车 11046 次本务机车牵引任务,11046 次,现车辆数 47,总重 3 974 t,换长 64.6。运行在兰新线鄯善至哈密区段雅子泉至柳树泉站间,因柴油机第 3 缸出水支管接口处崩裂,水箱水漏完,21 时 23 分停在 1 410 km + 782 m 处,无法继续运行,请求救援,构成 G1 类机车运用故障。待该台机车返回段内后,扣临修,解体检查柴油机机体裂损。经更换柴油机,水阻台试验运转正常后,该台机车又投入正常运用。

查询机车运用与检修记录,该台机车 2007 年 8 月 22 日完成第 2 次机车中修,修后总走行 201 150 km,于 2008 年 6 月 23 日完成第 3 次机车小修,修后走行 40 866 km。机车到段检查,柴油机第 3 缸出水支管上法兰垫老化破损造成漏水严重,膨胀水箱储水漏完。更换全部出水管上垫后,启动柴油机试验,发现柴油机震动大,解体柴油机第 3、4、5 缸处机体裂损。经分析,原因为柴油机第 3、4、5 缸处机体裂损,此处成为松散结构体,而造成机体在柴油机运转中振动大,出水管法兰垫在随着柴油机的振动波往复冲拉下,而破损漏水。该台机车已过机车中修质量保证期,柴油机机体裂,振动大,造成出水支管法兰垫破损漏水,定责材质。同时,要求加强日常机车整备与机车运用中的检查,发现异常振动要全面检查处理。

(4)气缸盖螺栓断损

2008 年 10 月 12 日,DF$_{4B}$ 型 7186 机车,担当货物列车 26009 次本务机车牵引任务,现车 39 辆,牵引 3 619 t,换长 57.4。运行在兰新线哈密至鄯善区段的二堡至柳树泉站外,因机车柴油第 9 缸漏水严重,无法修复,司机要求在柳树泉站内停车检查处理。经检查确认,无法处理,请求更换机车,构成 G1 类机车运用故障。待该台机车返回段内后,扣临修,解体检查柴油机第 9 缸气缸盖内侧螺栓中部裂损,与相应的气缸出水口接口(俗称算盘珠)漏水。经更换此气缸盖螺栓,与相应算盘珠,试验运转正常后,该台机车又投入正常运用。

查询机车运用与检修记录,该台机车 2008 年 7 月 31 日完成第 3 次机车大修,修后总行 38 305 km。机车到段检查,柴油机第 9 缸气缸盖内侧螺栓中部裂损,气缸盖窜燃气,与此螺栓相邻的气缸盖与气缸套出水接口(俗称算盘珠)被呲,漏水。经分析,因该气缸螺栓存在制造缺陷,运用中从缺陷处产生裂纹后断裂,导致气缸盖窜气,呲损相邻两侧算盘珠后,造成漏水。该台机车故障发生在机车大修质量保证期内,同时机车整备部门在整备作业检查该台机车时,没有对柴油机第 9 缸进行认真检查,造成该台机车出段运行仅 50 多 km 后,就出现气缸盖螺栓断漏水的故障发生。定责机车大修厂和机车整备作业。同时要求机车整备部门加强机车日常技术作业检查,杜绝此类故障发生。

(5)机体裂损统计

除此之外,作者所在机务段,仅 2006 年统计,在检修作业中发现机体破损 12 件,均发生在 240 系列柴油机上。而 2007 年上半年统计发生柴油机大部件破损 15 件,其中 240 系列柴油机机体破损 10 件(见表 2-2)。

表 2-2 2007 年 1 月至 6 月柴油机机体破损情况统计

机车号	型号	部件	破 损 处 所	备 注
5050	240/C	机体	柴油机第 4、7、8、缸处内侧板损和顶板焊波裂	中 2 修
1276	240/B	机体	柴油机第 1 缸处主机油道裂损	中 1 修
0297	240/B	机体	机体第 9 缸主轴承盖裂纹	中 1 修
3815	240/B	机体	自由端端板裂	临修
0281	240/B	机体	柴油机第 13 缸、14 缸、16 缸处内侧板裂和顶板焊波裂	中 2 修
0750	240/B	机体	柴油机第 5 缸处侧板裂和顶板焊波裂	中 1 修
0280	240/B	机体	柴油机第 11 缸处中、外侧板和顶板焊波裂	中 2 修
0723	240/B	机体	柴油机第 7 缸处中、外侧板和顶板焊波裂	中 2 修
7502	240/B	机体	柴油机第 4、9 缸处内侧板和顶板焊波裂	中 1 修
2009	240/B	机体	柴油机第 14 缸内侧板和顶板焊波裂	中 2 修
1185	240/B	机体	柴油机第 8 主轴承盖裂纹	中 1 修

（二）280 型柴油机机体

280 型与 240 系列柴油机机体结构基本相同,也是由机体、气缸套、主轴承盖、主轴承与气缸盖螺柱、前油封、后油封、凸轮轴承和各种盖板等组成（见图 2-2）。

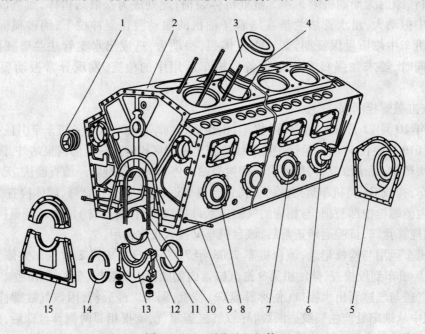

图 2-2 280 型柴油机机体

1-凸轮轴轴承;2-机体;3-气缸套;4-气缸套水圈;5-前油封罩壳;6-加油口装配;7-曲轴箱防爆阀装配;8-观察孔盖;9-水平螺栓;10-主轴承盖及气缸盖螺柱;11-上主轴瓦;12-下主轴瓦;13-主轴承盖;14-挡圈装配;15-后油封装配

1. 机体结构

280 型与 240 系列柴油机机体外形结构基本相同,因气缸直径增大(280 mm),相应机体尺寸及结构改变与增强。机体将气缸体和曲轴箱构成一个整体,使机体具有较高的整体刚度。机体的横截面呈六边形,其边长在柴油机界限内尽量加大,由此使机体的整体弯曲和扭转刚度增大。机体横隔板设置了加强筋,具有截面模量大和应力集中小的特点,它用于传递力和增强主轴承座的刚度并尽量少增加机体的重量。

机体采用半隧道式曲轴箱,并且适当提高主轴承孔中心至机体底面的距离,以及采用水平螺栓拉紧主轴承盖的结构,使机体的主轴承部分与机体成为一个整体。这种结构,可不明显增加机体重量,而大大增强了该部分的刚度,并可避免主轴承盖在主轴承负荷作用下的横向位移,从而改善了曲轴与主轴瓦的工作条件,对避免烧瓦和降低曲轴应力都非常有利。

在机体底面内侧和凸轮轴座处设置纵向通长的加强筋,以及在 V 型夹角内设置通长的主机油道、冷却水道和空气腔,加强了机体的纵向刚度。

上述各种提高机体刚度的结构措施,减少了机体的受力变形,以保证机体上零部件的装配关系和正常工作。为改善高应力部位的应力状态,采取了如下结构措施。

采用 4 根气缸盖紧固螺柱(240 系列柴油机为 6 根),使螺柱与机体的连接位置靠近机体横隔板,螺柱对机体板壁的弯、扭作用减小,有利于减小气缸套支承孔的变形。增加气缸盖和主轴承螺柱孔的沉入深度,改善了力的传递途径,有利于孔口部位的受力状态。半隧道式曲轴箱配上水平螺栓拉紧主轴承盖的结构,以及主轴承座根部采用较大的圆角半径,有利于防止主轴承座圆角处疲劳裂纹的产生。由于存在气缸孔错缸距,在水套壁与横隔板间设置了具有较大抗拉截面和大圆弧型式的斜筋,并且斜筋与水套底面和横隔板上的立筋相切过渡连接,以减小该部位的应力集中。柴油机工作时,主轴承盖上的载荷由主轴承螺柱传递到机体的横隔板上,为使此部分的力合理分散到横隔板的立筋上,降低该处的应力,在主轴承螺柱孔根部与横隔板的连接处上方,设置了扩散孔的结构形式。在水套内腔上部,螺柱搭子与顶板之间采用较大的过渡圆弧连接,改善该处的受力状态。左右两列气缸体呈 V 形 50° 夹角,每列相邻两缸的缸心距为 455 mm,左右列对应气缸的错缸距为 86 mm。

气缸体上的各个气缸均设有冷却水腔,相邻气缸的冷却水腔之间有铸孔连通(与 240 系列柴油机的区别),冷却水道用两个进水孔连通,使各缸形成三面进水。每缸均有 4 个水孔通向气缸盖,用 4 个橡胶封水圈作为机体与气缸盖之间的密封。橡胶封水圈内孔装有钢质导管作为水的通道,其外圆装有钢质套管用于限制橡胶圈受压时的变形。每缸用 4 个合金钢制造的双共螺柱和螺母来紧固气缸盖。各缸内设有上下两个气缸套定位孔和气缸套凸缘的支承平面。

在两列气缸的 V 形夹角内,上部是空气腔,通过装在其上面的稳压箱与中间冷却器出气口和气缸盖进气口相通;中部是冷却水道,其进水口在机体前端,下部是主机油道,其进油口在机体前端。每个主轴承孔均有钻孔与主油道相通,机油从此孔和主轴承孔的油槽经主轴瓦油孔进入主轴承的摩擦面,再流入柴油机的其他零部件中。

两列气缸体的外侧设置凸轮轴隔腔,用于布置凸轮轴座孔、进排气推杆孔和喷油泵下体座孔。该隔腔的底板设有供润滑油回大油底壳的铸孔。

凸轮轴的轴承采用锡青铜制造,过盈压入凸轮轴座孔内。其中,止推轴承设在机体后端。铸在机体后端横隔板上的钢管,使机体后端的凸轮轴座孔与主油道连通,把机油从主油道引入凸轮轴。机体后端的凸轮轴座孔外侧加工出一个十字形孔,该孔通往凸轮轴腔的一侧,用接头与该设置在机体内部的喷油泵推杆的滑油总管相连接。

曲轴箱设有 9 挡主轴承,止推轴承设在输出端。在止推挡的机体轴承座和轴承盖的主轴承轴孔两侧,加工出安放止推挡圈的止口。止推挡圈由锡青铜制造,表面镀锡铅合金。下止推圈的一个推力面用一个定位销与止推主轴承盖的止推面定位,其另一个推力面开有油沟,用于

布油,以润滑曲轴止推面。上止推挡圈推力面的钻孔与机体主轴承孔止推面上的油孔接通,将机油引入挡圈两个推力面的油沟,以润滑曲轴和机体的止推面。

自由端的第一主轴承盖,其下部设有一个轴承孔,用于安装机油泵惰轮轴。

除上述结构外,各挡主轴承盖的结构基本相同,而中间的 7 挡主轴承盖则完全相同。主轴承盖的材料为球墨铸铁,以过盈与机体主轴承座侧面定位。每挡主轴承盖,在垂直方向用两个合金钢制造的双头螺柱扣螺母紧固,在两侧面各用 1 个水平螺栓与机体横向拉紧。

2. 机体大修、段修

(1)大修质量保证期

①在机车运行 90 万 km 或 7 年(即一个大修期)内,新柴油机机体不发生裂纹。

②在机车运行 30 万 km 或 30 个月(包括中修解体)内,柴油机机体不发生裂纹、破损。

(2)大修技术要求

①彻底清洗机体与连接箱,机体内部机油管路及水腔须清洁畅通,机体与连接箱不许裂纹,安装密封平面不许损伤。

②机体气缸套的安装面与机体底座面不许碰伤,气缸套安装面及机体底座面须平整,机体底座面平面度在全长内为 0.2 mm,机体水腔处穴蚀坑深度不许大于 5 mm,超过时允许修补。

③主轴承螺栓与螺母、气缸盖螺栓与螺母、水平螺栓与主轴承盖不许有裂纹,螺纹不许有断扣、毛刺及碰伤,螺纹与杆身过渡圆弧处不许有划痕,水平螺栓须重新镀铜。

④连接箱与机体及同步主发电机的接触面有碰伤、毛刺等缺陷时,对凸出平面部分须修整。

(3)机体总成技术要求

①栽入机体的主轴承盖螺栓和气盖螺栓不许松缓、变形,紧固力矩为 980 N·m,气缸螺栓与机体顶面的垂直度 $\phi1.0$ mm,机体的气缸盖螺栓孔及其他螺栓孔允许进行扩孔镶套处理,但螺纹孔须保持原设计尺寸。

②当水平螺栓未紧固时,主轴承盖与机体配合侧面用 0.03 mm 塞尺检查,塞入深度不许超过 10 mm。

③主轴承螺母与垫圈、垫圈与主轴承盖接合处,用 0.03 mm 塞尺检查,不许塞入。

④机体各主轴承孔轴线对 1、9 位孔的公共轴线的同轴度为 $\phi0.14$ mm,相邻两孔轴线的同轴度为 $\phi0.08$ mm。

⑤机体曲轴止推面对主轴承孔公共轴线的垂直度为 $\phi0.05$ mm,内外侧止推环按曲轴止推面磨修量与止推轴承座宽度配制,并记入履历簿。

⑥机体与连接箱组装后,其结合面须密贴,用 0.05 mm 塞尺不许塞入。

⑦机体凸轮孔的同轴度在全长内为 $\phi0.32$ mm,相邻两孔轴线的同轴度为 $\phi0.10$ mm。

(4)段修技术要求

①清洗、检查机体、油底壳状态。

②机体及主轴承盖的所有安装面须平整,不许碰伤。

③水平螺栓、主轴承盖、主轴承座咬口面 R 圆角部分不许裂损,主轴承螺栓与螺母、气缸盖螺栓与螺母不许断扣、毛刺及碰伤,当有上述缺陷时,须拆下探伤,修复或报废。

④用 980 N·m 紧固力矩检查栽入机体的主轴承螺栓及气缸盖螺栓,不许松缓。

⑤当水平螺栓未拧紧前,机体与轴承盖配合侧面用 0.05 mm 塞尺检查,不许塞入,用 0.03 mm 塞尺检查,不许全部贯通。

⑥机体主轴承止推面对主轴承轴线的垂直度允差为 0.05 mm。

3. 故障分析

280 型与 240 系列柴油机机体结构基本相同。所不同点,在此基础上其构件大大加强,其设计更趋合理。机体是柴油机的基础件,柴油机所有的零部件均安装在它上面,它是要承受柴油机运转中产生的各种静力和动力载荷。机车机体在运用中故障主要是结构性与运用性故障,运用性故障也是由其结构性故障引起,结构性故障主要发生在机体裂损与泄漏,机体内固定结构件的松缓或断裂,因此带来的运用性故障,其表象为机体在柴油机运转中发出非正常性震动与内漏加大,相应的柴油机气缸工作粗爆,并发生柴油机加载运行中冒黑烟。该类故障表象与 240 系列柴油机机体运用故障相似,对于这类故障,机车运行中是无法处理的,一般情况下均可维持机车运行至前方站停车待援或目的地站返回段内处理,尽可能避免机车途停事故的发生。最有效的方法是预防性措施,即加强机车出段前的技术作业检查,通过间接识别的方法将此类故障检查出来,禁止类似故障的机车出段牵引列车运行。

4. 案例

280 型与 240 系列型柴油机在机车运用中,发生机体损坏的事件相对较少,基本上均在机车在做检修作业时发现,而且由于 280 型柴油机机体整体结构及强度要高于 240 系列柴油机机体。所以,现场所发生的机体损坏率要小于 240 系列柴油机机体。从同期相比,2007 年 1 月至 6 月作者所在机务段的生产区仅发生 280 型柴油机机体 1 件(见表 2-3)。

表 2-3 2007 年 1 月至 6 月柴油机机体破损情况统计

机车号	型号	部件	破 损 处 所	备 注
5255	280	机体	柴油机机体第五和第六主轴承盖裂纹	中 1 修

二、油 底 壳

240 系列柴油机-发电机组支承采用了 4 个橡胶锥套弹性支承,支承点分别设在机体和连接箱上,因此油底壳仅起到构成曲轴箱及储存和汇流机油的作用。

(一)240 系列柴油机油底壳

1. 结构

在控制端(柴油机自由端)开有主机油泵吸油口法兰,法兰内侧焊有延伸到油底壳中部的吸油管,吸油管末端设有吸油口。为了防止将油面的泡沫吸入主机油泵,在吸油口上方两侧均设有薄钢板覆盖,其端面及下方还设有滤油网。油底壳控制端端板左上方设有回油管连接法兰,左侧靠控制端处设有辅助机油泵吸油管连接法兰,右侧设有启动机油泵吸油管法兰,控制端底部设有放油堵(见图 2-3)。

油标尺位于油底壳中间部位的两侧,其上刻有上、下刻线以指示合适油位(正常在两刻线中间位),上刻线略低于滤网的高度,下刻线在主机油泵吸油口的最高点。油底壳中机油在油标尺的上刻线位时,机油的储量约为 900 kg(240 系列柴油机机油总储量约为 1 200 kg,包括管路系统在内的机油)。机车正常运用中,油位应保持在上、下刻线之间,以略近于上刻线为最佳。

为了便于对油底壳单独部件在检修作业中的起吊,在前、后端板的两侧底部设有起吊环。

2. 油底壳大修、段修

(1)大修质量保证期

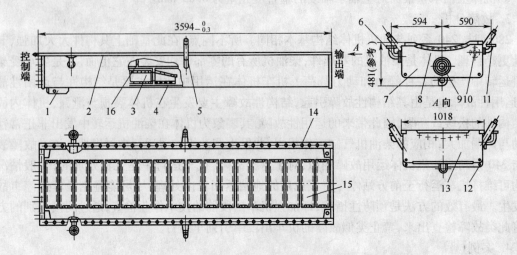

图 2-3　240 系列柴油机油底壳

1-放油管;2-顶板;3-吸油管;4-滤油网;5-油标尺;6-启动机油泵吸油管;7-前端板;8-泵支承箱安装法兰;9-主机油泵吸油管法兰;10-回油管法兰;11-辅助机油泵吸油管法兰;12-起吊孔;13-后端板;14-定位销孔;15-滤油网板;16-横隔板

在机车运行 30 万 km 或 30 个月(包括中修解体)内,柴油机油底壳垫片不发生破裂。

(2)大修技术要求

清洗油底壳,有裂纹时允许挖补或焊修,然后进行渗水试验,保持 20 min 不许渗漏。

(3)段修技术要求

①机体及油底壳应配对组装,更换其中任何一个时,机体与油底壳总长尺寸偏差超过 0.1 mm 时允许加垫调整,输出端油底壳应低于机体端面,但不得大于 0.05 mm。

②油底壳经焊修后,应灌水做渗漏试验,保持 20 min 无渗漏。

3. 故障分析

240 系列柴油机油底壳在机车运用中发生结构性与运用性故障,主要为柴油机底座与油底壳端面垫装配不到位,或两端面的紧固螺栓因某种原因松缓。其故障表象为此结合面呈现泄漏机油。早期运用的该类型机车因防风沙措施不力,柴油机扫气时被吸(抽)大量的砂尘粒,在机油清洗作用下,沉积淀于油底壳内,使油底壳储油容积改变,在机车运行中,常引起柴油机的卸载或停机,并给查找此类机车故障带来很大的麻烦。经后期对空气滤清装置进行改造,该类故障得到有效抑制。

(1)结构性故障

油底壳主要作为柴油机的机油储油室而使用,因柴油机的重量支撑在 4 个支承座上。所以,此油底壳就相应于吊装在柴油机底座上,并不起承载支撑作用。在机车运用中,发生在结构性故障主要为柴油机底座与油底壳端面接口垫损坏,故障表象为柴油机底座与油底壳端面接口处泄漏机油,原因多数情况下为垫装配不当,或联结螺栓松缓在柴油机的综合振动下引起泄漏机油,引起柴油机运用中需非正常性补油。

(2)运用性故障

柴油机油底壳储油量不足,呈现虚油位,其故障表象为柴油机在机车运行中发生非正常性停机。原因为机车运用在风砂区段时,外界沙尘经空气道(虽然有空气滤清器的作用)被大量吸进柴油机内,在机油清洗作用下,沉淀于油底壳内底层,使其油底壳的机油总容量减少。在机车运行中遇有缓和坡道,或实施机车(列车)制动时的冲动,常因油底壳内实际机油量的减少,主机泵输出压力降低,使柴油机处于非正常性卸载与停机,甚至于造成机破行车事故的发生。

除此之外,油底壳又是检验柴油机其他部件损坏的重要手段。如气缸盖、气缸套裂损,其内的冷却水发生泄漏,当此泄漏的冷却水漏入油底壳内,引起机油油位的上升,或通过其一端机油加注管人为排出,均可证明柴油机内的某气缸或某气缸套裂损。再如油底壳滤网上有金属块与金属碾片,可证明柴油机内某气缸内的活塞碎损,或连杆(主轴承)瓦损坏。

4. 案例

原哈密机务段在20世纪90年代中期,曾有多台机车在牵引列车运行时,当运行于缓和坡道或降低柴油机转速回"0"位,或实施机车制动时,就发生柴油机停机。经多机班司乘人员反映这一问题,技术部门对所发生同类问题机车的控制电器、主机油泵及辅助机械系统进行了全面的检查,均属正常。后其中有一台机车在进行中修时,吊下柴油机清洗油底壳时,发现其底部附有25~40 mm的砂砾油渍层,非常坚硬,当时质检技术人员用撬棍、铲子均铲(撬)不动。联想到该台机车运用中,经常发生柴油机非正常停机的状况,经分析,由于此砂砾层的存在,造成油底壳机油总储量减少,在机车运行中,油底壳内机油前、后涌动,使主机油泵吸油喇叭口在瞬间呈现半裸露而使吸油量不足,主机油泵出口压力因此而降低,而使机油压力保护起作用,柴油机出现非正常停机(检查油底壳油位时,均属正常)。在机车中修时,将该台机车柴油机油底壳砂砾层清除清洗干净,该台机车经完成中修又投入运用,再未发生此种非正常柴油机停机现象。经此后,对同类型机车所发生的此类故障情况,均进行机油总量分析,如发现少于1 200 kg的总储机油量时,对该类机车柴油机的油底壳均进行了吊下清洗,均发现有类似的问题。在进入20世纪末21世纪初的年代里,作者所在原机务段开展了多次机车防风沙(砂)与治风沙(砂)工程革新改造,使机车免遭风沙的侵(蚀)害,取得了良好的效果。在每年的春、秋两季风沙季节来临之前,全面进行机车大整修,加强柴油机进气系统的防护,每次风沙尘暴季节过后,对每台机车进行大清扫,特别是柴油机空气滤清系统。由于采取了这些有效的防范措施,至今在机车中修中未发生一台柴油机油底壳沉积有砂砾油渍层,该机车运用故障得到了彻底解决。

(二)280型柴油机油底壳

1. 结构

280型与240系列柴油机油底壳结构基本相同,所不同之处,因280型柴油机取消了泵支承箱,主机油泵采用两台内置式。同时,也是采用湿式油底壳,用螺栓紧固于机体底面,油底壳用于接受柴油机各润滑部位的回油并储存机油。其滤网以下的总容积为1 200 L。油底壳由铸钢的自由端端板、输出端端板和由钢板压制成形的壳体及油道、横隔板、侧板等组焊而成。为防止杂质混入机油和消除泡沫,上层铺设滤网。左侧设有辅助机油泵和启动机油泵吸油管。油底壳中间两侧各设有油标尺,用于检查机油油位。

自由端板上设有机油泵安装孔。机油泵将机油注入铸在自由端板下部的贮油腔内,通过柴油机右侧的出油口输出。自由端板内侧设有一个孔,用于安装安全阀,可打开油底壳侧面的盖板调整其压力,使机油泵最大出口压力为$0.8^{+0.05}_{0}$ MPa。自由端端板最低部位设有放油口,供清洗油底壳时放油使用。

2. 油底壳大修、段修

（1）大修质量保证期

在机车运行 30 万 km 或 30 个月（包括中修解体）内，柴油机油底壳垫片不发生破裂。

（2）大修技术要求

①清洗安全阀，组装后动作须良好，并进行调压试验，试验用油为柴油机机油，油温为 70 ~ 80 ℃，油压为 $0.80^{+0.05}_{0}$ MPa。

②清洗油底壳，有裂纹时允许焊修，然后进行渗水试验，保持 20 min 不许渗漏。油底壳与机体的接合平面须平整，对凸出部分须修平。

③油底壳高压油腔须进行 1 MPa 水压试验，保持 5 min 不许泄漏。

（3）段修技术要求

①清洗检查油底壳，油底壳不许裂损，焊修后进行渗水试验，保持 20 min 不许渗漏。

②油底壳与机体应配对组装，自由端须平齐，输出端须低于机体端面，但不得超过 0.1 mm。

油底壳经焊修后，应灌水做渗漏试验，保持 20 min 无渗漏。

3. 运用故障分析

280 型与 240 系列柴油机油底壳结构基本相同，机车运用所发生的结构性与运用性故障相似，故障表象为柴油机底座与油底壳端面泄漏机油，主要为结构性此垫装配不到位造成损坏而漏机油。机车运用性故障，随着机车防风沙技术能力的增强，在该型机车发生砂砾性积淀层的故障已不存在。

除此之外，280 型与 240 系列柴油机油底壳相同，也能间接判断柴油机其他部件破损泄漏冷却水的故障情况。

4. 案例

2006 年×月×日，DF$_{8B}$型×××机车在运用中，司乘人员与地勤质检人员均发现柴油机与油底壳间第 7 缸、8 缸油底侧边处有大片渗漏油渍，而且机车往返交路几趟后，柴油机就得加补机油，同时，柴油机自由端的污油坑总是积蓄有大量机油。经技术部门鉴定，估计为柴油机底座与油底壳端面间的垫损坏，于是扣临修作进一步检查，经解体吊下柴油机，发现相应柴油机第 7 缸、8 缸处，其机体与油底壳间垫破损，引起油底壳机油的泄漏，经更换此垫调整后，该故障情况消失，柴油机又投入正常运转。

思 考 题

1. 简述 240/280 型柴油机机体大修时的质量保证期。
2. 简述 240/280 型柴油机机体发生裂损的故障表象。
3. 简述油底壳缺少机油后在机车运行中有哪些故障表象。

第二节　连接箱、泵支承箱和弹性支承结构与修程及故障分析

连接箱、泵支承箱、弹性支承属于柴油机机体的附属件，主要起机械支承与防护作用。240 系列与 280 型柴油机连接箱、弹性支承其结构基本相同，安装位置与尺寸稍有区别。泵支承箱为 240 系列柴油机独有，280 型柴油机因其三大泵安装在油底壳及机体端板内，而取消了

泵支承箱。

一、连接箱

连接箱属法兰体结构,它连接于柴油机机体输出端与主发电机输入端之间,将柴油机与主发电机连为一体,组成柴油—发电机组。同时,也起到柴油机与主发电机连轴器的作用。

(一)240系列柴油机连接箱

1. 结构

连接箱安装在柴油机的输出端与主发电机连接处,240系列柴油机均通过连接箱将牵引发电机与机体连接起来,形成柴油—发电机组。为了使连接箱有足够的刚度和强度,采用铸钢整体铸造而成,其前端圆形法兰面上有与牵引发电机壳体配合定位的圆环形定位凸台,以保证曲轴中心与牵引发电机中心准确对中,圆形法兰外边缘中部设有两个拆卸牵引发电机用的工艺螺纹孔,将螺栓拧入该孔,即可将牵引发电机从圆环定位凸台上退下。连接箱的另一端是五边形法兰与机体相连,除用螺栓将其两者紧固外,还设有两个锥形定位销进行定位。顶面上设有空气冷却器的支座,对C/D型柴油机的连接箱来说,顶部设的两条加强筋较高,它对稳压箱悬臂部分起支撑作用。同时,也承受增压器的重量。

连接箱右侧上方设有盘车机构的安装座,中部设有检查孔,下部设有弹性支承安装座,底部设有排污孔。在与机体连接的法兰面上部靠两侧设组装凸轮端盖用的工艺孔(见图2-4)。

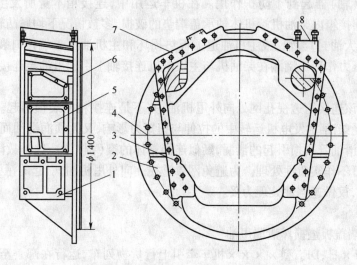

图2-4　连接箱

1-弹性支承安装座;2-圆形法兰;3-锥形定位销孔;4-螺孔;5-网盖;6-圆环形定位凸台;
7-五边形法兰;8-支座

2. 连接箱大修、段修

(1)大修质量保证期

在机车运行5万km或6个月,即一个小修期(2007年大修机车招标书规定须保证运用

6万km)内不得发生损坏。

（2）大修技术要求

①彻底清洗连接箱,连接箱不许有裂纹,安装密封平面不许损伤。

②连接箱与机体的接触面有碰伤、毛刺等缺陷时,对凸出平面部分须修整。

（3）连接箱总成技术要求

连接箱与机体组装后,其结合面须密贴,用0.05 mm塞尺检查不许塞入。

（4）连接箱段修技术要求

①连接箱应与机体配对使用,连接箱各部不允许有裂纹,与牵引发电机、机体的结合面有碰伤、毛刺等缺陷时,对凸出平面部分要整修。

②连接箱与机体的结合面紧固后应密贴,用0.05 mm塞尺塞不进,但允许有长度不超过螺栓间距(100 mm)的局部间隙存在。

③当焊修后或更换连接箱时须检查:连接箱直径1 400 mm,止口对主轴承孔轴线的同轴度不大于ϕ0.2 mm;连接箱与牵引发电机连接的法兰端面,相对于主轴承孔轴线的垂直度不大于0.5 mm;且不得用垫调整。

3. 故障分析

连接箱结构简单,为整钢体铸件,主要是柴油机与主发电机定子的联接固定件,并支承着柴油—发电机组的部分重量,但不受其拉伸与扭矩力作用,因此在机车运用中连接箱损坏的情况非常少见。主发电机定子与连接箱之间是由ϕ1 400 mm凸台定位,法兰连接,并确保主发电机转子磁极与定子绕组之间的气隙均匀,定子与转子同心。主要通过柴油机机体将主发电机连接起来,使柴油机与主发电机连接成一体,而构成柴油-主发电机组。同时又对柴油机与主发电机的连接(轴)器起到了防护作用。在机车运用中,连接箱本身所发生的故障并不多见,主要呈现在连接箱内柴油机端机体轴承盖端垫的破损,多数情况下均属凸轮轴端盖法兰垫漏机油,密封盖(大油封)漏泄,或主机油道盖板垫损坏和主机油道末端接口裂损(或松缓)引起漏油,在机油压力作用下滴漏在柴油机与主发电机连接轴上引起甩油至连接箱上,视为其有泄漏故障。

机车运行中该连接箱透视孔网处向外甩机油,并不是连接箱的裂损引起。因连接箱整体为铸钢体,并不受柴油-主发电机运转中的拉伸与扭矩力影响,又无须润滑油而言,只是相关部件的端盖垫与润滑油管裂损引起的泄漏,疑似连接箱体的裂(损)漏。这类故障情况并不影响机车正常运行,可不作实质性处理。为避免网罩透视孔向外甩机油,引起的污染机械间环境与火灾事故的发生,仅做遮挡性处理为妥。

4. 案例

（1）主机油端盖板垫损坏泄漏甩油

2006年×月×日,DF$_{4B}$型×××机车牵引上行货物列车,运行在鄯善至哈密区段,司乘人员在巡检机械间时,发现从连接箱检查孔网孔处向外甩机油。经司乘人员检查未发现泄漏机油处,在柴油机运转中确认机油压力正常,只得用块抹布(旧毛巾)遮挡住,因未影响到机车正常运转,未作任何处理,继续牵引列车运行。待该台机车返回段内,司乘人员及时向机车机车地勤质检人员反映这一情况,经检查确认,将该台机车扣临修。解体检查发现左侧凸轮轴端盖法兰垫和主机油道端盖板垫均损坏漏机油,泄漏的机油顺着机体端板盖下淌,流到旋转中的连接轴上,在曲轴回转作用下而形成甩油。当将凸轮轴盖垫和主机油道端盖板垫更换新垫后,该故障消失,机车又投入正常运用。

(2)油管路泄漏甩机油

2007年11月12日，DF_{4C}型5273机车，担当上行货物列车本务机车牵引任务，运行在兰新线鄯善至哈密区段的七克台至红旗坎站间，司乘人员在机械间巡检中，发现柴油机与主发电机的联接箱从透视网处向外甩机油。经检查，也未发现漏机油处所，在确认柴油机与主发电机各部运转均属正常，操纵台机油压力正常的情况下，除此处甩油外，并不妨碍柴油机运转，未作任何处理，机车继续牵引列车运行。待该台机车返回段后，司乘人员及时向机车地勤质检人员反映这一故障现象。经检查确认，将该台机车扣临修。解体发现柴油—主发机组连接箱内有泄漏的机油，弹性联轴未甩油，在静态下检查，也未发现其他泄漏处。估计为凸轮轴端盖垫及连接箱内油管路泄漏，经更换凸轮轴端盖与连接箱内油管，清洗连接箱后，启动柴油机运转正常，泄漏机油故障消失。该台机车又投入正常运用。

经分析，该台机车2007年10月23日完成第2次小修，修后走行9 640 km。经上述扣临修更换凸轮轴盖垫和润滑油管后，此类泄漏故障消失，属机车运用中的隐形故障，多数情况下属材料质量问题，定责材质。同时，要求在机车检修时，加强对连接箱的检查，及时清除连接和存在的油污，及早发现此类隐形泄漏运用故障。

(3)弹性联轴节内圈泄漏甩机油

2008年8月4日，DF_{4B}型0151机车，担当货物列车X184次本务机车牵引任务，现车辆数21，总重1 368 t，换长33。运行在兰新线哈密至柳园区段，17时06分到达柳园站，因柴油机与主发电机连接箱处向外抛甩大量机油，司机要求更换机车，构成G1类机车运用故障。待该台机车返回段内后，扣临修检查，柴油机弹性联轴节内圈螺栓处漏油。经更换弹性联轴节，试验运转正常后，该台机车又投入正常运用。

查询机车运用与检修记录，该台机车2008年6月18日完成第2次机车中修，修后总走行25 316 km。机车到段检查，发现柴油机弹性联轴节内圈螺栓处漏油。经分析，此弹性联轴节因质量问题发生漏泄。该台机车于机车中修时装用经大修过的弹性联轴节，按质量保证期定责机车配件厂。同时，及时将此故障信息反馈该机车配件厂，提高大修配件质量，机车中修在装车前应对配件严格按标准检查。

(二)280型柴油机连接箱

1. 结构

280型与240系列柴油机用连接箱基本相同，其区别为整体尺寸有所增大，也是柴油机和同步主发电机刚性连接体，使之成为柴油—发电机组。连接箱属箱形结构，采用铸钢整体铸造。它的一端与机体相连，另一端以凸缘定位方式与同步主发电机连接。连接箱上面的两个方孔，用于连接同步主发电机的排风道，两侧中部开有观察孔，同时，可在左侧观察孔处操作柴油机的盘车机构。

由于早期出厂机车装用的280型柴油机(原型)，与后期出厂的280型柴油机(A型)所用连接箱结构相似。两种连接箱与机体及同步主发电的连接尺寸完全相同，但因原型柴油机采用盖斯林格弹性联轴节，A型柴油机采用大圆薄板式联轴节，而这两种联轴节的厚度是不同的，这就使得两种型号的柴油机与同步主发电机之间的轴向距离也不相同。因此两种连接箱的厚度就有差异，其中原型机的连接箱厚度为455 mm，A型机连接箱厚度为350 mm。

2. 连接箱大修、段修

(1)大修质量保证期

在机车运行5万km或6个月，即一个小修期(2007年大修机车招标书规定须保证运用

6万km)内不得发生损坏。

（2）大修技术要求

①彻底清洗连接箱。

②连接箱与机体及同步发电机的接触面有碰伤、毛刺等缺陷时,对连接箱两安装面的平面度在全长内为0.1 mm.

（3）连接箱总成技术要求

机体与连接箱结合面间,用0.05 mm塞尺不许塞入。

（4）段修技术要求

①连接箱清洁无油垢,各部不许裂损(裂纹允许清除修复)。

②连接箱与机体须配对使用,与机体及牵引发电机的结合面须良好,整修碰伤、毛刺等缺陷。

③连接箱与机体的结合面紧固后须密贴,用0.05 mm塞尺不许塞入,但允许有长度不超过两个螺栓间距的局部间隙。

④当焊修后或更换连接箱时须检查:连接箱直径1 544 mm定位孔对主轴承孔轴线的同轴度允差为ϕ0.20 mm;连接箱安装同步发电机平面,对机体主轴承孔的端面跳动允差为0.4 mm,且不许用偏垫调整轴线的垂直度不大于0.5 mm;且不得用垫调整。

3. 运用故障分析

该连接箱由于结构紧密、设计合理,在机车运用中很少发生故障,与240系列柴油机连接箱相同,多数情况下发生在与此连接的柴油机机体侧部件垫渗漏而引起。

二、泵支承箱

泵支承箱安装在柴油机的自由端,主要起到三大泵(主机油泵、高、低温冷却水泵)轴承的支承与齿轮的防护作用。280型柴油机由于机体的改进,其三大泵与齿轮为内嵌式,因此取消了泵支承箱。

（一）240系列柴油机泵支承箱

1. 结构

泵支承箱安装在柴油机的自由端,其上、中部与机体控制端板相连,下部与油底壳相连。高、低温水泵和主机油泵安装在泵支承箱上,由曲轴齿轮驱动。左侧设有机油离心精滤器安装支座,上顶面安装燃油滤清器支架座(见图2-5)。

B型柴油机泵支承箱下部中央设有主机油泵的安装支座,内部还设有主机油泵传动轴支座,上部中央有一孔,安装小油封用,左侧上部设有中间冷却器冷却水泵(低温水泵)安装支座,右侧上部设有高温水泵安装支座。箱体左侧中部设有机油离心精滤器的安装支座,其下面为机油离心精滤器过滤后的机油流回曲轴箱内的回油孔。箱体右侧的检查孔盖上装有主机油泵出口管路旁通管路的回油阀。

泵支承箱上底面作为燃油精滤器安装支架座。泵支承箱上方为端板,其中部为观察孔盖,左、右设有凸轮轴中间传动齿轮的可调支承。

C型柴油机由于控制端的部件和结构与B型柴油机相比有较大的变化,因此泵支承箱装配也有较大差异。

泵支承箱下部中央为机油螺杆泵(主机油泵)的安装座孔,上部左、右为高、低温水泵安装座孔,上部中央为小油封安装座孔,下部左、右两侧为检查孔盖,右侧的检查孔盖上还设有小油

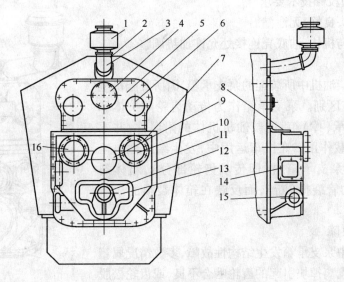

图 2-5　B 型柴油机泵支承箱装配

1-油气分离器;2-差示压力计管接头;3-呼吸管;4-观察孔盖;5-端板;6-凸轮中间传动齿轮可调支承;
7-泵支承箱;8-燃油精滤器支架;9-小油封盖;10-高温冷却水泵(大水泵)座孔;11-检查孔;12-主机油
泵传动轴支座;13-主机油泵座孔;14-机油离心精滤器支架座;15-回油孔管;16-低温水泵(小水泵)

封回油管的回油接口(见图 2-6)。

由于三大泵传动结构上的较大变化,使 C 型柴油机的泵支承箱显得较扁平,两侧面不安装任何部件,上顶面也不安装燃油精滤器。泵支承箱上方的端盖左、右侧仍为凸轮轴中间传动齿轮轴的可调支承安装孔,中部的观察孔盖同时作为燃油精滤器的安装座用。

D 型柴油机的泵支承箱的安装位置与 B 型柴油机基本相同,结构上有所区别。主机油泵安装孔的上方有小油封安装座孔,它的两侧为检查孔盖,在一侧的检查孔盖上还设有小油封回油管的回油接口。泵支承箱上方的端盖中部设有燃油精滤器的安装支架座,其两侧为凸轮轴中间传动齿轮轴的可调支承(见图 2-7)。

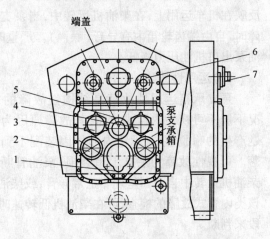

图 2-6　C 型柴油机泵支承箱装配

1-机油螺杆泵安装座;2-检查孔盖;3-低温水泵安装座;
4-高温水泵安装座;5-密封盖;6-凸轮轴中间传动齿轮
轴可调支承;7-观察孔盖及燃油精滤器安装座

2. 泵支承箱大修、段修

(1)大修质量保证期

在机车运行 5 万 km 或 6 个月,即一个小修期(2007 年大修机车招标书规定须保证运用 6 万 km)内不得发生损坏。

(2)大修技术要求

①全部清洗,去除油路内的油污。

②泵支承箱体、泵传动装置支座不许有裂纹、破损,安装接触面须平整。

（3）泵支承箱段修技术要求

①各油管接头良好，无泄漏。

②泵支承箱与机体，油底壳连接处允许加垫调整。

3. 故障分析

在240系列柴油机中所装配的泵支承箱，因所装配机型不同，其结构稍有区别。泵支承箱作为传动齿轮防护体和三大泵的安装支承（撑）箱，属柴油机机体的附属件，并不对防护部件起承载作用。在机车运用中，发生结构性与运用性故障主要在泵支承箱内（即传动齿轮部分），箱体裂损，三大泵外接油管裂损（断），而反映在箱体裂损的故障案例较少见。

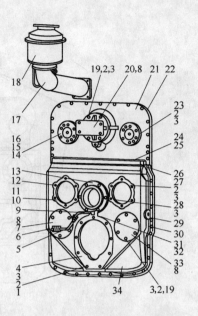

图 2-7　D 型柴油机泵支承箱

1、24、28-螺栓；2-螺母；3、35-垫；4、8、11、12、16、22、26-垫片；5、9-密封盖管装配（一）、（二）；6-喷嘴装配；7、33-检查孔盖（一）、（二）；10-密封盖；13、30-锥销；14-垫；15-可调支承；17-呼吸管装配；18-油气分离器装配；19、23、27-螺栓；20-观察孔座盖；21-机体端盖；29-螺堵；31-接口；32-衬垫；34-箱体

（1）结构性故障

在机车运用中泵支承箱发生结构性故障，多数情况属箱体内三大泵齿轮剥离掉块引起的齿轮啮合不良，或齿轮松脱造成的啮合不良，齿轮箱内的十字头磨损过量（外部反映后输出轴摆幅过大），中间齿轮支架轴断裂，减震器齿轮啃伤剥离，泵传动主齿轮嘣脱，引起的主机油泵与高、低温水泵不能运转（三大泵故障将在第八章内叙述）。其故障表象主要反映在机车运用上，在柴油机运转中，当泵支承箱内发生故障时，自由端齿轮内有异音（噪声）。严重时，会出现主机油泵出口机油压力降低。

（2）运用性故障

泵支承箱运用性故障是结构性故障的反映。多数情况下属不可视性内置式故障，其故障原因为长期运转使齿轮磨损产生松旷，齿轮因材质问题产生的嘣脱，泵支承箱内部件因装配不到位或材质问题造成的啃伤，齿轮啮合不良而脱落。可视性故障为泵支承箱裂损，泵油管断裂。在机车运用中的故障表象，内置性故障在柴油机运转中自由端呈现非正常异音，或柴油机喘振；箱体裂损或油管断裂可见泄漏油迹。对该类内置式故障的检查，可在柴油机低转速时（400～500 r/min），采用"听诊鉴别法"的检查手段来判断。

在机车运行中，此类故障表象为柴油机自由端泵支承箱内有异音，后输出轴摆幅大，支承箱体外观有泄漏机油。如故障发生在早期，并不影响机车的运用（除齿轮嘣块卡滞）。一般情况下，机油压力输出（入）正常时，可维持机车运行，待机车返回段内再作处理。

4. 案例

（1）泵支撑箱齿轮剥离啮合不良

2006年1月11日，DF$_{4B}$型3311机车牵引货物列车在柴油机加载运行中，多次出现卸载，经司乘人员检查，为机油压力出现波动，引起机油压力保护性作用而瞬间卸载。经对泵支承箱上主机油泵监听检查有嘈杂的异音。待该台机车维持运行返回段内后，经机车地勤质检人员上车检查，确认为主机油泵故障，扣临修。经对主机油泵解体检查分析，为主机油泵支撑箱内齿轮剥离掉块，引起主机油泵齿轮啮合不良而形成供油不足，造成柴油机机油保护频繁作用而卸载的故障。

（2）泵传动箱内十字头与套磨损

2006年2月5日，DF_{4B}型1106机车牵引货物列车运行中，司乘人员机械间巡检中，发现柴油机后输出轴摆动量大。待该台机车返回段内，及时向机车地勤质检人员反映这一情况，经检查确认，扣临修。解体检查，为柴油机自由端泵体支承箱内十字头与十字头套磨损，造成柴油机在运转中自由端传动轴摆幅过大。经分析，该台机车厂修后走行193 315 km，在质量保质期内损坏，定责机车大修。经更换内十字头和十字头套后，这一故障消失，机车又投入正常运用。

（3）支承箱内十字头与套磨损过量

2006年6月17日，DF_{4B}型0278机车牵引货物列车运行中，司乘人员机械间巡检时，发现后输出轴摆幅超常，并伴随有异音。待该台机车返回段内后，及时向机车地勤质检人员反映这一情况，经检查确认，后输出轴靠柴油机自由端一侧，输出轴用手可轻微晃动，明显为轴与轴套间的啮合（配合）间隙增大。因此扣临修作进一步检查，经解体，自由端齿轮箱的夹形接头内的十字头与套磨损过量，造成配合间隙过大。经分析，因十字头套自身材料质量不良发生偏磨，造成十字头啮合量过大而松旷，因此而影响到后输出轴摆幅不正，使后输出轴摆动量过大。查询该台机碎修记录，该轴于2006年6月11日更换过的中间齿轮支架轴。投入运用走行仅1 738 km，明显为材料质量问题。经更换此内十字头后，柴油机投入正常运转。

（4）支承箱内中间齿轮支架轴断

2006年6月11日，DF_{4B}型0278机车牵引货物列车运行中，柴油机突然停机，经司乘人员检查，主机油泵无压力输出，因此而终止牵引列车运行。待该台机返回段后，扣临修，解体检查，柴油机中间齿轮支架轴断损，因长期运用中，使该支架根部疲劳断裂，经更换该轴后，柴油机又投入正常运转。

（5）支承箱内十字头减震齿轮啃伤

2006年7月3日，DF_{4B}型1013机车牵引货物列车运行中，司乘人员机械间巡检中，发现自由端泵支承箱内在低负载时，发出的噪声较大，有些异常（高手柄负载区难以鉴别）。待该台机车返回段内后，及时向机车地勤质检人员反映这一情况。对此进行动态检查，确属泵支承箱内有噪声（异音）。因此扣临修，解体检查，柴油机主机油泵支承箱内十字头间隙大，减振器齿轮被啃伤剥离，造成柴油机泵支承箱内十字头间隙增大，因齿轮材质问题而被啃伤。经更换柴油机主机油泵支承箱内十字头减振齿轮，柴油机泵支承箱内运转异音消失，该台机车又投入正常运用。

（6）支承箱内泵传动齿轮嘣齿

2006年8月6日，DF_{4B}型151机车牵引货物列车运行中，柴油机突然停机，经检查，主机油泵无机油压力输出，因此而终止牵引列车运行。待该台机车返回段后，经解体检查，在自由端齿轮传动箱内，泵传动主齿轮有多枚齿嘣脱，使主机油泵与高、低温水泵均不能运转，造成无机油压力输出，柴油机油压保护起作用而停机。经更换此箱内损坏的部件，柴油机又恢复正常运转。

（7）传动齿轮嘣脱

2006年8月26日，DF_{4B}型754机车牵引货物列车运行中，柴油机突然发生停机，经检查，主机油泵无机油压力输出，因此终止牵引列车运行，待该台机车返回段后，经解体检查，在柴油机自由端齿轮传动箱内泵传动主齿轮有枚齿嘣脱，造成主机油泵相应齿轮掉齿，但高、低温水泵齿轮良好，经更换此泵传动主动齿轮，该台机车又投入正常运用。

（8）支承箱端硅油减振器与曲轴装配松旷

2006 年 8 月 8 日，DF$_{4B}$ 型 2009 机车牵引货物列车运行，柴油机自由端运转中，发生异常振动，司乘人员与机车地勤质检人员反映此故障情况，经检查确认，扣临修。解体柴油机，发现柴油机硅油减振器在曲轴装配上松旷（≥0.03 mm），曲轴有剥离掉块，影响了硅油减振器与曲轴的配合面。

查询机车运用与检修记录，该台机车大修后仅走行 13 180 km 就发生此故障，在质量保质期内，属装配工艺问题，定责机车大修。

（9）自由端齿轮传动装置侧端盖螺栓断

2007 年 10 月 13 日，DF$_{4B}$ 型 0754 机车牵引上行货物列车，运行在兰新线鄯善至哈密区段的小草湖至红台站间，司乘人员在机械间巡检中，发现柴油机自由端齿轮传动装置左侧盖板处渗漏机油，经检查，发现有几处螺栓松动，当用工具紧固时已滑扣，无法紧固。因除渗油外，并不妨碍柴油机运转，因此未作任何处理而继续运行至目的地。待该台机车回段后，司乘人员及时向机车地勤质检人员反映这一故障现象，经检查确认，将该台机车扣临修。解体检查，拆下此检查孔端板，发现此端盖板紧固螺栓断了 3 条，在此断折的 3 条螺栓处，柴油机运转中向外渗漏机油。经拆除端盖板，更换新栽丝。该台机车又投入正常运用。

查询机车运用与检修记录，该台机车 2007 年 9 月 12 完成第 2 次小修，修后走行 18 429 km。经分析，该处处于柴油机振动比较大的处所，日常检修作业地域狭窄，在检修作业中卸装此盖时发生磕碰，极易引起紧固螺栓的隐裂，给柴油机运转带来隐患。在柴油机与机车运行的综合共振下，极易引起螺栓的疲劳折损。而此处在日常机车技术检查作业中很难检查到，此处在机车检修作业一般按状态修。定责材质。同时，要求机车检修作业中按工艺规范检修，避免装卸端盖板时磕碰造成的隐伤，保证机车安全运行。

（10）泵轴承保持架碎

2007 年 12 月 5 日，DF$_{4B}$ 型 0670 机车牵引上行货物列车，运行在兰新线鄯善至哈密区段的红台至大步站间，司乘人员在机械间巡检中，发现柴油机自由端齿轮箱内有异常声响。经检查，三大泵工作均属正常，外表也未发现漏机油处所，检查机油压力表与油水温度表均显示正常，柴油机运转属正常的情况，因此未作任何处理而继续运行至目的地。待该台机车回段后，司乘人员及时向机车地勤质检人员反映这一故障现象，经检查确认，将该台机车扣临修。经解体检查，其配气齿轮 412 轴承保持架碎。经更换新轴承，试验运转正常后，该台机车又投入正常运用。

查询机车运用与检修记录，该台机车 2007 年 9 月 24 日完成第 2 次小修，修后走行 33 785 km。经分析，前趟交路中该台机车因同样的故障问题扣临修，但未按要求打开支承箱检查盖检查，临修交车后机车未运用就被扣修。定责检修部门。同时，要求日常检修作业中加强对该部位的检查。

（11）泵支承箱内齿轮过轮脱开

2008 年 5 月 25 日，DF$_{4C}$ 型 5269 机车担当货物列车 11039 次本务机车牵引任务，现车辆数 45，总重 3 209 t，换长 58.4。运行在兰新线哈密至鄯善区段的哈密至火石泉站间，增压器喘振严重，司乘人员检查机械间时，发现前后增压器压气机侧的进气帆布通道已被喘振时的空气负压扯破损，膨胀水箱也溢水。司机因此要求在火石泉站停车更换机车，构成 G1 类机车运用故障。待该台机车返回段内后，扣临修。解体检查，柴油机左侧过轮轴大小过轮脱开。经更换大小过轮，试验运转正常后，该台机车又投入正常运用。

查询机车运用与检修记录，该台机车 2008 年 4 月 2 日完成第 4 次机车小修，修后走行

29 971 km。机车到段检查，前后增压器进气口帆布通道被扯破，膨胀水箱剩下 1/3 水表柱储存水。柴油机自由端配气齿轮在甩车时，大过轮转动，小过轮不转。经分析，该台机车前一交路运用时，司乘人员反馈该台机车前、后增压器已发生喘振。这时的大小过轮已经在似脱开非脱开状态，柴油机配气相位已经混乱，因此造成增压器喘振，机车返段后，机车技术检查整备部门对该信息未能引起足够重视，仅外观检查后，未发现问题就将机车投入运用。再次运用后，柴油机工作紊乱，造成油水温度过高，在火石泉站停机救援后，大小过轮彻底脱开，左侧凸轮轴已不能转动。2008 年 5 月 24 日扣临修后，技术、检修部门未对该机车进行认真检查确认，运用一趟交路后，机车技术检查整备部门对司乘人员反馈信息未认真检查确认，定责技术、检修、整备三部门。同时，要求对故障机车处理要彻底，对司乘人员提出的机车质量信息要认真检查处理。

（二）280 型柴油机齿轮箱

280 型柴油机齿轮箱（泵支承箱）与 240 系列柴油机泵支承箱有所不同，该齿轮箱与机体铸成一体，布置于机体前端（柴油机自由端）。它上面设有的各种孔，用于安装调控传动总成、油气分离器、高温水泵、中冷水泵和传动齿轮轴承等。因此，该项设计故障率较低，在机车运用中，未发生过齿轮箱裂损等故障。

三、弹性支承

弹性支承是柴油机与主发电机安装在机车车架上的支承。它支承着柴油机的全部静载荷重量与运转的扭矩力，并起到缓冲减振作用，240 系列与 280 型柴油机弹性支承作用原理与结构基本相同。

（一）240 系列柴油机弹性支承

1. 结构

柴油机发电机组的全部质量通过 4 个弹性支承安装在机车车架上。前弹性支承位于第 2 位主轴承处的机体两侧下方，后支承位于连接箱两侧下方，每个弹性支承承受静载荷为 7 000 kg。弹性支承缓和柴油—发电机组与车架的振动，同时在机车运行中对来自线路的冲击振动起缓和作用。其中的高频振动可被锥形橡胶所吸收，以改善柴油—发电机组的工作条件，使柴油机无论在低手柄空转或高转速时均可避免发生共振。

前、后弹性支承，除支承座外形不同外，其余零部件全部相同。支承上座内部为锥形腔的铸钢件，通过螺钉与机体或连接箱上相应安装座面紧固。支承下座为锥形中空铸钢件，下座通过调整垫片安装在支承座板的凹形圆盘内。支承座板焊接在机车车架上，支承上座与底部的支承板之间用 2 个螺栓加以连接。当柴油—发电机组坐上后，挡圈底面与支承上座间平面间应保持 5 mm 间隙，以保证柴油—发电机组工作时的防振效果（见图2-8）。如各弹性锥套承载后的工作高度不同时，可用调整垫片进行调整，以补偿弹性锥套压缩量的变化。

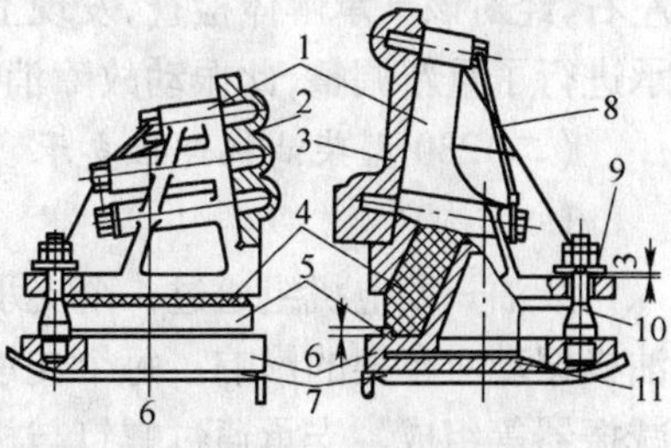

图 2-8　240 系列柴油机弹性支承

1-支承上座；2-机体侧壁；3-连接箱侧壁；4-锥形橡胶套（橡胶隔振器）；5-支承下座；6-支承座板；7-车架支座；8-铁丝；9-挡圈；10-螺栓；11-调整垫片

240 系列柴油机支承座结构基本相同，其中对橡胶隔振器的要求：能够在 −40 ℃ ~ +80 ℃ 情况下正常工作，承受垂向载荷不低于 68.8 kN，静刚度应大于 110.5 kN/cm；垂向振动频率为 6.2 ~ 6.8 Hz，横向频率为 9.5 ~ 10.5 Hz（避开柴油机工作转速范围内形成的一次激振频率,以免发生共振)。静挠度:在垂向载荷68.6 kN时,静挠度为9～13 mm,装到同一台柴油发电机组的4个橡胶隔振器的静挠度差不得大于1 mm。

2. 弹性支承大修、段修技术要求

(1)大修质量保证期

在机车运行5万km或6个月,即一个小修期(2007年大修机车招标书规定须保证运用6万km)内不得发生损坏。

(2)大修技术要求

①清洗弹性(机座)支承,检查并消除裂纹。

②橡胶减振元件须更新。

3. 运用故障分析

机车运用中,支承座发生破损情况极小,主要为支承座内因橡胶锥压缩量发生变化,或4个支承座调整间隙出现不当。将会使柴油机工作转速范围内振动频率加大。同时,在柴油机超速及以上(柴油机"飞车")运转中,超过了橡胶隔振的防振能力,在一次激振频率下,极易发生柴油机共振。在机车运用中的故障表象为柴油机振动频率高,特别在柴油机高负荷区,司乘人员去机械间巡检,行走在机械间地板上相应故障支承座处,腿部都被振动得发生颤抖。在机车运行中,支承座发生此类故障时,一般情况下,不会影响到机车正常运行,在柴油机振动强烈时,可适当降低柴油机转速(输出功率),维持机车运行,待机车返回段后再做处理。

4. 案例

2006年××月××日,DF$_{4c}$型×××机车牵引下行货物列车,运行在哈密至鄯善区段,柴油机加载运行中,司乘人员上机械间巡视检查时,在经过左侧柴油机前支承座附近的走廊地板时,柴油机振动强烈,以致身体跟随着颤抖。柴油机转速越高负荷越大,振动越强烈。待该台机车返回段内后,司乘人员及时向机车地勤质检人员反映这一情况,据机车运行交接班记录记载,多班乘务过该台机车的人员也反映这一样现状。经技术部门专业技术人员上车检查,确认柴油机输出端支承座附近振动超常,柴油机运动部件工作运转均属正常,扣临修。经对支承座检查测量,发现柴油机连接箱左侧弹性支承发生形变,此支承与其他支承的高度差为8 mm左右,经对该支承解体检查,发现上支承内锥形橡胶堆老化发生形变,更换此橡胶堆后,对该支承进行了重新调整,此振动故障消失,该台机车又投入正常运用。

(二)280型柴油机弹性支承

1. 结构

柴油—发电机组通过4个支承安装于机车上,用于承受柴油—发电机组的重量和减少柴油机振动对车架的影响。每个支承承受的垂直载荷为76 685 N。支承主要由支承、螺钉、橡胶减振器等组成。支承通过螺钉与机体、连接箱连接,又置于橡胶减振器上,柴油—发电机组的重量由支承经橡胶减振器传到车体架上。

柴油机装上连接箱并装好同步主发电机后,用2个前端支承和2个后端支承,分别安装于机体第2曲轴箱观察孔位和连接箱侧面,以支承柴油—发电机组。

为支承单独的柴油机,以4个前端支承分别安装于第2、7曲轴箱观察孔的机体侧面。

为确保柴油—发电机组的安装高度和水平要求,用调整垫片的数量和厚度来补偿橡胶减振器压缩量的变化。为保证机体支承的隔振效果,应使两个拼紧螺母下的垫圈与支承的间隙为5 mm,该值可通过调整螺母实现。橡胶减振器在68 700 N负荷下,其静挠度为9～13 mm。

应将其分组装机,每组 4 个。同组内各个橡胶减振器静挠度差值不大于 1 mm。其值可通过调整螺母实现。机体支承的结构(见图 2-9)。

2. 大修、段修技术要求

(1)大修质量保证期

在机车运行 5 万 km 或 6 个月,即一个小修期(2007 年大修机车招标书规定须保证运用 6 万 km)内不得发生损坏。

(2)大修技术要求

①清洗弹性(机座)支承,检查并消除裂纹。支承螺钉不许有断扣、裂纹、毛刺及碰伤,并须重新镀铜。

②橡胶减振元件须更新。

3. 故障分析

与 240 系列柴油机支承相同,在机车运用中发生此类运用性故障极小,基本上均属结构性故障,如支承座橡胶堆老化变形,调整不当,因调整技术的要求,对其调整相对质量要求较高。否则,在柴油机加负荷的高转速区,将会发生柴油机机体的异常振动。

在机车运行中,发生支承座故障时,其故障表象与 240 系列柴油机相同,不会影响到机车正常运行,待机车返回段内后再作处理。

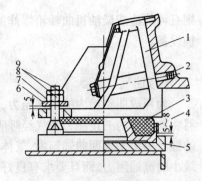

图 2-9　280 型柴油机机体支承
1-支承;2-螺钉;3-减振器;4-挡圈;5-垫片;6-垫圈;7-螺柱;8、9-调整螺母

思 考 题

1. 简述 240 系列与 280 型柴油机连接箱的区别。
2. 简述连接箱、泵支承箱和弹性支承大修质量保证期。
3. 简述连接箱检查孔处甩油来自何处。
4. 简述 240 系列柴油机泵支承箱的故障表象。
5. 简述弹性支承座橡胶堆发生损坏后的故障表象。

第三节　曲轴箱防护等装置结构与修程及故障分析

柴油机曲轴箱防护装置、盘车机构与油封装置属于柴油机的附属件。除曲轴箱防护装置属柴油机的保护装置外,盘车机构与油封装置属柴油机检修、防护装置。曲轴箱防护装置由油气分离器、差示压力计与防爆阀及阀孔盖组成,240 系列与 280 型柴油机曲轴箱防护装置的结构与工作原理基本相同。

一、柴油机曲轴箱防护装置

(一)240 系列柴油机曲轴箱防护装置

当柴油机工作时,燃烧室内少量燃气会通过活塞环窜入曲轴箱内,增压器的放气管也接在机体内,另外曲轴曲柄连杆机构的高速旋转造成机油飞溅,均会使曲轴箱内形成一定的压力。如果不把这部分压力及时释放,不但会影响柴油机的功率发挥,而且会危及柴油机运转的安全,特别是当活塞顶部出现裂纹时,高温高压的燃气突然冲到曲轴箱内,会使其压力急剧增高,

则有可能造成柴油机曲轴箱爆炸的严重事故。为避免此类事故的发生,曲轴箱装置有一套保护设备。

1. 结构

(1)油气分离器

为释放曲轴箱内的气体压力,柴油机自由端的机体端板上装有呼吸管,其上安有油气分离器将曲轴箱内的正压力油气经呼吸管到达油气分离器,在油气分离器内,气体几经迂回后,机油被分离出来流回曲轴箱内,气体被分离排到大气中。因此,对油气分离器来说,不但要求有最小的流通阻力,而且要求有良好的油气分离效果。

B型柴油机的油气分离器见图2-10。由曲轴箱来的油气由下部进入中间的壳体内,由于油气被内隔板挡住,只能从侧壁的窗口流向壳体的外部,但又受到外隔板和挡筒的阻挡(在外隔板上设有数个小孔,部分油气可通过),油气只能向下迂回,绕过挡筒,沿挡筒外壁上升,再经壳体上部的窗口进入到壳体内,然后向上排到大气中。几经迂回油气中的机油大部分被挡了(分离)下来,通过外隔板上的孔、壳体下部的孔流回曲轴箱。

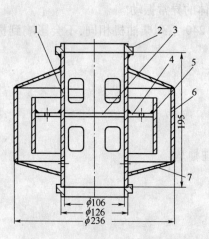

图 2-10　B 型柴油机用油气分离器

1-壳体;2-上法兰;3-内隔板;4-外隔板;5-挡筒;6-外筒;7-下法兰

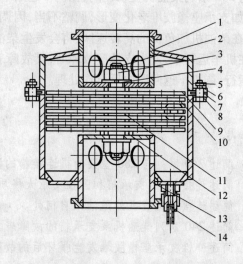

图 2-11　C/D 型柴油机用油气分离器

1-上体;2-芯轴;3~7-螺栓、螺母、垫圈;8-垫片;9-滤片(一);10-滤片(二);11-隔套;12-圆螺母;13-下体;14-回油管装配

C/D 型柴油机与 B 型柴油机用油气分离器作用原理相同,其结构稍有区别。它的结构是滤片式油气分离器,由上体、下体、芯轴滤片、回油管装配等零部件组成,从曲轴箱来的油气通过呼吸道进入到油气分离器下体内腔。由于下体内筒壁上开有 8-ϕ36 孔,油气通过这些孔进入到上体内筒的腔内,油气上升,通过 7 片滤片后,又经上体内筒壁 8-ϕ36 的孔进入上体内筒的腔内,排向大气。滤片有两种,两种滤片交叉装在芯轴上,并使滤片上的孔互相错片,以充分利用屏障,更好地起到油与气分离的作用。

油气在上述回路中,油被不断的挡下,挡下来的机油沉积到油气分离器的底部,通过回油管流入曲轴箱。

(2)差示压力计

差示压力计的作用是反映(监测)曲轴箱内的泄燃气压力,当曲轴内的泄燃气压力超过规

定数值(588 Pa)时,差示压力计通过联合调节器使柴油机发生自动保护性停机,起到对柴油机的安全保护作用。差示压力计实际上是个 U 形管,管内装有一定量的导电液,液面高度应与刻度标牌上的"O"刻线对齐,在 U 形管管接头一端通过橡胶管接到柴油机自由端的呼吸管(油气分离器)上,使 U 形管与曲轴箱相通,U 形管的另一端(侧)上的通气孔与大气相通(见图 2-12)。这样,U 形管的两侧导电液面高度差,即为曲轴箱内的泄燃气压力与大气压力的压差。曲轴箱内的泄燃气压力升高时,U 形管内的导电液面向与大气相通的这一侧升起,当导电液面升高到与导线金属触针接触时,使这两根导线短路,联合调节器的电磁联锁动作(线圈断电),柴油机自动停机,防止柴油机因曲轴箱内燃气压力过高发生意外,进而有效地保护柴油机在安全有效范围内运转。

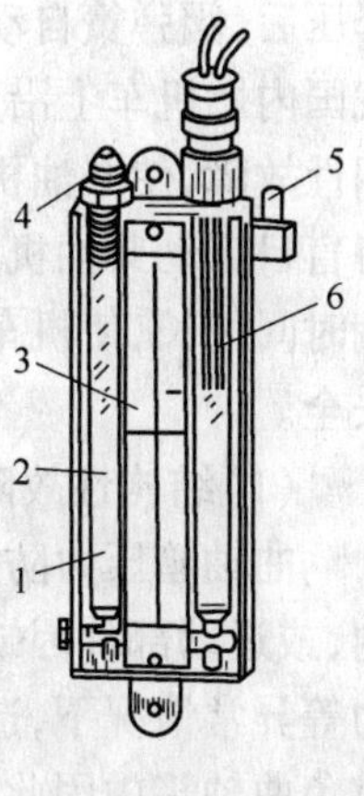

图 2-12　差示压力计
1-差示压力计体;2-导电液;3-刻度标牌;4-管接接口;5-通气孔;6-导线

240 系列与 280 型柴油机所装配的差示压力计相同,其作用值也相同。

(3)曲轴箱防爆安全孔盖

当曲轴箱内的气体由于某种原因,突然急剧升高,即使差示压力计动作,柴油机停机,但曲轴箱内的气体还来不及释放时,为了保护柴油机运转中的安全性,于是在曲轴箱左侧的检查孔盖上设有防爆安全孔盖结构。高压气体顶开安全孔盖,及时放出曲轴箱内的高压气体。当压力降到一定值时,防爆安全阀盖在复原弹簧作用下自动复位。

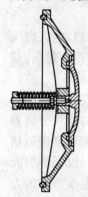

防爆安全孔盖由盖体、阀盖、弹簧等组成。当曲轴箱内的气体压力 ≥0.01 MPa 时,克服了防爆安全阀盖的阀盖弹簧的阻力,将阀盖顶开,当阀盖全开启时,每个阀盖开启后的流通面积为 71 cm^2,曲轴箱内的高压气体迅速由此流出,当气体压力小于 0.01 MPa 时,阀盖又在弹簧力作用下复位(见图 2-13)。

无论是差示压力计动作或防爆阀被顶开放气后,均不宜马上打开曲轴箱孔盖进行检查,同时人也暂时不要立即靠近柴油机,因为曲轴箱内向外冲出的气体,带有可燃成分,有时会着火。

图 2-13　防爆阀安全孔盖

2. 曲轴箱防爆安全孔盖

(1)大修质量保证期

在机车运行 5 万 km 或 6 个月,即一个小修期(2007 年大修机车招标书规定:须保证运用 6 万 km)内不得发生损坏。

(2)修程技术要求

曲轴箱防爆门弹簧组装高度为 83 $^{+1.5}_{-0.5}$ mm,组装后盛柴油试验无泄漏。

3. 故障分析

曲轴箱防护装置属柴油机的防爆保护装置,主要由两套监测、监控装置所组成。即真空监测装置(由差压力计、油气分离器与导管等构成)、压力释放监控装置(曲轴箱防爆盖)组成。前者,连通管(差示压力计)的原理,以柴油机曲轴箱燃气与大气压力差之比来监测其压力,为了较有效的监测到柴油机曲轴箱内的压力,在引出曲轴箱燃气压力前设置了油气过滤器(油气分离器),使之气体比较纯净,避免油气混合物进入连通管内,产生误值,而使差示压力计发生非正常误动作。后者,直接以压力的方式(弹性防爆阀),监控曲轴密封箱容器内的燃气压力,当该容器内压力超过一定值时,压缩弹性防爆阀而开启,使曲轴箱内减压(经释压后,阀弹簧自动关闭),避免曲轴箱内爆燃事件的发生。由于该套装置结构简单适用,在我国内燃机车上沿用了几十年,并无多大改进。在机车运用中,常因其结构性原因引起机车运用性故障,使柴油机发生非正常性停机,因根据运用机车守则,当差示压力计起保护作用后不得盲目启动柴油机,应仔细检查确认,如属误动作后,方可重新启动柴油机。这样,势必造成耽搁时间过长,使机车发生途停,中断列车运行的行车事故,扰乱了正常的行车秩序,危及到行车安全。

(1)结构性故障

曲轴箱压力防护装置的设置是当活塞及其他运动部件损坏后,造成大量燃气窜入曲轴箱内,或运动部件因缺润滑油发生非正常摩擦而产生的高温。使曲轴箱内油气在高温与一定压力等异常情况下,造成曲轴箱内压力骤增,而及时能使柴油机停机或使曲轴箱内泄燃(压力),避免曲轴箱内因此产生的燃爆而设置的保护装置。差示压力计控制着联合调节器的电磁联锁(DLS),使柴油机能迅速停机,防爆阀控制着曲轴箱内的压力增高,当曲轴箱泄燃压力达至限制值时迅速开启,排放掉压力气体,避免发生严重的机械损坏与人身伤害事故。除此之外,在机车运用中由于此类保护装置结构上与运用中的具体情况,常常发生非正常结构性的差示压力计的保护作用的故障(俗称"误动作")。

机车运用中发生结构性故障主要为连通器(差示压力计)两端管堵塞,油气分离器过滤元件太脏,使之过滤效率差,其后果是气体内附油分子进入连通器管内形成的凝固物(因这一段连通管是密封性的),造成通气管的一端堵塞。使管内真空产生误差,差示压力计发生误动作。同时,因差示压力计自身密封不良,使容器内液体蒸发(或外界液体浸入)短接导线,造成差示压力计发生误动作。

在机车运用中发生防爆阀结构性故障为:防爆阀不能按规定压力开启(阀开启之初,燃气中夹带火焰喷出(如条件适宜,有可能形成爆燃的机车火灾事故),证明曲轴箱的压力过高,或阀开启释放曲轴箱压力后不能复原关闭。

油气分离器结构性故障,因该装置是将柴油机曲轴箱内的燃气经此过滤,避免过量的油雾随气体进入差示压力计连通管内,但因此管装置的不合理(应在差示压力计朝向油气分离器一端有一定坡度,即当油气进入管路内凝聚后,也能顺管内坡度流入分离器内,避免凝固后堵塞管路),易引起管内油气物的凝聚堵塞,破坏其管路内的真空,易引起差示压力计的误动作。在机车运用中装配于B型机的油气分离器,由于油气分离的效果较差,容易发生季节性的差示压力计通柴油机一侧连通管内凝固油气物类的堵塞。而装配于C/D型柴油机的油气分离器,又因其内滤片的过滤作用,加上油气内的胶渍类物质,容易引起滤片的透气性能减弱,引起过滤器的堵塞。因此对前一种油气分离器来说,对其柴油机一侧的连通管安装要求其管路走向应顺油气分离器一端有一定坡度,便于油气凝固物及时流出此管路,避免在管路内滞留。对后一种油气分离器来说,主要是滤片过脏堵塞,为避免此种情况的出现,引起差示压力计的误动作,所以,应对该油气分离器内滤片进行定期清洗,特别是机车运用于砂尘暴季节时,更应加强清洗的次数和力度,以避免差示压力计的误动作。

另外,油气分离器在检修作业中,检修工艺不到位,管路裂损焊接时存在着砂眼漏油,上、下法兰装偏而漏油,油气分离器胶管卡子装配不良,引起的漏油等,也是差示压力计错误监测柴油机曲轴箱内燃气压力的重要原因。

(2)运用性故障分析

在机车运用(行)中,曲轴箱防护装置故障的表象一般反映在差示压力计的误动作,其有结构性的故障原因,也有机车运用性的故障原因。

差示压力计一方面要求其真实反映柴油机曲轴箱内泄燃气压力的实际状况,另一方面由于某种情况的影响,又严重妨碍到差示压力计防(保)护的正确性。因差示压力计装置在机车机械间的后墙壁上(在膨胀水箱的左下方),由于柴油机在高负荷运转中,冷却间冷却风扇的抽(吸)作用下,机械间的气压不能准确反映真实的大气压。因此,差示压力计"U"形管的带导线的一端的通大气气孔(早期直接敞口在机车的机械间内)应接到机车车体外。否则,会造成差示压力计误动作。据测定,如 B 型机在标定转速下 1 000 r/min,功率 2 427 kW,曲轴箱内的正常压力为 93 Pa,但 U 形管上显示的液面高度差却已到达相当曲轴箱内的泄燃气压力动作值(588 Pa),导线端液体已与金属触针接触,柴油机发生停机。造成这种状况的原因是机车机械间里的百叶窗、中门、与冷却间相通的门在开闭的不同状态,使机车机械间形成不同的气压,直接影响了差示压力计显示值。当门、窗全闭时,机械间本身存在 196 Pa 的负压,当百叶窗、中间门关闭,而与机械间相通的门打开时(即使在关闭状态下,其隔墙上两侧的管道孔和下部地板均是相通的)。由于冷却风扇运转,将机械间相通的门关闭,百叶窗和中间门打开的状态下机械间存在 98 Pa 的负压。为了消除上述影响,差示压力计通大气口一端改接机车车体外,使其真实处于大气之中,以真实反映曲轴箱与大气的压差。为避免机车运行中速度与外界环境的影响,因此后期出厂的机车,将差示压力计通大气的管子通外界的口安装在气流较为稳定的车体底架横梁的两块隔板之间的箱形空间,又称之为"稳压箱式"式压力计(见图 2-14)。

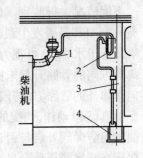

图 2-14 "稳压箱式"差示压力计系统

1-柴油机呼吸管;2-差示压力计 U 形管;3-机械间和冷却间的隔墙;4-底架横梁

差示压力计在机车运行中起保护作用的误作用率是比较高的,作者曾在 2005 年对本段(原哈密机务段)运用机车因差示压力计起保护作用作过一年的统计,其误动作率基本上占 50% 。其故障原因有多种情况,一是,因差示压力计外接管采用塑料管,其原因机车在长期运用中,失去了原有的弹性而松动脱落。二是,在油气分子的侵蚀下,塑料软管出现龟裂与机械间大气相通,塑料管失去原有的刚性被挤压形成内部堵塞。三是,管路堵塞,即通往差示压力计的外管(稳压箱)的过滤口被油渍尘埃粘着堵塞,或通油气分离器的内管里因油气物凝聚堵塞,使通往大气端(或来自曲轴箱)的压力值呈现错误,即柴油机曲轴箱的泄燃气压力(为管内压力)与大气压力(为管内压力)。因此而引起差示压力计的误动作。

另外,差示压力计装置在膨胀水箱下的墙壁上,由于某种原因膨胀水箱溢水流淌到差示压力计上,引起两导线短路,也同样引起差示压力计的误动作(为避免此类故障的发生,作者所在机务段在此差示压力计上均装置了防水罩)。同时个别差示压力计导线端子座裂,破坏了 U 形管内的密封状态,U 形管内液体水分子被蒸发,其液体分子进入导线端子座内造成两导线间的短路,导致电磁联锁(DLS)断电,柴油机停机的非正常性保护作用故障。

曲轴箱防爆阀安全孔盖和差示压力计同属对柴油机进行保护的装置,按设计前者的保护作用应落后于后者,这样在柴油机停机后,防爆阀才会被打开。即差示压力计先于防爆阀起保护作用,但往往在差示压力计动作后,柴油机被保护性停机,这时曲轴箱内的燃气压力还居高不下,而使防爆阀安全孔盖被打开,当防爆安全孔盖被打开后,将曲轴箱内的燃气压力释放掉,防爆安全阀在阀盖弹簧的作用下复原而关闭。当曲轴箱内释放出大量的高温燃气属易燃、易爆气体,在一定的条件下(如柴油机废气总管、支管附近的温度在 360 ~ 520 ℃之间),极易引起在机械间的"燃爆"事故。这时,司乘人员不得立即打开通往机械间的门,以防止向机械间"充氧",避免"燃爆"事故与机车火灾事故的发生。

当防爆阀被打开后,说明柴油机曲轴箱内的燃气压力较高,一般为活塞破碎或连杆瓦和主轴瓦损坏,使大量燃气漏泄或轴瓦油路堵塞引起的高温所产生的气体,使防爆安全阀被打开。随着大功率柴油机的投入运用,应提高差示压力计的保护作用准确率(性),保证差示压力计先于防爆阀前起保护作用,虽然目前为至,还未有因此引起柴油机发生"燃爆"的报道,防患于未然是必要的。

机车运行中,曲轴箱防护装置起保护作用或故障误动作,其故障表象为柴油机停机,可通过下例情况进行鉴别。即差示压力计起保护作用而停机时(司机室操纵台差示红色信号灯亮),判断其是否发生误动作,可通过差示压力计的U形容器内的液体来判定,当U型管内的液体处于水平位,可视为差示压力计属正常压差性起保护作用;如"U"型管内的液体向油气分离器方向的管路升起未回落于水平位,可视为此管内堵塞引起的误动作;如U形管内的液体向车体外的管路方向升起,可视为此管堵塞。差示压力计动作后是否反映曲轴箱内泄燃气超标的真(误)动作,快捷的判断方法,可通过拧开柴油机加油口盖视其冒烟(燃气)大小来鉴别。曲轴箱防爆阀开启与否,可通过检视此阀的安全孔盖下方是否流淌有大量油渍来判断,因此防爆阀在开启释压后会自动关闭,往往司乘人员赶到机械间检查时,绝大多数情况下防爆阀已呈关闭状态。同时,曲轴箱安全孔盖被打开后,会泄漏大量的曲轴箱内燃气烟雾,这时柴油机机械间也会充满燃气烟雾。

在机车运行中,差示压力计动作后,使柴油机发生保护性停机,机车司乘人员不得盲目启动柴油机,应在正确的检查确认为误动作后,方可重新启动柴油机,继续机车运行。

4. 案例

(1)差示压力计通气管被油气凝聚物阻塞

2006年××月××日,DF$_{4B}$型×××机车牵引上行货物列车,运行在兰新线哈密至柳园区段,柴油机加载运行中突然停机,经司乘人员检查,发现差示压力计起保护作用,而且其中液体向银针导体方向成静止状态(正常应在水平位),其他未发现柴油机有异常现象,柴油机添加机油口盖拧开也未见有大量的燃气冒出,估计为差示压力计误动作,启动柴油机继续运行,但当加大柴油机负荷时,又发生差示压力计起保护作用,经检查又为误动作,几经周折。待该台机车运行返回段内后,司乘人员及时向机车地勤质检人员反映这一情况,经专业技术人员上车检查确认均属正常。查询列车运行记录仪数据,柴油机确实发生过多次停机记录。扣临修,经对油气分离器与差示压力计间的连通管解体检查,发现连通管内有油类凝固物,类似于机油类的液体从管内流出,经将此管与油气分离器清洗(扫)干净,重新装配上,试运柴油机运转正常,差示压力计显示正常未发生误动作。经此整修后,机车又投入正常运用。

经分析,当差示压力计靠油气分离器端的连通管,由于油气分离器分离作用不彻底,气体中油分子的比例比重大,进入此管内,在外界冷空气的作用下,管内油气物被冷却凝固成液体,使管路内腔被阻塞。这时,差示压力计两端压力失去平衡,一端为大气压力,一端管内的真空,在柴油机曲轴箱泄燃压力的驱动下,使差示压力计误起保护作用,柴油机停机。待曲轴箱内的燃气压力逐渐减弱,但此连通管在燃气凝固后的液体(阻塞)作用下,形成真空,使差示压力计内的液体不能回到水平位,当拧松此连通管的管接头时,其液面会恢复正常。

(2)差示压力计上通大气一端的软管松脱

2006年8月31日,DF$_{4C}$型5269机车牵引上行货物列车运行中,差示压力计突然起保护作用,柴油机停机。经司乘人员检查,柴油机及控制装置均属正常,机械间也未呈现出泄漏的燃气烟雾,曲轴箱防爆阀也未有被打开的迹象,打开柴油机加油孔盖检查也未出现大量燃气烟雾冒出。后再次启动柴油机运转一切正常。待该台机车返回段内,司乘人员向机车地勤质检人员反映这一情况。经检查,发现差示压力计通大气的管接口松动漏气,估计当时在柴油机高负荷工况时,冷却风扇转速增高,抽吸力加大。这时,因差示压力计上通大气一端塑料软导管松缓,此端所示不全为大气气压(部分为机械间的压力),因此造成差示压力计误动作。

(3)差示压力计上通大气一端的软管被挤压堵塞

2006年5月××日,DF$_{4B}$型×××机车牵引上行货物列车运行中,差示压力计突然起保护作用,柴油机停机。经司乘人员检查,柴油机及控制装置均属正常,再次启动柴油机运转一切正常。当柴油机加大负载运转时,差示压力计又起保护作用,重复发生多次,司乘人员感到很忙然,因此终止机车牵引列车运行。待该台机车返回段内,司乘人员向机车地勤质检人员反映这一情况。经检查,发现差示压力计通大气的塑料软管接头弯管处(失去刚性)下垂被堵(或半堵),使U形管内的液体失去平衡支持。当柴油机高负荷时,柴油机曲轴箱内泄燃气量增大(但未达至588 Pa),使U形管内的液体向大气端升起,液体短接金属银针,因此造成差示压力计误动作,而使柴油机停机。

(4)差示压力计上导线座龟裂

2006年6月××日,DF$_{4B}$型×××机车牵引上行货物列车运行中,差示压力计突然起保护作用,柴油机停机。经司乘人员检查,柴油机及控制装置均属正常。启动柴油机不能启动,因此而终止牵引列车运行。待该台机车返回段内,司乘人员向机车地勤质检人员反映这一情况,经检查一切正常,柴油机也能正常启动,在调用本趟监控装置运行记录仪数据分析时,确实有柴油机保护性停机的记录。后经拆下差示压力计解体检查,发现差示压力计导线银针座裂损(在安装座上不易被发现)。经分析,在柴油机运转中,差示压力计内的真空被破坏,其内的水分子被蒸发,汇集在此座的裂缝内,当达致一定的量时,就形成了银针导线的短路,因此造成差示压力计误动作。

(5)膨胀水箱溢水造成差示压力计短路

在作者所在机务段运用的内燃机车中,曾有多台机车因某种原因造成水箱溢水,淌流到差示压力计接线端子上而形成短路,所发生的故障与上述同出一辙。因此本段均对此进行了改进,即在此差示压力计的上端安装一带坡度的防护盖板,避免膨胀水箱溢漏的冷却水漏滴在差示压力计上的导线端子上而形成短路。

(6)差示压力计上通大气孔在稳压箱内被堵

2003年12月××日,DF$_{4C}$型×××机车牵引上行货物列车运行中,差示压力计突然起保护作用,柴油机停机。经司乘人员检查,柴油机及控制装置均属正常。再次启动柴油机,当柴油机高负荷运行时,差示压力计又起保护作用,反复多次,维持牵引列车运行至目的地站。司乘人员向机车地勤质检人员反映这一情况,经检查一切正常,在调用本趟监控装置运行记录分析时,柴油机多次出现过差示压力计保护性停机的记录。后经机车上水阻台试验,在柴油机高负荷区也出现差示压力计起保护性作用,经检查,发现差示压力计通大气端"稳压箱"内的通气孔被油渍尘埃粘住,而形成不畅通,这时,使"U"形管内两端失去平衡,不能正确反映大气压力,因此造成差示压力计误动作。

(7)连杆颈断造成防爆阀被打开

2006年1月12日,DF$_{4B}$型3815机车牵引上行货物列车运行中,差示压力计(CS)起保护作用。经司乘人员检查,柴油机曲轴箱内有大量燃气冒出(打开机油补油口盖检视),同时曲轴箱防爆阀有作用过的痕迹(装有防爆阀的检视孔下端盖淌有大量油渍)。因此确定柴油机内部发生故障,而终止机车牵引列车运行。待该台机车返回段内后,扣临修,解体检查,为曲轴第七位曲轴连杆颈断裂。经分析,此连杆颈在非正常滚动运动中发生非正常摩擦产生的高温,使曲轴箱内燃气压力增高。同时相对而言,第七缸不能按正常压、爆、排的顺序协调工作,导致大量燃气泄漏,促使差示压力计起保护性动作。而曲轴箱内的泄漏燃气压力超值($\geqslant 588$ Pa),差示压力计起保护作用后,曲轴箱泄燃压力在继续增高的情况下,防爆阀被打开释放曲轴箱压力。

(8)活塞抱缸

2006 年 4 月 6 日,DF_{4B} 型 3308 机车牵引上行货物列车运行中,突然发生差示压力计(CS)起保护作用,经司乘人员检查(打开柴油机补加机油口盖),有大量燃气冒出。同时曲轴箱防爆阀有作用过的痕迹(装有防爆阀的检视孔下端盖淌有大量油渍)。因此终止牵引列车运行。待该台机车返回段内后,扣临修,对柴油机解体检查,发现柴油机第 10 缸连杆小端铜套转动,堵塞油道。经分析,此油道被堵塞后。该缸活塞顶部得不到相应冷却与润滑,造成其散热不良而抱缸,引起曲轴箱内泄燃气剧增,使泄燃量超过规定值(588 Pa),差示压力计起保护作用。同时因曲轴箱燃气压力继续增高($\geqslant 0.01$ MPa),曲轴箱防爆阀被打开,释放过高的曲轴箱燃气压力。

查询机车运用与检修记录,该部件的损坏属材料质量问题,该连杆装用的是新品(编号:229),装配该台机车仅走行了 163 km,也就是装上机车运用的第一趟牵引列车任务,就发生此故障。经更换此连杆与活塞,柴油机试验运转正常后,该台机车又投入正常运用。

(二)280 型柴油机保(防)护装置

1. 结构

该型柴油机的防(保)护装置也是由油气分离器、差示压力计及曲轴箱防爆装置组成。曲轴箱两侧检查孔盖上各装有 2 个防爆阀,它的设计开启压力为 0.0167 MPa。当活塞损坏,大量燃气窜入曲轴箱内,或曲轴箱内油气在高温与一定压力等异常情况下,造成曲轴箱内压力骤增,并达到此压力时,防爆阀便会在此压力作用下,迅速开启,排放掉压力气体,避免发生严重的机械损坏与人身伤害事故。

曲轴箱每侧检查孔盖上装有 1 个机油加油器,它是柴油机日常运用维护时的加油口,由此加注机油,以保证油底壳的油位达到规定的油尺刻线内。

机体前端装有一个油气分离器,它可及时将曲轴箱内的油气经过分离器排出柴油机,以保证曲轴箱内压力在规定范围内。曲轴箱内的油气是柴油机工作时曲轴箱内热的滑油的飞溅和蒸发,与活塞环处不可避免的少量窜燃气形成的。油(燃)气压力的增大会成为柴油机运转中一个不安全因素,在油(燃)气的浓度和温度达到一定值时,并且在曲轴箱内存在"热点"的情况下,就会发生曲轴箱的燃爆,造成严重的机械和人身事故。

在自由端与第 9 缸之间的气缸顶面上,有 2 个清砂孔,与曲轴箱相通,其中 1 个孔用螺堵密封,另 1 个孔装有一个接头,差示压力计通过管子与此接头连接。当曲轴箱内气体压力大于 0.6 kPa(60 mm 水柱)时,差示压力计作用,使联合调节器通过控制拉杆,将喷油泵齿条拉至停油位,迫使柴油机停车。

由于设置了差示压力计、防爆阀和油气分离器,因而可避免曲轴箱燃爆事故的发生,保证了柴油机的安全运转。

2. 曲轴箱防爆安全孔盖

（1）大修质量保证期

在机车运行 5 万 km 或 6 个月，即一个小修期（2007 年机车大修招标书规定：须保证运用 6 万 km）内不得发生损坏。

（2）修程技术要求

曲轴箱防爆门弹簧组装高度为 $83^{+1.5}_{-0.5}$ mm，组装后盛柴油试验无泄漏。

3. 故障分析

280 型与 240 系列柴油机防爆装置结构设置基本相同，其作用原理也相同。在机车运用（行）中的结构性与运用性故障的发生也相似。

二、柴油机盘车机构

240 系列与 280 型柴油机盘车机构的结构基本相同。在柴油机总组装、零部件组装、检查、调整、日常保养、维修时，经常须盘动曲轴，为此在柴油机上设置了曲轴盘车机构。

盘车机构安装在机体输出端的端板上，位于连接箱内，弹性联轴节的右方。它由支座、滑动支架、滑动轴、滑动轴承、伞齿轮、蜗杆、行程开关、指针等组成（见图 2-15）。

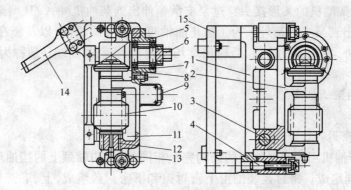

图 2-15　盘车机构

1-支座；2-滑动支架；3-滑动轴；4-定位销；5-轴承体；6-伞齿轮轴；7-滑动轴承；8-伞齿轮；9-行程开关；10-蜗杆；11-调整环；12-蜗杆轴；13-油杯；14-指针；15-垫板

蜗杆用铸青铜制成，套装在蜗杆轴上，两者用两个定位销钉连成一体。蜗杆轴呈中空状，其下端装有油杯，可以由此注入润滑脂，供两端轴承润滑用。蜗杆轴安装在滑动支架上，滑动支架安装在垫板上，垫板紧固在连接箱内的弹性联轴节右侧的机体输出端的端板上。在非盘车工况时，将滑动支架拉向外侧，并用两个定位销将滑动支架固定在垫板外侧的两个定位销孔内。为可靠固定，定位销用 ϕ1.6 mm 的弹簧钢丝缠成弹簧压住，此时滑动支架上的专用凸块压住行程开关的触头，行程开关电路被接通，柴油机可以随时准备启动和运转。

如须盘车时，用两手拔起定位销的手柄套，将滑动支架推向弹性联轴节，使盘车机构上的蜗杆与弹性联轴节上的齿轮盘相啮合（在安装盘车机构时，应保证它们之间的间隙为 0.1 ~ 0.55 mm，盘车机构上的伞形齿轮与弹性联轴节齿轮盘间隙不小于 0.5 mm，以免盘车时发生干扰，这两个间隙调整完后，用两个锥销定位，然后用螺栓将底板把紧在机体上）。此时凸轮行程开关的触头松开，行程开关将柴油机启动电路切断，从而使柴油机在盘车期间不能启动运转，以免发生意外。此时用专用扳手套在盘车机构的齿轮轴的六方上即可盘车。

盘车工作完成后,再用两手拔起定位销上的手柄套,将滑动支架拉向外侧复位,使蜗杆从弹性联轴节的齿轮盘上脱开。

指针紧固在垫板上,当第1缸活塞位于上止点位置时,指针的针尖应指在弹性联轴节主动盘刻度0°值上,指针调整后将其与座面紧固,并用2个锥销定位。盘车机构上的一对伞齿轮侧隙为0.1~0.65 mm,它可分别通过轴承体与滑动支架之间的调整垫片和调整环进行调整,调整好后,与垫板同钻铰锥销孔,并打上定位销。

滑动支架在支座上滑动应灵活,不应有卡滞现象。装配前,所有工作面应涂以二硫化钼润滑脂或软干油,蜗杆轴内腔应注满软干油。

在机车运用中盘车机构装置不属于参与柴油机运转(也不允许)的装置。所以,在机车运用中该装置发生的故障几乎为"零"。早期运用的机车,盘车机械联锁(ZLS)导线发生过断路故障,影响到柴油机的启动,后期经过加固改进,基本上没有发生过此类故障。

三、油封装置

油封装置为曲轴附件设备,有大、小油封之分。当曲轴的前、后端须进行功率输出,柴油机的输出端,曲轴的第九位轴颈上设有止推面,再向外,曲轴穿过机体伸出机体外;柴油机的自由端,B型柴油机的叉形接头穿过泵支承箱伸出到柴油机外,C/D型柴油机通过泵主动齿轮的轴段伸出到泵支承箱外。为了防止曲轴箱内的飞溅机油,以及流在轴颈上的机油渗漏到柴油机体外,在柴油机的前、后输出端均设置油封装置,前端一般称为小油封,后端称为大油封。

(一)240系列柴油机油封

1. 结构

(1)大油封(密封盖装配)

240系列型柴油机用大油封装置的结构完全相同,它由曲轴颈上的挡油环与密封盖装配共同组成。密封盖装配由上密封盖和下密封盖组成,上、下密封盖的结合面采用特殊纸垫密封。油封结构采用迷宫式油沟,并在第2、3条沟槽底部开有迂回式的回油腔,最靠里的沟槽底设有倾斜45°的3个$\phi6$ mm通孔,与该回油腔沟通,密封盖装配紧固在机体的输出端面上(见图2-16)。

柴油机工作时,当机油进入油封部位时,一部分机油被设置在曲轴轴颈上的挡油环挡住,并以离心力甩到曲轴箱内,另一部分机油淌入到沟槽内,通过沟槽底部的3个孔流入到迂回腔内后,回流入到曲轴箱内。剩余的机油经过第2、3条油沟时,基本上均淌入沟槽底部的迂回腔内回流入到曲轴箱内。

(2)小油封(油封装配)

B型机与C型机的小油封稍有区别。B型机小油封由密封环,油封套筒、弹簧调整垫片、油封体组成的油封盖,与套在叉形接头上的球形垫共同组成。密封环套在油封套筒的环槽内,密封环与密封套筒环槽内、外壁面的配合间隙分别为0.46~0.92 mm和0.46~87 mm,两者之间有直径为$\phi9$ mm的8个弹簧,以保证密封环的凹球面紧贴在叉形输出接头的球形面上。通过调整垫片,保证调整垫片的弹簧座面到密封环安装弹簧的坐孔内,支承弹簧用的支承垫圈面之间的距离为(18.5±0.1) mm。

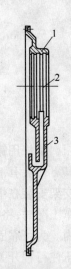

图 2-16
密封盖装配(大油封)
1-上密封盖;
2-密封垫片;
3-下密封盖

在密封套筒环槽底部的正下方钻有直径为 $\phi4$ mm 的通孔,该孔的外端头用焊堵方法堵死,侧面钻有 1 个 $\phi4$ mm 的孔,使该垂直孔与曲轴箱内相通。柴油机工作状态下,由于密封环在弹簧的弹力作用下,紧贴在球形垫上。因此机油很难进入到叉形输出接头的轴段与油封装配之间,即使渗漏到该处的小量机油,也通过密封套筒经 $\phi4$ mm 的通孔流回到曲轴箱。

C/D 型柴油机小油封结构由密封盖、回油管及紧固在泵主动齿轮上的挡油环组成(见图 2-17)。密封盖设有 4 条油沟,每条油沟宽为 5 mm,两沟槽中心距 7.5 mm,沟深 3.3 mm。外侧设有 12 mm 宽的回油沟,回油沟底部有 1 个 M12 的孔,通过与其连接的回油管与泵支承箱右侧检查孔盖的管接头相连。

密封盖的内侧设有挡油领,它伸入在挡油环内。柴油机工作时,飞溅的机油由上往下流淌,机油到达该部位时,大部位机油被挡油环挡住,或被密封盖的挡油领挡住。少量的机油即使从挡油环与密封盖的挡油领之间进入到泵主动齿轮的轴段表面后,流到密封盖内孔的沟槽时,又几经受阻,极小量的机油向外渗漏时,又被淌落到 12 mm 宽的回油沟内,由回油沟底部的回油管引回到曲轴箱内。考虑到曲轴运转时的运动轨迹,为了保证小油封效果良好,在向泵支承箱安装密封盖时,应注意密封盖与泵主动齿轮轴段之间的间隙调整,使上部间隙比下部大 0.20 mm,右侧间隙比左侧大 0.03 mm(面对自由端区分左右)。

图 2-17　密封盖装配(小油封)

油封盖结构靠曲轴一侧设有挡油装置,与轴段配合处设有 4 条 5 mm 宽的油封沟槽,再往外设有 12 mm 宽的回油沟,回油沟的底部有 1 个 M12 的孔,通过管子连接与泵支承箱右侧(面向自由端)检查孔盖的管接头相连。在泵主动齿轮靠近轴段外还装有甩油环。

2. 大、小油封大修、段修

(1)大修质量保证期

在机车运行 30 万 km 或 30 个月(包括中修解体)内:大、小油封不漏油。

(2)大修技术要求

B 型柴油机曲轴输出端轴颈与密封盖的单侧径向间隙为 0.60 ~ 0.80 mm,任意相对单侧径向间隙差不许大于 0.1 mm。自由端密封盖其内孔与泵主动齿轮轴颈的径向单侧间隙要求为:上部比下部大(0.20 ± 0.02) mm,左右允许偏差 0.03 mm。C 型柴油机大油封对机体第 7、9 位主轴承的径向跳动允许差为 0.05 mm。D 型柴油机曲轴输出端轴颈与密封盖的单侧径向间隙为 0.30 ~ 0.40 mm,任意相对单侧径向间隙差不许大于 0.1 mm。

(3)段修技术要求

曲轴输出端轴颈与密封盖的径向间隙应为 0.60 ~ 0.80 mm,任意相对径向间隙差不大于 0.10 mm。

注:D 柴油机自由端密封盖孔与泵主动齿轮轴颈的径向单侧间隙要求为:上部比下部大 (0.20 ± 0.02) mm,左右允许偏差 0.03 mm。

3. 故障分析

大、小油封是防止曲轴箱内机油顺曲轴颈向外泄漏的一种密封装置。大、小油封属曲轴附件检修范畴,因所处在柴油机的前、后输出端,其结构有所不同,运用中所发生的故障也有所区别。在机车运用中主要为结构性故障,对机车运用性影响为大、小油封处泄漏机油,伴随着柴油机曲轴旋转甩(甩)出机体外,形成泄漏机油的表象。

(1)结构性故障

在机车运用中,大、小油封结构性故障的表象为泄漏机油。当大油封漏油时,机油会从曲轴输出端的轴颈与密封盖装配之间向外漏出机油。严重时,漏出的机油随曲轴的转动,以与轴颈成切线方向向外甩出。影响到大油封的密封效果的原因,大油封的油环内径与曲轴轴颈之间的配合间隙过大,影响挡油效果;每道油环槽底部沟通回油滑动腔的 $\phi6$ mm 的 3 个油孔有堵塞现象,使被挡上来的机油聚集在回油腔内,不能很快排掉,于是此机油就会沿着轴颈继续向外渗漏;大油封的回油腔底部的迂回油槽里有堵塞现象,使被大油封的迷宫油环挡回的机油聚集在回油腔内,不能及时排出到曲轴箱内;上、下油封盖结合面之间不密贴,特别是孔口边缘处不密贴,漏油情况就更为严重;曲轴输出端轴颈上的挡油环露出在大油封外,造成曲轴旋转时,曲轴箱内飞溅的机油沿轴颈挡油环流向大油封内,由于流量较大,使大油封的迷宫密封无法适应而漏油。

小油封漏油,240 系列柴油机因其此结构有所区别,漏油原因也有所不同,B 型机后输出端装有小油封,其密封套在油套筒的环槽内。密封环与密封套筒环槽的内、外圆壁面的配合间隙分别为 0.46 ~ 0.92 mm 和 0.46 ~ 0.87 mm。两者之间有直径为 $\phi9$ mm 的 8 个弹簧,以保证密封环的凹球形面紧贴在叉形输出接头的球面形面上。以防止柴油机运转时,曲轴箱内的机油顺着叉形接头的花键向外漏出。对 C/D 型机而言,主要是防止曲轴箱内的机油沿自由端输出法兰颈向外漏出,当油封失效时,曲轴箱内的机油就会向外漏出。严重时,会与轴成切线方向向外飞溅。

当出现下列情况时,会影响到小油封的密封效果。油封套筒上的 $\phi4$ mm 油孔有堵塞现象,影响到漏入到油封套筒环槽内的机油难以返回曲轴箱,以致该部分机油通过油封环内圆面与油封套筒环槽之间的间隙渗漏到油封套筒内孔圆面上,继而向柴油机外流出。油封环的内、外圆面与油封套筒环槽之间的配合间隙过大,影响密封效果。密封环的凹球面与输出叉形接头的球面贴合不良,贴靠力不足。机车动力间存在负压,造成柴油机内、外压差增大。

C/D 型机小油封结构形式与 B 型机完全不同,泵主动齿轮通过螺钉轴向把紧在减振器外壳的端面上,输出法兰又通过螺钉轴向把紧在泵主动齿轮轴段的端面上。密封盖套在泵主动齿轮的轴段上。

当出现下列情况时,会影响到小油封效果,甩油环遮不住油封盖的挡油领,以致使过多的飞溅机油进入到油封盖与泵主动齿轮的轴段之间,增加了油封的工作负担。组装调整油封盖时,油封盖与泵主动齿轮和泵主动齿轮轴段的间隙,应保证上部间隙大于下部间隙,左侧间隙大于右侧间隙(面向自由端)。因为曲轴旋转时,在油膜作用下,会使轴段向上托起,又由于曲轴的旋向原因,会使曲轴靠向左侧(面向自由端看)。如调整中,左、右、上、下的间隙在一致工作状态下,会使下部和右侧存有过大间隙,造成这两种密封效果差。油封盖回油沟底部的回油孔及其与回油孔相连的回油管的整个通道中,如有堵塞不通畅情况会影响到流入回油沟中的机油及时返回曲轴箱,以致机油溢出到柴油机机体外,造成油封漏油。泵主动齿轮与减震器的接触端面上应涂密封胶,以防止飞溅的机油由此端面刚好与油封盖外端面齐平,以致会误认为油封盖密封不良漏油。

另外,由于该类型柴油机的自由端处的增压器的回油管直接接在机体的自由端端面上,而该类型柴油机的泵支承箱又特别扁平,因此增压器回流下来的大量机油充满到小油封的周围,使小油封密封的负担已较重,再加上在泵支承箱内壁上还装有专门润滑三大泵传动齿轮的压力机油管,更恶化了小油封的密封性能。根据分析,增压器回流下来的机油已足够满足三大泵

传动齿轮的润滑需要,无须再另设机油管,同时取消了这套机油管后,使小油封的密封性能大为好转。为使从曲轴内漏入到曲轴箱内,机油由油封盖的回油沟槽向外溢出,造成油封盖漏油的现象,因此把泵支承箱上接该回油管的接头做成引射式,由引入的压力机油将回油管内的机油快速引回到曲轴箱内,具有显著效果。

(2)运用性故障

在早期机车运用中,大、小油封泄漏属惯性故障,引起柴油机前、后输出端处泄漏机油,随着输出轴(联轴器)的旋转,将泄漏机油甩向四周,造成柴油机前、后输出端环境严重污染。随着检修工艺、调整技术的提高,发生在柴油机大、小油封的漏油常见故障,在近年来的机车运用中基本上得到了解决,未发生过大、小油封渗、漏油的惯性故障。

机车运行中,大、小油封泄漏机油,其故障表象为柴油机前、后输出端窜出机油,形成甩漏油情况,此时一般无须处理(也无法处理),可视机油压力稳定情况维持机车运行,待机车返回段内后再作处理。

(二)280 型柴油机油封

280 型柴油机与 240 系列柴油机油封作用原理基本相同,其结构稍有区别。前油封罩壳安装于机体前端面,用于封闭卷簧减振器。在机车上前油封罩壳的前端孔与橡胶弹性联轴节的主动轴相配,形成迷宫式密封,防止柴油机的机油从此处泄漏。后油封安装在机体后端面,其内孔结构与曲轴相配合,形成迷宫式密封,防止机油从曲轴输出端泄漏。

280 型柴油机大、小油封大修质量保证期及大修、段修要求与 240 系列柴油机相同。

思 考 题

1. 240 系列柴油机曲轴箱防护装置由哪些部件组成?
2. 简述柴油机曲轴箱防护装置中油气分离器的作用。
3. 柴油机加载运转中引起差示压力计作用的原因有哪些?
4. 简述柴油机曲轴箱防护装置中安全孔盖动作值。
5. 简述 240 系列柴油机大、小油封的大修质量保证期。

第四节　气缸套结构与修程及故障分析

气缸套同属柴油机的固定部件,240 系列柴油机所用气缸套,因机车出厂时期的不同与系列序号的不同,其结构有所改进。240 系列、280 型柴油机用气缸套功用相同,均采用湿式气缸套,不同之处,除气缸套尺寸有相应增大外,其结构也有所区别。

一、240 系列柴油机气缸套

1. 结构

柴油机由气缸套与气缸盖、活塞共同组成柴油机的燃烧室,因柴油机机型的不同,其缸套也有所区别,B 型机气缸套见图 2-18。同时,气缸套对活塞工作时起支承和导向作用,并导出活塞在工作时所承受的部分热量。气缸套上部的支承法兰搁置在机体顶板的座孔上,气缸盖通过低碳钢密封垫圈压在支承法兰面上,并用气缸螺栓将气缸盖与气缸套一并压紧在机体上,为了避开气缸螺栓,在气缸套的支承法兰面相应位置上设有半圆形缺口,便于气缸套在机体上的安装。

为更好地增强气缸套的刚度,提高防穴蚀性能和冷却效果和尽量减轻段磨现象,C/D 型柴油机气缸套在 B 型柴油机气缸套的基础上,作了结构和工艺上的改进。将缸套壁厚度由厚 14.5 mm 增加到 18 mm。为保证机体上的气缸套安装尺寸不变,及改善冷却效果,取消了原 B 型柴油机气缸套外壁上的 6 条螺旋冷却筋,缸套外圆采用全加工,以提高表面粗糙度,增加抗穴蚀能力。同时,缸套外径减小,使它避开气缸盖螺栓对其位置的限制,使缸套可以在水套内以任意转动角度进行安装,延长了缸套的使用寿命,C/D 型柴油机气缸套结构及性能基本相同(见图 2-19)。

2. 气缸套大修、段修

(1)大修质量保证期

在机车运行 30 万 km 或 30 个月(包括中修解体)内:气缸套不发生裂纹、破损。

(2)大修技术要求

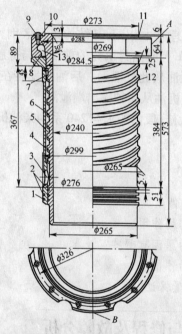

图 2-18 B 型柴油机气缸套

1-下支承凸台;2-橡胶密封圈;3-进水孔;4-水套;5-螺旋形冷却水道;6-缸套;7-上支承凸台;8-橡胶密封圈;9-出水套管;10-密封垫圈;11-环形凸台;12-螺旋筋;13-冷却水腔

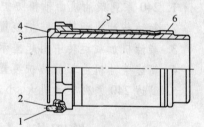

图 2-19 C/D 型柴油机气缸套

1-套管;2-橡胶垫圈;3-缸套;4-调整垫片;5-水套;6-橡胶密封垫

①气缸套

清洗、去除积碳和水垢,不许有裂纹。内孔须重新磨修,消除段磨和拉伤,外表面空蚀凹坑深度不许超过本部位厚度的 1/3,空蚀面积不许超过外表总面积的 1/5。更换密封圈。

②水套

清洗、去除水垢,焊缝和其他部位不许裂纹。上、下导向支承面不许有腐蚀、锈斑和拉伤,内孔水腔处穴蚀深度不许超过 2 mm,进水孔不许有穴蚀。更换密封圈。

③缸套、水套组装要求

缸套、水套间配合过盈量须符合设计要求。缸套法兰下端面与水套法兰上端须密贴。气

缸套水腔须进行 0.4 MPa 水压试验,保持 10 min 不许泄漏,缸套磨削后,按下列条件进行水压试验:保持 5 min 不许泄漏或冒水珠(距下面 68 mm 范围内允许冒水珠),缸套内表面全长试压 1.5 MPa,上端面至其下 120 mm 长度范围内试压 18 MPa。

(3)段修技术要求

①气缸套不许有裂纹,内表面不许有严重拉伤,气缸套外表面穴蚀深度中修时不大于 6 mm,小修时不大于 8 mm。

②气缸套与水套配合过盈量不大于 0.07 mm,允许有不超过 0.02 mm 的平均间隙,压装后水套与气缸套的圆周错移量不大于 0.5 mm。

③气缸套与水套组装后,须进行 0.4 MPa 水压试验,保持 5 min 无泄漏。

④气缸套装入机体后,其定位刻线对机体上气缸纵向中心线的偏移量(设有气缸纵向中心线的机体,须保证水套进水口能与机体外侧的进水口对准)。缸套与机体结合面应密贴,气缸套内孔的圆度、圆柱度具体尺寸要求见表 2-4。在可见部位检查密封圈不许有啃伤现象。

表 2-4 240 系列柴油机气缸套装入机体的尺寸要求 单位:mm

属 性 \ 安装尺寸	16V240ZJB	16V240ZJC	16V240ZJD	备 注
纵向偏移量	≤0.5	≤0.5	≤1.0	
缸套与机体结合面	≤0.03	≤0.03	≤0.03	沿圆周方向的总长度应不超过 1/6 圆周
圆度/圆柱度	≤0.10/0.20	≤0.05/0.10	≤0.05/0.10	

3. 故障分析

机车运用中,柴油机气缸套的损坏有结构性与运用性的故障。因在柴油机运转中,气缸内壁直接承受高温、高压的燃气作用,燃烧室内的燃气燃烧时的最高温度可达 1 500 ℃ 左右,最高燃烧压力一般在 10 MPa 以上,这种高温高压的燃气不但会造成气缸套内壁有较大的交变的温差应力。进气过程中,进气温度为 100 ℃ 以下,因此气缸套内壁受到的是 100~1 500 ℃ 的瞬变气温的作用。气缸套外壁为水腔,冷却水的一般温度为 70 ℃ 左右,使气缸内壁横截面有着较大的温度梯度。还会对气缸内壁的油膜起到冲刷与烧结作用,加剧着气缸套内壁的磨损。同时,活塞在气缸套内作高速上、下运动,并对气缸内壁产生侧压力,特别当气缸内壁的油膜受到破坏,或进入燃烧室内空气有较多尘埃等会使气缸套内壁磨损加剧。此类恶劣工作的环境造成气缸非正常性损坏,主要体现在结构性与运用性故障。

(1)结构性故障

气缸套结构性故障主要在其工作表面的磨损、段磨与拉缸。气缸套的使用寿命在一定程度上决定了柴油机的修程,其使用寿命又主要取决于缸套的耐磨性和抗穴蚀能力。新缸套在得到良好磨合后,会赢得延长使用寿命的效果。当新的活塞环与新缸套配合时有较大的磨损量,随后在较长时间内,磨损就来得缓慢而均匀,处于正常磨损状态。

气缸套磨损在机车运用中一般可分为摩擦性磨损、磨料性磨损、熔蚀性磨损和腐蚀性磨损,这些情况基本上均是由气缸套的结构性因素而引起。

摩擦性磨损。是指在正常情况下,活塞组在气缸套内作相对运动时,摩擦副之间存在一层有一定黏度的油膜,它是由活塞运动时,活塞环将曲轴箱内飞溅到缸套内壁的机油带到缸壁的摩擦表面上,形成液体摩擦状态,此时缸套内壁处于正常磨损状态。

磨料性磨损与"段磨"。在液体摩擦状态，一旦由于机油黏度下降（机油稀释或温度过高），燃气窜入摩擦表面，缸套变形等因素，破坏了油膜的正常建立，而呈现半干摩擦状态，缸套内壁被急剧磨损。同时，又由于活塞运动至上、下止点时速度为零，油膜的承载能力破坏，尤其是相当于活塞上止点第 1 道气环的位置处在高温、高压的燃气冲刷下，情况更为恶劣。如此时机车又运行于风沙较大的地区，大气中的杂质进入，该部分将成为磨料，在此种情况下气缸套内所发生的磨损称为"磨料性磨损"。同时，气缸套的该区段的磨损量比其他部位更显大一些，甚至出现凹台，此种磨损现象称为"段磨"。

　　熔蚀性磨损和腐蚀性磨损。当缸套内壁的磨损量超过缸套内径的 0.4%～0.8% 时，燃烧室就会失去应有密封，气缸内的燃气高温将引起燃烧室内壁的烧蚀。又称熔蚀性磨损。当缸套内燃料在燃烧室内燃烧的化学能量，在得不到良好冷却的情况下，所引起燃烧的化学性穴蚀作用。又称为"腐蚀性磨损"。

　　另外，在空气滤清器不良，或机车运行于风沙（砂）较大的地区，坚硬的微颗粒进入气缸内，形成的磨料，不但会加速缸套的磨损与段磨，还会引起缸套内壁沿活塞运动方向拉缸（线状拉痕）。当机油系统不清洁或机油中机械杂质过多时，也会引起气缸套磨损加剧和拉缸。同时当活塞上的刮油环弹力过大，也会引起拉缸。

　　咬缸与抱缸。活塞环与缸套在高温、高速下发生相对运动。因此润滑条件甚为恶劣，基本上处于临界润滑条件下工作，一旦油膜稍受损伤，与微小的金属直接接触，形成局部高温，这一状况超过材料的熔点时，导致活塞环与缸套之间的熔黏。此时如油膜得不到及时恢复，则熔黏现象扩展，导致咬缸，摩擦件表面产生片状撕裂。当活塞冷却不良，或因燃烧状态出现异状，使活塞顶部过热，活塞与缸套间的油膜受到急剧破坏时，活塞与缸套发生抱缸，铝活塞顶部的外套发生松脱而固死在缸套上。

　　保持活塞的良好冷却和良好的燃烧状态是防止咬缸和抱缸的关键。

　　气缸出现疏松的细小孔穴。由于燃油中含硫的成份，进入气缸中的空气又含有水份，特别是当柴油机在较低的油、水温度下启动和运转时，燃油中的硫份易在温度较低的缸壁上析出，形成 SO 和 SO_2，进而生成硫酸和亚硫酸。它对缸壁产生腐蚀作用，而腐蚀剥落的金属颗粒又变成磨料，它使气缸壁生成疏松的细小孔穴，同时又兼有磨料磨损的特征。高硫份的燃油及过低温度的启机和运转的油、水温度是造成缸套这种损坏的主要原因。

　　缸套穴蚀。穴蚀损坏的特征是缸套与冷却水接触的表面被穴蚀成一个一个孔洞，其直径可达数毫米，发展严重时，连成一片麻点或蜂窝状的孔群，其深度有时甚至穿透缸壁。一般穴蚀多发生在连杆摆动平面内，特别是承受侧推力大的一侧。在缸套与机体上、下配合环带处也常常发生穴蚀孔及槽沟状腐蚀。

　　穴蚀是一种复杂的过程，它包含着空泡腐蚀及电化学腐蚀两个方面。缸套材料一般是多相合金制成，各相的电位不同，形成很多微小的阴极和阳极，其中就铁和碳化铁而言，通常铁电位较低，成为阳极而被腐蚀掉，这就是电化学腐蚀。缸套外套表面在工作状态下受拉伸应力，变形及应力大的部分成为阳极，易受腐蚀。当缸套浮于含有氧的冷却液中形成氧电极（其电位与流体中含氧的浓度成正比）。在缸套表面的穴蚀处，以及缸套与机体配合处等"死水"区，往往含氧量少，因而形成氧浓差电池，引起金属腐蚀。

　　空泡形成的原因主要有两个。一是，当活塞侧推力方向发生改变时，活塞对缸壁的撞击而引起缸套的高频振动。当撞击的能量较大，致使缸套振动的加速度达到某临界值时，冷却水腔靠近缸套外壁面将出现局部真空，而产生空泡。二是，由于冷却水流方向和速度变化引起流道中各处压力的变化,在低压处,当压力低于冷却水的饱和蒸汽压力时,就易形成空泡。由于空泡的出现,在流道的高压区会因受压缩而爆破,此时产生了局部的瞬间高温和高压,反复冲击气缸套外壁,具有强烈的侵蚀力,使材料发生塑性变形及疲劳破坏,金属质点逐步被爆裂和掉落,形成空洞,这就是空泡腐蚀。

活塞与缸套的装配间隙愈大,则活塞对缸套的撞击能量愈大,穴蚀就愈严重。气缸套的刚度愈差,或气缸套与机体配合环带的间隙愈大,则缸套的振动愈大,穴蚀破坏愈严重。冷却水腔的流道狭窄,会使水的流速过高,加上水的可压缩性差,也易产生空泡。当水的流速超过55 mm/s时就易产生空蚀。当缸套材料的金相组织均匀,表面硬度高而光洁,对减轻空蚀都有一定的效果。

上述气缸套存在的损坏现象,一般均在检修作业中被发现。机车运用中这类故障很难被发现,其故障表象为柴油机加负荷时冒黑烟,当气缸套内壁磨损严重后,柴油机低速运转中,相应故障的气缸内会发出"敲缸"的声响,测试该类气缸压缩压力时,低于规定值。

(2)运用性故障

机车运用中,造成柴油机气缸套损坏多数情况下,由其结构性故障原因而损坏。反映在气缸套内壁的拉伤,靠近燃烧室的烧蚀与啃伤,气缸缸体裂损与掉块,气缸盖螺栓断裂或松缓造成其垫被呲窜燃气,气缸水套裂损或进出水支管装配不良引起的漏水。气缸套上述损坏反映在机车运行中的故障表象,主要为柴油机运转中气缸内压缩压力低、窜燃气并伴随有"敲缸"的声响,柴油机加负荷冒黑烟(或白烟),因活塞油路堵塞引起的"抱缸",严重时,还会造成柴油机运动部件的损坏,促使差示压力计起保护作用。

气缸套螺栓紧固不到位,造成气缸内燃气的"窜气",因此而引起的"敲缸"声响;气缸套出水口连接器(算盘珠)装置偏斜接触不良,引起的气缸套出水口漏泄,气缸套裂漏;其冷却水进入气缸内参与燃烧,使排气烟囱冒白烟;同属可视性故障,一般通过目视或手触摸均可判断出来。气缸套在机械性撞击下损坏,或活塞润滑油道被阻塞,活塞抱缸,造成曲轴箱内燃气泄漏量大增,引起差示压力计起保护作用,属机械性损坏,均可通过"间接识别"的方法将其判断出来。因某种机械性的原因,在运动部件(如活塞、连杆)损坏的情况下,将气缸套撞击成碎片(这类破损情况发生的较少),见图2-20,柴油机运转时发出的异常振动与声响均是气缸套损坏的表象。

 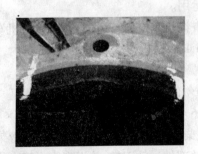

图2-20 气缸套被撞击碎的部分碎片   图2-21 被撞击成凹坑的气缸壁

除此之外,由于气阀装置的损坏失控,掉进气缸内,在活塞往复运动中,除将气缸盖、活塞顶部撞击坏外,特定条件下将气缸套内壁撞击坏。曾有一台机车的柴油机某气缸的内壁被撞击成一个凹形深坑(见图2-21)。

在机车运行中,当气缸套裂损(气缸套裂损一般发生在水套)或与其附属的进出水支管发生泄漏渗水时,除进出水管的法兰垫螺栓松缓需稍紧固(紧固时不能用力过大,否则可不处理)外,一般情况下无需处理,当气缸套发生渗漏(气缸套与气缸盖接口处),可将此气缸甩掉,并打开该缸示功阀,预防发生"水锤"。可视膨胀水箱水位显示情况维持机车运行至前方站或目的地站,尽可能避免区间停车处理。因气缸套的损坏,无论属机械性磨损与撞击性损坏(包括陈旧性裂损),或气缸套的裂损泄漏,根据物理运动规律其损坏均有一过程,并不可能陡然发生。这样,机车运用中在按工艺要求与标准化检修作业的同时,也应加强机车出段前的技术检查作业,防止这类故障情况在机车运行途中发生。日常机车技术作业检查中对气缸套检查的方法,即属外检(可视性检查)也属内检(不可视性检查),可通过"间接识别"方法对其进行检查。

4. 案例

(1)气缸盖螺栓紧固力不足

2006年2月4日,DF$_{4B}$型1323机车,牵引上行货物列车运行中,司乘人员巡视机械间时,发现柴油机有"敲缸"的声响(第9缸附近),经检查,未发现任何异状。待该台机车返回段内,司乘人员及时向地勤质检人员反映这一故障现象。经检查确认,柴油机第9缸运转中有异音,将该台机车扣临修。解体检查,该气缸套与气缸盖间的垫损坏。吊下该气缸盖,换上新的气缸盖垫,按要求紧固好气缸盖螺栓,经试验运转正常后,该台机车又投入正常运用。

经查询机车检修与运用记录,该台机车于2005年10月29日完成机车大修,修后走行41 820 km。经分析,由于该缸缸头盖后部螺栓紧固力矩不到位,造成气缸在爆发冲程时,燃气将缸头盖垫(紫铜垫)呲损坏,引起气爆异音,其声响相似"敲缸"。该气缸在质量保证期内,属机车大修厂检修工艺问题,定责机车大修。同时,要求将此信息反馈机车大修厂。

(2)气缸盖窜气

2007年11月13日,DF$_{4B}$型1278机车,该台机车在临修后,启动柴油机试验运转时。发现柴油机第7缸的气缸盖处有泄燃气的"敲缸"声。经将该缸气缸盖吊下解体检查,发现该气缸盖与气缸套接口垫有窜燃气呲漏痕迹,检查气缸盖垫属正常。估计属气缸盖螺栓装配时未拧紧。在重新装配好该气缸盖,并拧紧气缸盖螺栓,启动柴油机试验运转正常后,该台机车又投入正常运用。

经查询机车检修与运用记录,该台机车于2007年10月15日完成第4次机车大修,修后走行251 km,在机车大修质量保证期内,定责机车大修。同时,要求将此信息反馈机车大修厂。

(3)气缸套出水口漏(算盘珠)

2006年×月××日,DF$_{4B}$型××××机车,牵引上行货物列车运行中,在司乘人员巡检中,发现柴油机的第14气缸盖漏水,随着柴油机温度的升高,冷却水的泄漏量逐渐减小,检视其他运动部件运动正常,并视膨胀水箱水位情况继续机车运行。待该台机车返回段内后,经机车地勤质检人员检查确认,为气缸套出水口的连接器(算盘珠)损坏而引起的漏泄。扣临修作进一步的检查,吊下该缸气缸盖,发现该缸的出水口连接器中有几枚连接珠被压偏,使其接触不良而引起泄漏。经更换该气缸出水口所有的算盘珠,重新组装,试验运转正常后,该台机车又投入正常运用。

二、280 型柴油机气缸套

1. 结构

280 型柴油机也采用圆筒湿式气缸套,其顶部凸缘的下平面贴靠机体的气缸套孔顶平面作为轴向定位,以缸套外圆柱面的上、下定位带分别与机体气缸孔的上、下孔相配,作为径向定位。气缸套凸缘与气缸盖之间装有镀铜的钢质垫圈,用以密封燃烧室气体。气缸套凸缘、钢质垫圈、气缸盖和机体四者间的贴合面处于同一个环带上,使凸缘只受挤压而无附加弯矩,从而避免缸套凸缘根部产生裂纹。凸缘的下平面制出一定的斜度,与机体气缸孔顶平面相贴合,组成一个密封环带,用以密封气缸上部水腔的冷却水。气缸套下定位圆开有三道环形槽,装入椭圆形截面的橡胶密封圈与机体的气缸孔下孔压装配合,以密封气缸水腔下部的冷却水。

气缸套内壁珩磨出具有一定规格的网纹,使摩擦面的润滑有良好的效果。减少气缸振动和提高其抗穴蚀能力的主要措施有:气缸套有较大的壁厚,且从下部的 19 mm 增加到上部的 23 mm,由计算确定气缸套与机体气缸孔间的最小配合间隙,在机体结构设计时,尽量缩短气缸套上、下出位面的跨距,气缸套外壁镀乳白铬等。

气缸套的材料为合金硼铸铁。硼铸铁具有片状的石墨和细叶状的珠光体。片状石墨贮油能力强,有利于缸套内壁的润滑,片状珠光体具有良好的耐磨性。加硼的铸铁在珠光体基体中析出高硬度的硼化物,可超出镀铬层的硬度,具有很高的耐磨性。硼铸铁还具有较高的强度和韧性,能满足气缸套强度方面的要求。

2. 气缸套大修、段修

(1)大修质量保证期

在机车运行 30 万 km 或 30 个月(包括中修解体)内,气缸套不发生裂纹、破损。

(2)大修技术要求

①清洗、去除积碳和水垢,不许有裂纹。

②内孔须重新磨修,消除段磨和拉伤,工作面硬度须符合设计要求,外表面穴蚀凹坑深度不许超过本部位厚度的 1/3,空蚀面积不许超过外表总面积的 1/5。

③更换密封圈。

④上、下导向支承面不许有腐蚀、锈斑和拉伤。

⑤气缸套试验技术要求

气缸套磨削后,按下列条件进行水压试验:气缸套内表面全长试压 1.5 MPa,上端至其下 160 mm 长度范围内试压 17.7 MPa,保持 5 min 不许泄漏或冒水珠。

(3)段修技术要求

①清洗,去除积碳和水垢。

②气缸套不许有裂损,内表面不许有严重拉伤,气缸套外表面穴蚀中修时不大于 6 mm。

3. 故障分析

该型柴油机与 240 系列中的 C/D 型机用气缸套结构基本相同。其工作环境也基本相同,结构性与运用性故障所受损环的状态也相似。在柴油机的工作循环中,气缸套内壁受到高温燃气及温度较低的进气的交替冲刷,使气缸套受到很高的交变热负荷。活塞的平均速度达 9.5 m/s。如此高的往复运动速度使气缸套内壁受到强烈摩擦,活塞与气缸套的摩擦面的润滑条件又较差,并且内壁还受到燃气的腐蚀作用。因此,气缸套内壁容易产生磨损。气缸套外壁接触冷却水,工作温度又较高,易受冷却水的腐蚀。大小和方向都得承受周期变化的活塞侧向力以及交变的气体压力,使气缸套产生振动,它是使气缸套外壁产生穴蚀的重要原因。机车运用中气缸盖与气缸套接口间的垫被呲漏,引起窜燃气,与 240 系列柴油机同样情况,也存在于 280 型柴油机的运用中。

柴油机气缸套内壁被拉伤(见图 2-22),也是机车运用中的常见故障之一,既存在于 280 型柴油机用气缸套,又同样存在于 240 系列柴油机气缸套。280 型柴油机用气缸套在机车实际运用中,因其单缸功率输出大,机油润滑、气缸冷却等储多不利因素条件的影响,其气缸套内壁被拉伤要大于 240 系列柴油机用气缸套。这类损伤的气缸套内壁发生在机车运行中,通过适当处理(甩掉故障缸,开启该故障缸示功阀),可维持机车运行。在机车日常运用检查中,一般可通过检测气缸内的压缩压力均能检测出来。这时,气缸内的压缩压力值均低于规定值($2.1 \sim 2.3$ MPa),

图 2-22　气缸套内壁被拉伤

同时也可以通过机油光—铁镨分析仪检验所含金属成分的不同,来判断气缸套内壁的磨损情况。

机车运行中,280 型与 240 系列柴油机用气缸套发生故障表象相同,其检查与处理方法相同,一般情况下无须作实质性处理,可在关闭该缸,视膨胀水箱储水情况维持机车运行。同时,应加强机车出段前的技术作业检查,避免带着故障隐患的机车出段牵引列车。

4. 案例

(1)气缸盖螺栓紧固力矩不足窜燃气

2006 年 10 月 10 日,DF$_{8B}$ 型 5502 机车,牵引上行货物列车运行中,司乘人员巡检机械间时,发现柴油机有敲缸声音,经甩缸判定检查,其敲缸声发生在第 13 缸,将该缸关闭后维持运行至目的地站。待该台机车返回段后,扣临修,经解体检查,柴油机第 13 缸的气缸盖与气缸套接口垫被燃气呲漏损坏。经更换此垫,试验运转正常后,该台机车又投入正常运用。

查询机车运用检修记录,该台机车于 2006 年 × 月新造出厂,出厂总走行仅 39 607 km。机车到段检查,柴油机外部检查均属正常,当柴油机运转于高转速位时,第 13 缸处发出有"敲缸"的声音,解体检查,该气缸盖与气缸套接口垫被燃气呲漏,已损坏。经分析,为气缸盖螺栓紧固力矩不到位而松缓,在气缸高爆压力作用下,使气缸盖与气缸套接口间出现漏隙,气缸内部分高爆燃气由此喷出,发生的啸叫声,如同敲缸声响的故障。按机车大修质量保证期,定责机车大修。同时,要求整备部门加强机车运用中的日常检查。

(2)气缸盖裂漏

2007 年 11 月 28 日,DF$_{8B}$ 型 0084 机车牵引上行货物列车,运行在兰新线柳园至嘉峪关区段间。司乘人员在机械间巡检中,发现膨胀水箱水位逐渐下降,并未发现泄漏处所,经排气检查,也未发现冷却水循环系统内储存有空气。因此,在视膨胀水箱储水量的情况下,未作任何处理,机车牵引列车运行至目的站。经嘉峪关段内检查也未发现异状,将这一故障现象仅作备案记录在机车运用交接簿内,以在继续运用中观察(注:如通过"油水密度分析法"就能判断出来),机车进行补水后折返。待该台机车返回段后,将该台机车扣临修,经解体检查,柴油机多只气缸盖发生内腔裂损泄漏,经重新装配整修,更换相应的气缸盖,注满水,试验运转正常后,该台机车又投入正常运用。

查询机车运用检修记录,该台机车 2007 年 11 月 5 日完成第 2 次机车中修,修后总走行 566 km。机车到段检查,解体柴油机,吊下气缸盖水压试验,发现第 4、5、10、14 气缸盖水腔裂损泄漏。经分析,属机车中检检修作业不到位,未严格按气缸盖进行水压试验程序进行,以致发生该类故障,定责机车中修。同时,要求机车中修时,对气缸盖严格按水压试验标准进行,杜绝类似的机车运用故障发生。

(3)缸套水封圈损坏

2007 年 12 月 11 日,DF$_{8B}$型 5493 机车牵引下行货物列车,运行在兰新线柳园至哈密区段间。司乘人员在机车运行中,发现柴油机冒白烟,经对柴油机各部检查也未发现泄漏之处,只见到膨胀水箱水位缓慢下降,柴油机功率输出也属正常。因此,在视膨胀水箱储水量的情况下,未作任何处理,机车牵引列车运行至目的地站。待该台机车返回段后,司乘人员向机车地勤质检人员反映了这一情况,将该台机车扣临修,经解体检查,柴油机第 8 缸气缸盖水封圈损坏。经更换该缸套水封圈,重新注入冷却水,试验运转正常后,该台机车又投入正常运用。

查询机车运用检修记录,该台机车于 2007 年 9 月 21 日完成中修,修后总走行 50 752 km,于 2007 年 11 月 29 日完成第 1 次机车小修,修后走行 4 535 km。机车到段检查,通过逐缸甩车检查,发现柴油机第 8 缸从示功阀内排出大量的水分子。吊下该气缸盖解体检查,该气缸盖的水封圈由于安装不良全部断裂,造成密封不良,引起气缸套向气缸盖的进水,部分流向该气缸内,因此而发生柴油机加载时冒白烟。经分析,查询该台机车碎修记录,该气缸在机车中修后未作任何碎修作业,从该缸水封圈损坏迹象分析,属机车中修装配作业中操作不当而引起,按质量保证期,定责机车中修。同时,要求机车中修时,严格按工艺要求,加强机车中修气缸盖与气缸套接口安装检修质量,杜绝类似的机车运用故障发生。

(4)气缸盖接口窜燃气

2007 年 12 月 26 日,DF$_{8B}$型 5491 机车牵引上行货物列车,运行在兰新线哈密至柳园区段的山口至思甜站间。司乘人员在机械间巡检中,发现柴油机有“敲缸”声响,柴油机负荷越大时,敲缸的声响越大。经检查判断,估计发生在柴油机左侧 13~15 缸间。除此之外,也未发现其他不同的异状,差示压力计、油水温度均显示正常,机车输出功率基本正常。因此,未作任何处理,机车牵引列车运行至目的地站。待该台机车返回段后,将该台机车扣临修,经解体检查,柴油机第 14 缸气缸螺栓紧固力矩不到位而引起的接口窜燃气。经重新装配整修该气缸盖,按工艺要求拧紧该气缸盖螺栓,经水阻试验运转正常后,该台机车又投入正常运用。

查询机车运用检修记录,该台机车 2007 年 10 月 30 日完成第 2 次机车中修,修后总走行 28 312 km。机车到段检查,柴油机“敲缸”声从第 14 缸发出,经吊下该气缸盖解体检查,该气缸盖与气缸套接口处有被燃气窜烧留下的痕迹。经查该台机车碎修记录,该处未发现检修记录。经分析,属机车中修装配中产生的问题,气盖缸螺栓紧固不到位,即在紧固该气缸盖螺栓时,所使用的柴油机气缸盖紧固螺栓液压扭矩拉伸扳子有一个油缸漏油,使拉伸预紧力矩产生误差,造成该气缸盖一个螺栓紧固力矩不足,因此紧固不到位,而形成窜燃气,定责机车中修。同时,要求机车中修在组装气缸盖时,对液压拉伸工具的完好性进行检查,避免此类检修作业漏洞的发生。

思 考 题

1. 简述 240 系列柴油机用气缸套结构性故障表象。

2. 简述 240/280 型柴油机气缸套大修质量保证期。

3. 简述机车运用中气缸套裂损泄漏后的故障表象。

第五节　轴瓦结构与修程及故障分析

柴油机主轴瓦和连杆瓦是十分重要的零部件,同属柴油机固定部件,直接影响着柴油机的工作可靠性和检修周期。作为柴油机曲轴和连杆的轴瓦,必须具有能承受较大的压力和冲击、耐磨、耐腐蚀、耐疲劳、小的摩擦系数、大的热传导系数、良好的化学稳定性和嵌入性(埋入机油中尘粒的性质)、有韧性而无脆性。240 系列与 280 型柴油机用轴瓦因其机型不同,其结构尺寸也稍有区别。

一、240 系列柴油机轴瓦

1. 结构

(1)主轴瓦

曲轴是个高速回转件,轴瓦的工作表面以最大限度减少曲轴主轴颈和连杆颈的磨损量。活塞连杆组把燃气压力转换成曲轴的回转运动,因此轴瓦又起到支撑曲轴的作用,所以轴瓦必须要有足够的强度。因柴油机的型号不同,所采用的轴瓦厚度也不同。

B/C 型机主轴瓦采用相同尺寸,即主轴瓦总厚度为 7.38~7.42 mm,每 0.01 mm 为一挡,共 5 个尺寸等级。上轴瓦纵向中部设有 22 mm 宽,3.5 mm 深的油槽,在油槽上沿轴瓦周向均布 5 个直径为 20 mm 的进油孔。下轴瓦两端瓦口设有相应的导油槽,中部无任何油槽或油孔,以提高轴瓦的承载面积和承载能力。上、下轴瓦瓦口用 1 个销子互相定位。下轴瓦瓦背设有 ϕ10.2 mm、深 4 mm 的定位销孔,轴瓦与机体主轴承组装时作定位用。轴瓦上的定位销或定位孔,仅为方便组装而设,并非为了保证工作状态下轴瓦不致转动而设置的。因为在工作状态下,作用在轴瓦上的旋转作用力是很大的,远非定位销所能承受得了的,防止轴瓦转动主要靠轴瓦的半径高来保证(见图 2-23)。

D 型机主轴瓦的厚度为 7.40~7.42 mm,采用定位舌定位结构,它比定位销定位结构的优点在于不破坏油膜的完整性,或工作层背后的瓦背处不存在与轴承坐悬空现象,以免定位销孔相应部位的工作层出现穴蚀问题。

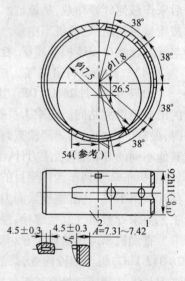

图 2-23　B/C 型柴油机主轴瓦

上半部为上瓦,下半部为下瓦

上轴瓦中间开有周向油槽,油槽底部有 3 个长形油孔,以使机油由此引入到轴瓦工作表面。下瓦在离两端瓦口处各有一段导向过渡油槽(见图 2-24)。在柴油机第 9 位主轴颈处设有锡青铜的止推轴承挡圈,厚度为 14 mm。

(2)连杆瓦

连杆瓦有两种型号(连杆瓦属运动部件,为对轴瓦表述方便,与主轴瓦一同叙述),即 B 型连杆用轴瓦与 G 型连杆用轴瓦, B 型连杆瓦总厚度为 4.91~4.94 mm,

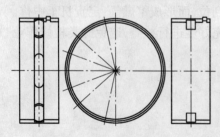

图 2-24　D 型柴油机主轴瓦

左图为上瓦,右图为下瓦

每 0.01 mm 为 1 挡,共 4 个等级,以供选择连杆轴瓦油隙用。下连杆瓦纵向中部设有宽 12 mm,深 3 mm 的油槽,在油槽上沿轴瓦周向均匀布有 10 个 ϕ10.5 mm 的进油孔。下轴瓦一端离瓦口 15 mm 处按油槽宽度开有缺口,以使进入连杆瓦的机油,通过瓦油槽流入连杆大端杆身油孔内,然后将机油引向连杆小端衬套及活塞销、活塞顶内,以起冷却与润滑作用(见图 2-25)。

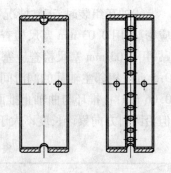

图 2-25　B 型连杆用连杆瓦

左图为下连杆瓦,右图为上连杆瓦

上轴瓦另一端瓦口设有导油槽,由于上轴瓦是受力瓦,因此其余部位无任何油槽或油孔。上、下瓦之间设有定位装置,在轴瓦中部截面离侧端面 15 mm 处各钻 1 个 ϕ10 mm 的透孔,作为轴瓦与连杆大端安装时的定位销孔。

G 型连杆瓦与连杆大端孔定位采用定位舌方案,这种方案免去轴瓦因钻定位销孔而影响油膜的完整性,定位舌设在轴瓦的一端,舌宽 16 mm,舌向瓦背外凸出 2 mm,连杆瓦工作表面中部开有宽 10 mm,深 3 mm 的周向油沟,该油沟在轴瓦定位舌端开通。另一端离瓦口 15° 处终止,与下轴瓦定位舌端相配合的上瓦该处也设有一段 15° 范围的油沟。下瓦的油沟内开有 3 个 10 mm 宽的长通孔,以使轴瓦中的机油由此进入连杆盖的油槽内。

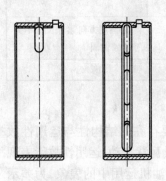

图 2-26　G 型连杆用连杆瓦

左图为上瓦,右图为下瓦

轴瓦两端 10 mm 处向瓦口均匀削薄到 0.03 ~ 0.06 mm,轴瓦厚度为 4.908 ~ 4.927 mm,为了在组装时保证连杆轴瓦的油隙,对轴瓦的厚度进行选择的需要,制造中轴瓦的厚度分为两档,即 4.908 ~ 4.918 mm 和 4.919 ~ 4.927 mm,分别用 "1" 和 "2" 代表记号酸写在定位舌内表面上(见图 2-26)。

2. 轴瓦大修、段修

(1)大修质量保证期

①在机车运行 30 万 km 或 30 个月(包括中修解体)内:柴油机轴瓦不发生裂纹、折损(碾瓦除外)。

②在机车 15 万 km 或 15 个月内:柴油机轴瓦不发生碾瓦。

(2)大修技术要求

按曲轴轴颈的等级修级别,主轴瓦、连杆瓦全部更换相应级别的新瓦。更换止推环。

(3)段修技术要求

①轴瓦应有胀量,在轴瓦座内安装时不得自由脱落。

②轴瓦不许有剥离、龟裂、脱壳、烧损、严重腐蚀和拉伤。

③中修或选配轴瓦时:新瓦紧余量(在标准胎具内的余面高度)应符合表 2-5 的规定;旧瓦紧余量允许较表 2-5 下限减少 0.04 mm;轴瓦的合口面应平行,在瓦口全长内平行度不大于 0.03 mm;受力主轴瓦厚度的计算阶度不大于 0.02 mm。

表 2-5　240 系列柴油机主轴瓦、连杆紧余量

名　称	轴瓦厚度(mm)	施加压力(N)	在标准胎具内的余面高度(mm)
主轴瓦	7.5	38 000	0.08 ~ 0.12
连杆瓦	5.0	23 000	0.20 ~ 0.24

④轴瓦组装时:正常情况下,同一瓦孔内两块轴瓦厚度差不大于 0.03 mm;瓦背与轴瓦座应密贴,用 0.03 mm 塞尺检查应塞不进,轴瓦定位销不许顶住瓦背;连杆瓦背与连杆体孔应密贴,用 0.03 mm 塞尺检查应塞不进。上下瓦合口端面错口:主轴瓦不大于 1 mm,连杆瓦不大于 0.5 mm;相邻主轴瓦的润滑间隙差不大于 0.03 mm,同台柴油机各主轴瓦润滑间隙差不大于 0.06 mm;止推环与曲轴止推面紧靠时两者应密贴,允许有不大于 0.05 mm 的局部间隙存在,但沿圆周方向累计长度不大于 1/4 圆周。240 系列柴油机轴瓦组装尺寸对照见表 2-6。

表 2-6　240 系列柴油机轴瓦组装尺寸比照表　　　　　　　　　　单位:mm

尺寸要求 部件	16 V240ZJB	16 V240ZJC	16 V240ZJD	备　注
两轴瓦厚度差	≤0.03	≤0.03	≤0.02	
瓦背与轴瓦	应密贴	应密贴	应密贴	0.03 mm 塞尺塞不进,轴瓦定位销不许顶住瓦背
上下瓦合口面错口	主轴瓦≤1 连杆瓦≤0.5	主轴瓦≤1 连杆瓦≤0.5	主轴瓦≤1 连杆瓦≤0.5	
相邻主轴瓦的油隙	≤0.03	≤0.03	≤0.03	
各主轴瓦的油隙	≤0.06	≤0.06	≤0.06	
止推环与曲轴止推面	≤0.05	≤0.05	≤0.05	沿圆周方向累计长度不大于 1/4 圆周
止推瓦合口间隙	/	/	0.40 ~ 0.75	

3. 故障分析

轴瓦指主轴瓦与连杆瓦。240 系列柴油机轴瓦在运用中,主要存在的结构性与运用性故障,结构性故障表现在轴瓦磨损与拉伤,穴蚀与剥离,半径高消失及瓦背窜动;运用性故障表现在轴瓦碾片后堵塞油道造成轴瓦自身与活塞烧损。这些故障在柴油机运用中的表象,为差示压力计起保护作用,曲轴箱内有大量燃气冒出,检查曲轴箱内油底壳滤网上有大量的合金碾片。

(1)结构性故障

轴瓦磨损与拉伤的原因:机械杂质进入轴瓦表面,机油压力低或机油黏度太低,使轴瓦表面建立不起油膜,与曲轴颈发生半干摩擦和干摩擦。因曲轴轴颈在磨削加工过程中,砂轮在轴颈上来回磨削时,中间部分由于磨削的机会比两头多。因此使轴颈出现中间细,两头粗,造成轴颈对轴瓦工作表面的压力状态也不一致,轴瓦两边缘受力大,于是两边缘的磨损也大。轴瓦工作表面的两边缘出现磨损加大(或拉伤),轴颈呈现塌腰形磨损。

轴瓦穴蚀与剥离的原因:瓦背与座孔的贴合面之间有局部悬空处,相应的合金工作面上就会发生穴蚀。板材热处理质量不好,使锡从合金层里溢出成蜂窝状,一般发生在连杆的瓦(见图 2-27)。由于流体力学作用,在导油槽下方约 10 mm 处常会出现近似圆形的穴蚀圈,穴蚀的发展会造成合金层的擦伤与局部剥离(见图 2-28)。板材的合金层与钢背结合强度较差,或合金层与钢背的贴合面间有杂质,使轴瓦擦伤,多数情况发生在受力瓦,擦伤因瓦背杂质所垫位置不同,擦伤发生在瓦内与轴颈接触面的不同位置,中间、一侧或边沿部分(见图 2-29),在工作状态下缺油,使轴瓦温度过高而擦伤。

图 2-27 连杆下瓦穴蚀蜂窝状瓦

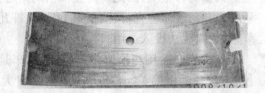
图 2-28 瓦穴蚀擦伤瓦

半径差(高)消失的原因:轴瓦工作中,材料发生塑性变形,轴瓦制造过程中,半径高测量方法不正确,轴瓦在配合件内发生转圈,一般发生连杆瓦,因其与配合件的接触不良。这时,因瓦转动,瓦背与配合面摩擦发生的高温成黑色(见图 2-30)。

图 2-29 瓦边擦伤

图 2-30 瓦贴合不良转圈

(2)运用性故障

柴油机轴瓦运用故障是其结构性故障的反映。机车运用中,柴油机转速、负载变化均非常之大。柴油机在满负荷工况下,因某种原因突然引起的柴油机卸载(停机),柴油机由低转速向高转速的提升,或由高转速位向低转速位的下降与突变,柴油机的启、停机,柴油机因某类故障原因引起的"悠车"等等。这类柴油机工况与转速的变化,对连杆瓦、主轴承瓦受力变化无疑是非常不利的,长期如此,将发生轴瓦的穴蚀与点穴、剥离、拉伤与擦伤。当机车运用中发生连杆瓦与主轴承瓦碾片、剥离等损坏时,反映在柴油机运用中的表象,是差示压力计起保护作用与曲轴箱防爆阀开启释压。其原因是当连杆瓦(或主轴承瓦)发生上述故障后,不能再起到良好的润滑作用,使其接触面温度急剧上升,促使曲轴箱内的燃气压力增高。同时,当连杆瓦发生碾片后,其碾片将堵塞经连杆杆身油道的通路,使活塞顶部得不到冷却与气缸内壁得不到良好润滑,也能使其温度急剧上升,促使差示压力计与曲轴箱防爆阀起保护作用。

在机车运行中,当主轴瓦、连杆瓦发生碾瓦等类故障时,其表象为相应故障轴瓦所在气缸工作粗爆,发生非正常性震动大,差示压力计起保护作用。需要确认时(因轴瓦发生碾瓦时,产生的高温气体会使曲轴箱燃气压力增高,导致差示压力计起保护作用,而差示压力计在很多情况下属误作用),在确认差示压力计真动作后,可打开柴油机曲轴箱检查孔盖检查。如其相应的油底壳滤网上有金属块与合金碾片,就证明相应的连杆瓦(或主轴瓦)发生碾瓦等类故障,机车不能继续运行,否则,将造成柴油机大部件的破损。

4. 案例

2007 年 11 月 26 日,DF$_{4B}$型 7265 机车牵引下行货物列车 11025 次,运行在鄯善至乌鲁木齐区段的夏普吐勒至吐鲁番间。司乘人员巡检机械间时,发现机械间烟雾很大,这时,差示压力计起保护作用柴油机停机。当打开柴油机曲轴箱盖检查,相应第 14 缸曲轴箱盖油底壳滤网上有大量的合金块,因此而终止牵引列车运行,构成 G1 类机车运行故障。待该台机车返回段后,扣临修,解体检查,柴油机第 14 缸连杆瓦碾片及相应的曲轴颈与气缸套内壁被拉伤,活塞烧损,暂时无法投入运用。

查询机车运用与检修记录,该台机车是经机车大修才返段投入运用机车。故障机车到段检查,柴油机第 14 缸相应的滤网上有大量的金属块与合金碾片,解体作进一步检查,连杆瓦严重剥离,相应曲轴段的连杆颈和气缸内壁严重拉伤,活塞烧损。经分析,由于连杆瓦发生碾片,堵塞油道,使活塞顶部无润滑(冷却)机油,其顶部得不到冷却,温度持续升高,活塞热胀,气缸内壁上油膜被破坏,加重该缸的负荷,导致恶性循环,因此将该连杆瓦所在的曲轴连杆颈、气缸套内壁严重拉伤,活塞烧损。该部件均在机车大修质量保证期内,该台机车返机车大厂修。

二、280 型柴油机轴瓦

1. 结构

(1)主轴瓦

主轴瓦为双金属板结构的薄壁轴瓦,厚 7.34 ~ 7.38 mm,宽 98 mm,理论外径 ϕ245 mm。下瓦背面开有定位销孔,与主轴承盖用定位销定位。上瓦内圆面开有油槽,并钻有 5 个进油孔。下瓦为受力瓦,不开油槽。上、下瓦的对口面以下一段范围有一定的减薄量,以消除轴瓦在座孔内由压紧力所产生的内涨量。上、下瓦的对口处均开有垃圾槽,便于机油沿轴向分布。为减少穴蚀和油流的冲蚀作用,在下瓦对口处的中部开有缓冲油槽,其截面在圆周上呈缓慢连续变化。

(2)连杆瓦

连杆瓦为双金属板薄壁轴瓦,厚 4.875 ~ 4.90 mm,宽 84 mm,外径 ϕ220 mm。上、下瓦均由定位唇分别与连杆体和盖定位。下瓦内圆面开有油槽,并钻有 9 个进油孔,上瓦为受力瓦不开油槽。如同主轴瓦,上、下瓦的对口面以下一段范围内有一定的减薄量,上、下瓦的对口处开有垃圾槽和防止穴蚀与冲蚀作用的缓冲油槽。

(3)轴瓦合金层材料

主轴瓦和连杆瓦的合金层材料均采用高锡铝合金。该合金允许的最高比压为 35 ~ 38 MPa,平均比压为 10 MPa,最高线速度为 13 ~ 15 m/s,最高工作温度为 170 ℃。轴承负荷计算表明,该合金的上述机械性能可以满足主轴瓦和连杆瓦的要求。高锡铝合金具有良好的抗咬合性、嵌藏性和顺应性等性能,可以满足主轴瓦和连杆瓦的运用条件。

(4)轴瓦的过盈量

确定合适的轴瓦过盈量,让轴瓦很好地贴靠在轴承座孔的内壁上,以防止轴瓦转动,提高轴瓦的承载能力,并使轴瓦能很好地散热而降低轴承温度。

轴瓦的过盈量经计算确定。设计中计算了主轴瓦和连杆瓦在外载荷作用下能可靠贴合的最小过盈量和考虑了加工误差后所得的最大过盈量。主轴瓦和连杆瓦的过盈量,采用在半圆孔检验量具中测量余面高度的方法来控制。

2. 轴瓦大修、段修要求

(1)大修质量保证期

①在机车运行 30 万 km 或 30 个月(包括中修解体)内:柴油机轴瓦不发生裂纹、折损(碾瓦除外)。

②在机车运行 15 万 km 或 15 个月内：柴油机轴瓦不发生碾瓦。

③连杆瓦与连杆大端的接触面积须大于 70%。

（2）大修技术要求

①按曲轴轴颈的等级修级别，主轴瓦、连杆瓦全部更换相应级别的新瓦。更换止推环。

②新瓦高出度（在检验胎具内用检验高出度的标准轴瓦进行换算）须符合表 2-7 的规定。

表 2-7　厂（大）修主轴瓦、连杆瓦施加压力及高出度

名　称	轴瓦厚度（mm）	施加压力（N）	单边加载高出度（mm）	双边加载高出度（mm）
主轴瓦	7.35 ~ 7.39	44 130	0.18 ~ 0.22	0.17 ~ 0.21
连杆瓦	4.875 ~ 4.900	27 460	0.14 ~ 0.18	0.13 ~ 0.17

（3）段修技术要求

①轴瓦须有胀量。不许剥离、龟裂、脱壳、烧损、严重腐蚀和拉伤。

②须使用相应等级轴颈的等级轴瓦。

③轴瓦选配：新轴瓦高出度（按 TB/T2958—1999 的规定，在检验胎具内用检验高出度用的比较轴瓦作换算）须符合表 2-8 的规定；旧瓦高出度允许较表 2-8 下限减少 0.02 mm；轴瓦的合口须平行，在瓦口全长内平行度为 0.03 mm；同一瓦孔内两片轴瓦厚度差不大于 0.03 mm，受力主轴瓦厚度的计算阶梯度相邻不大于 0.035 mm，全长不大于 0.08 mm。

表 2-8　段修主轴瓦、连杆瓦施加压力及高出度

名　称	轴瓦厚度（mm）	施加压力（N）	高出度（mm）	
			单边加载高出度（$a_{B1} + a_{B2}$）	双边加载高出度（a_A）
主轴瓦	7.35 ~ 7.39	44 130	0.17 ~ 0.21	0.17 ~ 0.21
连杆瓦	4.87 ~ 4.90	27 460	0.13 ~ 0.17	0.14 ~ 0.18

④轴瓦组装：瓦背座孔段密贴，轴瓦定位舌背不许顶住主轴承座和连杆大端孔的定位舌槽；止推挡圈与曲轴止推面须紧密贴靠，允许有不大于 0.05 的局部间隙，但沿圆周方向累计长度不许大于 1/4 圆周，止推挡圈合口总间隙须为 0.50 ~ 0.80 mm；主轴瓦端面与主轴承端盖、座的不平齐度小于 0.5 mm，连杆瓦端面与连杆体、盖的不平齐度小于 0.30 mm；使用旧瓦时须与原轴颈、原机体和原连杆配对组装。

3. 故障分析

280 型与 240 系列柴油机主轴瓦和连杆瓦在运用中所发生的故障也基本相同。因 280 柴油机功率大，其轴瓦的受力面要大于 240 系列柴油机轴瓦，在柴油机运用中其发生的故障率要稍大于 240 系列柴油机用轴瓦。

（1）结构性故障分析

280 型柴油机用轴瓦结构性故障主要表现在：拉伤、合金层剥离、冲蚀、烧瓦碾片等种状态。拉伤是硬质颗粒随机油进入轴瓦间隙，特别是大的颗粒穿破油膜，从而破坏摩擦面，形成拉痕。有的颗粒被嵌入合金层，在嵌入处的周围形成有光亮的晕圈（见图 2-31）。由于杂质往往积存于轴瓦的垃圾槽处，故拉伤常出现于垃圾槽的下方（见图 2-32）。

图 2-31 烧(点)蚀瓦

图 2-32 下瓦碾剥离成沟槽

合金层掉块剥离是由于疲劳破坏产生的,其影响因素主要有:轴瓦的轧制质量问题,如合金脱壳和结合强度低等原因降低了合金层的疲劳强度;轴颈和轴瓦座孔的圆柱度和同轴度超差、主轴瓦的相邻阶梯度过大等因素,使轴瓦的局部比压超过了轴瓦合金的疲劳强度;机油中的杂质堆集于轴承间隙并嵌入合金层时,增大了合金层的局部比压;合金层太厚会降低其疲劳强度。

合金层表面产生密集状针孔的损伤称冲蚀,一般产生于主轴瓦的下瓦和连杆瓦的上瓦(见图 2-33),在轴颈旋转方向的油槽边或隔一段距离的位置上出现。它是一种液流侵蚀,是由于在油槽处油流受干扰而剧烈变化,发生断流或涡流所致。

(a)主轴瓦接口冲蚀

(b)局部剥离瓦

图 2-33 主轴瓦冲蚀

合金成片被挤出轴瓦,一部分合金黏结于轴颈上,这种损伤称烧瓦。烧瓦的原因比较复杂,主要有:轴承间隙和轴颈圆柱度及主轴承的阶梯度超限,以及缺油或机油变质,机油内有水或燃油等。由于上述原因使得轴颈与轴瓦的摩擦面之间不能形成油膜而直接接触,由摩擦而产生高温,造成合金熔化而被挤出轴瓦。另外,由于螺栓未拧紧、轴瓦余面高度消失等原因,造成了轴瓦与座孔贴不紧的状态,由此引起轴瓦散热不良而温度升高,导致烧瓦。柴油机启动后立即高速运转,由于油膜无法及时形成也容易造成烧瓦。烧瓦有一个从轻到重的发展过程,从初期产生少量拉伤碾片发展到碾片的大量出现(烧瓦的几种表象,见图 2-34~图 2-36),严重时,会产生抱轴甚至造成断轴的严重事故。在该过程中伴随有一些迹象,如油温升高,机油滤清器压差突然增大等。如果拆开机油滤清器,在滤网上可见到许多闪亮的合金碎片,打开曲轴箱检查孔盖,在油底壳的滤网上将出现一些合金碾片。在柴油机的运用中,如能注意观察,当出现上述现象时能及时给予处理,即可避免柴油机大部件破损的发生。

图2-34 烧瓦剥离现象Ⅰ

图2-35 烧瓦剥离现象Ⅱ

图2-36 拉伤烧瓦剥离现象Ⅲ

主轴瓦和连杆瓦与曲轴主轴颈和连杆颈的间隙中充满了有一定压力的机油(机油起到承载作用),轴瓦受到周期变化力的作用,而且连杆瓦的角速度还随时间变化,故主轴承和连杆轴承均属非稳定轴承。在柴油机运转中,必须保证轴瓦与轴颈处于液体摩擦状态,即两者间有一层足够厚的油膜,以减少摩擦面的磨损,避免产生轴瓦合金层剥离和烧瓦等故障。

轴瓦还处于下述的工作条件:机油(尤其是老化的机油,对轴瓦有腐蚀作用,机油中的硬质微粒挤入会损伤轴瓦的合金层,轴颈和轴瓦表面粗糙度过大会加速磨损,甚至产生损伤,机体主轴承孔及曲轴主轴颈的同轴度误差过大,会大大增加轴瓦的局部压力,造成偏磨、穴蚀(见图2-37),甚至产生碾瓦等等。与240系列柴油机用轴瓦相同,因装配工艺不到位或其他结构上的因素,造成轴瓦在主轴承坐或连杆内转(圈)动(多数情况下发生在连杆装配中),因280柴油机单缸连杆负载较大,连杆瓦转动后,其瓦背均受到了擦伤(见图2-38)。

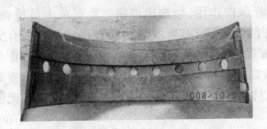
图2-37 下瓦边蜂窝穴蚀

图2-38 瓦背转圈擦伤

另外,现代对轴承(轴瓦)有一新的理论分析,即"气穴侵蚀"性(简称气蚀)损坏。从气蚀发生的机理分析,气蚀是导致内燃机滑动轴承外观改变和失效的主要形式之一,了解气蚀发生的机理和主要类型的形貌特征、产生原因及纠正预防措施,对于提高轴瓦工作可靠性,延长使用寿命,具有重要的意义。气蚀是在液体中的固体表面由空穴或气泡向心爆炸所产生的破坏。当液体中的压力降低至当时温度下的液体气化压力以下时,液体蒸发并形成空穴,这一现象称为"气穴"。当这些气穴流到压力高的部位或空化部位的压力增高时,它们立即压缩并造成向心爆炸,在液体中产生很高的局部压力和高温。随着这种爆炸反复发生,邻近的部位的固体表面就形成了"气蚀"。

由于气穴向心爆炸的高强度,不定期会发生化学反应性"气穴腐蚀"。这些损坏会同"流体侵蚀"及"气蚀性腐蚀"一起交互作用。已经发现,破裂的气穴会在滑动轴承的滑油中产生一种称为"微观内燃机效应"的静电放电现象。轴承表面受到气蚀侵害时,首先会稍稍变粗糙,然后在这些部位的晶界上会形成小孔隙和初始裂纹。裂纹边缘尖锐,先是在表面扩展,然后逐渐加深。待裂纹连在一起时,便造成材料呈小颗粒碎裂脱落。如损坏完全由气穴爆炸引起,侵蚀部位的结构会显得很粗糙。气蚀一般都限于局部,且出现在轴瓦的非承载部位。

气蚀的发生与许多因素有关:轴承转速,轴承规定载荷及动压载荷形式(规定载荷变化周期),油孔、油槽和油穴边缘的形式,轴承上油孔的存在和位置,供油压力、滑油黏度、温度空气和水分含量及污染程度等。气蚀从机理上分为五种主要形式:流动气蚀、冲击气蚀、真空气蚀、卸载气蚀、混合气蚀。这五种气蚀形式,均与润滑油的流速、流量、压力、轴瓦结构式、曲轴旋转、载荷的大小以及振动有关。

除此之外,轴瓦加工工艺也是一项重量因素,因现时轴瓦均为半月型形状,钢背(或合金)瓦均是在直板的情况下,将铝铅合金的成分敷铺压制在其钢背直板上,再进行弯曲成型,由于此种工艺的不完善性,使其合金层承载力减弱,造成使用中发生合金层剥离与"穴蚀空块"(即大块的蜂窝状)的损坏现象。

(2)运用故障分析

机车运用中280型柴油机用轴瓦的故障多数情况下属结构性,与240系列柴油机用轴瓦相同,同属内置式部件,为不可视性,只能通过间接识别的方法来判断。机车运行中轴瓦发生故障,其故障表象为:相应故障轴瓦所在气缸工作粗爆,非正常性震动性大,差示压力计起保护作用。一般无法作实质性处理,否则,将造成柴油机大部件破损。

4. 案例

(1)连杆瓦碾片

2007年11月12日,DF$_{8B}$型5351机车牵引上行货物列车11062次,运行在哈密至柳园区段的天湖至红柳河区间。柴油机差示压力计起保护作用,柴油机停机。经司乘人员检查,机械间充满油气烟雾,曲轴箱防爆阀有被打开的痕迹(带有防爆阀的检查孔盖下方淌有大量的油渍,并有防爆阀胶圈脱落被垫压住,即该防爆阀因此而未归位)。机车因此而终止牵引列车运行,请求救援,构成G1类机车运用故障。待该台机车返回段内后,扣临修,检查柴油机第14、16连杆瓦碾片,并有第16缸活塞烧损,并殃及到该曲轴连杆颈的剥离,机车无法暂时修复。

查询机车运用检修记录,该台机车2007年××月完成机车大修,修后才投入运用。机车到段检查,柴油机相应第14、16缸滤网上有大量的金属块现合金碾片,解体检查,此两连杆瓦碾片拉伤,相应的两曲轴连杆颈严重拉伤,并有剥离块,活塞严重烧损,相应的两气缸套严重拉伤。经分析,因连杆瓦碾片后,堵塞了通连杆大端内的油道,使该活塞无润滑油润滑和冷却,被在活塞往复运动中产生的高热而烧损,以致曲轴连杆颈剥离。该台机车在大修质量保证期内,定责机车大修,该台机车返机车大厂修。

(2)连杆瓦瓦背转圈及碾片

2008年6月14日,DF$_{8B}$型5270机车担当上行货物列车11014次本务机车的牵引任务,现车辆数49,总重3 635 t,换长69.0。运行在兰新线哈密至柳园区段的尾亚至天湖站间,在机车运行接近天湖站时,突然发生柴油机差示压力计起保护作用,柴油机停机,在另一台机车动力的推挽下,维持运行至天湖站内22时32分停车。经司乘人员检查,属柴油机内部运动部件发生故障,请求更换机车,构成G1类机车运用故障。待该台机车返回段内后,扣临修,检查柴油机第13缸连杆瓦碾片,活塞拉伤。经更换该缸活塞、连杆瓦,水阻试验运转正常后,该台机车又投入正常运用。

　　查询机车运用与检修记录,该台机车 2006 年 12 月 21 日完成第 1 次机车大修,修后总走行 224 316 km,于 2008 年 5 月 12 日完成第 4 次机车小修,修后走行 12 218 km。机车到段检查,为柴油机第 13 缸连杆瓦碾片,活塞拉伤。经分析,该缸连杆瓦被碾片后,瓦转圈,堵塞油路,造成该缸活塞缺油后抱缸,引起柴油机差示压力计起保护作用。按机车大修质量保证期已超期限,属疲劳性损坏,定责材质。同时,要求加强机车小修中,对柴油机油底壳滤油网上的检查,预防此类故障的发生。

思　考　题

1. 简述 240/280 型柴油机轴瓦大修质量保证期。
2. 简述 240 系列柴油机轴瓦结构性故障。
3. 简述机车运用中轴瓦碾瓦烧损后的故障表象。

第三章　柴油机运动部件

柴油机运动件包括活塞组、连杆组、曲轴总成、减振器、联轴节,以及驱动凸轮轴、机油泵和冷却水泵的传动装置。本章主要介绍 240/280 型柴油机运动部件的结构和修程要求,着重阐述其结构性与运用性故障分析,并附有相应的机车运用性故障事(案)例。

第一节　活塞组结构与修程及故障分析

用于 240 系列柴油机的活塞有多种类型。即整体锻铝活塞、中凸铝型活塞、整体薄壁球铁活塞、钢顶铝裙活塞与钢顶铁裙活塞。因柴油机型号不同,装配的活塞也有所不同。就各类型活塞而言,各有其特点,装配于 240 系列柴油机的活塞主要采用整体薄壁球铁活塞、钢顶铝裙与钢顶铁裙活塞。

一、240 系列柴油机活塞组

1. 组成

活塞组通常由活塞本体、活塞环(气环和油环)、活塞销、卡环等零部件组成。

(1)活塞本体

活塞本体自上而下分为顶、环带、裙部三个部分。

活塞顶:它与气缸盖,气缸套共同构成燃烧室,直接承受燃料燃烧产生的高温、高压燃气的作用。

活塞环带:用来安装活塞环。

活塞裙:主要承受活塞侧推力,并起导向作用。

(2)活塞销与卡环

活塞销起到连接活塞与连杆的作用。活塞销卡环用来限制活塞的轴向移动。

(3)活塞环

活塞环分气环和油环两大类。气环的主要作用是阻止燃烧室中的新鲜空气及燃气泄漏到曲轴箱中去,并将活塞工作时受到加热的部分热量传给气缸套。油环的主要作用是阻止曲轴箱的机油进入燃烧室,又使机油均布在气缸套内壁的工作面上。

2. 结构

早期出厂的 B 型机曾采用了 2 种材料,3 种结构的活塞,整体锻铝活塞、中凸形锻铝活塞、整体铸薄壁球铁活塞;C 型机只采用整体铸薄壁球铁活塞。现整体锻铝活塞、中凸形锻铝活塞在 240 系列柴油机上已被淘汰,现代高增压柴油机多采用两体式活塞(钢顶铝裙或钢顶铁裙),两体间用螺栓连接。以下就整体薄壁球铁活塞、钢顶铝裙和钢顶铁裙活塞为例进行叙述。

(1)整体薄壁球铁活塞

整体薄壁球铁活塞采用球墨铸铁,它具有强度高、耐热、耐磨、线膨胀系数小的优点。

①结构特点

活塞顶部的燃烧室形状与铝活塞相同,但采用75°倒锥形的避阀坑,通过专用工具作起吊用,为了使活塞的重量和热应力尽可能限制在最小限度内,在避阀坑处采用了等壁厚的结构(见图3-1)。

②冷却方式

活塞头部与销座之间采用环状垂直支承板连接,环槽区用5~6 mm厚的斜支承板与垂直筋板相连,使头部形成一个箱体结构。它有一方面加强了活塞头部的结构刚度,另一方面形成了一个大面积的环状冷却腔。油腔底部有4个清砂孔,3个孔用3/4油堵堵塞,另一个孔装有回油堵,堵上钻有1个16 mm的通孔,回油堵顶面比油腔内表面高出11 mm,使油腔中始终存有机油,当活塞作高速往复运动时,机油在油腔内进行振荡冷却,以提高冷却效果。

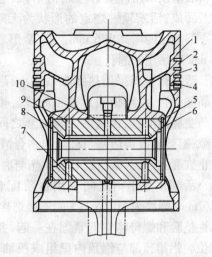

图3-1　整体薄壁球铁活塞
1-活塞体;2-矩形气环;3-锥面气环;4-油环装配;5-挡圈;6-活塞销

由连杆杆身油孔来的机油通过活塞销座上的半周的沟槽,再通过ϕ11 mm的深孔(此孔下端用3/8锥堵密封)进入油腔,油腔内的机油通过对角处的1个回油孔,回流到柴油机曲轴箱内。活塞顶中部仍由连杆小端顶部喷油冷却。

③销座结构

采用悬挂式结构,即销座与裙部分离,两者间仅用两块水平筋板相连接,活塞销及活塞销座的轴向长度均比铝活塞缩短20 mm,活塞的总高度也比铝活塞缩短15 mm,再加上整个活塞采用薄壁结构,这些措施克服了球墨铸铁比重大的缺点,使球铁活塞的质量控制在33.65 kg,比铝活塞的31.4 kg仅重2.25 kg。因此对柴油机轴系和轴承的正常工作,不会有明显影响。

为了防止活塞销从销座内窜出,在销座两侧外端分别设有2.7 mm宽的环槽安装挡圈。活塞销与连杆小头衬套,销与销座之间均采用间隙配合,工作时活塞销可以自由转动,因此称之为全浮动活塞销,这与铝活塞是一样的。

④环槽布置

采用3道气环,1道油环。活塞顶部到第1道气环槽上岸的高度仍为45 mm,第1、2道环槽内安装矩形气环,第3道环槽内放置锥面环,第4道环槽内放置油环。在油环槽底部钻有10个ϕ16 mm的回油孔。

⑤活塞型线

头部为连续的2个小圆锥体,裙部为圆柱体。活塞销中心距顶面高度仍保持195 mm,而活塞销中心到活塞底面高度较铝活塞缩短15 mm,活塞总高295 mm。

⑥表面处理

活塞头部镀铬,以防止燃气腐蚀,减少燃气对顶部的热辐射。裙部镀锡,以改善磨合性,在镀铬层以下的活塞外圆面上及活塞销孔均镀锡。

(2)钢顶铝裙组合活塞

钢顶铝裙活塞由钢顶、铝裙、连接螺栓、连接螺母、弹性垫套、定位销、O形密封圈、活塞销、挡圈、活塞环等组成(见图3-2)。

活塞顶采用优质合金结构钢,锻造后经调质处理加工而成,活塞顶燃烧室的形状为无避阀坑的 W 形,中心部位比四周高出 6 mm。在 W 形底部设有 2 个深 10 mm 起吊用的螺孔。

活塞裙材料采用热膨胀系数小、耐磨性好的 LD_{11} 共晶硅铝合金,经模锻后加工而成。裙部的型线采用中凸变椭圆形,以保证活塞与缸套之间有理想的配合间隙,有效地改善活塞与缸套的贴合情况,以最大可能防止缸套穴蚀、活塞与缸套的拉伤与磨损。

活塞顶与铝裙之间采用台阶配合,并用 4 个长 126 mm,螺纹为 M12×1.5 的连接螺栓,采用带球面的弹性垫套和螺母将它们紧固在一起,并有定位销进行定位。铝裙顶部与钢顶内壁组成机油冷却腔,从连杆小端来的机油,通过活塞销的 3 个油腔也进入到活塞

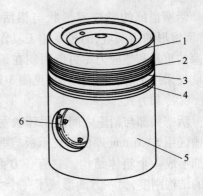

图 3-2   钢顶铝裙活塞
1-钢顶;2-第一、二道气环;3-锥面环;4-油环装配;5-铝裙;6-挡圈

销座,然后由一侧的活塞销座上的油沟经油孔到达活塞顶部的外油腔,再经过活塞顶内、外油腔的 8 个 $\phi 8$ mm 的通孔进入到内油腔,最后从活塞裙顶部正中央的 $\phi 20$ mm 油孔流回到曲轴箱。在活塞上、下运动的过程中,机油进入活塞顶部油腔内发生振荡,以取得较好的冷却效果。

为了保证油腔的密封,在铝裙顶部的台阶面的侧面装有一个 $\phi 210$ mm × $\phi 5.7$ mm 的氟橡胶密封圈。活塞钢顶部分为圆面积柱体,并设有 3 道气环槽。在活塞裙部的活塞销孔上方设有一道油环槽,槽底有 6 个 $\phi 8$ mm 的向下倾斜的通孔,作回油用。活塞裙离底部 2 mm 外圆处设有约 3 mm 深的 15°倒勾台,以起到刮油作用。

活塞销采用浮动式,它与连杆小端衬套和活塞销座孔之间均有间隙,销长为 196 mm。活塞销座内孔两端均制有 2.7 mm 宽的圆周沟槽,以放置挡圈,防止活塞销窜出。销座孔直径为 $\phi 100^{+0.022}_{0}$ mm,活塞销中部为轴向通孔,以减轻重量,周向布置有 3 个 $\phi 8$ mm 的轴向通孔,两端各有一个油堵堵死,以形成机油道,每个轴向油道在与其垂直方向中部和两端设有 3 排机油孔,每排在圆周方向上各均布 3 个 $\phi 8$ mm 油孔通向活塞销的外加柱面,以作进出口油路。

活塞装配名义质量为 34.5 kg,总高度为 303.8 mm,四周高度为(298.8 ± 0.25) mm。活塞销孔中心线到活塞顶四周距离为(183.8 ± 0.15) mm,活塞销孔直径为 $100^{+0.022}_{0}$ mm。

(3)钢顶铁裙活塞

钢顶铁裙活塞由钢顶、铁裙、连接螺栓、连接螺母、弹性垫套、定位销、活塞销、挡圈、活塞环等组成(见图 3-3)。

活塞顶采用优质合金结构钢,锻造后经调质处理加工而成。活塞顶与钢顶铝裙活塞所用的活塞顶相似。

活塞裙材料采用热膨胀系数小、强度高、耐热、耐磨性能好的球墨铸铁,裙部结构借鉴了整体薄壁球铁活塞的经验,即活塞销座采用悬挂式

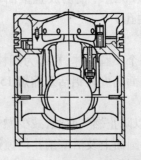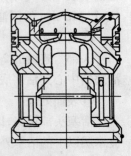

图 3-3   钢顶铁裙活塞

结构,销座与裙部分离。两者之间用两块水平筋板相连,销座顶部通过筋板与裙顶连成一体。

裙部销孔座、内腔表面及外表面、油环槽环岸以下部位进行镀锡。但与钢顶的配合部分不得镀锡。

活塞顶与铁裙之间采用台阶配合,用 4 个连接螺栓把它们紧固在一起,并有一个定位销定位。

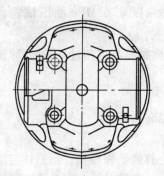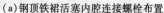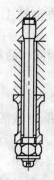

(a)钢顶铁裙活塞内腔连接螺栓布置　　　　(b)具有弹性套的连接组件

图 3-4　钢顶铁裙活塞内腔连接螺栓

铁裙顶部与钢顶内壁组成机油冷却腔,从连杆小端来的机油,通过活塞销的 3 个油腔孔进入活塞销座。然后由一侧的活塞销座上的油沟经油孔到达活塞顶的外油腔,再经过活塞顶内、外油腔的 8 个 $\phi 8$ mm 的通孔进入到内油腔,最后从活塞裙顶部正中央的 $\phi 20$ mm 油孔流出。

活塞钢顶部分为圆锥体,并设有 3 道气环槽。在活塞裙部的顶部设有一道油环槽,槽底有 8 个向下倾斜30°的 $\phi 5$ mm 回油孔。活塞销采用浮动式,它与连杆小端衬套和活塞销座孔之间均有间隙,活塞销与钢顶铝裙活塞用的活塞销相同。

活塞销中部为轴向通孔,以减轻重量。周向布置有 3 个 $\phi 8$ mm 的轴向通孔,两端各有一个油堵堵塞,以形成机油道,每个轴向油道在与其垂直方向中部及两端设有 3 排机油孔,每排在圆周方向上各均布 3 个 $\phi 8$ mm 油孔,以作进出口油路用。

活塞销采用优质合金钢制成,外圆样表面进行渗碳处理,活塞销两端面和全部油孔内表面允许有不影响加工的轻微渗碳。

活塞装配名义质量为 38.5 kg,总高度为 293.8 mm,四周高度为 $287.8^{+0.200}_{-0.225}$ mm。活塞销孔中心到活塞顶距离为 $182.8^{+0.150}_{-0.075}$ mm。

(4)活塞环

活塞环按其用途不同,可分为气环、油环两大类。气环的作用主要是和活塞一起密封燃烧室,并导出活塞顶部的热量。油环的主要作用是使气缸壁面上的机油分布均匀,并避免多余的机油窜入燃烧室,造成结炭,增大机油耗量。活塞环的可靠工作对于保证柴油机工作的可靠性和耐久性起着重要的作用。

3. 活塞组大修、段修

(1)大修质量保证期

在机车运行30万 km 或30个月(包括中修解体)内(C 型机在运用27个月,即大修后的第一个中修期):活塞组不发生裂纹、破损。

(2)大修技术要求

①活塞须清洗,去除积碳,活塞内油道须畅通、清洁。

②活塞不许有裂纹、破损和拉伤,顶部无烧伤网络,避阀坑周围无过烧痕迹。

③活塞轻微拉伤时允许打磨光滑,按原设计规范对活塞进行表面处理。

④活塞环槽不许有凸台和严重喇叭形。

⑤活塞销检修要求:清洗,不许有裂纹;活塞销磨耗超限允许镀铬修复,但镀层厚度不许大于 0.2 mm;活塞销上的油堵不许松动,并以 0.6 MPa 油压试验,保持 5 min 无泄漏。

同台柴油机须使用同种活塞,钢顶铝裙活塞组质量差不许超过 0.2 kg,球铁活塞组质量差不许超过 0.3 kg。

(3)段修技术要求

活塞有钢顶与铝裙、球铁活塞之分,检修要求也有所区别。

①清除油垢、积碳。

②活塞不许有裂纹、破损,顶部有轻微碰痕允许打磨消除棱角。活塞体与活塞套的配合不许松动,其顶部圆周结合面处允许有自然间隙存在,并应灌柴油(- 35 号)进行渗漏试验,保持 10 min 无泄漏。

③活塞环槽侧面拉伤或磨损超限时,允许将环槽高度增加 0.5 mm,配相应的活塞环进行等级修理。

④活塞销不许有裂纹,活塞销堵不许有裂损、松动,活塞销油腔须做 0.6 MPa 油压试验,保持 5 min 无泄漏。

⑤C 型机用活塞组,活塞顶螺钉涂上二硫化钼,以 78^{+10}_{0} N·m 力矩均匀预紧后松开,再以相同力矩均匀紧固。D 型机用活塞组,活塞顶螺栓涂上防缓胶(耐热 250 ℃),以 70 N·m 力矩紧固。连接螺栓、螺母涂上二硫化钼,以 73^{+3}_{0} N·m(钢顶铝裙活塞)、78 N·m(钢顶铁裙活塞)的最终力矩对角均匀预紧后松开,再以相同的力矩对角均匀紧固。

⑥检查活塞顶与铝裙在外径接合面处的组装间隙应为 0.03 ~ 0.10 mm(D 型机用活塞间隙为 0.05 ~ 0.10 mm)。

同台柴油机活塞组质量差不许超过 0.3 kg,活塞环切口依次错开 90°。

4. 故障分析

机车运用中,柴油机活塞组的故障有来自其结构性与运用性。活塞组属柴油机运动部件中重要零部件之一,它与气缸套和气缸盖共同组成燃烧室,传递其燃料燃烧后的爆发压力,并作机械功传递。在柴油机运转中,既要承受气缸内爆发后的高温以及燃烧后化学物与残留物(积碳)的侵蚀,又要承载传递气缸内燃烧爆发后的垂直作用力,同时还要受活塞组运动中的往复惯性力对气缸套内壁产生的侧压力的反作用力。在柴油机运用中,其结构性故障主要来自于机械负荷,热负荷,往复惯性力的拉抻与侧压力,缺乏润滑油下非正常磨损,燃料燃烧不良等储多不良因素引起的活塞非正常运用性损坏。其故障表象主要为活塞顶部积碳(见图 3-5),活塞顶、裙部烧蚀(见图 3-6),气、油环固死槽内或折损(见图 3-7),活塞破碎(见图 3-8),活塞销损坏。其结构性故障反映在柴油机运用中的主要故障表象,柴油机运转中,故障气缸内工作粗爆,并伴随有"敲缸"声音,柴油机加负载时冒黑烟(或冒蓝烟,在油、气环损坏的情况下),严重时,差示压力计与曲轴箱防爆阀先后会起保护作用,使柴油机停机。活塞组运用性故障主要由其结构性故障引起。

图3-5　活塞顶部积碳

图3-6　活塞顶、裙部烧蚀

图3-7　活塞气、油环固死折损

图3-8　活塞撞击性破碎

（1）结构性故障

柴油机结构性故障,主要由柴油机运转中的机械负荷和热负荷造成的机械性与化学腐蚀性和熔蚀性损坏;摩擦磨损性损坏主要体现在非正常性磨损;活塞材料性损坏主要体现在其机械强度与热强度不够造成的非正常性早期损坏。

机械负荷。作为燃烧室零部件之一的活塞来说,其顶部直接受到燃气爆发压力的冲击。B型机在2430 kW时,燃气爆发压力可达12 MPa,即活塞顶上的气体作用力可达540 kN。在强大的燃气冲击压力作用下,活塞顶部、环岸、活塞销座都受到强烈的机械负荷、活塞销会发生弯曲和椭圆变形。在连杆小头和活塞销座的交界面上,活塞销还受到剪切力作用。除气体压力对活塞顶部及销作用外,活塞销还受到活塞往复运动所产生的惯性力的作用。活塞裙部主要承受侧推(压)力。该类各种作用力的大小与方向均是呈周期性变化作用在活塞组的不同部件上,如有那个部件的材质和组装不到位与超负荷时,或相邻部件(如进、排气阀)的损坏,均能造成活塞组的非正常损坏。

热负荷。活塞顶部与高温燃气(可达1 500 ℃)直接接触,燃气通过对流和辐射,将一部分热量传给活塞,它们随柴油机的平均有效压力的增大而增长。当活塞顶及第一环槽温度超过允许范围时,活塞顶的强度急剧下降,热应力和热变形也将过大,同时引起环区的机油结焦,导致活塞环卡死。曾对B型机用铝活塞测试,在标定工况工作时,顶部最高温度可达335 ℃,第一道环槽的温度可达197 ℃。活塞在高温燃气作用下,会对活塞工作产生下列影响:活塞材料强度下降,活塞各部受热膨胀变形,热应力增大,引起机油结焦(积碳),容易引起腐蚀加剧,甚至造成材料局部熔化。

随着气缸直径的增大和平均有效压力的提高,活塞的热负荷问题愈趋严重,对高强化的大功率机车柴油机来说,热负荷比机械负荷更具有危险性。因此,不仅要尽量减少传入活塞的热量,而且还应使活塞吸收的热量尽快散发掉。

摩擦和磨损。影响活塞磨损的因素很多,如240系列柴油机在标定转速时,活塞平均线速度为9.17 m/s,摩擦面之间的配合(包括活塞环、活塞裙部和气缸套的材料选择、表面处理、硬度匹配,活塞外形型线,活塞环形状、尺寸、数量、摩擦面上的润滑状态及机油品质等),气缸套内壁上的油膜状态,与是否布有充分的机油外,还与它的温度条件有关。超过一定温度,气缸套壁面上很难形成油膜,即使形成,也难以保护,将导致不正常磨损。因此为了减小磨损必须供给足够的机油,并通过冷却手段把活塞、气缸套温度控制在允许范围内。

活塞材料。根据活塞工作条件,对活塞材料的要求有,比重小,以降低活塞本身的往复惯性力。从而可减小曲轴、连杆组件的机械负荷,也有利于平衡重量的配置,热膨胀系数要小。这样活塞与气缸套之间的冷态间隙可以减小,从而在热态时不致拉缸,冷态时不致敲缸。从燃气吸热的能力要小,向外传热要快,以减小活塞的温度及温度梯度,避免活塞被烧损破裂。

热强度。活塞在气缸内高温作用下,仍能具有足够的机械强度,良好的减磨性、耐磨性和耐腐蚀性能,与其具有良好的制造工艺,即良好的铸或锻造性能、切削性能是分不开的。实际上,没有一种材料可以满足活塞做功时的热强度要求。如锻造钢铝合金具有较好的热强度,导热性、延伸率及良好的锻造性能,但它的热脆性及膨胀系数大,耐磨性差。又如球墨铸铁具有热强度高、热膨胀系数小,有良好的耐磨和耐蚀性,并具有一定的减振性,工艺性也良好,但却存在比重大、导热性差、脆性强、易裂损的缺点。上述因素的影响,均是造成柴油机运用中活塞结构性故障的因素。

(2)运用性故障

在机车运用中,活塞运用故障主要来自于其结构性故障的影响。属内置性故障(不可视性),主要故障表象为柴油机运转中冒黑烟(或蓝烟),相应故障气缸呈现"敲缸"声响,严重时,差示压力计起保护作用,使柴油机停机。

对于整体锻铝活塞与中凸型铝活塞因其适应性差,已被淘汰。现时装车运用较多的是钢顶铝裙活塞,其次是整体薄壁球铁活塞。活塞运用中损坏的原因,多数情况下为长期运用中的疲劳性损坏。活塞顶部被烧穿,活塞体破碎,活塞销堵破碎,活塞体裂等本身结构性故障。

活塞顶部被烧损与活塞体破碎,一般情况下发生在球墨铸铁活塞,活塞顶部及裙部存在隐裂现象,在燃烧室高温高压的燃气侵蚀下,将活塞顶烧穿,或在活塞惯性力及其他综合力的作用下,使其体破碎。机车运用中当此种故障情况发生在初期时,柴油机会冒蓝烟,与活塞环不良呈现的冒蓝烟不同,伴随有大量机油斑点喷出。严重时,喷出的机油斑块流淌到机车车顶与车体两侧,盛至流淌司机室非操纵端瞭望玻璃上(见图3-9)。这类故障发生之初,柴油机低速运转时,故障气缸工作中存在着异音(即"敲缸"声响),可在机车出段前技术检查作业时,通过测试气缸内的压缩压力来确定。机车运行中严重时,燃烧室燃气窜向曲轴箱,使差示压力计与曲轴箱防爆阀起保护作用,柴油机被迫自动停机。

图3-9　机车车体喷淌的机油斑块

活塞销堵破碎与活塞体裂,主要为燃烧室的爆发压力与活塞运动中的惯性力所为,多数情况下属活塞材质与疲劳性损坏。当此类故障发生的初期,在机车运用中,柴油机低速运转中,通过监听,该类故障在气缸内会发出"敲缸"声响,因活塞堵破碎后,造成机油回泄量大,进入活塞顶部的冷却机油减少，活塞顶部得不到良好的冷却与润滑，热胀系数的加大，造成活塞体与气缸内壁的拉伤，因其运动的不协调性，发出的类似"敲缸"声响。活塞体裂损同样也会发出类似"敲缸"声响，因其活塞体裂损后，在燃烧室压力与高温作用下，使其运动的不协调性，撞击气缸内壁发出的声响。在此类故障的初始期，除发现其有敲缸声响外，也可通过测试气缸压力（压缩压力与爆发压力），或打开曲轴箱检查孔盖检查油底壳滤网上是否有金属块来判断此类故障。严重时，柴油机曲轴箱内的两项保护装置也会起保护作用。

除此之外，气环的折损，也是危害到柴油机安全运转的重要因素，当气（油）环磨损，造成向燃烧室窜机油引起的积碳，影响到燃烧质量与进、排气阀底、颈部积碳造成的关闭不严。当气环折损时，其碎段随活塞的往复运动中进入燃烧室，进而将活塞顶部与气阀底部与气缸盖底部撞击损坏。严重时，其碎段在废气压力的作用下，经气缸盖废气通道→废气支管→废气总管到达增压器涡轮壳内，将增压器涡轮叶片打坏，使增压器报废。同时也存在间接性损坏故障，引起活塞的破损，如连杆瓦剥离造成碾瓦严重，其碾片末将通活塞油路堵塞，或装配工艺问题连杆小端铜套过盈量不足时，铜套转动堵塞油路，使活塞内部供油不上，引起活塞顶部冷却不良，造成的活塞烧损及膨胀拉缸，及活塞破碎等类损坏故障。

除活塞自身故障损坏外，在运用中还有相邻运用部件损坏后，导致活塞被撞击性损坏，如气缸盖上的气阀装置与喷油器喷嘴损坏，脱落的碎块掉入气缸内，在活塞运动中将活塞顶撞击坏，活塞气环在环槽内固着引起的窜燃气与拉伤气缸等类故障，此类故障均能造成大量燃气窜入曲轴箱内，使曲轴箱内压力上升，引起差示压力计起保护性作用，使柴油机停机，以避免柴油机大部件破损。当差示压力计起保护作用后，不一定就是曲轴箱内泄漏燃气压力过高所为，但当活塞破损造成燃烧室向曲轴箱内泄燃气时，一定会使差示压力计起保护作用，或曲轴箱防爆阀被打开。当检查确认活塞已经破损，柴油机不得强行启机运转，以避免造成柴油机大部件的破损。

上述故障，作者所在机务段的该类型机车运用中，在不同时期均有发生，而彻底杜绝此类故障发生还存在很大的难度。对机车运用中的故障，应以预防为主，即可通过"巡声倾听法"、"机油进出口压力差分析法"检查其疑似故障所在，避免其破损部件的增大及殃及其他部件的损坏。

同时，活塞组在柴油机运转中，其部件损坏时，如差示压力计不能起保护作用，柴油机是并不能停机的。在柴油机继续运转中，会殃及到相邻部件气缸套、气缸盖及阀装置，连杆、连杆颈，严重时，危及到柴油机机体的损坏。作者所在机务段 2009 年 1 月 4 日一台 DF$_{4C}$ 型机车在运用中，因活塞组的损坏（该活塞裙已破碎，其钢顶卡死在缸套内，只得用电焊呲开，才得以将其钢顶取出，见图 3-10（a），殃及到气缸套的损坏，并将其碰撞成碎片见图 3-10（b），曲轴颈的损坏及滤网上撒落的碎金属块见图 3-10（c）。

（a）活塞组破碎　　　　　　　（b）气缸套破碎　　　　　　（c）曲轴连杆颈损坏

图 3-10　活塞组破碎后殃及到其他部件损坏

在机车运行中,当活塞组件中发生活塞顶烧蚀等类故障时,只要未造成连杆瓦、主轴瓦烧损和差示压力计起保护作用,在将此相应故障气缸关闭的情况下,打开该气缸示功阀,可维持机车继续运行,以避免机车途停行车事故的发生。

5. 案例

(1) 活塞销油堵破碎

2006 年 ×月× 日,DF₄B 型 0278 机车牵引上行货物列车运行中,突然发生差示压力计(CS)起保护作用,柴油机受保护性停机。经司乘人员检查,确属差示压力计动作起保护作用。因此终止牵引列车运行,构成 G1 类机车运用故障。待该台机车返回段后,扣临修,解体检查,柴油机第 5 缸活塞破损烧蚀,气缸套内壁被拉伤。经更换该缸活塞组件与气缸套,试验运转正常后,该台机车又投入正常运用。

机车到段检查,柴油机曲轴箱第 5 缸对应的油底壳滤网上有大量金属块,对该缸解体检查,活塞销油堵破碎,活塞顶部与裙体烧损拉伤,气缸内壁也被拉伤。经分析,因该缸活塞销堵破碎,造成流向活塞顶部内腔冷却油减少,使活塞冷却不良,受热膨胀而烧损。同时,活塞与气缸套内壁磨擦的高温气体流向曲轴箱,以及大量泄漏燃气,使曲轴箱内泄燃压力超过规定值(588 kPa),促使差示压力计起保护作用,柴油机因此而停机。经查询该台机车检修记录,该台机车已过质量保证期,属疲劳性破损,定责材质。同时,要求对柴油机的跟踪检查,发现有异常情况,应立即对其进行检查扣修。

(2) 活塞顶周边掉块

2006 年 3 月 5 日,DF₄B 型 0251 机车担当临时旅客列车 L372 次本务机车牵引任务,运行在兰新线哈密至柳园区段的山口至思甜站间,突然发生差示压力计起保护作用,柴油机受保护性停机。经司乘人员检查,机械间油烟雾气很大,柴油机曲轴箱检查孔盖上的防爆阀被开启,确属差示压力计动作起保护作用。请求救援,因此终止牵引列车运行,构成 G1 类机车运用故障。待该台机车返回段后,扣临修,解体检查,柴油机第 5 缸活塞破损,相应的气缸套内壁被拉伤。经更换该缸活塞组件与气缸套,试验运转正常后,该台机车又投入正常运用。

查询机车运用检查修记录,该台机车 2006 年 2 月完成机车第 1 次中修,修后总走行 1 193 km。机车到段检查,柴油机外部检查正常,曲轴箱检查孔盖上的防爆阀盖下流淌有大量油渍(防爆阀开启过留下的痕迹),打开曲轴箱检查孔盖检查,相应第 5 缸的油底壳滤网上有大量金属块,对该缸解体检查,活塞顶部周边破碎,活塞裙体烧损拉伤并抱缸,活塞环固着在环槽内,相应气缸套内壁也被拉伤。经分析,因该缸活塞顶周边破碎掉块,在活塞的往复运动中,拉伤气缸套内壁,使其润滑不良,进而烧损活塞裙部,造成活塞抱缸,该缸的运动规律被破坏,并波及到相邻气缸,使各气缸内燃烧急剧恶化,大量向曲轴箱内泄燃气,促使差示压力计起保护作用,柴油机因此而停机。该台机车在中修质量保证期内,定责机车中修。同时,要求对柴油机的跟踪检查,发现有异常情况,应立即对其进行检查扣修。

(3) 活塞头部烧损

2006 年 11 月 18 日,DF₄C 型 5225 机车牵引上行货物列车运行中,突然发生差示压力计起保护作用,柴油机受保护性停机。经司乘人员检查,确属差示压力计动作起保护作用,因此终止牵引列车运行,构成 G1 类机车运用故障。待该台机车返回段后,扣临修,解体检查,柴油机第 1 缸活塞顶部被烧穿。经更换该活塞,试验运转正常后,该台机车又投入正常运用。

机车到段检查,柴油机曲轴箱相应第 1 缸的油底壳滤网上有大量金属块,对该缸解体检查,该活塞顶部被烧蚀穿透(据司乘人员反映,机车运行中柴油机冒蓝烟严重)。经分析,因该活塞顶部有隐裂现象存在,在燃气高温及压力的长期侵蚀作用下,将其烧蚀穿透。同时,活塞气密性被破坏,向曲轴箱大量泄燃气,使曲轴箱内泄燃压力超过规定值(588 kPa),促使差示压力计起保护作用,柴油机因此而停机。经查询该台机车检修记录,此活塞为机车中修更换新品,未过质量保证期限,定责机车中修。同时,要求机车整备与机车运用部门加强机车技术检查作业与运用中的监控,发生异常运转状态,及时反馈信息,得到整修。

(4)活塞破碎

2007年3月22日,DF$_{4B}$型1106机车担当临时旅客列车L311次本务机车牵引任务,运行在兰新线嘉峪关至柳园区段的石板墩至峡口站间,突然发生差示压力计起保护作用,柴油机受保护性停机。经司乘人员检查,机械间油烟雾气很大,柴油机曲轴箱检查孔盖上的防爆阀被开启,确属差示压力计动作起保护作用。因此终止牵引列车运行,请求救援,构成G1类机车运用故障。待该台机车返回段后,扣临修,解体检查,柴油机第4缸活塞破损。经更换该缸活塞组件,试验运转正常后,该台机车又投入正常运用。

查询机车运用检查修记录,该台机车2007年3月2日完成机车第3次小修,修后总走行11 793 km。机车到段检查,柴油机外部检查正常,曲轴箱检查孔盖上的防爆阀盖下流淌有大量油渍(防爆阀开启过留下的痕迹),打开曲轴箱检查孔盖检查,相应第4缸的油底壳滤网上有大量金属块(其他气缸检查正常),对该缸解体检查,活塞破碎。经分析,因该缸活塞破碎,大量向曲轴箱内泄燃气,促使差示压力计起保护作用,柴油机因此而停机。该台机车柴油机装配运用是球墨铸铁活塞,属活塞材质质量问题,定责材质。同时,要求对柴油机的跟踪检查,发现有异常情况,应立即对其进行检查扣修。

(5)活塞顶部破碎

2007年5月24日,DF$_{4B}$型0746机车担当货物列车11013次本务机车牵引任务,运行在兰新线哈密至鄯善区段的十三间房至大步站间,突然发生差示压力计起保护作用,柴油机受保护性停机。经司乘人员检查,机械间油烟雾气很大,柴油机曲轴箱检查孔盖上的防爆阀被开启,确属差示压力计动作起保护作用。因此终止牵引列车运行,请求救援,构成G1类机车运用故障。待该台机车返回段后,扣临修,解体检查,柴油机第7缸活塞破损,相应的连杆、气缸套、气缸盖及气阀装置损坏。经更换该缸相应的活塞连杆组、气缸套、气缸盖及气阀装置,试验运转正常后,该台机车又投入正常运用。

查询机车运用检查修记录,该台机车2007年5月14日完成机车第2次小修,修后总走行6 271 km。机车到段检查,柴油机外部检查正常,曲轴箱检查孔盖上的防爆阀盖下流淌有大量油渍(防爆阀开启过留下的痕迹),打开曲轴箱检查孔盖检查,相应第7缸的油底壳滤网上有大量金属块(其他气缸检查正常),对该缸解体检查,活塞破碎,气缸套拉伤,连杆撞击性损坏,气缸盖及气阀装置也被撞击损坏。经分析,因该缸活塞破碎后,其破碎的碎块夹在活塞顶部与气盖底部间(燃烧室空间),随着活塞的往复运动,将气缸盖底部及阀装置撞击损坏。同时,因燃烧室空间有限,夹在燃烧室间的破碎活塞块的反作用力,将连杆损坏(弯曲),继而破损活塞将气缸套内壁拉伤,大量燃气向曲轴箱内泄漏,促使差示压力计起保护作用,柴油机因此而停机。该台机车柴油机装配运用是球墨铸铁活塞,属活塞材质质量问题,定责材质。同时,要求对柴油机的跟踪检查,发现有异常情况,应立即对其进行检查扣修。

(6)活塞组破碎殃及相关部件

2009年1月24日,DF$_{4C}$型5229机车担当货物列车11015次本务机车牵引任务,牵引辆数53,总重2 542 t,计长69。3。运行在兰新线哈密至鄯善区段的大步站内,突然发生差示压力计起保护作用,柴油机受保护性停机。列车在继续运行中,停于大步至红台站间,经司乘人员检查,机械间油烟雾气很大,柴油机曲轴箱第2检查孔被击穿,该缸油底壳滤网上有大量的金属块。因此终止列车运行,请求救援,构成G1类机车运用故障。待该台机车返回段后,扣临修,解体检查,柴油机第10、2缸活塞破损,相应的连杆、气缸套、气缸盖及气阀装置损坏。

查询机车运用检修记录,该台机车才完成机车大修,装配为钢顶铁裙活塞。机车到段检查,柴油机曲轴箱第2检查孔盖被击穿,打开曲轴箱检查孔盖检查,相应第10(2)缸的油底壳滤网上有大量金属块,第10缸活塞破碎,气缸套破碎,相应的曲轴连杆颈严重损坏,并殃及到相邻对置的第2气缸活塞破碎,气缸套拉伤,连杆撞击性损坏,气缸盖及气阀装置也被撞击损坏。

二、280型柴油机活塞组

280型与240系列柴油机所用活塞组结构基本相似,所不同点是尺寸有所增大。在柴油机内由活塞与气缸套和气缸盖组成燃烧室,燃气的膨胀压力经活塞和连杆传给曲轴。活塞在气缸内往复运动,完成柴油机的工作循环。

1. 活塞结构

活塞组由活塞、活塞销和活塞环等组成。280型柴油机早期曾用上穿式的钢顶铝裙活塞,即活塞头和活塞体由8个从活塞头拧入活塞体的螺栓连接,由于这种连接的可靠性较差,后来改用下穿式活塞。本章节仅以下穿式活塞为叙述主体。

钢顶铝裙组合活塞的锻钢活塞头和铝活塞体由4个螺栓连接,螺栓的一头栽入活塞头,另一头穿过活塞体和弹性套,并用螺母拧紧,使活塞头与体紧固连接。螺母通过弹簧卡销防松(见图3-11)。

280型柴油机所用活塞组,其活塞油路结构用途与240系列柴油机基本相似。

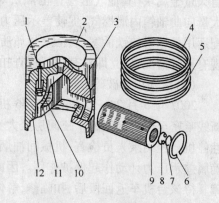

图3-11 280柴油机活塞组

1-螺柱;2-活塞头;3-O形密封圈;4-气环;5-油环;6、7-挡圈;8-油堵;9-活塞销;10-弹性套;11-螺母;活塞体

2. 活塞大修、段修

(1)大修质量保证期

在机车运行30万km或30个月(包括中修解体)内:活塞组不发生裂纹、破损。

(2)大修技术要求

①更换新活塞组。

②活塞销的的检修要求:清洗,不许有裂纹;活塞销磨耗超限允许镀铬修复,但镀层厚度不许大于0.2 mm;活塞销上的油堵不许松动,并进行0.4 MPa油压试验,保持5 min无泄漏。

同台柴油须使用同种活塞,活塞组质量差不许超过0.25 kg。

(3)段修技术要求

活塞有钢顶与铝裙、球铁活塞之分,检修要求也有所区别。

①活塞须清洗,去除积碳,活塞内油道须畅通、清洁。

②活塞不许有裂纹、破损和拉伤,顶部无烧伤,避阀坑周围无过烧痕迹。

③活塞轻微拉伤时允许打磨光滑,按原设计规范对活塞进行表面处理。

④活塞环槽不许有凸台和严重喇叭形。

⑤活塞销的的检修要求:清洗,不许有裂纹;活塞销磨耗超限允许镀铬修复,但镀层不许大于 0.20 mm;活塞销上的油堵不许松动,并进行 0.6 MPa 油压试验,保持 5 min 无泄漏。

同台柴油机须使用同种活塞,钢顶铝裙活塞组质量差不许超过 0.2 mm,球铁活塞组质量差不许超过 0.3 kg。活塞环切口依次错开 90°。

3. 故障分析

机车运用中,280 型与 240 系列柴油机活塞组所发生的故障相似,因柴油机气缸直径增大,单缸功率增大,其活塞所受的破损力将加大。

(1)结构性故障

280 型柴油机活塞采用的是钢顶铝裙活塞,活塞钢顶采用合金钢材料,与 240 系列柴油机用活塞相同,在柴油机的所有零部件当中,活塞的工作条件是最为恶劣的一个,它既承受很高的热负荷和机械负荷,还受到强烈的摩擦、腐蚀等。由于 280 型柴油机的缸径较大,强化度高,功率大,所以活塞的热负荷尤为严重。一方面,随着功率的增大,必然引起气缸中气体温度的升高,因此高温气体对活塞顶的热传导和热辐射增强,使活塞顶温度增高,而高温又会严重降低材料的强度。另一方面,由于缸径较大,加大了活塞向外传热的路程,使活塞各部位的温差加大,造成较大的温度梯度,由此引起较大的热应力和热变形。

活塞在气缸中运动时,一方面受到 13.7 MPa 气体爆发压力的作用。另一方面由于活塞质量较大,而且活塞平均速度达 9.5 m/s,使活塞受到较大的惯性力,再由上述两个力在活塞上引起侧向力。气体压力和惯性力产生的应力与热应力的叠加,使活塞的应力大为增加,侧向力方向改变,便活塞产生倾斜和猛烈的冲击,引起柴油机的噪声,气缸套的振动,影响活塞环的气密性能和加剧活塞、活塞环的磨损。

活塞体顶部与活塞顶下部构成活塞的冷却油腔。在活塞体头部的外圆周面上开有一道环形槽,槽内安装 O 形橡胶密封圈,用于密封油腔的冷却油。活塞体顶平面与活塞顶下部环形平面,虽然由于螺柱的紧固而密贴配合,但燃气压力会引起二者间的相对滑动,导致支承面的微振磨损。另外,在热负荷作用下,环形接触面内侧会翘曲脱开而产生锲形缝隙。

(2)运用性故障

280 型与 240 型柴油机运用中损坏的原因基本相同,主要是在长期运用中的疲劳性损坏,活塞钢顶紧固螺栓松缓,引起活塞钢顶与裙部分离,活塞裙部破碎,活塞体裂等本身结构性故障。同时也有间接性故障,引起活塞的破损,如连杆瓦剥离造成碾瓦严重,其碾片末将通活塞油路堵塞,或连杆小端铜套过盈量不足时,铜套转动堵塞油路,使活塞内部供油不上,引起活塞顶部冷却不良,造成的活塞烧损及膨胀拉缸,及活塞破碎等类损坏故障。除活塞自身故障外,在运用中还有相邻运动部件损坏脱落后,导致活塞被撞击性损坏,如气缸盖上的气阀装置与喷油器喷嘴损坏,脱落的碎块掉入气缸内,在活塞运动中将活塞顶撞击坏。活塞气环在环槽内固死,引起的窜燃气与拉伤气缸套内壁等类故障,此类故障均能造成大量燃气窜入曲轴箱内,使曲轴箱内压力上升,引起差示压力计起保护性作用,使柴油机停机,以避免柴油机大部件破损。

在机车运行中,当活塞发生破损故障时,只要未造成连杆瓦、曲轴颈烧损及差示压力计起保护作用,可在将故障气缸关闭甩掉的情况下,打开该缸示功阀,维持机车继续运行,以避免机车途停行车事故的发生。

4.案例

(1)活塞头部烧损

2007 年 7 月 ×× 日,DF$_{8B}$ 型 5376 机车牵引上行货物列车运行中,突然发生差示压力计起保护作用,柴油机受保护性停机。经司乘人员检查确认差示压力计动作起保护性作用,因此终止牵引列车运行,构成 G1 类机车运用故障。待该台机车返回段后,扣临修,解体检查,柴油机第 2 缸活塞破碎,相应的气缸盖与阀装置损坏。经更换该缸活塞组与相应气缸盖及阀装置,试验运转正常后,该台机车又投入正常运用。

机车到段检查,柴油机第 2 气缸相应曲轴箱内间隔油底壳滤网上,有破碎的金属块。解体检查,该缸活塞破碎,气缸盖及阀装置也相应损坏。经分析,因活塞破碎,其活塞顶部的碎块,在活塞往复运动中夹在其中,将气缸盖上的气阀装置打坏。这时,当活塞破碎,气缸内密闭性被破坏,向曲轴箱内大量泄漏燃气,使曲轴箱内燃气压力超过规定值(588 kPa),促使差示压力计起保护作用,柴油机因此而停机。查询该台机车检修记录,已过机车中修质量保证期,属活塞疲劳性损坏,定责材质。同时,要求加强机车跟踪检查,发现异常,及时反馈整修,杜绝类似的机车运用故障发生。

(2)活塞销裂损

2008 年 9 月 20 日,DF$_{8B}$ 型 5497 机车,担当货物列车 11071 次本务机车的牵引任务,现车辆数 46,总重 3 120 t,换长 63.2。运行在兰新线嘉峪关至柳园区段的安北站时,司机要求在安北站停车,因机车柴油机发生故障,15 时 03 分到达安北站停车,经司机检查为柴油机气缸窜气,不能继续牵引运行,请求救援。安北站 18 时 40 分开车,影响本列晚点,构成 G1 类机车运用故障。待该台机车返回段内后,扣临修,解体检查,柴油机第 15 缸活塞销裂损,并将气缸拉伤。经更换该缸活塞组、气缸套,水阻试验运转正常后,该台机车又投入正常运用。

查询机车运用与检修记录,该台机车 2007 年 10 月 16 日完成第 2 次机车中修,修后走行 230 120 km,于 2008 年 9 月 10 日完成第 4 次机车小修,修后走行 6 456 km。机车到段检查,曲轴箱安全孔盖有泄压痕迹,柴油机差示压力计曾起保护作用,柴油机第 11 气缸相应的油底壳滤网上有金属碎块。解体检查,该气缸活塞销断裂,气缸套内壁被拉伤。经分析,活塞销从油孔处产生裂纹后断裂,造成气缸套拉伤,燃烧室内大量燃气泄漏,使曲轴箱燃气压力超压,差示压力计与曲轴箱安全孔盖先后起保护作用,柴油机停机。此配件已过机车中修质量保证期,定责材质。同时,要求加强机车日常检查。

思 考 题

1. 简述 240 系列柴油机结构性故障。

2. 简述 240/280 型柴油机运用性故障表象。

3. 简述活塞发生故障时维持机车运行的方法。

第二节　连杆组结构与修程及故障分析

连杆组是柴油机的主要运动部件之一,由连杆体、连杆盖、连杆螺钉、小头衬套和连杆轴瓦、定位销等组成。V 形柴油机的连杆有几种形式:即并列连杆、叉形连杆和主副连杆三种。240 系列与 280 型柴油机均采用并列连杆。

一、240 系列柴油机连杆组

1. 结构

并列连杆是两个类型完全相同的连杆组一前一后错开一段距离,并列地布置在曲柄销上。并列连杆具有结构简单、检修方便的优点,当需拆除一侧活塞连杆组时,另一侧活塞连杆组不受影响。它还具有轴承变形小,润滑可靠,工作条件较好的优点。但由于采用了并列连杆结构,使左、右两侧气缸中心距错开一段距离。如 B 型机左、右气缸中心错开 74 mm,这就相对增长了机体的长度,使机体和曲轴的弯曲应力增加,而且造成机体左、右不对称。

240 系列柴油机用连杆采用了两种连杆:即 B 型连杆与 G 型连杆。连杆体和盖采用强度和冲击韧性较高的钢模锻制而成,杆身为工字形。

(1)B 型连杆

B 型连杆由连杆体、连杆盖、连杆螺钉(栓)、小头衬套、轴瓦、定位销、销钉、小头喷嘴组成。B 型连杆的杆身与大头和小头的过渡部分均以大圆弧过渡连接,尽量减小应力集中。连杆小头制成下宽上窄的形状,与活塞销座的上宽下窄的形状相配合,以增加销座及小头的承压面积(见图 3-12)。

小头衬套采用铸锡青铜制造,厚度为 6 mm。衬套内表面上制有环形油槽,其上、下方均钻有油孔以与连杆杆身油路沟通,衬套以 $0.045 \sim 0.069$ mm 的过盈量压入连杆小头孔内,再在配合面处用 2 个 $\phi 5$ mm 的定位销固定,防止衬套转动。在小头顶部拧入一个喷油嘴,喷孔直径为 4 mm,从连杆大头通过杆身油孔来的机油到达活塞销后,由此喷油嘴喷向活塞内顶部,对活塞进行冷却。连杆体与大头盖采用 $6 \times 60°$ 齿形结合,大头剖分角为 45°,连杆能从气缸套孔内顺利装入与抽出。连杆大头盖采用等高盖,左、右各有 2 个 $M22 \times 21$ 连杆螺钉用来紧固大头盖和连杆大头。

连杆轴瓦与连杆大头孔用定位销钉定位。

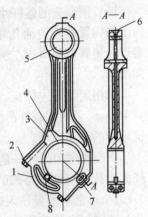

图 3-12　240 系列柴油机 B 型连杆

1-连杆盖;2-连杆螺钉;3-连杆杆身;4-连杆轴瓦;5-连杆小头衬套;6-喷油嘴;7、8-定位销

(2)G 型连杆

由于 240 系列柴油机采用球铁曲轴,带来曲柄销较粗的特殊性,给能从气缸套抽出的大头部分角为 45°的连杆的设计带来较大的难度。由于上述两个条件的约束,使连杆大头剖分面的结合齿被分割成 3 小段,短臂处的螺钉孔外侧已剩下不到两个整齿,使本来受力已较大的齿根又增加了应力。因此 B 型连杆在使用中,仍有部分连杆出现齿根裂纹。为解决此问题并适应柴油机提升功率的需要,重新设计了 G 型连杆,最初用在 C/D 型柴油机上,从 1990 年起已正式在 B 型机上使用。

大头剖分角为 40°(与连杆中心线的夹角)。既使连杆能从气缸套内顺利地装入和抽出,双重保证轴瓦正常工作。增大了连杆体大头部分长、短臂的宽度(垂直于连杆中心线的长臂截面处的宽度由原 B 型连杆的 35.5 mm 增宽到 40.5 mm,短臂齿部的宽度由 B 型连杆的 42.6 mm 增加到 56.5 mm),使连杆大头的刚度得到了显著的加强,齿形的受力状态也得到了显著的改善。

为了避免连杆齿形被螺钉过分的分割,G 型连杆采用了左、右侧各 1 个 $M33 \times 2$ 的连杆螺钉。同时采用了 10 mm 齿距齿形角为 60°的牙齿。齿根为内凹圆弧,避免在使用过程中,因牙齿磨损而在齿根处产生小台,造成应力集中(见图3-13)。

杆身采用工字形,便于机械加工。连杆内的机油油路。连杆大头孔中部240°(D型机220°)范围内开有宽10 mm,深8 mm的油沟,从曲轴来的机油,通过该油沟进入大头盖短臂侧的2个ϕ10 mm的进油孔内,再进到连杆螺钉孔内(为防止机油从齿形结合处漏出,在该处设有定位套,以定位及防漏作用,再通过连杆杆身侧梁内的ϕ12 mm机油孔,进入小头衬套和小头孔顶部。

为使大头部位受力均匀、变形均匀,采用了不禁高连杆盖。为采用等长度的连杆螺钉,将短臂处的螺钉孔向里深入46 mm(D型机48 mm),使短臂处的连杆盖的螺钉台肩比长臂处矮了38 mm。

锡青铜制造的连杆小端衬套,外形尺寸与B型连杆基本相同,但为了与偏置布置的油孔相适应,小端衬套下方的进油孔的中心线躲避连杆短臂侧偏离35°,衬套中部设有宽为10 mm,深为4.5 mm的周向油沟。

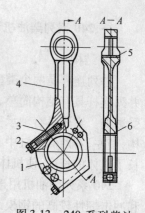

图3-13 240系列柴油机G型连杆

1-连杆盖;2-连杆螺钉;3-定位套;4-杆身;5-小头衬套;6-连杆瓦

采用定位舌连杆瓦。它与连杆大头孔定位采用定位舌方案。定位舌设在轴瓦的一端,舌宽16 mm,舌向瓦背外凸出2 mm。为了便于过渡,在无定位舌连杆瓦时,可用B型连杆的定位销定位的轴瓦代用。

D型机采用的连杆是在G型连杆的基础上有所改进。改进处所:连杆内的机油油路,连杆大头孔中部缩小为220°;连杆盖将短臂处的螺钉孔向里深入为48 mm;小端衬套以0.044~0.101 mm的过盈量压入连杆小端孔内,并在两侧面各用一个ϕ5 mm的定位销打入连杆小端孔与小端衬套的骑缝处,为了与连杆杆身上的偏置布置的油孔相适应,小端衬套下方的进油孔也相应偏置;定位舌宽$9.5^{+0.2}_{+0.09}$ mm;连杆螺钉采用一级精度细牙螺纹,用螺纹滚丝模滚压制成。

2. 连杆大修、段修

(1)大修质量保证期

在机车运行30万km或30个月(包括中修解体)内:连杆不发生裂纹、破损。

(2)大修技术要求

①清洗,连杆体和连杆盖不许有裂纹,连杆体与连杆盖的齿形接触须良好。紧固后,每一齿形的接触面积不许小于60%,连杆螺钉孔螺纹不许有断扣、毛刺与碰伤。

②连杆小端衬套不许松动,衬套配合过盈量须符合原设计要求,止动销的位置须相应转过30°(D型机,更换不良和磨耗超限的连杆小端衬套,衬套配合盈量为0.044~0.101 mm)。

③连杆小端孔(带套)轴线对大端瓦孔轴线的平行度须符合原设计要求。更换衬套时,须测量连杆体大、小端孔轴线的平行度,其值须符合原设计要求[D型机,连杆小端孔(带套)轴线对大端瓦孔轴线的平行度在400 mm内不许大于0.2 mm]。更换衬套时,须测量连杆体大、小端轴线的平行度,其值在100 mm长度上不许大于0.03 mm。

④连杆螺钉全部更新。

⑤同台柴油机须使用同种连杆,且连杆组质量差不许超过0.3 kg。

⑥活塞连杆组装要求:同台柴油机,钢顶铝裙活塞连杆组质量差和球铁活塞连杆组质量差都不许超过0.3 kg。

⑦活塞连杆组装须达到:连杆瓦背与连杆大端孔接触面积不许小于总面积的60%,并用

0.03 mm 塞尺不许塞入;在同一曲柄销上,左右连杆大端孔端面之间的间隙不许小于 0.5 mm,并能沿轴向自由拨动;连杆螺钉紧固按表 3-1 进行。

表 3-1　紧固连杆螺钉的要求

紧固零件	使用介质	扭紧伸长量(mm)	紧固顺序
连杆螺钉	二硫化钼或蓖麻油	0.50 ~ 0.52	对角
G 型连杆螺钉	ND5 齿轮油脂	0.54 ~ 0.58	/

D 型机,连杆螺钉紧固按表 3-2 进行。

表 3-2　紧固连杆螺钉的要求

紧固零件	使用介质	扭紧伸长量(mm)	紧固顺序
G 型连杆螺钉	GE 规格 D50E8C 或 LE(力 牌)5182 飞罗西润滑脂	0.56 ~ 0.60	分两次交替进行

(3)段修技术要求

①连杆体及盖不许有裂纹,小端衬套不许松动,更换衬套时外径 112 mm,衬套的过盈量为 0.045 ~ 0.069 mm(D 型机过盈量为 0.050 ~ 0.121 mm),外径 120 mm 衬套的过盈量为 0.035 ~ 0.095 mm。

②在距连杆中心线两侧各 200 mm 处测量大小端孔(小端带衬套)轴线的平行度和扭曲度,应分别不大于 0.25 mm(D 型机轴线平行度不许大于 0.20 mm)和 0.30 mm。超限时有保证衬套尺寸及配合限度的前提下,允许刮修衬套。

③连杆螺钉不许有裂纹,其螺纹不得锈蚀、损坏或严重磨损。

④带"＊"字的连杆螺钉紧固时,须校核其伸长量应为 0.50 ~ 0.52 mm(D 型机螺钉伸长量为 0.56 ~ 0.60 mm),并作好刻线记号,往柴油机上组装时必须对准刻线记号。G 型连杆螺钉紧固时,须校核其伸长量,应为 0.54 ~ 0.58 mm。

⑤同台柴油机上必须使用同一形式的连杆,同一连杆上必须装用同一形式的连杆螺钉。

⑥活塞连杆组装要求:同台柴油机连杆组的质量差不大于 0.3 kg,全铝及钢顶铝裙活塞连杆组的质量差不大于 0.2 kg,铸铁活塞连杆组的质量差不大于 0.3 kg;各零部件组装正确,油路畅通,连杆能沿轴自由摆动,活塞环转动灵活;连杆螺钉与连杆盖的接合面须密贴,用 0.03 mm 塞尺检查应塞不进。

3. 故障分析

柴油机连杆组的任务是把曲轴和活塞连接起来,柴油机工作时,将作用在活塞上的气体压力传递给曲轴,推动曲轴对负载做功。活塞做往复直线运动,曲轴做旋转运动,而连杆是做复杂的平面运动。连杆小头沿气缸中心线作往复直线运动;连杆大头随着曲轴的连杆轴颈作旋转运动,整个连杆体则绕活塞销剧烈地摆动,造成了连杆受力极为复杂。活塞顶面的燃气压力(P_g)和活塞组的往复惯性力(P_j),共同作用在活塞销上,使连杆小头轴承处沿着连杆的轴线方向承受着连杆力(拉伸力 P_t)的作用。但是由于往复惯性力的大小和燃气压力的大小和方向都在周期性地变化。因此,拉伸力的大小和方向亦在不断地周期性的变化。如在爆发过程的上死点时,由于燃气压力大于往复惯性力,且二者方向相反,而 $P_t = P_g - P_j$,此力方向向下,通过活塞销压在连杆小头的轴承上,使连杆受到压缩。当活塞在排气冲程上死点时,此时气体压力甚小,故 $P_t \approx P_j$,此力方向向上,通过活塞销作用在连杆小头轴承上,使连杆受到拉伸。因而连杆体是承受着时而被拉,时而被压的交变疲劳载荷。此外,由于连杆是根细长的杆件,在其拉伸力的作用下,还能产生以下两个平面内的弯曲,即在摆动平面内的弯曲和平行于曲轴中心线平面内的弯曲。前者则会增加附加的侧压力,造成气缸内壁的附加磨损;后者则使轴承扭曲,造成轴承的不均匀磨损,严重性较大。因此,连杆的变形,对曲柄机构会产生很大的影响。连杆除了受拉伸力的作用之外,还因为连杆是绕着活塞销作剧烈的摆动;因而在连杆摆动平面内产生惯性力而形成力矩,使连杆还承受着附加的弯曲应力。

随着柴油机工作循环的不断进行和由于燃气爆发压力的急剧增长,作用在连杆上的复杂载荷具有交变性的冲击性。因此,连杆要求在结构、材料、工艺等方面,力求具有最小的重量,而有足够大的强度和刚度,良好的冲击韧性和较高的疲劳寿命。在柴油机运用中,连杆结构性故障反映在机车运用的故障主要有发生在连杆大头、连杆螺钉、连杆杆身裂损,与连杆小头衬套转动、连杆杆身发生弯曲及孔径发生变形。

(1)结构性故障

机车运用中,柴油机连杆组结构性故障,主要发生在连杆大头结合齿根部应力集中裂纹,连杆螺钉疲劳性断裂,连杆杆身因材料引起的疲劳性裂纹和断裂,连杆小头因材料或组装不到位发生衬套转动,连杆孔径组装不当或运用性变形等类故障。

连杆大头结合齿根裂纹。这种故障在部分 B 型连杆中发生,裂纹的部位在连杆体大头短臂处最靠外的几个结合齿上,裂纹的方向垂直于连杆中心线,其破损力主要为连杆运动中的综合作用力造成应力集中所致。

损害。当连杆大头齿根发生裂纹时,一般不会对运动部件带来其他危害,这是由于此裂纹为放射性,不会造成掉块,当一道裂纹发展到一定长度后,裂纹处的应力已释放。应力集中位转移到另外一个齿的齿根上,于是从这一齿根出现新裂纹。当齿根裂纹发展到一定程度后,应力趋于平稳时,已出现的裂纹几乎停止发展。关于这一点已有多家运用检修部门(作者所在单位运用机车所发生的连杆齿根裂损就如此)所证实,连杆裂损被检查出来,多数情况下均在机车作检修时被发现。

原因。B 型连杆大头较单薄,短臂处的刚度又比长臂处的刚度大得多。大头孔在受力状态下发生变形时,短臂处的齿根部成为应力集中区,特别是紧靠外侧的几个齿更为严重。短臂侧最靠外的 1 个齿分割成 3 小段,使齿的承载状态进一步恶化。同时,再加上齿形加工精度、齿形接触面积达不到工艺要求时,加速了齿根裂纹的产生。

连杆螺钉断裂。连杆螺钉发生断裂后的断口,根据断裂的原因不同而有所不同,有一种断口为平齐状、无缩颈,断口位置靠近螺纹与杆身的过渡处;另一种断口为缩颈状,部位多发生在杆身处。

损害。连杆螺钉断裂后的后果一般来说都是比较严重的,因一个螺钉的断裂,可以引起整根连杆的 4 个螺钉先、后全部发生断裂,以致使连杆失去控制,打坏机体、曲轴、气缸套、气缸盖及气阀装置,同曲拐的另一列连杆、活塞也随之被撞坏。

原因。如连杆螺钉的断口为缩颈的,说明断裂是由于连杆螺钉受到过大的拉伸力,超过了它的屈服限疲劳而断的。如柴油机发生某气缸"抱缸"时,或有 1 根螺钉发生断裂后,另一根螺钉承受了过大的拉伸力而发生断裂。若连杆螺钉的断口是齐平、无缩颈的,说明断裂的原因是连杆螺钉在动应力作用下发生的,它是由连杆螺钉颈紧力不足所引起的。预拉伸引线不正确,重装时,连杆螺钉没有与连杆上的螺钉对号入座等原因,是造成螺钉预紧力不足的因素。

连杆杆身断裂和裂纹。个别连杆杆身部位发生断裂和裂纹,有的断口垂直于连杆中心线。有的连杆体从大头孔开始向上垂直劈开,有的短臂处断裂等。

原因。由于连杆所用材料为钢制成品。该材料对表面质量较为敏感。如表面有伤痕、锻造重皮、夹渣等均会形成断裂疲劳源(因此在检修中,不得随意损伤连杆所有表面,更不能为了配重,用堆焊法去增加连杆重量)。

连杆小头衬套转动。小头衬套与连杆小头孔的骑缝定位销脱落,衬套会发生相对转动一个角度。

损害。由于连杆小头衬套除承受由活塞来的作用力,与曲轴连杆颈传来的作用力外,还承担着输送机油的任务,如连杆小头衬套在连杆小头内发生转动,则机油不能从连杆杆身中的油孔进入衬套内孔。不但影响了活塞销与小头衬套,及活塞销与活塞销座之间的润滑与冷却,更为严重的活塞顶部油腔无法获得足够的机油冷却,这样将会造成抱缸、活塞顶烧穿等大部件破损故障发生。

原因。连杆小头衬套与连杆小头孔在组装时配合过盈量不足(过盈量 0.045 ~ 0.069 mm),这样在连杆运动中,其小头衬套易被转动,因此而堵塞油道引起上述故障。

连杆杆身发生弯曲。连杆杆身发生弯曲基本上发生在柴油机的横向平面上,而且是小头向短臂侧弯曲。

原因。发生连杆杆身弯曲的原因主要是由于气缸内发生"油锤"或"水锤"等原因造成的。因此为了避免连杆发生弯曲,必须消除产生"油锤"或"水锤"的因素。

连杆孔径变形。柴油机工作情况正常时,孔径变形一般不会太大,基本上不影响使用。如孔径变形超过技术限度时,小头可以通过重新配衬套后加工内孔进行修复。大头孔的变形一般垂直方向缩小,水平方向增大,此时可用局部涂镀后重新加工进行修复。

该类连杆故障在发生之初,机车运用中均有不同程度的反映,如"敲缸"异音,柴油机冒黑烟,振动较大等异常状态发生。可根据此类异状声、振工作状态的异常,运用"巡声倾听法"查找出故障点。

(2)运用性故障

机车运用中,240 系列柴油机连杆损坏故障,主要由其结构构性故障引起。在柴油机运转中,发生在连杆部件的故障主要有:连杆大头啮合齿根裂纹,连杆螺钉断裂,造成的连杆在气缸内"甩大刀";连杆杆身断裂和裂纹,连杆小头衬套转动,引起的油路堵塞,使活塞顶部得不到有效冷却,而烧损活塞;连杆杆身发生弯曲一般在气缸发生"水锤"或"油锤"时,连杆大、小孔径运用性变形。此类故障多数情况下发现在 B 型连杆(G 型连杆发生较少),以作者所在机务段为例,在 240 系列柴油机上淘汰了 B 型连杆,均更换为 G 型连杆,从近年机车质量综合统计数据来分析,2007 年全年就未发生过因 G 型连杆件损坏,造成的机车运用故障,相对是连杆配件的质量或装置不当引起的运用故障。另外,是连杆在运动中的波及受损,即活塞破碎后的连杆受损,或曲轴连杆颈受损后的连带损坏。

其次,机车运用中发生"油锤"或"水锤",对连杆造成的损坏,因液体(油、水)是不能被压缩物质,其反作用力会将连杆杆身压弯曲。机车运用中,引起"油锤"或"水锤"的原因主要有泄漏的机油或水进入气缸内,当达到一定量与条件时,在气缸内密封的情况下(即活塞上止点,进、排气阀在重叠关闭时)。而泄漏进入气缸内的机油或水均有一定的规律性,即活塞破裂泄漏进入气缸内的机油,增压器轴承油封破损,窜入气缸内的机油;气缸盖裂损泄漏进入气缸内冷却水,中间冷却器发生泄漏进入气缸内的冷却水。由破损活塞(或气缸盖裂损)进入本气缸的机油(或冷却水),不易造成该气缸的"油锤"或"水锤",其泄漏的机油或水经该缸的进、排(废)气支管进入稳压箱内或废气总管,经此进入相邻气缸内。增压器轴承油封的泄漏,同样也是经废气总管(或稳压箱)进入各气缸内。值得一提的是,经废气总管进入各气缸内的机油(或水)是流入(或称灌入),经稳压箱进入各气缸内的机油(或水)是在活塞往复运动中巨大的负压作用下,被抽吸入气缸内的。它们均具有各自特征,经废气总管进入各气缸内的机油(或水),在废气总管内的高温下参与燃烧,柴油机(增压器)烟囱会呈现冒蓝烟(或冒白烟),并伴随有大量的机油斑块喷出。经稳压箱进入气缸内的机油(或水)是在稳压箱内有一定积储蓄后,才能被气缸负压作用抽吸进入。因此,根据这一特征,在机车运用中,当发生此类故障前,就可经过一定检查手段,即可通过"稳压箱排放鉴别法"将其故障判断出来,避免柴油机"油锤"或"水锤"大部件破损事件发生。

机车运行中,连杆组发生故障为内置式,属不可视性,现场鉴别有一定的困难。当连杆杆身与啮合齿发生裂纹(损)、连杆孔径发生变形等故障时,一般不影响柴油机正常运转;如轴瓦衬套转动,连杆螺钉断裂,连杆杆身发生弯曲等类故障时,其故障表象为相应故障气缸工作粗爆,严重时,将会造成差示压力计起保护作用。在其故障发生之初,可分别通过"机油进出口压力差分析法"、"巡声倾听法"等间接识别的方法进行检查。

4. 案例

(1)连杆小端铜套转圈

2006 年 4 月 6 日,DF$_{4B}$型 3308 机车担当货物列车 10872 次本务机车牵引任务,运行在兰新线哈密至柳园区段的山口站外。突然发生差示压力计起保护作用,柴油机停机,在重联机车推挽下进入山口站内被迫停车。经司乘人员检查,曲轴箱防爆阀有开启过的迹象,逐缸打开柴油机下曲轴箱检查时,相应第 10 气缸油底壳滤网上有大量的铜碎屑与金属碎块,估计为活塞连杆受损。因此而终止机车牵引运行,请求更换机车。待该台机车返回段内后,扣临修,解体检查,柴油机第 10 缸连杆小端铜套转圈,并波及到活塞抱缸,气缸套内壁拉伤,经更换该缸活塞、连杆、气缸套后,该台机车又投入正常运用。

查询机车运用检修记录,该台机车 2006 年 3 月 27 日完成机车中修,修后总走行 163 km。机车到段检查,柴油机外部无损坏,差示压力计有起保护作用的记录,曲轴箱安全孔盖防爆阀下有流淌过机油的油渍(说明此保护装置已起过保护作用)。打开柴油机第 10 缸曲轴箱检查孔盖,其油底壳滤网上有大量的铜碎屑与金属碎块(其他气缸正常)。因此对该气缸解体作进一步检查,连杆小端内嵌铜套转圈,活塞抱缸,相应的气缸套内壁被拉伤。经分析,因该气缸连杆小端内嵌铜套转圈,堵塞机油油道,相应活塞与气缸套内壁得不到润滑与冷却,将气缸壁拉伤以致抱缸,造成活塞、气缸套与连杆自身的损坏。查询机车检修记录,此连杆是该台机车才装配某机车连杆配件厂的新品(编号:229),属材料质量原因,定责该连杆生产厂家。同时,将该信息反馈相关厂家,并要求检修部门在新配件组装上车前,加强其质量检查,保证机车正常运用。

(2)连杆螺钉疲劳断裂

2006 年 5 月 6 日,DF$_{4C}$型 5229 机车担当货物列车 85014 次本务机车牵引任务,运行在兰新线鄯善至哈密区段的雅子泉至柳树泉站间。突然发生差示压力计起保护作用,柴油机停机,列车被迫区间停车。经司乘人员检查,曲轴箱防爆阀有开启过的迹象,逐缸打开柴油机下曲轴箱检查时,相应第 9 缸油底壳滤网上有金属碎块,并有断损的连杆螺栓残段。因此而终止机车牵引运行,请求救援。待该台机车返回段内后,扣临修,解体检查,柴油机第 9 缸连杆螺栓断两条,并波及到该缸的活塞、连杆与相应的曲轴连杆颈损坏。

查询机车运用检修记录,该台机车 2006 年 3 月 22 日完成第 4 次机车小修,修后总走行 25 918 km。机车到段检查,柴油机外部无损坏,差示压力计有起保护作用的记录,曲轴箱安全孔盖防爆阀曾开启起过保护作用。打开柴油机第 9 缸曲轴箱检查孔盖,其油底壳滤网上有断损的连杆螺栓与金属碎块(其他气缸正常)。因此对该气缸解体作进一步检查,连杆螺栓(Ⅰ、Ⅱ号)断损,该缸活塞、连杆、气缸套内壁损坏,相应的曲轴连颈被碰伤。经分析,因该气缸连杆 Ⅰ#螺钉疲劳先行断损(断口平齐)后,使 Ⅱ#连杆螺钉超负载,被拉伸抻断(断口为缩颈状),因该两条螺栓断损,造成活塞失控,被撞击性破损,并将相应气缸套内壁拉伤与曲轴连杆颈撞损伤。查询机车检修记录,此连杆螺钉属旧品,已过质量保证期,定责材质。同时,并要求检修与机车整备部门加强机车动态检查,发现柴油机运转异状常应及时处置,避免柴油机大部件破损事件发生。

(3)活塞碎造成连杆损坏

①2007 年 11 月 8 日,DF$_{4B}$型 0278 机车牵引上行货物列车,运行在兰新线鄯善至哈密区段的瞭墩至雅子泉站间。柴油机突然发生颤动,差示压力计起保护作用,柴油机停机。经司乘人员检查确认,动力机械间弥漫有大量的油气雾,当拧开柴油机机油补油口检查时,有大量油烟气雾冒出,逐缸打开柴油机下曲轴箱检查时,发现相应第 5 气缸油底壳滤网上有大量的金属碎块,估计为活塞连杆受损。因此而终止机车牵引运行,请求救援。待该台机车返回段内后,扣临修,解体检查,柴油机第 5 缸活塞破碎,连杆受损,并波及到气缸套内壁被拉伤,经更换该缸活塞、连杆、气缸套后,该台机车又投入正常运用。

查询机车运用检修记录,该台机车 2006 年 10 月 18 日完成机车中修,修后总走行 210 661 km,于 2007 年 10 月 24 日完成第 4 次机车小修,修后走行 12 369 km。机车到段检查,柴油机外部无损坏,差示压力计有起保护作用的记录,曲轴箱安全孔盖防爆阀下有流淌过机油的油渍(说明此保护装置已起过保护作用)。打开柴油机第 5 缸曲轴箱检查孔盖,其油底壳滤网上有大量的金属碎块(其他气缸正常)。因此对该气缸解体作进一步检查,活塞破碎,连杆损坏,相应的气缸套内壁被拉伤。经分析,因该气缸活塞先行破碎,造成连杆跟踪损坏,查询活塞、连杆已过质量保证期,属材料疲劳性损坏,事由为材料质量引起的运用故障,定责材质。同时,要求检修部门与机车整备部门加强机车的动态检查,保证机车正常运用。

②2007 年 11 月 25 日,DF$_{4B}$型 0748 机车牵引上行货物列车,运行在兰新线鄯善至哈密区段的红层至瞭墩站间。柴油机突然发生颤动,差示压力计起保护作用,柴油机停机。经司乘人员检查确认,动力机械间弥漫有大量的油气雾,当拧开柴油机机油补油口检查时,有大量油烟气雾冒出,逐缸打开柴油机下曲轴箱检查时,发现相应第 2 气缸油底壳滤网上有大量的金属碎块,估计为活塞连杆受损。因此而终止机车牵引运行,请求救援。待该台机车返回段内后,扣临修,解体检查,该缸活塞破碎,连杆受损,并波及到气缸内壁被拉伤,气缸盖及进排气装置均有不同程度的损坏。经更换该缸活塞、连杆、气缸套、气缸盖及相应的进排气装置后,该台机车又投入正常运用。

查询机车运用检修记录,该台机车于 2007 年 10 月 31 日完成第 4 次机车小修,修后走行 13 675 km。机车到段检查,柴油机外部无损坏,差示压力计有起保护作用的记录,曲轴箱安全孔盖防爆阀下有流淌过机油的油渍(说明此保护装置已起过保护作用)。打开柴油机第 2 缸曲轴箱检查孔盖,其油底壳滤网上有大量的金属碎块(其他气缸正常)。因此对该气缸解体作进一步检查,活塞破碎,连杆损坏,相应的气缸套内壁被拉伤,气缸底坐及阀装置相应损坏。经分析，该气缸活塞连杆已过质量保证期，属材料疲劳性损坏，由材料质量引起的运用故障，定责材质。同时，要求检修部门与机车整备部门加强机车的动态检查，保证机车正常运用。

(4) 柴油机"油锤"连杆弯曲

2008 年 12 月 6 日，DF$_{4B}$ 型 1325 机车牵引货物列车 26060 次，运行在兰新线鄯善至哈密区段的鄯善至七克台站间，柴油机转速突然下降，司乘人员机械间检查，发现烟雾水雾充满着整个机械间，并伴随着有大量的机油和水形成的雾状喷出，弥满着整个柴油机机械间，机车维持运行进入七克台站内停车，停柴油机检查，发现第 6 缸缸体裂损，因此终止牵引列车运行，站内请求救援，更换机车，构成 G1 类机车运用故障，待该台机车返回段后，扣临修，解体检查，柴油机全部 16 只连杆均遭到不同程度弯曲或变形，相应零部件均有不同程度的损坏。以更换所的损坏的零部件，上水阻台试验运转正常后，该台机车又投入正常运用

查询机车检修运用记录，该台机车于 2007 年 11 月 27 日完成第 1 次机车中修，修后总走行 219 836 公里，于 2008 年 9 月 22 日完成第 3 次小修，修后走行 52 811 公里。机车到段检查，柴油机不能启动，也不能进行甩车检查，机车蓄电池在符合电量要求的情况下，不能带动柴油机曲轴转动。当对该台机车柴油机压铅检查时，仅第 1、8 缸的压铅值符合要求(3.8～4.2 mm)，其他 14 只气缸均不符合要求，有的气缸连铅值也压不上。从柴油机稳压箱排污阀处排出大量的机油与水，打开柴油机曲轴箱检查孔盖检查，油底壳滤网上未发现有脱落的合金碎片。对柴油机解体作进一步检查，柴油机全部 16 只连杆均有不同程度的弯曲或变形，与之相应的连杆瓦和活塞销均有不同程度的损坏。6 只气缸套报废(其中第 6 缸气缸套爆裂)，全部 16 只气缸的活塞环均发生不同程度非正常磨耗与折断。16 只气缸盖上的气阀装置均有不同程度的微量变形损坏，其中柴油机第 3 缸的 1 枚排气阀 2 枚进气阀弯曲变形卡死在该气缸盖气阀导管内，相应的气阀导管也发生弯曲变形，柴油机第 5 缸 1 枚进气阀残缺掉块，并被烧蚀，相应的阀门座被撞击损坏。

经分析，该台机车柴油机从损坏配件的现状来看，是因气缸内进入了大量的机油，导致柴油机"油锤"所致。其原因为自由端增压器涡轮几片镶嵌叶片窜动后，在废气动力推动下高速旋转，使增压器转轴的动平衡被破坏，导致压气机端的轴承油封遭到非正常磨损，引起油封损坏泄漏，使润滑转子轴承的压力机油发生泄漏。其泄漏的机油经压气机蜗壳→空气通道→中间冷却器内空气道→进入柴油机稳压箱内。当稳压箱内储存有一定量的泄漏机油时，在柴油机气缸内的负压作用下，其机油被抽吸入气缸内，活塞的往复上下运动，形成液体高压(油压)。当然此类在气缸内形成的高压液体(机油)只能在进、排气阀重叠角内才能形成，在活塞不断往复运动的抽吸作用，逐渐而叠加，而使气缸内活塞顶上部的储存机油增多，在此形成的机油冲击波作用下，将气缸盖上的气阀装置挤压变形。当在气缸内有一恰好的死点(即进、排气阀关闭于重叠角)，除此之外，气缸内还应被抽吸进有大量的机油。否则，在初期进入气缸内的一部分机油，会从开启的进、排气阀气路通道被排入进、排气支管，重回稳压箱或废气总管。该台机车在上一趟交路到达鄯善，入折返段进入机车段备，因天气寒冷机车打温中，打温人员在柴油机增压器轴承油封破损泄漏情况下，未按规定检查柴油机，多次盲目启动柴油机打温，致使发生"油锤"，造成机车投入运用交路的第一个区间发生机故。定责鄯善折返段。同时，要求机车运用在启动柴油机前加强检查，杜绝类似的事件发生。

二、280型柴油机连杆组

连杆组设计时,采用了经验设计、试验和有限元计算方法来确定连杆各部分的结构和尺寸,选用合适的材料,使连杆有足够的强度和刚度并有尽量小的重量。

连杆组由连杆体、连杆盖、连杆衬套、连杆螺栓等组成(图3-14)。

1. 结构

280型与240系列柴油机用连杆基本相同。连杆分成连杆大头、杆身和连杆小头三部分。连杆体的大头部分与连杆盖、连杆瓦及连杆螺栓组成连杆大头,连杆体的小部分与连杆衬套组成连杆小头(见图3-14)。

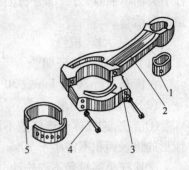

图3-14 280型柴油机连杆组
1-连杆衬套;2-连杆体;3-连杆盖;4-连杆螺栓;5-连杆瓦

(1)连杆大头

连杆大头包括连杆体的大头部分、连杆盖、连杆瓦和连杆螺栓等。280柴油机采用过的三种连杆,其区别均在连杆大头上。早期的连杆体大头部分与盖的结合面(即连杆大头剖分接合面)上,采用60°齿形夹角、6 mm齿距。后来采用的两种连杆都是90°齿形夹角、8 mm齿距,但油孔位置不同,一种是油孔设在连杆体大头短臂上,另一种是油孔设在长臂上。

(2)连杆杆身

连杆杆身为工字形截面,其长轴处于连杆摆动平面。使杆身截面具有较大的高度,加上适当宽度。使连杆在摆动平面方向有较大的刚度。以减小连杆的弯曲,避免由此产生活塞与气缸套及连杆瓦与曲轴连杆颈的偏磨。该种截面的杆身有利于承受由压缩力和拉伸力所引起的纵向弯曲和由连杆力矩所引起的附加弯曲。另外,这种杆身有较小的重量,因此可减小连杆的惯性力,在杆身工字形的一边里设有油孔,与连杆小头和连杆大头油孔相通。

(3)连杆小头

由于燃气压力和往复惯性力的作用。活塞销对连杆小头孔的不同部位有大小不同的比压,孔的下部比上部的比压大。因此将连杆小头孔宽度做成上部窄而下部宽的结构。连杆小头孔的宽度上窄下宽,正符合了连杆小头孔内压力合理分布的要求。

连杆小头孔衬套的材料采用铸造锡青铜,可满足连杆小头轴承承载能力的要求。衬套与连杆小头孔采用过盈配合,并在端面上设挤缝销以防衬套松转。

连杆小头在连杆摆动平面内有较大的宽度,与杆身的过渡圆角半径也较大,以保证连杆小头的强度和刚度。在连杆小头部分,连杆小头与杆身过渡处的应力及其变化幅度最大,采用较大的过渡圆角半径,对提高连杆小头的强度尤为重要。

(4)连杆材料

连杆体与盖采用合金钢整体模锻,并经调质热处理,使连杆有较高的综合机械性能。机加工时,沿斜切口剖分面将连杆体与盖切开。为减少应力集中和提高连杆的疲劳强度,连杆外形面全部经机械加工并抛光。齿形为成形磨削,以提高齿形的配合精度,使切口上各齿面的受力分布较为均匀,保证连杆大头孔的圆度和改善齿形的应力。

(5)连杆油路

机油从曲轴连杆颈的横向油孔流进连杆大头孔的轴承,一部分布入轴承油隙;另一部分进入连杆下瓦内孔上的油槽,经 9 个孔穿过瓦壁的油孔流入连杆盖内孔的环形槽及与该槽相通的油孔,再经设在连杆体与盖的剖分面上的定位套内孔进入连杆体大头的油孔。对于油孔在短臂的连杆,机油由此直接进入杆身油孔,而对油孔在长臂的连杆,机油由此流进连杆体大头孔的油槽,再由长臂内一对相交油孔进入杆身油孔。机油从杆身油孔进入连杆小头孔,由连杆小头孔衬套上一个穿透壁厚的油槽流入连杆衬套内孔的环形油槽。一部分机油从油槽布入连杆小头轴承油隙,另一部分机油由该油槽进入活塞销中部 3 个径向油孔,再经由活塞销中空油道流向活塞。

2. 连杆大修、段修

(1)大修质量保证期

在机车运行 30 万 km 或 30 个月(包括中修解体)内:连杆不发生裂纹、破损。

(2)大修技术要求

①清洗,连杆体和连杆盖不许有裂纹,连杆体与连杆盖的齿形接触须良好。紧固后,每一齿形的接触面积不许小于 70% ,连杆螺钉孔螺纹不许有断扣、毛刺与碰伤。

②连杆小端衬套不许松动,更换不良和磨耗超限的连杆小端衬套,衬套配合过盈量须符合原设计要求,止动销的位置须相应转过 30°。

③连杆小端孔(带套)轴线对大端瓦孔轴线的平行度须符合原设计要求。更换衬套时,须测量连杆体大、小端孔轴线的平行度,其值须不大于 0.04 mm。

④连杆螺钉全部更新,并重新打刻线,采用转角法拧紧,其中长螺钉的扭转角为 128° ~ 130°,短螺钉的扭转角为 105° ~ 107°(先以 50 N·m 扭矩紧固螺钉,以此作为 0°)。

⑤连杆瓦连杆大端孔的接触面积须大于 70% 。

⑥同台柴油机须使用同种连杆,且连杆组质量差不许超过 0.4 kg。其中大头部分允差 0.25 kg,小头部分允差 0.15 kg。

⑦活塞连杆组装要求:同台柴油机活塞连杆组质量差都不许超过 0.4 kg。

(3)段修技术要求

①连杆体和连杆盖不许有裂纹,连杆小端衬套不许松动,更换衬套时过盈量须为 0.06 ~ 0.13 mm。

②在距连杆中心线两则各 200 mm 处测量连杆大、小端孔(小端带铜套)轴线的弯曲度为 0.15 mm,扭曲度为 0.20 mm。超限时,在保证衬套尺寸及配合限度的前提下,允许刮修衬套。

③连杆螺钉不许裂损,其螺纹不许锈蚀、损坏或严重磨损。

④校核连杆螺钉紧固伸长量:以 49 N·m 扭矩拧紧螺钉,以此作为 0°;用转角法拧紧连杆螺钉,此角为 128° ~ 130°,短螺钉转角为 105° ~ 107°;重新做好刻线记号。

⑤同台柴油机须使用同种连杆,各连杆组质量差不许超过 0.40 kg。其中连杆大头部分允差为 0.25 kg,小头部分允差为 0.15 kg。

⑥活塞连杆组装要求:同台柴油机活塞连杆组质量差不许大于 0.4 kg;各零部件组装正确,油路畅通,连杆能绕轴自由摆动;连杆盖及连杆螺钉的支承面不许拉伤,其结合面用 0.03 mm 塞尺不许塞入。

3. 故障分析

280 型柴油机连杆也是将活塞和曲轴连接起来,并将作用在活塞上的燃烧气体压力传给曲轴,输出扭矩。连杆受到气体压力和活塞、连杆往复惯性力的共同作用,在柴油机工作循环内,连杆大部分时间受到压缩,由于柴油机的爆发压力高达 13.7MPa,故连杆受到很大的压缩载荷。由于排气上止点附近作用在连杆上的惯性力大于气体压力，故此时使连杆受到拉伸。由于活塞、连杆都较重，产生的惯性力也大，故连杆受到较大的拉伸负荷。连杆小头与活塞一起作往复运动，连杆大头与曲轴一起作旋转运动，因此连杆自身作摆动。连杆在摆动平面受到摆动的惯性力矩的作用，使连杆杆身受到附加弯矩。连杆上的压缩和拉伸负荷会使连杆大、小头孔产生变形，将影响轴承的正常润滑，增加连杆螺栓等连接件的附加载荷。由于上述各种力都是交变载荷，在连杆上产生交变应力，会使连杆螺栓和连杆的主要受力部位产生疲劳破坏。连杆的损坏会打坏曲轴、机体等零部件，甚至导致人身安全事故的发生。

（1）结构性故障

280 型与 240 系列柴油机用连杆结构基本相同，因负载大增，其结构也稍有区别。连杆大头剖面为斜切口，剖面与连杆中心线的夹角为 40°，以便于从气缸中抽出活塞连杆组。切口（剖分接合面）采用齿形定位，并依靠齿面承受往复惯性力在切口方向的分力，避免连杆螺栓承受剪切负荷。齿形夹角和齿距的选取及切口上齿形总啮合面积、连杆大头的刚度，都直接影响切口上各部分齿形的齿根应力及其幅值的大小。两种改型连杆都是着眼于提高齿形强度，降低齿根应力，力图消除齿形裂纹，以提高连杆的可靠性和使用寿命。

连杆体、盖和螺栓产生裂纹的原因。主要发生在连杆大头齿形裂纹，并且均出现于短臂上断续齿的齿根上。一是，由于短臂刚度大，工作时所受的力也就较大；二是，短臂上的牙齿被螺栓孔和油孔分割成几段，使齿的受力加大，齿根部成了高应力区；三是，齿形的微动磨损使齿根产生应力集中等。由于此类原因，使连杆上裂纹的产生首先出现于该处的齿根上。另外，由于制造上的原因，使齿形贴合面过小，造成受力不均匀，也容易产生齿形裂纹。裂纹的发展会使上述部位的金属从连杆体上脱落，并导致连杆螺栓断裂的严重后果。

连杆螺栓断裂。断口呈缩颈形状，是由于抱缸，或制造、拆装损伤引起的连杆盖上的螺栓支承平面与连杆体上的螺栓孔轴线不垂直，导致螺栓负荷增大，超过材质拉伸断裂强度而造成的。因螺栓为合金钢韧性材质，故断口呈缩颈状。断口平整式，是由于螺栓预紧力不够，或是由于上述连杆齿形裂纹，导致齿形部位的金属剥离使螺栓承受较大的剪切力，引起剪切疲劳断裂所造成的。为避免发生此类连杆螺钉（栓）断裂，应严格按工艺要求进行检修，保证该平面与螺孔轴线的垂直度。

（2）运用性故障

连杆是柴油机传递能量的运动部件，受力非常复杂。在机车运用中常见故障主要为轴瓦的损坏，连杆瓦的穴蚀碾片剥离损坏，轴瓦转圈，轴瓦碾片后堵塞油道，殃及其他运动部件的损坏，大端瓦盖接口齿裂纹，连杆螺栓断损。机车运用中连杆螺栓断损，主要发生在连杆螺钉缩颈口处或螺丝扣根部的断损。如上所述，连杆螺钉螺丝扣断裂，一般均有伤痕所致，称为连杆螺栓啃伤性断裂[见图 3-15（a）]；缩颈口性断裂，一般为拉伸性断裂[见图 3-15（b）]。这两种损坏的表象是不尽相同的，连杆螺栓啃伤性断裂，其断裂纹路在靠螺丝扣处有被啃伤过（或碰伤过）的断裂始端，存在有旧裂痕痕迹，在放大镜下均可查到（明显的肉眼也能分辨）。这种断裂也称撕裂性，即向撕布一样，当需要撕一块布时，只要在这块布边铰一小口，顺势一撕，这块布就被撕下了。连杆螺栓缩颈口断裂，一般为受力不均发生的超负载疲劳性断损，即连杆上的 4 条螺钉有一条或两条螺栓紧固不到位或断裂，连杆的受力加至其他螺栓而引起的超负载状况，也称拉伸性断裂。

(a)连杆螺栓啃伤性(平口)断损　　　　　　　(b)连杆螺栓拉伸(缩颈)性断损

图 3-15　连杆螺栓断损

在机车运用中,连杆发生变形,其几何尺寸改变,活塞在气缸内往复运动轨迹相应发生变化,使柴油机运转不正常,严重时,会发生"敲缸"声响。可凭声响,判断某气缸存在故障,再测试气缸压缩压力,检查压铅值,确定发生故障的气缸所在,避免柴油机大部件的破损。机车运行中,当发生连杆弯曲、断损等类故障,其故障表象与 240 系列柴油机连杆损坏相同,机车不能继续运行,否则将会造成柴油机机体的破损。

4. 案例

(1)连杆杆身断裂

2007 年 10 月 7 日,DF$_{8B}$型 5269 机车牵引下行货物列车,运行在兰新线柳园至哈密区段的盐泉至红旗村站间,差示压力计起保护作用,柴油机停机。经机车司乘人员检查,柴油机外部也未发现异常状态,启不来机。因此而终止牵引列车运行,请求救援,构成 G1 类机车运用故障。待该台机车返回段内后。扣临修检查,柴油机第 1 缸连杆体断裂,相应的活塞与气缸套损坏,经更换该气缸套、活塞、连杆,试验运转正常后,该台机车又投入正常运用。

查询该台机车运用检修记录,该台机车于 2007 年 × 月 × 日完成机车大修,修后总走行75 632 km,于 2007 年 9 月 17 日完成第 3 次机车小修,修后走行 9 918 km。到段检查,柴油机外部检查正常,打开柴油机曲轴箱检查孔检查,发现第 1 缸连杆体断裂(其他气缸正常),对该缸解体作进一步检查,该连杆体从杆身中部裂开,大端处断裂一块,小端铜套碎损,并将相应的气缸套与连杆损坏。经分析,该台机车损坏的配件,属材料质量问题,在机车大修质量保证期内,定责机车大修。同时,要求机车整备部门对厂修后投入运用的机车加强跟踪检查,作好机车动态信息的反馈,保证机车的正常运用。

(2)连杆瓦碾片

2007 年 11 月 12 日,DF$_{8B}$型 5351 机车牵引 11062 次货物列车,运行在哈密至柳园区段的天湖至红柳河区间,柴油机保护装置差示压力计突然起保护作用,柴油机因此而停机。经司乘人员检查,机械间充满油气烟雾,曲轴箱防爆阀有被打开痕迹(带有防爆阀的检查孔盖下方淌有大量的油渍,并有防爆阀胶圈脱落被垫压住的)。经此确认,差示压力计属保护性动作,因此而被迫终止牵引列车运行,构成 G1 类机车运用故障。待该台机车返回段后,扣临修,解体检查,柴油机第 14、16 缸连杆,相应缸的曲轴曲柄颈,气缸套、活塞、气缸盖及气阀均被损坏。因该台机车为才完成大修投入运用,返机车大厂修。

查询该台机车运用检修记录,该台机车 2007 年 8 月才完成机车大修,修后总走行两万多公里。机车到段检查,柴油机外部正常,柴油机不能启动,打开曲轴箱孔盖检查,相应柴油机第14、16 缸的油底壳滤网上有大量的金属块与合金碾片,其中有一块硕大的金属块。解体检查,第16缸活塞烧损,第14、16缸连杆碾片,相应第16缸曲轴曲柄颈剥离一大块金属块,第16缸连杆油道孔被堵塞。经分析,柴油机第14、16缸连杆瓦因装配工艺不到位被碾片,其中第16缸连杆瓦因碾片碎沫堵塞,使该活塞无润滑油冷却而烧损,波及损坏的柴油机部件有相应的曲轴曲柄颈、连杆、气缸套、活塞、气缸盖及气阀装置均被损坏,以致相应运动部件产生的高温、高热燃气气体生成的压力,远超过了曲轴箱的压力允许值(588 kPa),使差示压力计与曲轴箱防爆阀先后起保护作用,柴油机被迫停机。该台机车在大修质量保证期内,属机车大修质量问题,定责机车大修。

(3)连杆螺栓断损

2008年6月6日,DF$_{8B}$型5317机车牵引上行货物列车,运行在兰新线哈密至柳园区段山口至思甜站间时,突然发生差示压力计起保护作用,柴油机被迫停机。经司乘人员检查,机械间油燃气烟雾大,曲轴箱检查孔盖的防爆阀开启过,确认为柴油机被保护性停机,因此终止机车牵引列车运行,构成G1类机车运用故障。待该台机车返回段内后,扣临修,解体检查,柴油机第1缸的连杆螺栓断损。经更换该气缸连杆及连杆螺栓,与相应的气缸套、气缸盖及所属阀装置,试验运转正常后,该台机车又投入正常运用。

查询机车运用检修记录,该台机车2008年2月完成机车中修。机车到段检查,柴油机外部检查,曲轴箱防爆阀下有流淌过的油渍(防爆阀开启作用过),柴油机第1缸相应的油底壳滤网上撒落有大量的金属碎块,连杆螺栓已断损脱落。解体检查,该缸活塞已破碎,连杆螺栓4条已断损3条。经分析,拆下后经物理性检验分析,其中2号连杆螺栓在第2丝扣处有明显的拉伸啃伤痕迹,3、4号螺栓为拉伸性断裂。根据这一破损现象分析,这一破损的直接原因是由于2号螺栓紧固不到位,在第2号螺栓丝扣松缓,受到拉伸力加大的状态下,首先断损。在该缸活塞往复回转运动下,3、4号螺栓受力加大,在长时间运转中而疲劳断裂,当此3条螺栓断损后,连杆活塞行程被改变,引起活塞在气缸内的撞击运动,将气缸盖底部及气阀装置撞击坏。同时波及到活塞自身的损坏,因此而破坏了该缸的燃烧室燃烧状态,而大量向曲轴箱内泄燃气,导致差示压力计与曲轴箱防爆阀起保护作用。按机车中修保证期,定责机车中修。同时,要求加强机车运用中的动态检查,避免类似故障发生。

思 考 题

1. 简述240系列/280型柴油机用连杆结构性故障。
2. 简述240系列柴油机用连杆运用性故障表象。
3. 何谓连杆要"大刀"?

第三节 曲轴组结构与修程及故障分析

曲轴是柴油机中最重要的运动部件之一。活塞的往复运动通过连杆转变为曲轴的旋转运动,柴油机的功率通过曲轴输出,并直接或间接地驱动配气机构、喷油泵、机油泵、水泵等部件。曲轴的一端通过法兰与簧片式弹性联轴节的花键轴法兰相连接,由弹性联轴节再与牵引发电机相连,进行柴油机的功率输出,此端称为输出端。从柴油机的前、后方向来说,它又称为后端。曲轴的另一端装有正时齿轮、减振器、泵传动齿轮、万向联轴节叉形接头等零件驱动凸轮轴、调速器、水泵、机油泵以及机车的辅助装置。曲轴的该端称为自由端,也称为前端。240系列与280型柴油机所装配曲轴结构基本相同,仅其尺寸大小与制造工艺铸(锻)造有所区别。

一、240系列柴油机曲轴组

1. 结构

曲轴中部由一些尺寸相同,但彼此位置不同的曲柄部分组成。每个曲柄对应于1个气缸,对V形柴油机来说,则对应于左、右两列气缸中位置相同的两个气缸,曲柄由主轴颈、连杆颈、曲柄臂组成(见图3-16)。

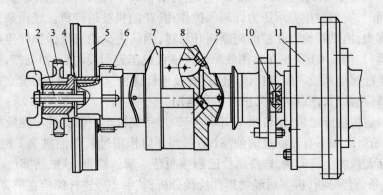

图3-16　B型机曲轴总成

1-万向联轴节叉形接头;2-螺栓;3-泵传动齿轮(主动齿轮);4-螺堵;5-液压减振器;6-曲轴正时齿;7-曲轴;8-密封堵,9-挡圈;10-螺堵;11-簧片式弹性联轴节

主轴颈及连杆颈的排列序数从控制端起向输出端数。连杆颈中心到主轴颈中心的距离 R 称为曲柄半径,它等于活塞行程 S 的一半。当主轴颈直径 D_1 和曲柄销直径 D_2 足够大时,它们在曲柄臂两侧重叠起来,其值 $\Delta = (D_1 + D_2)/2 + R$,称为重叠度。

(1)B型机曲轴结构

B型机曲轴有9个曲柄。主轴颈的直径为 $\phi220_{-0.03}^{0}$ mm,长度为(100 ± 0.1) mm(第1主轴颈为(110 ± 0.3) mm,第9主轴颈为 $110_{0}^{+0.05}$ mm)

为了合理利用材料,并获得较好的扭转刚度,曲轴采用了椭圆形曲柄臂。曲柄臂的厚度为 69_{-1}^{0} mm,宽为 380_{-2}^{+3} mm,曲柄半径为(137.5 ± 0.2) mm。为了减少曲柄臂外缘的离心质量,曲柄臂上部铸成30°斜角,以除去多余的金属。为便于对主轴颈内铸孔的孔口进行机械加工,曲柄臂底部铸有凹穴。

为改善轴颈圆根的应力集中,在不增加轴颈长度的前提下,采用内圆弧圆根,各过渡圆弧半径为 $R7$ mm。对曲柄臂的外圆两侧面进行机械加工。

为改善曲轴的内部平衡,在每个曲柄臂的下方延长铸出平衡块。

为减少曲轴的旋转质量、改善应力分布,在一定的刚度下提高曲轴的固有频率。曲轴的主轴颈和连杆颈的芯部均铸出孔径为80 mm的空腔。轴腔两端的孔口向外翘起。便于加工油封堵的配合面,也可进一步除去部分离心质量。各个轴颈芯部空腔的孔口均用铝质油封堵加以密封。两者有0.08 ~ 0.12 mm的过盈量,为防止脱落,在其外侧加装弹性挡圈。为沟通主轴颈和连杆颈内腔油路,在曲柄臂上钻有 $\phi20$ mm的油孔,由机体主轴承引来的机油,通过主轴颈上钻制的油孔进入其内腔,再经曲柄臂油孔进入连杆颈内腔,最后经连杆轴颈上连杆身油道到达小头和活塞。为使油孔钻在轴颈载荷最低处。并避免将油腔内的杂质引至轴瓦的工作表面,为此在主轴颈中部钻有贯通主轴颈,且通过轴颈中心的径向进油孔,孔径为 $\phi20$ mm。其中第3、7位主轴颈的进油孔与该平面相交成 45° 角,其余各主轴颈进油孔均与对应的曲柄平面垂直。在每个连杆颈上的钻有2个 $\phi14$ mm 的径向出油孔,各出油孔与各自的曲柄平面垂直。此2个出油孔分别与同一连杆轴颈上布置的2个并列连杆的机油油路相通。

曲轴的曲拐排列为镜面对称,其中第1、8、2、7位曲拐在一个平面内,3、6、4、5位在另一平面内(见图3-17)。曲轴自由端直径为 $\phi19$ mm 轴颈,制有键槽,用以热套正时齿轮,直径为 $\phi150$ mm 的轴段,用以热套减振器,在安装正时齿轮和减振器体时,除采用一定过盈量外,另加键以增强其传动能力。

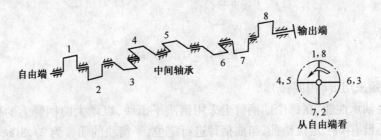

图 3-17 B/C 型机曲轴的曲拐排列图

曲轴输出端以设有止推轴肩,并制成锥面,使漏至轴肩后的机油借离心力作用甩向曲轴内侧。止推轴肩后制成挡油环,输出端的端面中部设有油堵,其芯部有小孔,机油可由进入弹性联轴节内腔。

(2)C 型机曲轴结构

C 型机曲轴仍用高强度铸造制造,为了减少应力集中,除止推轴颈 R7 mm 内圆弧外,均为 R10 mm 的复合内圆弧。

为改善主轴承性能,增大了曲轴臂上的平衡块重量,采用钢质平衡块,每个平衡块由2根 M33×2 的螺钉用 1.2 kN·m 的预紧力分三次均匀地把紧在曲柄臂上,在平衡块的中央还设有1个定位销孔,与曲柄臂进行定位,平衡块的质量为 30 kg,回转半径为 3.15 mm,使曲轴的平衡度由 B 型机曲轴的 46% 提高到 94%。减轻重量并保持原有曲柄的强度、刚度,所有曲柄均改为 380×440 椭圆形。为了便于组装、检修,避免运用中因键槽裂纹而发生曲轴报废,C 型机曲轴取消了键连接,曲轴齿轮和减振器通过 1:50 锥度配合与曲轴颈连接。C 型机曲轴的其余结构基本上与 B 型机曲轴一致(见图3-18)。

(3)D 型机曲轴结构

D 型机曲轴有9个主轴颈,主轴颈的直径为 $\phi220_{-0.03}^{0}$ mm,长度为 (100 ± 0.1) mm(第1主轴颈为 (110 ± 0.3) mm,第9主轴颈为 $110_{0}^{+0.05}$ mm)。共有8个曲拐。

为了合理利用材料,并获得较好的扭转刚度,曲轴采用了椭圆形曲柄臂,曲柄臂的厚度为 69_{-1}^{0} mm,宽为 380_{-2}^{+3} mm,曲柄半径为 (137.5 ± 0.2) mm,为了减少曲柄臂外缘的离心质量,其上部铸成 30° 斜角,以除去多余金属,为便于对主轴颈内铸孔的孔口进行机械加工,曲柄臂底部铸有凹穴。

为改善轴颈圆根的应力集中,在不增加轴颈长度的前提下,采用 R10 与 R6 的复合内圆弧

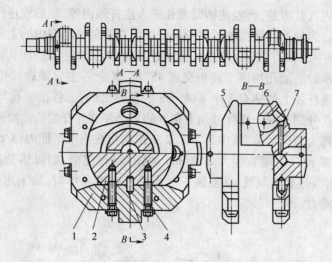

图 3-18 C 型机曲轴

圆根(止推轴颈采用 $R7$ 内圆弧)。

为改善主轴承性能,在每个曲柄臂上采用钢质平衡块,以增大曲柄臂上的平衡质量,在平衡块的中央还设有 1 个定位销孔,与曲柄臂进行定位,平衡块的质量为 27.3 kg,使曲轴的平衡度达到 94%。

为便于组装、检修,并避免运用中因键槽裂纹而发生曲轴报废,因此曲轴齿轮与减振器通过 1:50 锥度与曲轴颈配合连接。

为减轻曲轴的旋转质量,改善应力分布,在一定的刚度下提高曲轴的固有频率,曲轴的主轴颈和连杆颈的芯部均铸出孔径为 80 mm 的空腔,轴腔两端的孔口向外翘起,便于加工油封堵的配合面,也可进一步除去部分离心质量,各个轴颈芯部空腔的孔口均用铝质油封加以密封,两者有 0.08~0.12 mm 的过盈量,为防止脱落,在其外侧加装弹性挡圈。为沟通主轴颈和连杆颈内腔油路,在曲柄臂上钻有 $\phi20$ mm 的油孔,由机体主轴承引来的机油,通过主轴颈上钻制的油孔进入其内腔,再经曲柄臂油孔进入连杆颈内腔,最后经连杆颈、连杆杆身油道到达活塞销、活塞。为使轴颈上的油孔钻在轴颈载荷最低处,并避免把油腔内的杂质引至轴瓦的工作表面,为此在主轴颈中部钻有贯通主轴颈,且通过轴颈中心的径向进油孔,孔径为 $\phi20$ mm。其中第 3、7 位主轴颈的进油孔与该平面相交成 45° 角,其余各主轴颈进油孔均与对应的曲柄平面垂直。在每个连杆颈上钻有 2 个 $\phi14$ mm 的径向出油孔,各出油孔与各自的曲柄平面垂直,此 2 个出油孔分别与同一连杆颈上布置的 2 个开列连杆的机油油路相通。

曲轴的曲柄排列为镜面对称,其中第 1、8、2、7 位曲柄在一个平面内,3、6、4、5 位在另一平面内。曲轴输出端设有止推轴肩,并制成锥面,使漏至肩后的机油借离心力作用甩向曲轴内侧,止推轴肩后面制成挡油环,输出端的端面中部设有油堵,其芯部有小孔,机油可以由此进入弹性联轴节内腔(见图 3-19)。

2. 曲轴组大修、段修

(1)大修质量保证期

在机车运行 30 万 km 或 30 个月(包括中修解体)内:曲轴不发生裂纹、破损。

(2)大修技术要求

①曲轴须拆除附属装置及全部油封,清洗油道。

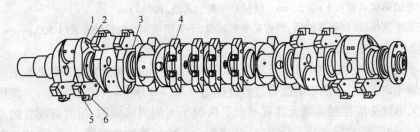

图 3-19　D 型机曲轴
1-油腔挡圈;2-密封堵;3-曲轴体;4-平衡块;5-螺钉;6-锁紧片

②曲轴不许有裂纹;主轴颈、曲柄销及其过渡圆角表面不许有剥离、烧损及碰伤;对应于大油封轴颈处的磨耗大于 0.1 mm 时,须恢复原尺寸。

③铸铁曲轴轴颈超限时,可按表 3-3 进行等级修,并经氮化处理。在同一曲轴上,同名轴颈的等级须相同;在磨修中发现铸造缺陷时,按原设计铸造技术条件处理;钢曲轴可按表 3-4 进行等级修,同名轴颈的等级须相同;止推面对曲轴 1、5、9 位主轴颈公共轴线的端面圆跳动差为 0.05 mm;允许对止推面的两侧进行等量磨修,单侧磨量不许大于 0.8 mm(与原形比较)。

表 3-3　铸铁曲轴磨修等级　　　　　　　　　　　　　单位:mm

名　称 ＼ 级　别	0	1	2
16V240ZJB 型柴油机主轴颈	$\phi220.00^{0}_{-0.029}$	$\phi219.50^{0}_{-0.029}$	$\phi219.50^{0}_{-0.029}$
16V240ZJC 型柴油机主轴颈	$\phi220.00^{0}_{-0.03}$	$\phi219.50^{0}_{-0.03}$	$\phi219.00^{0}_{-0.03}$
16V240ZJD 型柴油机主轴颈	$\phi220.00^{0}_{-0.029}$	$\phi219.50^{0}_{-0.029}$	$\phi219.00^{0}_{-0.029}$
16V240ZJB 型柴油机曲柄销	$\phi195.00^{0}_{-0.029}$	$\phi194.50^{0}_{-0.029}$	$\phi194.50^{0}_{-0.029}$
16V240ZJC 型柴油机曲柄销	$\phi195.00^{0}_{-0.03}$	$\phi194.50^{0}_{-0.03}$	$\phi194.00^{0}_{-0.03}$
16V240ZJD 型柴油机曲柄销	$\phi195.00^{0}_{-0.029}$	$\phi194.50^{0}_{-0.029}$	$\phi194.00^{0}_{-0.029}$

表 3-4　铸铁曲轴磨修等级　　　　　　　　　　　　　单位:mm

名　称 ＼ 级　别	0	1	2	3
16V240ZJB 型柴油机主轴颈	$\phi220.00^{0}_{-0.029}$	$\phi219.50^{0}_{-0.029}$	$\phi219.00^{0}_{-0.029}$	$\phi218.50^{0}_{-0.029}$
16V240ZJC 型柴油机主轴颈	$\phi220.00^{0}_{-0.03}$	$\phi219.50^{0}_{-0.03}$	$\phi219.00^{0}_{-0.03}$	$\phi218.50^{0}_{-0.03}$
16V240ZJB 型柴油机曲柄销	$\phi195.00^{0}_{-0.029}$	$\phi194.50^{0}_{-0.029}$	$\phi194.00^{0}_{-0.029}$	$\phi193.50^{0}_{-0.029}$
16V240ZJC 型柴油机曲柄销	$\phi195.00^{0}_{-0.03}$	$\phi194.50^{0}_{-0.03}$	$\phi194.00^{0}_{-0.03}$	$\phi193.50^{0}_{-0.03}$

④按图纸要求方法测量各主轴颈对 1、5、9 位主轴颈公共轴线的径向圆跳动为 0.15 mm;相邻两轴颈径向圆跳动为 0.05 mm;联轴节和减振器安装轴颈对曲轴上述公共轴线的径向圆跳动为 0.05 mm。

⑤曲柄销轴线对曲轴轴线的平行度在曲柄销轴线的全长内为 $\phi0.05$ mm。

⑥油腔用机油进行压力为 1 MPa 的密封试验,保持 10 min 不许泄漏。

注:C/D 型机增加:

①曲轴平衡块螺钉段涂 MoS_2,其紧固力矩为 1 200 N·m。

②曲轴齿轮轴向装入量:(8±0.5) mm,减振器轴向装入量:$10^{+2.5}_{-0.5}$ mm。

③曲轴更换平衡块、螺钉等零件后,须做动平衡试验,不平衡量须符合设计要求(1 500 g·cm)。

（3）段修技术要求

①曲轴不允许有裂纹。如局部有发纹允许消除。各油堵、密封堵、挡圈状态须良好。

②减振器不许漏油,与曲轴的配合过盈量应为 0.03~0.06 mm(大于70%)。泵传动齿轮端面与减振器叉形接头的接触面间允许有不大于 0.03 mm 的局部间隙,但沿圆周方向总长度不得大于 60 mm[曲轴齿轮的轴向装入量为(8±0.5) mm;减振器的轴向装入量为(10±0.5) mm]。

注:D型机安装曲轴齿轮和减振器时,首先施以 50 kN 的轴向预压紧确定初始位置,在此基础上曲轴齿轮的压装行程为(8±0.5 mm);减振器的压装行程为 $10^{+0.25}_{-0.5}$ mm;压装后须保证减振器板与机体自由端距离为(6±1) mm。

③中修时,弹性联轴节须更换 O 形密封胶圈,同时目检各部无异状。组装后以 0.8 MPa (0.9 MPa)的油压进行试验,保持 30 min 无漏泄。

④十字头销直径减少量不大于 0.8 mm。

3. 故障分析

曲轴组是柴油机主要运动部件之一,它将燃烧室内的爆发压力经活塞连杆的传递,来推动其回转运动,将其燃料在气缸内的做功经曲轴输出。曲轴在此回转运动中受力非常复杂,在机车运用中,其结构性故障多数情况是相应(邻)部件与润滑油内含有杂质引起,造成曲轴主轴承与连杆颈的拉伤、剥离、裂纹或断裂。其结构性故障反映在柴油机运用中的主要故障表象,柴油机运转中,相应故障曲柄颈的气缸内工作粗爆,并伴随着"敲缸"声音。严重时,差示压力计与曲轴箱防爆阀会先后起保护作用,使柴油机停机。

（1）结构性分析

柴油机在运转中,曲轴承受着以下方面的作用力。一是,曲轴处在不断周期性变化的燃气压力和运动质量惯性力所造成的外力和外力矩,这些交变力和交变力矩使曲轴既弯曲,又扭转,产生交变的疲劳应力。二是,由于曲轴轴系是个弹性体,所产生的轴系扭转振动和横向振动的附加负荷,曲轴轴系在周期性变化的扭矩作用下产生扭转强制振动,因而曲轴承受附加应力。当强制振动频率与轴系自由振动频率相同时,将发生共振。其结果轻则使各传动齿轮早期磨损,产生强烈噪声,引起配气机构与供油正时的变化。严重时,可引起曲轴疲劳损坏。三是,由于轴承内孔不同轴,轴承与轴颈的摩擦、支座弹性变形等原因引起曲轴轴线不正而产生的作用力,有时这种作用力会使曲轴发生断裂。

曲轴上的作用力和力矩,不仅使曲轴各部分产生交变应力。而且还使曲轴变形,当曲轴刚度不足时,变形更为严重,因此曲轴应有足够的疲劳强度,轴颈应耐磨,曲轴的材料与表面应强化。

机车运用中,曲轴组结构性故障主要有:轴颈磨损与拉伤,曲轴裂纹、断裂、键槽裂纹、输出法兰螺孔超限,曲轴主轴颈跳动量超差。

轴颈磨损与拉伤。由于机油中携带杂质到达曲轴轴颈,在柴油机运转中造成轴颈表面拉伤。为了防止轴颈拉伤,在柴油机拆检修重装时,必须加强整机的清洁度检查,包括机油管系、主机油道、活塞内腔、连杆油孔等。在重装完成,启机前应用辅助机油泵打油,多循环几分钟,以使残留在柴油机有关零部件上的杂质尽量冲洗下来。对压差过大的滤清器及时清洗,对机械杂质超限的机油作及时更换。

曲轴裂纹。轴颈上的轴向裂纹,这种裂纹很细,深度也较浅。但裂纹条数很多。产生这种裂纹的原因是曲轴在缺油状态下工作过,这个规律不但适用于铸铁曲轴。同时也适用于锻钢曲轴。预防这种曲轴裂纹产生的方法,禁止曲轴在油压不足的情况下工作。

轴颈上其他形式的裂纹及其轴颈过渡圆角处的裂纹。产生这种裂纹,特别是轴颈过渡圆角处的裂纹的原因,与曲轴的支承阶梯度有着相当大的关系。曲轴的支承阶梯度,是指支承各主轴颈的轴瓦内圆表的同轴度,及曲轴各主轴颈的同轴度综合积累的差值。它极大的影响着曲轴颈圆根处的应力,因此对同轴度必须严格控制。过渡圆角处的裂纹往往是曲轴断裂的前奏。

曲轴断裂。B/C 型机曲轴的使用寿命是较长的,相当部分的曲轴已用到 2 个厂修期,甚至 3 个厂修期。曲轴断裂的原因多数情况下是属疲劳性断裂。其断裂的主要原因:气缸"水锤"、"油锤"、轴瓦紧余量不足,发生轴瓦转动堵死机油油路后。轴瓦合金层发生剥离、烧损,使曲轴主轴颈在较大的支承阶梯度下,轴颈圆根应力成倍上升而发生断裂。或是因为主机油泵传动装置损坏或主机油泵本身损坏,轴瓦在缺油情况下剥离烧损,造成曲轴断裂等。该类故障情况发生曲轴断裂的部位,均在主轴颈圆根到连杆颈圆根连线的截面上。因此,此截面称为危险断面。

键槽裂纹。曲轴键槽发生裂纹时,多数情况下属疲劳性裂纹。

曲轴输出法兰螺孔超限,该项故障属磨耗性。

曲轴主轴颈跳动量超差。该项故障属曲轴镜面不平衡引起,在机车运用与检修作业中,因曲轴放置不当,或柴油机长时间甩缸运行,引起的一种曲轴对称镜面超差所发生的微弯故障现象。当曲轴使用后出现主轴颈跳动量超差时,可以作校正处理。

机车运用中,直接发生在曲轴断裂性损坏的故障较少,主要是磨损与非正常性磨耗(这类故障一般在机车检修中被发现)。因曲轴组属柴油机内置式运动部件,有其不可视性,机车运用中发现其故障较为困难,但可通过间接检查的方法发现其疑似故障。曲轴组发生裂损故障时,一般在曲轴连杆颈与主轴颈上。这时,柴油机运转中,相应曲轴连杆颈(主轴颈)相连的气缸工作粗爆,柴油机运转中震动大,输出功率下降。严重时,柴油机在停机瞬间会发生"卡、轰然"的突停现象,并会出现差示压力计起保护作用,柴油机自动停机,或停机后再也启不来机。对这类故障,可通过间接检查识别的方法,即可通过"巡声倾听法"、"机油进出口压力差分析法"进行鉴别检查。

(2)运用性故障

在机车运用中,曲轴的损坏,一般发生在连杆颈与主轴颈,多数情况是主轴承瓦、连杆瓦损坏后,殃及曲轴相应主轴颈与连杆颈的拉伤。当连杆瓦碾片穴蚀剥离严重时,会直接造成曲轴连杆颈剥离掉块。由于曲轴是柴油机机械能的重要输出部件,其制造(检修)精度要求相当高,在结构上的故障基本在检修中就已解决了。特殊情况下,在机车运用中,所发生的曲轴颈断柄(轴),多数情况下发生在轴瓦发生碾瓦后,因其轴颈的润滑膜已被破坏,其负荷承载能力被改变,极易发生曲轴断损。在机车实际运用中,当曲轴润滑油膜被破坏后,在此轴颈处将会产生一定的高温,使润滑机油与曲轴箱内的燃气更加汽化。这样会很快促使差示压力计与曲轴箱防爆阀起保护性作用,不会因此殃及到曲轴的断损。如实施错误的操纵,强行迫使柴油机在此种情况下运转,将造成曲轴与相关柴油机大部件的破损。

在机车运行中,如发生曲轴颈断裂时,其故障表象,前期柴油机机油进出口压力将会出现较大的压力差(即柴油机机油进口压力与后增压器精滤前的机油压力之差,正常在 150~200 kPa),后期差示压力计与曲轴箱防爆阀将会起保护作用。当检查确认属该类故障时,禁止启动柴油机运转与机车继续运行。否则,将会将故障损失扩大。曲轴颈曲柄(轴)前期损坏,可通过"机油进出口压力差分析法"和"巡声倾听法"进行检查分析。

4.案例

(1)曲轴连杆颈断裂

①2006年1月4日,DF$_{4B}$型3815机车,担当旅客列车1043次本务机车牵引任务,运行在兰新线柳园至哈密区段的天湖站外。突然发生差示压力计起保护作用,柴油机停机,列车凭惯性力进入天湖站内被迫停车(站外为下坡道)。经司乘人员检查,曲轴箱防爆阀有开启过的迹象,逐缸打开柴油机下曲轴箱检查时,相应第7气缸油底壳滤网上有大量碾片,估计为连杆瓦受损。因此而终止机车牵引运行,请求更换机车。待该台机车返回段内后,扣临修,解体检查,柴油机曲轴第7连杆颈断裂,并波及到活塞连杆组件与气缸套内壁拉伤,经更换曲轴与相应的气缸活塞、连杆、气缸套后,该台机车又投入正常运用。

查询机车运用检修记录,该台机车2005年5月16日完成机车中修,中修时新换成都大厂索赔的球墨铸铁曲轴(编号:98318),修后总走行148 577 km。于2005年12月20日完成机车小修,修后走行12 496 km。机车到段检查,柴油机外部无损坏,差示压力计有起保护作用的记录,曲轴箱安全孔盖防爆阀下有流淌过机油的油渍(证实此保护装置已起过保护作用)。打开柴油机曲轴箱检查孔盖检查,第7缸油底壳滤网上有大量的金属碾片(其他气缸正常)。因此对该气缸解体作进一步检查,曲轴第7连杆颈断裂,相应的连杆、活塞与气缸套损坏。经分析,因曲轴该段连杆颈断裂,造成润滑不良,使连杆瓦碾片。同时进入连杆油道润滑(冷却活塞)机油减少,活塞(气缸套内壁)得不到冷却与润滑,使其拉伤。润滑不良产生的高热高温与非正常泄燃,使差示压力计起保护性作用,柴油机受保护性停机。按曲轴装配柴油机运用质量保证期,属生产厂家质量问题,定责机车大修。同时,将该信息反馈相关厂家,并要求检修部门在新配件组装上车前,加强其质量检查,保证机车正常运用。

②2006年3月23日,DF$_{4B}$型1276机车,担当货物列车10826次本务机车牵引任务,运行在兰新线柳园至嘉峪关区段的腰泉子至玉门站间。突然发生差示压力计起保护作用,柴油机停机,列车被迫在区间停车。经司乘人员检查,曲轴箱防爆阀有开启过的迹象,逐缸打开柴油机下曲轴箱检查时,相应第6气缸油底壳滤网上有大量碾片,估计为连杆瓦受损。因此而终止机车牵引运行,请求救援。待该台机车返回段内后,扣临修,解体检查,柴油机曲轴第6连杆颈断裂,并波及到活塞连杆组件与气缸套内壁拉伤,第14活塞抱缸。机车返厂修。

查询机车运用检修记录,该台机车2005年8月19日完成机车大修,修后总走行135 543 km。于2006年3月1日完成第2次机车小修,修后走行12 480 km。机车到段检查,柴油机外部无损坏,差示压力计有起保护作用的记录,曲轴箱安全孔盖防爆阀下有流淌过机油的油渍(证实此保护装置已起过保护作用)。打开柴油机曲轴箱检查孔盖检查,第6、14缸油底壳滤网上有大量的金属碾片(其他气缸正常)。因此对该气缸解体作进一步检查,曲轴第6连杆颈断裂,相应的连杆、活塞与气缸套损坏;第14缸活塞抱缸。经分析,因曲轴该段连杆颈断裂,造成润滑不良,使连杆瓦碾片。同时进入连杆油道润滑(冷却活塞)机油减少,活塞(气缸套内壁)得不到冷却与润滑,使其拉伤。润滑不良产生的高热高温与非正常泄燃,加上第14缸活塞(气缸套内壁)缺油拉伤,使差示压力计起保护性作用,柴油机受保护性停机。按机车大修质量保证期,定责机车大修。同时,机车返厂修。

二、280型柴油机曲轴组

曲轴组也是柴油机的主要运动部件之一,活塞的往复运动经连杆转换为曲轴的旋转运动,

输出柴油机的全部功率并驱动柴油机辅助系统。

曲轴的受力复杂,强度、刚度、耐磨性以及加工精度和轴颈的表面粗糙度要求都很高。曲轴的价格昂贵,其成品费约占柴油机总费用的 20% 左右。为使曲轴可靠工作,需要进行精心的设计和计算,并在制作和检修中严格控制质量,以保证曲轴成品符合设计图纸和有关技术条件的要求,还要在运用中及早发现和处理可能危及曲轴的故障,以避免其受到损坏。

曲轴承受活塞和连杆所传递的气体压力、活塞和连杆的往复惯性力及回转惯性力。由于 280 型柴油机的缸径大、气体爆发压力高,这些力在曲轴上产生很大的弯矩和扭矩。而且,这些力和力矩的大小是周期性变化的,因而所产生的弯矩和扭矩是一种交变负荷。交变的弯矩使曲轴产生轴向振动,交变的扭矩使曲轴产生扭转振动。交变负荷及其在曲轴上所产生的振动,在曲轴上形成很高的交变弯曲应力和扭转应力。

曲轴上设有润滑油道和油孔,以润滑曲轴主轴承和连杆轴承,并作为润滑油通往柴油机其他部位的通道。油道和油孔的存在,不同程度地削弱了曲轴的强度和增加了曲轴的应力集中。

曲轴主轴颈轴线及机体主轴孔轴线的同轴度误差、轴颈和轴承孔的偏磨以及机体主轴承孔座的刚度不足等因素,均会增加曲轴的弯曲应力。

曲柄臂与主轴颈和连杆颈连接处的过渡圆角以及轴颈上的油孔周围是应力集中区域,是曲轴的高应力区。曲轴上由交变应力所引起的疲劳裂纹,就往往首先在这些区域出现。

综上所述,曲轴承受高的而且复杂的负荷,但其尺寸又受到柴油机总体尺寸及重量的限制。为此,需要精心设计确定曲轴各部分的尺寸和结构,选用合适的材料,采取提高曲轴疲劳强度的必要措施和经济合理的形位公差,以满足对曲轴的强度要求。

曲轴的主轴颈和连杆颈表面处于高压比和变转速的摩擦副之中,需要采取提高轴颈表面耐磨性的措施,以便提高曲轴的使用寿命。

1. 结构

280 型与 240 系列柴油机曲轴组结构基本相似,也是由曲轴、平衡块、平衡块螺钉、定位销和油封等组成(图 3-20)。曲轴组总重 2 520 kg,曲轴全长 4 314 mm。曲轴由 8 个曲柄、自由端轴段和输出端轴段组成,采用全支承形式。曲轴以 9 个主轴颈支承于机体的主轴承内。每个连杆颈与 V 形机体里左右两个气缸的活塞连杆组连接。曲轴自由端的轴颈上装有曲轴齿轮和卷簧减振器。曲轴经曲轴齿轮驱动齿轮传动装置的各个齿轮,从而带动配气机构、喷油泵、调控传动装置、C 型联合调节器、水泵和机油泵

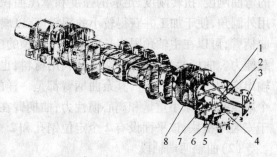

图 3-20　280 型柴油机曲轴组

1. 螺母;2-主轴颈油封;3-拉紧螺栓;4-定位销;5-弹性圆柱销;6-平衡块螺钉;7-平衡块;8-曲轴

等部件工作。曲轴输出端的法兰与联轴节连接,输出柴油机的功率。

16 个由碳钢制成的平衡块安装于曲轴每个曲柄两个曲柄臂共 16 个曲柄臂上,与曲柄臂用 2 根平衡块螺钉紧固,并由穿过平衡块和平衡块螺钉头部的弹性销防松,用 2 个定位销定位。中部的一个定位销除作定位外,还用于承受柴油机变速时平衡块的切向惯性力;另一个定位销为弹性销作定位用。头部为圆柱内六角的平衡块螺钉由合金钢制造,表面镀铜,起防松和防锈作用。

具有锥面的钢质油封用来密封曲轴各档主轴颈内孔的两端,并用一根穿过油封的螺栓将油封与曲轴紧固。螺栓头部及螺母与油封的贴合面间用铜垫圈密封。螺栓与螺母用开口销防松。但是,曲轴输出端轴头上的油封相应于两种联轴节有不同的结构。当采用大圆薄板联轴节时,此处油封与其他油封的结构一样,油封起密封作用;当采用弹性联轴节时,该钢质油封的锥面上开有 3 条油沟,机油从主轴颈内孔经此 3 条油沟进入弹性联轴节(见图 3-21)。

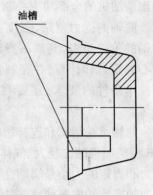

图 3-21　曲轴主轴颈油沟

曲柄排列从曲轴自由端观看,曲轴的 8 个曲柄在轴向成镜面对称。在平衡块重量相同情况下,与其他曲柄排列方式相比,这种曲柄排列使柴油机具有最小的内力矩和轴承负荷。平衡重与柴油机的内部平衡,由于曲轴的曲柄镜面对称,故柴油机的往复惯性力、离心惯性力及其力矩均自行平衡,即有完全的外部平衡。柴油机的内部平衡以内力矩平衡率来评价。离心惯性力在曲轴上形成的内力矩,使机体、曲轴产生弯曲变形,使机体产生振动。用平衡重可以平衡内力矩,还能减小主轴承负荷。但过大的平衡重会增加曲轴的转动惯量,对轴系扭振性能不利,也增加柴油机的重量。综合多方案轴承负荷计算和扭振计算结果,确定了内力矩的平衡率。

在曲轴上,每个曲柄臂均安装有平衡块,即采用曲柄各自平衡法进行平衡。平衡块布置在曲柄平面内,便于制造和安装。

(1)曲柄

曲柄由主轴颈、连杆颈和曲柄臂构成。主轴颈直径 D_1 为 $\phi230$ mm,连杆颈直径 D_2 为 $\phi210$ mm,主轴颈中心与连杆颈中心的距离称曲柄回转半径 R,为 142.5 mm,重叠度 $S = 1/2(D_1 + D_2) - R$,为 77.5 mm。柴油机曲轴以较大的轴颈和重叠度及合适的轴颈长度,获得必要的弯曲刚度、扭转刚度、足够的强度和承压面积以及良好的润滑。连杆颈与曲柄臂的连接处采用外圆角,便于加工并获得较小的粗糙度,以增加曲轴的疲劳强度。内圆角沉入主轴颈并凹入曲柄臂,可以在主轴颈限定长度下增加轴颈的配合长度,减低主轴承底比,以增加主轴瓦的承载能力。曲柄臂为椭圆形,能充分利用材料,也有利于曲轴的挤压加工。曲柄臂的厚度,除靠输出端的一个曲柄臂外,其余曲柄臂都是一样的。曲柄臂在连杆颈一端有一个削角并开有一个减重孔,以减小重量和离心惯性力;曲柄臂在主轴颈一端是一个平行于曲轴轴线的平面,用于安装平衡块,该平面设有 2 个定位销孔和 2 个安装平衡块螺钉的螺孔。

(2)曲轴两端轴段

曲轴自由端轴段设有一段锥面,用于安装曲轴齿轮和卷簧减振器。曲轴输出端轴段上有一整体法兰。法兰外圆上相应于第一缸上止点位置刻有一条纵向刻线,安装联轴节时,使联轴节刻度盘上的通长刻线与此刻线相对。法兰外端有定位凸肩,用于与联轴节的配合。输出法兰由 10 个合金钢螺栓与联轴节连接。曲轴的止推面设在靠输出端的主轴颈两侧。在止推轴颈与输出法兰之间有一段 $\phi230^{-0.022}_{-0.052}$ mm 轴颈,该轴颈中部设有一个小凸缘,这段轴颈与机体后油封相配合,用于密封从输出端主轴颈流出的机油。

(3)曲轴润滑油道

主轴颈设有中心内孔。孔的两端加工出锥面,与钢质油封的锥面配合,以实现密封。主轴颈上设有 2 个对开的油孔与内孔相通,该对开直油孔与包含主轴颈轴线和连杆颈轴线的曲柄平面垂直,孔口处于轴承低负荷区。机油从机体主油道经主轴瓦上瓦油槽进入主轴承间隙和主轴颈的对开油孔,并由此进入主轴颈内孔。

每一曲柄有 2 个斜油孔,它们在连杆颈内相交。每个孔的一端开在曲柄臂的减重孔底部,并用螺堵密封。孔的另一端与主轴颈内孔联通。在连杆颈内,2 个斜油孔分别与连杆颈上的 2 个对开油孔相通。机油从主轴颈油道经曲柄臂上的斜油孔和连杆颈上的对开油孔进入连杆轴承间隙,并经连杆下瓦的油槽及孔进入连杆油路润滑和冷却活塞。连杆颈上的对开直油孔垂直于曲柄平面,处于连杆颈弯曲的中性层,因此不削弱连杆颈的弯曲强度。而且,油孔的孔口处于轴承低负荷区域,避免油孔对轴承负荷的不利影响。

在自由端轴颈锥面上有一个油孔与主轴颈油道相通,把机油引入卷簧减振器。

曲轴采用合金钢材料,有高的综合机械性能。曲轴钢材经锻打成棒料,将棒料加工出作为主轴颈和连杆颈的毛坯轴段及相当于曲柄臂体积的轴段。经超声波探伤剔除不合格品后,进行全纤维挤压。全纤维挤压的曲轴具有比一般锻造曲轴高的疲劳强度。曲轴毛坯经粗加工后进行调质处理,以获得所要求的机械性能。轴颈精磨后进行气体氮化处理,合金钢具有良好的氮化性能,故经氮化的曲轴,其轴颈的氮化层厚且表面硬度高。

2. 曲轴组大修、段修

(1)大修质量保证期

在机车运行 30 万 km 或 30 个月(包括中修解体)内:曲轴不发生裂纹、破损。

(2)大修技术要求

①曲轴须拆除附属装置及全部油堵,清洗内油道。

②曲轴不许有裂纹,主轴颈、曲柄销及其过渡圆角表面上不许有剥离、烧损及碰伤;对应于大油封轴颈处的磨耗大于 0.1 mm 时,须恢复原尺寸。

③曲轴轴颈超限时,可按表 3-5 进行等级修,氮化曲轴进行 3 级等级修时须重新氮化(中频淬火曲轴进行 5 级等级修时,无须重新中频淬火处理)。在同一曲轴上,同名轴颈的等级须相同;止推面对曲轴 1、5、9 位主轴颈公共轴线的端面圆跳动公差为 0.05 mm;允许对止推面的两侧进行等量磨修,单侧磨量不许大于 0.8 mm(与原形比较)。

表 3-5　曲轴磨修等级　　　　　　　　　　　　　　　　　单位:mm

名　称 \ 级别	0	1	2	3	4	5
主轴颈	$\phi 230.00_{-0.029}^{0}$	$\phi 229.80_{-0.029}^{0}$	$\phi 229.60_{-0.029}^{0}$	$\phi 229.00_{-0.029}^{0}$	$\phi 228.80_{-0.029}^{0}$	$\phi 228.60_{-0.029}^{0}$
曲柄销	$\phi 210.00_{-0.029}^{0}$	$\phi 209.80_{-0.029}^{0}$	$\phi 209.60_{-0.03}^{0}$	$\phi 209.00_{-0.03}^{0}$	$\phi 208.80_{-0.03}^{0}$	$\phi 208.60_{-0.03}^{0}$

④按图纸要求方法测量各主轴颈对 1、5、9 位主轴颈公共轴线的径向圆跳动为 0.12 mm;相邻两轴颈径向圆跳动公差为 0.05 mm;联轴节和减振器安装轴颈对曲轴上述公共轴线的径向圆跳动为 0.05 mm。

⑤各曲柄销轴线对曲轴 1、9 位主轴颈公共轴线的平行度均须小于 $\phi 0.05$ mm。

⑥组装曲轴平衡块时,须检查螺孔的螺纹,不许有断扣、裂纹、毛刺及碰伤,更新螺钉,其紧固力矩为 883 N·m,并按 294 N·m、588 N·m、883 N·m 分三次均匀紧固,曲轴更换平衡块、螺钉等零件后,须进行动平衡试验,不平衡量不许大于 2 400 g·cm。

⑦曲轴齿轮轴向压入行程为 6~8 mm,减振器轴向压入行程为 10~13 mm。

⑧油腔用机油进行压力为 0.7 MPa 的密封试验,保持 5 min 不许泄漏。

（3）段修技术要求

①曲轴不允许裂损。允许消除局部发纹。各轴颈及其过渡圆角表面、止推面不许烧伤和碰伤。

②清洗油道，重新组装，油堵、螺堵须进行 0.7 MPa 油压试验，保持 5 min 不许泄漏。

③目视检查平衡螺钉不许松弛。

④卷簧减振器不许泄漏，簧片不许裂损。更换簧片时，弹簧组须整组更换，且弹力差不许大于 98 N。减振器与曲轴装配时，压装行程为 10 ~ 13 mm，压装后与齿轮端面的间隙须小于 0.03 mm，弹簧组座孔及限制块不许擦伤。

⑤分解、清洗大圆薄板联轴节，各部件不许裂损和碰伤。M30、M20 螺栓的紧固力矩分别为 1 570 N·m、315 N·m。

3. 故障分析

280 型与 240 系列柴油机用曲轴基本相似，其结构材料有所区别，前者为整体合金钢锻造，后者为铸造（240 系列柴油机曲轴也有整体合金钢锻造）。合金钢锻造曲轴（又称纤维曲轴）韧性好，使用寿命较强等特点。在机车运用中，多数情况下均由曲轴结构引起运用性故障，其损坏的故障特征与故障表象与 240 系列柴油机用曲轴基本相似。

（1）结构性故障

轴颈的拉伤主要是由残存于油道的型砂、铁屑或其他杂质被机油带入轴承间隙，破坏了摩擦面的油膜所引起的。

轴颈的裂纹通常产生于圆角处，而且是在连杆颈圆角上处于连杆颈圆角与主轴颈圆角之间距离最近的部位。该处是曲轴的最高应力区域，裂纹大都属疲劳裂纹。其产生的原因有：个别主轴瓦的过度磨损或烧瓦形成相邻轴瓦过大的阶梯度；曲轴主轴颈同轴度偏差过大，各主轴瓦的轴承间隙大小差别太大等。上述因素使曲轴的受力极大恶化。造成其薄弱部位裂纹的产生。有时裂纹是由"水锤"引起的。而且往往会造成断轴。此时，由于曲轴受到急剧增加的过大负荷的作用，因此材料来不及变形便形成了脆性断裂。断口都在上述的薄弱部位。

自由端轴段锥面的拉伤，是由于曲轴齿轮和卷簧减振器装配或拆卸时操作不当所致。若拉伤的沟痕深而宽，并且在轴向通长超过了与曲轴齿轮或卷簧减振器主动圈的配合位置。会由于压装时工作油从该拉伤沟痕中泄漏，无法达到所需的压装油压，从而造成压装失败。

输出端对应于机体后油封处的轴颈拉伤，是由于后油封的配合间隙不符合规定造成的。若拉痕深而宽，影响密封，须经磨修并单配后油封。除上述情况外的拉痕，须打磨光整方可使用。

（2）运用性故障

280 型柴油机曲轴采用锻造纤维性曲轴，机车运用中发生曲轴主轴颈与连杆颈断裂情况很少见，因其结构因素，纤维性曲轴要比球墨铸铁曲轴韧性强，其抗断裂性也强，但其耐磨性比球墨铸铁曲轴差。该类型曲轴运用中在连杆颈上整块剥离也有发生，如发生在 DF$_{8B}$ 型 5351 机车曲轴连杆颈的整块剥离（见图 3-22）。

图 3-22　曲轴连杆颈掉块

机车运行中,曲轴发生运用故障时,直接检查识别其故障不可能做到,与240系列柴油机用曲轴发生故障相同,基本上均由相应轴承部件引起。如连杆瓦碾片、转瓦堵塞油道,造成的润滑不良,高温下拉伤曲轴轴颈或使曲轴相应的轴颈剥离掉块,可通过间接识别的方法鉴别。该类曲轴发生故障一般在连杆颈,其故障表象为:相应故障的连杆颈所在气缸工作粗爆或"敲缸",严重时,因连杆颈缺油润滑下的高温,会促使差示压力计和曲轴箱防爆阀先后起保护作用。因曲轴发生故障的机车,禁止强行继续维持机车运用。否则,将造成柴油机更大的损坏。

思 考 题

1. 简述240系列柴油机曲轴结构性故障。
2. 简述280型柴油机曲轴结构性故障。
3. 简述240系列柴油机曲轴运用性故障表象。

第四节　减振器、弹性联轴节结构与修程及故障分析

减振器与弹性联轴节是柴油机重要部件。减振器是为了避免柴油机在运转中曲轴产生强烈的扭转共振,在机车柴油机上均采用扭振减震器,一般安装在扭振幅最大的曲轴控制端(即柴油机自由端)。弹性联轴节是柴油机的功率输出装置,它通过橡胶或弹簧等弹性元件,起到传递扭矩与在扭矩方向上起弹性和阻尼作用,用它与主发电机连接,构成柴油—发电机组。

一、减 振 器

为了避免曲轴产生强烈的扭转共振,在机车柴油机上均采用扭振减振器,一般均安装在扭转振幅最大的曲轴控制端(自由端)。根据工作原理不同,可分为动力式减振器和阻尼式减振器。依靠减振器自身的动力作用产生反力矩来抵消干扰力矩,在工作转速范围内对某几阶扭振起到减振使用;或者通过改变轴系的固有频率,从而使扭振临界转速移出工作范围之外。因柴油机的类型不同,使用的减振器也不相同。如摆式减振器,阻尼式减振器,硅油减振器,簧片硅油减振器。240/275系列柴油机采用簧片硅油减振器,它是动力式与阻尼式相结合的一种减振器,其中硅油起阻尼作用,簧片起动力作用。

(一)硅油簧片式减振器

1. 结构

硅油簧片式减振器由减振器体、惯性体、弹簧片、滚柱、端盖和硅油等组成(见图3-23)。

惯性体采用钢制品。安装在钢制品的减振器体内,在惯性体和减振器体的对应位置上,设6个径向槽,在每个槽内均插装有15片厚度为2 mm的弹簧钢片。弹簧片的一端嵌入减振器体的槽内。槽内宽度为$30_{+0.035}^{0}$ mm,与弹簧片组的配合间隙为0~0.03 mm(为阻止弹簧片的轴向移动,在弹簧片的两端设有挡块),另一端插入惯性体的对应槽内,槽宽$35_{0}^{+0.2}$ mm,槽与簧片之间设有滚柱支承,其配合间隙为0.03~0.05 mm。滚柱采用钢制品制成。为了防止滚柱掉落,在惯性体的两侧装有盖板。弹簧片的表面喷涂有二硫化钼薄模,以改善其抗腐蚀能力和减小磨损,为了减少惯性体与减振器壳体端盖等之间的摩擦与磨损,在惯性体内圆面及两侧面

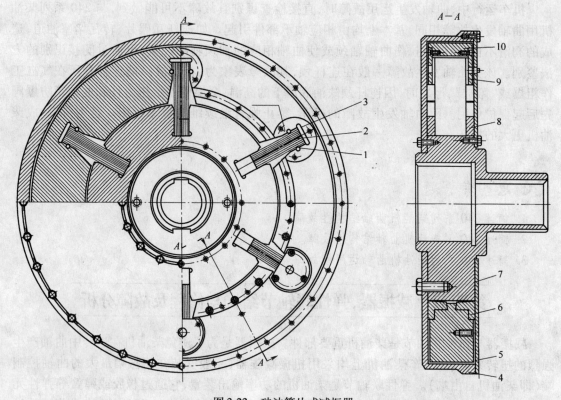

图 3-23 硅油簧片式减振器
1-滚柱；2-弹簧片；3-补极；4-减振器体；5-硅油；6-摩擦环；7-端盖；8-挡块；9-盖极；10-惯性体

上嵌装有 6 个装有 6 块用锡青铜制成的摩擦环。每个环均有 3 个螺钉及两个圆锥销定位紧固，以便更换。摩擦环安装后向内圆和两侧面凸出，以承受惯性体径向侧面摩擦。

惯体的外径为 650 mm，宽度为 $91^{+0.34}_{-0.466}$ mm，质量为 115 kg，转动惯量为 103.9 kg·cm·s^2。

减振器组装后，在所有的间隙内充入甲基硅油。甲基硅油在较高的温度下能保持较高的黏度，以保持一定的阻尼能力。在端盖上有两个管锥螺孔，作为硅油充注孔和排气孔，硅油充满后用螺堵堵住。

端盖紧固在减振器体的外侧，其内、外缘分别用 16 个和 48 个螺钉紧固在减振器上。为防止硅油泄漏，在端盖的结合面上设有密封垫片。

2. 减振器大修、段修

（1）大修质量保证期

在机车运行 30 万 km 或 30 个月（包括中修解体）内：减振器不发生折损和裂纹。

（2）大修技术要求

①解体清洗，各零件不许有裂纹。

②允许用簧片厚度调整间隙。

③更换硅油。

（3）段修技术要求

①减振器不许漏油，与曲轴的配合过盈量应为 0.03～0.06 mm，泵传动齿轮端面与减振器叉形接头的接触面间允许有不大于 0.03 mm 的局部间隙，但沿圆周方向总长度不得大于

60 mm。

②C 型机减振器不许漏油;减振器与曲轴的锥度配合面不许有沿轴向贯通的非接触线,接触应均匀,接触面积不少于70%;减振器的轴向装入量为(10 ± 0.5) mm。

③D 型机减振器不许漏油;减振器与曲轴的锥度配合面不许有沿轴向贯通的非接触线,接触应均匀,接触面积不少于70%;安装曲轴齿轮和减振器时,首先施以 50 kN 的轴向力预压紧确定初始位置,在此基础上曲轴齿轮的压装行程为(8 ± 0.5) mm;减振器的压装行程为 $10_{-0.5}^{+0.25}$ mm;压装后须保证减振器板与机体自由端距离为(6 ± 1) mm。

3. 故障分析

减振器属柴油机运动部件中重要零部件之一,它装置在曲轴上的靠柴油机振动较大的自由端,其目的在较大程度上消除曲轴的振动,避免柴油机共振的发生。因曲轴在作回转运动中受力非常复杂,在机车运用中,发生在减振器上的结构性故障多数情况下为相邻部件损坏的影响,如泵齿轮箱的各大泵主齿轮掉齿,减振器自身齿轮断齿等,其次为曲轴连杆颈的剥离引起的回转运动不平衡,造成曲轴与减振器装配松旷,使减振器的损坏。其结构性故障反映在柴油机运用中的主要故障表象,柴油机运转中,自由端振动大,在自由端齿轮箱内有较大的异音声响。

(1)结构性故障

柴油机运转中,由于其结构的因素发生的共振,主要为简谐次数与共振转速(临界转速),对柴油机运转正常运转影响极大。

只有当干扰力矩的频率与质量振动频率相同时,干扰力矩才对系统做功。当它们相位差为90°时,对系统所做的功也最大,此时即为共振工况。干扰力矩对系统所做的功。除了与干扰力矩的振幅有关外,还与质量的绝对振幅有关。

由于柴油机的发火次序决定了各缸作用于向曲轴曲柄的切向力,具有不同初始相位,因而形成系统中各质量的不同振动相位,各缸的干扰力矩对系统所作的功也各不相同。因此改变柴油机的发火次序,可以影响曲轴的扭转振动。

柴油机运转中,当某一谐次强干扰力矩的作用频率等于曲轴系统的固有频率时,曲轴系统就会发生强烈共振,给曲轴带来较大的附加扭转应力。还会使与曲轴相联系的正时齿轮、配气机构、辅助驱动装置等带来强烈的振动和冲击,柴油机的动力平衡与转速均匀性均受到影响。为了保证柴油机的工作性能、动力性能和工作可靠性,必须对轴系的扭振问题上采取避振和减振措施。

避振。对曲轴系统的固有频率加以调整,使它远离于曲轴系统自振频率,这种方法称为避振或调避振。避振的途径有改变曲轴直径(一般加粗曲轴颈以提高自振频率)、飞轮惯量等;在系统中安排各种形式的弹性联轴节、动力减振器等,对具有较严重的共振现象的临界转速规定为转速禁区。

减振。当系统固有频率和干扰力矩频率保持不变时,增加系统的阻尼或降低干扰力矩,达到降低共振状态下的振幅,这就是减振。如在系统中加装各种阻尼减振器或改变曲拐排列、发火次序等。

故障原因。当柴油机曲轴系统发生扭振时,减振体随曲轴轴系一起扭摆,而惯性体由于没有约束,故保持等速运转。因此与减振器体发生相对位移,使弹簧片受弯曲变形,并使粘度很高的硅油层受到剪切,同时由弹簧片变形而产生与振动方向相反的硅油粘性阻尼力矩和弹簧片弹性阻尼力矩,从而抑制和减弱了曲轴系统的扭振,使扭振振幅减小,降低了曲轴的扭转应力,这时干扰力矩加给曲轴轴系的一部分扭振能量转换为热能。并通过硅油和减振器体、盖向外逸散。

(2)运用性故障

机车运用中硅油簧片减震器自身发生故障的概率是较小的,一般由相邻部件的损坏波及到的损伤。如曲轴颈的损伤,泵齿轮的啃伤震动,带来的减震器与曲轴颈的装配松旷等。一旦硅油减震器发生故障后,在柴油机自由端会出现异常震动,与异常的声响。一般不会影响机车本趟交路运用,可观察维持机车运行至目的地站。待机车返回段内后,应针对检查,查出故障,妥善处理,避免再在故障状态下的运用,造成大部件的破损。

4. 案例

(1)减振器装配松旷

2006年8月8日,DF$_{4B}$型2009机车牵引上行货物列车运行中,司乘人员机械间巡检时,柴油机自由端发生异常性振动,并有较大的异音。外部检查也未发现什么异常,对三大泵检查运转正常,机车运行中不能停机检查,在未作任何处理,机车维持运行至目的地。待该台机车返回段内后,将运行中的这一故障现象向段内机车地勤质检人员反映(查询机车运用检修记录,司乘人员与地勤机车司检人员曾多次反映此一情况)。经扣临修,对柴油机解体检查,发现柴油机硅油减振器在曲轴装配上松旷(≥ 0.03 mm),曲轴一轴段曲柄连杆颈剥离掉块。经分析,因曲轴此轴段的曲柄连杆颈剥离掉块,曲轴回转动平衡被破坏,影响了硅油减振器与曲轴的配合面,因此产生的柴油机振动与发出的异常声响。经更换柴油机,试验运转正常后,该台机车又投入正常运用,

查询机车检修记录,该台机车经大修后仅走行13 180 km,就发生此故障,在机车大修质量保证期限内,定责机车大修。

(2)减振器齿轮剥离

2006年9月7日,DF$_{4B}$型1013机车牵引上行货物列车运行中,司乘人员机械间巡检时,发现柴油机自由端控制箱内有异音。外部检查也未发现什么异常,对三大泵检查运转正常,机车运行中不能停机检查,在未作任何处理,机车维持运行至目的地。

待该台机车返回段内后,将运行中的这一故障现象向段内机车地勤质检人员反映,扣临修,经解体检查,硅油减振器齿轮被啃伤剥离,造成柴油机泵板内十字头间隙过大松旷发出的声响。经更换柴油机内十字头、硅油减振器齿轮,试验运转正常后,该台机车又投入正常运用。

(二)280型柴油机减振器

280型柴油机采用卷簧减振器,属于阻尼弹性减振器,通过调整减振器的转动惯量和刚度来改变轴系的自振频率,以求减弱简谐力矩对轴系的作用,并与减振器的阻尼一道起着降低扭振振幅和应力的作用,与其他型式的减振器相比,在同样的刚度下,卷簧减振器外径可较小,结构比较紧凑。

1. 卷簧减振器的结构

卷簧减振器装在曲轴自由端的曲轴齿轮外侧,主要由主动圈、被动圈、簧片组、限制块、盖板和甩油盘等组成(图3-24)。

早期生产的280型柴油机用减振器较小,现时280型柴油机(也称A型机)所用减振器有所改进。即减振器的大小、簧片组的数量、簧片的直径和厚度与早期有所不同。主动圈中部外圈柱以动配合装入被动圈内孔,沿主动圈和被动圈配合的圆周上均布8个孔,并在各孔的主动圈上加工出安装限制块的直槽。每个孔装一个限制块,沿动圈配合圆柱的两端齐平,并用盖板

密封。主动圈中部配合圆柱两旁的圆柱面作为盖板内孔的支承，盖板的内孔镶有铜套，铜套内孔与主动圈侧面的轴颈作动配合。盖板的外圆以被动圈上的止口定位，并用16个螺钉将其紧固在被动圈的侧面。在主动圈与曲轴相配的安装孔的一端头加工出一段直孔，作为在机车上安装橡胶弹性联轴节主动件之用。在该侧还加工出一个小凸肩作为甩油盘内孔的定位，在此侧的端面上有8个螺孔，用螺栓分别连接甩油盘和机车上的橡胶弹性联轴节。主动圈内孔以1:50的锥度与曲轴自由端安装轴颈过盈配合，内孔中部设有环形槽。其轴向位置与曲轴上的油孔相对应，机油由此槽经主动圈上的钻孔去润滑各簧片组，再流入主动圈和被动圈两侧与盖板的间隙中，最后由盖板内孔与主动圈两侧轴颈之间的间隙流出减振器。机

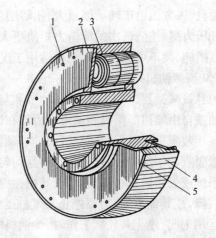

图 3-24　卷簧减振器
1-主动圈；2-限制块；3-弹簧组；4-被动圈；5-盖板组

油充满簧片组各簧片之间的间隙及主动圈和被动圈两侧的间隙，产生阻尼，达到减振的目的。

2. 减振器大修、段修

（1）大修质量保证期

在机车运行30万km或30个月（包括中修解体）内，减振器不发生折损和裂纹。

（2）大修技术要求

①解体清洗，各零件不许有裂纹。

②允许用簧片厚度调整间隙。

③更换硅油。

（3）段修技术要求

卷簧减振器不许泄漏，簧片不许裂损。更换簧片时，弹簧组须整组更换，且弹力差不许大于98 N。减振器与曲轴装配时，压装行程为10～13 mm，压装后与齿轮端面的间隙须小于0.03 mm，弹簧组座孔及限制块不许擦伤。

3. 故障分析

机车运用中，柴油机减振器发生的故障有结构性与运用性故障，其运用性故障多数情况下由结构性故障引起。发生在减振器结构性故障，主要是柴油机运转中，其轴系扭转振动会在曲轴和传动轴上产生扭振附加应力，若该应力过大，将会使曲轴和传动轴断裂。柴油机传动齿轮处过大的扭振振幅，会产生齿轮敲击、齿面剥离和断齿等现象，还会使由齿轮传动的联合调节器游动、凸轮轴的配气和供油定时产生偏差，造成柴油机转速不稳定和工作恶化等。另外，在柴油一发电机组中，电机转子的扭振振幅超过一定值时，会使电机工作不稳定。柴油机轴系的扭转振动对柴油机的正常运用有着重要的影响，因此减振器工作状态的好坏，直接关系到柴油机的正常运转状态。

（1）结构性故障

机车运用中，柴油机运转时，减振器的作用就是避免轴系共振的发生。因其轴系具有一定的刚度和转动惯量，故有一定的自振频率。燃气体力和惯性力作用在曲轴上形成了周期变化的切向力矩，当该力矩的某次简谐分量的作用频率与柴油机轴系的自振频率相同时，就会产生共振。在共振时，柴油机轴系有较大的扭振振幅，曲轴轴段应力较高。对于缸径较大的强化柴

油机,一方面由于转动惯量大、扭转刚度相对较小、自振频率低,另一方面由于强化柴油机的燃气压力高,使低谐次的简谐力矩值更大。因此柴油机的扭转振动的振幅就比较大,如不采取有效措施,就不可能使柴油机在运用工况内的扭振振幅和轴段应力限制在允许值之内。为此,在280型柴油机采用1—5—7—3—8—4—2—6的发火次序,先后采用弹性联轴节和与之相匹配的卷簧减振器,与大圆薄板联轴节和与之相匹配的卷簧减振器,确保柴油机在所有运转工况下轴系自由端扭振振幅和轴段应力均在许可值范围以内。

装配机车运用的柴油机,其减振器端和牵引发电机后端均输出功率给辅助装置,但这些装置吸收功率都较小,且扭矩小而且均匀,其转动惯量也小,故柴油—发电机轴系不论作为独立系统或处于机车相应轴系上,其扭振振幅基本不变。在机车运用中,有时由于喷油泵或喷油器故障,或其他原因,需要停止某气缸工作时(甩缸),会使柴油机的扭矩剧增。当柴油机在最大运用工况,停止某气缸工作时,柴油机的扭振振幅将增大至正常情况下的2倍。因此,在机车运用中应尽早处理此类故障,避免柴油机甩缸,以保证柴油机稳定、可靠运转。

(2)运用性故障

280型柴油机与240系列柴油机用减振器作用原理相同,结构上有所不同。240系列柴油机用减振器内充斥着硅油来产生阻尼,而280型柴油机是运用柴油机的压力机油,经曲轴中的油道向减振器空腔充斥来产生阻尼。机车运用中所发生的故障与240系列柴油机硅油减震器也基本相同,自身发生故障的概率是较小的,一般为由相邻部件的损坏波及到的损伤。一旦减振器发生故障,在柴油机自由端也会出现异常振动,与异常的声响。一般不会影响机车本趟交路运用,可观察维持机车运行至目的地站。待机车返回段内后,应针对检查,查出故障,妥善处理,避免故障状态下的运用,造成大部件的破损。

二、弹性联轴节

(一)240系列柴油机弹性联轴节

弹性联轴节是通过橡胶或弹簧等弹性元件,一方面起到传递扭矩的作用,另一方面在扭矩方向上起弹性和阻尼作用。因此如果设置得当,它同时可以起到联轴节和减振器的作用。

B/C型机在曲轴输出法兰与主发电机之间采用了"盖斯林格"式簧片弹性联轴节,它由主动件,从动件及其中间的滚动轴承组成。主动件为一花键轴,与曲轴连接,从动件由齿轮盘、主动盘、从动盘、刚性锥套、弹性锥套、支承块、簧片组、连接螺栓等组成。其中刚性锥套和弹性锥套通过压装、将12组簧片和支承块紧箍在一起,形成联轴节组件(见图3-25)。

从动盘与电机轴连接。12组簧片的主片自由地插入花键槽内,以弹性的型式传递扭矩,同时由于它具有较大柔性,能起到缓和主动轴的振动和冲击,又起到调频作用。联轴节内部充满机油,起到阻尼、润滑和散热作用。由于柴油机不可逆转,因此根据受力需要,簧片组做成非对称型。每组9片,其中长度相等的2片(也是最长的,为主片。为了提高耐磨性,在主片伸入花键轴的头部采用激光淬火。沿传递工作扭矩一侧有长度不等的5片副片,形成等强度结构,另一侧有2片副片,以防止启动和紧急停车时主片应力过大。所有副片头部均进行局部削薄,以增大弹性和减小应力。

花键轴为钢制品,表面进行氮化处理,以提高槽面硬度和轴的疲劳强度。花键轴一端的法兰与曲轴输出端法兰以直径(210±0.016)mm的凸肩定位,并用8个铰孔螺栓紧固。花键轴内部制成中空,以便从曲轴油孔中引入机油。在花键轴的外圆面上具有12个键槽,键槽侧面具有一定的斜度。

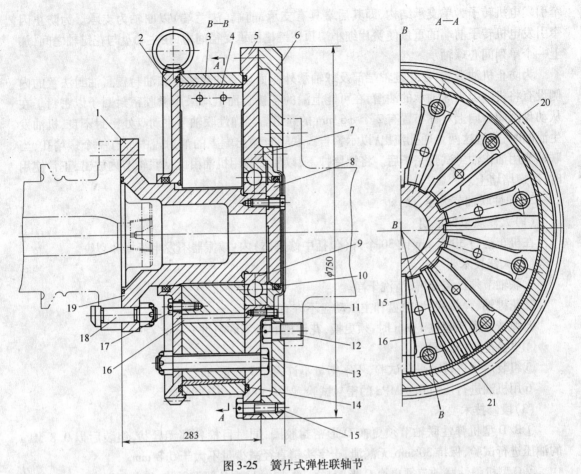

图 3-25　簧片式弹性联轴节

1-花键轴;2-齿轮盘;3-刚性锥套;4-弹性锥套;5-主动盘;6-从动盘;7-油封盖;8-油封法兰;9-滚动轴承;10-O 形密封圈;11-纸垫;12、13、15、17、18-螺栓;14、19-密封圈;20-支承块;21-簧片组

簧片、支承法兰、弹性锥套及刚性锥套等组成了弹性传动的组成。弹性锥套为钢制品,其外缘加工成 1:15 的圆锥面,表面进行镀铜,以防止在压装时擦伤表面。为了获得一定的弹性,在弹性锥套的纵向上开有宽度为 4 mm 的纵向贯通的直切口。刚性锥套为钢制品,它的内表具有 1:15 的锥度,与弹性锥度的锥面相配合。由于弹性锥套在自由状态下的直径较大,当将它压装入刚性锥套内时,锥面产生相对摩擦,弹性锥套的切口和内径逐渐收缩。因此,可以将各簧片组和支承块箍紧,12 个支承块和 12 个簧片组间隔布置。

簧片采用钢制品。厚度为 8 mm,宽度为 130 mm,并在其表面喷涂二硫化钼,各簧片间垫有 0.2 mm 厚的黄铜片,以减小簧片组变形时的阻尼和防止簧片擦伤。每个簧片组由两个直径为 12 mm 的圆柱销穿在一起,支承块的作用是压紧簧片组大端,限制簧片组小端的变形,并与簧片构成充油空间,运转时将扭矩传给主动盘。支承块为钢制品,其大端两侧支承面不对称。在小端设有凸肩,以限制簧片组在柴油机过载时不致变形过大。支承块通过大端孔内的螺栓和盘车齿轮盘、主动盘等紧固在一起。

为提高簧片的耐磨性,在主簧片头部(插入花键槽的部分)10 mm 长度范围内,进行激光淬火表面处理。为控制簧片在传递扭矩时机油的流动阻尼,簧片组的侧边与主动盘、齿轮盘之间的总间隙应为 0.1 ~ 0.3 mm,从动盘通过螺栓与牵引发电机转子法兰及主动盘紧固。由于牵引发电机转子为单支承结构,即其后端具有支承,前端(法兰端)以曲轴为支承。为防止因牵引发电机转子前端的重量使簧片细小端顶住键槽而承受径间力,在主动盘与花键轴之间,加上一个单列间心球轴承。

为防止机油泄漏,在花键轴端部及球轴承外侧面设有油封法兰和油封盖。油封法兰的内侧设有将机油引入球轴承的油槽,在可能泄漏的各接合面上均采用橡胶密封圈予以密封。在从动盘圆周方向上对称布置有 2 个 $\phi 6$ mm 的通道。当弹性联轴节主动盘处密封不良,机油发生泄漏时,通过这两个通孔流出,以示警告。联轴节输出端上的油封盖中部有一个螺堵孔,当联轴节用油作油封试验完毕后。将螺堵拧下,以便试验用机油由此从联轴节内放出,正常使用时,用螺堵堵上。

2. 弹性联轴节大修、段修

(1)大修质量保证期

在机车运行 30 万 km 或 30 个月(包括中修解体)内:减振器不发生折损和裂纹。

(2)大修技术要求

①联轴节须拆盖分解、清洗干净。

②花键轴、弹簧片、齿轮盘和主从动盘不许有裂纹。

③弹簧片磨耗超过 1 mm 时,须更换,花键槽磨耗不许超过 1 mm。

④更换全部密封圈。

⑤组装后须进行动平衡试验,不平衡量不许大于 750 g·cm。

⑥用机油进行压力 0.8 MPa 的密封试验,保持 30 min 不许漏泄。

(3)段修技术要求

①B/D 型机弹性联轴节须更换 O 形密封胶圈,同时目检各部无异状,组装后以 0.8 MPa 的油压进行试验,保持 30 min 无漏泄;十字头销直径减少量不大于 0.8 mm。

②C 型机弹性联轴节须更换 O 形密封胶圈,同时目检各部无异状,组装后以 0.9 MPa 的油压进行试验,保持 30 min 无漏泄;

3. 故障分析

弹性联轴节属柴油机运动部件中重要零部件之一,它装置在曲轴的输出端,通过它将柴油机与主发电机连接成一体,构成柴油机—主发电机机组。弹性联轴节是通过橡胶或弹簧等弹性元件,起到传递扭矩与弹性和阻尼作用。在机车运用中,发生在弹性联轴节上的结构性故障多数情况下为体漏油、簧片磨损与断裂。其结构性故障反映在柴油机运用中的主要故障表象,柴油机运转中,联轴节处甩油,柴油机输出端振动大。

(1)结构性故障

机车运用中,柴油机运转时,其弹性联轴节结构性故障主要有结构体漏油、结构体内簧片磨损或断裂。

漏油的故障表象。柴油机在运转中,从连接箱透视孔向外甩出机油。由于弹性联轴节内存有压力机油,为了防止压力机油向外漏出,采用了橡胶密封圈在多处进行密封。但有时机油仍会从这些密封部位向外渗漏或甩出,特别是花键槽与齿轮盘之间的橡胶密封圈处更易漏出。严重时,漏出的机油在高速转动的弹性联轴节的旋转力作用下,与曲轴成切线方向甩向连接箱,通过检查网板甩到连接箱外。其原因是橡胶密封圈本身质量不符合要求,橡胶密封圈与槽的配合尺寸不符合要求,橡胶密封圈在弹性联轴节的组装中被剪切啃伤,或被扭曲。花键轴与齿轮盘之间在工作状态下有着复杂的相对位移运动。同时由于弹性联轴节只进油，不回油，使密封情况更为严峻，因此该部位漏泄现象较为普遍。弹性联轴节漏机油不但会影响到柴油机的外部清洁、增大机油耗量，还会被牵引发电机吸入，影响牵引发电机的正常工作。

簧片断裂磨损的故障表象。连接箱处柴油机振动大，柴油机负荷越大其振动越大。由于弹性联轴节内簧片的副片断裂时，会增加主片头部的应力，促使主片头部的断裂。主片头部的断裂，不但会增加其他簧片组的受力状态，而且引起传递力矩的不平衡，因此使柴油—发电机组连接处的振动增大。其原因，由于弹性联轴节传递柴油机曲轴功率输出的全部力矩，仅靠12组簧片插入花键轴10 mm深度的较小截面。因此，主片该处的应力状态是严重的。激光淬火虽然增加了主片头部的耐磨性，但在淬火与非淬火区之间由于硬度的突然变化，以及增加了脆性，使簧片在该处易发生断裂。簧片的断裂发生在主片间插入花键轴键槽的边缘部位，以及副片的头部（与其紧靠的另一副片顶部的横截面处）。簧片磨损主要发生在主片头部与花键槽的配合部分出现磨损。

预防措施。主要从加强检修工艺着手，装配弹性联轴节时，应采用质量与规格良好的橡胶密封圈，与槽的配合尺寸严格按标准要求，并加强组装工艺质量，可在密封圈涂上适量的密封胶，以增加密封性能。对发生簧片断裂的弹性联轴节，应对断裂的簧片进行更换。并对其他簧片（包括主片与副片）进行全面探伤检查。对磨损量大于1 mm时，必须进行更换。

（2）运用性故障

机车运用中弹性联轴节自身发生机械性损坏概率是较小的，主要表象为漏油（簧片断裂与磨损一般在机车检修作业中被发现）。这类故障的发生，一般不会影响机车本趟交路运用，可观察维持机车运行至目的地站。机车到段内后，应针对检查，查出故障，妥善处理，避免再在故障状态下的运用，造成大部件的破损。

4. 案例

2008年8月4日，DF$_{4B}$型0151机车，担当货物列车X184次本务机车牵引任务，现车辆数21，总重1 368 t，换长33。运行在兰新线哈密至柳园区段，17时06分到达柳园站，因柴油机与主发电机连接箱处向外抛甩大量机油，司机要求更换机车。构成G1类机车运用故障。待该台机车返回段内后，扣临修，解体检查，柴油机弹性联轴节内圈螺丝处漏油。经更换弹性联轴节，试验运转正常后，该台机车又投入正常运用。

查询机车运用与检修记录，该台机车2008年6月18日完成第2次机车中修，修后总走行25 316 km。机车到段检查，发现柴油机弹性联轴节内圈螺丝处漏油。经分析，此弹性联轴节因质量问题发生漏泄。该台机车于机车中修时装用经大修过的弹性联轴节，按质量保证期定责机车配件厂。同时，及时将此故障信息反馈该厂，提高大修配件质量，机车中修在装车前应对配件严格按标准检查。

（二）280型柴油机联轴节

280型柴油机采用的是盖斯林格弹性与大圆薄板两种联轴节。联轴节用于连接柴油机曲轴和同步主发电机转子轴，因此它必须满足如下要求：能传递柴油机的最大输出扭矩，并能在最高转速下可靠工作，能补偿两轴的不同轴度，用于机车柴油—发电机组的联轴节，其尺寸有严格的限制，故其直径和轴向尺寸应在规定范围之内，对于弹性联轴节还应具有减小轴系扭转振动的特性等。280型柴油机采用两种型式的联轴节，其中早期280型柴油机装用盖斯林格弹性联轴节，而现时280型柴油机（A型机）装用大圆薄板联轴节。

1. 结构

(1)盖斯林格弹性联轴节

联轴节主要由花键轴、簧片组、中间块、中间圈、紧固圈、侧板、法兰板、轴承、盖板、密封圈座、螺栓和O形橡胶圈等组成(见图3-26)。

花键轴为联轴节传动的主动部分,其余零件组成圆盘为被动部分。花键轴法兰与曲轴法兰用10个螺栓和螺母紧固。圆盘的法兰与同步主发电机转子轴端面用24个螺栓紧固。上述的连接面均设有凸缘定位,花键轴与圆盘之间由花键槽和簧片传动。

柴油机工作时,机油从曲轴油封的油槽经花键轴法兰端油孔进入花键轴内孔,再经花键轴上的6个钻孔流向各组簧片5的间隙。当曲轴中机油压力下降或停机时,联轴节的部分机油会流向曲轴的中空油道。

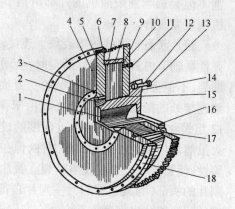

图3-26 盖斯林格弹性联轴节

1-密封圈座;2-盖板;3-O形橡胶圈;4-滚动轴承;5-簧片组;6-螺栓;7-紧固圈;8-中间圈;9、14、15-O形橡胶圈;10-侧板;11-放气螺堵;12-螺栓;13-螺母;16-花键轴;17-中间块;18-法兰

花键轴法兰端面的环形槽装有O形橡胶圈,用于与曲轴法兰端面间的密封,以防止机油由此泄漏。花键轴法兰外圆面上刻有表示曲轴转角的刻线和角度值。其轴上的环形槽装有O形橡胶圈,与圆盘的侧板内孔相配,防止圆盘内的机油沿轴面向外泄漏。它的尾端装有密封圈座,用于封闭花键轴内孔并作轴承的轴向止挡。

圆盘芯部装12个簧片组和12个中间块,外圆用中间圈和紧固圈箍紧,芯部两侧装侧板和法兰板,用12个螺栓将上述两板与圆盘芯部紧固。侧板和法兰板与紧固圈端面用O形橡胶圈密封,以防止机油从芯部侧面泄漏。圆盘的法兰板内孔经滚动轴承支承在花键轴的尾部,以承受联轴节和同步主发电机转子的部分重量。法兰内孔端面装有盖板,并以O形橡胶圈密封,防止机油从圆盘后端泄漏。侧板外圆加工出齿轮,作为柴油机盘车之用。侧板端面上还设有联轴节充油时的放气堵。

(2)大圆薄板联轴节

在东风$_8$型机车用柴油机上大量装用盖斯林格联轴节的同时,还设计装用了一种"大圆薄板"联轴节。这种大圆薄板联轴节属于刚性联轴节,具有结构简单、重量小、制造成本低、维修方便的特点。它能传递280柴油机的最大输出功率。与弹性联轴节相比,它不能改善柴油机的扭振性能,故须设计与之相匹配的卷簧减振器,使轴系扭振性能参数仍在许可范围之内。另外,它对两个连接轴的同轴度要求比弹性联轴节要高。

大圆薄板联轴节的应用,除了其结构和强度满足运用条件外,还应考虑它对轴系扭振性能的影响,通过多类项试验,并在机车运用经验的基础上,大圆薄板联轴节便开始运用于280A型机,分别装用于东风$_{8B}$型和东风$_{11}$型机车柴油机与主发电机的连接上。大圆薄板联轴节由大圆薄板、过渡盘和螺栓等组成(见图3-27)。

大圆薄板的法兰平面与曲轴输出法兰以10个螺栓和螺母紧固,拧紧力矩为1 569 N·m。大圆薄板的外圆平面与过渡盘的一端以24个螺栓紧固,过渡盘的另一端法兰与同步主发电机转子轴端面以24个螺栓紧固。这48个螺栓是同一个品种,而且螺栓的拧紧力矩均为314 N·m。上述各个连接面均设有凸缘定位。大圆薄板的外圆面上打印有表示其外缘加工出轮齿,作为柴油机曲轴转角的刻线和角度值,并在其外缘加工出轮齿,作为柴油机盘车之用。大圆薄板由合金钢制造,具有较高的韧性,整个圆板都做得较薄,而且其厚度从内圆向外圆逐渐减小,故轴向弹性较好。大圆薄板、过渡盘和螺栓均须探伤,不得有裂纹。联轴节上的螺栓、螺母和垫圈在材料和机械性能等方面均有明确的要求,不得随意代换。

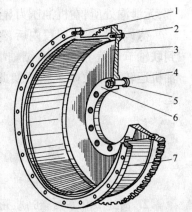

图 3-27　大圆薄板联轴节
1、2-螺栓;3-大圆薄板;4-曲轴连接
螺栓;5-垫圈;6-螺母;7-过渡盘

2. 联轴节大修、段修

(1)大修质量保证期

在机车运行 30 万 km 或 30 个月(包括中修解体)内:大圆薄板联轴节不发生折损和裂纹。

(2)大修技术要求

①联轴节须分解、清洗干净。

②大圆薄板、过渡盘不许有裂纹和碰伤。各种螺栓和螺母不许有裂纹、断扣、碰伤和毛刺。其中 M30 螺栓、M20 螺栓的紧固力矩分别为 1 570 N·m、315 N·m。

(3)段修技术要求

分解、清洗大圆薄板联轴节,各部件不许裂损和碰伤。M30、M20 螺栓的紧固力矩分别为 1 570 N·m、315 N·m。

3. 故障分析

280 型与 240 系列柴油机联轴节用途相同,结构上稍有区别,280 型柴油机先后采用了两种联轴节,即盖斯林格弹性联轴节与在大圆薄板联轴节。装配于 DF$_{8B}$、DF$_{11}$ 型机车柴油机的联轴节均采用大圆薄板联轴节。在机车运用中,发生的结构性故障主要为大圆薄板、过渡盘个别螺母、螺栓的裂纹、碰伤与断扣,发生在机车运用中故障较少,多数情况下为密封不良或相邻部件油道(封)泄漏引起的甩油故障。

(1)结构性故障

盖斯林格弹性联轴节是为早期生产的 280 型柴油—主发电机组联轴节配制的,后期均采用大圆薄板联轴节。大圆薄板联轴节能传递该机组的最大输出扭矩,并能满足柴油—发电机组扭振性能的要求。其结构性故障主要来自于装配中引起的撞伤,易造成运用中的隐形故障,如螺栓、螺母断扣或断裂,柴油机运转的扭矩力与应力的集中,引起大圆薄板、过渡盘的裂纹,该类故障多数情况下在进行机车检修时发现,一般情况下并不影响机车的运用。

(2)运用性故障

280 型柴油机用大圆薄板联轴节,在机车运用中,其运用性故障基本上由结构性故障引起,其故障的主要表象,联轴节相邻部件密封不良引起泄漏机油、甩油的疑似故障;因联轴节发生的裂损或连接螺栓的断裂,使柴油机运转中连接箱处振动增大。该类故障的发生,一般不会影响机车本趟交路运用,可观察维持机车运行至目的地站。待机车返回段内后,查出故障,妥善处理,避免故障状态下的运用,造成大部件的破损。

4. 案例

2006 年 6 月 13 日,DF$_{11}$ 型 0423 机车,牵引旅客列车运行途中,司乘人员机械间巡检时,发现主发电机与连结箱目视网孔处向外甩机油。经检查未发现有泄漏处所,机油油管接口也正

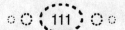

常,无泄漏处所,在机油压力显示正常的情况下,未作任何处理,机车维持运行至目的地。

待该台机车返回段内后,经解体检查,为主机油道端盖密封垫损坏泄漏,泄漏的机油流淌到联轴节端盖上,使此联结轴端盖在曲轴旋转中,经连结箱目视检查孔网罩向外甩油,造成柴油机运转不良故障。经更换此端盖密封垫,试验柴油机运转正常后,该台机车又投入正常运转。

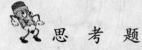

思 考 题

1. 简述 240 系列柴油机用减振器结构性故障。
2. 简述 240 系列柴油机用减振器运用性故障表象。
3. 简述 240 系列柴油—主发电机组用联轴节结构性故障。
4. 简述 240 系列柴油—主发电机组用联轴节的运用性故障表象。
5. 简述 280 型柴油—主发电机组用大圆薄板联轴节运用性故障表象。

第五节 传动装置结构与修程及故障分析

柴油机的传动装置包括凸轮轴传动装置,泵传动装置和万向联轴节部分。为了便于安装和润滑,以上传动装置均布置在柴油机的控制端(自由端)。

一、240 系列柴油机齿轮传动装置

1. 结构

(1)凸轮轴传动装置结构

凸轮轴传动装置由曲轴齿轮、中间齿轮、左、右侧齿轮装配和凸轮轴齿轮组成。为提高配气、喷油正时的准确性,避免齿轮承受轴向力和减少曲轴轴系的转动惯量,全部齿轮采用直径较小、重量较轻的直齿轮。为提高齿轮的强度,所有齿轮采用不等移距修正。曲轴齿轮、中间齿轮、左、右侧大过轮的齿数均为40,小过轮的齿数为23,凸轮轴齿轮的齿数46,齿轮系的传动比为 0.5,当曲轴转速为 1 000 r/min 时,凸轮轴的转速为 500 r/min。

B 型机凸轮轴传动装置的结构布置图见图 3-28。C 型机凸轮轴传动装置的结构布置基本上与 B 型机相同,只是大小过轮装配的结构有所改进。

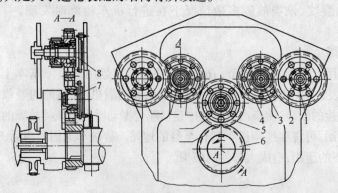

图 3-28 B 型机凸轮轴传动装置

1-调节器传动齿轮;2-凸轮轴齿轮;3-小过轮;4-大过轮;5-中间齿轮;6-曲轴齿轮;7-中间齿轮支架;8-大、小过轮支架

B 型机的大、小过轮装配采用两个滚动轴承,外端用螺母锁紧,再用开口销防松。C/D 型机的大、小过轮装配采用铜质滑动轴承套取代滚动轴承,外端采用双螺母把紧并锁住,支架的轴段上开有油道,机油从轴段油道进入到小过轮内腔,对轴套进行润滑,齿轮系采用压力润滑。

(2)泵传动装置和万向联轴节

泵传动装置装在泵支承箱内,由套装在曲轴减振器轮毂上的泵主动齿轮直接驱动高、低温冷却水泵和主机油泵传动装置。

B 型机泵传动装置由泵传动主动齿轮和机油泵传动装置组成。泵主动齿轮驱动的是一个斜齿轮系,它的上方左、右两侧分别与高、低温冷却水泵的驱动齿轮直接啮合,传动比为 2.05,下方与主机油泵的传动齿轮相啮合,传动比为 1.36。

万向联轴节设在轴端,由叉形接头,十字头、花键等组成。叉形接头装在减振器体的内孔中,花键套与辅助设备连接轴上的花键轴连接,这种连接方式有利于减少连接轴相对错位的影响和减少来自机车车架弯曲、振动的影响。

为了防止机油漏到柴油机外,在支承箱花键套的出口处装有油封装置。由于柴油机安装到机车上后,车上的后转向架通风机为了避免进水而抬高了安装,使通风机轴比曲轴中心线超高较多。这样,使小油封工作状态恶化,易发生漏油,为此将油封套的内孔轴心线与曲轴中心线做成一个倾斜角,以改善小油封的工作状态,同时缩小油封套和密封环之间的间隙,增加密封效果。

C/D 型机泵传动装置取消了 B 型机主机油泵传动主齿轮、传动轴支承、主机油泵传动轴、联轴节等一系列繁杂装置,从而使装置结构紧凑、可靠。C 型机泵传动装置的结构中,只保留了泵主动齿轮,它的模数为 6,齿数为 54,用 8 个 M16×1.5 的螺钉紧固在减振器壳体上。主机油泵和水泵由泵主动齿轮直接驱动。采用法兰输出,取消了 B 型机叉形接头花键套。小油封装置采用在泵主动齿轮的轴段上加工出矩形反螺纹,及加装甩油盘和迷宫式密封盖的新油封结构。

2. 传动装置大修、段修

(1)大修

①大修质量保证期

在机车运行 30 万 km 或 30 个月(包括中修解体)内:传动装置不发生折损和裂纹。

②大修技术要求

全部齿轮经检查不许有裂纹、折损、剥离和偏磨,齿面点蚀面积不许超过该齿面面积的 10%,硬伤不许超过该齿面面积 5%。各支架不许有裂纹、破损,支架轴的轴线对支架安装法兰面的垂直度须符合设计要求。支架与机体结合面须密贴,在螺钉紧固后,用 0.03 mm 塞尺不许塞入。齿轮装配后须转动灵活、标记清晰完整,润滑油路清洁畅通。泵传动装置检修要求:全部清洗,去除油路内的油污;泵支承箱体、泵传动装置支座不许有裂纹、破损。

(2)段修技术要求

①齿轮不许有裂纹(不包括端面热处理的毛细裂纹)、剥离。

②齿面允许轻微腐蚀、点蚀及局部硬伤。但腐蚀、点蚀面积不许超过该齿面的 30%。硬伤面积不许超过该齿面的 10%。

③齿轮破损有如下情况者,允许打磨后使用(不包括齿轮油泵的齿轮):模数大于或等于 5 的齿轮,齿顶破损掉角,沿齿高方向不大于 1/4,沿齿宽方向不大于 1/8,模数小于 5 的齿轮,齿顶破损掉角,沿齿高方向不大于 1/3,沿宽方向不大于 1/5;齿轮破损掉角,每个齿轮不许超过

3个齿,每个齿不许超过一处,破损齿不许相邻;齿轮啮合状态应良好。

3. 故障分析

泵传动装置属柴油机运动部件中重要零部件之一,它装置在曲轴上的靠柴油机振动较大的自由端,其作用是带动三大泵与凸轮轴的运转,并向外通过输出轴万向联轴节的输出部分辅助功率。因泵传动装置随柴油机的高、低不等速及负载的运转,在齿系运转中受力非常复杂。在机车运用中,发生在泵传动装置与万向轴上的结构性故障多数情况下为齿形面剥离引起的齿间啮合不良,万向轴叉部裂损,造成齿轮的嘣齿和过轮支架轴的断裂,使凸轮轴失控,与万向轴运转中摆幅大或无功率输出并损坏相邻部件。其结构性故障反映在柴油机运用中的主要故障表象,柴油机运转中,自由端齿轮箱内有异音,气缸内无发火爆发声,后输出轴摆幅过大,或撞击零部件的声响。

(1)结构性故障

机车运用中,发生在凸轮轴传动装置、泵传动装置与万向轴的结构性故障主要有:齿系中的过轮、介轮支架破碎及轴断损,齿系中的齿轮形面发生裂纹、断齿、点蚀,剃齿,轴承保持架碎,万向联接轴十字头松缓。

过轮支架轴、介轮轴断裂部位,主要发生在安装大过轮、介轮轴承的轴颈内径空刀处。其原因,正常情况下,齿轮传动装置的各支架轴不受到较大的力,因为齿轮承受了传递力矩。组装时,如不正确调整各齿轮之间的齿隙,齿轮在传递力矩的过程中,出现了附加力,而且对支架轴产生一个弯曲力矩,于是造成支架轴根部的空刀槽处产生裂纹。

在机车运用中,过轮支架轴与介轮轴属内置性不可视部件,一般该类故障在检修作业中被发现,对在检修中检查发现支架轴与介轮轴裂纹时,应及时更换。为了预防这种断裂现象,在新组装或重装传动齿系时,应严格按要求进行啮合齿接触面的检查,以及齿隙的检查,对不合要求者,应设法调整或修理。

传动齿轮系出现齿轮裂纹、断齿、点蚀的原因基本上有三个方面:一是,由于齿轮系的润滑,是通过安装在端盖内侧的机油管系,对齿轮啮合处进行压力机油喷射润滑和冷却的,如这些管子的管口没有安装到恰当的位置,则使齿轮得不到良好的润滑冷却。二是,齿轮系齿隙调整不当,齿隙偏小或啃齿。三是,喷射到齿轮上的机油太脏,这主要是机油本身杂质太多,或管系内腔没清理干净。

在机车运用中,应尽量避免齿轮出现裂纹、断齿或点蚀,但有时制造质量上也会使运用过程中出现齿裂,特别是齿轮的热处理不当影响更为严重。

因结构上的因素,剃齿一般发生在B型机泵传动装置中的联结齿套及主机油泵传动轴上。由于油泵传动齿轮装在传动轴的一端,传动轴连同轴承装在泵支承箱内的支座孔中。传动轴的另一端制出连接齿,它通过联接套间接与主机油泵齿轮连接。这样,既有利于运用又方便组装,但也正由于采用了这种结构,使主机油泵传动轴与联结齿套相结合的齿部润滑条件较差,机油较难进入对齿轮和齿套进行润滑。因此齿轮易发生剃齿现象,使主机油泵传动产生故障(时转、时不转或干脆不转),造成柴油机机油压力不正常(时有时无,甚至主机油泵停止工作)。为此对联结齿套的内齿部位有所改进,从套外圆向内钻有数个通孔,以便外面飞溅的机油能及时进入齿套内进行润滑。

联结齿套与主机油泵传动轴相啮合的齿,出现局部剃齿现象:牙顶部分被磨去。其损坏原因,多数情况下是由于润滑不良造成。因齿套和传动轴的齿啮合与齿套和主机油泵齿的啮合处于不同的润滑条件,后者有机油从机油泵内通过滚动轴承沿主机油泵的主动轴渗向齿啮合

处,而前者机油难以进入,该处的齿啮合的润滑不良,因此易在此处发生剃齿现象。其后果是影响主机油泵的正常工作,出现时转时不转,或根本停止工作,由此造成机油压力波动,甚至根本无油压,影响了柴油机的正常可靠工作。

(2)运用性故障

发生在凸轮轴传动装置、泵传动装置与万向联轴节的故障,多数情况下是其结构性故障引起。机车运用中发生在柴油机自由端齿轮箱内传动装置故障表象,主要表现在自由端盖(侧)板渗漏机油,柴油机运转中齿轮箱内出现不协调的异音,后输出轴摆幅大等现象,均是反映传动装置中存在的内在故障原因。

其故障有:泵板内轴承保持架碎(配气齿轮),左、右侧介轮轴承保持架碎,左、右侧介轮轴断,万向联接轴内十字套头磨损(引起的后输出轴松旷),泵主传动齿轮齿嘣(脱落),减振器齿轮啃伤,中间齿轮保持架碎。

上述故障如在柴油机运转中发生,会严重地影响到机车的正常运用。应在其故障发生之初的异常现象,防止杜绝其发生。柴油机自由端两侧板发生渗漏时,一般为其侧板垫损坏,如机车在运行中,并不影响柴油机的正常运转,可待机车返回段后再整修。

齿轮箱内有异音,一般为其内主动齿轮,从动齿轮,介轮、中间齿轮及其保持架损坏,或其轴颈断损,及其减振器齿轮的啃伤等。在储多齿轮中,所发生的嘣齿与保持架的损坏,如发生在机车运行中,可视情况降低机车功率运行,尽可能维持机车运行至站内停车处理或待援,避免停车于区间堵塞正线,请求救援。在储多齿轮中其轴颈断损,主要发生在过轮、介轮上,介轮是推动凸轮轴运转的齿轮,当介轮轴颈断损后,相应一侧的凸轮轴就不能旋转。因此该侧的喷油泵、进排气阀将不能开启与关闭,随之该侧气缸将不能工作,柴油机输出功率将大大降低,手摸该侧的高压油管将无脉冲感,可判断为介轮轴颈断损。

万向联接轴内十字套头磨损后,使之与后输出轴的配合间隙加大,反映在后输出轴转动时摆动加大。严重时,静态手动检查都能晃动(当减振器齿轮发生啃伤时,也能加大十字套头的磨损)。

以上齿轮传动装置在柴油机运动部件中均属内置式不可视性零部件,在机车运用中可通过间接识别的检查方法将其内隐形故障检查出来。因其齿系与轴系的损坏,在机车运用中均有一个过程,在损坏之初均有异常反映(如异音、异响,非正常振动等)。该类疑似故障在早期损坏时有很多故障表象可查。这样,对运用机车进行早期预防检查应是首选,即除按规范标准工艺要求检修机车外,还应加强日常机车技术检查作业,如可运用"巡声倾听法"、"手指触摸诊断法"等检查手段来确认齿轮箱齿轮与相关部件的损坏。

机车运行中,以上齿轮传动装置内齿系的损坏,除过轮、介轮断轴不能继续机车运行外,其他齿系损坏均可在视柴油机油(水)温度与机油压力正常的情况下维持机车运行,以避免机车途停与机故的发生。

4. 案例

(1)自由端齿轮传动装置侧端盖漏油

2007 年 10 月 13 日,DF$_{4B}$型 0754 机车牵引上行货物列车,运行在兰新线鄯善至哈密区段的小草湖至红台站间,司乘人员在机械间巡检中,发现柴油机自由端齿轮传动装置左侧盖板处渗漏机油。经检查,发现有几处螺栓松动,当用工具紧固时,已滑扣,无法紧固。除渗油外,并不妨碍柴油机运转,因此未作任何处理而继续运行至目的地站。待该台机车返回段后,司乘人员及时向机车地勤质检人员反映这一故障现象,经检查确认,将该台机车扣临修。解体检查拆下柴油机自由端检查孔端板,发现此端盖板紧固螺栓断了3条,在此折断的3条螺栓处,柴油机运转中向外渗漏机油。经拆除端盖板,剔除断折栽丝,更换新栽丝。该台机车又投入正常运用。

经分析,该台机车2007年9月12完成第2次小修,修后走行18 429 km。因该处处于柴油机震动源比较大的处所,加上检修作业中卸装此盖时磕碰造成的隐形损伤,容易引起螺栓在运用中的疲劳折损。而此处在检修作业按状态修,不易检测到,定责材质。同时,要求按工艺检修要求,避免装卸端盖板时磕碰造成的隐伤。

(2)柴油机泵板内轴承保持架碎

2007年12月5日,DF$_{4B}$型0670机车牵引上行货物列车,运行在兰新线鄯善至哈密区段的红台至大步站间,司乘人员在机械间巡检中,发现柴油机自由端齿轮箱内有异常的声响。经检查,三大泵工作均属正常,外表也未发现漏机油处所,检查机油压力表与油水温度表均显示正常,柴油机运转属正常的情况,因此未作任何处理而继续运行至目的地站。待该台机车返回段后,司乘人员及时向机车地勤质检人员反映这一故障现象,经检查确认,将该台机车扣临修。解体检查,其配气齿轮412轴承保持架碎。更换该轴承,试验运转正常后,该台机车又投入正常运用。

经分析,该台机车2007年9月24日完成第2次小修,修后走行33 785 km。同时该台机车因同样的故障问题曾扣过临修,但未按要求打开检查孔盖检查,修后交出运用,现又扣临修。定责检修部门。同时,要求日常检修作业中加强对该部位的检查。

(3)自由端左侧介轮轴承保持架碎

2006年2月××日,DF$_{4B}$型0592机车交路返回段内检查,柴油机自由端左侧齿轮箱内有异音(据司乘人员反映,机车运行中巡检机械时就有此种异音),扣临修。解体检查,左侧介轮支架断裂,其轴承也相应损坏。经更换此介轮支架、轴承,试验运转正常后,该台机车又投入正常运用。

经分析,该台机车2005年6月28日完成机车中修,修后总走行151 165 km。因此支架自身存在的缺陷,在交变载荷作用下发生疲劳性裂断,并导致支架上轴承损坏,定责机车中修。同时,要求加强跟踪检查及机车中修探伤检查。

(4)万向联接轴十字头松旷

2006年4月12日,DF$_{4B}$型7190机车交路返回段内,司乘人员反映,柴油机后输出轴摆动大,并伴随在自由端齿轮箱内有异音,扣临修。解体检查,万向联接轴十字头套磨损。经更换万向联接轴十字头套,试验运转正常后,该台机车又投入正常运用。

经分析,该台机车2006年3月4日完成机车第3次小修,修后走行13 338 km。因万向联接轴内十字头套本身材质不良,磨损严重,造成此十字头套松旷量过大,引起柴油机运转中后输出轴摆动量大,并发出运转中异常响声,定责机车大修。同时,要求将此信息反馈机车大修厂。

(5)泵传动齿轮嘣齿

①2006年8月×日,DF$_{4B}$型0151机车交路返回段内,司乘人员反映,柴油机油水温度在高负载区时过高,水温高自动保护起过几次作用,自由端齿轮箱内有异音。经检查,外部也未发现异常现象,扣临修。解体检查,自由端齿轮箱内的泵主动齿轮多枚齿被嘣脱。经更换泵传动主动齿轮,试验运转正常后,该台机车又投入正常运用。

经分析,该台机车2006年2月完成机车大修,2006年6月4日完成机车第1次小修,修

后走行 23 717 km。因泵主动齿轮多枚齿被剥离后,受力加剧,使其嘣脱。同时使主动齿轮带动机油(冷却水泵)转速(循环水流量)受到影响,使油(水)温度升高,水温保护起作用。按机车大修质量保证期,定责机车大修。同时,将此信息反馈机车大修厂,加强部件的检查。

②2007 年 4 月 8 日,DF$_{4B}$型 1013 机车交路返回段内,司乘人员反映,机车运行中柴油在自由端齿轮箱内有异音。经检查,外部也未发现异常现象,扣临修。解体检查,柴油机自由端齿轮箱内减震器齿轮啃齿,万向联接轴内十字套头损坏。经更换减震器齿轮、十字套头,试验运转正常后,该台机车又投入正常运用。

经分析,该台机车 2007 年 3 月完成第 4 次机车小修,修后走行 8 729 km。因减振器齿轮材质质量问题,该齿剥离后被啃伤,在柴油机运转中,由此发出的异常声响。定责材质。

(6)中间齿轮保持架碎

2008 年 2 月 1 日,DF$_{4C}$型 5225 机车交路返回段内,司乘人员反映,机车运行中柴油机在自由端齿轮箱内有异音。经检查,外部也未发现异常现象,扣临修。解体检查,柴油机自由端齿轮箱内中间齿轮保持架碎,滚珠脱落,中间齿轮轴断,轴承破损。经更换中间齿轮及相应附件,试验运转正常后,该台机车又投入正常运用。

经分析,该台机车 2007 年 12 月 19 日完成第 1 次机车小修,修后走行 45 947 km。因中间齿轮保持架质量问题先行破碎,使中间齿轮轴失去依托,在受力失衡的情况下,中间齿轮轴断损,随之轴承破损。查询机车检修记录,该台机车大修后走行 87 795 km。按机车大修质量保证期,定责机车大修。同时,将此信息反馈机车大修厂,并要求机车检修部门加强部件的检查。

(7)左侧介轮轴断

2008 年 2 月 9 日,DF$_{4C}$型 5269 机车交路返回段内,司乘人员反映,机车运行中柴油在自由端齿轮箱内有异音。经检查,外部也未发现异常现象,扣临修。解体检查,柴油机相应第 1 缸油底壳滤网上有大量的铜渣铜沫,左侧介轮轴平齐断损。经更换此介轮轴及相应附件,试验运转正常后,该台机车又投入正常运用。

经分析,该台机车 2008 年 1 月 2 日完成第 2 次机车小修,修后走行 41 141 km。因齿轮箱左侧介轮平齐断损,左侧凸轮轴失控,柴油机不能正常运转。查询机车检修记录,该台机车大修后走行 181 610 km。按机车大修质量保证期,定责机车大修。同时,将此信息反馈机车大修厂,并要求机车检修部门加强部件的检查。

二、280 型柴油机齿轮传动装置

齿轮传动装置用于驱动凸轮轴、高温水泵、中冷水泵、机油泵、调节器、超速停车装置和柴油机转速表等部件。由于齿轮之间的传动比,使上述部件达到规定的工作转速。由齿轮的正确安装,实现准确的配气定时和供油定时。该装置的齿轮布置(见图 3-29)。

全部齿轮均由曲轴齿轮带动。曲轴齿轮经左、右侧的配气大、小惰轮分别传动两个凸轮轴齿轮,经配气大惰轮传动两个水泵齿轮,经机油泵惰轮带动机油泵传动齿轮。其中水泵齿轮分别装在高温水泵和中冷水泵上,各齿轮轴的支承孔有精确的坐标位置,能保证齿轮的正确啮合,因此在齿轮装配时,不必经过调整便可方便地安装。

1. 结构

齿轮传动装置内的全部齿轮采用直齿,以避免由此产生的轴向力,便于简化轴承结构。所

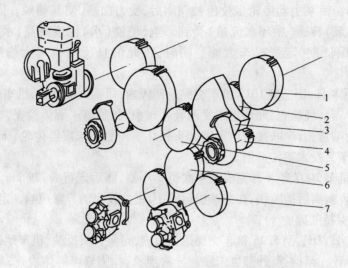

图 3-29   280 柴油机传动装置齿轮布置

1-凸轮轴齿轮;2-配气小惰轮;3-配气大惰轮;4-水泵齿轮;5-曲轴齿轮;6-机油泵惰轮;7-机油泵传动齿轮

有齿轮均有同样的模数、齿形角和齿轮精度等级,均采用合金钢制造,齿面经氮化处理。

（1）曲轴齿轮

曲轴齿轮的结构见图 3-30。

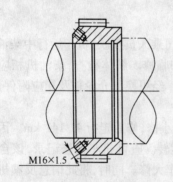

图 3-30   曲轴齿轮

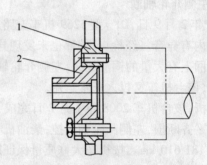

图 3-31   凸轮轴齿轮与花键套

1-凸轮轴齿轮;2-花键套

曲轴齿轮的内孔以 1:50 锥度与曲轴自由端轴段上的安装颈过盈配合。轮毂上设斜油孔和 M16×1.5 的螺孔,内孔的环形槽与斜孔相接。装、拆齿轮时,高压油经斜油孔和环形槽进入齿轮内孔与曲轴之间的间隙扩张内孔。使齿轮压入或退出曲轴时不损伤配合面。内孔的内侧铣出一段轴向直槽,其与曲轴上的定位销相配,用于确定曲轴齿轮与凸轮轴齿轮的装配关系。

（2）凸轮轴齿轮

凸轮轴齿轮与花键套的组成结构见图 3-31。

凸轮轴齿轮的内孔分别与凸轮轴端面的凸肩和内孔设有花键槽的花键套相配合。此花键槽与调控传动总成的传动轴花键相联接,用以传动调节器、超速停车装置和柴油机转速表。用

8 个螺栓将花键套和齿轮与凸轮轴端面相连接,并以 2 个定位销与凸轮轴定位。用于确定凸轮轴齿轮与曲轴齿轮间的装配关系。齿轮轮毂端面沿圆周均布 8 个腰形孔,它使紧固螺栓与孔之间有较多的回转间隙,以便于调整凸轮轴与凸轮轴齿轮的相对位置,满足凸轮相位的要求。

(3)配气惰轮

配气惰轮与配气惰轮轴及两者间的轴承的组成结构见图 3-32。

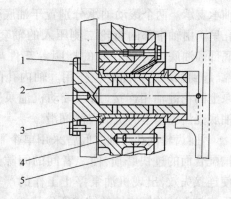

配气大惰轮内孔与配气小惰轮轮毂外圆以过盈 0.02～0.04 mm 相配合,两者的轮毂端面相贴合。以 8 个 M16×1.5 螺栓紧固,其拧紧力矩为 176.5 N·m,并用 1 个定位销定位。配气大惰轮的轮毂上设有一个斜孔,其孔口为 M16×1.5 螺孔。配气大惰轮内孔的环形槽与斜孔相接。装拆时,用油管接头拧入 M16×1.5 螺孔,高压油经斜孔和环形槽进入配合面间隙使内孔扩张,以便于大、小惰轮间的装拆。带有凸肩的铜套从配气小惰轮的两端压入其内孔,两者间的过盈量为 0.04～0.07 mm。以铜套的凸肩作为齿轮的轴向定位。

图 3-32　配气惰轮的装配结构
1-调整垫片;2-配气惰轮轴;3-轴承;4-配气大惰轮;5-配气小惰轮

配气惰轮轴的两端分别以机体端板孔和机体齿轮箱内侧的衬套孔为支承。该衬套以过盈压入机体轴承孔内。轴的中部与齿轮铜套内孔滑动配合,其径向间隙为 0.08～0.12 mm。用 4 个螺栓把轴外端凸肩固定于机体端面,并用装于端面的调整垫来调整配气惰轮轴与配气惰轮轴承的轴向间隙,其值为 0.2～0.4 mm。

机油从机体齿轮箱内侧轴承孔经惰轮轴尾端进入轴的内孔。再由 2 个径向油孔分别进入两个铜套内孔的环形槽。铜套内孔有两个轴向油槽与环形槽相通,将机油分布于整个配合面起润滑作用。机油一方面润滑铜套止推面并经端面上的两条油槽流出,另一方面从铜套内侧流入两铜套间的空间。经配气小惰轮上的斜孔流出齿轮,同时带走轴承工作时产生的热量。

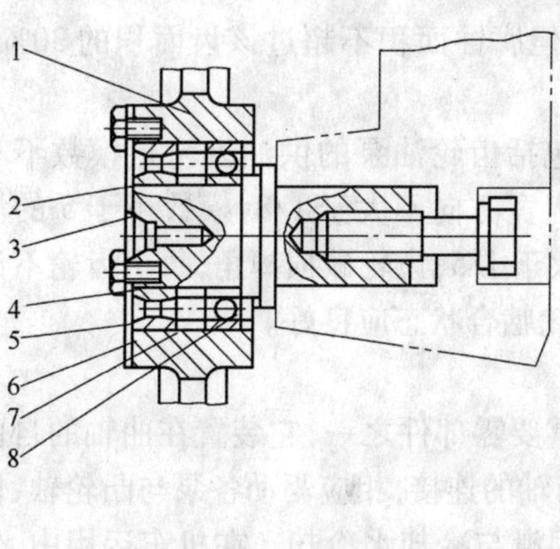

图 3-33　机油泵惰轮
1-机油泵惰轮;2-内隔圈;3-机油泵惰轮轴;4-内压板;5-滚动轴承;6-外压板;7-外隔圈;8-滚动轴承

(4)机油泵惰轮

机油泵惰轮与机油泵惰轮轴及二者间的滚动轴承、内外圆隔圈,以及内外压板等组成见图 3-33。

机油泵惰轮内孔通过两个滚动轴承支承在机油泵惰轮轴上。靠外侧的为圆柱滚子轴承,靠内侧的为球轴承。滚动轴承外圈的轴向止推以齿轮孔内侧的止口,两个轴承之间的外隔圈和用螺栓与齿轮外端面紧固的外压板与轴承外圈的端面贴靠来实现。滚动轴承内圈的轴向止推以轴的中部凸肩,两个轴承之间的内圆隔圈和用螺栓与轴端面紧固的内压板与轴承内圈的端面贴靠来实现。油泵惰轮轴的后部支承于机体第一轴承盖下部的孔内,轴的中部凸肩贴靠该孔的端面。依靠与轴尾部螺孔连接的螺栓将轴与轴承盖紧固连接,滚动轴承依靠机体齿轮箱内的机油飞溅润滑。

(5)机油泵传动齿轮

机油泵传动齿轮与空心轴、轴套和滚动轴承等见图3-34。

机油泵传动齿轮的空心轴以花键连接,轴的两端由滚动轴承支承。两个滚动轴承分别置于油底壳齿轮箱的两个轴承孔里。由轴中部的齿轮二侧压入的轴套,油底壳内侧轴承孔底部和油底壳外侧孔内的挡圈等三件与滚动轴承的端面贴靠,起到轴承的轴向定位作用。轴内孔的--段花键槽与机油泵上的花键轴相连接,用以带动机油泵工作。滚动轴承依靠油底壳齿轮箱里的机油飞溅润滑。

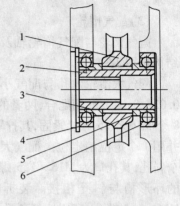

图3-34　机油泵传动齿轮
1-机油泵传动齿轮;2-空心轴;,3-镶套;4-挡圈;5-隔套;6-滚动轴承

注:齿轮内孔与轴之间曾采用单个平键连接,由于键与键槽配合面的过快磨损,使二者间的间隙过大。导致键被切断使连接失效,出现机油泵停止工作的严重故障。故此种结构后来被上述花键连接的结构所代替。

2. 齿轮传动装置大修、段修

(1)大修质量保证期

在机车运行30万km或30个月(包括中修解体)内,齿轮传动装置不发生折损和裂纹。

(2)大修技术要求

①全部齿轮不许有裂纹、折损、剥离和偏磨,齿面点蚀面积不许超过该齿面面积的10%。硬伤不许超过该齿面面积的5%。

②更新各轴承、各轴套,各轴不许有裂纹、烧伤和严重拉伤,各轴颈结合面和定位基准面不许有碰伤和毛刺。

③轴承在轴承座孔中不许松缓。

④齿轮装配后须转动灵活,标记清晰完整,润滑油路清洁畅通。

(3)段修技术要求

①齿轮不许裂损(不包括端面热处理的毛细裂纹)。

②齿面不许剥离,允许轻微腐蚀、点蚀及局部硬伤,但腐蚀面积不超过该齿面积的30%,硬伤面积不超过该齿面积的10%。

③齿轮破损属于下述情况者,允许打磨后使用(不包括齿轮油泵的供油齿轮):模数不小于5的齿轮,齿顶破损掉角,沿齿高方向不大于1/4,沿齿宽方向不大于1/8,模数小于5的齿轮,齿顶破损掉角,沿齿高方向不大于1/3,沿宽方向不大于1/5;齿轮破损掉角,每个齿轮不许超过3个齿,每个齿不许超过一处,破损齿不许相邻;齿轮啮合状态应良好。

3. 故障分析

280型柴油机齿轮传动机构,属柴油机运动部件中重要零部件之一,它装置在曲轴的自由端,依靠曲轴齿轮的驱动,并通过齿轮传动机构的齿系与轴的连接,相应驱动各泵与凸轮轴,使柴油机运动部件及其他部件在运转中能有效得到机油润滑与冷却水冷却。在机车运用中,发生在齿轮传动机构的结构性故障与240系列柴油机齿轮传动装置基本相同,主要为齿系故障,即齿轮型面磨损、点蚀、啃伤、轴断裂损,及相应连接输出轴的弹性连轴节橡胶部件的疲劳裂损,机油泵轴承烧损等。其结构性故障反映在柴油机运用中的主要故障表象,柴油机运转中,自由端齿轮传动机构有异音,柴油机自由端振动较大,并出现"打夯"声响,机油泵输出压力低,柴油机加载运行中,油(或水)温降不下来。

(1)结构性故障

机车运用中,280型柴油机齿轮传动机构结构性故障主要有齿系断齿、磨损、点蚀、啃伤、断轴等。早期生产的机车,如上所述,因齿轮内孔与轴之间曾采用单个平键连接,由于键与键槽配合面的过快磨损,使二者间的间隙过大,导致键被切断使连接失效,出现机油泵停止工作的严重故障。后期改进设计,故后期用新设计的花键盘连接的结构所代替,该类故障基本消失。同时,机油泵滚动轴承是依靠柴油机机油底壳齿轮箱里的机油飞溅润滑,在油底壳油位降低时,会出现缺油润滑状态。在此种状况下,易造成机油泵轴承的烧损而断轴,机油泵因此而停止运转。

其次,机油内所含杂质超标,造成滑动轴承拉伤,或惰轮轴与轴承(铜套)之间的配合间隙过小而造成润滑不良而拉伤。同时,柴油机主油道机油压力太低或进入惰轮轴的油路不畅通,造成轴承因缺油而润滑不良,造成轴颈过热烧损。一旦惰轮轴承烧损,由于齿轮孔的内外侧轴承均有止推面,支架与惰轮轴易咬合在一起,给故障后的检修也带来很大的麻烦,因这时齿轮轴就很难连轴承一起从齿轮孔中拉出。

除此之外,各齿轮型面也存在着磨蚀、拉伤、剥离、裂纹,铜套内孔和轴颈表面的轻微拉伤。滚动轴承内外安装面拉伤、锈蚀,滚道、滚珠(滚柱)拉伤、凹坑、过热变色及保持架折损和严重磨损的常见故障。该类故障基本上是在机车检修作业时被发现。

(2)运用性故障

280型与240系列柴油机用齿轮箱在机车运用中,所发生的故障也有相似之处。因齿轮布局比较合理,齿轮受力均匀,柴油机运转中发生断齿、断轴颈的故障比较少见(起码作者所在机务段运用情况如此)

机车运用中,当柴油机呼吸口有大量的油烟排出,甚至曲轴箱的防爆盖开启动作时,除了活塞及运动部件故障泄燃气量大的原因外,还可能是由于配气惰轮轴承烧损引起的。当轴承烧损时,产生的高温使机油挥发,使齿轮箱和曲轴箱压力增高而发生差示压力计与防爆阀先后起保护作用。若打开齿轮箱盖板发现配气惰轮轴轴承变成蓝色,便说明惰轮烧损。造成惰轮轴承烧损的主要原因。一般为润滑机油压力低,或润滑机油内有杂质,拉伤轴颈而发热烧损。

其次,相关部件的损坏,即弹性联轴节橡胶件的裂损,裂损的情况有橡胶与外体剥离裂损,橡胶中部裂损,橡胶体与弹性联轴节内体脱开等,多数损坏的此件均运用不到规定的质量保证期。机车运用中,当此件发生裂损后,并不影响柴油机的运转。如发生在橡胶体与弹性联轴节内体脱开,造成后输出轴失去扭矩力,无法驱动后变箱运转,而使静液压泵不能工作,柴油机将因此被迫停止运转。对此类故障的判断,可通过检查外表后输出轴松旷或在运转中摆幅较大来判断其故障。

在机车运行中,当各齿轮型面被磨蚀、拉伤、剥离、裂纹,铜套内孔和轴颈表面的轻微拉伤等表面上损伤故障,其故障部件会发出不同的异响与振动(柴油机低速运转中),但并不影响机车继续运行,可在机车返回段内后,针对故障点打开检查孔盖检查,并应及时进行整修。

4. 案例

(1)自由端弹性联轴节橡胶裂损

①2007年4月8日,DF$_{8B}$型5497机车担当正常交路返回段内,司乘人员反映,机车运行中柴油后输出轴摆幅较大,经检查,外部也未发现异常现象,扣临修。解体检查,柴油机自由端弹

性联轴节外体和丁腈橡胶裂损。经更换此件新品,试验运转正常后,该台机车又投入正常运用。

　　查询机车运用检修记录,该台机车 2007 年 4 月 6 日完成机车中修,修后走行 131 km。经分析,柴油机自由端弹性联轴节外体和丁腈橡胶硫化强度不够,造成橡胶和外体脱开一条长达 50 mm 左右的裂缝,该件为机车中修才装配上的新品,按机车中修质量保证期,定责机车中修(材质)。同时,要求加强新品检查,并将此信息反馈配件厂。

　　②2007 年 8 月 8 日,DF₁₁型 0202 机车担当正常交路返回段内,司乘人员反映,机车运行中柴油后输出轴摆幅较大。经检查,外部未发现异常现象,扣临修。解体检查,柴油机自由端弹性联轴节外体和丁腈橡胶裂损。更换裂损件,试验运转正常后,该台机车又投入正常运用。

　　查询机车运用检修记录,该台机车 2007 年 7 月 1 日完成机车中修,修后走行 13 234 km。经分析,柴油机自由端弹性联轴节外体和丁腈橡胶硫化强度不够,造成橡胶元件中部裂开一条长达 40 mm 的裂缝,该件为机车中修才装配上的新品,按机车中修质量保证期,定责机车中修(材质)。同时,要求加强新品检查,并将此信息反馈配件厂。

　　(2)自由端弹性联轴节内体与橡胶脱节

　　2006 年 6 月 14 日,DF₈B型 5385 机车担当货物列车 10892 次本务机车牵引任务,运行在兰新线哈密至柳园的山口至思甜站间。突然发生水温高,柴油机卸载,被迫停车于区间,经检查,冷却间冷却风扇不转,后输出轴转动缓慢。因此终止机车牵引列车运行,构成 G1 类机车运用故障。待该台机车返回段后,扣临修。解体检查,柴油机自由端弹性联轴节内体和丁腈橡胶裂损。更换裂损件,试验运转正常后,该台机车又投入正常运用。

　　查询机车运用检修记录,该台机车 2006 年 5 月 31 日完成机车中修,修后走行 7 466 km。经分析,柴油机自由端弹性联轴节内体和丁腈橡胶硫化强度不够,造成橡胶脱开,该件为机车中修才装配上的新品,按机车中修质量保证期,定责机车中修(材质)。同时,要求加强新品检查,并将此信息反馈配件厂。

 思 考 题

　　1. 简述 240 系列柴油机齿轮传动装置结构性故障。

　　2. 简述 240 系列柴油机齿轮传动装置运用性故障表象。

　　3. 简述 280 型柴油机齿轮传动机构结构性故障。

第四章 配 气 机 构

配气机构是保证柴油机的换气过程按配气正时的要求,准确无误地进行。即在规定的时刻,在一定的时间内将气缸内的燃烧废物排出,将新鲜空气引入,以保证工作循环的不断进行,它们非常敏感地影响着柴油机的性能。四冲程柴油机采用气门凸轮式换气机构,四冲程柴油机曲轴回转两周完成柴油机的一个工作循环。240/280 型柴油机配套使用的配气机构功用相同,根据机型不同,其结构稍有区别。本章主要介绍 240/280 型柴油机配气机构的气门及驱动机构和气缸盖及附件结构与修程要求。着重阐述了其结构性与运用性故障分析,并附有相应的机车运用故障案例。

第一节 气门机构结构与修程及故障分析

气门的作用是控制进、排气道的开启和关闭,是保证柴油机工作性能、可靠性和耐久性的重要零件之一。气门的形状和尺寸要保证气体流动的阻力最小,关闭时能在任何情况下保证燃烧室的气密性。气门的工作条件十分恶劣。在工作时,直接与高温燃气相接触的气门阀盘底面,经常受到高温燃气的周期性高速冲刷,加上气门的传热条件又很差,因此它承受着很高的热负荷,使气门阀盘的机械强度降低。另外,它还承受冲击性的机械负荷及燃气腐蚀。为了确保气门工作的可靠性,对气门材料、工艺和结构形状都提出了特殊的要求。

一、240 系列柴油机气门机构

1. 结构

在 240 系列柴油机中 B/C 型机配气机构结构相同(见图 4-1),D 型机与此结构稍有区别(仅个别零部件尺寸与加工工艺稍有变化)。

(1)气门布置

配气机构采用顶置式四气门结构,两个进气门和两个排气门分别布置在气缸中部的左、右侧(面对进、排气通口)。同名气门采用串联式布置,使进、排气管布置在气缸的同一侧,进、排气总管布置在 V 形夹角中间。同时,一列气缸的进、排气门通过一根凸轮轴驱动,摇臂结构一致。

(2)气门弹簧

气门安装在气缸盖上的气门导管内,气门上部装有内、外气门弹簧。采用双弹簧结构,两个弹簧各有自己的自振频率,当一个弹簧在干扰力作用下共振时,另一个弹簧起到阻尼作用,从而减少因弹簧共振而产生断裂的危险性。内、外弹簧的绕向是相反的,弹簧下端支承在气门导管中部的法兰上,另一端顶在气门杆上部的锁夹套下面。

(3)传动机构

横臂安装在同名气门间的横臂导杆上,借助于导杆导向作上下运动,使同名气门同时启闭。摇臂安装在摇臂轴上,摇臂轴安装在摇臂轴座上。为了避免摇臂摇动时与横臂、顶杆的连

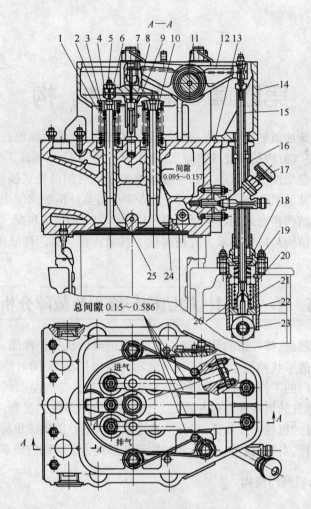

A—A

间隙 0.095～0.157

总间隙 0.15～0.586

进气

排气

图 4-1　配气机构结构

1-气门外弹簧;2-气门内弹簧;3-锁夹套;4-锁夹;5-调整螺钉;6-锁紧螺母;7-压球座;8-气门横臂;9-横臂导
杆;10-气门;11-摇臂轴;12-摇臂;13-气缸盖;14-摇臂轴座;15-顶杆;16-顶杆套筒;17-检爆阀;18-压紧螺母;
19-推杆盖;20-推杆套;21-推杆弹簧;22-推杆导块;23-滚轮;24-进气门座圈;25-气门导管;26-压球

接处发生滑动,在其两端的连接处,采用由压球和球座构成的活动连接。为便于调整横臂位置
和气阀间隙,在横臂和摇臂的一端设有调整螺钉。

顶杆和顶杆套筒安装在摇臂和推杆之间,推杆安装在机体两侧凸轮轴箱上部。在推杆导
块和推杆盖间装有弹簧、推杆的导块的下部装有与凸轮滚动接触的滚轮。

(4)进、排气阀装置

进、排气阀装置也称气门机构。主要由气门、气门座、气门导管、气门弹簧、气门锁夹及锁
夹套组成(见图 4-2)。

①气门

气门在该气阀装置中承受着很高的热负荷和冲击性机械负荷及燃气腐蚀。在高温下,气
门材料的强度,耐磨性和抗腐蚀性能都会下降,由此易产生热变形、热应力和腐蚀磨损。为了
确保气门工作的可靠性,对气门材料、结构形状都提出了特殊的要求。

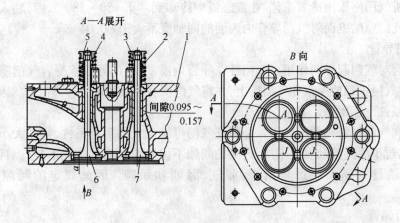

图 4-2　气门装配

1-气缸盖装配;2-气门外弹簧;3-气门内弹簧;4-锁夹套;5-锁夹;6-排气门;7-进气门

②气门材料

气门材料在气门工作温度范围内有足够的热强度,一定韧性和表面硬度。使其同时能承受较高的冲击载荷、良好的耐磨、耐蚀抗氧化性能,及良好的导热性和小的膨胀系数。

B/C 型机气门用有较高热强度、良好耐腐蚀性和抗氧化性的气门钢制成。为了提高气门座面的高温性能和抗腐蚀能力,在阀面上用等离子堆焊一层钴基钴铬钨合金,加工后堆焊层深不小于 2.5 mm,宽度应大于 8 mm。为了提高气门杆的疲劳强度和耐磨性,气门杆进行辉光离子氮化处理,氮化层深度大于 0.025 mm。气门杆顶面堆焊一层 3 mm 厚的高铬铸铁焊条,以增强其耐磨性。

③气门结构

为了改善气门的动力性能和提高气缸的充气效率,在保证气门足够的强度和刚度的前提下,尽可能减轻气门的重量和减小气体的流阻损失。

B/C 型机气门结构。进、排气门采用了完全相同的材料、工艺。阀盘底面采用平顶结构,它具有形状简单、制造方便受热面小、重量轻等优点。但由于气门杆到阀盘过渡半径小,流动阻力相应较大。

进、排气门座面锥角原设计均为 45°,以利于增强气门阀盘刚度,减少翘曲和漏气。后来为了减少进气门在运用中的磨损,将进气门的座面锥角改为 30°,并在阀盘底面加工出一条环形沟槽,气门杆上部设有锁夹槽。为避免应力集中,槽底过渡圆角为 R4.5 mm。并进行抛光处理,锁夹放入其间,借其外部锥面和锁夹套配合锁紧。

④气门座

对气门座的作用与要求是减小气门磨损,当气门座圈磨损达到规定极限时,可以取下换新,不致影响气缸盖的使用寿命。为了延长气缸盖的使用寿命,B 型机采用嵌入式气门座。B/C 型机气门座采用了工作温度下塑性变形较小而硬度较高的工具钢制成。经热处理后,使其稍低于气门锥面硬度,以保护较贵重的气门。

嵌入式气门座的压装。嵌入式气门座的材料、工作温度和膨胀系数与气缸盖不同,工作时气门座的温度高,承受很大的压缩应力。如材料强度不够或截面太小,或过盈量不合适,使压缩应力超过材料屈服极限时,嵌入的气门座会发生松弛、脱落,造成损坏。

B/C 型机气门座采用冷装工艺,在液态氮中冷却到零下 150～180 ℃后,装入气缸盖的气门座孔内。气门座的锥面对气门导管内表面的同轴度不大于 $\phi 0.04$ mm。

(5)气门导管

气门导管对气门起导向作用。气门杆在导管内滑动,气门导管承受着气门驱动机构的侧向推力,引导气门正确地座落在气门座上,并将气门所受热量的部分传导出去。因此要求导管在较差润滑条件下能耐磨。

气门杆和气门导管间的配合间隙是保证气门可靠工作的重要条件,它的大小取决于气门的工作温度,过小的间隙会发生卡滞,过大的间隙不但导致气门杆散热不良,而且会使气门杆在导管内摆动过大而发生严重偏磨、漏气、漏油和积碳。因此规定的间隙为 0.095～0.157 mm。

(6)气门弹簧

B/C 型机的气门弹簧采用弹性极限和疲劳强度都很高的抛光或磨光弹簧钢丝制成,表面进行喷丸处理,也可以进行软氮化处理。弹簧须经磁力探伤,不许有裂纹和发纹存在,探伤后须退磁。

2. 气门大修、段修

(1)大修质量保证期

气门装置须保证运用 5 万 km 或 6 个月(即一个小修期)。

(2)大修技术要求

①排气门导管全部更新,进气门导管及横臂导杆超限更新,与气缸盖孔的配合须符合原设计要求(注:D 型机,气门导管与气缸盖孔的配合过盈量为 0.01～0.025 mm;进、排横臂导杆与气缸盖孔的配合过盈量为 0.025～0.035 mm)。

②气门座更新,气门座的座面轴线对气门导管孔轴线的同轴度为 $\phi 0.10$ mm。

③气门全部更新。

④气门弹簧不许有变形、裂纹,其自由高度与特性须符合设计要求,不符合设计要求者须更新。

⑤更换密封圈。

⑥摇臂及横臂的检修须达到:不许有裂纹;调节螺钉、摇臂压球和横臂压销不许松动,并不许有损伤与麻点;油路畅通、清洁。

⑦推杆、挺柱检修要求:挺柱头、滚轮轴不许松动,挺柱头与滚轮不许有损伤与麻点;推杆允许冷调校直,不许有裂纹,其球窝不许有拉伤和凹坑;挺柱弹簧不许有变形、裂纹,其自由高度及特性须符合设计要求,不符合设计要求者须更新;更换密封圈。

⑧气缸盖组装要求:摇臂与摇臂轴、横臂与横臂导杆、滚轮与滚轮轴须动作灵活;气门对气缸盖底面凹入量为 1.5～3.0 mm(注:D 型机为 1.5～2.0 mm);气门与气门座研配后,灌注煤油进行密封性试验,保持 5 min 不许泄漏。

(3)段修技术要求

①气门座不得有裂纹,气门座、气门导管、横柱、工艺堵无松缓,气门座口密封环带宽度不大于 5.6 mm(D 型机与门座下陷量不许大于 0.3 mm)。更换气门座及气门导管时装入过盈量应分别为 0.06～0.08 mm(D 型机 0.029～0.078 mm)和 0.010～0.025 mm。

②气门不得有裂纹、麻点、凹陷、碰伤、砂眼等缺陷,气门杆不许有烧伤、拉伤,杆身直线度、气门阀口面对杆身的斜向圆跳动,均应不大于 0.05 mm,气门阀盘圆柱部厚度不许小于

2.8 mm（D 型机进气门不许小于 6 mm，排气门不许小于 3.5 mm）。

③气门摇臂横臂、调整螺钉、压球、压球座、压销、气门弹簧不许有裂纹，油路要畅通。更换摇臂衬套时与摇臂的过盈量应为 0.015～0.030 mm。气门锁夹应无严重磨损，并须成对使用。

④气缸盖组装时，气门与气门座须严密，用 −35 号柴油检验，1 min 不许泄漏。横臂应水平，其调整螺钉、压销与气门杆的端部接触应良好。组装后气门机构应动作灵活。

3. 故障分析

气门机构属柴油机配气机构重要零部件之一，它装置在柴油机的气缸盖上，以气缸盖为依托。受齿轮传动装置控制、凸轮轴的驱动，在气缸盖体内作上、下运动，使气门有规律的开启与关闭。气门控制着气缸内高温废气的排出，低温新鲜空气的进入，即担负着气缸内的扫气功用。气门除受高、低悬殊温差气体对气门底盘与气门杆的冲蚀，和产生的相应的热应力影响外，还要受到气门启、闭时压缩与弹簧伸张冲击力的作用，受力非常复杂。在机车运用中，发生在气门上结构性故障多数情况下为：气门烧蚀、气门座下陷漏气、气门底盘脱头、气门弹簧断损对气门启、闭失控。其结构性故障反映在柴油机运用中的主要故障表象为相应故障气缸内会发生喘息、敲缸等异音声响。该类故障直接带来机车运用性故障，使气缸失控不能工作，其故障表象主要为气缸内不发火、柴油机加载冒黑烟，废气总管、支管外观发红。

（1）结构性故障

240 系列柴油机气门机构属内置式，不可视性零部件。在机车运用中，发生在气门机构的结构性故障主要有：气门底盘裂纹，气门底盘掉块，穿孔，气门掉头，气门及气门座磨损下陷，气门漏气、烧损、点蚀凹陷，气门杆顶堆焊层掉块裂纹。

240 系列柴油机用气门存在着结构性故障。主要表现在气门、气门座和气缸盖上，因在交变冲击负荷作用下，促使其反复变形。由于它们的变形情况都不一样，致使气门在落座时与气门座之间会产生相对滑动，从而发生磨损，使用日久，就会形成气门下陷。若气门材料的高温强度不够和气缸盖底板变形过大，会使气门阀盘受力不均。或者因加工和组装质量较差，会使气门阀盘与气门杆连接处产生附加应力。这些原因都会使气门杆与阀盘的过渡圆角处产生疲劳裂纹，甚至断裂。

由于气体压力、热交变应力、气缸螺栓预紧力不均和加工残余应力的存在等方面的影响，会导致气门和气门座变形，以致气门与气门座密贴不好，发生气门漏气。

气门座松动、座面磨耗严重和发生点蚀凹坑，气门与气门座气密性不良，或其接触带不连续时，气门内、外弹簧长期在弹簧预紧力和较大的压力下工作，会发生塑性变形、折断或裂纹。

进气门磨损下陷。由于进气门和气缸盖在气体压力及热负荷作用下发生反复瞬时弹性变形。它使进气门落座时，与气门座之间产生很小的摩擦位移，由于接触面之间作用力很大。因而即使很小的摩擦运动也会因干摩擦而磨损。进气门和气门座的磨损主要与柴油机的增压度有关，因为增压度增加时，燃烧压力也相应增大，从而使气缸盖的变形增加，导致进气门及座磨损增大。

气门漏气、烧损、点蚀凹陷。气门工作时，由于气体压力、热变形、气缸螺栓预紧力分布不均及加工后的残余应力等，都会造成气门、气门座变形，气门杆在导管内被卡滞及气门座锥面磨损、腐蚀及气门冷态间隙消失等都能造成气门漏气。当气门密封不良时。高温燃气泄漏，恶化了气缸内的燃烧状态，使气门局部长期过热而损坏（见图 4-3）。

气门阀盘裂纹掉块、穿孔。当气门长期在燃烧不良、排温过高的气缸内工作，而气门材料的强度又不足，与气缸盖底板变形过大时，或因表面粗糙度和形位公差没达到要求，均会使气门杆到阀盘的过渡圆角处发生断裂。同时在严重燃气腐蚀下，气门底（阀）盘又存在径向温

差,即存在圆周方向的热应力,再加上反复冲击,气门底盘也容易产生径向裂损(见图4-4)。

图4-3 气门掉块烧蚀

图4-4 气门底盘掉块

气门掉头的部位多位于离阀盘底面处 30 ~ 35 mm,偶尔也有在阀杆与阀盘过渡处裂断。气门阀面堆焊层的质量对气门阀面裂纹有着很重要的影响。气门底盘穿孔多数情况下是在底盘裂损后,高温燃气长期侵蚀所致。

气门杆顶堆焊层掉块裂纹。主要原因是焊材本身太脆、机械碰撞及冲击所致。

(2)运用性故障

在机车运用中,气门装置损坏多数情况下均由其结构性故障引起。其故障有进气门磨损下陷,气门漏气、烧损、点蚀凹陷,气门阀盘裂纹掉块、穿孔,气门杆顶堆焊层掉块裂纹等类型故障,其故障表象为气密性不严,柴油机相应故障气缸"敲缸",废气总、支管发红,加载时冒黑烟。

排气阀掉块与气阀底盘裂损,在高温高压工作环境中,被高温高压燃气的冲刷发生熔穿(见图4-5)。如作者所在机务段 2007 年对气门阀装置底盘探伤 5 199 件,其裂损就有 57 件,占实际探伤的 1.2%。同时,气阀在上下运动中,不停的高频敲击气缸盖底座,其产生的高频振动加速了气缸盖底座过桥处四周的裂损,并使此裂纹加大扩展,给高温燃气的泄漏创造了条件,进而造成阀盘底的烧蚀。再者,气阀自身质量不高,或进、排气阀阀杆自身存在疲劳裂纹,在运用中发生气阀杆断损,或阀弹簧装置疲劳折损与阀锁夹凹槽磨损,造成阀头脱落于气缸内,在活塞往复运

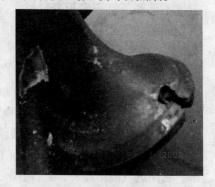

图4-5 气阀底盘被熔蚀穿

动中,将活塞头部和气缸内壁撞击损坏,使差示压力计起保护作用等运用性故障的发生。

进、排气阀压球故障,挺杆自身断裂,造成进气阀(或排气阀)被关闭,使相应气缸的进气(或排气)均通过进气支管(或排气支管)进入稳压箱(或废气总管),破坏了气缸内的过充空气系数,造成气缸内燃烧不良,进而使整台柴油机燃烧不良。严重时,会造成增压器喘振,气阀掉头或失去控制掉入气缸内,撞坏其他相关部件。而且气阀底盘掉块,一般情况下均是在阀底盘出现裂纹后,在高温高压的燃气冲蚀下,加上气阀的启、闭作用,使气阀底盘掉块入气缸内,再在气缸内废气压力的作用下,送入废气排气道内,将废气排气通道内相应的设备损坏,主要是增压器涡轮叶片打坏或扫膛,造成"一损具损"的柴油机零部件破损故障事件。

除此之外，柴油机运转中，由于某种原因柴油机发生"油锤"、"水锤"、"飞车"，或活塞破损引起对气阀撞击性损坏，造成气阀掉头、气阀杆弯曲、导管弯曲或气阀杆弯曲卡滞在导管内（见图4-6）。同时，当气门上的横臂与摇臂发生故障，不能控制进气（或排气）门的启、闭时，也会发生气门运用性故障。其故障表象为柴油机加载冒黑烟，并发生增压器喘振，严重时，将增压器压气机进气道的帆布罩筒给撕破。

图4-6 气阀杆弯曲卡死在气阀导管内

机车运用中，由于气门机构属不可视性内置式部件，其损坏后，不能直接检查出其损坏的部件，可通过"间接识别法"进行判断。一般气门机构损坏后，气缸内均会呈现有"敲缸"声响，柴油机冒黑烟，通过间接识别检查方法或测试气缸压缩压力低于规定值时，均可将其故障气缸检测出来。当气阀控制装置损坏后，不仅会出现"敲缸"声响，还会伴随有增压器喘振。在柴油机运转中气门损坏初始期，可通过在柴油机低速运转时，根据声频不同的鉴别方法，或通过甩缸的方法，鉴别其气缸内是否存在喘息声，经初步判定后，再施之于用测试气缸压缩压力的检测手段，将损坏的气门或气门控制装置的故障气缸判断出来。具体运用的检查方法有："巡声倾听法"、"气阀（门）鉴别法"与"甩缸鉴别法"。如在机车运行途中可将此气缸甩掉（根据气阀损坏情况，可实施关闭气阀装置工作，打开示功阀），维持机车运行。

机车运行中，当气门发生故障时，一般情况下不会影响当趟机车交路的运行，经过适当妥善处理，甩掉相应的故障气缸，即可维持机车运行至前方站待援，或运行至目的地站返回段内，再做处理。

4. 案例

（1）进气阀杆断裂阀盘掉头

2006 年 1 月 17 日，DF$_{4B}$型 3236 机车牵引货物列车运行哈密至鄯善区段大步至红台站间，发生柴油机冒黑烟，机车输出功率陡然下降，柴油机的转速不能提升，伴随有增压器喘振，机车维持运行至红台站停检查，判断为输出端增压器故障，就此终止牵引列车运行，构成 G1 类机车运用故障。待该台机车返回段内后，扣临修，对柴油机解体检查。柴油机第 16 缸气阀导杆断损掉入气缸内，后增压器扫膛，相应的气缸套、气缸盖及附属配件均损坏。经更换第 16 缸的气缸套、气缸盖及相应的阀装置，试验运转正常后，该台机车又投入正常运用。

经分析，因柴油机第 16 缸进气横臂间隙偏斜超差，使气阀导杆与导杆套抗劲互磨，应力集中，在阀杆过度圆弧处导致两个进气杆同时断裂。其气阀头掉入气缸内，破碎的碎块，经废气支、总管被废气压力压送入后端废气涡轮增压器涡壳内，在高速旋转的涡轮作用下，将增压器涡轮叶片与喷嘴环叶片打坏而扫膛，压气机无动力带动，不能有效运转，因此气缸内得不到充足的新鲜空气，燃烧不良而引起柴油机冒黑烟与降低输出功率的现象。

（2）排气阀底盘裂损烧穿

2006 年 5 月 7 日，DF$_{4B}$型 1016 机车牵引货物列车运行返回段内，在机车整备检查技术作业时，地勤质检人员发现柴油机第 11 缸不工作（该气缸无压缩压力）。因此，扣临修，经解体检查，柴油机第 11 缸排气阀阀底盘裂损掉块，活塞、气缸套内壁拉伤、后增压器扫膛。经更换后增压器、柴油机第 11 缸气缸套、气缸盖与相应的气阀装置，试验运转正常后，该台机车又投入正常运转。

查询机车运用与检修记录，该台机车为 2005 年 10 月进行中修，修后走行 120 076 km。经分析，因柴油机第 11 缸排气阀阀底盘裂损掉块入气缸内，在活塞往复运动中，将活塞、气缸内壁全打坏与拉伤，进而其碎块经废气支管、总管进入增压器涡轮壳内，与高速旋转的涡轮叶片相碰撞，打坏涡轮叶片，使增压器扫膛。该类故障属进、排气阀损坏的惯性故障。如上所述，气阀底盘（座）上下温差较大，又处在不断的开闭冲撞中，同时又受到高温高速燃气的冲刷，最易产生疲劳裂损，定责材质。同时，要求加强日常对柴油机气缸缸压（压缩压力与爆发压力）的检测，加强柴油机气缸内部异音的监测，防止"一损具损"的被动局面出现。

（3）进排气阀损坏

2008 年 1 月 22 日，DF$_{4C}$ 型 5270 机车牵引货物列车 30190 次，现车辆数 48，总重 976 t，换长 52.8。运行在南疆线的鱼儿沟至吐鲁番区段的鱼儿沟至布尔加依站间，突然发生柴油机冒黑烟，进而压转速，功率下降，列车于 18 时 05 分被迫停在 112 km + 327 m 处。经司乘人员检查，判断为后增压器故障，无法继续运行，请求救援。18 时 47 分区间开通，堵塞正线 42 min，构成 G1 类机车运用故障。待该台机车返回段内后，扣临修，解体检查，柴油机 6 个气缸气阀损坏，输出端增压器损坏。经分别吊修更换柴油机相应损坏的 6 个气缸盖（进、排气阀装置），与更换输出端增压器，上水阻台调试运转正常后，该台机车又投入正常运用。

查询机车运用与检修记录，该台机车 2007 年 2 月 24 日完成第 2 次机车大修，修后总走行 172 673 km，于 2007 年 11 月 28 日完成第 3 次机车小修，修后走行 34 136 km。机车到段检查，测试柴油机第 5、6、7、8、14、16 缸无压缩压力，经解体，吊下气缸盖检查，发现此 6 个气缸进、排气阀杆全部弯曲，第 14 缸气阀座脱落，输出端增压器涡轮叶片折断两片。经分析，因柴油机第 14 缸气阀座首先发生脱落，其碎块通过总管进入靠近输出端的第 5、6、7、8、14、16 气缸阀口，使气阀不能正常落座，活塞上行将气阀打弯，其气缸中的气阀碎块在文学管原理的作用下，顺废气支、总管进入增压器涡壳内，在高速旋转的涡叶片下，将涡轮叶片撞击坏，而造成柴油机冒黑烟。因此气缸盖已超过机车大修质量保证期，定责材质。同时，要求加强机车日常动态检查。

（4）排气阀掉块

2008 年 1 月 26 日，DF$_{4B}$ 型 1112 机车担当货物列车 11086 次本务机车牵引任务，现车辆数 51，总重 3 992 t，换长 64.4。运行在乌鲁木齐西至鄯善的煤窑沟至七泉湖站间。司乘人员在机械间巡检中，发现输出端增压器出水管泄漏严重，运行中无法处理，请求在前方站停车处理。经在七泉湖站停车检查后，因柴油机输出端增压器出水管漏水严重，凭机车上的工具无法处理，因此而终止牵引列车运行，站内请求救援，构成 G1 类机车运用故障。待该台机车返回段内后，扣临修，解体检查，柴油机第 8 缸排气阀掉块，与输出端增压器损坏，及输出端增压器出水总管焊波处漏水。经打磨焊修输出端增压器出水总管，更换柴油机第 8 缸气缸盖，更换输出端增压器，试验运转正常后，该台机车又投入正常运用。

查询机车运用与检修记录，该台机车 2007 年 4 月 17 日完成第 2 次机车中修，修后走行 133 488 km，又于 2008 年 1 月 23 日完成第 3 次机车小修，修后走行 299 km。机车到段检查，柴油机输出端增压器出水总管焊波处漏水，柴油机第 8 缸运转中有异音，经测试该缸压缩压力低，解体检查，该缸的排气阀掉块，输出端增压器内部扫膛。经分析，由于柴油机第 8 缸排气阀掉块，此掉块在气缸废气压力的作用下，经废气支管、总管排出，进入输出增压器涡壳内，将涡轮叶片撞击坏，使其转子轴失去动平衡，造成该台增压器扫膛，并将该台增压器转子轴别断。该缸排气阀已超出机车中修质量保证期，属气阀疲劳性损坏，定责材质。同时，要求加强机车日常动态检查。

（5）气阀掉块

2008 年 05 月 8 日，DF_{4B}型 0748 机车担当货物列车 10100 次本务机车牵引任务，现车辆数 52，总重 3 971 t，换长 63.3。运行在兰新线乌鲁木齐西至鄯善区段的巴哥至红山口站间，柴油机转速突然下降至 780 r/min，伴随着严重的冒黑烟，提主手柄升柴油机转速无效，经司乘人员检查，发现柴油机第 5 缸内有异音。经甩缸处理，提主手柄柴油机转速仍然不能上升，维持运行至鄯善站后，更换机车，构成 G1 类机车运用故障。待该台机车返回段内后，扣临修，解体检查，柴油机第 5 缸进、排气阀掉块，输出端增压器涡轮叶片被撞击性损坏。经更换输出端增压器和柴油机第 5 气缸盖（进、排气阀装置），试验运转正常后，该台机车又投入正常运用。

查询机车运用与检修记录，该台机车 2008 年 2 月 27 日完成第 2 次机车中修，修后走行 33 572 km。机车到段检查，柴油机外观无损坏迹象，其油、水管路及接口状态良好，无泄漏。柴油机第 5 缸运转中有异音，经测试该缸压缩压力低，经对该缸解体检查，其进、排气阀均掉块，输出端增压涡轮叶片被撞击坏。经分析，在柴油机第 5 缸排气阀掉块后，其碎块随废气压力经废气通道（废气支管、总管）进入输出端增压器涡壳内，将高速旋转的涡轮叶片撞击坏，使其转轴动平衡被破坏，造成此增压器内部扫膛，机车运用中呈现冒黑烟现象。按机车中修质量保证期，定责机车中修。同时，要求机车中修时，加强对气阀的探伤，并在机车日常整备技术检查作业时，加强对气缸内异音的检查。

二、280 型柴油机气门机构

280 型与 240 系列柴油机配气机构结构与功用相同。配气机构由气门驱动机构、气门组件、气缸盖及附件等组成（见图 4-7）。

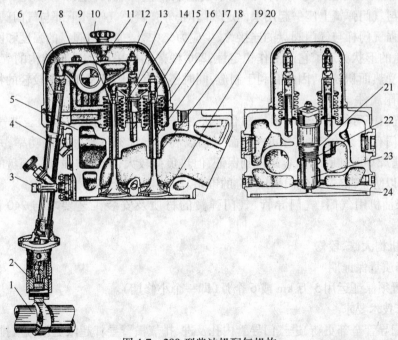

图 4-7　280 型柴油机配气机构

1-凸轮轴；2-推杆装配；3-示功阀；4-挺杆套管；5-气缸盖；6-挺杆装配；7-摇臂；8-气缸盖罩；9-锁夹；10-手轮；11-摇臂轴座长螺栓；12-摇臂调速螺钉；13-气门横臂；14-横臂弹簧；15-横臂导杆；16-气门外弹簧；17-气门内弹簧；18-气门；19-气门导管；20-气门座；21-锁紧螺母；22-O 形橡胶圈；23-喷油器套管；24-铜垫圈

配气机构是柴油机换气过程的控制机构,按规定的工作次序定时地开启和关闭进、排气门,并在规定的时间里,把新鲜空气吸入气缸内并把燃烧后的废气排出气缸。它的合理设计对柴油机的工作性能有很大的影响,而其零部件的结构特性,将对柴油机的可靠性和耐久性产生很大的影响。

1. 配气机构的布置

气缸盖在气缸的上部。气缸盖顶面装有气门组件、摇臂轴座、摇臂轴、摇臂、横臂弹簧、气门横臂和横臂导杆等。在柴油机两侧布置有下置式的凸轮轴,及由其驱动的挺杆组件和推杆组件,以便对维修保养提供较好的接近性。

凸轮轴的每个配气凸轮上方都对应有一个滚轮式配气推杆,用来推动挺杆经摇臂和气门横臂开启气门。另外,由供油凸轮推动喷油泵下体的滚轮。从而使喷油泵供油。

气门横臂是摇臂与气门之间的传动件。每个气缸盖上的进、排气门都各由一个气门横臂来驱动。以保证二个同名气门动作的一致性。摇臂的摆动带动气门横臂作上下运动。

同样为了增加气缸盖的气流通道截面,280型柴油机也采用了四气门结构,使其具有较大的气流通过能力、较大的充气系数和良好的换气性能。

四气门结构的气门布置有同名气门排成二列和同名气门排成一列的两种。280型柴油机的V形夹角空间较大。可以将进、排气管路布置在夹角中间,根据总体布置要求。气缸盖采用同名气门排成二列的串联式气道。

(1)气门

气门组件由气门、气门座、气门导管、气门弹簧、气门锁夹和气门弹簧上、下座等组成(见图4-7)。

280型柴油机气门也分为气门杆和气门阀盘两部分。气门杆上部有锁夹槽,用于安装气门锁夹,锁夹与气门弹簧上座一起用来固定气门内、外弹簧。气门杆下部与气门阀盘用圆弧连成一体,以增强气门杆与气门阀盘的连接,减少应力集中,增加气门阀盘的强度和刚度。

气门阀盘的形状决定了它的工作稳定性,280型柴油机采用了平顶结构的气门。该结构形状较简单,受热面积较小,因此有利于制造,同时还具有工作可靠和重量较轻的特点。

(2)气门附属件

为了使气门座可靠地与气门紧密贴合。进、排气座面处均做有锥角。进气门采用30°锥角,使进气门有较大的流通"时间—断面"值,以利于增加充气量和提高功率,并减小磨损。排气门的流通"时间—断面"值容易得到保证,但热负荷较大,为了增强气门阀盘的刚度,减少阀盘的变形,以防止漏气,排气门采用45°的锥角。

280型柴油机用气门、气门导管、气门弹簧的材质及安装工艺要求与240系列柴油机相同。

2. 气门机构大修、段修

(1)大修质量保证期

气门装置须保证运用5万km或6个月(即一个小修期)。

(2)大修技术要求

①排气门导管全部更新,进气门导管内孔及进、排气横臂导杆超限更新,进、排气门导管与气缸盖气门导管孔的过盈量须选配,其值为0.010~0.025 mm;进、排气门横臂导杆与气缸盖孔的过盈量为0.007~0.049 mm。

②气门座更新,气门座的座面轴线对气门导管孔轴线的同轴度为ϕ0.1 mm。

③气门全部更新。

④气门弹簧不许有变形、裂纹,其自由高度与特性须符合设计要求。

⑤摇臂及横臂的检修须达到:摇臂球头、横臂压头、横臂压块及横臂导杆不许松缓,不许有严重压痕和麻点;摇臂与摇臂轴座、摇臂轴和横臂不许有裂纹;油路畅通、清洁。

⑥挺柱、挺柱头检修要求:挺柱头不许松缓,其球窝不许有拉伤和凹坑,挺柱不允许弯曲,允许冷调校直;滚轮轴、滚轮及衬套不许严重拉伤和烧伤;挺柱头不许有裂纹,不许有拉伤和凹坑;横臂弹簧不许有变形、裂纹,其自由高度及特性须符合设计要求;更换密封圈。

3. 故障分析

280/240 型柴油机用气门装置功用相同,其结构因机型不同稍有区别。但其结构性与运用性故障基本相同,发生故障多数情况均属气阀杆与气阀盘损坏。结构性故障基本上属材质疲劳性损坏,运用性故障多数情况下属撞击性损坏。

(1)结构性故障

气门、气门座和气缸盖,在交变冲击负荷作用下,会引起反复变形。由于它们的变形情况都不一样,致使气门在落座时与气门座之间会产生相对滑动,从而发生磨损,随着使用期的延伸,就会形成气门下陷。

若气门材料的高温强度不够和气缸盖底板变形过大,会使气门阀盘受力不均。或者因加工和组装质量较差,会使气门阀底盘与气门杆连接处产生附加应力。这些原因都会使气门杆与阀底盘的过渡圆角处产生疲劳裂纹,甚至断裂。

由于气体压力、热交变应力、气缸螺栓预紧力不均和加工残余应力的存在等方面的影响,会导致气门和气门座变形,以致气门与气门座密贴不好,发生气门漏气。

气门座松动、座面磨耗严重和发生点蚀凹坑,气门与气门座气密性不好,或其接触带不连续时;气门导管松动和裂纹;气门内、外弹簧长期在弹簧预紧力和较大的压力下工作,会发生塑性变形、折断或裂纹。

(2)运用性故障

280 型柴油机气门装置在运用中,其故障与 240 系列柴油机气门装置基本相同。也同为气密性不严,进气门磨损下陷,气门漏气、烧损、点蚀凹陷,气门阀底盘裂纹掉块、穿孔,气门杆顶堆焊层掉块裂纹,进排气阀压球破碎等类型故障。同时,因该型柴油机功率更大,热力更强,气阀装置更容易被烧损、烧蚀。其机车运用中的故障判断检查方法与 240 系列柴油机相似。

4. 案例

(1)气门底盘烧穿

2006 年 6 月 28 日,DF_{8B} 型 5498 机车牵引货物列车返回段内后,经机车地勤质检人员检查测试,发现柴油机第 16 缸压缩压力低(≤1.5 MPa,正常标准应≤2.65 MPa),使该气缸内的过充空气系数降低。扣临修,对该缸解体检查,两只排气阀中的底盘一只被烧损透漏,造成气缸压缩压力不足,其原因为该气阀底座有裂纹在先,气缸工作中从此漏燃气,在高温高压燃气压力的冲刷下,使气阀底座烧穿,该气缸压缩压力不足,燃油喷入气缸内而不能爆发,因此致使该气缸不能工作。经对该气缸气阀进行更换后,该台机车又投入正常运用。

(2)气阀被关闭

2006 年 6 月 2 日,DF_{8B} 型 5269 机车牵引货物列车运行返回段内后,机车地勤质检人员上车检查发现柴油机第 11 缸不工作。经测试爆发压力、压缩压力均低于规定值,扣临修。经解体检查,柴油机第 11 缸进气阀与排气阀均处在关闭状态,原因是气门间隙调整过大,造成横臂与气阀杆锁夹处脱开,使其气阀不受控制。即进、排气阀不能按配气相位图的时序开启与关闭,使气缸内压缩压力不足,燃油喷入气缸内无法爆发,进而使气缸不能工作。该气缸经重新调整气阀间隙,试验运转正常后,该台机车又投入正常运用。

(3)排气阀不能开启

2006 年 10 月 19 日,DF$_{8B}$型 5153 机车牵引货物列车运行中,突然发生增压器喘振,柴油机冒黑烟,机械间充满着烟雾,柴油机输出功率下降,因此而终止机车牵引列车运行。待该台机车返回后,扣临修,解体检查,柴油机第 12 缸排气阀下体推杆头脱落,造成挺杆作不规则运动,将摇臂调整螺钉别断,而导致排气阀不能开启,该气缸的进、排气(换气)均通向稳压箱,致使新鲜空气被破坏,喷入柴油机气缸内的燃料不能充分燃烧而冒黑烟,同时使增压器喘振。经查机车检(碎)修记录,该配件已过质量保证期,属疲劳性损坏,经更换进、排气阀下体和气缸盖后,该台机车又投入正常运用。

(4)排气阀压球破碎

2007 年 1 月 18 日,DF$_{8B}$型 5418 机车牵引货物列车运行返回段内后,司乘人员向机车地勤质检人员反映,柴油机左侧第 12 缸至 14 缸在柴油机低速运转时有"敲缸"声响。扣临修检查,柴油机第 13 缸摇臂箱内的排气压球破碎。经更换此气缸摇臂轴座,试验运转正常后,该台机车又投入正常运用。

查询机车运用与检修记录,该台机车 2006 年 11 月底完成机车小修,修后走行 25 760 km。经分析,机车小修时在进行气门间隙调整时,未严格按检修工艺要求进行气门间隙调整,在柴油机运转中因此受力不均,将此压球挤裂,以致破碎。按质量保证期,定责机车检修部门。同时,要求加强按机车检修工艺进行作业,提高检修质量。

思 考 题

1. 简述 240/280 柴油机气门装置大修质量保证期。
2. 简述 240 系列柴油机气门装置结构性故障。
3. 简述 240 系列柴油机气门装置运用性故障表象。

第二节 气门驱动机构结构与修程及故障分析

柴油机的气门驱动机构主要由凸轮轴和横臂、摇臂、顶杆、推杆等组成。

一、240 系列柴油机气门驱动机构

1. 凸轮轴

240 系列柴油机采用两根凸轮轴,分别置于柴油机左、右侧,以驱动两列气缸的进、排气门和单体喷油泵。凸轮轴采用分段式,通过专门的带有对中凸肩的法兰盘,使各段通过铰孔螺栓连接形成一体,以保证各缸凸轮之间的相互关系(见图 4-8)。

凸轮轴采用全支承结构。由于座孔直径大于凸轮轴各部分的外径,所以凸轮轴可从柴油机的一端插入机体凸轮轴座孔中。凸轮轴为中空,其中空部分兼作油道。

B 型机和 C 型机的两根凸轮轴分别布置在机体左、右两侧的凸轮轴箱内,每根凸轮轴由四节轴段组成,在每节轴段上对应各气缸配置有相应的进、排气凸轮、供油凸轮各两个。各节轴

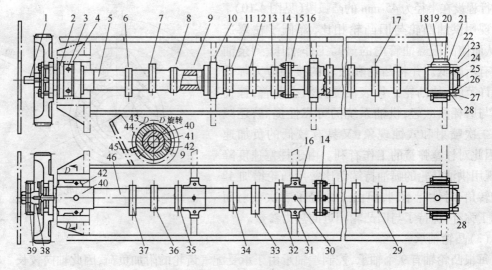

图 4-8　B/C 型机双侧凸轮轴

1-电测转速表传动轴;2-前端凸轮轴轴承;3-进油孔;4-进油槽;5-右侧凸轮轴;6-第 1 缸喷油泵凸轮;7-第 1 缸进气凸轮;8-第 1 缸排气凸轮;9-内油道;10-支承轴承;11、12、13-第 2 缸喷油泵凸轮、进气凸轮、排气凸轮;14-安装记号;15-连接法兰;16-弹簧卡环;17-第 8 缸进气凸轮;18-压紧圈;19-止推轴承;20-螺栓;21-止推法兰;22-挡圈;23-销钉;24-锁紧螺栓;25-螺堵;26-开槽螺栓;27-减磨合金层;28-轴向间隙;29-第 16 缸进气凸轮;30-出油孔;31-定位销;32、33、34-第 10 缸喷油泵凸轮、进气凸轮、排气凸轮;35、36、37-第 9 缸喷油泵凸轮、进气凸轮、排气凸轮;38-调控装置传动轴;39-平键;40-出油孔;41-定位销;42、43-前端轴承下轴瓦、上轴瓦;44-油沟;45-定位螺钉;46-左侧凸轮轴

段的连接处均设有装配时定位用的定位凸肩法兰,装配后,精确调整相邻轴段相位差后,用 6 个铰孔螺栓紧固连接。凸轮由配气凸轮(进、排气凸轮)与供油凸轮组成。

(1)配气凸轮

配气凸轮由进、排气凸轮组成。对配气凸轮的要求主要是型线要求,即能使气门机构获得尽可能大的时间—截面值;有良好的动力性能及工作可靠性,使气门具有尽可能小的开启和落座速度,在整个运动过程中具有较小加速度,并使加速度不产生突变,以免发生冲击跳动和减小噪声;具有良好的工艺性,便于制造。

配气凸轮型线有两种类型,即圆弧凸轮、函数凸轮。现柴油机凸轮型线均采用高次方函数凸轮(见图 4-9),采用函数凸轮后,配气机构动力学性能有较大改善,进、排气机构受力大为减小,排气门最大加速度降低 3 倍,摇臂工作应力也大为下降。

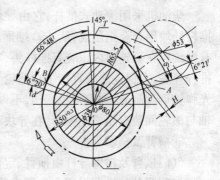

图 4-9　高次方函数配气凸轮

(2)供油凸轮

供油凸轮型线对供油性能有着重要的影响。凸轮型线决定了柱塞的运动规律。从而决定了喷油泵的几何供油规律,影响着喷油器的喷油规律。当柱塞行程相同时,即供油量相同时,凸轮外形越陡,柱塞的有效行程内的平均速度越高,因而喷油器喷油的平均力越高,喷油持续时间越短。

B 型机和 C 型机采用了完全相同的凹面凸轮,基圆半径为 45 mm,最大升程为 20 mm,升程范围占有 129°凸轮转角,从柱塞开始上行到几何供油始点时的空行程设在凹弧段,供油的有效行程设在半径为 45 mm 的凸弧段(见图 4-10)。

现用供油凸轮与旧凸轮相比,降低了柱塞速度,从而使高压燃油管内的最高工作油压、剩余油压均有所降低。并将凸轮和滚轮的接触应力降低到允许范围,使凸轮工作表面受力状态改善,擦伤机率与磨耗量减轻,供油系统的可靠性提高,还减轻了二次喷射和穴蚀现象,又具有较低的负加速度,因此对柱塞弹簧的工作有利。由于柱塞速度降低,现用供油凸轮的喷油持续角比曾用凸轮增加 4° 曲轴转角,对性能不利,但由于减轻了二次喷射而得到了弥补,保持了与旧凸轮相近的热力参数。

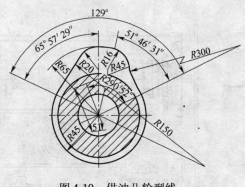

图 4-10　供油凸轮型线

(3)凸轮轴承

每根凸轮轴有 9 个轴承,控制端轴承由于承受配气齿轮的附加负荷,因此轴向较长。输出端轴承因需装止推环,因此结构上也作了特殊考虑,其余中间 7 个轴承均相同。除止推轴承为整体式外,其余轴承为剖分式。轴承用两个定位销在其结合面上定位,并用弹簧卡环箍紧后安装在机体的凸轮轴孔内。在轴承外表面上设有定位凸肩。为了防止轴承转动,在轴承座孔的外侧用定位螺钉拧在凸肩上的定位孔中定位,并用铁丝封好。

凸轮轴承用 20 号钢制成,工作表面浇挂一层 1.25 mm 厚的锡锑轴承合金。控制端轴承上、下两个半轴承的中部均开设有周向油槽,在油槽上还开有油孔,机油从油孔进入凸轮轴内的中心油道,然后对各个凸轮轴承进行润滑。

(4)顶杆、推杆、横臂及横臂导杆

①顶杆

顶杆采用合金钢管制成,安装在摇臂和推杆之间。顶杆两端均装压球座,分别和摇臂调整螺钉上的压球和推杆头的压球相连接,顶杆全长 516 mm。顶杆外部设有顶杆套筒,套筒上方焊有法兰,在法兰和摇臂轴座间用橡胶密封圈密封。套筒下方装有压紧螺母(螺母套),用以使顶杆套筒固定在摇臂轴座和推杆盖之间。

②推杆

柴油机采用滚动式推杆,它由导块、推杆头、滚轮轴、滚子衬套、推杆导筒和推杆弹簧组成。推杆导块用合金钢制成,从 $\phi60$ 端面起 51 mm 长度内进行表面硬化,成品须经探伤检查,不许有裂纹存在。导块内压装有推杆头,它与顶杆压球座以球面接触,在推杆头和推杆盖之间设有推杆弹簧,它保证滚轮直接压在凸轮上,以减轻气门弹簧的负荷。推杆弹簧用 $\phi5.5$ mm 的抛光弹簧钢丝制成,弹簧须经探伤,不许有裂纹。导块下部制成叉形,在叉口内装有滚轮。滚轮轴与滚轮间装有用滑动铜套,在导块和推杆头上均钻有润滑用油孔。

③横臂及横臂导杆

气门横臂及横臂导杆由横臂、定位销、锁紧螺母、调整螺钉、横臂导杆等组成(见图 4-11)。

气门驱动的横臂采用合金钢模锻制成,套装在气门之间的横臂导杆上,起到控制同名气门同时启闭的同步作用。在横臂的一端(柴油机外侧)铣有深 8 mm 的凹槽,槽内压装一个合金钢制成的销。横臂的下方以 0.06 ~ 0.175 mm 的间隙和横臂导杆相配合,对横臂上、下运行起着导向作用。

在横臂下方导向筒的中部装有导向定位销,其一端插入横臂导杆的定位槽内,与上述凹槽共同起到防止横臂转动的作用。在横臂的另一端装有调整螺钉,其端面压在内侧气门杆上,用以调整横臂的水平位置。调整螺钉的上部用带有切槽的圆锥体锁紧螺母锁紧,起到防松作用。

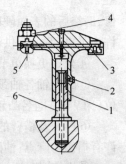

图 4-11　横臂及横
臂导杆

1-横臂;2-定位销;3-
销;4-锁紧螺母;5-调
整螺钉;6-横臂导杆

在横臂的上方装有压球座,它和装在摇臂上的压球构成关节式连接。此外在横臂导向部分上方钻有两个排油孔,起到排油和避免上、下运动形成的吸筒作用。在横臂顶部和导向部分两端分别钻有油孔,以便于润滑、冷却气门杆和横臂导杆。

横臂导杆用合金钢制成,其下方以 0.025～0.035 mm 的过盈量压装在气缸盖上。横臂导杆应进行调质处理,表面进行氮化处理。导杆应在氮化前进行探伤检查,不许有裂纹。

(5)摇臂、摇臂轴和摇臂轴座

摇臂及摇臂轴由锁紧螺母、调整螺钉、衬套、摇臂、压球、摇臂轴等组成(见图4-12)。

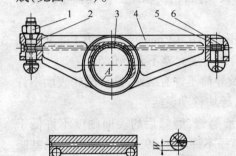

图 4-12　摇臂及摇臂轴

1-锁紧螺母;2-调整螺钉;3-衬套;4-摇臂;5-压
球;6-摇臂轴

①摇臂

B/C 型机的进排气摇臂尺寸完全相同,但其结构形状互为镜面对称。它安装在横臂和顶杆间的上方。摇臂另一端装有带球头的调整螺钉,用以调整冷态气门间隙,其球头和顶杆上的压球相配合。

②摇臂轴

摇臂轴为合金钢制成的空心轴,安装在摇臂轴座上。在进排气门摇臂间用隔套分隔定位,摇臂轴和摇臂衬套间的配合间隙为 0.025～0.085 mm。

③摇臂轴座

摇臂轴座(俗称围墙)是用灰口铸铁制成的框形箱体,它用 4 个双头螺栓紧固在气缸盖上(其中两个螺栓直接通过摇臂轴座和摇臂轴上的缺口),螺栓紧固力矩为 392～441.3 N·m。在摇臂轴座的盖板上,接有润滑配气机构的油管,从主机油道来的机油经油管进入摇臂轴中心油道,沿摇臂内部的油孔去润滑各摩擦表面。为了保证油孔准确对正,在摇臂轴孔上方拧入一定位螺钉,螺钉头部顶入摇臂轴的凹坑内,以防止摇臂轴的转动和轴向窜动。摇臂轴座与气缸盖之间采用橡胶密封垫进行密封。

D 型机采用的气门驱动装置与 B/C 型机基本相同,其结构、工艺装配上稍有区别。

2. 气门驱动机构大修、段修

(1)大修质量保证期

①在机车运行 30 万 km 或 30 个月(包括中修解体)内(C 型机在运用 27 个月,即大修后的第一个中修期),凸轮轴不发生裂纹、破损。

②在机车运行 5 万 km 或 6 个月(即 1 个小修期)内凸轮驱动附件不发生裂纹、破损。

(2)大修技术要求

①凸轮轴不许弯曲、裂纹;轴颈不许剥离、碾堆和拉伤,磨耗超限须修复;轴端螺纹须良好。

②允许冷却调直。

③凸轮轴工作表面不许有剥离、凹坑及损伤;凸轮型面磨耗大于 0.15 mm 时,允许成形磨

修,磨修后的表面硬度不许低于57HRC,升程曲线须符合原设计要求,但配气凸轮基圆半径不许小于49.5 mm,供油凸轮基圆半径不许小于44.5 mm(D型机为47.0 mm)。

④允许更换单节凸轮轴。

⑤凸轮轴各轴颈对1、5、9位轴颈的公共轴线的径向圆跳动为0.1 mm,各凸轮相对于第1位(第9位)同名凸轮的分度差为0.5°。

⑥摇臂及横臂的检修要达到:不许有裂纹;调节螺钉、摇臂压球和横臂压销不许松动,并不许有损伤与麻点;油路畅通、清洁。

⑦推杆、挺柱检修要求:挺柱头、滚轮轴不许松动,挺柱头与滚轮不许有损伤与麻点;推杆允许冷校直,不许有裂纹,其球窝不许有拉伤和凹坑;挺柱弹簧不许有变形、裂纹,其自由高度及特性符合设计要求,不符合设计要求者须更新。

⑧摇臂与横臂组装要求:摇臂与摇臂轴、横臂与横臂导杆、滚轮与滚轮轴须动作灵活。

(3)段修技术要求

①凸轮轴不许有裂纹,凸轮及轴颈工作表面不许有裂纹,凸轮及轴颈工作表面不许有剥离、拉伤及碾堆等缺陷。

②更换凸轮轴单节时,整根凸轮轴的各轴颈圆跳动不大于0.12 mm(支承于第1、5、9位轴颈);各凸轮相对于第一位同名凸轮(或第9位同名凸轮)的分度允差不大于0.5°。

③推杆(挺柱)压球、顶杆压球座不许有松缓,顶杆及导筒不许有裂纹,推杆滚轮表面不许有剥离及擦伤。导筒与导块无严重拉伤,定位销无松缓,导块移动灵活。

④D型机,凸轮型面磨耗大于0.15 mm时,允许成形磨修,磨修后的表面硬度不许低于57HRC,升程曲线须符合原设计要求,但配气凸轮基圆半径不许小于49.5 mm,供油凸轮基圆半径不许小于47.0 mm。

⑤气门摇臂、横臂、调整螺钉、压球、压球座、压销、气门弹簧不许有裂纹,油路畅通。更换摇臂衬套时与摇臂的过盈量应为0.015～0.03 mm。气门销夹应无严重磨损,并须成对使用。

⑥推杆(挺柱)压球、顶杆压球座不许有松缓,顶杆及导筒不许有裂纹,推杆滚轮表面不许有剥离及擦伤。导筒与导块无严重拉伤,定位销无松缓,导块移动灵活。

3. 故障分析

气门驱动机构属柴油机配气机构重要零部件之一,它一部分装置在柴油机的气缸围墙及气缸盖上(上半部分),一部分装置在柴油机左右两侧的间隔隔板内(下半部分)。上半部分以气缸盖围墙为依托,下半部分以机体侧顶板为依托,分别支撑着气门驱动机构的运动支点。受齿轮传动装置、凸轮轴的长距离传动驱动,与凸轮型面的控制,使气门驱动机构运动部件在气缸盖围墙体内作上、下摇摆运动,驱使气门有规律的开启与关闭。因气门驱动机构属齿轮、凸轮轴长距离传动,又在凸轮型面滑动控制下,所控制面大而广,传动控制复杂,受力非常复杂。在机车运用中,其结构性故障反映在柴油机运用中的主要故障表象为相应故障气缸反映"敲缸"(实际为摇臂与横臂脱槽或挺杆头、挺杆断损),挺杆套泄漏机油。该类故障直接带来机车运用性故障为气缸失控不能工作,其故障表象主要为气缸内不发火,柴油机加载冒黑烟,废气总管、支管外观发红。

(1)结构性故障

240系列柴油机气门驱动机构属内置式,不可视性零部件。在机车运用中,发生在气门驱动机构的结构性故障主要有:凸轮轴传动齿轮掉齿,凸轮轴裂纹,凸轮型面及轴颈剥离,严重拉伤、点蚀碾堆及偏磨。挺杆、挺杆头断裂掉头，推杆滚轮支承出槽或断损，摇臂或横臂出槽，气门调整螺钉松缓，摇臂压球座碎裂等。

凸轮轴裂纹多数情况下发生在凸轮型面及轴颈油孔边缘。而凸轮型面及轴颈剥离，严重拉伤、点蚀碾堆及偏磨，绝大多数情况下属于机油不清洁，滚轮安装与凸轮型面不平行，推杆导块各销磨耗过大，使滚轮转位，凸轮型面与滚轮的热处理硬度不符合工艺要求。

（2）运用性故障

机车运用中，所发生在凸轮轴及凸轮型面的运用性损坏故障，多数情况下是结构性故障的反映，一般发生在喷油泵的凸轮型面上，发生在进、排气凸轮型面上的较少。而多数情况下属相配合工作的零部件损坏，波及到凸轮型面及凸轮轴的损坏。如滚轮推杆导块销磨耗过大，使滚轮转位卡死，滚轮因此不能在凸轮型面上滚动，而形成干摩擦，啃伤凸轮型面。当初期发生此类故障时，如属驱动高压喷油泵的凸轮型面损坏，可通过"手触诊断法"触摸高压油管的脉冲博动来判断推杆滚轮是否犯卡，凸轮型面是否被啃伤。因发生此类故障后，滚轮推杆的上下运动不是有序进行的。那么，反映在喷油泵高压油管管壁的脉冲博动就不是平稳的脉动谷峰（锯齿）波，而是不平稳的高低不等的锯齿波。对于进、排气门驱动部件的检查，可运用"巡声倾听法"、"气阀听诊鉴别法"来检查其驱动部件是否故障。当发现此类疑似故障隐患，可通过停止柴油机工作，打开柴油机凸轮轴检查孔进行确认。

其次，是凸轮轴的油管断裂与凸轮端盖油封漏，极少情况下发生进、排气阀挺杆下体筒的断损（见图4-13）。虽然前两项故障在机车运用中发生时，并不直接影响到机车的短时运用，但如不及时处理时，将引起凸轮轴的缺油，而拉伤凸轮的型面与轴承，并波及到其他配气机构运动部件。

机车运行中，气门驱动机构部件发生故障时，其故障表象为"敲缸"，增压器喘振，柴油机加载冒黑烟。

图4-13　进气阀挺杆下体筒断损

一般情况下进行适当正确处理就可继续机车运行，待机车返回段内后再作检修处理。如属驱动机构的凸轮、滚轮、推杆、挺杆等部件发生故障，只要不属于断损之类的故障，甩掉该故障气缸，均可维持机车继续运行。如属于摇臂、横臂等部件发生脱槽等类失控性故障，可将两气门间隙调至最大，使摇臂压不上横臂（即接触不上），打开示功阀，继续维持机车运行。早期诊断与预防，是防止机车发生此类运用性故障的有效措施。

4. 案例

（1）凸轮轴型面拉伤

2006年1月13日，DF$_{4B}$型7209机车牵引货物列车返回段内，进行机车整备技术作业时，经质检人员检查发现柴油机第9缸喷油泵高压油管脉冲博反常（频率增高而急促）。当即停止柴油机运转，打开该喷油泵相应的上检查孔盖检查，发现该缸凸轮轴相应的喷油泵凸轮型面严重拉伤，立即扣临修。解体检查，为该缸的滚轮推杆导向销断，使滚轮推杆卡死，不能在凸轮型面上滚动，而形成了干摩擦式的滑行运动。因此，使滚轮与凸轮型面的结合面缺油而啃伤。经更换此滚轮推杆，打磨好该凸轮型面，机车又投入正常运用。

（2）喷油泵凸轮被啃伤

2006年11月1日，DF$_{4B}$型1016机车牵引货物列车返回段内，进行机车整备技术作业时，

质检人员在手触检查柴油机第 6 缸油管脉冲博时,出现异常。在柴油机停机后作进一步检查,打开此缸的上曲轴检查孔盖时,发现喷油泵凸轮型面在凸轮处啃伤严重,拨动推杆滚轮时也不能滑动,因此扣临修。解体检查,发现该缸的喷油泵下体柱塞导向销断,造成滚轮横向,在凸轮轴运动中,使此滚轮不能滑动,将凸轮型面啃伤。经查询该台机车的检修记录,该配件已过质量保证期,属机械疲劳性损坏。经更换此喷油泵下体,与对凸轮型面按工艺要求,进行整修打磨处理后,该台机车又投入正常运用。

(3)凸轮传动轴油封漏油

2006 年 11 月 6 日,DF$_{4C}$型 5225 机车牵引货物列车返回段,进行机车整备技术作业时,质检人员发现柴油机自由端凸轮轴油封下方油管处漏油。因此扣临修,解体检查,为此处小油封下方润滑油管裂损漏油。经拆下此油管焊修后,重新装配上,此故障消失,该台机车又投入正常运用。

(4)排气挺杆下体碎

2007 年 10 月 28 日,DF$_{4C}$型 5273 机车牵引货物列车运行在兰新线鄯善至哈密区段的雅子泉至柳树泉站间。司乘人员在机械间巡视中,发现柴油机右侧有"敲缸"声响,经检查确认,为柴油机右侧第 16 缸处发出声响。在机车运行中,无法对此进行处理,但也不影响继续机车的牵引运行。待该台机车返回段内后,经检查确认,扣临修。解体检查,该缸排气挺杆下体已损坏破碎,并波及到进气挺杆下体,经更换进、排气挺杆下体,启动柴油机试验运转正常后,该台机车又投入正常运用。

查询机车运用与检修记录,该台机车于 2007 年 10 月 23 日完成第 2 次小修,修后走行 1 844 km。经分析,该配件属材料质量引起的运用故障,定责材质。

二、280 型柴油机气门驱动机构

280 型与 240 系列柴油机气门驱动机构基本相同。由凸轮轴,推杆组件,挺杆组件,摇臂、摇臂轴和摇臂轴座,气门横臂,横臂导杆、横臂弹簧等组成。左右两根凸轮轴布置在柴油机两侧,分别驱动左右两排气缸的进、排气门和单体式喷油泵。

摇臂安装在摇臂轴上,为了便于调整气门横臂与气门的间隙,在气门横臂和摇臂的一端都设有调整螺钉。气门横臂安装在同名气门的横臂导杆上,借助于导杆的导向作用,使气门横臂作上下运动,从而控制气门的启、闭。挺杆和挺杆套管安装在摇臂和推杆之间,推杆滚轮安装在推杆的叉口中,推杆安装在机体两侧。

气门横臂、摇臂、摇臂轴、摇臂轴座以及球头和调整螺钉等的内部都设有油路,以便引入润滑油润滑各摩擦表面。气门机构和部分气门传动机构的零件均安装在气缸盖上。

1. 凸轮轴

每根凸轮轴分为四个单节。即每两缸一节,各单节间用法兰和螺钉连接。两根凸轮轴分别安装在机体左右两侧的凸轮轴箱内,止推轴承置于机体输出端。由于轴承孔内径大于凸轮轴各部分的外径,所以,凸轮轴可以从柴油机输出端插入或抽出。

凸轮轴上的凸轮采用整体式结构,以保证在受冲击力时凸轮能安全可靠地工作。凸轮轴的中空部分作为油道,润滑油可通过径向油孔润滑轴承。各节轴段的连接处均设有装配时用的凸肩和法兰,装配时需精确调整各节轴段的相对位置。

(1)配气凸轮

气门开、关的快慢和开度的大小,主要取决于凸轮的外形,同时,凸轮外形与柴油机的油

耗、工作可靠性、使用寿命和排放指标都有密切关系。配气凸轮外形的型线主要分为几何型线和函数型线两种。近年来，国内外柴油机愈来愈多地应用函数型线凸轮。当凸轮运动时，其加速度曲线完全保持数学上的连续性，从而避免了由于凸轮速度和加速度曲线不连续带来的冲击和不平稳性。同时，函数凸轮可以较为方便地得到预想的充气性能，这也是其被广泛应用的原因之一。

早期出厂的280型机车柴油机进、排气凸轮均采用高次方型线，在实际运用过程中收到了较好的效果。后期出厂的机车柴油机单缸功率比原来有较大的提高，相应地就需要更大的充气量。为此，确定了进气凸轮型线为复合摆线型，排气凸轮型线为高次方型。采用此种凸轮后，其配气机构动力学性能较好，具有较小的加速度。气门弹簧承受的惯性力较小，并且在任何工况下，凸轮始终与滚轮相接触，配气机构有着良好的刚度。同时，这种型线的凸轮有着较大的"时间—断面"值，能满足柴油机工作的充气量要求，使柴油机的热力性能有明显的改善，燃油消耗和排气温

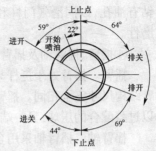

图4-14　280型机配气相位图

度都有一定程度的下降。进、排气凸轮的型线都为非对称性型线，其柴油机配气相位图见图4-14。

（2）供油凸轮

有关供油凸轮的介绍，将在本书的燃油系统有关章节予以叙述。

（3）凸轮轴材料

凸轮轴不但要有足够的强度和刚度来保证工作的可靠性，而且还得有合适的硬度和较好的耐磨性，因此必须选择合适的材料。280型柴油机采用合金钢作为凸轮轴的材料，经渗碳和淬火硬化处理。

（4）推杆、挺杆、摇臂与横臂

①推杆组件

推杆组件是凸轮的从动件，它把凸轮的推动力传递给挺杆和摇臂，使气门按一定的规律运动。推杆组件由推杆盖、推杆体、推杆、推杆头、滚轮轴、滚轮、销钉和衬套等组成（见图4-15）。

推杆用合金钢制成，经氮化处理。推杆内压装有推杆头，它是一个球状头，与挺杆压球座以球面相接触。推杆下面为叉形结构，在叉口内装有滚轮。滚轮用合金钢制成，并经淬火处理。在推杆和推杆头内部均钻有润滑用油孔，以润滑滚轮与凸轮接触的表面。在滚轮和滚轮轴之间装有铜衬套。

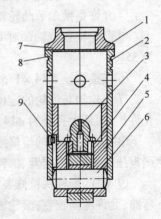

图4-15　推杆组件
1-推杆盖；2-推杆体；3-推杆头；4-滚轮；5-衬套；6-滚轮轴；7-推杆；8-O形密封圈；9-销钉

②挺杆组件

挺杆组件由挺杆和挺杆头组成。挺杆用无缝钢管制成，杆的两端均装有挺杆头。挺杆安装在摇臂与推杆组件之间，分别与摇臂调整螺钉上的压球和推杆头相作用。

挺杆外部设有挺杆套，套的上方与气缸盖之间用橡胶密封圈密封，套的下方与推杆盖之间用橡胶密封圈密封，并用压紧螺母压紧，使挺杆套固定在气缸盖与推杆盖之间。

③气门横臂及横臂导杆

驱动气门的气门横臂由合金钢制成。在气门横臂一端压装一个用合金钢制成的横臂压头,压在气门杆上部。在另一端装有调节螺钉,用来调整横臂的水平位置,其端面压在另一根同名气门杆顶上。调整螺钉的上部用锁紧螺母锁紧,以防止松动。在气门横臂中间压装有横臂压块,与摇臂调整螺钉的球形关节外部的下平面相接触,并在横臂导向部分钻有油孔,以便排油和避免上下运动时形成的吸筒作用。在其顶部和导向部分两端,分别钻有油孔,以润滑气门杆和横臂导杆。横臂导杆用合金钢制成,表面渗碳淬火,以增加其耐磨性。

④摇臂、摇臂轴及摇臂轴座

摇臂。摇臂处于挺杆与气门横臂之间,它是挺杆与气门之间的传动元件之一。进、排气摇臂结构尺寸完全相同。摇臂采用合金钢制成,并经热处理。摇臂在与挺杆相接触的一端,装有以过盈配合的压球;另一端装有带球头的调整螺钉,用来调整气门间隙。

摇臂轴。摇臂轴采用合金钢制造,经调质和氮化处理,安装在摇臂轴座上。

摇臂轴座。摇臂轴座用球铁制成,用二个短双头螺柱和一个长双头螺柱紧固在气缸盖上。长双头螺柱还将气缸盖罩紧固在气缸盖上。

2. 气门驱动机构大修、段修

(1)大修质量保证期

①在机车运行30万km或30个月(包括中修解体)内:凸轮轴不发生裂纹、破损。

②在机车运行5万km或6个月(即1个小修期内)凸轮驱动附件不发生裂纹、破损。

(2)大修技术要求

①凸轮轴不许弯曲、裂纹;轴颈不许拉伤,磨耗超限须按原形修复;轴端螺纹须良好。

②允许冷却调直。

③凸轮轴工作表面不许有剥离、凹坑及损伤;凸轮型面磨耗大于0.15 mm时,允许成形磨修,磨修后的表面硬度不许低于57HRC,升程曲线须符合原设计要求,但配气凸轮基圆半径不许小于51.5 mm,供油凸轮基圆半径不许小于47.5 mm。

④允许更换单节凸轮轴。

⑤凸轮轴各位轴颈对1、9位轴颈的公共轴线的同轴度为ϕ0.09 mm,各凸轮相对位置偏差为35′。

⑥连接螺栓M14×1.5的紧固力矩为118~147 N·m。

⑦凸轮轴与齿轮的定位段孔允许扩大,最大孔径为ϕ12 mm,各节凸轮轴之间的定位销孔允许扩大,最大孔径为ϕ14 mm。

⑧摇臂及横臂的检修须达到:摇臂球头、横臂压头、横臂压块及横臂导杆不许松缓,不许有严重压痕和麻点;摇臂、摇臂轴座、摇臂轴和横臂不许有裂纹,油路畅通、清洁。

⑨挺柱、挺柱头检修要求:挺柱与挺柱头不许松缓,其球窝不许有拉伤和凹坑,挺柱不允许弯曲,允许冷调校直;滚轮轴、滚轮及衬套不许严重拉伤和烧伤;挺柱头不许松缓,不许有裂纹,不许有拉伤和凹坑;横臂弹簧不许有变形、裂纹,自由高度及特性须符合设计要求;更新密封圈。

⑩摇臂与摇臂轴、横臂与横臂导杆、滚轮轴须动作灵活。

(3)段修技术要求

①凸轮轴不许弯曲、裂损,凸轮及轴颈工作表面允许有少量分散麻点,但不许有剥离、偏磨、凹坑及烧伤,轴颈不许拉伤。

②凸轮型面磨损大于 0.15 mm 时,允许成型磨修,磨修后的表面硬度不低于 57HRC,升程曲线须符合原设计要求,但配气凸轮基圆半径不小于 51.5 mm,供油凸轮基圆半径不小于 47.5 mm。

③更换凸轮轴单节时,凸轮轴各位轴颈对 1、5、9 位轴颈的公共圆跳动 0.09 mm。各凸轮相对于第一位同名凸轮(或第 9 位同名凸轮)的分度允差不大于 35′。

④凸轮轴与齿轮的定位销孔允许扩大,最大孔径为 ϕ12 mm,各节凸轮轴之间的定位销孔允许扩大,最大孔径为 ϕ14 mm。

⑤挺柱头不许有松缓,挺柱头和滚轮不许严重压痕和麻点,挺柱、滚轮轴、滚轮及衬套不许严重拉伤和烧伤。推杆头不许松缓,推杆不许弯曲(但允许冷校直)、裂损,球窝不许有拉伤和凹坑。

其他检修要求见气缸盖检修要求。

3. 故障分析

280 型与 240 系列柴油机气门驱动机构基本相似,在机车运用中所发生的结构性与运用性故障也基本相同。即在柴油机运转中,相应故障气缸反映"敲缸"(实际为摇臂与横臂脱槽或挺杆头、挺杆断损),挺杆套损坏泄漏机油。该类故障直接带来机车运用性故障为气缸失控不能工作,其故障表象主要为气缸内不发火、柴油机加载冒黑烟,废气总管、支管外观发红。

(1)结构性故障

280 型柴油机气门驱动机构属内置式、不可视性零部件。在机车运用中,发生在气门驱动机构的结构性故障主要有:凸轮轴弯曲、裂纹,轴颈拉伤,磨耗超限,轴端螺纹损坏;凸轮轴工作表面剥离、凹坑及损伤,凸轮型面磨耗。该类驱动气门机构凸轮轴的故障多数情况下,前者是因为装配不到位受力不均造成的疲劳性损坏,后者是因为缺润滑油引起的非正常磨损性损坏。摇臂球头、横臂压头、横臂压块及横臂导杆松缓。该类驱动气门机构故障,多数情况下属润滑油道因油脂不洁净或其他杂质的影响阻塞,造成压球干摩擦,或摇臂、摇臂轴座、摇臂轴和横臂因疲劳产生裂纹。挺柱、挺柱头发生松缓与裂纹,球窝拉伤和凹坑,挺柱弯曲;滚轮轴、滚轮及衬套被拉伤和烧损;横臂弹簧存在变形、裂纹,密封圈损坏;摇臂与摇臂轴、横臂与横臂导杆、滚轮轴犯卡,该类气门驱动机构的传动部分故障,多数情况下因材质不良的疲劳性损坏。在机车运用中一般情况下,该类结构性故障是在机车检修作业中被发现,在短期内并不直接影响到柴油机运转,仅给柴油机经济性带来一定影响,其故障表象为相应故障气缸在柴油机运转中有"敲缸"声响。

(2)运用性故障

机车运用中,280 型柴油机发生在气门驱动机构的故障与 240 系列柴油机类似,主要是结构性故障造成运用性故障的反映,突出在气门驱动机构上、下部分的损坏,即凸轮型面的拉(啃)伤,挺杆弯曲变形(严重时发生折断);凸轮轴单节连接法兰松脱,造成柴油机配气顺序发生变化,气缸内做功异常等驱动机构下半部分的损坏。压球座油道被堵,导致压球与座间呈现干摩擦;横臂脱槽,造成气门不能正常启、闭。该类故障均给柴油机正常运转带来一定影响,在机车运用中的故障表象为柴油机运转中存在"敲缸"异声,柴油机加载时冒黑烟,严重时,会导致增压器喘振。该类气门驱动机构故障在机车运行中,采用适当正确的处理方法,一般不会影响机车牵引运行。其检查方法,可通过耳听、手摸等间接识别的方法鉴别。早期诊断与预防,是防止机车发生该类运用性故障的有效措施。

4. 案例

（1）凸轮轴齿轮松脱

2006 年 11 月 1 日，DF$_{8B}$型 5481 机车牵引上行货物列车运行中，柴油机突然呈现功率下降，经检查电器控制操纵系统工作均属正常，柴油机外表也未发现运转异常现象。柴油机第 3～8 缸高压油管脉冲波异常，维持机车运行至目的地站。待该台机车返回段后，对柴油机气缸进行爆发压力检测时，第 3～8 缸无爆发压力，扣临修。解体检查，发现柴油机右侧第 1、2 节凸轮轴连接法兰脱开。经分析，因法兰盘螺丝松脱，导致进、排气与喷油泵凸轮无规则运动，使其被控制气缸不能按配气相位运动而发生紊乱，致使其不能有效工作，导致柴油机功率下降，同时凸轮轴及轴瓦也受到损伤。经更换凸轮轴及轴瓦后，重新调整好配气相位，经水阻台试验运转正常后，该台机车又投入正常运用。

（2）进排气阀压球干摩擦

2007 年 2 月 8 日，DF$_{8B}$型 0079 机车牵引货物列车返回段内，进行机车整备技术作业中，质检人员检查到柴油机第 6 缸时，有"敲缸"声响，停机打开该缸摇臂箱检查，发现进、排气阀压球严重干摩，扣临修。经更换此摇臂轴座，试验运转正常后，该台机车又投入正常运用。

查询机车运用与检修记录，该台机车于 2007 年 1 月 30 日完成机车中修后的第 1 次机车小修，修后走行 2 133 km。经分析，因进、排气阀压球发生干摩擦，其原因为润滑油道被阻塞，无机油润滑所造成。在机车小修时，检修工艺执行不到位，定责机车检修部门。同时，要求机车检修中，加强对该部位的检查。

（3）喷油凸轮凸圆型面拉伤

2007 年 12 月 5 日，DF$_{8B}$型 5417 机车牵引货物列车返回段内，进行机车整备技术作业中，质检人员触摸柴油机第 11 缸高压油管时，脉冲波异常，经鉴别气缸内工作状态正常。针对此种异常现象，即刻停机检查，当打开第 11 缸上检查孔盖时，发现喷油泵凸轮工作型面已被拉伤。扣临修，对该凸轮型面按工艺要求进行打磨修整，并对该缸喷油泵下体进行了更换，试验运转正常后，该台机车又恢复正常运用。

查询机车运用与检修记录，该台机车于 2007 年 10 月 10 日完成第 2 次机车中修，修后走行 40 340 km。经分析，此凸轮型面拉伤，属喷油泵下体疲劳性损坏，导致该泵下体犯卡，下体滚轮在凸轮型面上产生滑动摩擦，而拉伤凸轮型面。按使用周期定责材质。同时，要求机车检修中加强对该部位的检查。

思 考 题

1. 简述 240/280 型柴油机气门驱动机构大修质量保证期。
2. 简述 240 系列气门驱动机构结构性故障。
3. 简述 240 系列柴油机气门驱动机构故障表象。

第三节　气缸盖及附件结构与修程及故障分析

气缸盖与活塞、缸套一起组成燃烧室，在气缸盖内腔布置有进、排气道，在气缸盖内、外还安装了喷油器，进、排气门及其驱动机构、示功阀等。240 系列柴油机与 280 型柴油机气缸盖及附件结构与功用基本相同，只是尺寸有所不同。

一、240 系列柴油机气缸盖及附件

1. 结构

气缸盖采用含铜合金蠕虫状石墨铸铁,它的性能介于球墨铸铁和灰铁之间,并兼有球墨铸铁和灰铸铁的一些特点。它的抗拉强度较高,因而有较好的抗裂纹能力,它又有较好的热疲劳性能,因而可提高气缸盖寿命。

(1) 气缸盖

为了获得较好的流动性,螺栓孔内壁厚度由上部 9.5 mm 向下逐渐加厚到 20 mm(与底板相接处),内壁与底板采用 R20 大圆弧过渡;为使中隔板承受一部分机械负荷,以减轻底板所受的机械负荷,采用了较厚的 16 mm 的中隔板,并使中隔板靠近气缸盖底面(中隔板下底面离气缸盖底面的距离为 48 mm),采用较强刚度的顶板,以减小箱形结构气缸盖底板的机械变形。

为了获得较好的热流,降低底板温度,中隔板离气缸盖底面较低。气缸盖下水腔容积较小,使冷却水在水腔内的流速提高,这样有利于气缸盖热负荷的降低,过桥处的壁厚较薄,为 20.5 mm,从而加强了冷却效果。考虑到气门导管伸入气道中,不利于气流流通,因导管下端受排气加热而扩张,从而易在被扩大了的间隙内生成积碳,导致气门杆身咬死在导管中。因此,采用了较短的导管,并不伸入气道中。为了获得合理的气流,气道形状采用向内、向下逐渐缩小的弯曲形式,使气道的喉口在气门座附近,对气缸盖气道内壁表面进行喷丸处理,并使其光滑,以减小气流的压力损失和减少进气涡流。为了降低进气门和进气门座的下陷,加强了底板刚度,以减小底板变形,阀面角采用 30°,以增大接触面积,减小磨损系数。根据柴油机对比试验结果,30°阀面角的进气门下陷量仅为 45°阀面门的 43.2%,30°阀面角的气门座下陷量为 45°阀面门的 51.7%,阀盘直径 ϕ82 mm,以降低气缸工作压力对气门的作用力。气缸盖的具体结构见图 4-16。

气缸盖为双层箱形结构,设有进气口和排气口,面对柴油侧面看,右侧为进气口,左侧为排气口。进、排气口周围制有与进、排气支管法兰连接用的 6 个螺孔。气缸盖顶面的中央设有上、下贯通的喷油器安装孔,以安装喷油器。

在喷油器安装孔周围铸有 4 个气门导管孔,分别压入气门导管,气门导管与气门导管孔之间的过盈为 0.01~0.025 mm。各气门导管孔上部周围设有安装气门弹簧的凹槽,同名气门导管孔之间,各设有 1 个气门横臂导杆安装孔。进、排气道上方的顶板上(靠柴油机内侧)设有 2 个孔,右侧孔铸造时清砂用,左侧的孔作为气缸盖水腔出水孔,与出水支管相连。出水孔处于气缸盖冷却水腔的最高位。在左、右侧壁还铸有若干个清砂孔,当内腔砂全清除后,用螺堵将清砂口封住。从顶面到底面外边缘上布置 6 个直径为 ϕ38 mm 的贯通孔,用以安装气缸盖紧固螺栓。

气缸盖底面中央为喷油器安装孔。其周围布置 2 个进气门座孔和 2 个排气门座孔。各气门座孔中均镶入合金钢的气门座圈。其与进气门配合锥角为 30°。与排气门配合锥角为 45°。进、排气门座圈以 0.08~0.10 mm 过盈量压入气门座孔中。为与气门套顶面环状凸肩配合定位,气缸盖底面上制有直径为 ϕ273 mm,深为 5 mm 的圆形凹肩,当气缸盖紧固在机体上后,可将调整垫压紧,以密封气缸。

在气缸盖底面圆形凹肩的周围均布有 12 个直径 ϕ10 mm 的进水孔,通过导水管(算盘珠)与气缸套水腔出水孔相连。气缸盖侧面安装柴油机示功阀。

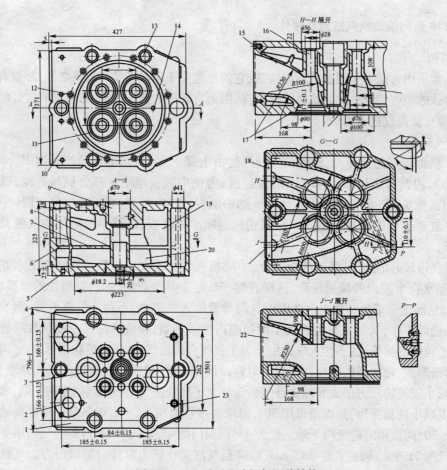

图 4-16　240 系列柴油机气缸盖结构

1-顶面;2-出水管孔;3-清砂孔;4-缸盖罩固定螺孔;5-小螺孔;6-透气孔;7-水平隔板;8-环形通孔;9-喷油泵座孔;10-底面;11-进气门座孔;12-进水孔;13-气缸盖螺栓孔;14-示功阀通孔;15-进气通孔;16-进气门导管孔;17-凹肩;18-进气口;19-上水腔;20-下水腔;21-排气口;22-排气通道;23-摇臂轴座固定螺孔

(2)示功阀

在每个气缸盖的外侧均装有 1 个示功阀,气缸盖的示功阀座孔设有 1 个专用通道,与气缸盖底面相通。在示功阀上接上爆发压力表,打开示功阀即可测量气缸内的压缩压力和爆发压力。在较长时间停机后,再次启机前打开示功阀进行甩车,以排除气缸内积存的油、水,同时可根据排出的情况来判断柴油机是否存在故障隐患。

示功阀由示功阀本体和支承座构成,支承座把紧在气缸盖侧面的座面上。示功阀本体由阀体、心轴组装、接头、调节垫、锁紧垫片、手轮组装等组成(见图 4-17)。

心轴组装由阀与轴组成,阀的锥角为 60°,与阀体相应的座面相配合,构成密封面,它的尾部用铆边的方法整圆铆在心轴上。阀在心轴上有 0.3 ~ 0.6 mm 的轴向间隙,手轮用夹布酚醛塑料制成。

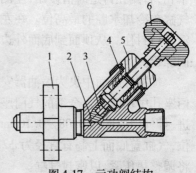

图 4-17　示功阀结构

1-支承座;2-阀体;3-心轴组装;4-调节垫圈;5-接头;6-手轮

接口内孔有 5 道密封沟槽,心轴与接头匹配的密封面锥角为 90°,调整垫圈用来调整心轴组装在阀体内的行程 $3.8^{+0.5}_{-1.0}$ mm。阀体后端有 1 个螺纹的接口,安装爆发压力表。

2. 气缸盖及附件大修、段修

(1)大修质量保证期

在机车运行 30 万 km 或 30 个月(包括中修解体)内(C 型机在运用 27 个月,即大修后的第一个中修期),气缸盖不发生裂纹、破损。

(2)大修技术要求

①拆除螺堵,清洗、去除积碳和水垢,不许有裂纹。

②排气导管全部更新,进气门导管及进、排气横臂导杆超限更新,与气缸盖孔的配合须符合原设计要求。

③气缸底面须平整,允许切修,但此面距气缸盖燃烧室面不许小于 4.5 mm。

④螺堵组装后,水腔须进行 0.5 MPa 的水压试验(D 型机为 1.0 MPa 的水压试验),保持 5 min 不许泄漏或冒水珠;燃烧室面不许有裂纹;示功阀孔须进行 15 MPa 的水压试验,保持 5 min 不许泄漏,保持 10 min 压力不许下降。

⑤气门座更新,气门座的座面轴线对气门导管孔轴线的同轴度为 $\phi 0.10$ mm。

⑥柴油机示功阀检修要求:柴油机示功阀不许有裂纹,缺损,螺纹不许乱扣;示功阀在全开、全闭状态下用柴油进行 15 MPa 的压力密封试验(D 型机 16.5 MPa),保持 1 min 不许漏泄。

⑦气门对气缸盖底面凹入量为 1.5~3.0 mm(D 型机为 1.5~2.0 mm);气门与气门座研配后,灌注煤油进行密封性试验,试验保持 5 min 不许泄漏。

(3)段修技术要求

①清除积碳、水垢,保持油、水路畅通。

注:D 型机更换过水套及喷嘴护套内的 O 形密封圈。装入喷嘴护套时在螺纹上涂石墨粉和二硫化钼混合剂,并经(250±15)N·m 的力矩拧紧。过水套与气缸盖组装时须先将过水套与气缸盖组装时,须先将过水套加热至 100 ℃。

②气缸盖底平面须平整,允许以进、排气支管安装面定位,切削加工修理,但此面与燃烧室顶平面的距离不得小于 4.5 mm。

③气缸盖、气门座不得有裂纹,气门座、气门导管、横臂导柱、工艺堵无松缓,气门座口密封环带宽度不大于 5.6 mm(D 型机气门下陷量不许大于 0.3 mm)。更换气门座及气门导管时装入过盈量应分别为 0.06~0.08 mm 和 0.01~0.025 mm(D 型机为 0.029~0.078 mm 和 0.010~0.025 mm)。

④气门不许有裂纹、麻点、凹陷、碰伤、砂眼等,气门杆不许有烧伤、拉伤,杆身直线度、气门阀口面对杆身的斜向圆跳动均不大于 0.05 mm,气门阀盘圆柱部厚度不许小于 2.8 mm(D 型机进气门不许小于 6 mm,排气门不许小于 3.5 mm)。

⑤气缸盖须进行 0.5 MPa(D 型机 1.0 MPa)的水压试验,保持 5 min 不许泄漏。

⑥气门摇臂、横臂、调整螺钉、压球、压球座、压销、气门弹簧不许有裂纹,油路要畅通。更换摇臂衬套时与摇臂的过盈量应为 0.015~0.03 mm。气门销夹应无严重磨损,并须成对使用。

⑦气缸盖组装时,气门与气门座须严密,用 -35 号柴油检验,1 min 不许泄漏,横臂应水平,其调整螺钉、压销与气门杆的端部接触应良好。组装后配气机构应动作灵活。

3. 故障分析

气缸盖及附件属柴油机配气机构重要零部件之一,它既是燃烧室的组成部分,又是气门及气门驱动部分安装的支撑,同时,又是气缸内进、排气的通道与储存冷却水的水腔和通道。其底面要受到燃烧室炙热高温的侵蚀,其内腔又要通过冷却水,还要受高温气体与气门驱动装置的撞击,受力非常复杂。在机车运用中,其结构性故障反映在柴油机运用中的主要故障表象为故障气缸喘息声,气缸盖裂漏,示功阀座断裂。该类故障直接带来机车运用性故障为气缸不能工作,严重时发生"水锤"等大部件破损事故。其故障表象主要为气缸内不发火,柴油机加载冒白烟,"敲缸"(气门掉头),膨胀水箱窜水或缺水。

(1)结构性故障

240系列柴油机气门驱动机构属内置式、不可视性零部件。在机车运用中,发生在气缸盖及附件的结构性故障主要有:气缸内高温爆发压力与燃烧侵蚀作用,气缸盖底板在高温、高压作用下变形(或裂纹)引起的漏燃气,气门过桥裂损,气门座松动与点蚀,气门导管积碳与断损,横臂导管断裂,示功阀断损等。

气缸内高温爆发压力与燃烧侵蚀作用。因气缸盖装到柴油机上后,受到紧固螺栓的预紧力,使气缸盖顶面板受拉伸作用,其侧板和底板受压缩作用。当柴油机工作时,气缸盖在很大的交变气体压力作用下工作,它的底板受到弯曲,其中朝向燃烧室的一面受到压缩,而朝向冷却水腔的一面受到拉伸。气缸盖所受到的机械应力通过气缸盖内部的筋板传到气缸盖的各部位。除了上述受力外,气缸盖在高温燃气的作用下,还承受着交变的热应力作用。

气缸盖底板在高温、高压作用下变形(或裂纹)引起漏燃气。由此经进气阀(或排气阀)窜入稳压箱,破坏了空气过充系数,或窜入废气支管与总管,促成二次燃烧,使排气支管、总管内废气温度升高,影响了柴油机整体工作的经济性与使用寿命。特别是高温废气进入增压器涡壳内,对增压器工作运转不利。严重时,造成增压转子扫膛破损。

气缸盖底板的结构性。因气缸盖底板过桥是四个气阀座的连接结合部,铸造工艺较复杂,工作中此处的热应力又较为集中。因此,产生此处裂漏及波及至进、排气道裂漏是柴油机运用或检修作业中经常发生的故障。当此处发生隐裂时,肉眼是很难发现的,所以在检修作业需进行 0.5 MPa 的水压试验,并保压 5 min,一旦发现漏水或冒水珠,气缸盖需进行更换。

气门座松动、座面磨耗在柴油机运用中是经常发生的。因气阀的开启频率较高,加上在高热(最高达 1 500 ℃)、高压(13.5 MPa 左右)环境条件下,特别是气阀关闭中还受到燃(废)气冲击与冲刷,对气缸盖底座圈的敲击,加上燃废气中的化学成分。虽然气门座采用特殊材料制成,但在这样的环境中,经常发生气门座圈松动,座圈磨耗和座圈工作面点蚀与凹坑。

在气缸盖上安装的导管有几种,即气门导管(4 根),横臂导管(2 根)。因其所处的工作环境不同,不同导管受力也不同,损坏的程度也有所不同。气门导管在柴油机长期运用中,由于热应力的存在,气门导管会向气缸内伸长,当过度伸长将会引起导管内孔废气中的化学残留物(残碳)黏糊,导致气阀杆在此导管卡滞,使气阀回座困难,气阀易被活塞撞击损坏,甚至导管折损。

横臂导管在柴油机运转中,作为横臂的导杆支承,在正常工作状态仅承受横臂柱的上下运动,受力状况平稳。但当气门驱动机构发生故障时,如推(挺)杆断裂后产生的撞击;气门间隙调整过大、过小,引起气门回座时不规则侧向力;气门弹簧断裂,导致气阀杆失控等原因;均是导致横臂导管裂断、松缓的破坏因素。当横臂导管发生裂、断、松缓时,应配换导(管)柱,但必须保证新导杆的过盈量。

柴油机运用中，气门弹簧在高频的压缩—伸张反复运动作用下，极易引起弹簧的疲性损坏。如气门大、小弹簧变形、裂纹、折断，这些损坏的情况，基本上在定期检修作业均能被检查发现，否则，在机车运用将会造成大部件的破损。

在机车运用中示功阀的损坏，多数情况下是在装、卸气缸盖时，未按规定工艺流程，将示功阀座碰伤，引起隐裂，柴油机运转中气缸盖与机体的振动，导致示功阀座的突然性断损脱落。示功阀的断损脱落，在柴油机运转中自身并不会造成多大危害，问题是如不及时进行处理，可能造成柴油机火灾或阀体脱落后，卡滞在相应气缸喷油泵齿条处，将有可能造成柴油机在降负荷卸载时，使供油拉杆不能回移。因此造成整体喷油泵供油齿条不能回移，而有可能造成柴油机"飞车"事故发生。

(2)运用性故障

机车运用中，发生在气缸盖及附件上的损坏故障，多数情况下是结构性故障的反映，一般发生在气缸盖底板上的裂损，发生在气缸盖附件上的故障较少。而多数情况下属相配合工作的零部件损坏，波及到气缸盖及其附件的损坏。

气缸盖底板的隐裂损坏属不可视性故障，发生之初的故障表象，在柴油机启动或停机，通过巡声鉴别，可出现气缸喘息声。其底板裂漏时，气缸盖冷却腔内的冷却水窜入气缸内，柴油机加载时，烟囱冒白烟。隐裂较小时，在柴油机加负载或高转速运转时，气缸内的燃气经此向冷却水系统窜入，造成柴油机冷却水系统呈现虚水位，其初始期膨胀水箱溢水，当膨胀水箱溢漏过半时，会出现膨胀水箱水表柱内窜水，这种故障表象当停止该故障气缸工作时，就会停止窜水现象。

气缸底面的损坏，除存在于裂损泄漏冷却水外，多数情况是被撞击性损坏。如活塞环碎段，气阀掉头的碎块，活塞顶部破碎的碎块（主要指球黑铸铁活塞）进入气缸内，夹在气缸内运动于活塞与气缸盖底部间，将气缸盖底部及附属装置撞击损坏。因活塞在气缸内属高速运动件，其力矩相当大，所形成的破坏性也大，其破坏性表象有，进、排气门底盘的损坏，气门掉头，气门杆弯曲，气门杆导管的损坏，气缸盖底部被撞击成凹陷坑（见图4-18），严重时，其底部被撞击穿透而泄漏，引起更大的破损故

图4-18　气缸底盖被撞击损坏

障。同时，破损的碎块经废气道进入相邻气缸，或经废气支管、总管进入增压器涡轮内，将增压器涡轮叶片打坏，甚至于使增压器扫膛。

机车运用中，发生气缸盖及附件损坏引起的冷却系统缺水和窜燃气时，有多种故障表象。因气缸盖水腔裂损引起的泄漏冷却水，其故障表象是膨胀水箱会出现窜水；气缸盖过水圈损坏漏水，或出水支管泄漏。气缸盖螺栓预紧力矩不到位，造成气缸盖窜燃气将气缸盖垫破损（多数情况下发生在气缸内爆发冲程中引起泄漏燃气），其故障表象为相应故障气缸感觉有外漏的高压气体和"敲缸"声响。气缸盖附属装置气阀烧损时，其故障表象为气缸内压缩压力不足。同时，在柴油机运转中停机的瞬间，会出现气缸内发出喘息声。

在机车运行中，当柴油机气缸盖及附件发生故障时，如属气缸盖底板泄漏严重，造成冷却系统缺水时，机车不能继续强行运行。其他故障情况，基本上可甩掉该故障气缸，视膨胀水箱水位情况维持机车继续牵引运行。如属示功阀断损脱落由此喷火时，可关闭（甩掉）该故障气缸，继续维持机车运行。

对上述气缸盖及附件的故障隐患,其检查判断方法,在机车静态时,可采用"油水密度检视分析法",动态时,可采用"甩缸鉴别法"来进行判断处理。

4. 案例

(1)气缸盖螺栓紧固力不足

2006 年 2 月 4 日,DF$_{4B}$型 1323 机车牵引上行货物列车运行中,司乘人员巡检机械间时,发现柴油机右侧有"敲缸"的声响,但经司乘人员检查未发现任何异状。待该台机车返回段内,进行机车整备技术检查作业时,经质检人员检查确认,柴油机第 9 缸有异音存在,扣临修。解体检查,该气缸垫被呲坏。经分析,由于气缸盖螺栓紧固力矩不到位,造成气缸在爆发冲程时,燃气将缸头盖垫呲损坏,引起气爆异音,其声响与"敲缸"声响相似。经换上新品的气缸盖垫,按工艺要求紧固好气缸盖螺栓,试验运转正常后,该台机车又投入正常运用。

(2)气缸盖调整垫未压紧

2006 年 2 月 14 日,DF$_{4B}$型 1186 机车牵引上行货物列车运行中,柴油机发生"敲缸"的异音。待该台机车返回段内后,经检查确认,为柴油机第 12 缸发出的"敲缸"声响。扣临修,对该缸解体检查,为该缸气缸盖调整垫被呲损坏。更换此垫,试验运转正常后,该台机车又投入正常运用。

经分析,由于该垫安装不当(0.3 mm 垫未被压紧),当气缸内在爆发冲程时,造成窜燃气,发出"敲缸"的声响。查机车运用与检修记录,该台机车于 2005 年 10 月 29 日完成机车大修,修后走行 41 820 km,该部件的破损在机车大修质量保证期内,属检修工艺问题,定责机车大修。

(3)气缸盖水腔裂损

2006 年 2 月 18 日,DF$_{4B}$型 9364 机车牵引上行货物列车运行中,后增压器烟囱冒白烟,待该台机车返回段内,经甩车检查,从柴油机第 10 缸示功阀排出大量的水,扣临修。解体检查,当对气缸盖打水压试验时,第 10 缸气缸盖水腔裂损,造成气缸盖漏水。将该气缸盖更换后,试验运转正常后,柴油机又投入正常运用。

(4)气缸盖气阀底盘烧穿

2006 年 3 月 15 日,DF$_{4B}$型 3626 机车牵引上行货物列车运行中,前、后增压器烟囱冒黑烟。待该台机车返回段内后,司乘人员向机车地勤质检人员反映这一情况,经对柴油机气缸进行压缩压力检测时,发现第 5 缸压缩压力低于规定值(2.6 MPa),同时也明显低于其他各缸的压缩压力值,扣临修。解体检查,该缸排气阀边缘被熔穿一个小孔,经更换第 5 缸气缸盖后,柴油机恢复正常运转。

经分析,由于气阀在长期开闭过程中,气阀底盘边缘疲劳产生裂纹后,在高压高温燃气压力的冲刷作用下,顺其裂纹将其烧穿熔成一个小孔。因此造成气缸气密不良,同时废气经此处进入稳压箱破坏了进入气缸内空气的含氧量,而引起气缸内燃烧不良,同时造成前、后增压器烟囱冒黑烟。

(5)气缸盖过水胶圈损坏漏水

2008 年 8 月 13 日,DF$_{4B}$型 7274 机车担当货物列车 26052 次重联机车的牵引任务,现车辆数 40,总重 3 273 t,换长 53.5。运行在兰新线鄯善到哈密区段的雅子泉站时,因柴油机漏水,要求停车处理,于 6 时 36 分停车。经检查,无法处理,司机请求更换机车。构成 G1 类机车运用故障,待该台机车返回段内后,扣临修检查,为柴油机第 13 缸过水胶圈损坏漏水。更换过水胶圈,重新注水,试验运转正常后,该台机车又投入正常运用。

查询机车运用与检修记录,该台机车 2007 年 7 月 23 日完成第 3 次机车大修,修后总走行205 001 km,于 2008 年 7 月 30 日完成第 4 次机车小修,修后走行 7 320 km。查前期碎修无此故障记录,机车到段检查,柴油机第 13 气缸盖与缸套过水胶圈处漏水严重,吊下缸头检查,内侧有一过水胶圈破损断开。经分析,机车运用时,由于过水胶圈受热膨胀而断裂,造成此处漏水。查前期修程,该台机车未有对该气缸盖进行过施修的记录,定责材质。同时,要求加强日常检查。

(6)气缸盖水腔裂损

2008 年 9 月 18 日,DF$_{4B}$ 型 0280 机车担当货物列车 81043 次重联机车的牵引任务,现车辆数 29,总重 2 221 t,换长 43.5。运行在兰新线鄯善到乌鲁木齐西区段的夏普吐勒至吐鲁番站间,司乘人员在机械间巡检中,发现膨胀水箱水位下降过快,检查未发现漏水处所,6 时 36 分到达吐鲁番站停车,司机要求更换机车,入段(折返段)检查处理,构成 G1 类机车运用故障。待该台机车返回段内,扣临修,检查柴油机第 15 缸气缸盖内水腔裂损漏水。更换气缸盖,重新注水,试验运转正常后,该台机车又投入正常运用。

查询机车运用与检修记录,该台机车 2008 年 6 月 30 日完成第 6 次机车大修,修后总走行31 550 km。机车到段检查,经柴油机甩车检查,第 15 缸示功阀有水排出,吊下此气缸盖打水压试验,气缸盖内水腔裂损,漏水严重。经分析,为气缸盖水腔裂漏。按机车大修质量保证期,定责机车大修,并要求将此故障信息反馈机车大修厂,提高机车大修质量。

二、280 型柴油机气缸盖及附件

280 型与 240 系列柴油机用气缸盖用途相同。不同点为气缸盖进出水道的布置结构,气缸盖紧固螺栓减少为四条。气缸盖用四条螺柱紧固在机体上,它的底面盖住气缸,起着密封气缸的作用,并与活塞顶面和气缸套形成燃烧室。气缸盖内部装有喷油器和四个气门,并布置有串联式的进、排气道以及水腔,顶面装有气门驱动机构,侧面装有示功阀。

1. 气缸盖的结构

为了使气缸盖具有较高的强度和刚度,采用双层箱形结构。位于柴油机内侧的侧壁上布置有进气口和排气口,面对柴油机侧面看,右侧为进气口,左侧为排气口。气缸盖内部分别设有进、排气道。气缸盖中间,布置一个喷油器安装孔。

在喷油器安装孔周围有四个气门导管孔,同名气门导管之间,各有一个气门横臂导杆安装孔。气缸盖上部顶板上,靠柴油机内侧有两个孔,其中一个孔是气缸盖水腔的出水孔,另一个孔则用螺堵堵死。水孔法兰与出水支管用三个螺栓紧固,水孔处于气缸盖冷却水腔的最高位置,可减少流动阻力,有利于冷却水循环。

从气缸盖顶面到底面在其外边缘部位有四个直径为 $\phi52$ mm 的贯通孔,用来安装气缸盖螺柱。采用四个螺柱紧固方式,可使气缸盖结构紧凑,且使加工量减少,同时又减少了螺柱的数量。

在喷油器安装孔底部周围,有四个气门座孔,用于嵌入气门座。为使气缸盖与气缸套安装时相配合定位,在气缸盖底面设有圆形凹肩。在气缸盖底面外缘四周,有四个进水孔,通过水封圈导管与机体水腔出水孔相连,使从机体流来的水进入气缸盖冷却水腔,从而使气缸盖得到冷却。气缸盖外侧面上,还有安装示功阀的孔,用来检测气缸内工作时的压力。

(1)气缸材料

气缸盖由蠕虫状石墨铸铁浇铸而成,它具有较高的抗拉强度和热疲劳性能,有利于提高气

缸盖的使用寿命,同时还具有良好的铸造流动性和良好的加工性。

(2)示功阀

示功阀安装在气缸盖侧面的示功阀孔内。示功阀座孔有一个专门的通道与气缸盖底面相通。280 型与 240 系列柴油机用示功阀结构与运用要求相同。

(3)气缸盖罩

气缸盖罩装在气缸盖的顶面,用手轮拧在摇臂轴座的长螺柱上来紧固。它由铸铝浇铸而成,十分轻巧。为了加强其强度和刚度,在其内部侧壁设有加强筋,在它的底面一周,铣有凹槽,用来装入橡胶密封带,以防止气缸盖上部滑油的泄漏。另外,它还起到保持气门驱动机构的工作安全性和防尘作用。

2. 气缸盖及附件大修、段修

(1)大修质量保证期

气缸盖须保证运用 5 万 km 或 6 个月(即一个小修期)。

(2)大修技术要求

①拆除螺堵和喷油器护套,清洗、去除积碳和水垢,不许有裂纹。

②排气门导管全部更新,进气门导管内孔及进、排气横臂导杆超限更新,进、排气门导管与气缸盖气门导管孔的过盈量须选配,其值为 0.010 ~ 0.025 mm,进、排气门横臂导杆与气缸盖孔的过盈量为 0.007 ~ 0.049 mm。

③气缸盖底部缸垫密封面须平整,允许切修,但此面与底面的距离不许大于 10.5 mm。

④螺堵组装后,水腔须进行 0.5 MPa 的气压试验,保持 5 min 不许漏气,燃烧室面不许有裂纹,燃烧室面与示功阀孔须进行 15 MPa 的水压试验,保持 5 min 不许泄漏,保持 10 min 压力不许下降。

⑤示功阀的检修要求:示功阀不许有裂纹、缺损,螺纹不许乱扣。示功阀用轻柴油进行 15 MPa 的压力密封试验,在示功阀关闭状态下试验 2 min 不许有泄漏。

⑥气缸盖组装要求:气门对气缸盖底面凹入量,进气门为 0.7 ~ 1.7 mm,排气门为 3.0 ~ 4.0 mm;气门与气门座须严密,灌注煤油进行密封性试验,保持 5 min 不许泄漏。

(3)段修技术要求

①清洗积碳、水垢,保持油路、水路畅通。

②更新喷油器套管密封圈、垫,套管锁紧母紧固扭矩为 588 ~ 637 N·m。

③气缸盖底部缸垫密封面须平整,允许切修,但此面与气缸盖底面的距离不大于 10.5 mm。

④气缸盖、气门座不许裂损,气门座、气门导管、横臂导杆、摇臂球头、横臂压头、横臂压块、工艺堵不许松缓,气门座口密封环带宽度不大于 5.6 mm,更换气门座与气门导管时,装配过盈量分别为 0.108 ~ 0.150 mm 和 0.010 ~ 0.025 mm。

⑤气门不许裂损,腐蚀、碰伤,气门杆不许烧伤、拉伤,气门阀口面对杆身轴线的斜向圆跳动为 0.05 mm,杆身直线度为 ϕ0.05 mm,气门阀盘圆柱厚度:进气门不小于 7 mm,排气门不小于 4 mm。

⑥气缸盖须进行 0.5 MPa 压力试验,保持 5 min 不许泄漏。

⑦气缸盖组装时,气门与气门座须配研,用煤油进行密封性试验,保持 1 min 不许泄漏。横臂须水平,其调整螺钉、压销与气门杆的端部接触须良好。组装后配气机构动作须灵活。

3. 故障分析

280 型与 240 系列柴油机用气缸盖在运用中所发生的结构性、运用故障基本相似。因其负载不同,损坏的概率有所不同,机车运用中常见的故障有:气缸盖螺栓紧固不到位或气缸盖垫被吡损,引起的窜燃气,气缸盖水腔内部裂损泄漏,气缸盖底部被撞击性损坏,气缸盖的进水口水封损坏漏水,出水支管垫损坏漏水等,其判断检查方法与240系列柴油机用气缸盖的检查判断方法相类似。

4. 案例

(1)气缸盖窜燃气

2007年11月19日,DF$_{8B}$型0087机车牵引上行货物列车,运行在兰新线哈密至柳园区段的烟墩至山口站间。司乘人员在机械间巡视中,发现柴油机有敲缸声响,柴油机负荷越大,敲缸的声响越大。经检查判断,估计发生在柴油机右侧2~4缸间。除此之外,未发现其他不同的异状,差示压力、油水温度均显示正常,机车输出功率基本正常。因此,未作任何处理,机车牵引列车运行至目的地站。待该台机车返回段后,扣临修。检查发现柴油机第3缸发出"敲缸"声响。经解体吊下气缸盖,检查该缸气缸盖与气缸接口处有窜燃气留下的痕迹。经重新装配整修,按工艺要求安装好该缸气缸盖,拧紧气缸盖螺栓,试验运转正常后,该台机车又投入正常运用。

查询机车检修与运用记录,该台机车2007年10月22日完成第2次机车中修,修后走行7 235 km。查该台机车运用碎修记录,该处未发现运用异状记录。经分析,属机车中修装配中产生的问题,气盖缸紧固不到位,定责机车中修。

(2)气缸盖裂漏

2007年11月28日,DF$_{8B}$型0084机车牵引上行货物列车,运行在兰新线柳园至嘉峪关区段间。司乘人员在机械间巡视中,发现膨胀水箱水位逐渐下降,并未发现泄漏处所,经排气检查,也未发现冷却水循环系统内储存有空气。因此,未作任何处理,机车牵引列车运行至目的地站。经嘉峪关段内检查也未发现异状,将这一故障现象记录在机车运用交接记录薄内,继续运用观察(注:如通过"油水密度分析法"就能检查判断出来),机车进行补水后折返。待该台机车返回段后,扣临修检查,对柴油机解体,吊下第4、5、10、14气缸盖,水压试验发现第4气缸盖内水腔裂漏水。更换第4气缸盖,重新装配整修,试验运转正常后,该台机车又投入正常运用。

查询机车检修与运用记录,该台机车2007年11月25日完成第2次机车中修,修后走行566 km。经分析,该故障属机车中修部门检修作业不到位,未严格按气缸盖检修工艺要求,进行水压试验,以致发生该台机车运用故障,定责机车中修部门。并要求在机车中修时,对气缸盖严格按工艺要求进行水压试验,杜绝类似机车运用故障发生。

(3)缸套水封圈损坏

2007年12月11日,DF$_{8B}$型5493机车牵引货物列车运行在兰新线柳园至哈密区段间。司乘人员在机车运行中,发现柴油机冒白烟,经对柴油机各部检查未发现泄漏之处,只见到膨胀水箱水位缓慢下降,柴油机功率输出也属正常。因此,未作任何处理,机车牵引列车运行至目的地站。待该台机车返回段后,扣临修。通过试验检查,发现柴油机第8缸从示功阀内排出大量的水,通过解体柴油机第8缸气缸盖检查,该气缸盖的水封圈由于安装不良全部断裂,引起密封不良,造成气缸套向气缸盖的进水流向该气缸内。因此,发生柴油机加载时冒白烟。经更换缸套水封圈后,重新装配整修,试验运转正常后,该台机车又投入正常运用。

查询机车检修与运用记录,该台机车于2007年9月21日完成中修,修后走行50 752 km。经分析,该气缸在机车中修后,投入运用以来未作任何碎修,从该缸水封圈损坏迹象分析,属机

153

车中修装配作业中操作不当而引起,按质量保证期,定责机车中修部门。并要求在机车中修时,加强机车中修缸套安装检修质量,杜绝类似的机车运用故障发生。

(4)气缸盖接口窜燃气

2007年12月26日,DF$_{8B}$型5491机车牵引货物列车运行在兰新线哈密至柳园区段的山口至思甜站间。司乘人员在机械间巡视中,发现柴油机有"敲缸"声响,柴油机负荷越大,敲缸的声响越大。经检查判断,估计发生在柴油机左侧13~15缸间。除此之外,未发现其他不同的异状,差示压力、油水温度均显示正常,机车输出功率基本正常。因此,未作任何处理,机车牵引列车运行至目的地站。待该台机车返回段后,将该台机车扣临修,检查为柴油机第14缸发出的敲缸声响。经解体吊下气缸盖检查,该气缸盖与气缸接口处有窜燃气留下的痕迹。经更换该气缸盖,重新装配整修,安装好该缸气缸盖后,按工艺要求拧紧气缸盖螺栓,经水阻试验运转正常后,该台机车又投入正常运用。

该台机车2007年10月30日完成第2次机车中修,修后走行28 312 km。经查机车运用与检修记录,该处未发现运用异状记录。经分析,属机车中修装配中产生的问题,气盖缸紧固不到位,即在紧固该气缸盖螺栓时,所使用的柴油机气缸盖紧固螺栓液压扭矩拉伸扳子有一个油缸漏油,使拉伸预紧力矩产生误差,造成该气缸盖一个螺栓紧固力矩不足,因此紧固不到位,而形成窜燃气,定责机车中修部门。同时,要求机车中修在组装气缸盖时,对液压拉伸工具的完好性进行检查,避免此类检修作业漏洞的发生。

(5)气缸盖出水管上垫漏水

2008年4月4日,DF$_{8B}$型5317机车担当牵引货物列车11066次的本务机车,现车辆数51,总重3 993 t,换长65.4。运行在兰新线哈密到柳园区段的思甜至尾亚站间,司乘人员巡检机械间时,发现柴油机第16缸出水支管上垫漏水,列车在区间被迫停车,经检查,无法处理,不见膨胀水箱水位,不能维持机车牵引运行,而请求救援。构成G1类机车运用故障。待该台机车返回段内,扣临修,检查为柴油机第16缸气缸盖出水管垫漏水,解体检查发现出水管上法兰胶圈装偏,被挤压破损。经更换此出水支管胶圈后,柴油机重新注水,试验运转正常后,该台机车又投入正常运用。

查询机车运用与检修记录,该台机车2008年4月1日完成第1次机车中修,修后走行283 km。经分析,此出水支管上法兰胶圈在更换组装时装偏,经紧固挤压破损造成漏水。按机车中修质量保证期,在机车投入运用后的第一趟交路就发生此故障。定责机车中修部门。同时,要求加强机车中修质量,在机车水阻试验时,加强对油水管路的检查,发现故障隐患及时处理;并要求机车中修部门在柴油机组装该部位时,验收、质检要加强对该部位的检查。

思 考 题

1. 简述240/280型柴油机气缸盖及附件大修质量保证期。
2. 简述240系列柴油气缸套结构性故障。
3. 简述240/280型柴油机气缸套及附件损坏的故障表象。

第五章　增压器与进排气系统及中间冷却器

废气增压,即利用柴油机燃烧产生的废气驱动增压器的涡轮,由涡轮将废气的部分能量转化为机械功,带动压气机旋转,给进入压气机的空气加压,空气增压后,温度升高。随着增压柴油机平均有效压力的提高,压气机出口的空气温度也不断提高。通常可达 160 ℃以上。这时,经过增压后的空气需经过中间冷却器(简称中冷器)冷却,以进一步提高空气密度,增加进入气缸的空气质量。废气涡轮增压方式的增压器,由涡轮与压气机通过一体轴连成一体,与柴油机无机械联系。本章主要介绍 240/280 型柴油机废气涡轮增压器和进、排气系统与中冷器的结构及修程要求。着重阐述了其结构性与运用性故障分析,并附有相应的机车运用故障案例。

第一节　增压器结构与修程及故障分析

240 系列柴油机用涡轮增压器几经更新换代,与之配套运用的有多种型号,如 45GP802 型及变型产品,VTC245-13 型及变型产品,ZN310-LS 型产品等。

一、240 系列柴油机增压器

1. 结构

(1)增压器壳体

涡轮增压器的壳体包括压气机导流壳和出气壳、涡轮进气壳和出气壳。

①压气机导流壳

压气机导流壳的作用是将外界的空气均匀平稳地导入压气机工作轮,它用铸铝制成。吸气壳中部借筋片与空心管柱状的导风罩连接;导风罩遮住转子轴端部螺母,以免气流受到扰动。并可安装转子转速测头,或连接测量转速的数字频率计与其他显示仪器的引出线。

②压气机出气蜗壳

压气机出气蜗壳的作用是收集从扩压器来的空气,并使压力得到进一步提高。它的一端与涡轮出气壳相连,另一端与工作轮罩及吸气壳相连,用铸铝制成。在出气壳出口法兰附近设有两个备用仪表座孔,供试验时安装测量温度与压力仪表用。当冬天增压器易发生喘振时,也可打开此两孔堵,进行放气以防止喘振。出气蜗壳底部设有排污堵,供验示油封是否窜油及排污用。

③涡轮进气壳

对燃气起导流作用的涡轮进气壳采用球铁制成,它的一端与排气总管相连,另一端与出气壳及喷嘴环相连,其中部借筋片与凸球形的燃气导流罩相连。为了引出从喷嘴环和涡轮叶片间漏入涡轮工作轮中部的燃气,以降低零件的工作温度和减小涡轮轴的轴向推力,在涡轮进气壳的筋板上钻有两个通至凸球形导流罩的小孔,将漏入燃气引至机车排烟道中排入大气。

④涡轮出气壳

涡轮出气壳用耐热、耐腐蚀的特种铸铁制成，其作用是将废气有程序地引出涡轮增压器，同时支承涡轮转子。在出气壳两端中心线上铸有轴承座孔，在轴承座孔之间铸有机油回油道，在出气壳内沿出气道和回油道周围铸有冷却水腔。冷却水进口在出气壳下部两侧，出水口在上部两侧。为防止壳体局部过热，两侧出水口同时使用，出气壳底部设有1个供排污用的排污堵。在出气壳上方靠近压气机一侧，沿水平方向钻有通至两端轴承的进油孔。在回油道的下部设有通至曲轴箱的连通管孔，此孔如果受到局部堵塞或连接曲轴箱的管子内径大小，都会因向曲轴箱流回机油不畅，而使增压器油封发生漏油。在出气壳体内钻有和涡轮工作轮与压气机工作轮内侧互相连通的气孔，借引气管从出气壳外侧引至压气机导流壳内，以平衡两端气封内侧的空气压力，改善涡轮的轴向受力情况，在出气壳下方设有安装支架座。

压气机出气涡壳、涡轮进气壳、涡轮出气壳间的连接螺钉均按15°间隔布置，因而压气机出气蜗壳和蜗轮进气壳能隔15°任意旋转安装，以适应柴油机总体布置的不同要求。

（2）45GP802-1A 型增压器

45GP802-1A 型增压器为内支承、径流式压气机、轴流式涡轮、涡壳采用水冷结构、滑动轴承、机油压力润滑的结构（见图5-1）。

①转子和扩压器

转子由涡轮工作轮、主轴、压气机工作轮、衬套和连接套等组成，是增压器实现能量转换和压缩空气的重要部件。

压气机工作轮。压气机的工作轮为半升式，叶片是径向叶片，由导风轮和叶轮组成。工作轮由锻铝制成，导风轮和叶轮是热套在衬套上的。工作轮用两个圆柱销与衬套固连在一起，再用压紧圈和螺母压紧在涡轮轴上，以防止轴向移动和相对转动。

扩压器。扩压器为叶片式。由扩压器体、盖板、镶圈和气封圈等组成。扩压器体和盖板均用铸铝制成。在扩压器体上铸有叶片，在叶片另一侧面用盖板封盖，并用螺钉连接，从而构成封闭式的扩散形流道，镶圈用铸铁制成。嵌装在扩压器体内，气封圈用钢片制成，用 $\phi1.5$ mm 的软康铜丝压紧在镶圈的气封槽内，与压气机工作轮内侧的气封槽共同构成压气机的气封，以防止油、气互窜。

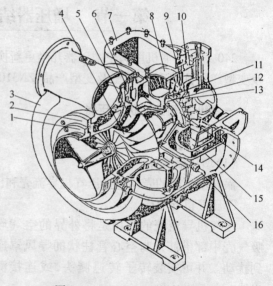

图 5-1　GP802-1A 型涡轮增压器

1-导流罩；2-压气机叶轮罩壳；3-压气机出气蜗壳；4-导风轮；5-压气机工作轮（叶轮）；6-扩压器；7-涡轮出气壳；8-喷嘴环外圈；9-喷嘴叶片（静叶）；10-涡轮进气壳；11-涡轮气封圈；12-轴承座；13-涡轮叶片（动片）；14-涡轮工作轮；15-径向轴承；16-引气管

涡轮工作轮。涡轮工作轮为轴流式，由叶片和轮盘组成。叶轮和涡轮盘分别由特殊钢制成。它们之间采用可拆式纵树形榫头连接，并用锁紧片锁紧，以防轴向移动。

涡轮轮盘。涡轮轮盘用耐热钢制成，其背面制有定位凸肩，以过渡配合和涡轮轴对中定位。并用3个螺钉和3个铰孔定位销与涡轮法兰连接，在涡轮轮盘两侧制有密封燃气的气封筋片。

主轴。主轴用合金钢制成。在两个工作轮的内侧设有滑动轴承，靠压气机工作轮侧的轴承借轴承套和径向轴承与止推轴承配合。

转子是高速回转部件,因此在转子组装后应进行动平衡试验。

②喷嘴环

喷嘴环为组装式,由喷嘴叶片、镶套、内外圈及其镶套和气封圈等组成。

③轴承和润滑

增压器采用内置轴承,两个轴承布置在压气机工作轮内侧。压气机端轴承组装由径向轴承、推力轴承体、辅助轴承、推力轴承等组成。径向轴承为整体式的高锡铝合金滑动轴承,轴承用08A1钢制成,径向轴承为三油楔轴承,与轴承套间存在着一定的径向间隙。由于废气沿轴向流动,使涡轮工作轮右侧的压力大于左侧,产生了朝向压气机端的轴向推动,故在压气机端设置推力轴承。辅助推力轴承和推力轴承体分别布置在轴承的内、外侧,推力轴承也有轴向间隙存在。涡轮端轴承组装为径向轴承,与轴颈也有间隙存在。

为防止轴承处机油漏出,在两端径向轴承外侧设有油封,压气机端借气封圈上和涡轮轴旋向相反的梯形螺纹,将漏出的机油推回。另处在压气机工作轮背面设有甩油盘,用以挡住漏泄机油,并使溢出的机油在甩油盘的离心力作用下,沿盘斜面甩回回油道。并为防止机油进入蜗轮出气壳的排气腔,将压气机叶轮背面的高压空气引入进行封油。

(3) VTC254-13 型增压器

①结构

C 型机采用 VTC254-13 型增压器或 ZN290 型增压器。该类型增压器在结构上具有:内置式浮动套型滑动轴承,两个轴承分别置于涡轮与压气机叶轮的内侧。内置式布置轴承使增压器在轴向上有紧凑的结构,燃气进气壳不须冷却,可获得小的外形尺寸,并可使压气机叶轮前有足够的进气道长度,以保证气流尽可能均匀、平稳地进入叶轮。

浮动套型滑动轴承可以适应恶劣的工作环境,如机车动力间的较高环境温度等。

②压气机

后弯式叶轮。它具有低的噪声水平,噪声最高值为 84 dB,良好的部分负荷和加速度性能,宽广的压气机特性(即高的等熵压气机效率),叶轮叶片负荷小,使气流稳定并进入叶轮后稍有降速。

导风轮。采用长、短叶片,并优选叶片的进口角。

叶轮罩壳。使压气机叶轮的子午面流道与扩压器有良好的匹配。

涡轮壳体。冷却水的出口处的节流孔可调节冷却水量,进、出水温差约为 8 ~ 10 ℃,带有水冷夹层。只要水腔内不产生蒸气,冷却水的允许温度可大于 100 ℃,水压允许高压,但不得超过 0.47 MPa。

③结构布置

VTC254-13 型增压器的总体布置(见图 5-2),其总体结构的安排没有超出传统的布置形式,但在具体结构上有许多独到之处。

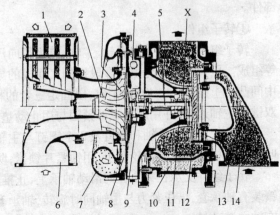

图 5-2　VTC254-13 型增压器

1-消音器总成;2-导风轮;3-压气机叶轮;4-轴承座总成;5-转子轴;6-空气吸气弯头总成;7-蜗壳;8-扩压器总成;9-压气机端轴承总成;10-燃气排气壳;11-涡轮端轴承总成;12-涡轮叶片;13-喷嘴环;14-燃气进气壳

为了控制进入增压器油腔内的机油压力,在油腔的进口处设有油量控制器(进油法兰),其上的进油孔有 $\phi5.5$ mm 和 $\phi4.5$ mm 两种,孔径不同,对机油的进油压力的要求也是不同的,前者为 $0.25 \sim 0.40$ MPa。后者为 $0.40 \sim 0.60$ MPa,C 型机选用 $\phi4.5$ mm 的孔,运用中不得随意改变此孔的尺寸。

在轴承座总成上方,压气机蜗壳背后,有个承吊孔,供吊运增压器用。

④供油

增压器润滑油要求有一定的工作压力范围。该型增压滑油管路带有一套油压保护装置。机油从柴油机主油道出来,经增压器滤清器进入四通阀。四通阀的三个出口,一个接一组继电器,一个接压力表,一个接调压阀。油经调压阀进增压器进油口,由于进油口节流孔的限流,节流孔前的油压要高于节流孔后的油压(见图 5-3)。因此,图中的压力表的值在柴油机标定转速时要求在 $0.25 \sim 0.40$ MPa 间。若表压值高于 0.4 MPa,调压阀就旁通卸压。在任何工况下,增压器内的工作油压不允许低于下限 0.06 MPa。因此,各工

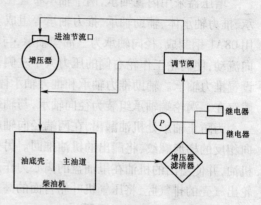

图 5-3　VTC254-13 增压器润滑油路框图

况的最低工作压力均要高于此值,解决方法由继电器来实现。继电器每组两个,一个控制柴油机油压最低值,另一个控制柴油机常用工况低限值。当柴油机转速 400 r/min 时,表压若低于 0.06 MPa,一个继电器动作,柴油机就停车,当柴油机负载。转速 720 r/min 左右时,表压若低于 0.2 MPa,另一个继电器动作。柴油机自动卸载降速。

(4)ZN310 型增压器

ZN310E 增压器与 45GP802-1A 型增压器有较为相似的外形,总体布置结构也有很多地方与 45GP802-1A 型增压器相近。它由转子组件、导流壳、蜗壳组件、扩压器组件、轴承组件、涡轮进气壳组件、涡轮出气壳组件等七大部分组成,另外还有润滑、冷却、密封零件及支架等零部件。

①转子组件

转子组件由单级轴向涡轮、主轴、单级径向压气机工作轮、轴承套、压气机端油封、甩油盘等组成。压气机工作轮由合金段铝加工而成的导风轮与叶轮,共同热套在钢制的衬套上,衬套中间凸肩上镶有 3 个 $\phi6$ 的销钉,以固定三者的相对位置,并可传递扭矩。另一端用压紧圈的双键与主轴连接,并用压紧螺母紧固与用止动垫圈防松。

涡轮轮盘用 3 个轴和销钉及 3 个螺钉与主轴连接紧固,特种高温耐热合金钢制成的涡轮叶片用枞树形榫头镶在轮盘上,用锁紧片锁紧,防止轴向移动。

转子组件支承在 2 个径向滑动轴承上,止推轴承布置在压气机端轴座内侧,压气机端轴镶装有轴承套,借压紧力与主轴同时旋转,轴承套兼作推力盘用。推力盘在主、辅止推轴承间有轴向游动量。

转子组件须经严格的动平衡,并打有装配记号,不可任意调换其中零件及相对组装位置。

②扩压器组件

叶片扩压器由铸铝合金制造。并用 9 个 M4 的螺钉与扩压器盖板固定在一起,扩压器组件被蜗壳压紧在涡轮出气壳上。

③喷嘴环组件

喷嘴环用耐热不锈钢整体精密浇铸而成,用3个M10合金螺钉紧固在涡轮进气壳上,用耐热康铜丝贯穿防松,而与喷嘴环镶套组成一个喷嘴环组件。喷嘴环镶套用6个M8小头合金螺钉紧固在涡轮进气壳上。

④轴承组件

两个钢背高锡铝合金的三油楔径向轴承,分别压装在压气机端轴承座和涡轮端轴承座上,各有1个径向定位螺钉定位。止推垫板、推力轴承体、推力轴承端板及导油罩用4个M8螺钉固定在压气机端轴承座上,推力轴承兼作调整轴向游动量K值之用。轴承组件与45GP802-1A型增压器上的结构相同,可通用互换。

⑤壳体

涡轮出气壳由特种耐热合金铸铁制成,它是安装转子和轴承的基座,壳中有废气道、机油通道及冷却水腔,并有引气通道从压气机端引入高压空气,以助涡轮端油封起更好的封油效果。

涡轮进气壳和蜗壳也均由耐热合金铸铁制成,蜗壳与45GP802-1A型增压器一样,在底部设有放污堵,可作检验增压器油腔内的机油是否漏入压气机流道内用。蜗壳的出气道口附近设有2个测试堵座。

冷却水进口在涡轮出气壳底部或下侧面,可任意选择,出水口在上部两侧,为防止壳体局部过热,左、右出水口应同时使用。

⑥油封和气封

经滤清的机油,由涡轮出气壳的进油孔进入轴承座上的进油槽,再进入径向轴承。进入压气机端轴承座上的机油,还通过3个半圆形通道进入推力轴承,而后由回油腔回入柴油机机体内,压气机端油封由甩油盘和开有反螺纹槽的油封构成,压气机叶轮背后设有径向迷宫式气封。涡轮端反螺纹油封槽设在主轴上。涡轮盘内侧有轴向迷宫式气封。

2. 增压器大修、段修

(1)大修质量保证期

在机车运行30万km或30个月(包括中修解体)内,增压器不发生折损和裂纹,转子不发生固死。

DF4C型机车(C型机)在运行30万km或27个月(即大修后和第一个中修期)内,增压器不发生折损和裂纹,

(2)大修技术要求

①解体、清洗,去除增压器壳体、流道及零件表面上的积碳、油污。

②压气机的导风轮、叶轮、扩压器不许有严重击伤、卷边现象。导风轮中片允许有沿直径方向长度不许大于5 mm、顺叶片方向深度不许大于1 mm的撞痕与卷边存在;扩压器叶片不许有裂纹,但允许有深度不大于1 mm的撞痕(D型机增压器导风轮叶片在厚度方向须能覆盖压气轮叶片,压、导轮叶片轴向间隙须为0.45 mm,间隙不均匀度须为0.05 mm)。

③涡轮叶片的检修须达到:叶片分解前,测量涡轮外圆直径或弦长,其值不许超过原设计值0.5 mm;涡轮叶片进气边允许有深度小于1 mm的撞痕,不许有卷边、过烧和严重氧化;涡轮叶片的榫齿面不许挤伤或拉伤;叶片不许有裂纹。

④喷嘴环的检修须达到:喷嘴环叶片允许有不许大于1 mm的撞痕、卷边与变形,叶片变形允许校正,喷嘴环叶片不许有裂纹,喷嘴环的出口面积须符合原设计(D型机增压器喷嘴环

的出面积与环上实测标定值允差 1% ）；喷嘴环内、外圈外观检查，不许有裂纹。喷嘴环镶套不许有可见裂纹。

⑤对于压气机的导风轮叶片、涡轮叶片、喷嘴叶片允许的撞痕、卷边与变形,须修整圆滑。涡轮轮盘的榫槽不许挤伤或拉伤,轮盘不许有裂纹。

⑥主轴、轴承套与止推垫板的检修须达到：主轴与止推垫板经探伤不许有裂纹；主轴各接触表面不许拉伤、偏磨、烧损与变形,各轴颈的径向跳动为 0.02 mm（D 型机增压器各轴径向跳动不许大于 0.01 mm）；上推垫板不许拉伤、偏磨、烧损与变形,允许磨修或反面使用（C 型机增压器：主止推轴承不许裂纹,主止推轴承的推力面不许拉伤,偏磨、烧损与变形；压气机端轴承座与涡轮端轴承座不许有裂纹、拉伤、偏磨、烧损与变形）；更新轴承套（D 型机增压器更新压气机端轴承总成、涡轮端轴承总成及环形止推轴承）。

⑦涡壳与出气壳分别进行 0.3 MPa 和 0.5 MPa 水压试验,保持 10 min 不许泄漏。涡轮叶片与涡轮盘装配时严禁用铁锤铆,锁紧片只准弯曲一次；装配后叶片顶部沿圆方向晃动量不许大于 0.5 mm（D 型机增压器此叶片晃动量为 0.25 ~ 2.5 mm）,涡轮叶根的轴向窜动量 ≤0.15 mm（C/D 型机增压器,此时的轴向窜动量为 0.10 mm）。

⑧转子须作动平衡试验,不平衡量不许大于 1.5 g·cm,D 型机增压器压气叶轮组（压气机、导风轮、叶轮、衬套）不平衡量不许大于 2.5 g·cm；叶片轴（涡轮和主轴）不平衡量不许大于 1.5 g·cm。（允许只进行转子总成动平衡试验,不平衡量不许大于 4 g·cm,组装时须恢复原刻线）。更新各易损、易耗件,并更新全部 O 形密封圈（DF$_{4C}$ 型机车见表 5-1）。

表 5-1　ZN290（VTC254）增压器易损易耗件

序号	名　称	材　料	每台数量
1	涡轮端活塞环	RT25-47	1
2	压气机端活塞环	RT25-47	1
3	涡轮端轴承	锡青铜	1
4	压气端轴承	锡青铜	1
5	止动垫片	1Cr18Ni9Ti	40
6	锁紧垫圈	1Cr18Ni9Ti	3

⑨增压器组装后,各部间隙须符合限度规定,用手轻轻拨动转子,转子须转动灵活、无碰擦与异声（D 型机增压器,检查压气机端叶轮的径向跳动不许大于 0.04 mm）。增压器须进行平台试验,有关参数须符合表 5-2 要求。

表 5-2　增压器平台试验参数要求

增压器型号	折合转速(r/min)	压比	折合流量(kg/s)	总效率	P_K/P_t
45GP802-4	22 500 ±60	2.55 ±0.05	2.35 ±0.07	≥56%	1.25 ±0.02
ZN310LC-1	22 500 ±60	2.68 ±0.08	2.35 ±0.08	≥58%	1.25 ±0.02
ZN290（VTC254）	28 000 ±60	3.25 ±0.10	2.95 ±0.15	≥59%	1.28 ±0.02
VTC254-13D	27 000（ ±1.5%）	3.025 ±0.02	2.55 ±0.15	≥58%	/
ZN290D	28 000 ±100	3.25 ±0.10	3.15 ±0.15	≥58%	/

⑩对验收的增压器须封堵油、水、气口,油漆并铅封。

注:D 型机增压器的废气叶轮盘与主轴允许再重新焊修一次。转子组更换零件后须重新进行动平衡试验。

(3)段修技术要求

①清洗各部的油垢和积碳,喷嘴环内外圈、转子轴及叶片不许有裂纹、变形和其他缺陷,但允许有下列情况存在:涡轮叶片在顶部 5 mm 内卷边和变形的深度不大于 1 mm(但需修整光滑);喷嘴环叶片上撞痕变形的深度不大于 1 mm,喷嘴环外圈和外镶套允许有不窜出定位凸台的变形(但需修整光滑);喷嘴环和涡轮叶片外边缘,允许有不大于 0.5 mm(D 型机增压器为 0.25~2.50 mm)的周向摆动;涡轮叶根允许有不大于 0.15 mm(C 型机增压器为 0.30 mm;D 型机增压器此件为 0.40 mm)的轴向窜动;喷嘴环的喉口面积较设计值允差不大于 2%(D 型机增压器此值为 1%)。

②转子组更换零件后须做动平衡试验,在(1 000 ± 50)r/min 时,不平衡度应不大于 2 g·cm。

注:D 型机增压器此件压气机叶轮组(压气机叶轮、导风轮、衬套)不平衡量不许大于 2.5 g·cm;叶片(涡轮、主轴)不平衡量不许大于 1.5 g·cm(转子总成不平衡量不许大于 4 g·cm)。

③涡轮进气壳安装螺栓孔及顶丝不许有裂纹存在,涡轮进气壳外侧有裂纹时经 0.2 MPa(D 型机增压器此件须进行 0.3 MPa)水压试验,保持 5 min 无泄漏的允许使用。

④增压器水系统须进行 0.4 MPa 水压试验,保持 5 min 无泄漏的允许使用。

⑤增压器组装后,转子应转动灵活,无异音(D 型机增压器应检查压气机端叶轮径向跳动,不许大于 0.04 mm)。当柴油机在正常油、水温度下,以最低转速运转 5 min 以上停机时(喷油泵齿条回零起),转子运转时间应不少于 30 s。

⑥运用机车的增压器,在柴油机停机后,用手拨动转子应自由转动。

3. 故障分析

增压器属柴油机辅助系统重要部件之一,它装置在柴油机的两端,增压器一端(涡轮端)与柴油机废气总管相连,接受废气总管的燃气废气为动力;另一端(压气机端)与空气滤清装置的输出口连接,接受外界经滤清过的新鲜空气。增压器工作在高温、高速下,源源不断地向气缸输送大量的新鲜空气。因增压器与柴油机无任何机械性铰连接,是靠柴油机排出的高温废气下的推动进行高速旋转。各种受力非常复杂,同时两端进气道还要受到废(进)气道内的杂质(物)与柴油机内运动部件碎块的撞击。在机车运用中,发生在增压器上结构性故障主要有内置式内损机械性故障与外漏、外损机械性故障。其结构性故障反映在柴油机运用中的主要故障表象,柴油机运转中,冒黑烟,喘振,非正常性的压低转速,输出功率下降或无功率输出等类故障。外漏与外损性故障,主要发生在增压器进、出水管漏水,增压器支撑腿断裂引起的外壳振动大(属可视性故障),而引起的其他机械性损坏故障。

240 系列柴油机用增压器属独立部件,其内部部件损坏属不可视性,外部损坏属可视性。近年来随着机车牵引吨数的增大,柴油机功率随之提高,而增压器运用中故障尤显突出,增压器故障造成机车牵引列车终止(机故)运行的事件时有发生,突出为"瓶颈"性难题。以作者所在单位 2006 年为例就发生增压器故障 154 件。其中,增压器内部结构性破损故障 99 件,碰撞性损坏 55 件。具体统计数据见表 5-3。

表 5-3　2006 年增压器损坏统计表

月份	件数	内部结构（件）	外部损坏（件）	重点故障原因	属性
1	14	6	8	涡轮叶片拉筋丝断；压气机端导风轮被打坏；喷嘴叶片变形；气阀碎块进入涡轮壳内,卡在喷嘴环叶片间	DF_{4B}8 件；DF_{4C}3 件；DF_{8B}3 件
2	6	2	4	压气机端导风轮被打坏；涡轮叶片拉筋丝断；波纹管衬套碎片进入涡轮壳内；涡轮叶片被卡死	DF_{4B}3 件；DF_{8B}3 件
3	10	6	4	压气机端导风轮被打坏；气阀碎块进入涡轮壳内；涡轮叶片损坏；活塞环磨损严重	DF_{4B}6 件；DF_{8B}3 件；DF_{11}1 件
4	12	6	6	波纹管衬套破损进入涡轮壳内；压气机端导风轮、涡轮叶片被打坏；转子轴涡轮叶片、榫齿多处脱落；增压器扫膛；涡轮端轴承破损；转子轴弯曲,涡轮叶片拉筋丝断；喷嘴环镶套变形；导流罩螺丝断	DF_{4B}2 件；DF_{4C}1 件；DF_{8B}7 件；DF_{11}2 件
5	12	10	2	压气机端导风轮扫膛偏磨；涡轮端浮动套与轴严重磨损；转子轴肩处弯曲；涡轮叶片拉筋丝断；涡轮壳内存有机油；喷嘴环破损；进气壳裂；转子弯曲	DF_{4B}5 件；DF_{4C}2 件；DF_{8B}4 件；DF_{11}1 件
6	10	5	5	涡轮叶片拉筋丝断；涡轮叶片脱落、断裂；止推轴承剥离；压气机端导风轮被打坏	DF_{4B}5 件；DF_{8B}5 件
7	11	6	5	增压器支腿月牙板螺丝断；压气机端导风轮被打坏；叶轮罩轮壳螺丝断；活塞环磨损严重；止推轴承成蜂窝状；转子轴颈拉伤；涡轮叶片拉筋丝断	DF_{4B}2 件；DF_{4C}2 件；DF_{8B}7 件
8	8	4	4	压气机端导风轮被打坏；轴承中部断裂；转子轴肩处断裂,转子轴颈拉伤	
9	14	7	7	涡轮叶片拉筋丝头部断；转子轴断；压气机进气壳裂；转子轴叶片破损报废；轴叶片弯曲；月牙板螺丝断	
10	13	9	4	涡轮叶片拉筋丝断；压气机端导风轮扫膛,其边缘处有断裂掉块；转子轴弯曲；压气机端总成烧损；增压器喘振；压气机端涡壳内漏油；涡轮叶片窜动；喷嘴处外圈边缘脱落；机油表管裂；压气机密封圈烧损坏	
11	16	16	0	浮动套裂损；增压器内部扫膛；涡轮叶片拉筋丝头部断；轴叶片窜动；转子轴肩处断裂；锁紧片断；横动量小；积碳多	
12	28	22	6	进气壳法兰螺孔裂；增压器内部扫膛；活塞碎块进涡轮壳内；涡轮叶片拉筋丝断；活塞环烧损；压气机端导风轮扫膛；喷嘴环镶套严重破损；涡轮叶片脱槽；涡轮叶片窜动	
合计	154	99	55		

(1)结构性故障

机车大功率柴油机用增压器在运用中所发生的破损故障有多种多样,归纳而言,主要分为两类:即内部(自身)结构性故障,材质、设计缺陷,组装工艺不到位,零部件超期服役引起的疲劳机械性损坏;与内、外部异物进入涡轮壳(或压气机蜗壳内),将增压器内部高速旋转下的零部件碰撞性损坏。而且这些故障的发生在机车运用中事先判断有一定难度,当发现时,基本上是在机车不能牵引列车运行时。其现象普遍是柴油机严重冒黑烟,机车柴油机输出功率低下,甚至无功率输出,并在相应档位下压转速,使其无法在加载情况下升速。遇此类情况,机车就得被迫停车,而终止牵引列车运行。因此而严重地扰乱了行车秩序,对行车安全十分不利。

该类故障主要发生在增压器内部与外部自身与附属部件的机械性损坏。其内部如涡轮叶片拉筋丝断、拉筋丝头部脱落;涡轮叶片窜动、碰撞性损坏;锁紧片断裂、喷嘴叶片变形、裂纹、碰掉块及镶套变形;转子轴弯曲、断裂(多数发生在轴肩处);涡轮叶片榫齿脱落,止推轴承剥离,涡轮壳与压气机壳体裂,涡轮壳内进机油,滑动轴承套损坏,转子轴油封破损漏油。外部的故障有:增压器机油表管裂、断,增压器进口机油压力低,增压器支腿月牙板裂、断,安装螺丝断,进水口与进口法兰口被堵缩小等,均是造成增压器直接与间接故障的主要原因。除此之外,喷嘴环面积过小,使增压器转速增高(每减小 1 cm^2,转速约增高 250 r/min),而形成气流堵塞,引起的增压喘振等一系列的运用问题。因此增压器必须防止发生油封损坏的窜油和定期清除喷油环积碳,以免喷嘴环面积变化过大而造成增压器喘振等问题。同时,因现时机车运用中未设置健全的增压器测试检测系统,现有的增压器装车后转速测试系统(DF$_{8B}$型机车)又不能正常发挥作用,基本上靠运用、检修人员通过增压器运转中发出的声响,即异音异响经听力来判断,站在生理性的角度,人耳在高频振动下是无法辨别出异音异声的。增压器从高频降至低频转速时,其惰转时间约为 45 s,在这段时间是判断增压器内部的最佳时机,但一般非技能高超的作业人员,很难辨别出来。所以,对增压器内部零部件故障的早期发现,防止"一损具损"的局面发生也是一大障碍。

①涡轮叶片拉筋丝断裂分析

涡轮叶片拉筋丝是在原 45G80P 型增压器的基础上,为防止高速旋转下涡轮叶片在惯性离心力的作用下脱落的一种技术改进措施。经作者所在单位机车初期装车运用中效果比较显著,克服了上述故障。当时柴油机运用功率比较低,DF$_{4B}$型机车主发电机输出功率约在 1 500 ~ 1 800 kW(正常为 1 990 kW),DF$_{4C}$型机车主发电机输出功率约在 1 700 ~ 1 900 kW(正常为 2 165 kW),DF$_{8B}$型机车主发电机输出功率约在 2 500 ~ 2 700 kW(正常为 3 100 kW)。这样,机车运用功率远有较大的冗余量。随着机车牵引定数的增加与运行技术速度的提高,柴油机运用功率满负载工作时间的增长,相对冗余量的减小(或为"0"),随之增压器热负荷也在增大。涡轮叶片拉筋丝断裂故障明显增加。当涡轮叶片拉筋丝早期发生断裂时,在机车运用中很难被发现,一般在机车小、辅修对增压器内部检查才有发现的可能性。尤其是涡轮叶片拉筋丝的头部断脱(见图 5-4)。

涡轮叶片拉筋丝受力又比较复杂,分别受到冷热不均的热应力,高速旋转下的惯性力,柴油机降速时惰性惯性力,与涡轮叶片拉筋丝自身的张力,以及各种运转状态下的涡轮叶片切向力,均是致成涡轮叶片拉筋丝断(崩)的因素(见图 5-5)。加上检修制度上的不健全,涡轮叶片拉筋丝又没有明确的使用期限,现场运用几乎是按状态更换,即断裂后才能得到更换,直至增压器内部破损只能通过拆下时才能发现,有时还被忽视,给机车运用带来非常大的故障隐患。

图 5-4　涡轮叶片拉筋丝早期断损

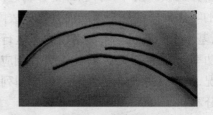
图 5-5　涡轮叶片拉筋丝断损残段

② 转子轴弯曲(轴肩)断裂分析

转子轴肩处弯曲(或断裂),多数情况下是转子轴在某种故障因素下失去动平衡,并在长期高速高温旋转中疲劳所致,引起转子轴肩弯曲或断裂(见图5-6)的因素有增压器结构件材质与组装工艺的问题,也有运动零部件受到撞击损坏,动平衡失衡与零部件的超限服役现象致成的破损。

③轴承滑动套损坏

转子轴承浮动套的损坏,主要发生在内、外圈上的表层剥离(见图5-7),由于此套的损坏,使转子轴动平衡被破坏,轻者造成增压器内部扫膛,重则导致转子轴断裂。

图 5-6　压气机端转子轴断裂

图 5-7　转子轴浮动套损坏

图 5-8　涡轮叶片镶块松脱窜动

④涡轮叶片损坏及喷嘴环断裂分析

涡轮叶片多数情况下属内、外异物进入涡轮壳内引起的碰撞,或镶嵌块松脱引起涡轮叶片窜动(见图5-8),造成撞击性损坏,或使转子轴动平衡失衡,造成油封非正常性磨损,引起的润滑压力机油泄漏等故障,造成其他部件的损坏,甚至增压器内部扫膛。

喷嘴环损坏的因素一般有两种,一是喷嘴环镶套自身在热应力的作用下裂变;二是喷嘴环叶片受撞击性损坏。喷嘴环叶片及喷嘴环镶套受涡轮壳内排气温度与外界空气温差的影响,所产生的热应力严重影响到喷嘴环叶片与喷嘴环镶套,使喷嘴环叶片变形、喷嘴环镶套崩裂,因增压器涡轮侧零部件的损坏脱落,或柴油机零部件损坏经废气道进入涡轮侧,在涡轮高速旋转下将喷嘴叶片碰撞坏(见图5-9)。

(2)运用性故障

①增压器进水孔径小

（a）喷嘴环圈崩裂　　　　　　（b）喷嘴叶片被撞变形　　　　　　（c）喷嘴叶片被撞掉块

图 5-9　喷嘴环损坏

对于大功率柴油机而言，在高负荷区，其热负荷也大，如冷却水散热不良，将加剧增压器内部零部件的损坏。因此在增压器故障后的拆下检测中，均发现有喷嘴环镶套裂损，涡轮叶片拉筋丝断损，涡轮叶片断裂，转子轴疲劳弯曲、断裂等破损现象。同时，又受进、出水口孔的影响，散热条件的局限，更有甚者，当检修作业不规范时和受材质的影响，在现有进、出水口孔径小的基础上，又因法兰垫孔径减小，或橡胶法兰垫变形，将进、出水孔进一步堵小，使冷却水流量减小，造成增压器内部散热更加不良，而带来内部零部件的损坏。

②增压器内部碰撞性损坏

增压器内部的碰撞性损坏，主要指涡轮叶片拉筋丝断损残段或进入涡轮（压气机）壳内异物碎块造成碰撞性损坏；增压器内运动部件动平衡失衡，引起涡轮（导风轮）叶片撞击涡轮（压气机）壳。如柴油机气缸内活塞碎块，阀装置气阀碎块，气门阀口碎块，波纹管内衬套碎块，在高压高速燃（废）气的作用下，顺排气支管、总管进入涡轮壳内，或检修时的遗弃物进入压气机蜗壳内，将其内部高速旋转的零部件与固定件碰撞坏。后者损坏故障多数情况下均是前者引起，即在涡轮（导风轮）叶片受到撞击，转子轴失去动平衡，而造成两侧转子叶片撞击涡轮（压气机）壳而损坏。

气缸内部的异物。主要是指气缸活塞、气（油）环损坏碎块，以及气阀装置（进、排气阀），气缸盖气阀镶嵌圈与波纹管（排气支管）内衬套破损的碎块，在排气（废气）压力作用下，经排气支管、总管进入涡轮涡壳内，将高速旋转的涡轮叶片碰撞坏，以及涡轮叶片拉筋丝崩断而引起扫膛（见图 5-10）。

（a）涡轮叶片断损　　　　　　（b）涡轮叶片被撞变形　　　　　　（c）涡轮叶片拉筋丝被撞损坏

图 5-10　涡轮叶片损坏

外界进入的异物。增压器转子在柴油机未加负荷时，其转子基本上是不旋转的，当机车牵引列车运行在缓和区段的坡道上运行时，如柴油机（增压器）是处在时而加负荷时而卸载的状态，那么，当机车处在卸载状态时，外界的石（砂）粒，或其他物质很容易通过排气烟囱进入增压器涡轮端涡壳内,当涡轮叶片高速旋转时,将涡轮叶片打坏。如作者所在单位西线交路哈密至鄯善区段的瞭墩至小草湖间就是兰新线上有名的百里风区,大风季节戈壁滩鸡蛋大的鹅卵石都被刮起而通过烟囱进入涡轮壳内。同时,该区段又处在6‰的缓和线路坡道,因此,砂(石)颗粒进入涡轮壳内是极容易的事情。而现时由于该类型内燃机车烟囱均为敞开式(上侧仅有一网目较大的网罩,有的甚至未装设罩),当天气不良(雨、雪天气)时,柴油机处于卸载状态,或故障后的停止运转状态。除砂、石能进入烟道涡轮壳内,其外界雨、雪也能经此进入增压器涡轮壳内,将对高温高热的涡轮叶片、涡轮叶片拉筋丝等附属件产生激变(热应力),使涡轮叶片拉筋丝在此状态下崩断。

检修遗留物。检修遗留物一般是进入压气机内,主要是通过进气道进入异物,有螺帽、螺帽垫片,以及检修时的工具将压气机端导风轮叶片打坏或动平衡失衡撞击蜗壳损坏(见图5-11)。

(a)压气机叶片断损 (b)压气机叶片撞击蜗壳损坏

图5-11　压气机端导风轮损坏情况

增压器转子轴油封损坏。机车运用中发生增压器转子轴油封泄漏故障,因该处泄漏的是压力机油,漏泄量较大。其转子轴油封破损泄漏分为涡轮侧油封与压气机侧油封,无论那则油封破损泄漏,其造成危害的后果均较大,轻则造成柴油机喷泄机油于机车顶与车体两侧,造成柴油机运转缺少润滑机油而卸载、停机,重则,造成柴油机"油锤"的大部件破损事件。

③机车运用中增压器损坏前预防

增压器属柴油机辅助系统的独立设备,其发生故障多数情况下属内置式不可视性,损坏的故障表象,主要是柴油机冒黑烟,柴油机输出功率下降,增压器喘振。机车运用中,增压器损坏涉及到的内部零部件损坏,有其内部与外部的因素。一是内部零部件结构性强度与布置结构问题;二是内、外碎块物进入涡轮壳(或压气机壳)内,将其零部件撞击性损坏。机车运行中,如属增压器发生故障,一般破损均比较严重,司乘人员无法处理,机车将不能继续牵引列车运行。防止这些部件损坏与避免机车途停事故发生的最有效手段,除提高机车检修质量外,应加强机车运用中的检查与保养,通过各种可行的检查手段,将增压器隐患故障查找出来,如检查增压器转子轴两端油封是否破损,涡轮侧转子轴油封可通过检视烟囱是否喷机油;压气机侧转子轴油封可通过打开稳压箱排污阀,检视是否排出有机油来判断其油封是否破损。检查增压器叶轮是否固死,可通过监听增压器转子的惰转声和排烟度等情况来判断其故障。同时,尽可能使增压器监测系统在工作状态,保持其完好性,是监控增压器全面工作的重要标志之一。

机车运行中,增压器发生故障后,柴油机一般会发生功率下降,或无功率输出,严重冒黑烟等故障表象,机车将不能牵引列车继续运行就地待援。司乘人员应做好柴油机机械间的保温措施(关闭门窗),避免冷风侵袭引起的机体及有关零部件损坏。

4. 案例

(1)多片涡轮叶片脱落

2006 年 6 月 13 日,DF$_{4C}$型 5226 机车在运用中发生临修。经解体检查,输出端增压器转子轴涡轮叶片中有 15 片从榫槽内脱落,其他 30 片从涡轮叶片拉筋丝孔处断裂,喷嘴环镶套、轴承体、水腔壳体裂损报废。其原因就是水腔体温度过热,导致涡轮叶片拉筋丝断,在碎断拉筋丝的碰撞作用下,使涡轮叶片脱落扫膛。

经分析,该台增压器进、出水口法兰垫原形尺寸应为 $\phi32$ mm,而拆下故障增压器的进、出水孔法兰垫仅为 $\phi22$ mm。引起进水流量严重不足,增压器涡轮壳内水腔冷却水温度过高而汽化,造成内部散热不良,导致涡轮叶片拉筋丝、叶片过热疲劳性断损及其他零部件的损坏。

(2)涡轮叶片被卡滞

2006 年 2 月 23 日,DF$_{4B}$型 150 机车,运行中发生柴油机冒黑烟,柴油机无功率输出,该台机车被迫终止牵引列车运行。待该台机车返回段后,经解体检查,输出端增压器涡轮壳内有大量的金属碎片,涡轮转子被卡死不能转动。

经分析,因柴油机第 4 缸波纹管内衬套破损,其碎片随废气压力进入增压器涡轮壳内,将涡轮叶片卡死不能转动,压气机同时不能工作,使柴油机相应气缸内进气量不足,导致加载运转中严重冒黑烟,检查增压器内部零件良好,属早期发现。经更换柴油机第 4 缸波纹管,并对废气总管与输出端增压器涡轮壳内部进行了彻底清除,试验运转正常后,该台机车又投入正常运用。

(3)增压器榫槽缺陷

2006 年 4 月 5 日,DF$_{4B}$型 1186 机车牵引货物列车运行中,发生输出端增压器冒黑烟,并伴随有喘振,柴油机功率下降,从其烟囱内喷出机油。因此而终止牵引列车运行,构成 G1 类机车运用故障。待该台机车返回段内后,经机车整备质检人员检查,增压器转子卡死,因此扣临修。经对该增压器解体检查,输出端增压器涡轮端涡轮叶片盘榫槽裂损,转子轴犯卡。经更换该台增压器,试验运转正常后,该台机车又投入正常运用。

经分析,该台增压器因涡轮叶片盘榫槽自身存在制造缺陷,在增压器转子高速旋转下的离心惯性力的作用下发生裂损,造成转子轴动平衡失衡,使其油封破损,轴承润滑压力机油窜出,导致增压器涡轮废气排气口(烟囱)喷机油。经查询机车检修记录,该台机车在小修时才更换的增压器,按质量保证期,定责增压器大修厂。

(4)止推轴承剥离

2006 年 6 月 19 日,DF$_{4B}$型 1017 机车牵引上行货物列车运行中,柴油机输出端增压器冒黑烟,随之柴油机功率逐渐降低,因此终止机车牵引列车运行,构成 G1 类机车运用故障。待该台机车返回段内后,扣临修,经解体检查,增压器内部扫膛。经更换该台增压器,试验运转正常后,该台机车又投入正常运用。

经分析,因该台增压器的内环形止推轴承剥离破损掉块,破坏了压气机端轴承的滑动滚动,造成轴承拉伤烧损,使轴摆幅量增大,造成增压器扫膛,使压气机不能工作。因此,稳压箱、气缸内的新鲜空气(氧气)供给量减少,导致燃烧不良而使柴油机冒黑烟。经查询机车检修记录,该台增压器 2006 年 3 月 15 日中修时装车,走行仅 5 509 km。按质量保证期,定责机车中修部门。

(5)增压器转子轴失衡油封破损

2006 年 7 月 18 日,DF$_{4C}$型 5051 机车牵引上行货物列车运行中,柴油机自由端增压器冒黑烟,喷机油,机油喷在机车车体侧及 II 司机室车顶全是机油斑块与流淌有油渍,随之柴油机输出功率逐渐降低。因此终止机车牵引列车运行,构成 G1 类机车运用故障。待该台机车返回段内后,对柴油机解体检查,增压器内部转子轴扫膛。经更换该台增压器,试验运转正常后,该台机车又投入正常运用。

经分析,因自由端增压器涡轮转子轴动平衡失衡,密封盖被磨损,转子轴扫膛,其油封破损,其压力润滑机油窜入涡轮壳内,在废气压力的作用下,随废气从烟囱排出。因此使其润滑机油喷在机车车体大顶及车体两侧面。查询机车检修记录,该台机车在小修时才更换的增压器,按质量保证期,定责增压器大修厂。

(6)增压器进气道裂损

2006 年 7 月 19 日,DF$_{4B}$型 3626 机车牵引货物列车运行中,在提升柴油机转速输出功率增大时,司乘人员明显感觉到机车功率不足,经检查核实机车电器调整系统无故障,经对机械间巡视时,发现输出增压器进气道大胶管裂损漏气。因此降低机车功率维持运行至目的地站,待该台机车返回段后,扣临修。经加改进气道后,消除此抗劲力,重新装配新的进气道胶管,将此故障抗劲点消除。试验运转正常后,该台机车又投入正常运用。

经分析,因柴油机输出端增压器进气道管两端法兰口错位,造成此胶管组装时抗劲,而形成的疲劳性裂损。因此处的泄漏,影响到柴油机稳压箱内的空气过充系数量,致使柴油机输出功率下降。查询机车检修记录,该台机车在中修时才更换的此胶管,修后走行公里不到小修期,按质量保证期,定责机车中修部门。同时,要求机车中修部门按工艺装配,质检部门应按规定验收检查。

(7)涡轮叶片拉筋丝断损

2008 年 2 月 14 日,DF$_{4C}$型 5270 机车担当货物列车 85202 次本务机车牵引任务,现车辆数 42,总重 3 243 t,换长 46.2。运行在兰新线哈密至柳园的盐泉至烟墩站间,突然发生柴油机冒黑烟,输出功率随之逐渐下降,柴油机提主手柄时转速不能上升,即刻向前方站报告,请求在该站停车,更换机车。8 时 30 分停在烟墩站内,更换机车后,9 时 13 分由烟墩站开车,总站停时 43 min,影响本列晚点,构成 G1 类机车运用故障。待该台机车返回段内后,扣临修,解体检查发现柴油机自由端增压器内部扫膛。经更换该台增压器,试验运转正常后,该台机车又投入正常运用。

查询机车运用与检修记录,该台机车 2007 年 2 月 24 日完成第 2 次机车大修,修后总走行 183 282 km,于 2007 年 11 月 28 日完成第 3 次机车小修,修后走行 44 745 km。机车到段检查,对柴油机外观各部检查均属正常,吊下自由端增压器解体检查,其内的涡轮叶片拉筋丝断成几截。经分析,该端增压器涡轮叶片拉筋丝断损后,造成转子轴动平衡被破坏,使其内部扫膛。该增压器于 2008 年 12 月 8 日发生临修曾经更换,更换后机车运用仅运行了 2 趟交路,就发生此类故障,按质量保证期,定责增压器大修厂。同时,要求增压器厂加强检修工艺范围的执行。

(8)转子轴承磨损

2008 年 4 月 8 日,DF$_{4B}$型 3815 机车担当下行货物列车 26023 次本务机车牵引任务,现车辆数 33,总重 2 675 t,换长 52.0。运行在兰新线鄯善至乌鲁木齐西区段的红山口至巴哥站间,突发性地发生柴油机冒黑烟,相应输出功率下降,司乘人员检查判断为增压器故障,无法维持运行,请求救援,构成 G1 类机车运用故障。待该台机车返回段内后,扣临修,解体检查,输出端增压器内部扫膛,经更换该台增压器,试验运转正常后,该台机车又投入正常运用。

查询机车运用与检修记录,该台机车 2007 年 10 月 22 日完成第 3 次机车大修,修后总走行 84 656 km,于 2008 年 1 月 30 日完成第 1 次机车小修,修后走行 39 078 km。机车到段检查,对柴油机外观各部检查均属正常,吊下两端增压器检查,输出端增压器内部扫膛,解体该台增压器检查,前后端涡(蜗)壳内均无异物进入,转子轴承被磨损。经分析,当此轴承磨损后,其转子轴动平衡被破坏,造成增压器扫膛。该增压器编号 07-532,2007 年 9 月由某增压器厂大修,2007 年 10 月 22 日机车大修厂将该台增压器装配于该台机车。按机车大修质量保证期,定责机车大修,并及时将该机车故障信息反馈该机车大修厂。

(9)转子轴承浮动套内圈剥离

2008 年 5 月 23 日,DF$_{4B}$型 1010 机车担当上行货物列车 11070 次本务机车牵引任务,现车辆数 40,总重 3 250 t,换长 48.8。运行在乌鲁木齐西至鄯善区段的巴哥至红山口站间,柴油机突然发生停机,列车停车处理后,维持运行至鄯善站更换机车,构成 G1 类机车运用故障。待该台机车返回段内后,扣临修,解体检查,柴油机输出端增压器内部扫膛,经更换该台增压器,试验运转正常后,该台机车又投入正常运用。

查询机车运用与检修记录,该台机车 2007 年 9 月 11 日完成第 2 次机车中修,修后走行 137 876 km,于 2008 年 3 月 6 日完成第 2 次机车小修,修后走行 46 011 km。机车到段后检查,对柴油机外观各部检查均属正常,吊下两端增压器检查,其增压器前后端涡(蜗)壳内均无异物进入,输出端增压器内部扫膛。对该台增压器解体检查,压气机端轴承浮动套内圈磨损严重。经分析,因此转子轴承浮动套内圈剥离与转子轴磨擦后,将轴承浮动套内径逐渐磨大,转子轴失去动平衡,压气机端的导风轮偏摆,造成增压器内部扫膛。该台增压器 2007 年 9 月 11 日机车中修时装车使用,走行 137 876 km。按机车中修质量保证期 15 万 km,定责增压器大修。同时,要求加强增压器的检修质量,严格按要求使用正规生产厂家的配件。

(10)压气端转子轴承破损

2008 年 5 月 29 日,DF$_{4C}$型 5051 机车担当上行货物列车 85186 次重联机车牵引任务,现车辆数 40,总重 3 249 t,换长 44.0。运行在兰新线哈密至柳园区段的山口至思甜至尾亚站间,该台机车因柴油机冒黑烟,输出功率降低,处理故障两次分别非正常停于站内,总停车时间 59 min。运行至天湖站因自由端增压器故障,请求更换机车,构成 G1 类机车运用故障。待该台机车返回段内后,扣临修,解体检查,自由端增压器内部扫膛。经更换自由端增压器,试验运转正常后,该台机车又投入正常运用。

查询机车运用与检修记录,该台机车 2008 年 4 月 24 日完成第 2 次机车大修,修后走行 18 220 km。机车到段后检查,对柴油机外观各部检查均正常,吊下两端增压器检查,其增压器前后端涡(蜗)壳内均无异物进入,自由端增压器内部扫膛。对该台增压器解体检查,压气机端转子轴轴承破损。经分析,增压器压气端转子轴轴承破损后,造成转子总成偏摆超差后,使增压器扫膛。按机车大修中增压器质量保证期运用 15 万 km,定责增压器大修。同时,要求在对增压器检修时,加强对新购配件的质量检查,并要加强对增压器组装工艺的重点盯控。

(11)转子轴承磨损

2008年6月3日,DF₄B型1023机车担当下行货物列车27005次本务机车牵引任务,现车辆数47,总重3 219 t,换长64.0。运行在兰新线乌鲁木齐西至奎屯区段的乐土驿—包家店站间,柴油机冒黑烟压转速,司机维持运行到玛纳斯站停车(4时11分停车)。经检查,机车无法继续牵引列车运行,4时28分请求更换机车,构成G1类机车运用故障。待该台机车返回段内后,扣临修,解体检查,柴油机自由端增压器内部扫膛。经更换该台增压器,试验运转正常后,该台机车又投入正常运用。

查询机车运用与检修记录,该台机车2007年11月20日完成第3次机车中修,修后总走行86 789 km。于2008年3月19日完成第1次机车小修,修后走行24 744 km。机车到段后检查,对柴油机外观各部检查均正常,吊下两端增压器检查,其增压器前后端涡(蜗)壳内均无异物进入,自由端增压器扫膛。经分析,对自由端增压器解体检查,其前、后端轴承磨损严重,使转子轴动平衡被破坏,因此而造成增压器内部扫膛。该增压器2007年11月20日完成第3次机车中修时装车使用,按质量保证期定责机车中修。同时,要求加强机车小修时增压器的检查,提高增压器检修质量,杜绝不良配件使用。

(12)转子轴承浮动套破损

2008年7月5日,DF₄C型5229机车担当上行货物列车X184次本务机车的牵引任务,牵引吨数1 306 t,辆数21辆,换长33.4。运行在兰新线哈密至柳园区段的山口至思甜站间1 240 km+100 m处,13时14分因增压器故障被迫停车,14时21分被救援区间开车。总停时67 min。构成G1类机车运用故障。待该台机车返回段内后,扣临修,解体检查,柴油机自由端增压器内部扫膛,经更换自由端增压器,试验运转正常后,该台机车又投入正常运用。

查询机车运用与检修记录,该台机车2007年10月01日完成第2次机车大修,修后总走行167 927 km,于2008年6月19日完成第3次机车小修,修后走行6 780 km。机车到段检查,对柴油机外观各部检查均正常,吊下两端增压器检查,其增压器前后端涡(蜗)壳内均无异物进入,自由端增压器扫膛,对自由端增压器解体检查,涡轮端轴承浮动套破损,转子轴损坏,压气机端蜗壳内储存有少量机油,跟踪检查自由端中间冷却器内部空气道内也储存有机油。经分析,因增压器的压气端、涡轮端轴承浮动套先期全部破损,使转子轴动平衡被破坏,造成增压器扫膛。同时,压气机端的油封被损坏,引起润滑转子轴承的压力机油窜入压气机蜗壳内,继而经空气道流向相应的中间冷却器内的空气道内。按机车质量保证期,定责增压器大修。同时,反馈增压器大修厂,提高增压器备品质量。

(13)出水软管裂漏水

2008年7月6日,DF₄B型1189机车担当下行货物列车11023次本务机车的牵引任务,牵引吨数2 312 t,辆数54辆,换长69.9。运行鄯善至乌鲁木齐西区段的天山至达坂城间,机车柴油机前增压器出水软管漏水,3时01分停在达坂城站内。经司乘人员检查,无法处理,请求更换机车,3时33分更换机车开车,总站停时32 min。构成G1类机车运用故障。待该台机车返回段内后,扣临修,解体检查,柴油机自由端增压器左侧出水支管破损泄漏。经更换此出水支管,试验运转正常后,该台机车又投入正常运用。

查询机车运用与检修记录,该台机车该车2007年7月24日完成第1次机车中修,修后总走行188 554 km,于2008年4月16日完成第3次机车小修,修后走行41 974 km。该台机车又曾于2008年7月4日扣临修吊修该台增压器。机车到段检查情况,柴油机自由端增压器左侧出水支管被低温出水总管连接法兰螺丝顶上被接磨破,造成此处运行中漏水。经分析,该台机车 2008 年 7 月 4 日扣临修,吊修过自由端增压器。在组装时,柴油机上部低温出水总管连接法兰螺栓太长,顶住自由增压器左侧出水支管,机车运用(行)中,由于柴油机的振动,此螺丝顶磨破该软管造成漏水。因机车检修部门吊装增压器中使用螺栓不当,紧固后螺栓顶着出水软管未检查到。定责机车检修部门。同时,要求机车检修部门按工艺要求规范装配部件。

二、280 型柴油机增压器

280 型柴油机用涡轮增压器型号为 TVC-13 型与 ZN310-LSA 及其变异型。前者与上述叙述的 240 系列柴油机结构相同,在此主要介绍后者。

280 型柴油机采用纯脉冲增压系统,用 320P 增压器配套。为了提高柴油机的性能和可靠性,后改用 MPC 系统。并用 VTC254-13 增压器配套。此外。为进一步降低柴油机部分负荷时的排温,早期又装用了 ZN310-LSA 型增压器(现装用 ZN310-LSA4 型)。

废气涡轮增压系统由排气系统、废气涡轮增压器、中冷器进气系统构成(见图 5-12)。

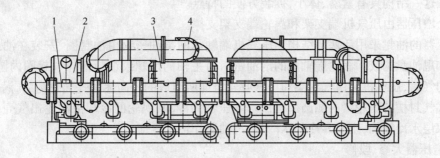

图 5-12　16V280ZJA 型柴油机增压系统

1-排气系统;2-废气涡轮增压系统;3-中冷器;4-进气系统

1. ZN310-LSA 型涡轮增压器

ZN310-LSA 型增压器是专为 16V280 型柴油机配套,由大连内燃机车研究所设计制造。ZN310-LSA 增压器由一个单级轴流式涡轮和一个离心式压气机构成,采用内置式滑动轴承结构,外供冷却水和润滑油。其结构见图 5-13。

(1)压气机部分

压气机部分由吸气弯头、导流壳、叶轮罩壳、导风轮、压气叶轮、扩压器、蜗壳等构成。吸气弯头为铸铝件,引导空气轴向进气。导流壳、叶轮罩壳与蜗壳为铸铁件。导风轮有 20 片长短叶片构成,特点是防堵塞效果好,在高压比高转速时流量范围较大,效率高,冲击损失小。压气机叶轮为半开型直叶片,它与导风轮一样均

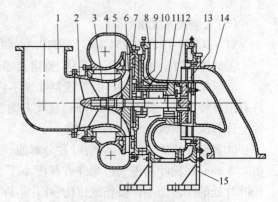

图 5-13　ZN310-LSA 增压器结构

1-吸气弯管;2-导流管;3-叶轮罩壳;4-蜗壳;5-导风轮;6-压气机叶轮;7-扩压器;8-涡轮出气壳;9-压气机气封圈;10-压气机端轴承总成;11-转子;12-涡轮端轴承总成;13-喷嘴环;14-涡轮进气壳;15-支架

由锻铝经铣削成形,并共同压在钢质衬套上,由销键定位,从而保证了整个组件的动平衡。有 19 片叶片的扩压器为铸铝合金,加工成机翼型,它与扩压器盖板连接成一组件,便于组装与调

整。整个扩压器流道具有高效宽广的特点,尤其在部分负荷时。

(2)涡轮部分

涡轮部分由涡轮进气壳、喷嘴环、涡轮叶片、涡轮出气壳等构成。喷嘴环由耐高温强度较好的合金钢整体精铸而成,靠六个耐热合金螺栓固定在进气壳上,并用耐热康铜丝锁住。喷嘴环镶套也紧固在进气壳上,以保护喷嘴环。涡轮动叶片由精密浇铸的39片单片构成,每片叶片采用大头厚叶型。叶根棒头为枞树型,经磨削成型。安装时镶在涡轮盘上,用锁紧片轴向锁定。涡轮进气壳与出气壳均为铸铁件,出气壳采用大排气腔结构,流场分布均匀,可大大降低余速损失。

(3)支承、密封与冷却

增压器的内置支承为悬臂式布置,转子支承在压气机端和涡轮端的两个径向轴承上。涡轮端轴承为单一的径向轴承,靠螺钉定位在轴承座上。压气机端由径向轴承和推力轴承组成,具体结构为:径向轴承由螺钉定位在轴承座上;止推垫板、推力轴承体、推力轴端板和导流罩用螺栓固定在轴承座上;承受轴向力的主、辅止推轴承。装于轴承座内侧的推力轴承端板与止推垫板间。这一结构具有紧凑、体小,拆装方便的特点。

整个增压器由压气机端支架和涡轮端支架支撑。

增压器的油封采用活塞环结构。压气机端轴承的滑油密封由油封圈、安装在油封圈上的密封圈和甩油盘构成。涡轮端轴承的滑油密封由主轴的反螺纹油封槽与气封圈内圆面构成。增压器的气封,压气机端由气封圈和压气叶轮背面所组成的径向迷宫式气封构成,涡轮端封圈的迷宫式气封槽与涡轮盘内侧凸肩构成。增压器的冷却,涡轮的冷却由涡轮出气壳承担。出气壳为双层水冷结构,主要靠冷却水冷却,滑油兼作轴承冷却。

2. 增压器大修、段修

(1)大修质量保证期

在机车运行30万km或30个月(包括中修解体)内:增压器不发生折损和裂纹,转子不发生固死。

(2)大修技术要求

对VTC254-13、VTC254-13G、ZN310-A4和ZN310-LS4型增压器的检修要求如下:

①解体、清洗,去除增压器壳体、流道及零件表面上的积碳、油污。

②压气机的导风轮、叶轮、扩压器叶片不许有裂纹、严重击伤和卷边现象。导风轮叶片允许有沿直径方向长度不大于5 mm、顺叶方向深度不大于1 mm的撞痕与卷边存在;扩压器叶片允许有深度不大于1 mm的撞痕。

③涡轮叶片的检修须达到:叶片分解前,测量涡轮外圆直径或弦长,其值不许超过原设计值0.5 mm;涡轮叶片进气边允许有深度小于1 mm的撞痕,不许有卷边、过烧和严重氧化;涡轮叶片处的榫齿面不许挤伤或拉伤;叶片不许有裂纹。

④喷嘴环的检修须达到:喷嘴环叶片允许有深度不大于1 mm的撞痕、轻微的卷边与变形,叶片变形不允许校正,喷嘴环叶片不许有裂纹,喷嘴环的出口面积与环上实测标定值允差1%;喷嘴环内、外圆外观检查,不许有裂纹。

⑤对上述各项允许的撞痕、卷边与变形,须修整圆滑。

⑥涡轮轮盘的榫槽不许挤伤或拉伤,轮盘不许有裂纹。

⑦主轴不许有裂纹,各轴颈表面不许有拉伤、偏磨、烧损与变形(对VTC254-13系列增压器,其废气叶轮盘与主轴只允许再重新焊接修复一次)。各轴颈的径向跳动不许大于0.02 mm。

更新压气机端轴承总成、涡轮端轴承总成及环形止推轴承。

⑧涡轮出气壳须进行 0.5 MPa 的水压试验。保持 5 min 不许泄漏。涡轮叶片与涡轮盘装配时严禁用铁锤铆，锁紧片只准弯曲一次；装配后，对 VTC254-13 系列增压器：叶片顶部沿圆周方向晃动时 0.025～2.5 mm，涡轮叶根的轴向窜动量不许大于 0.1 mm；对 ZN310-A4 和 ZN310-LSA4 增压器：叶片顶部沿圆周方向晃动量不大于 0.5 mm，涡轮叶根的轴向窜动量不大于 0.15 mm。

⑨增压器动平衡试验要求

VTC254-13 系列的要求为：压气机叶轮组（压气机叶轮、导风轮、衬套）不平衡量不许大于 2.5 g·cm；叶片轴（涡轮、主轴）不平衡量不许大于 1.5 g·cm（允许只进行转子总成动平衡试验，不平衡量不许大于 4.0 g·cm，组装时须恢复原刻线）。ZN310-A4、ZN310-LSA4 的要求为：转子总成不平衡量不许大于 3 g·cm。增压器组装后，各部间隙符合限度规定，用手轻轻拨动转子，转子须转动灵活，无碰擦与异声，检查导风轮轮廓外径向跳动量须不大于 0.04 mm。增压器须进行平台试验，有关参数符合表 5-4 的要求。

表 5-4　增压器平台试验参数要求

增压器型号		折合转速(r/min)	压比	折合流量(kg/s)	总效率
VTC254-13		27 000(1±1.5%)	2.85±0.02	4.00±0.15	≥58%
VTC254-13G		28 600(1±1.5%)	3.00±0.02	4.00±0.15	≥59%
ZN310-A4		22 500	2.68～2.74	3.5～3.6	≥57%
ZN310-LSA4	平原	22 500	2.68～2.74	3.5～3.6	
	高原		2.75～2.85	3.72～3.82	

⑩当柴油机在油、水温度不低于 55 ℃时，以最低稳定转速运转 5 min 以上停机时（喷油泵齿条回停油位起），转子惰转时间不少于 30 s。对验收合格的增压器须封堵油、水、气口，并加上油漆和铅封。

（3）段修技术要求

VTC254-13、VTC254-13G 增压器的检修要求：

①解体、清除积碳、油污。

②压气机的导风轮、叶轮、扩压器叶片不许有裂纹、严重击伤和卷边。导风轮叶片允许有沿直径方向长度不大于 5 mm、顺叶片方向深度不大于 1 mm 的撞痕与卷边存在；扩压器叶片允许有深度不大于 1 mm 的撞痕。涡轮叶片不许裂损，叶片进气边允许有 2 处深度不大于 1 mm、长度不大于 5 mm 的撞痕和卷边。

③喷嘴环内、外不许裂损；喷嘴环叶片允许有深度不大于 1 mm 的撞痕、轻微的卷边与变形，叶片变形不允许校正，喷嘴环叶片不许有裂损，喷嘴环的出口面积与环上实测标定值允差 1%。喷嘴环镶套不许裂损。

④修整圆滑上述各项允许的撞痕、卷边与变形。

⑤主轴不许有裂纹，各轴颈表面不许有拉伤、偏磨、烧损与变形，各轴颈的径向跳动不许大于 0.02 mm。压气机端轴承总成、涡轮端轴承总成及环形止推轴承状态须良好。燃气排气壳水腔须 0.5 MPa 的水压试验，保持 5 min 不许泄漏。

⑥涡轮叶片与涡轮盘装配时严禁用铁锤锤铆，锁紧片只准弯曲一次；装配后，叶片顶部沿

圆周方向晃动时 0.025～2.5 mm,涡轮叶根的轴向窜动量不许大于 0.1 mm。更换活塞环、O形密封圈、垫片及垫圈。

⑦转子组更换零件后须进行动平衡试验:压气机叶轮组(压气机叶轮、导风轮、衬套)不平衡量不许大于 2.5 g·cm;叶片轴(涡轮、主轴)不平衡量不许大于 1.5 g·cm(允许压导轮组装到位后进行转子总成动平衡试验,不平衡量不许大于 4.0 g·cm,转子组重新组装时,须恢复原组装定位刻线)。

⑧增压器组装后,各部间隙符合限度规定,用手轻轻拨动转子,转子须转动灵活,无碰擦与异声,检查导风轮轮廓外径向跳动量须不大于 0.04 mm。当柴油机在油、水温度不低于 55 ℃时,以最低稳定转速运转 5 min 以上停机后(喷油泵齿条回停油位起),转子惰转时间不少于 30 s。

⑨同台柴油机须配套使用同型号的增压器。机车小辅修时须检查转子,转动应灵活。

ZN310-A4、ZN310-LSA4 增压器的检修要求:

①解体、清除积碳、油污。

②压气机的导风轮、叶轮、扩压器叶片不许有裂纹、严重击伤和卷边。导风轮叶片允许有沿直径方向长度不大于 2 mm、顺叶片方向深度不大于 1 mm 的撞痕与卷边存在;扩压器叶片允许有深度不大于 1 mm 的撞痕。涡轮叶片不许裂损,叶片进气边允许有 2 处深度不大于 1 mm、长度不大于 2 mm、间距大于 3 mm 的撞痕和卷边。

③喷嘴环内、外不许裂损;喷嘴环叶片允许有深度不大于 1 mm 的撞痕、轻微的卷边与变形,叶片变形不允许校正,喷嘴环叶片不许有裂损,喷嘴环的出口面积与环上实测标定值允差 1%。

④修整圆滑上述各项允许的撞痕、卷边与变形。

⑤主轴不许有裂损,各轴颈表面不许有拉伤、偏磨、烧损与变形,各轴颈的径向跳动不许大于 0.015 mm。压气机端轴承总成、涡轮端轴承总成及环形止推轴承状态须良好。喷嘴环镶套不许裂损。

⑥燃气排气壳水腔须进行 0.5 MPa 的水压试验,保持 5 min 不许泄漏。涡轮叶片与涡轮盘装配时严禁用铁锤铆,锁紧片只准弯曲一次;装配后,叶片顶部沿圆周方向晃动时 0.04～0.50 mm,涡轮叶根的轴向窜动量不许大于 0.2 mm。更新铸铁环、石墨环、O 形橡胶密封圈、垫片及垫圈。检查铸铁环不许翘曲,其开口间隙须为 7.2～8.6 mm,闭口间隙须为 0.20～0.30 mm。更换涡轮叶片时,叶片质量差不大于 3 g,配组叶片质量差不大于 0.1 g。转子组更换零件后,须将压导组装到位进行转子总成平衡试验,总不平衡量≤3 g·cm(压气机端不平衡量≤1.5 g·cm),转子组重新组装时,须恢复原组装定位刻线。

⑦增压器组装后,各部间隙符合限度规定,用手轻轻拨动转子,转子须转动灵活,无碰擦与异声,检查导风轮轮廓外径向跳动量须不大于 0.04 mm。当柴油机在油、水温度不低于 55 ℃时,以最低稳定转速运转 5 min 以上停机后(喷油泵齿条回停油位起),转子惰转时间不少于 30 s。同台柴油机须配套使用同型号的增压器。机车小辅修时须检查转子,转转动应灵活。

3. 故障分析

280 型柴油机与 240 系列柴油机用增压器结构和作用原理基本相同,运用中发生的故障也基本相似。所不同之处是与之相配套的增压器因机车限界尺寸与柴油机结构上的因素影响,被安装在柴油机上端 V 形夹角中,此处柴油机的高频振动严重,尤其柴油机处在高负荷区域时。同时又受增压器内部工作状态的影响,如增压器内部动平衡失衡,在继续运转时,所产生的高频振动也极大,对支架螺栓疲劳性破损危害极大。加上此处工作环境又狭窄,两侧受到排气总管与进、出水集流管的视避,给日常检查、检修与维护带来很大的不便,属于"死角"性设备。所以,其支架螺丝松动,月牙板支承断裂,螺栓松缓早期难以及时发现,当被发现时,多数情况下均在支腿(架)螺栓断裂(见图5-14)或支架月牙板断裂时。虽然这类故障造成增压器直接故障概率较小,但也是一项不可忽视的问题,受增压器内、外部工作状态互相

图5-14　增压器支撑(腿)断损

制约影响,对增压器工作状态影响很大,影响其工作的动平衡,容易引起增压器涡轮进气口与总管及各排气支管的松缓,进而破坏了增压器内部运动部件的动平衡。

机车运行中,与240系列柴油机用增压器运用中的故障相同,如属增压器发生故障,一般破损均比较严重,司乘人员无法处理,机车将不能继续牵引列车运行。防止这些部件损坏与避免机车途停事故发生的最有效手段,也是除提高机车检修质量外,应加强机车运用中的检查与保养,通过各种可行的检查手段,将增压器隐患故障查找出来。其检查方法与上述240系列柴油机用增压器相同。

4. 案例

(1)转子轴座裂

2006年4月5日,DF$_{8B}$型5383机车牵引货物列车运行中,发生前增压器(自由端)喘振,与从前增压器烟囱喷泄出机油,待该台机车返回段内后,经机车地勤质检人员检查,前增压器转子"卡死",因此扣临修。经解体检查分析,为增压器涡轮端轴承座裂损,油封破损,转子径向摆幅差超限,转子扫膛,同时造成油封破损泄漏机油,而引起增压器烟囱喷泄机油。更换该台增压器,试验运转正常后,该台机车又投入正常运用。

(2)机油进油管裂损

DF$_{11}$型0185机车,2006年5月22日牵引旅客列车运行中,突然发生操纵端机油压力下降,柴油机卸载。经司乘人员检查发现输出端(后)增压器进油管裂损漏油。当时司乘人员用橡胶皮裹住漏泄处油管,并用铁丝绞绑住,维持机车牵引运行至目的地站,待机车返回段内后,扣临修。经解体检查,为该台增压器机油进油管原焊波处裂损,由于焊接质量问题,导致裂损长度约12 mm。经更换此裂损的机油管,试验运转正常后,该台机车又投入正常运用。

该台机车中修后走行17 235 km,查询该台机车运用与碎修记录,针对此油管无检修记录。此油管在质量保证期内,定责机车中修部门。同时,要求机车整备部门加强日常机车检查作业。

(3)增压器支架裂损

2006年10月8日,DF$_{11}$型0226机车牵引旅客列车运行返回段后,作技术检查作业时,机车地勤质检人员发现前、后增压器支架裂损,因此扣临修作进一步检查。在吊下前、后增压器时,其支架座全部断裂,因增压器支架座裂影响到增压器工作时的平稳性,与其工作性能的发挥,同时对所连结的气缸废气支管的稳定性与总管的连结均受到影响。经更换前、后增压器,试验运转正常后,该台机车又投入正常运用。

（4）增压器油封损坏

2006 年 11 月 4 日，DF_{8B} 型 5376 机车牵引上行货物列车运行中，突然发生柴油机冒黑烟、喷机油。司乘人员检查疑似输出端增压器油封损坏，但这时柴油机功率并未下降。待该台机车返回段后，扣临修作进一步检查，经吊下输出端增压器解体检查，其涡轮端油封损坏，造成润滑轴承的机油经此窜入涡轮壳内，并随废气压力经烟囱排向大气，而形成喷机油现象。经更换该台增压器，试验运转正常后，该台机车又投入正常运用。

（5）轴承套破损

2008 年 2 月 23 日，DF_{8B} 型 5490 机车担当货物列车 80911 次本务机车牵引任务，现车辆数 57，总重 2 104 t，换长 68.5。运行在兰新线柳园至哈密区段的柳园至小泉东站间，突然发生柴油机冒黑烟，输出功率随之下降，柴油机提主手柄时转速不能上升。经司乘人员检查判断，估计为增压器故障，要求在前方站停车检查处理，17 时 56 分到达小泉东站。经司乘人员检查，确定为柴油机输出端增压器故障，对此故障无法处理，请求更换机车。小泉东站 18 时 45 开车，在站总停时 49 min，并影响本列到哈密站晚点 75 min，构成 G1 类机车运用故障。待该台机车返回段内后，扣临修，解体检查输出端增压器内部扫膛。经更换此台增压器，进行水阻台试验运转检查均属正常后，该台机车又投入正常运用。

查询机车运用与检修记录，该台机车 2007 年 9 月 18 日完成第 2 次机车中修，修后走行 101 399 km，于 2008 年 1 月 29 日完成第 2 次机车小修，修后走行 12 468 km。机车到段检查，柴油机外观各部检查均属正常，吊下两端增压器解体检查，输出端增压器涡轮端轴承套破损，增压器内部扫膛，自由端增压器内部结构正常。经分析，该台增压器于 2007 年 9 月 12 日装配上车，机车运用中无任何检、碎修记录，原因为增压器涡轮端轴承套破损，动平衡被破坏，造成增压器扫膛。按增压器质量保证期，定责增压器大修厂。同时，要求增压器大修厂严格落实检修工艺，加强质量保证。

（6）转子轴承破损

2008 年 3 月 11 日，DF_{8B} 型 5351 机车担当牵引上行货物列车 WJ702 次牵引任务，运行在哈密至柳园区段的天湖至红柳河站间。柴油机冒黑烟，转速下降，随之机车输出功率降低，因此终止牵引列车运行，停于区间，请求救援。构成 G1 类机车运用故障，待该台机车返回段内后，扣临修。经解体检查，自由端增压器转子轴承破损，油封损坏，造成柴油机喷机油，增压器内部扫膛。经更换该台增压器，进行水阻台试验正常后，该台机车又投入正常运用。

查询机车运用与检修记录，该台机车 2007 年 10 月 12 日完成第 1 次机车大修，修后走行 36 383 km。经分析，增压器轴承破损后造成增压器扫膛，增压器扫膛后导致其油封破损。按机车大修质量保证期，定责机车大修。同时，要求将此故障信息及时反馈该机车大修厂。

（7）涡轮叶片拉筋丝断损

2008 年 4 月 18 日，DF_{8B} 型 5271 机车担当上行货物列车 41006 次重联机车的牵引任务，现车辆数 50，总重 3 953 t，换长 63.0。运行在哈密至柳园区段的尾亚至天湖站间。柴油机冒黑烟，转速下降，随之机车输出功率降低，14 时 00 分停于尾亚站至天湖站上行线 1 179 km + 150 m 处，经检查前增压器故障，不能继续运行，而请求救援。15 时 22 分被救援开车，区间总停时 88 分，15 时 52 分到达天湖站停车，比计划运行晚点 3 小时。构成 G1 类机车运用故障，待该台机车返回段内后，扣临修。解体检查，为自由端增压器扫膛，经更换该台增压器，试验运转正常后，该台机车又投入正常运用。

查询机车运用与检修记录，该台机车于 2007 年 6 月 7 日完成机车大修后的第 1 次中修，修后走行 124 719 km,又于 2008 年 4 月 15 日完成第 3 次机车小修,修后走行 864 km。吊下柴油机自由端增压器检查,前后端涡(蜗)壳内均无异物进入,解体检查发现涡轮叶片拉筋丝断成三截,轴承无破损。经分析,该台增压器于 2008 年 4 月 15 日进行第 3 次机车小修时,更换装配于该台机车使用,增压器编号:16301,走行 864 km。因涡轮叶片拉筋丝断,转子轴动平衡被破坏,造成该台增压器内部扫膛。按机车中修质量保证期,定责增压器大修。同时,要求加强增压器的检修质量,严格按要求使用正规生产厂家的配件。

(8)转子轴承浮动套损坏

2008 年 7 月 19 日,DF$_{8B}$型 5486 机车担当下行货物列车 11067 次本务机车的牵引任务,牵引吨数 2 727 t,辆数 57 辆,换长 69.6。运行在柳园至哈密区段的大泉至照东站间。因增压器喷机油,司机请求前方站停车更换机车。8 时 48 分到达照东站,9 时 43 分从照东站开出,总站停时 65 分,构成 G1 类机车运用故障。待该台机车返回段内后,扣临修。解体检查,自由端增压器涡轮机端轴承浮动套破损,转子轴折断,增压器内部扫膛。经更换该台增压器,试验运转正常后,该台机车又投入正常运用。

查询机车运用与检修记录,该台机车 2007 年 7 月 25 日完成第 2 次机车中修,修后总走行 250 331 km。于 2008 年 7 月 1 日完成第 5 次小修,修后走行 10 538 km。机车入段后检查前、后增压器内部均存有润滑机油,自由端增压器扫膛。吊下前、后增压器解体检查,自由端增压器涡轮端轴承浮动套破损,油封环损坏,转子轴折断,增压器内部扫膛。经分析,自由端增压器涡轮机端轴承浮动套先期破损,使转子轴动平衡被破坏,在非平衡扭矩作用下,将转子轴折断,造成增压器内部扫膛。同时,当涡轮侧油封破损后,其润滑油窜入涡壳内,造成其润滑机油随废气从烟囱喷出。另,其润滑机油经废气总管也进入输出端增压器内。按质量保证期,定责增压器大修。同时,将此故障信息反馈增压器大修厂,提高增压器检修质量。

(9)出水管上排气管裂漏水

2008 年 9 月 12 日,DF$_{8B}$型 5346 机车担当上行货物列车 41002 次重联机车的牵引任务,现车辆数 55,总重 3 792 t,换长 68.4。运行在哈密至柳园区段天湖至红柳河站间。因柴油机后增压器故障,司机要求前方站停车检查处理,2 时 13 分到达红柳河站停车。经司乘人员检查确认,机车不能继续运行,请求更换机车。于 4 时 44 分由天湖站开车,总站停时 2 小时 31 分,构成 G1 类机车运用故障。待该台机车返回段内后,扣临修。解体检查,输出端增压器出水管的排气管裂损漏水,经更换该台增压器,试验运转正常后,该台机车又投入正常运用。

查询机车运用与检修记录,该台机车于 2008 年 8 月 13 日完成第 1 次机车中修,修后走行 15 532 km。查该台机车碎修记录,2008 年 9 月 5 日因输出端增压器出水管上排气管裂损漏水,机车整备部门对该部位进行过焊修处理,2008 年 9 月 10 日又因高温安全阀进油管裂漏油扣修,机车检修部门在交车时,对该管路焊接部位没有认真检查,造成交车后焊接部位开裂后漏水。并且机车整备部门对该管路漏水故障处理不彻底。经分析,机车检修部门对临修机车检查不到位,机车整备作业焊接不良。定责,主要责任,机车整备部门,次要责任,机车检修部门。同时,要求机车整备部门应严格按管路焊接工艺进行焊修,机车检修部门在处理临修机车时,要对机车进行全面检查,发现焊接隐患严格按工艺处理。

(10)增压器涡轮叶片断裂

2008 年 9 月 23 日,DF$_{8B}$型 5275 机车担当货物列车 11028 次本务机车的牵引任务,现车辆数 56,总重 3 992 t,换长 64.6。运行在哈密至柳园区段的烟墩站待避 1046 次客车时,该台机车司机向车站反映柴油机自由端增压器故障,请求更换机车。7 时 30 分由烟墩站开车,总站停时 78 min,构成 G1 类机车运用故障,待该台机车返回段内后,扣临修。解体检查,为柴油机自由端增压器涡轮叶片断损,经更换该台增压器,试验运转正常后,该台机车又投入正常运用。

查询机车运用与检修记录,该台机车于 2008 年 9 月 17 日完成第 1 次机车中修,修后走行 624 km。机车到段检查,柴油机自由端增压器内部扫膛,解体检查,发现增压器转子轴涡轮叶片有一片断损。查碎修记录,该台增压器编号:08037,涡轮叶片编号 TP2561,2008 年 7 月由增压器厂大修,大修时装用 2008 年 6 月 2 日从 ABB 公司购进的新品转子总成。经分析,增压器转子轴涡轮断损的叶片结构存在铸造缺陷,造成增压涡轮叶片在高速转动时,在离心力的作用下,使其断裂。涡轮叶片断裂后,造成增压器扫膛。按质量保证期,定责增压器大修。同时,要求购进新品在装机前,进行探伤检查,并及时将故障信息反馈增压器配件厂家,提高新品配件的质量。

思 考 题

1. 简述 240/280 型柴油机增压器大修质量保证期。
2. 简述 240/280 型柴油机增压器结构性故障。
3. 简述 240/280 型柴油机增压器运用性故障表象。
4. 柴油机冒黑烟时如何判断为增压器故障?

第二节　进、排气总管结构与修程及故障分析

进气总管是连接增压器、中间冷却器(中冷器)与气缸的进气管道装置。它将增压器压气机进入的新鲜空气输送到中冷器,经中冷器冷却后的空气送到稳压箱(进气总管),经各进气支管送入气缸内。排(废)气总管连接各气缸排(废)气支管,将气缸内燃烧做功后的废气输送至增压器涡轮侧,推动涡轮叶片带动转子轴旋转,进而带动压气机做功。进、排气总管由进气弯管、稳压箱、进气支管、排气支管和排气总管等组成。

一、240 系列柴油机进、排气总管

1. 结构

(1)进气管

增压器压气机出口与空气中间冷却器(下称中冷器)进口管道的连接采用了耐高温 160 ℃ 抗老化的橡胶软管,以保证管路之间的密封和补偿热胀冷缩及两者不对中的问题。稳压箱与各进气支管的连接采用了不需紧固的橡胶扩张 O 形密封圈来连接密封,这种密封结构不但解决了支管法兰与稳压箱对应的法兰的不同心及热胀冷缩问题,而且当气流压力愈高时,密封效果愈好,240 系列柴油机进气总管总成见图 5-15。

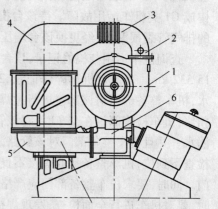

图 5-15　柴油机增压系统进气部分
1-压气机蜗壳;2-弯管;3-软连接管;4-中冷器进气道;5-中冷器出气道;6-进气稳压箱

(2)排气管

排气管由九节蠕虫状石墨铸铁短管组成（见图 5-16），相邻两节短管用双层薄壁结构的大波纹膨胀管连接，这种波纹管的内衬套是套装在波纹管内的，组装时应注意内衬套法兰与大波纹管法兰相应凹座应密贴，以免发生漏气。

为了减少散热损失和防止排气总管表面温度过高，全部排气管（包括大、小波纹膨胀管）均包以隔热材料。

在中冷器的前后分别采用扩散和收敛的进、出气道，以减少增压空气进出中冷器所产生的膨胀和节流损失。排气支管以顺气流方向成 60°角引进排气总管。

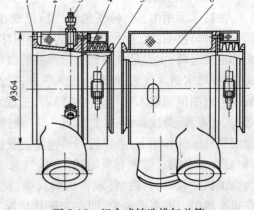

图 5-16　组合式铸造排气总管
1-锥形管段；2-隔热层；3-测量表座；4-大波纹管；5-扣环；6-圆筒形管段

2. 进排、气总管大修、段修

(1)大修质量保证期

在机车运行 6 万 km 或 6 个月内（2007 年大修机车招标书规定：须保证运用 6 万 km）内不得发生损坏。

(2)大修技术要求

①解体、清洗，去除油污、烟垢与积碳，各部位不许有裂纹、变形。

②更换排气总管的波纹管和进气管路软连接管。

③管段的各法兰面须平整（允许加工修整），排气总管与排气支管须进行 0.4 MPa 的水压试验，保持 5 min 不许泄漏。

④排气管隔热层须完好。

(3)段修技术要求

①进气支管不许有裂纹，橡胶密封圈不许老化及破损。

②中修时清除积碳，排气总管裂纹允许焊修，焊修后须作 0.2 MPa（D 型机 0.3 MPa）的水压试验，保持 5 min 不许泄漏。

③排气总管焊接组装后，总长度为 3 268 mm。A 型单管应为 1 637～1 642.5 mm。

④排气总管和支管的波纹和及其密封垫状态应良好，无裂漏。

⑤排气总管装机时，总管与增压器连接处允许加垫调整。

⑥排气系统的隔热保护层须完好。

3. 故障分析

进、排气总管属柴油机辅助系统的重要部件，均属半可视性部件。在机车运用中，直接属进、排气总管的故障比较少，多数情况下属间接性故障。即气缸内的运动部件损坏后，经此将废气总、支管内衬套碰撞坏，高温高热下使废气总管蠕节间（或支管）的垫老化，卡箍松缓。进气总、支管故障主要发生在接口垫损坏（极少情况下发生管道体裂）引起的漏气，其次为管道在非正常的情况下储存有来自中冷器的漏水或增压器的漏油，因此对气缸工作造成很大危害。240 系列柴油机用进、排气总管的主要故障表象为漏气、漏烟。进气总管泄漏一般不影响机车的正常运行；废气总管结构性故障（内衬套破损）主要造成其他部件的损坏（主要为增压器），运用中的故障漏烟，一般不影响机车的正常运行。

（1）结构性故障

在机车运用中，进、排气总管（道）反映在结构性的故障，主要是进气道内在非正常情况下储存有水与机油；废气总、支管内的衬套损坏。这类故障在机车运用中并不能直接危害到柴油机的正常运转，主要是波及到相邻部件的损坏。如进气道的积水（油）主要来自中冷器内的泄漏，使冷却水进入气道，经此会进入气缸；机油主要来自两端增压器压气机端的油封破损，引起的压力机油泄漏进入空气道内。轻者，造成水（油）参与气缸内燃烧，引起燃烧不良或活塞顶部积碳；重者，造成柴油机的"水锤"与"油锤"。废气总、支管内衬套损坏脱落的碎片（块）在废燃气负压的作用下，会以较高的速度被吸进增压器内，将其涡壳内叶片打坏，或使增压器内部扫膛（本章第1节内有所阐述）。进气总、支管结构性故障反映在机车运用中的主要表象，为柴油机加载时，冒白烟（或冒黑烟），柴油机输出功率下降。废气总、支管结构性的故障反映在机车运用中的主要表象，即在非正常情况下大量漏烟，废气总、支管发红（如属支管垫被呲时，相应故障缸会发出"敲缸"声响），并是内燃机车引起火灾的主要火源之一。按机车结构参数而言，废气支管、总管排气温度最高允许达到 520～620 ℃，而柴油的可燃点是 330 ℃。所以，此处是最可怕的内燃机车火源点，漏烟主要发生废气总管、支管的接口垫破损与总管体的裂损泄漏。其次，是被其他破损的部件碎块（段）在废气压力（文学管原理）作用下撞击性损坏（如进、排气阀碎块，活塞气环碎段等碎块），使排气总、支管内垫衬套的损坏。

除此之外，240 系列柴油机进、排气总管安装在柴油机 V 型夹角内及上方，柴油机振动相对最大，容易引起部件的疲劳性损坏与安装螺栓的松缓，导致部件的整体错位，相应使接口错位。进气总管故障的主要表象，发生在中冷器与稳压箱连接的弯管处的裂损泄漏，与其接口垫被呲和安装性泄漏。废气总管主要故障表象，在废气总管节间垫或支管垫被呲损坏漏烟。

（2）运用性故障

在机车运用中，发生在 240 系列柴油机用进、排总管运用性的主要故障表象为漏气、柴油机冒白（蓝）烟，漏烟、敲缸、废气总、支管发红。进气总管（稳压箱）、支管的漏气相对而言发生得比较少，如有发生，主要在中冷器与稳压箱连接的弯脖处的体裂损，与法兰垫被呲损坏，而发生的漏气；稳压箱内存有积水（油）之初，在气缸内负压的作用下，会被部分抽吸入气缸内，会发生柴油机冒白（蓝）烟（积水较多时，在一定条件下，会造成柴油机"水（油）锤"的大部件破损事故发生），并且伴随着柴油机输出功率有所下降。这类故障一般无需处理，可维持机车运行（稳压箱内的积水可通过打开其排污阀排除掉）。发生在废气总、支管的漏烟，主要在蠕节间接口垫、支管接口垫与总管弯脖处的损坏，总、支管发红，多数情况下是因燃料在气缸内燃烧不充分，可燃性气体进入废气支、总内后燃而引起。这类故障在机车运行中发生，一般无需直接进行处理，但要做好防火措施，避免助燃物接近（如高压油管喷射漏的燃油，压力燃油、机油表管与机油润滑管泄漏的机油，检修遗留下的棉丝等），可继续维持机车运行（因废气支管故障引起的"敲缸"，可将相应的故障缸甩掉）。废气总、支管内衬垫套和进气总管内储存有水（油）时，属不可视性故障。对于废气总、支管发红类的故障，可通过间接识别法，检视相应某段废气总、支管是否发红来判断；对于稳压箱内积水（油），可通过"稳压箱排放鉴别法"进行判断。

机车运行中，发生进、排气总管发生故障，一般情况下，不会影响机车继续牵引列车运行，可适当分别根据故障情况进行妥善处理。如进气道内有积水（油），可通过稳压箱排污阀排除掉；如废气支、总管发生泄漏废气，仅需做好预防性防火措施，并适当降低柴油机功率运行，待机车返回段内再作处理。

3. 案例

(1) 总管波纹管衬垫破碎

2006 年 2 月 23 日,DF$_{4B}$ 型 0150 机车牵引上行货物列车运行中,突然发生柴油机后增压器冒黑烟,逐渐出现机车功率下降,机车被迫终止牵引列车运行。待该台机车返回段内,经解体检查,输出端(后)增压器转子轴被碎片卡住不能转动。进一步解体发现输出端第四大节大波纹管衬套破碎,其碎块经总管在后增压器吸(抽)下,进入涡轮壳内,将涡轮叶片打坏,并卡住涡轮叶片间,造成涡轮不能转动,使后增压器所担负的气缸无新鲜空气供给,而使柴油机相应气缸燃烧不良而冒黑烟。

(2) 进气道法兰错位

2006 年 7 月 19 日,DF$_{4B}$ 型 3626 机车牵引上行货物列车运行中,在提升柴油机转速输出功率增大时,司乘人员明显感觉到机车功率不足,经检查核实机车电器调整系统无故障,经对机械间巡视时,发现柴油机后增压器进气道大胶管裂损漏气。因此降低机车功率维持运行至目的地站。待该台机车返回段后,经解体检查,为柴油机输出端增压器进气道管两端法兰口错位,造成此胶管组装时抗劲,而形成的疲劳性裂损,使稳压箱内的空气过充系数量不足,致使柴油机输出功率下降。经加改进气道后,消除此抗劲力,重新装配新的进气道胶管,该台机车又投入正常运用。

(3) 废气总管弯脖处裂损

2006 年 10 月 9 日,DF$_{4C}$ 型 5052 机车牵引上行货物列车运行中,运行在鄯善至哈密区段,司乘人员巡视机械间中,在柴油机高负荷位时,柴油机自由端增压器下部有很大的烟气。经检查,为柴油机自由端第一节废气总管弯脖处裂损引起的泄漏,运行中无法处理,在不影响柴油机正常运转情况下,仅做了外围的防火处理,维持运行至目的地站。待该台机车返回段后,扣临修整修,经更换该节总管弯脖,试验运转正常后,该台机车又投入正常运用。

查询机车运用与检修记录,该台机车于 2006 年 8 月 15 日完成第 3 次机车小修,修后走行 32 266 km。经分析,已过机车中修质量保证期,定责材质。

(4) 废气总管螺栓孔裂损与垫被呲漏

2006 年 12 月 19 日,DF$_{4C}$ 型 5231 机车牵引上行货物列车运行中,运行在鄯善至哈密区段,司乘人员巡视机械间中,在柴油机高负荷位时,柴油机对应第 10 缸上方的总管处有很大的烟气泄漏。经确认,确属该节总管泄漏,运行中无法处理,也不影响柴油机的正常运转,仅做了外围的防火处理,维持运行至目的地站。待该台机车返回段后,扣临修整修,经更换该节总管与相应的大波纹管垫,试验运转正常后,该台机车又投入正常运用。

查询机车运用与检修记录,该台机车于 2006 年 11 月 10 日完成第 2 次机车辅修,修后走行 11 789 km。经分析,泄漏处为该节废气总管处的螺丝孔呈放射性裂损,属疲劳性裂损,大波纹管垫被呲坏,因该两处的损坏,引起柴油机运转中漏烟。该台机车已过中修质量保证期,定责材质。

二、280 型柴油机进、排气总管

280 型与 240 系列柴油机用总管用途基本相同。因其增压器与中间冷却器安装位置有所不同,所以其进、排气管道结构稍有区别,同时 280 型柴油机废气总管采用左右并列两根。

1. 结构

(1) 排气管道

280 型柴油机排气管道系统由排气管、波纹管、涡轮进气弯管、管卡等组成,分布于柴油机上部两侧。每侧气缸内废气经排气阀进入各缸对应的排气管。经波纹管汇入涡轮进气弯管后,进入增压器的喷嘴环。

280 型柴油机早期采用纯脉冲系统。这与当时的铁路运输形势是相适应的。柴油机实际运用功率不大,功率储备较多。采用纯脉冲系统结构,每个涡轮有 4 个燃气进口,排气管直径较小,排气管与引射喷管之间采用活塞式膨胀节连接,以消除排气管因受热膨胀而产生的伸长量。后期 280 型柴油机批量生产后,为提高增压器的涡轮效率,改为双脉冲转换系统,既保持原纯脉冲排气支管不动,将增压器间两端分别外移,在增压器与排气支管间加入两个脉冲转换器。每个脉冲转换器为双进单出,两根排气支管汇总后,进入转换器的一个进口。这样,每个增压器涡轮为双进口,连接两个转换器,两个转换器共四个进口,连接八根排气支管。对于 16 缸机来说,采用此结构与纯脉冲相比。解决了各缸排气间隔不均匀造成的气流波动大的问题,可使进入涡轮的废气更平稳,提高了涡轮效率,大大改善了气缸的扫气条件。

随着铁路运输的发展,需要更大功率的机车柴油机。因此,迫切需要一种与之匹配的高增压、高效率、有较好工作可靠性的先进增压器。于是,选用了按引进国外技术制造的 VTC254 增压器来取代原 320P 型增压器。由于该类增压器的涡轮当量面积较小,而脉冲系统在压力波峰时要求涡轮的流通面积较大。因此又设计了 MPC 系统(即串接式脉冲转换系统)来与 VTC254 相配套。

MPC 系统就是将每个缸的排气管设计成相同的脉冲转换器,通过过渡管连接成一体,将气流引入增压器。它是一个准定压系统,具有定压系统的简单结构,又有脉冲系统的优点。采用 MPC 系统后,管路结构大大简化。组装也明显方便。由于从双脉冲系统转换到 MPC 系统时采用了高效的 VTC254-13 型增压器,因此实际油耗反而得到了全面的改善,在高负荷时更体现出 MPC 系统的优点,油耗下降尤为明显。同时,MPC 系统克服了双脉冲系统气流不均、气流对涡轮冲击大的缺点,大大改善了增压器的工作可靠性。目前,280 型柴油机均采用同一种 MPC 系统。该系统具有耐高温、脉冲能量利用率高的特点。单个排气管段的结构(见图 5-17)。

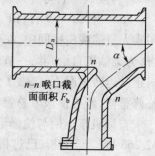

图 5-17 MPC 系统单个管

在排气管段间,采用波纹管连接,有效地解决了排气管的热膨胀与振动冲击,从而达到了保护增压器的目的。波纹管采用耐高温不锈钢材料,经氟弧焊焊接而成。内衬导流管与外波管焊成一体,以防止气流对内衬导流管的热冲击振动,不会导致内衬导流管脱落而损坏增压器。波纹管结构(见图 5-18)。该波纹管的外波管由三层薄钢板构成,有较好的伸缩性和横向偏移补偿能力,内衬导流管由不锈钢板压制并焊接成形,耐热负荷、抗冲击性较好。

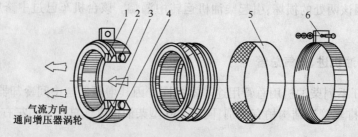

气流方向
通向增压器涡轮

图 5-18 16V280 柴油机排气系统波纹管

1-带脚法兰;2-外波管;3-内衬导流管;4-无脚法兰;5-隔热层;6-隔热罩

波纹管与排气管、涡轮进气弯管的连接采用管卡件。有效地解决了各段排气管装配时对中偏差的问题，并且拆装方便。

（2）进气管道

280 型柴油机的进气管道系统由两套相互独立的进气弯管、软接管、进气直管、中冷器弯管、中冷器管接座、稳压箱等组成。柴油机两端的增压器涡轮受废气冲击和膨胀做功而高速旋转，带动同轴连接的压气机旋转，使压气机吸入并压缩新鲜空气，提高新鲜空气的密度和压力。空气从压气机进入各自对应的进气弯管。经进气直管、中冷器弯管，进入中冷器，完成冷却后，经中冷器管接座流入稳压箱。

进气弯管与进气直管间用材料为夹布氟橡胶的软接管来连接，具有耐高温、不易老化的特点。采用软接管可解决进气弯管与进气直管间因受热变形及安装时两者偏差引起的不对中的问题。进气直管上装有超速保护装置。进气弯管、进气直管和中冷器管接座采用铸铝材料，以尽量降低柴油机的重量。

稳压箱是进气系统中的重要零件。稳压箱分前后两个，固定在机体 V 型夹角间的顶部，与机体顶部的空腔共同构成贮气稳压室。两股从增压器进来的独立的新鲜空气在此汇合成一股，加以稳定后流入气缸内。稳压室容积的大小，可决定柴油机加速性的好坏，进入各缸气体是否均匀稳定以及扫气质量等。稳压室容积较小，则加速性较好，但稳压室容积过小，就不易保证增压中冷后的空气气流稳定，使各缸进气压力波动大，造成各缸工作不平衡，还会影响气缸充量和扫气质量。因此，一般进气稳压室容积与柴油机工作容积之比为 0.8 ~ 1.5。另外，稳压箱进出口结构对增压空气的流动阻力损失的影响也很大。图 5-19 为 280 型柴油机后进气稳压箱。

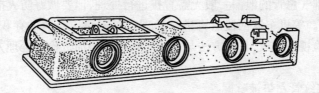

图 5-19　后进气稳压箱

两个稳压箱的 16 个出气口（各有一个卡槽，O 形密封圈就卡在槽中），与 16 个气缸盖的进气口一一对应。在安装气缸盖时，通过 O 形密封圈。稳压箱出气口自动地与气缸盖进气孔贴紧。保证了空气密封。稳压箱特点是结构简单，密封性好，拆装方便实用。

2. 进、排气管道大修、段修

（1）大修质量保证期

在机车运行 6 万 km 或 6 个月内（2007 年大修机车招标书规定：须保证运用 6 万 km）不得发生损坏。

（2）大修技术要求

①解体、清洗，去除油污、烟垢与积碳，各部位不许有裂纹、变形。

②更新各垫片、橡胶圈、排气管波纹管的衬套。

③管段的各法兰面须平整（允许加工修整），排气总管与排气支管须进行 0.5 MPa 的水压试验，保持 5 min 不许泄漏。

④排气管隔热层须完好。

（3）段修技术要求

①清除积碳、油垢，各零部件不许裂损和变形，排气管裂纹焊修后须作0.5 MPa的水压试验，保持5 min不许泄漏。

②排气管路隔热保护层须完好。

③更新各垫片及橡胶圈。

3. 故障分析

280型柴油机用进、排气总管的故障主要表象，也发生在漏气、漏烟。与240系列柴油机相同，也是由于结构上因素与部件的长期疲劳性运用所造成的损坏。进气总管漏气一般不影响机车的正常运行，废气总管因结构性故障，在机车运用中造成其他部件的损坏（主要为增压器），运用中的故障漏烟一般不影响机车的正常运行。

（1）结构性故障

进气总管（道）反映在结构性的故障，与240系列柴油机所发生的故障基本相似，故障表象也相同。

除此之外，进、排气总管安装在柴油机V形夹角内及上方，柴油机振动相对最大，容易引起部件的疲劳性损坏与安装螺栓的松缓与断损，主要表象在进气道稳压箱安装螺栓的断损（强度不够，现已更换为M12的螺栓，这种故障现象已得到改观）漏气。废气支、总管泄漏废气与内部的损坏，与殃及到其他部件（增压器）的损坏，与240系列柴油机用总管相同。

（2）运用性故障

280型与240系列柴油机用进、排总管在机车运用中的结构性故障基本相同。反映在机车运用中的故障表象也是漏气、漏烟，柴油机加负荷冒白（蓝）烟，废气总、支管发红。在机车运用中，发生在进、排气总管的泄漏一般无需直接进行处理，但要做好防火措施，避免助燃物接近，可维持机车运行。等机车返回段后再进行处理。对于稳压箱内的存积水（油），也可通过打开稳压箱排污阀检视或排放，具体方法与上述240系列柴油机检查处理方法相同。

4. 案例

（1）废气总管波纹管左垫被呲漏

2008年6月20日，DF$_{8B}$型0087机车担当货物列车11025次本务机车牵引任务，牵引吨数3 205 t，现车辆数49，换长65.5。运行在兰新线嘉峪关至柳园区段，机车到达柳园站后，因柴油机第9缸波纹管漏烟严重，司机请求更换机车，构成G1类机车运用故障。待该台机车返回段内后，扣临修，解体检查，柴油机第9缸大波纹管左侧垫破损严重，经更换此大波纹管垫处理，试验运转正常后，该台机车又投入正常运用。

查询机车运用与检修记录，该台机车2007年10月30日完成第2次机车中修，修后总走行145 078 km，于2008年5月8日完成第2次机车小修，修后走行29 019 km。机车到段检查，柴油机第9缸大波纹管左侧垫破损严重。查询碎修记录，2008年6月14日检修质检组在整备检查该台机车时，该部位漏烟严重，机车整备部门未作处理，2008年6月15日再次检查到该部位漏烟严重，机车整备部门仅对该部位卡子进行了紧固处理，没有认真仔细检查，实际此垫已破损，应做更换处理而未更换。机车整备部门对该故障部位没有认真处理，定责机车整备，同时，要求机车整备部门在检修作业中，按工艺规范要求进行机车检查检修作业。

（2）稳压箱垫被呲漏

2007年10月13日，DF$_{8B}$型5319机车牵引上行货物列车，运行在兰新线哈密至柳园区段的尾亚至天湖站间。司乘人员在机械间巡视中，发现柴油机有呲漏气声，当柴油机转速越高

时,呲漏气声越大,并呈现柴油机功率有轻微下降。在机车运行中,司乘人员无法作进一步检查,好在此故障对柴油机输出功率影响并不大,机车继续牵引列车运行至目的地站。待该台机车返回段内后,司乘人员向机车整备质检人员反映了这一故障现象,经检查,为柴油机第3、4缸处的稳压箱与机体座间发生泄漏,扣临修。解体检查,该处的稳压箱垫被呲坏而引起泄漏。经更换此垫,试验运转正常后,该台机车又投入正常运用。

该台机车2007年9月24日完成第3次机车小修,修后走行8533 km。经分析,该垫装配正确,并无紧固螺栓松缓之处,垫的压痕也较均匀。明显属此垫的材料质量不良,硬度不够,韧性又差,在柴油机运用一段时间后,受冷热温差与高频振动的影响,此垫更趋脆性化。当柴油机工作在高手柄位区,稳压箱内的空气压力增高,加上柴油机剧烈的高频振动,此垫很容易遭到被呲损坏。该类故障只能靠从源头上抓起,把好材料质量关,并加强日常机车运用检查,及时反馈故障信息,杜绝机车运用故障的发生。定责材质。

(3)稳压箱进气道连接法兰螺栓脱落

2007年10月17日,DF$_{8B}$型5274机车牵引下行货物列车,运行在兰新线柳园至哈密区段的烟墩至盐泉站间。司乘人员在机械间巡视中,发现相应后中间冷却器间处有呲漏气声,当柴油机工作手柄位越高时,呲漏气声越大,并呈现柴油机功率有轻微下降。司乘人员用手摸触,感觉有气体从稳压箱法兰接口处呲出,经检查此处法兰垫并未有呲损现象,此故障在机车运行中司乘人员也无法处理。好在此故障对柴油机功率并无太大影响,机车继续牵引列车运行至目的地站。待该台机车返回段后,司乘人员向机车整备质检人员反映了这一故障现象,经检查,确认为稳压箱后端进气道的法兰连接螺栓滑扣脱落(3条螺栓脱落),引起此处的密封不严密,致使柴油机在高手柄位时,稳压箱通道空气压力增高时,从此处呲漏出增压空气。经将此3条螺栓按规定配装上,该台机车又投入正常运用。

该台机车2007年7月20日完成第2次机车小修,修后走行3292 km。经分析,属此螺栓材料质量不良,螺栓丝扣滑扣,使螺栓不能紧固牢,造成法兰接口不密贴。当柴油机工作在高手柄位区,稳压箱内的空气压力增高,加上柴油机剧烈的高频振动,此法兰口很容易遭到呲漏。该类故障只能靠从源头上抓起,把好材料质量进口关,并加强日常机车运用检查,及时反馈故障信息,是杜绝机车运用故障的发生有效手段。定责材质。

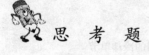

思 考 题

1. 简述240/280柴油机进排气管大修质量保证期。
2. 简述240系列柴油机进、排气总管结构性故障。
3. 简述240系列柴油机进、排气总管的故障表象。

第三节　空气中间冷却器结构与修程及故障分析

增压柴油机普遍采用空气中间冷却器(简称中冷器),对经增压器增压后的空气进行冷却,以降低增压空气的温度,进一步提高空气的单位容积质量,提高气缸内的空燃比,这样不但能使喷入到气缸内的燃油得到更充分的燃烧,同时可使更多的燃油进入气缸内燃烧,从而提高柴油机的功率和经济性,并降低热负荷。试验表明,使增压空气每降低10℃,柴油机功率可提高2%~3%。如柴油机功率不变,则可使燃油消耗率降低1.5%。并使最高燃烧温度和循环平均工作温度下降3℃。空气冷却器根据内部冷却水管的管子形状不同，有扁管、椭圆管、圆管和管带式等几种形式。目前我国国产机车柴油机上大多采用扁管肋片式水冷空气冷却器。

一、240 系列柴油机中冷器

B 型机在运用功率为 2 427 kW、大气温度为 27 ℃、中冷器冷却水进口温度为 45 ℃时，中冷器能使 145 ℃的增压空气降到 65 ℃以下。当柴油机工作时，由柴油机水泵来的低温冷却水，从中冷器进水腔的下角的水管弯头流入，经冷却器扁管单程流过，再从出水腔上角的水管弯头流出。增压空气经中冷器进气道，从中冷器上方进入，经过 6 组冷却单节的冷却肋片，由中冷器的出气腔进入柴油机的稳压箱。中冷器的迎风面积为 0.347 4 m²，总冷却面积为 143.32 m²。

1. 结构

中冷器由壳体、冷却单节、上、下端盖、隔板和水管弯头等组成。6 组扁管肋叶式冷却单节采用双层布置，用隔板进行夹持，用氩弧焊将冷却单节与壳体连成一体（见图 5-20）。

每个冷却单节由左、右两半组成，每半个冷却单节有 34 根冷却扁管和穿插在扁管上的 2 片端部冷却肋片，与中部的 248 片冷却肋片以及 4 根支撑管组成。冷却肋片用厚度为 0.1 mm 的紫铜片制成，冷却扁管和支撑管用壁厚为 0.5 mm 的黄铜板制成（见图 5-21）。

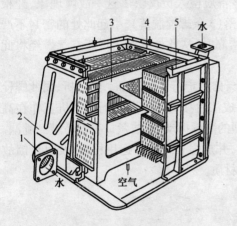

图 5-20 中冷器结构
1-水管弯头；2-端盖；3-隔板；4-冷却单节；5-壳体

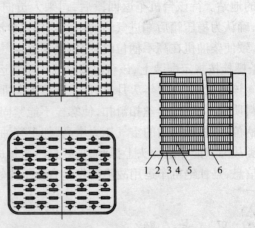

图 5-21 中冷器的冷却单节
1-管板；2-补强板；3-反撑管；4-冷却片；5-冷却管；6-侧护板

中冷器的内、外端盖均用钢板制成，壳体与端盖经酸洗磷化后，在其内腔均涂以酚醛清漆，防止锈蚀，外表全部涂醇酸磁漆（注：后期出厂的 DF₄ʙ 型机车用中冷器内部散热器接口，其接口工艺均进行了革新，即由原铜磷锑钎焊改扩挤压型工艺，因此大大改善了内部开焊裂损泄漏问题）。

2. 中冷器大修、段修

（1）大修质量保证期

在机车运行 30 万 km 或 30 个月（包括中修解体）内，中冷器不发生折损和裂纹。

DF₄c 型机车在运行 30 万 km 或 27 个月（即大修后和第一个中修期）内，中冷器不发生折损和裂纹。

（2）大修技术要求

①解体、清洗，去除油污、脏物，更换密封件。

②变形的散热片须校正。

③允许锡焊堵塞泄漏的冷却管，每个冷却组不许超过4根（D型机用不许超过5根），每个中冷器不许超过14根。

④更换的冷却组须进行0.5 MPa的水压试验，保持5 min不许泄漏；中冷器须进行0.3 MPa的水压试验，保持10 min不许泄漏。

（3）段修技术要求

①中冷器的散热片应平直，其内部须清洗干净。

②中冷器水腔须进行0.3 MPa的水压试验，保持5 min不许泄漏。

③中冷器每个冷却管组堵管数不超过6根（D型机不许超过7根），整个中冷器堵管数不许超过20根。

3. 故障分析

240系列柴油机用中冷器结构基本相同。结构上存在的故障问题，有内部与外部因素，内部主要为散热器接口焊接处开焊裂漏，与挤压型接口疲劳性折损裂漏。外部主要存在于中冷器壳体裂损，进出水管法兰焊波处裂漏，安装座螺栓松缓。运用中故障主要反映在进出水管漏水，中冷器内部泄漏冷却水，与外部体裂损泄漏空气，引起柴油机输出功率的降低。

（1）结构性故障

240系列柴油机用中冷器结构上存在的故障问题，内部主要为散热器接口焊接处开焊裂损泄漏，与挤压型接口疲劳性折损裂纹泄漏，引起冷却水窜入空气腔内。其次是散热器单管内部水质不洁被堵，引起散热不良，造成增压器压气机送来的空气得不到良好冷却，使进入气缸内的空气减少，燃烧不充分，使排气温度升高，在排气总管内二次燃烧，活塞顶部积碳严重等，并使柴油机工作进一步恶化。外部壳体的裂损引起空气腔的泄漏，进出水管法兰焊波开焊裂损引起的冷却水泄漏，因中冷器安装在柴油机振动源较大的两端，其支承座螺栓常易松缓，引起中冷器非正常性振动，加速了中冷器部件的疲劳性损坏，造成中冷器整体振动加剧及进出水管法兰焊波的裂损。

（2）运用性故障

240系列柴油机用中冷器运用中存在的问题，主要来自于结构性故障，即中冷器外漏与内漏的漏气、漏水与安装座的松缓。外漏发生在进出水管法兰焊波处裂损漏水和外壳体端盖垫或壳体破损漏气，尤其是焊修过的处所；内漏发生在散热器两端接口裂损漏水；中冷器安装座螺丝松缓。其故障表象：发生外漏水时，一是可目视，二是膨胀水箱引起缺水；外漏气时，一是相应泄漏处发生有泄气声，二是柴油机工作在高负荷区时，相应其标定功率有所下降。发生内漏水时，柴油机冒白烟。发生中冷却器底座紧固螺栓松动时，中冷器整体振动较大。外部漏气（水），一般在视膨胀水箱水位正常的情况下可维持机车运行；内部散热器裂损泄漏，会造成冷却水窜入空气腔内，顺空气道流入稳压箱内，有被抽（吸）入气缸内，破坏了气缸油膜，拉伤气缸套内壁镜面，严重时，会造成柴油机的"水锤"。

机车运用中，对中冷器而言，外部损坏能目视检查到，发生外部性的泄漏，一般不妨碍机车运行，可在机车输出功率稍有降低的情况下，维持机车运行是可行的。中冷器内部泄漏问题比较严重，如不及时检查判断出来，可能酿成柴油机大部件破损，绝对不能忽视。

机车运行中，中冷器发生故障（漏气、漏水），一般不会影响机车继续牵引列车运行，经适

当处理,可视膨胀水箱水位情况,打开稳压箱排污阀,维持机车运行,待机车返回段内后再做处理。

4. 案例

(1)中间冷却器下体裂损

2006年2月24日,DF$_{4B}$型1190机车牵引上行货物列车运行中,发生柴油机燃烧不良冒黑烟,待该台机车返回段内后,经机车整备质检人员检查,发现自由端中间冷却器下体壳裂损。因此扣临修,解体检查,该中冷器下体壳属制造缺陷遗留下的裂痕,在机车运用中的柴油机震动下而引起裂损。当该处裂损发展后,大量的新鲜空气从此排向大气,使进入稳压箱(气缸)内的新鲜空气减少,引起燃一氧混合不充分。所以,呈现增压器烟囱冒黑烟的现象。经更换此中冷器,试验运转正常后,该台机车又投入正常运用。

(2)稳压箱内有污机油

2006年7月1日,DF$_{4B}$型1017机车牵引货物列车返回段内作技术检查整备作业中,机车整备质检人员打开稳压箱排污阀检验时,从此阀口排出大量的污机油。经进一步检查,打开后端中冷器排污堵也有污机油排出,因此疑似增压器压气机端轴承油封发生破损故障。因此 扣临修作进一步检查,经解体检查后端增压器,各部件均属正常,后查验检修记录,该台机车曾于2006年6月19日后端增压器故障(轴承油封漏油),油封破损泄漏了大量的机油进入增压器压气机进气道内,顺道而下进入中冷器与稳压箱内,在上次检修作业中,对滞留入此气道内的机油没有清理干净。所以,当打开稳压箱排污阀也有大量的机油排出,可以证明相应后端增压器压气机油封漏泄,以此确认为上次检修后未清理干净的余污机油。经清理后,机车又投入正常运用。

(3)中冷器端盖垫被呲漏

2006年7月6日,DF$_{4B}$型0178机车牵引上行货物列车运行中,柴油机输出功率降低,司乘人员检查电器系统各部分均属正常,检查自由端中冷器时,其下端盖垫漏风(气),维持运行至目的地站。待该台机车返回段内后,向机车地勤质检人员反映这一情况,经检查确认,确属自由端中冷器下端盖处垫损坏漏气,经解体此中冷器,更换此垫,试验运转正常后,该台机车又投入正常运用。

(4)中冷器出水管裂损

2006年7月19日,DF$_{4C}$型5225机车牵引货物列车返回段内作技术检查作业时,机车整备质检人员上车检查机车,在锤检中发现柴油机输出端中冷器出水管根部焊波处渗水。因此扣临修,经解体检查,中冷器出水管根部焊波处产生疲劳裂纹,其焊波断裂处基本上裂透,无法在机车位上进行焊修,经更换该台中冷器,试验运转正常后,该台机车又投入正常运用。

(5)中间冷却器内部裂漏

2006年8月29日,DF$_{4B}$型151机车牵引货物列车返回段内,机车整备质检人员在对该台机车作技术检查作业时,从稳压箱排污阀处排出大量的积水,顺此索骥检查,从自由端中间冷却器下侧排污堵排出大量积水。疑似此中冷器内部散热器裂损泄漏。因此扣临修,经解体此中冷器,发现内部的冷却器铜管与侧盖连结处裂损发生漏水。经更换该台中冷器,试验运转正常后,该台机车又投入正常运用。

(6)中间冷却器外壳裂损

2006年10月17日,DF$_{4B}$型7506机车牵引货物列车返回段后,在对机车作技术检查作业中,机车整备质检人员发现自由端中间冷却器上端壳体有一道长度为100 mm左右的裂纹,因

此扣临修。吊下该台中冷器解体检查,仅为此上端体盖裂,未发现其他部位裂损。经查检修记录,该部件已过机车中修质量保证期,属过期服役疲劳性裂损。经更换此盖,试验运转正常后,该台机车又正常投入运用。

(7)中冷器内部散热器接口裂漏

2006 年 11 月 2 日,DF$_{4C}$ 型 5232 机车牵引货物列车返回段后,地勤质检人员在对机车作技术检查作业中,从柴油机稳压箱排污阀处排出大量的积水,经进一步检查,从自由端中冷器下侧排污堵排出大量的积水。因此判定中冷器发生内部裂损,因此扣临修,经吊下自由端中冷器检查,目视外观检查未发现有裂损,经打水压试验,发现冷却管与端板间发生漏泄。经查检修记录,该台中冷器在机车中修后质量保证期内。经更换该台中冷器,试验运转正常后,该台机车又投入正常运用。

(8)中冷器水管焊波裂漏

2007 年 12 月 12 日,DF$_{4B}$ 型 1015 机车牵引下行货物列车运行在兰新线鄯善至乌鲁木齐西区段的火焰山至七泉湖站间,司乘人员在机械间巡视中,发现柴油机输出端中冷器体上的输出水管法兰处漏水,经司乘人员检查确认,为该输出管法兰焊波处裂漏,泄漏随之逐渐增大,致使机车因缺水而无法运行,被迫停车,终止机车牵引运行而等待救援,构成 G1 类机车运用故障。待该台机车返回段内后,扣临修。经对此焊波裂漏处进行打磨,按工艺进行焊修,重新注水,启动柴油机试验正常后,该台机车又投入正常运用。

经分析,该台机车于 2007 年 11 月 26 日完成第 3 次机车中修,修后走行 331 km。该台中冷器在机车中修中更换的检修新品,按质量保证期,定责机车中修配件厂。同时,要求加强对新品配件上车组装时的检查。

二、280 型柴油机中冷器

280 型与 240 系列柴油机用中冷器结构基本相同。中冷器是柴油机增压系统中一个比较简单的部件,但它对提高柴油机的功率、改善柴油机的性能,都有着不可忽视的作用。设置中冷器的目的是降低增压空气的温度,进一步提高空气的单位容积质量,提高气缸内的空燃比,从而提高柴油机的功率和经济性,并降低热负荷。

1. 结构

280 型柴油机采用板翅式铝质中冷器,它具有重量轻、结构紧凑、冷却效率高的优点。它由冷却芯子、法兰、横板、进出水盖板、垫等组合而成。冷却芯子由内外波片、大小封条和水侧隔板等构成(图 5-22)。

其具体结构为:一层纵排的内波片,两侧旁有大封条;一层水侧隔板;一层横排的内波片,前后旁有小封条;一层水侧隔板。这样交替重叠,构成 31 层内波水道和 32 层外波气道。整个冷却芯子上下配有侧护板,起加强保护的作用,冷却芯子局部结构见图 5-23。

内外波片经成形、剪切加工,与封条、隔板一起清洗、烘干后,用框架拼成冷却芯子,一同放入真空炉内。在真空炉内,水侧隔板上涂的焊料经高温熔化,使隔板与接触的波片、封条熔为一体。钎焊后的冷却芯子采用氩弧

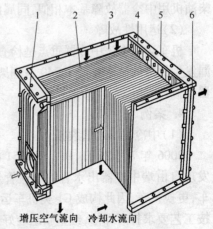

增压空气流向　　冷却水流向

图 5-22　板翅式铝中冷器

1-进水盖板;2-冷却芯子;3-侧扩板;4-横板;
5-法兰;6-出水盖板

焊,将法兰、横板焊于侧护板上,构成中冷器体。

整个中冷器体的组成元件均采用防锈铝分别进行不同的处理加工,水盖板则采用铸铝件。工作时,增压空气从上到下流过冷却芯子,冷却水从的左侧进水盖板的左下角的法兰口流入,经过内波片,从右侧出水盖板的右上角法兰口流出。

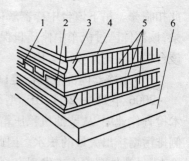

图 5-23　冷却芯子内部结构
1-内波片;2-小封条;3-大封条;4-外波片;5-水侧隔板;6-侧护板

2. 中冷器大修、段修质量

(1)大修质量保证期

在机车运行 30 万 km 或 30 个月(包括中修解体)内:中冷器不发生折损和裂纹。

(2)大修技术要求

①解体、清洗,去除油污、脏物,更换新密封件和有裂纹的箱体。

②变形的散热片须校正。

③中冷器堵塞管数不许超过 8 根。

④中冷器水腔须进行 0.5 MPa 的水压试验或进行 0.4 MPa 的气压试验;保持 5 min 不许泄漏;整个中冷器的气道进行 0.4 MPa 的气密试验,至少保持 30 min 不冒气泡。

(3)段修技术要求

①清洗,校正变形的散热片。

②堵塞管数不许超过 10 根。

③水腔和气腔须进行 0.5 MPa 的水压试验;保持 5 min 不许渗漏。

3. 故障分析

(1)结构性故障

280 型与 240 系列柴油机用中冷器用途相同,因其中冷器安装位置在柴油机 V 形夹角的上方,其空气通道出口直接坐在稳压箱接口上,除中冷器内部结构稍有区别外,内部所采用的散热器的水-空通道形式相同,外部无弯道(弯脖)连接稳压箱。其结构与运用故障与 240 系列柴油机用中冷器故障基本相似,同属内部与外部的泄漏。

(2)运用性故障

机车运用中该中冷器重点是检查其内部的泄漏(相对而言,280 型柴油机用中冷器内部泄漏发生故障的概率要低于 240 系列柴油机用中冷器),其检查处理方法与 240 系列柴油机中冷器类似。

4. 案例

(1)中冷器出水管裂损

2006 年 7 月 26 日,DF$_{8B}$型 5351 机车牵引上行货物列车运行中,司乘人员在巡视机械间时发现自由端中冷器出水管的三通管焊波处裂漏,机车运行中无法处理,机车运行到前方站停车,更换机车,因此构成 G1 类机车运用故障。待该台机车返回段内,扣临修,将此三通管拆下按工艺要求打磨焊修,经重新组装好,试验运转正常后,该台机车又投入正常运用。

查询机车运用与检修记录,该台机车于 2006 年 5 月 7 日完成的第 2 次机车中修,修后走行 14 995 km。经分析,中冷器出水三通管裂漏处比较隐蔽(中冷器安装在柴油机的 V 形夹角顶面上),当发现裂漏时,已漏泄较为严重了。三通管泄漏为原焊波处,属疲劳性裂损,定责材质。同时,要求机车整备、运用人员加强机车日常运用中的检查,避免类似故障发生。

（2）中冷器出水法兰漏水

2006 年 11 月 6 日，DF$_{8B}$ 型 0086 机车牵引上行货物列车运行中，司乘人员在巡视机械间时，发现自由端中冷器出水法兰泄漏水，机车运行中无法处理，司乘人员视膨胀水箱水位下降情况，维持机车运行。待该台机车返回段后，扣临修，经解体检查，更换此出水管，试验运转正常后，该台机车又投入正常运用。

查询机车运用与检修记录，该台机车于 2006 年 9 月 17 日完成的第 1 次机车辅修，修后走行 15 452 km，该台中冷器为辅修中更换的由中冷器大修厂提供的新品。经分析，因该台中冷器出水管安装时抗劲，使法兰接口安装不良，装配于柴油机运用一段时间后，在柴油机振动作用下，使法兰接口接触不良而发生泄漏，定责中冷器大修。同时，要求机车整备、运用人员加强机车日常运用中的检查，避免类似故障发生。

（3）中冷器出水法兰螺丝断损

2007 年 3 月 8 日，DF$_{8B}$ 型 5321 机车牵引货物列车运行中，司乘人员在巡视机械间时，发现输出端中冷器出水法兰泄漏水，经检查发现法兰螺丝断两条，机车运行中无法处理，司乘人员视膨胀水箱水位下降情况，维持机车运行。待该台机车返回段后，扣临修，更换此台中冷器，试验运转正常后，该台机车又投入正常运用。

查询机车运用与检修记录，该台机车于 2006 年 11 月 10 日完成机车大修，修后走行 18 588 km。按机车大修质量保证期，定责机车大修。同时，要求机车整备、运用人员加强机车日常运用中的检查，向厂家反馈质量信息。

思 考 题

1. 简述 240/280 型柴油机中冷器大修质量保证期。
2. 简述 240/280 型柴油机中冷器结构性故障。
3. 简述 240/280 型柴油机中冷器运用性故障表象。

第六章　燃油循环系统

燃油系统的任务是根据柴油机的运转工况,在最佳时刻,在预定的时间内,将一定数量的燃油,以一定的压力、雾状喷入气缸内,以便与进入气缸内的空气充分混合燃烧,使燃料的化学能转变为机械能,实现功率输出。本章主要介绍 240/280 型柴油机燃油系统组成,喷油泵、喷油器、高压油管结构与修程要求,着重阐述其结构性与运用性故障分析,并附有相应的机车运用故障案例。

第一节　燃油循环系统结构与修程及故障分析

一、240 系列柴油机燃油循环系统

1. 燃油系统

（1）燃油系统结构

240 系列柴油机的燃油系统均设有燃油精滤器、低压输油管、喷油泵、高压输油管、喷油器、限压阀及喷油泵和喷油器的回油管系。为了保证向柴油机供应足够数量清洁与温度适宜的燃油,在机车上还设置有柴油机机外的燃油系统,它由燃油箱、燃油粗滤器、燃油输送泵、逆止阀、安全阀、燃油预热器及管件组成。其结构组成如图 6-1 所示。

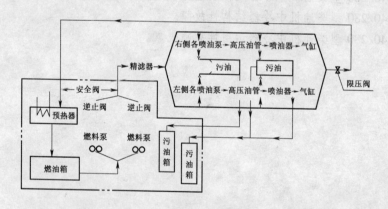

图 6-1　柴油机燃油系统

240 系列柴油机的燃油系统由两个并联的燃油输送泵,从机车底架下边的燃油箱（俗称大油箱）中经燃油泵的吸取加压提升作用,通过燃油粗滤器进行初次滤清,再经燃油泵出口管路上的逆止阀汇合,进入柴油机自由端处的燃油精滤器,进行次一级的再次滤清（此时燃油压力为 0.2 ~ 0.3 MPa）。从燃油精滤器出来的燃油分成左、右两路通到机体顶面两侧的低压燃油集流管,并依次进入各缸的喷油泵内。燃油在喷油泵中经柱塞提高压力后,经高压燃油管进入各缸喷油器,并按正确的供油定时喷射到气缸内。剩余的燃油经左、右低压燃油总管汇合后,

通过限压阀经燃油预热器返回燃油箱。

燃油系统中设置逆止阀、安全阀及限压阀的目的分别是：

逆止阀。防止两个燃油泵工作时，相互干涉（若使用1个泵时，可将不工作的燃油泵进口至燃油粗滤器之间的管路上的截止阀关闭）。

安全阀。防止因燃油精滤器堵塞，油压过高可能损坏精滤器或产生泄漏，当精滤器前的输油管路内的油压达到0.35 MPa时，安全阀开通，使部分燃油返回燃油箱，240系列柴油机所用燃油系统，除布置结构稍有区别外，其系统结构基本相同（见图6-2）。

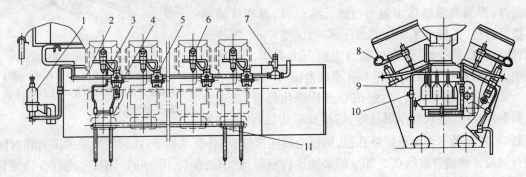

图6-2 柴油机燃油系统结构

1-燃油精滤器；2-低压燃油总管；3-喷油器污油回油管；4-喷油泵污油回油管；5-喷油泵；6-喷油器；7-限压阀；

8-高压燃油管；9-放气管；10-放气阀；11-污油回油总管

限压阀（见图6-3）。限压阀压力为（0.12±0.01）MPa，以保持进入喷油泵的油压稳定。

当燃油系统内存有空气时，不但会造成启动柴油机困难，还会引起有关零部件的穴蚀（如针阀副的穴蚀，喷油泵进油三通接头的穴蚀等），虽然在此之前燃油精滤器上设置了放气阀。但由于该阀的位置并非处于燃油系统的最高位，因此当空气存在于喷油泵前的低压燃油管及高压系统内时，该部分空气无法放出，仍能造成启动柴油机困难和零部件的穴蚀。为此后期出厂的新造柴油机，在柴油机右侧靠输出端处

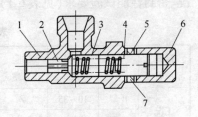

图6-3 限压阀

1-阀体；2-滑阀；3-弹簧；4-调整螺钉；5-垫片；6、7-螺母

的低压燃油管上连接了一根放气管，它与喷油泵和喷油器的回油管相连接，并设置了放气阀门，在需放气时，即可打开此阀门进行放气。

从喷油泵和喷油器中泄漏出来的燃油，通过各喷油泵的下体和喷油器进油管座上设置的回油管分别引入污油箱。从喷油泵中回出流的燃油中含有机油成分，因此不宜再次使用。从喷油器中回流的少量燃油可以回收使用。

（2）RJ-30型燃油精滤器

燃油精滤器安装在柴油机的自由端，由四组并联工作的滤芯及下体组成（见图6-4）。在下体的一端装有进油口接头，从燃油泵压送来的燃油由此进入滤芯。滤芯组由纸质滤芯、滤网筒及上、下芯杆等组成（早期出厂的机车采用细支绵纱充填过滤）。滤网筒的下端焊有下盖，由弹簧支撑，以防滤芯松动。燃油从进油口接头进入体内，充满在下体与罩壳之间，经滤芯过滤后 经下芯杆下部中空孔道流入滤清器底油口部，经四个滤芯过滤后的燃油在此处汇合。经出油口接头流入柴油机两侧的低压燃油管内。燃油精滤器顶部设有放气装置，上芯杆上部钻

有引气通道,引气管接口管并联,用 1 个阀门来控制放气。

2. 燃油系统大修、段修

（1）大修质量保证期

燃油系统须保证运用 5 万 km 或 6 个月（即一个小修期）。

（2）大修技术要求

①燃油精滤器检修要求:解体、清洗,更换密封件及过滤元件;焊修滤清器体须进行过滤元件试验,燃油精滤器焊修后进行,进行 0.5 MPa 的水压试验,保持 5 min 不许泄漏;燃油精滤器检修后,在试验台上用压力为 0.3 MPa 的柴油进行密封性试验,保持 3 min 不许泄漏。

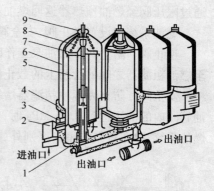

图 6-4　RJ-30 燃油精滤器
1-滤清器下体;2-弯头;3-下压垫;4-垫;
5-纸滤芯;6-滤清罩组装;7-上压垫;8-弹
簧;9-紧固螺栓

②燃油管路检修要求:燃油管进行磷化处理,各表管及阀解体检修,各阀须作用良好,切换变形法兰,各法兰垫更新后,其内径不许小于管路孔径,更换全部连接软管;各管系检修后,须按规定的压力和时间进行试验（燃油管进行 0.5 MPa 的柴油进行密封性试验,保持 10 min）,不许泄漏;各排油管须解体、清扫、检修,保持管道畅通,接口牢固,无泄漏。

③燃油泵检修要求:泵体、泵盖和齿轮不许有裂纹,其内侧面轻微拉伤须修整;联轴节安装面轴线对轴承挡公共线的同轴度为 $\phi0.10$ mm;泵组装后须转动灵活、平稳、无卡滞;燃料泵工况、密封性能试验要求（见表 6-1）。

表 6-1　燃料泵工况、密封试验要求

试验项目	机型	油温（℃）	试验介质	转速（r/min）	压力（MPa）	真空度（kPa）	流量（m³/h）	时间（min）	附注
工况试验	B 型	10～35	/	1 350	0.35	13.33	1.62	/	试验中不许有过热处所
	C 型	10～35	/	1 350	0.35	13.33	1.62	/	
	D 型	10～35	/	3 000	0.5	20	2.40	/	
密封性能试验	B 型	10～35	燃油	1 350	0.5	/	/	2	除油泵轴处不许渗漏
	C 型	10～35	燃油	1 450	0.5	/	/	2	
	D 型	10～35	燃油	3 000	0.7	/	/	2	

④燃油粗滤器检修要求:滤清器须解体、清洗,检查更换不良密封件及过滤元件（工程塑料或金属网状须更新,纸或纤维制元件一律更换）;燃油粗滤器体焊修后进行 0.5 MPa（D 型机为 1.5 MPa）的水压试验,保持 5 min 不许泄漏。

⑤燃油预热器须分解检查,去除水垢,油水系统须进行 0.6 MPa 的水压试验,保持 5 min 不许泄漏,铜管堵塞不许超过 8 根（D 型机为 6 根）。

（3）段修技术要求

①燃油滤清器检修要求:燃油粗、精滤器须分别检修、清洗,并更换不良滤芯;滤清器体不许有裂纹。

②燃油管路系统检修要求:各管路接头与机体间不得磨碰;各管路法兰垫的内径应不小于管路孔径,每处法兰橡胶石棉垫片的厚度不大于 6 mm,总数不超过 4 片;各连接胶管不许有腐

蚀、老化、剥离,各阀须作用良好。

③燃油泵检修要求:泵体、轴、齿轮及轴承座板不许有裂纹,泵体内壁、齿轮端面及轴承座板允许有轻微拉伤(须修整光滑);泵组装后须转动灵活;燃油泵检修后须进行磨合和性能试验,其性能应符合表6-2规定要求。

表6-2　燃料泵工况、密封试验要求

试验项目	机型	油温(℃)	试验介质	转速(r/min)	压力(MPa)	真空度(kPa)	流量(m³/h)	时间(min)	密封试验
工况试验	B型	10~35	柴油	1 350	0.35	13	1.62	/	轴向油封处允许渗油,其余各部无泄漏
	C型	10~35	柴油	1 450	0.50	/	/	/	
	D型	10~35	柴油	3 000	0.625	/	/	2	

3. 故障分析

燃油系统属柴油机三大辅助系统之一,燃油系统发生故障将直接造成柴油机不能运转而停机,甚至引起机车火灾事故。在机车运用中,燃油系统发生的故障属机车运用中的"小而广"故障范畴之列,其故障主要发生在其系统结构性与运用性。主要故障表象为"内堵、内漏与外漏"。"内堵"主要指系统内油箱内吸油口被杂质(物)堵塞、燃料泵犯卡、滤清器脏、或管路内储存有空气,造成抽(吸)油困难或供油不足引起的堵塞。"内漏"主要指管系内限压(安全)阀故障,引起的燃油供给走小循环回路,造成的供油不足。"外漏"主要指管系因外在接口(包括铁质硬接口与胶管软接口)、管路焊接处的疲劳性断裂(包括各种压力表管等)发生的外漏(包括燃油管路在燃油预热器内的泄漏)。在机车运用中对其结构性与运用性故障无严格的分类。

(1)结构性故障

燃油系统分为外围辅助管路、驱动提升装置,与燃油增压驱动控制装置,本章节主要介绍其外围管路及其驱动提升装置。发生在这些外围装置的结构性故障主要表象为:燃油压力低或无燃油压力输出,管路泄漏燃油(包括燃油集流管连接软管裂损,管路各类接口松缓,管路焊波裂损而发生的泄漏),管路内储存有空气,燃油预热器内部裂损泄漏,引起的油水互窜,燃油大油箱缺油等。

燃油压力低故障有:燃油大油箱内吸油喇叭口被杂物堵塞,主要为检修遗忘的废旧棉丝,与大油箱内未清除的铁锈与防锈漆剥离碎沫;滤清器内部堵塞,主要为燃油中的胶质物,糊在滤清元件表层,影响了滤清元件的通过率(喷油泵、喷油器回油管接燃油大油箱的燃油系统,其润滑机油部分也流入燃油大油箱内,增加了其胶质含量,铁锈(见图6-5)及油漆剥离碎沫块);管路接口缺陷密封不严,引起的管路内部有空气引起的气阻,从排气阀处排出油气混合物;低压限压阀故障而不保压,多数燃油经此阀回流到大油箱内,引起的内漏。

图6-5　燃油粗滤器内部元件过脏(铁锈沫)被堵

无燃油压力故障,除控制电路与燃料电机自身故障外。主要为燃料泵内部齿轮掉齿卡泵故障,或燃料泵转轴摆幅不正引起的卡泵;管路系统内储存有大量的空气;装有微机监控装置传感器的缓冲器破损时的泄漏,引起燃油表无压力显示,或燃油压力表管裂损泄漏等。

燃油与水互窜主要发生在:装有预热锅炉的燃油箱与膨胀水箱裂损后发生的泄漏;燃油预热器内部过热器(管口)开焊裂损发生的泄漏等。其表象均表现在膨胀水箱内水被乳化,在水表柱上端浮有油质性乳化油类物质。

(2)运用性故障

燃油系统运用故障主要表象为:管路接口与高压油管泄漏,喷泄燃油,其危害容易引起机车火灾。同时,多数情况下其燃油系统结构性故障均能从运用中反映出来,如燃油压力低时的滤清器内部被堵等。机车运用中一般这类被堵故障,在柴油机空载运转时,燃油压力基本呈现正常,当柴油机加大负载供油量增加时,燃油压力低于规定值(操纵台低于 1.5 kPa)。这时可通过打开燃油精滤器上的排气阀检验,如排出的为油气混合物,就为管路内储存有空气(主要发生在燃油精滤器以下输油管路),或燃油大油箱内因缺油吸油喇叭口已半露;如排出的燃油压力较低,就为滤清器内部被堵(多数情况下为燃油粗滤器内部被堵)。这时,如机车在运行中,可降低机车功率维持运行进入车站内停车处理。可拆下 1 个燃油粗滤器折,取出内部的滤清元件,安装好燃油粗滤器胴体,维持机车运行返回段后再作处理。

如无燃油压力输出引起柴油机停机故障,属燃料泵卡泵故障,多数情况下属燃料泵体内齿轮损坏,其表象为燃料泵转轴出口端发蓝或油封漏油(见图 6-6),可换置备用泵继续柴油机运转。属燃油压力表与传感器故障,可通过打开燃油精滤器上的排气阀来判断,有燃油排出,而燃油表无压力显示,为压力表或传感器故障,如未发生泄漏,可不进行任何处理,维持机车运行返回段后处理(如装有输入微机保护系统传感器信号装置的,可甩掉此装置,继续机车运行);属燃油压力表管泄漏故障,可将此表管砸死,维持机

图 6-6　燃料泵卡泵后的故障

车运行。属燃油预热器内部过热器裂损泄漏,可关闭此预热器上循环冷却水水阀,继续机车运行。

燃油输油管路泄漏处主要发生在管路接口处与精滤器体接口处,此管路均采用的是刚性锥型无垫接口,发生泄漏时,多数情况下属接口螺帽松缓,紧紧螺扣就能处理好;燃油精滤器体接口泄漏一般为安装垫装偏所引起,机车运行中可不作处理(往往紧固后会泄漏更大),维持运行进入站内再作换垫处理。

低压限压阀故障,机车在运行中,可降低机车功率维持机车运行到站内停车,在柴油机停机后,将连接限压阀上的回油管拆下,用一胶皮垫将其接口堵上,再将此油管接口帽拧紧,即可维持机车正常运行。

燃油系统的故障排除,主要以预防为主。出段前检查好机车,确保两台燃料泵均在良好的工作状态,燃油工作压力符合标准(机械间燃油压力表为≤350 kPa,操纵台为 150~250 kPa),燃油精滤器上的排气阀在燃料泵工作时无空气与油气混合物排出,燃油输送管路无泄漏,膨胀水箱水表柱内无油膜乳化物,以上方面正常,标志着燃油外围系统的工作正常。

4. 案例

(1)燃油集流管连接软胶管破损

2007 年 10 月 21 日,DF$_{4B}$型 7260 机车牵引上行货物列车,运行在兰新线乌鲁木齐西至鄯善区段的夏普吐勒至煤窑沟站间。司乘人员巡视机械间时,发现柴油机右侧(1~8 缸侧),燃油精滤器出油管通燃油集流管的连接胶管裂漏。机车运行中,司乘人员也无法处理,仅用布带将此软胶管泄漏处进行了缠绕包扎,避免此处出现呲喷状而引起的火灾事故发生,机车牵引列

车继续运行。待该台机车返回段内后,司乘人员向机车地勤质检人员反映这一故障现象。检查确认,为此软胶管裂损泄漏,将该台机车扣临修,更换该软胶管,试验运转正常后,该台机车又投入正常运用。

到段解体检查,发现此软胶管一端处层间产生剥离龟裂而泄漏。查询机车运用与检修记录,该台机车于 2007 年 8 月 28 日第 3 次小修曾更换新品的此胶管,修后走行 29 969 km。同时,该台机车于同年 9 月 29 日同样因此软胶管裂损,更换此软管,此软管运用不到 1 个月就又发生此破损故障。显然属此软胶管的质量原因,定责此配件的生产厂家。并要求日常加强对燃油管路的检查,特别是对该管系的连接软胶管的检查。

（2）燃油压力表管体裂漏

2007 年 12 月 11 日,DF$_{4C}$ 型 5050 机车牵引上行货物列车,运行在兰新线乌鲁木齐西至鄯善区段的红山口至鄯善站间。司乘人员巡视机械间时,机械间燃油压力表管裂漏。机车运行中,司乘人员按应急处理的方法,将该表管输入端砸死,在机械间燃油压力表无显示压力的情况下,维持机车牵引运行至目的地。待该台机车返回段内后,司乘人员向机车地勤质检人员反映这一故障现象。检查确认,将该台机车扣临修,解体检查,此表管外部无任何接磨处,发现为燃油压力金属波纹软管表管体漏油,而且管体内部胶管也损坏,形成了裂漏。更换该表管,试验运转正常后,该台机车又投入正常运用。

经分析,该台机车于 2007 年 10 月 25 日完成第 3 次小修,修后走行 20 455 km。查询机车运用与检修记录,该台机车于 11 月 25 日的整备技术检查作业中,才将此表管更换为新品。因更换整修不到位,按机车整备作业要求,定责机车整备部门。同时,及时向此配件厂家反馈质量信息,并要求在对机车整备日常技术检查作业中,加强对燃油管路系统的检查。

（3）燃油粗滤器内堵

2008 年 4 月 17 日,DF$_{4C}$ 型 5228 机车担当货物列车 11105 次本务机车的牵引任务,现车辆数 43,总重 2 858 t,换长 53.0。运行在南疆线吐鲁番至鱼儿沟区段望布至不尔加依站间,因燃油压力低柴油机停机而在区段停车。经司乘人员检查判断为燃油粗滤器内堵,在作了将粗滤器滤芯全部取出的应急处理,维持机车运行至鱼儿沟站,因区间停车,构成 G1 类机车运用故障。待该台机车返回段内后,扣临修,解体检查,燃油滤清器内滤清元件太脏受阻。经更换燃油粗、精滤器,清洗大油箱,检查清洗燃油管路,化验燃油符合标准要求后,该台机车又投入正常运用。

查询机车运用与检修记录,该台机车 2007 年 12 月 28 日完成第 2 次机车大修,修后总走行 59 203 km。机车到段检查,燃油粗、精滤器内部存有大量铁锈,机车燃油大油箱内有铁锈、杂质、油泥,化验燃油属正常。经分析,由于机车大油箱内底层存有的铁锈、杂质、油泥,在燃油泵抽(吸)油的作用下,随燃油管路输送到燃油粗滤器。在燃油粗滤器的滤清作用下,其杂质滤存过多,对此滤清器形成堵塞(同时也污染了其管路及燃油精滤器),柴油机因此得不到足够的燃油量(压力)供给,而使柴油机停机。按该台机车在大修时,厂方未对燃油大油箱进行彻底清洗,大油箱过脏,造成机车运用中燃油压力过低而停机。定责机车大修。同时,要求机车整备部门跟踪该台机车信息,防止类似的故障发生,并及时将此故障信息反馈给相应机车大修厂。

（4）燃油精滤器出油胶管裂漏

2008 年 8 月 1 日,DF$_{4B}$ 型 7273 机车担当货物列车 41024 次本务机车牵引任务,牵引吨数 2 552 t,辆数 39 辆,换长 53。运行在兰新线的哈密至鄯善区段,23 时 45 分到达鄯善站,接

班司乘人员发现机车燃油精滤器出油管漏油,要求机车入段(折返段)检修,0时14分机车入段,构成G1类机车运用故障。待该台机车返回段内后,扣临修,解体检查,燃油精滤器出油口连接胶管裂损泄漏。经更换燃油精滤器出油口连接胶管,试验运转正常后,该台机车又投入运用。

查询机车运用与检修记录,该台机车2008年5月18日完成第1次机车小修,修后走行41 954 km。机车到段检查,燃油精滤器出油口连接胶管裂损漏油,查碎修记录,2008年8月1日哈密机车整备部门更换该胶管。经分析,在机车碎修时,机车整备作业人员更换该胶管组装不当,造成第一趟机车运用中胶管裂漏。定责机车整备作业不当。同时,要求机车整备作业在更换胶管时,要检查确认,组装时不得抗劲。

二、280型柴油机燃油循环系统

280型与240系列柴油机用燃油系统的结构与功用基本相同(结构区别主要在燃油进、回油管方面),也包括三个方面。按柴油机的不同工况,供给相应数量的燃油,进入燃烧室的燃油要雾化良好,而且喷射的油柱要与燃烧室的形状配合恰当,燃烧完善,要有合适的喷油提前角和供油规律,使柴油机有好的经济性和燃烧平稳性,并且控制好最高爆发压力和排气温度。

1. 燃油系统结构

机车上的燃油系统与柴油机的燃油系统共同组成完整的燃油系统。柴油机燃油系统由进、回油管路、调压阀、燃油精滤器、喷油泵、喷油器和高压油管等组成(图6-7)。

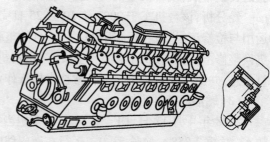

图6-7　280型柴油机燃油系统

(1)低压油路

低压油路主要由燃油精滤器和进、回油管路以及调压阀(限压阀)等组成。它与机车燃油回路一道起着储油、供油、回油、滤清、预热和调节等辅助作用。

(2)燃油精滤器

燃油精滤器由两组纸质滤芯、外壳和一个共同的滤清器体等组成,其滤清精度为12 μm。由于燃油滤清器的滤清效果,使喷油泵和喷油器的精密偶件不会由于燃油杂质而产生拉伤、咬死等故障,以确保燃油系统的可靠工作。

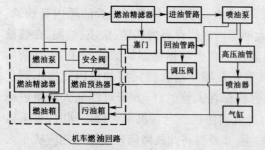

图6-8　280型柴油机燃油系统框图

燃油从滤清器体中部的接口进入滤芯与外壳之间的空腔,杂质被阻于滤芯外侧,纯净的燃油由通过滤纸进入滤芯内侧,经滤清器体下部的两个通孔分别流向柴油机左、右侧的进油总管。

(3)燃油进、回油管路

燃油从机车燃油箱经燃油粗滤器,被燃油泵泵入安装在柴油机前端的燃油精滤器,滤清后流入柴油机左、右侧的进油总管,再经各进油支管进入各喷油泵。喷油泵之前的燃油管路即为进油管路。为保证喷油泵的正常工作,进油管路的燃油压力应保持在0.15~0.35 MPa的范围。

为了保证喷油泵柱塞的可靠工作,还设置了喷油泵回油管路。喷油泵有两条回油管路,即主回油管路和污油管路。主回油管路由左、右回油总管和连接各个喷油泵的回油支管组成。喷油泵的进油腔把进、回油支管的油路相连通。进油支管的燃油大部分由喷油泵柱塞送往喷油器,多余的燃油则直接进入回油支管。喷油泵的回油由回油支管进入左、右回油总管,并汇集于输出端一侧,经调压阀回流入机车燃油系统。各个喷油泵下体排出的燃油与机油的混合油,由穿过机体侧面的回油支管分别接入左、右污油总管。再分别回机车的污油箱。

燃油精滤器设有放气管和放油管,这两条管路均设有塞门。放气管或放油管的油,经塞门回机车的污油箱。需要更换滤芯时,要先打开放油管上的塞门,将油放掉,拆开外壳,取下滤芯。更换滤芯后,在启动柴油机前,须打开放气管上的塞门,放净燃油中的空气,并关闭塞门,然后才可启动柴油机。否则,会产生无法启动柴油机或燃油管路油压不稳的现象。

(4)调压阀

调压阀(限压阀)的作用压力为 0.12 MPa,其作用是使喷油泵的燃油进、回油管内保持一定压力,以保证油泵工作时有充分、稳定的燃油供应。

2. 燃油系统大修、段修

(1)大修质量保证期

燃油系统须保证运用 5 万 km 或 6 个月(即一个小修期)。

(2)大修技术要求

①燃油管路检修要求:解体、清洗,去除油污,按原设计要求对表面进行酸洗、发蓝处理后封口;管接头螺纹不许碰伤;更新密封件和橡胶件。

燃油管检修、清洗干净后要进行磷化处理,各表管及阀解体检修,各阀须作用良好;切换变形法兰,各法兰垫更新后其内径不许小于管路孔径,更换全部连接软管;各管系检修后,须按规定的压力和时间进行试验(燃油管进行 0.5 MPa 的柴油密封性试验,保持 10 min),不许泄漏;各排油管须解体、清扫、检修,保持管道畅通,接头牢固,无泄漏。

②燃油精滤器检修要求。解体、清洗,更换密封件及过滤元件;焊修下列各件须进行压力试验:燃油滤清器外壳焊修后须进行 0.5 MPa 的水压试验,保持 5 min 不许泄漏;燃油精滤器检修后,须用柴油进行 0.2 MPa 的密封性试验,保持 2 min 不许泄漏。

③燃油泵检修要求:泵体、泵盖和齿轮不许有裂纹,其内侧面轻微拉伤须修整;联轴节安装面轴线的同轴度为 $\phi 0.10$ mm;燃料泵工况、密封性能试验要求见表 6-3。

表 6-3 燃料泵工况、密封试验要求

试验项目	油温(℃)	试验介质	转速(r/min)	压力(MPa)	真空度(kPa)	流量(m³/h)	时间(min)	附 注
工况试验	10~35	/	1 500	0.5	50	2.4	/	试验中不许有过热处所
密封性能试验	10~35	燃油	1 500	0.5	/	/	2	各处不得渗漏

④燃油粗、精滤器检修要求:滤清器解体、清洗,更新密封件及滤芯;燃油粗滤器体焊修后进行 0.5 MPa 的油压试验,保持 5 min 不许泄漏。

⑤燃油预热器须分解检查,去除水垢,油水系统须进行 0.6 MPa 的水压试验,保持 5 min 不许泄漏,铜管堵塞不许超过 8 根。

(3)段修技术要求

①燃油滤清器检修要求:燃油粗、精滤器须分别检修、清洗、并更换不良滤芯、密封垫;滤清器体焊修后须进行 0.5 MPa 的压力试验,保持 5 min 不许泄漏。

②燃油管路系统检修要求:各管路中橡胶件、垫片须良好;各管路接头无泄漏,管卡安装须牢固,各管间及管路与车体间不许接磨;各管路法兰垫的内径应不小于管路孔径,每处法兰橡胶石棉垫片的厚度不大于 4 mm,总数不超过 2 片;各阀须作用良好;冲洗燃油箱、污油箱;油位指示器须清晰、良好。

③燃油泵的检修要求:解体、清洗,更换 密封件;泵体、轴、齿轮及轴承座板不许裂损,齿轮端面及轴承座板和泵体对应端面的轻微拉伤须修整光滑;轴套不许松缓,轴套和轴颈不许拉伤;各泵组装须灵活,进行性能及密封试验,须符合表6-4 的规定。

表6-4 燃料泵工况、密封试验要求

试验项目	油温(℃)	试验介质	转速(r/min)	压力(MPa)	真空度(kPa)	流量(m³/h)	密封性能
JCY-27 型	10 ~ 35	柴油	1 500	0.5	50	≥2.4	运转 2 min,各部无泄漏
南口厂制	10 ~ 35	柴油	3 000	0.5	20.3	≥2.4	

3. 故障分析

280 型与 240 系列柴油机的燃油系统结构基本相同。燃油系统属柴油机三大辅助系统之一,燃油系统发生故障将直接造成柴油机不能运转而停机,甚至引起机车火灾事故,其结构性与运用性故障表象,除与 240 系列柴油机用燃油系统所发生的故障基本类似外,因 280 型柴油机燃油系统均采用了新型 280 型喷油泵,其输送(回流)至柴油机喷油泵的燃油与集流管的管路连接,均采用了进、回两条油路,而连接喷油泵与集流管间的输出与回流燃油管路均采用了软胶管。由于这类胶管存在一些结构与工艺上的问题,在机车运用中的故障也常发生在此类软胶管上,突出的问题为金属与胶管的模压接口剥离,引起的燃油泄漏。同时,该型机车在燃油系统采用微机油压保护,即接在燃油压力表的管路上采用了燃油压力缓冲装置,这种缓冲装置采用的是软胶囊式,由于胶囊的破损,燃油泄漏,缓冲器内无燃油(压力)输出,造成燃油传感器无压力信号输往微机控制系统(包括机械间燃油压力表也无压力显示)。因此微机系统默认为燃油系统无燃油(压力)输出,而引起柴油机保护性停机。在机车运行中,因在此传感器系统中,无切除转换装置可供应急处理。但可将相应的泄漏表管堵(砸)死,并将燃油压力通微机的传感器插头,转插在相邻具有压力的传感器座上(其插头与插座型号相同),即可维持机车继续运行。

4. 案例

(1)无燃油压力

2006 年 4 月 4 日,DF₈ₐ型 5383 机车牵引 84044 次货物列车,运行在兰新线哈密至柳园区段的大泉至小泉东站间,柴油机突然发生停机,经司乘人员检查,司机室操纵台与机械间燃油压力表均无压力,燃料泵转动正常,从燃油精滤器排气阀处排大量泡沫油气体,停车检查,机车燃油箱油表已显示不出燃油刻度。机车因此而终止牵引货物列车运行,途停于区间,请求救援。构成 G1 类机车运用故障,该台机车返回段后,上满燃油箱,启动柴油机试验均属正常,该台机车又投入正常运用。

经查当日机车运用交路图,该台机车于当日从哈密运行到柳园后,在柳园车站又立折返程交路。当机车运行到柳园至哈密区段的盐泉站时，列车调度员通知，将牵引的该列下行货物列车保留于盐泉站，在盐泉站立折上行交路。当牵引上行货物列车84044次运行到哈密至柳园区段的大泉至小泉东站间时，因燃油箱缺油，燃料泵抽(吸)不上燃油而使柴油机停机，定责其他。同时，要求司乘人员接班检查机车时，确认燃油大油箱的最低油位是否够用，并实际反映这一情况，便于机车运用调度人员掌控。

(2)燃油压力表缓冲器破损漏油

2006年4月28日，DF$_{8B}$型5154机车牵引上行货物列车10888次，运行在兰新线哈密至柳园区段的盐泉至烟墩站间，柴油机突然发生燃油保护性停机，经司乘人员检查，燃料泵转动正常，司机室操纵台与机械间燃油压力表均无显示，经排气检查正常，运行中无法处理，在二位机车推挽作用下，维持运行至烟墩站内停车检查，为燃油压力传感器上的缓冲器破损，造成微机内接受不到此信号，而发生电器保护性停机。因此请求救援，构成G1类机车运用故障，该台机车返回段后，经更换此燃油压力传感器的缓冲器，启动柴油机试验正常后，该台机车又投入正常运用。

经查机车运用与检修记录，该台机车2006年4月27日完成第3次机车辅修，修后走行283 km。经分析，由于该燃油压力缓冲器漏油，将缓冲器内的储油漏完，使燃油压力传感器无燃油压力信号输入，微机系统默认为无燃油压力信号，因此机械性故障造成无电信号输出，使柴油机起保护性作用而停机。该台机车是辅修后的第一趟交路，在检修质量保证期内，定责检修部门。

(3)燃油预热器内部裂损泄漏

2007年4月19日，DF$_{8B}$型9003机车牵引上行货物列车返回段内，司乘人员反映，机车运行中，在冷却水温度未达到临界值的情况下膨胀水箱溢水。经机车地勤质检人员检查，发现膨胀水箱水质被乳化。扣临修，将冷却水化验后，水质化验不合格，其成份含有燃油，对燃油化验，内含水份超标，怀疑为燃油预热器内部裂损，造成油水互窜。经更换燃油预热器，清洗整个燃油系统管路与燃油大油箱与冷却水循环系统管路，启动柴油机试验正常后，该台机车又投入正常运用。

查询机车运用与检修记录，该台机车2006年12月完成机车大修，2007年3月17日完成第2次机车小修，修后走行9 491 km。机车到段检查，为燃油预热器内部过热器裂损，引起窜油、窜水，全使燃油箱内有水，膨胀水箱内有燃油，经分析，由于燃油预热器内部过热器裂损泄漏，由于其内部裂损，属不可视性，造成冷却水乳化，同时燃油系统内含水分也超标。该台机车在大修检修质量保证期内，定责机车大修。

(4)燃油回油管接头松缓泄漏

2008年2月5日，DF$_{8B}$型5383机车担当货物列车11092次本务机车的牵引任务，现车辆数54，总重3 995 t，换长69.7。运行在哈密至柳园区段的思甜至尾亚站间，一位DF$_{8B}$型5383机车发生故障，要求在尾亚站停车检查，7时21分到尾亚站停车，经司乘人员检查，为柴油机燃油管路漏油(回油管泄漏)，7时42分司机请求换车，晚点1时50分开车，构成G1类机车运用故障。待该台机车返回段内后，扣临修，经检查，为柴油机第1缸左侧燃油回油总管接头漏油，检查发现管接头松动，紧固后试验正常(该处管路交错，应用专用搬手处理，机车运行中，司乘人员无此类工具)。经紧固此燃油回油总管接头，泄漏消失，该台机车又投入正常运用。

经查询机车运用检修记录，该台机车2007年3月14日完成第2次机车中修，修后走行182 252 km，同年11月5日完成第3次机车小修，修后走行32 824 km。经分析，该管路泄漏处

为管接口松缓引起,属机车检修作业中,小修未按范围检查该管路,机车整备日常检查作业不到位。定责机车检修、整备部门。同时,要求在机车小修检修作业时,按范围加强燃油管路的检查,与机车整备日常检查作业中,加强油水管路的检查。

(5)燃料泵犯卡

2008 年 7 月 8 日,DF$_{8B}$型 5271 机车担当货物列车 11082 次本务机车的牵引任务,牵引吨数 3 893 t,辆数 52 辆,换长 61.1。运行在兰新线哈密至柳园区段的照东至大泉站间,柴油机发生突然停机,经处理后继续运行,运行中司机要求在前方站停车。23 时 17 分到达大泉站内停车,经司乘人员检查,为燃油供给系统故障,无法处理,请求更换机车。1 时 02 分由大泉站开车。站内总停时 1 时 45 分,影响本列到达区段站柳园晚点 2 时 02 分,构成 G1 类机车运用故障。待该台机车返回段内后,扣临修,解体检查,为第 1 燃料泵卡死,所属导线烧损,经更换此燃料泵与相应线路导线,试验运转正常后,该台机车又投入正常运用。

查询机车运用与检修记录,该台机车 2007 年 6 月 7 日完成第一次机车中修,修后走行 161 721 km,于 2008 年 4 月 15 日完成第三次机车小修,修后走行 37 886 km。机车到段检查情况,询问司乘人员,机车在运行中,微机屏显示燃油压力低,司乘人员随即转换置备用燃油泵,转换后发现操纵台下方冒烟,停机检查操纵台下有几根导线过热烧损,到机械间检查,发现第 1 燃料泵导线过热也被烧损。实物检查第 1 燃料泵不能转动被卡死,解体检查,原因为燃料泵内从动人字型齿轮齿形错位而犯卡。微机显示燃油压力低的原因,为压力传感器故障,使得其输出值偏低。经分析,因第 1 燃油泵泵内齿轮错位卡滞后,在阻力矩增大的情况下,其电流相应迅速增大,将燃油泵负载导线烧损。因机车整备与司乘人员未进行出库前双套设备试验检查确认,机车检修部门在第 3 次机车小修中作业不到位。定责机车整备与检修部门。同时,要求机车检修部门按技术规范(程)要求检查燃料泵,并要求机车整备、机车运用司乘人员在机车出库前要进行双套装置的试验确认。

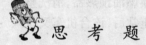

思 考 题

1. 简述 240/280 型柴油机燃油系统外围结构性故障。
2. 简述 240/280 型柴油机燃油系统故障表象。
3. 简述燃油压力缓冲器胶囊损坏的故障表象。

第二节　喷油泵结构、修程及故障分析

在柴油机上使用的喷油泵(高压燃油泵)有单体和组合式。240 系列与 280 型柴油机均采用单体式喷油泵。喷油泵由传动机构、柱塞偶件、油量调节机构、出油阀偶件、泵体及其他附件组成。

一、240 系列柴油机喷油泵

1. 喷油泵结构

喷油泵由喷油泵上体装配和下体装配组成。上、下体之间有调整垫片。其厚度随柴油机 K 尺寸及油泵 B 尺寸变化而变化。喷油泵的上体装配由柱塞偶件、油量调节齿杆部分、出油阀接头部分及泵体、弹簧等部件组成(见图 6-9)。

240系列柴油机喷油泵采用单体柱塞泵,柱塞偶件形式,供油终点可调整——单螺旋槽控制式(早期曾采用过供油始、终点匀可调整的双螺旋槽控制式)。出油阀偶件采用具有卸载容积的缓冲式。

(1)柱塞偶件

柴油机要求喷油泵在规定的时刻,一定时间内,供给一定量的燃油喷入气缸内。为了保证燃油在气缸内的雾化,还要求很高的燃油压力,因此对喷油泵提出严格的要求。完成这一任务的核心是柱塞偶件——柱塞和柱塞套,这对精密偶件是通过相互研配而成的,因此不能互换。

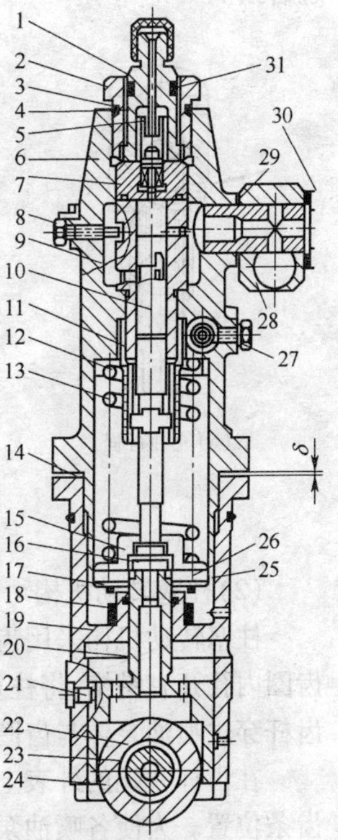

当柴油机在标定转速1 000 r/min时,最大柱塞速度为1.95 m/s,柱塞全长(173.5±0.1) mm。头部名义直径ϕ(18±0.1) mm,顶部加工出一条用来控制供油终、始点的上螺旋槽和一条水平槽,因此在不同工况下,有不同的供油终点,平槽用来控制供油始点。两槽均务必保持锐角(早期曾采用过的双螺旋线柱塞,下槽也是一条螺旋线,因此随柴油机工况的变化,对供油始点也进行控制变化)。柱塞中部对称切出两凸块作为滑键,插入齿圈内孔的键槽里,柱塞下部杆径较细,并设有台肩支承下弹簧座。柱塞弹簧在上、下弹簧鞍上,以便给柱塞以一定的复原力。

柱塞套全长89 mm。柱塞套由上粗下细两段外径分别为ϕ40 mm及ϕ30 mm的圆柱面组成,内孔与柱塞配合,名义直径为ϕ18 mm。上、下对称布置两个ϕ5 mm的进油孔,两孔成180°,孔距(24±0.05) mm,柱塞套在泵体内利用凹槽及定位螺钉进行径向定位。柱塞偶件工作原理:燃油由低压油泵输送到喷油泵,进入泵体与柱塞套之间的油腔,柱塞套上有两个油孔,燃油通过油孔进入柱塞套内,柱塞向下运动到其顶面和螺旋槽打开套筒上、下油孔时,燃油进入套筒内部[见图6-10(a)]。当推动柱塞的凸轮使柱塞向上运动时,并使柱塞顶面和螺旋槽遮盖上、下油孔后,燃油被压缩并顶开出油阀,开始供油[见图6-10(b)]。当柱塞上升燃油继续被压缩进行供油[见图6-10(c)]。当柱塞上升到螺旋槽打开进油孔时,柱塞顶部的高压燃油通过柱塞的直槽经套筒上的油孔流出,燃油压力下降,出油阀落座,供油结束[见图6-10(d)]。此后柱塞继续上升,因油槽与油孔相通,所以不再压缩燃油。柱塞从开始供油到供油结束的行程称为"供油有效行程"。待柱塞向下运动时,燃油再次充入柱塞套筒,重复一个供油过程。

供油量的改变靠柱塞的转动,即改变柱塞与套筒的相对位置来实现,当柱塞向右转动一个角度后,尽管圆柱面遮盖油孔的位置(即供油始点)没改变。但螺旋槽却提前打开油孔。使供油终点提前结束。供油有效行程也随之缩短。供油量减少。当柱塞直槽对准油孔时,喷油泵就停止供油。反之,柱塞向左转动,供油结束滞后,供油量增大。

喷油泵柱塞头部采用中心孔代替直槽。以减少柱塞磨损和提高寿命,因为如柱塞单边切槽,在工作中,由于槽内充满高压油,它产生的侧推力使柱塞靠向另一边而使偶件容易产生单

图6-9 喷油泵结构

1-出油阀接头;2-压紧螺帽;3-升程限制器;4、31-O形密封圈;5-出油阀弹簧;6-泵体;7-出油阀偶件;8-柱塞套定位螺钉;9-柱塞偶件;10-调节齿杆;11-调节齿圈;12-上弹簧座;13-柱塞弹簧;14-调整垫片;15-下弹簧座;16-银块;17-挡圈;18-弹簧;19-喷泵下体;20-滚轮体;21-滚轮体定位销;22-滚轮;23-滚轮衬套;24-滚轮销;25-弹簧上座;26-卡圈;27-调节齿杆定位螺钉;28-三通接头;29-尼龙密封垫片;30-螺钉

边磨损。

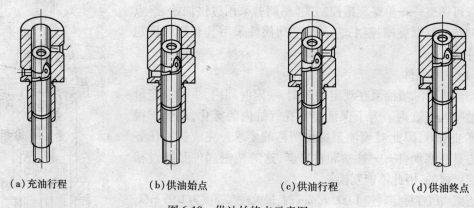

| （a）充油行程 | （b）供油始点 | （c）供油行程 | （d）供油终点 |

图 6-10　供油始终点示意图

（2）柱塞转动机构

柱塞转动机构采用齿条式,在柱塞套下部套装一个调节齿圈,它相对于柱塞套可以转动。齿圈内孔开有键槽,将柱塞中部的滑键插入此槽内,齿圈置于上弹簧座上方。圆柱空心的调节齿杆穿过喷油泵体与齿圈相啮合,拉动齿杆即可转动齿圈和柱塞。

在齿杆一端的外表上刻有长、短刻线。刻线间距为 2 mm,在泵体侧面装有指针,用以指示齿条位置。为使各喷油泵所示刻线都反映相同的供油正时和供油量,要求各喷油泵齿圈与齿杆在安装时有统一的位置。为此将齿条第三齿槽不切齿(形成连齿)。而在齿圈的特定位置处切去一齿(形成缺齿)。重装或新装时,必须使缺齿对准连齿装入,保证了齿杆与柱塞间的正确位置。

为确保柱塞转动,在柱塞尾部平面与下弹簧座面之间留有适当间隙(0.06～0.24 mm)。为防止调节齿杆转动,在齿杆上开有轴向长槽,用一个定位螺钉从泵体上拧入,螺钉头部插入槽中。为了防止某一个喷油泵柱塞副卡死,影响控制拉杆不能往回拉,造成柴油机降转速,卸负载时"飞车",调节齿杆制成空心带弹簧结构,加油方向是刚性,减油方向是弹性(见图 6-11)。当柱塞副卡死时,柱塞不能相对柱塞套筒发生转动,因此调节齿杆装配中的齿条已不能移动。如此时柴油机需回手柄(降转速和负载)时,控制拉杆的夹头串销带着齿条向右移动,此时卡泵的夹头窜销仍能带动调节齿杆装配中的芯杆压缩弹簧向右移动,这样就不影响其他喷油泵减少供油。

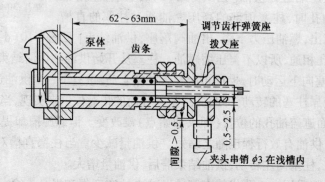

图 6-11　调节齿杆

（3）出油阀偶件

调节和控制高压油管内剩余油压的大小。当柱塞的螺旋槽边缘打开柱塞套筒油孔，高压燃油管内的高压油迅速回流，油压急剧下降，喷油迅速停止，此时出油阀依靠压力差迅速回座，堵死回油通路，使高压油管内的高压油仍保留一定的剩余油压，以待下一次柱塞压油时，高压油管内的油压迅速升高到喷射压力，保证喷油器按正常定时喷射。

提高喷油泵的供油量。如没有出油阀作单向止回作用，待柱塞作下一次压油时，供油量就会显得不足。防止空气进入高压油管内，正由于出油阀的单向止回作用，使柱塞头部到喷油器针阀之间始终保持一定的油压，防止了空气进入该区段，保证了喷油器的正常喷射。

喷油泵采用缓冲式出油偶件（由出油阀座与出油阀研配而成，见图6-12）。

二次喷射和穴蚀与出油阀的落座过程密切有关，普通等容式出油阀由于落座速度高，卸载时间短，易引起压力振荡波，而调整卸载容积往往顾此失彼。采用较小卸载容积，易出现二次喷射。采用较大卸载容积，针阀腔压力波形又出现，引起穴蚀的零压段。缓冲型出油阀，限制了落座撞击速度，控制了卸载时间，故能有效地抑制高负载时的压力波动，节流间隙直接影响出油阀落座阻尼。

出油阀偶件采用钢结构制品，经冷、热处理，座孔直径为14 mm，与出油阀减压环带的配合间隙为0.005～0.025 mm。出油阀座锥面为$90°_{-20'}^{0}$，出油阀锥面$90°_{0}^{+30'}$，出油阀锥角稍大，以确保阀与阀座的接触成一条连续的、均匀的窄圆环（一般称为接触带或阀线），其宽度为0.5 mm左右。出油阀底部圆孔的直径为$6_{0}^{+0.025}$ mm。出油阀下部为缓冲圆柱面，直径为$5.92_{-0.025}^{0}$ mm，两者的配合间隙为0.08～0.13 mm。阀座上、下座面上的浅凹槽是为了减少接触面积以增大接触压力，加强密封效果。出油阀的阀座锥面及底座面不但要求很光洁，而且表面不允许有划痕和发纹。

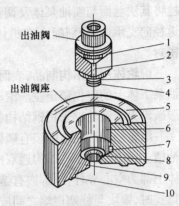

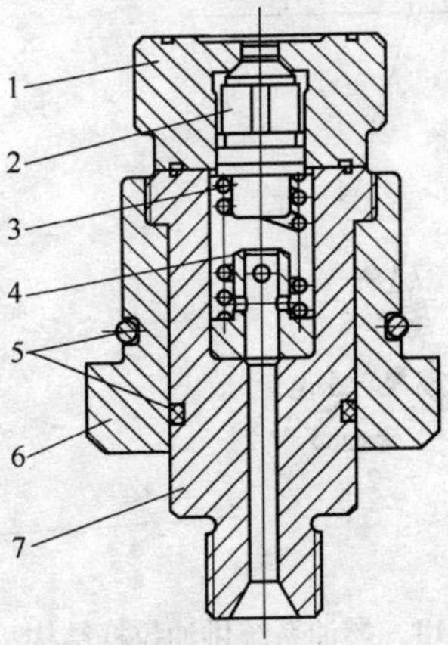

图6-12　缓冲式出油阀偶件

1-出油阀卸载直径；2-出油阀中导向工作面；3-出油阀密封锥面；4-出油阀小圆柱面；5-出油阀座密封平面；6-出油阀座导向工作面；7-出油阀座油库；8-出油阀座密封锥面；9-出油阀座缓冲孔；10-出油阀座下端密封面

上弹簧座具有减少高压容积，调整弹簧预紧力及控制出油阀行程等作用，止挡与出油阀接头为动配合，以便于调整（见图6-13）。

当供油结束，出油阀落座关闭时，减压环带首先进入阀座导向孔，将柱塞与高压油管的燃油通路隔开，当出油阀继续下落到阀锥面时，使高压油管—喷油器系统在断油后增加一部分容积（即称为卸载容积），以供高压油管弹性收缩和迅速降压作用，并使喷油器停喷时断油迅速，还起到抑制二次喷射的作用。

出油阀的弹簧刚度是供油系统中的重要参数之一，组装后的弹簧预紧力控制出油阀开启及关闭时的压力值，同时影响供油量的大小。如弹簧预紧力过大，出油阀关闭迅速，回泄油量较少，使高压油管内的剩余油压较高，待下次供油时，喷油滞后角较小，循环供油量有所增加。如弹簧预紧力过小，则在高转速时

图6-13　缓冲式出油阀与出油阀接口

1-出油阀座；2-出油阀；3-出油阀弹簧；4-止挡；5-橡胶密封圈；6-压紧螺套；7-出油阀接头

供油量减小,而在低转速时供油量往往还有增加的趋势,出油阀行程对供油特性也有很大影响。如行程过长,则出油阀的落座时间长,对阀座的撞击力增大,造成弹簧的应力和振动过大,回泄的燃油量增多,高压油管内剩余油压低,喷油提前角滞后,循环供油时间减少,因此不能随意改变出油阀弹簧刚度和止挡的尺寸。

(4)喷油泵下体装配

喷油泵下体装配又称为滚轮推杆或滚轮导筒,是喷油泵的直接传动机构。通过它将凸轮的回转运动变为柱塞的往复运动。

喷油泵下体装配主要由喷油泵下体和滚动体组件等组成。喷油泵下体材质为铸铁,用螺栓将其法兰面与喷油泵体及调整垫等紧固在机体推杆箱顶面。在其外圆面上设有上、下面两道径向支承面,分别配合在机体的上、下支承孔内,上支承面处还装有"O"形密封圈以进行密封。

滚轮体用钢结构制品,表面进行渗碳淬火处理。滚轮体外圆面上设有导向槽,供压装在喷油泵下体上的定位销定位。滚动体下端装有滚轮和滚轮轴。滚轮采用钢结构制品,表面进行渗碳淬火。滚轮轴采用钢结构制品,表面渗碳淬火,中部有 4 个直径为 $\phi 2$ mm 的孔。

滚轮轴和滚轮之间装有磷锡青铜衬套。衬套内、外表面制出两条宽 $1.6^{+0.4}_{0}$ mm 的人字形油槽。槽内钻有小孔以沟通双槽。滚轮衬套与销之间的配合间隙为 0.04 ~ 0.093 mm。滚轮体上部为空心导杆,顶部嵌有镶块,镶块与柱塞尾端的弹簧下座面接触。当滚轮推杆处于最低位置时,镶块与柱塞尾端之间应有间隙。镶块采用钢结构制品,在下体中部与镶块之间装有弹簧,滚轮体上端通过两半块锥面卡环和弹簧上座压住弹簧。滚轮体与凸轮的压紧柱塞弹簧来保证。

从柴油机机油系统(凸轮轴内孔)引出的压力机油支管接到喷油泵下体的下腔,下腔内表面上制有偏心圆弧槽,弧长约占 2/3 周长,机油经推杆套的偏心油槽和滚轮销中心孔引入铜套中,进行压力润滑。为了防止凸轮轴箱内机油上窜,新出厂的下体装配在滚轮导向部加装了 O 形圈。在下体上腔最下方设有螺孔,通过污油系统管路将渗漏的燃油排入车体下部的污油箱内。

(5)供油拉杆

供油拉杆受控于柴油机控制机构,它与弹性连接轴、横轴及左右供油、最大供油止及紧急停车拉杆等组成。控制拉杆结构示意图见图6-14。

当伺服杆下移时,曲臂花键顺时针转动,带动弹性连接杆向柴油机后端方向移动,使弹性连接杆与横轴之间的传动臂连同横轴一起作逆时针转动(面对柴油机左侧)。横轴上穿过机体,在机体的左、右侧顶板上设有两个滚针轴承座。轴承座与座体、座体与机体结合面之间设有耐油橡胶垫片,横轴与座体之间用橡胶圈密封。在横轴的左、右两端分别装有朝下的左臂及朝上的右臂。左右臂与横轴之间用锥销固定,因而此时左臂亦作逆时针摆动,与左臂相连接的左侧供油拉杆(左侧调节杆)朝柴油机的后端方向移动,带动左排喷油泵齿条移向减油位。右臂上端与连杆上端为铰接,连接杆的下端与右侧

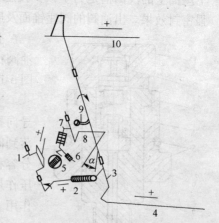

图 6-14 燃油系统供油拉杆结构

1-调节器曲臂机构;2-弹性连接杆;3-横轴;4-左侧供油拉杆;5-极限调速器;6-紧急停车按钮;7-停车器拉杆;8 紧急停车拉杆;9-最大供油止挡;10-右侧供油拉杆

供油拉杆（右侧调节杆）为固接，当右臂作逆时针摆动时，带动连杆朝柴油机的前端方向移动，连接杆及右侧供油拉杆均前移，右排喷油泵齿条移向减油位。相反，当伺服杆上移时，弹性连接杆向柴油机的前端移动，横轴顺时针摆动，左侧供油拉杆向前移动，右侧供油拉杆向后移，左、右排喷油泵齿条皆移向增油位。

2. 喷油泵大修、段修

（1）大修质量保证期

燃油系统须保证运用 5 万 km 或 6 个月（即一个小修期）。

（2）大修技术要求

①喷油泵检修要求：解体、清洗严禁碰撞；各零件不许有裂纹、剥离和穴蚀，精密偶件不许拉毛、碰伤，齿杆不许弯曲；出油阀偶件 $\phi14$ mm 处和 $\phi6$ mm 处的配合间隙分别不许大于 0.02 mm 和 0.18 mm；柱塞弹簧／出油阀弹簧须符合设计要求；更换密封件。

②喷油泵检修后的试验要求

柱塞偶件密封性试验：按要求固定偶件相对位置，环境和油温为（20 ± 2）℃，试验用油为柴油与机油的混合油。将试验用油以（20.0 ± 0.5）MPa 的压力充入柱塞顶部，偶件密封时间须在 6～25 s（D 型机：3～6 s）范围内。

出油阀偶件密封性试验：用压力为 0.4～0.6 MPa 的压缩空气进行密封性试验，10 s 渗漏气泡不许超过 5 个。

喷油泵供油量试验按表 6-5 进行，供油量可用标准泵校正。

表 6-5　喷油泵供油量试验要求

试验工况	齿条位置刻线	机型	凸轮轴转速（r/min）	供油次数	供油量（mL）	附注
大油量	12（D 型:23）	B 型	500 ± 5	250	375 ± 5	同台柴油机各泵油量差不许大于 4 mL（D 型机为 3 mL）
		C 型	相同	相同	相同	
		D 型	500 ± 3	100	143 ± 5	
小油量	4（D 型:8）	B 型	250 ± 5	250	——	同台柴油机各泵油量差不许大于 10 mL（D 型机为 3 mL）
		C 型	相同	相同	相同	
		D 型	200 ± 3	100	12 ± 3	
停油位	0（D 型:4.0～5.5）	B 型	250 ± 5			停油
		C 型	相同	相同	相同	
		D 型	500 ± 3	100	0	

③喷油泵组装后须将柱塞尾端面至泵体法兰支承面间的距离（B 尺寸）刻写在泵体法兰的外侧面上。

（3）段修技术要求

①各零件不许有裂纹，柱塞偶件不许有拉伤及剥离，齿杆无弯曲和拉伤。

②柱塞偶件须进行严密度试验（见表 6-6），试验台应用标准柱塞偶件校核，允许用标准柱塞偶件的实际试验秒数进行修正。

表 6-6　柱塞严密度试验要求

项目 机型	室温 (℃)	油黏度 (m²/s)	柱塞顶部压力 (MPa)	严密度 (s)
16V240ZJB	20±2	(10.13~10.59)×10⁻⁶	22±0.3	6~33 s
16V240ZJC	20±2	(10.20~10.70)×10⁻⁶	22±0.3	6~33 s
16V240ZJD	20±2	(10.13~10.59)×10⁻⁶	17.5±0.3	3~6 s

③出油阀偶件须进行 0.4~0.6 MPa 的风压试验,保持 10 s 无泄漏。出油阀行程应为 4.5~4.9 mm。出油阀 ϕ14 mm 和 ϕ6 mm 处间隙应不大于 0.025 mm 和 0.18 mm。

④喷油泵组装后,拉动调节杆应灵活,并按表 6-7(C、D 型机见表 6-8)进行供油量试验。

表 6-7　喷油泵供油量试验要求

项 目		单螺旋泵	双螺旋泵
柴油机速(r/min)		1 000	1 100
凸轮轴转速(r/min)		500±5	500±5
停油位	齿杆刻度	0	0
	供油量(mL)	0	0
大油量	柱塞往返次数	250±5	250±5
	齿杆刻线	12	12
	供油量(mL)	375±5	345±5
小油位	柱塞往返次数	250±5	250±5
	齿杆刻线	4	4
	供油量(mL)*	10	10

* 在同一台柴油机上各油泵供油量误差。

表 6-8　喷油泵供油量试验要求

试验工况	齿条位置刻线	机型	凸轮轴转速(r/min)	供油次数	供油量(mL)	附注
大油量	12	C 型	500	250	375±5	
	23.0	D 型	500±3	100	143±5	
小油量	4	C 型	250	250	115±15	同台柴油机各泵供油量差≤10 mL(D 型≤3 mL)
	8	D 型	200±3	100	12±3	
停油	0	C 型	250	0	0	
	4.0~5.5	D 型	500±3	100	0	

⑤喷油泵下体各零件不许有裂纹及及拉伤,滚轮不得有腐蚀及剥离。

⑥在同一台柴油机上,单、双螺旋槽柱塞喷油泵不许混装,由一种泵换为另一种泵时,须规定校对垫片厚度和供油提前角。

3. 故障分析

喷油泵是燃油系统输送到集流管的燃油在进入气缸前,经此泵将压力提升,使其按柴油机运转要求,按质、定量、定时送入气缸完成做功。机车运用中喷油泵故障主要发生在结构性方面,其运用性故障多数情况均由结构性故障引起。其故障表象主要为供油齿条、拉杆犯卡、管系接口泄漏与无燃油压力。次之,为出油阀与高压油管接口处泄漏,或出油阀损坏无提升的燃油压力输出。

(1)结构性故障

喷油泵结构性故障主要发生在柱塞副内的柱塞穴蚀(见图6-15)或拉伤卡死(见图6-16),主要故障表象为回油量增大或供油齿条在泵体内不能拉动。出油阀关闭不严,引起输送燃油压力不能定时、定量供给,造成喷油器二次喷射的不良燃烧后果,其故障表象为柴油机烟囱冒黑烟。出油阀接口断裂,或喷油泵铸铁体在制造中留下砂眼,其故障表象为喷油泵出(接)口燃油泄漏。喷油泵内调节齿圈磨耗加大,或齿圈掉齿,其故障表象为供油齿条卡死不能拉动。喷油泵下体内滚轮定位销断损,造成滚轮位移卡死不能定向滚动转动,而是在凸轮型面上滑动,其故障表象为供油齿条犯卡。严重时,打开凸轮轴检查孔盖检查,可发现相应凸轮型面被拉伤,用螺丝刀撬滚轮时,滚轮在凸轮型面上不能滚动。

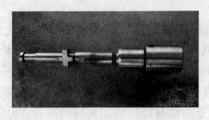

图6-15 柱塞副穴蚀

图6-16 柱塞副拉伤

其次,燃油系统供油拉杆转轴机构为串销型结构,在机车长期运用中,拉杆控制运动中产生的磨损使其转轴串销孔增大(机车检修作业又得不到及时整修),拉杆在运动中因此产生外斜性偏移。严重时,导致拉杆上的串销(夹头销)从控制喷油泵齿条的卡头槽夹中窜出。如这时被控制的多缸喷油泵串销形成外斜性窜出,喷油泵齿条(供油量)控制将失控,根据运动物理失控的惰性,该类泵的供油量将增至最大(泵供油齿条将在失控的情况下移至最大供油位)。如不能及时发现处理,将有可能造成柴油机"飞车"事件的发生。造成拉杆串销脱离喷油泵齿条卡头槽夹的原因,除供油拉杆处斜处,还有拉杆串销的调整问题。

(2)运用性故障

在机车运用中,喷油泵运用性故障一般均由其结构性故障引起,主要为卡泵,即供油齿条拉不出来。喷油泵泄漏燃油,主要为喷油泵各管系接口处泄漏,或喷油泵体上铸造时留下的砂眼引起,其形状基本上形成喷射性雾状泄漏。其次,供油拉杆卡滞或供油拉杆上有异物垫住,使供油拉杆卡滞不能拉动。

当机车加载运行中,出现喷油泵卡泵、拉杆锈蚀犯卡、拉杆外斜串销出槽失控时,其故障表象均为柴油机在一定工况下,柴油机转速不能上升,输出功率不能增加(但它们之间还是有所区别的)。喷油泵卡泵,因在柴油机相应工况下,相应一侧的喷油泵齿条供油不能被移动(增加),但并不影响柴油机降低转速与卸载。如上所述,因齿条的弹性结构设计,为避免柴油机在低功率大供油量下发生"飞车"的破损事件。这样,卡泵的发生,并不影响其他各缸的供油量减少,也就是说,单只喷油泵发生供油齿条不能移动卡泵时,因一侧供油拉杆的连动性,只能限制相应侧喷油泵的增加供油,但并不能影响其减油。喷油泵供油齿条在结构设计上,作了遇个别喷油泵齿条犯卡时,防止非故障气缸齿条能回移的措施(主要在供油齿条结构设计上）。

次之，属供油拉杆的被垫（或锈蚀）犯卡，其故障表象在柴油机加载时，在一定工况下其转速不能上升。但在柴油机降速卸负载时，泵供油齿条因被垫（卡）滞不能回移，造成泵供油量不减，柴油机转速会发生飞升，有发生柴油机"飞车"的迹象。该故障与卡泵是有区别的，当发生此类故障时，应加强拉杆系统的检查，避免强行将主手柄回至"O"位，而是在拉杆被卡滞故障处理妥当后，再将主手柄回至"O"位卸载，避免柴油机"飞车"事故的发生。

再之，当供油拉杆发生外斜性移动，使喷油泵齿条（供油量）失控时，在机车运用中的主要故障表象。如为个别及多只气缸失控，在柴油机空载时，柴油机有呈现类似"敲缸"的声响；在柴油机加载中，柴油机运转中会呈现低手柄大功率，同时会出现冒黑烟；回手柄降低柴油机转速与功率时，会出现在一定挡位下柴油机功率与转速均不降低。这时，如不能及时发现处理，硬性将控制手柄回至"O"位，有可能造成柴油机超速运转，极限调速器起保护作用，当供油拉杆被某气缸齿条卡滞不能回移时，将会造成柴油机"飞车"大部件破损事故发生。

喷油泵在柴油机运转中（特别是加负荷运转中），要注重避免喷油泵卡泵故障的发生，如有发生应及时消除掉，当在柴油机转速调节中，发生其转速飞升的情况时，不能将柴油机立即卸负荷，应在稳定转速的情况下检查出所属原因，及时处理。发生卡泵的喷油泵，应相应将此缸甩掉，维持机车运行。属供油拉杆系统的故障，应查明故障处所，将其消除。同时，在机车运用中，应注重预防检查，机车出段前，应作好喷油泵齿条活动与拉杆转动灵活的检查，即用手指拨动每个喷油泵齿条的检查，用机车上的备用工具活动搬手夹在调节器的输出轴拐臂上，下压搬手，检查供油拉杆系统是否有抗劲与外斜处所，如发现卡滞现象应及时消除，避免机车出段运行发生卡泵故障，特别是避免柴油机"飞车"事件的发生。

在机车运行中，喷油泵与管系接口发生泄漏时，一般不影响机车的正常的运行，可将相应故障气缸甩掉（将供油齿条推至"O"刻线），并在条件允许的情况下，将相应管接口堵上。否则，可将泵管系泄漏处缠绑起来，杜绝压力燃油喷射，避免机车火灾事故的发生。属发生在喷油泵及其附件引起的故障，如发现及时应急处理正确，一般均不会影响机车的正常运行。反之，如处理不当，将会造成机车运用故障或机车大部件损坏的事故发生。

4. 案例

（1）燃油喷油泵泄漏

2007 年 06 月 16 日，DF$_{4B}$型 0276 机车牵引下行货物列车 11029 次，运行鄯善至乌鲁木齐西区段的夏普吐勒至吐鲁番间。司乘人员在巡检中发现柴油机第 11 缸喷油泵出油阀处向外喷射燃油，为防止引起不测的机车火灾事故，立即断开燃油泵停止柴油机工作，因此终止机车牵引列车运行，构成 G1 类机车运用故障。待该台机车返回段，扣临修，解体检查，为喷油泵出油阀接口处断裂。经分析，该台机车 2007 年 3 月 9 日完成中修，投入运用仅 3 个月，按《段修规程》要求，属机车中修质量问题，定责机车中修。

（2）喷油泵柱塞拉伤卡死

2008 年 8 月 25 日，DF$_{4B}$型 7266 机车担当上行货物列车 26060 次本务机车牵引任务，现车辆数 57，总重 1 292 t，换长 69。运行在兰新线乌鲁木齐西至鄯善区段的三葛庄至柴窝堡1 838 +400 米处，因柴油机停机，2 时 06 分停车处理，2 时 40 分区间开车，总停时 34 min。构成 G1 类机车运用故障，待该台机车返回段内后，扣临修，解体检查，柴油机第 2 缸喷油泵柱塞卡滞。经更换此泵，试验运转正常后，该台机车又投入正常运用。

查询机车运用与检修记录,该台机车2008年6月14日完成第1次机车中修,修后走行35 794 km。机车到段检查,柴油机第2缸喷油泵齿条卡死在最小供油位,更换喷油泵后启机检查各部正常,水阻试验正常,进一步解体喷油泵检查,发现泵柱塞拉伤造成卡死。经分析,因此喷油泵柱塞卡滞,造成机车加载时,限制了燃油量的供给,在转速变化波动中,因机油压力不足,造成油压继电器起保护作用,柴油机停机。机车运用中,司乘人员未及时发现该喷油泵齿条卡死在最小供油位,且未做甩缸处理。同时,因该缸喷油泵齿条发生卡死,机车中修在组装该泵时,清洁度控制不到位。按质量保证期定责,定责机车检修与运用部门。同时,要求提高司乘人员应急故障处理能力,加强燃系备品配件组装及清洁度控制。

二、280 型柴油机喷油泵

280 型与240 系列柴油机用喷油泵作用原理与用途基本相同,其结构稍有区别,其泵采用了进、回油集流管,因此大大改善喷油泵内部散热,从而减少了卡泵故障的发生,同时该泵的进油管与回油管(新增)采用了软胶管,也减少了因刚性高压油管接口不良引起的泄漏。同时,供油拉杆传动机构也作了一定的改进。它由弹性拉杆、紧急停车机构、最大供油止挡、油压保护装置、左右转臂、横拉杆、左右纵拉杆、夹头和定位托架等组成。并在其转轴臂传动机构处,以转轴式传动系统控制(见图6-17),避免了串销式控制带来的因磨耗过大造成拉杆外斜,使个别或多个气缸失控的问题发生。

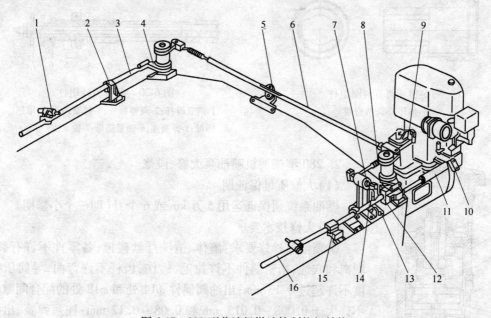

图 6-17 280 型柴油机燃油控制拉杆结构

1-夹头;2、5-定位托架;3-左纵拉杆;4-左、右转臂;6-横拉杆;7-转轴;8-调节杆;9-叉头;10-摇臂;11-弹性拉杆;12-限止块;13-调整螺栓;14-紧急停车长臂;15-油压保护装置;16-右纵拉杆

1.280 型喷油泵

它由喷油泵上体和喷油泵下体组成。喷油泵上体是喷油泵的主要部分,喷油泵下体的滚轮和滚轮体等与供油凸轮一起构成喷油泵的驱动装置。

(1)喷油泵上体

喷油泵上体是喷油泵的主要部分,主要由柱塞偶件、油量调节装置、出油阀装置和喷油泵体等部分组成。其上体结构见图6-18。

柱塞偶件由柱塞和柱塞套组成,是喷油泵的核心组件。油量调节装置用于转动柱塞以改变喷油泵的供油量,它由调节齿圈组件(见图6-19)和调节器齿杆组件(见图6-20)组成。缓冲式出油阀装置在喷油泵中起止回阀的作用,对供油量和喷油特性有很大影响。它主要由出油阀偶件、出油阀弹簧、升程限制器和出油阀接口组成。

(2)喷油泵下体

喷油泵下体由下体、滚轮、滚轮体、滚轮销、滚轮衬套和镶块等组成(见图6-21)。其功能与240系列柴油机用喷油泵下体相同,下体是铸铁件,由上下两个定位面与机体气缸侧面的喷油泵座孔相配合,以保证滚轮与供油凸轮的轴向相对位置。

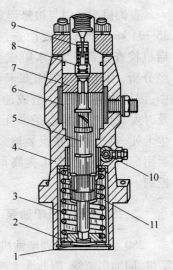

图6-18 喷油泵上体

1-导筒;2-柱塞弹簧下座;3-柱塞弹簧;4-喷油泵体;5-柱塞;6-柱塞套;7-出油阀偶件;8-出油阀弹簧;9-行程限止器;10-调节齿杆组装;11-调节齿杆组装

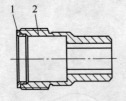

图6-19 调节齿圈组件

1-垫环;2-调节齿圈

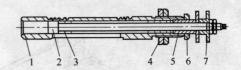

图6-20 调节齿杆组件

1-调节齿杆;2-调整螺栓;3-弹簧;4-供油限制螺母;5-弹簧座;6-锁紧螺母;7-拨叉座

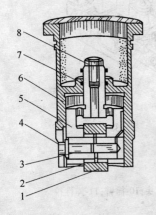

图6-21 喷油泵下体

1-滚轮;2-滚轮衬套;3-滚轮销;4-导向销;5-滚轮体;6-下体;7-O型密封圈;8-镶块

2. 280型柴油机喷油泵大修、段修

(1)大修质量保证期

燃油系统须保证运用5万km或6个月(即一个小修期)。

(2)大修技术要求

①喷油泵检修要求:解体、清洗严禁碰撞;各零件不许有裂纹、剥离和穴蚀,精密偶件不许拉毛、碰伤,齿杆不许弯曲,导筒压痕深度不许超过0.13 mm;出油阀偶件 $\phi14$ 处和 $\phi18$ 处的配合间隙分别不许大于 $0.008 \sim 0.015$ mm 和 $0.08 \sim 0.12$ mm;柱塞弹簧、出油阀弹簧须符合设计要求;更换密封件。

②喷油泵检修后的试验要求

柱塞偶件密封性试验:柱塞偶件密封试验可采用等压试验或降压试验。

等压法试验要求。试验用油为经过良好过滤和沉淀的轻柴油与机油的混合油,当油温和室温为 (20 ± 2) ℃,试验时柱塞与柱塞套的相对位置须使柱塞的有效行程为7.2 mm,柱塞顶部的油压为(21.6±0.3)MPa的条件下,偶件密封时间须在8～30 s范围内。

降压法试验要求。试验用油的温度和黏度可以不严格控制,试验时,柱塞顶部的油压须从22.6～23.5 MPa起下降至19.6 MPa时开始计时,待降到14.7 MPa时测得的时间来衡量,其密封时间的允许偏差,须依照标准柱塞偶件的相同条件下试验时所测量的结果确定。

③出油阀偶件密封性试验:用压力为0.4～0.5 MPa的压缩空气进行密封性试验,保压15 s不许有漏气现象(至少检验两个不同的相对位置)。

④喷油泵供油量试验按表6-9进行。

表6-9 喷油泵供油量试验要求

试验 工况	齿条位 置刻线	凸轮轴转 速(r/min)	供油 次数	供油量 (mL)	备 注
大油量	13	500±5	200	420±5	同台柴油机各泵油量差不许大于4 mL
小油量	4	200±5	110～135	——	同台柴油机各泵油量差不许大于8 mL
停油位	0	200±5			停油

注:供油量须用标准喷油泵定期校正。

⑤喷油泵组装后测量"B尺寸",并将其刻写在泵体法兰的外侧面上。

(3)段修技术要求

①解体、清洗,严禁碰撞。各零件不许有裂纹,柱塞偶件不许有拉伤及剥离,齿杆无弯曲和拉伤,导套压痕深度不大于0.13 mm。

②出油阀行程须为5.4～5.7 mm,出油阀直径ϕ14 mm和ϕ18 mm处的总间隙须为0.008～0.015 mm和0.08～0.12 mm,弹簧自由高度按设计要求。

③出油阀偶件须进行0.4～0.5 MPa的风压试验,保持15 s不许泄漏(至少检查2个不同的相对位置)。

④更换密封橡胶圈。

⑤柱塞偶件密封性试验:试验台须用标准柱塞定期校核,试验油为柴油和机油的混合油,其温度在20 ℃时,运动黏度$\nu = (10.2～10.7) \times 10^{-5}$ m^2/s,试验油温为18～20 ℃,试验时柱塞与柱塞套的相对位置须使柱塞的有效行程为7.2 mm,将试验油以(22.0±0.3)MPa压力充入柱塞顶部,偶件密封时间须在8～30 s(试验次数不少于2次)。

⑥喷油泵组装后,拉动调节齿杆须灵活,并按表6-10进行油量调整试验(更换偶件时须做30 min以上的磨合试验),试验中,齿杆处燃油滴漏不超过2滴/5 min。

表6-10 喷油泵供油量试验要求

试验 工况	齿条位 置刻线	凸轮轴转 速(r/min)	供油 次数	供油量 (mL)	附 注
大油量	13	500±5	200	420±5	同台柴油机各泵供油量差≤10 mL
小油量	4	200±5	200	110～135	
停 油	0	200±5	200	0	

注:试验台供油时须用标准喷油泵及标准喷油器定期校核。

⑦喷油泵组装后须重测"B 尺寸",并将其刻写在泵体法兰的外侧面上。

⑧喷油泵下体各零件不许裂损及拉伤,滚轮不许腐蚀及剥离。

3. 故障分析

280 型与 240 系列柴油机用喷油泵作用原理基本相同,也是将燃油系统输送到集流管的燃油在进入气缸内前,经此泵将压力提升,使其按柴油机运转要求,按质、定量、定时送入气缸完成做功。其发生在机车运用中的故障主要也分为结构性与运用性故障,而运用性故障多数情况下均由结构性潜在的隐患引起。与 240 系列柴油机用喷油泵故障基本相同,也是外围系统(管路)的泄漏,泵内部偶件损坏引起的卡泵等。

(1)结构性故障

现时 280 型柴油机采用 280 型喷油泵,其主要特点是采用了进、回油两条通路,这样就大大改善了喷油泵内部零部件的散热条件,避免了因柱塞付及附件受热过大的热冗擦伤引起的泵犯卡故障。同时也包括因气缸盖不严密,引起的高温燃气窜出,喷射到喷油泵体上,造成泵体温度过高,导致泵内偶件热冗过大,使偶件拉伤造成的机械性犯卡。

除此之外,其运用中的故障与 240 系列柴油机用喷油泵基本相似,280 型喷油泵故障也是突出发生在结构性方面。在运用中的故障表象主要为卡泵,即供油齿条犯卡,其中偶然也发生调节齿圈垫环脱落故障引起的卡泵(见图 6-22),与供油拉杆卡滞。其发生故障的检查处理方法与 240 系列柴油机用喷油泵基本相同。

图 6-22　调节齿圈垫脱落

因该喷油泵的进、回油管采用的是软胶管,因材质问题,运用中发生过胶管接口与金属压模处发生剥离而泄漏,泄漏后的处理方法与钢质高压管的应急处理故障方法相同,甩掉该缸,拧下该软管,用另一端,用一圆形的胶皮堵在胶管接口的螺帽内,戴在喷油泵出口上(回油管泄漏时,也可用此方法处理)。

喷油泵运用中发生的结构性故障均为卡泵,使供油拉杆整体向供油位移动困难,或不能移动,但一般不影响向减载位(油量减少位)移动。发生此类故障时,机车运行中,司乘人员无法进行修复,只能进行甩缸处理,维持机车运行,待返回段内再作处理。

其次,是喷油泵体铸造时遗留的砂眼,在表层喷漆后无法显现,经过一段时间的运用,其缺陷将会暴露出来,在喷油泵工作时形成喷射性泄漏燃油,是机车火灾的重要火源,作者所在机务段已有多台机车因此发生过机车火灾事故,应加强防范。对此泄漏喷油泵作了甩缸处理后,并应对泄漏处所进行缠绕包扎处理,使燃油成线性泄漏,防止燃油喷射到废气支、总管处或形成泄漏燃油雾化,避免机械间明火或在高温环境下形成的"爆燃"火情发生。

(2)运用性故障

在机车运用中,同 240 系列柴油机相同,应防止和处理好喷油泵及外围管路的泄漏故障,并应尽可能避免喷油泵卡泵及供油拉杆机械性犯卡。同时,280 型柴油机装入相应类型的机车,一般情况下机车无中门,当通风窗在关闭情况下就处于密闭状态,尤其是担负于风沙区段,同时又处于夏秋高温季节的运用机车,机械间环境就处在高温之中。因燃油的燃点是 330 ℃,在柴油机喷油泵附近,超过 330 ℃炙热点有排气支管与总管(340 ~ 650 ℃),一旦喷油泵及附件损坏发生泄漏,其喷射的燃油落到废气支管与总管上,将有可能引起机车火灾。同时,如喷油泵发生喷射性泄漏,其高压油雾状颗粒体将会充满着整个机械间,遇此时机械间的高温环境,将会形成可燃性燃气体,当司乘人员巡检机械间中开启通往机械间的中门时,处在高温环境下的可燃气体,遇陡然进入的新鲜空气,将会使机械间形成"爆燃",而酿成机车火灾事故。为克服这类火灾事故的发生,对装入相应类型机车的柴油机作了加装防火墙的改进(见图 6-23)。这类防火墙对喷射到废气支、总管的燃油能起到有效的防护作用,但对雾状气体形成的"爆燃"作用不大。作为预防措施,在对高温季节运用的机车应加大机械间的通风,机车运用中应开启机械间的过道门,开启机械间的通风机强迫通风,以降低环境温度。同时加强机械间巡视,及时发现喷油泵及管路的泄漏,并进行相应妥善处理,避免机车火灾事故的发生。

图 6-23 增设的喷油油泵防火墙

4. 案例

(1)喷油泵柱塞卡死

2007 年 11 月 14 日,DF$_{8B}$型 5492 机车牵引上行货物列车,运行在兰新线哈密至柳园区段的红柳河至照东站间的缓和坡道,提升主手柄位时,柴油机转速在 700 r/min 左右后不能再升。经司乘人员检查,发现柴油机第 16 缸喷油泵犯卡,使供油拉杆不能向供油方向移动。经司乘人员按应急处理要求,将该缸喷油泵甩掉,继续维持机车运行至目的地。待该台机车返回段内后,扣临修,经对该喷油泵解体检查,内部柱塞已卡住,使其供油齿条不能移动。经更换此喷油泵,水阻试验运转正常后,该台机车又投入正常运用。

查询机车运用与检修记录,该台机车于 2007 年 9 月 28 日完成第 2 次中修,修后走行 31 216 km。中修更换某机车配件厂生产的喷油泵新品配件,按质量保证期,定责该机车配件厂。

(2)喷油泵体砂眼喷漏油

2008 年 03 月 10 日,DF$_{8B}$型 5351 机车牵引上行货物列车 WJ702 次,运行在哈密至柳园区段的天湖至红柳河站间,牵引总重 3 179 t,37 辆,计长 42.0。司乘人员在机械间巡视中,当打开冷却间通机械间的过道门时,突然机械内柴油机自由端附近发生爆炸声而起火(俗称"爆燃")。司乘人员立即采取停车措施,用机车备用灭火器将火情扑灭,机车因此终止牵引列车运行,请求救援,构成 G1 类机车运用故障。待该台机车返回段内后,解体检查,为柴油机第 11 缸喷油泵体有砂眼发生喷射性泄漏燃油。

经分析,柴油机运转中喷油泵柱塞在往复运动的高压下,该泵泄漏喷射出雾状的油气,弥漫于柴油机自由端附近,在柴油机总管、支管灼热温度(最高可达 340 ℃～500 ℃)的烘烤下,使雾状的燃油给"爆燃"创造了条件(燃油的燃点是 330 ℃)。在机械相对密闭的间隔内,因此空间氧气不足,还不能马上被引"爆燃",当司乘人员巡检中,打开冷却间通往机械间的门时,相应充进了大量的新鲜空气(氧气),所以立即发生了"爆燃"现象。机车运行中喷油泵漏泄时,司乘人员应做到仔细检查提前发现,及时处理,不让其成雾状,就能防止此类火情的发生。

(3)喷油泵穴蚀堵丝处渗油

2008 年 6 月 29 日,DF$_{8B}$型 5275 机车担当上行货物列车 WJ712 次重联机车的牵引任务,现车 31 辆,牵引吨数 3 255 t,换长 51.0。运行在兰新线哈密至柳园区段的柳园站内停车(18 时 29 分),因柴油机第 7 缸喷油泵泄漏燃油,接班司机不接车,要求更换机车。构成 G1 类机车运用故障,待该台机车返回段内后,扣临修,柴油机第 7 缸高压油泵穴蚀堵螺丝处漏油。经更换此喷油泵,试验运转正常后,该台机车又投入正常运用。

查询机车运用与检修记录,该台机车 2006 年 12 月 30 日完成第 1 次机车大修,修后总走行 170 682 km,于 2008 年 6 月 16 日完成第 3 次机车小修,修后走行 3 424 km。机车到段检查,为柴油机第 7 缸喷油泵穴蚀堵螺丝处在高手柄位发生渗漏燃油,将穴蚀堵及紫铜垫拆下检查,其状态正常,经试验该泵发生渗漏,但不影响机车的正常运用,司乘人员盲目更换机车,属司乘人员误判,定责机车运用部门。同时,要求加强机车整备日常检查,并将此故障信息及时反馈机车运用部门。

(4)喷油泵体受热卡泵

2008 年 12 月 5 日,DF$_{8B}$ 型 0080 机车担当上行货物列车 11058 次重联机车的牵引任务,现车 51 辆,牵引吨数 3 933 t,换长 50.5。运行在兰新线哈密至柳园区段的红柳河至照东站间,列车运行于缓和坡道,柴油机降低转速卸负荷时,突然发生柴油机停机,经检查,未发现什么异状,再次启动柴油机时,柴油机转速飞升,极限调速器起保护作用,柴油机再次停机,司乘人员未敢再启动柴油机。在本务机车维持牵引运行下进入照东站内停车,请求更换机车,构成 G1 类机车运用故障。待该台机车返回段内后,扣临修,经更换第 14 缸喷油泵与气缸盖螺栓,试验运转正常后,该台机车又投入正常运用。

查询机车运用与检修记录,该台机车 2007 年 12 月 11 日完成第 2 次机车中修,修后走行 262 375 km,于 2008 年 11 月 11 日完成第 4 次机车小修,修后走行 20 377 km。机车到段检查,为柴油机第 14 缸喷油泵供油齿条被卡滞住,同时,第 14 缸气缸盖螺栓 1 条从根部正面断裂(旧痕呈现 1/4),解体喷油泵检查,柱塞头部有 2 道 1 mm 的拉伤痕。经分析,因柴油机第 14 缸气缸盖螺栓断裂,造成该缸窜燃气,大热量的燃气排出使此缸喷油泵体受热,造成喷油泵内柱塞热冗性卡滞,柴油机在降负荷时受影响停机,启动柴油机时,因此使极限调速器作用,柴油机停机。该故障可以在甩掉该缸的情况下,继续机车运行,司乘人员盲目请求换车,定责机车运用部门。同时,要求加强司乘人员应急故障处理能力的教育。

思 考 题

1. 简述 240/280 型机车用柴油机喷油泵故障的共同特征。
2. 简述 240 系列柴油机用喷油泵出油阀的故障表象。
3. 简述喷油泵泄漏后引起"爆燃"的原因。

第三节 喷油器及高压油管结构与修程及故障分析

喷油器的作用是将燃油散成细碎的颗粒状,以雾状散布在燃烧室内,并与空气均匀混合。喷油器有开式喷油器和闭式喷油器两种,高压油管是将喷油泵提升的压力燃油输送到喷油器。

一、240 系列柴油机喷油器及高压油管

目前,机车柴油机普遍采用闭式喷油器,它有一个受强力弹簧压紧的针阀将喷油器头部(通称喷油嘴)高压油室与燃烧室隔开,在燃油喷入燃烧室之前,燃油压力先要升高到一定数值,克服弹簧的弹力,把针阀打开,开始喷射,这样保证了燃油的雾化质量。当高压油室中的燃油压力一旦降到低于弹簧弹力,就能迅速断油,不发生滴漏现象。闭式喷油器根据喷油嘴结构和喷孔形式不同,又可分为锥形针阀式多孔喷油嘴和轴针式喷油嘴两种,它们适用于不同的燃烧室。锥形针阀式多孔喷嘴将燃油经喷油嘴圆周均布的小孔喷入气缸中,喷孔数目一般为

6～10个,孔径从0.35～0.6 mm。喷孔数、孔径及喷孔相互角度根据燃烧室形状决定。多孔喷油嘴的缺点是油孔小,容易因积炭堵塞或烧坏而破坏喷注油束的形状和方向(见图6-24)。

轴针式喷嘴。在其针阀的下端有一个小针柱,针柱插在喷油孔中,针柱的形状有锥形和圆柱形。因此喷出的油束成空心锥或空心筒状,由于小针插入油孔,因此油孔的直径较大,也就不易产生积炭堵塞现象。

1. 喷油泵结构

240系列柴油机用喷油器均垂直安装在气缸盖中心部位,并用压块压紧固定,进油接管从气缸盖侧面穿入,拧入在喷油器体上,端部用紫铜垫圈密封。进油管孔端装有用钢结构制造的缝隙式滤清器,一端设计成60°锥面,通过高压油管接头将滤芯锥面、高压油管和进油管三者压紧。滤芯外表面上切出24条轴向三角形切槽,其中12条槽与高压油管端相通,另12条槽与喷油器相通,两者间隔布置,不直接相通。滤芯与进油管孔间有0.1～0.087 mm的间隙,燃油中大于此间隙的杂质均留在滤芯上的三角形切槽内。240系列柴油机(包括280型柴油机)为增强喷油器接杆的强度,进行技术革新改造后,将此缝隙式滤清器取消,增强了接杆管壁厚度,因此提高了接杆的使用寿命。

喷油器调压弹簧采用抛光钢丝制造,喷油器体的中间部位钻有横孔喷油器工作时,从喷油器偶件的配合间隙和各密封平面处泄漏出来的燃油从该孔处流出后,经气缸盖上进油管安装孔的通道流入回流管中。喷油器在柴油机气缸盖上安装时,压紧螺帽底部装有一个紫铜垫圈。喷油器体上装有O形密封圈,防止缸头上部机油下渗。针阀体喷头部伸出气缸盖底面6～6.5 mm,过大与过小都会使柴油机燃烧恶化。

喷油器偶件(针阀副)及支座板用压紧螺帽连接在喷油器体下部(见图6-25)。喷油器体内装有调压弹簧、弹簧下座、调整螺钉等。弹簧下部球窝压在针阀顶部,针阀开启压力由弹簧力控制,弹簧力由调压螺钉调节,为$25.5^{+0.5}_{0}$ MPa,调定压力后用螺母锁紧。锁紧螺母上部还拧入一保护螺帽,以防因松动造成压力变化。

喷油器偶件为一对经选配研磨的精密偶件,是喷油器的关键件,由针阀与针阀体组成。针阀及针阀体采用钢结构制品,并经热、冷处理,针阀锥面外形采用双锥度过渡。针阀体中部设有油室,体上有直径为$\phi3$ mm的斜孔与油室相通。

针阀体与针阀顶锥座面的角度差,是形成密封带和喷雾时产生良好影响效果的重要条件,当针阀体的密封面锥角大于针阀顶尖锐角时,喷油器将会产生滴油及卡滞现象。

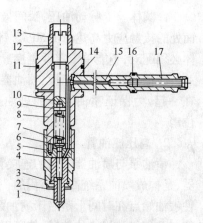

图6-24 喷油器结构

1-喷油器偶件;2-垫圈;3-压紧螺母;4-支座板;5-销;6-弹簧下座;7-调压弹簧;8-喷油器体;9-喷油器体;10-调压螺钉;11-O形圈;12-螺母;13-保护帽;14-密封圈;15-进油管接头;16-O形圈;17-滤芯

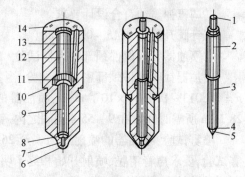

图6-25 喷油器偶件

1-针阀尾部;2-针阀圆柱工作面;3-针阀圆柱;4-针阀45°锥面;5-针阀密封座面;6-喷孔;7-针阀体压力室;8-针阀密封座面;9-针阀体;10-针阀体安装肩胛面;11-针阀体油室;12-针阀体圆柱工作面;13-针阀体进油孔;14-针阀体密封平面

针阀体承受脉动油压,瞬间最高值达 83.4 MPa,喷油器头部最高温度达 306 ℃,针阀体座面处的接触应力高达 961 MPa。针阀的升程为 $0.5^{+0.03}_{0}$ mm,升程不能过小或过大,针阀与针阀体必须配对,不能单个零件更换。

喷油器偶件与支座板、喷油器体的结合面为精密加工的镜面密封,由压紧螺帽将三者紧固在一起,为保证喷油器体的进油孔道与支座板油通道的正确连通,在该两零件之间装有定位销。

2. 高压燃油管

喷油泵与喷油器之间的连接管称为高压燃油管,喷油泵的高压燃油经高压油管送往喷油器,是构成喷油系统高压容积的一个重要部分。由于燃油的压缩性和高压燃油管的弹性,不仅使喷油始点在时间上落后于喷油泵几何供油始点,而且由于燃油的压力波动,导致实际喷油规律与几何供油规律的差异,使喷射持续时间拉长。这种影响尤其当高压燃油管很长、高压容积很大、柴油机转速很高时,更为显著,柴油机转速愈高,喷油泵几何供油规律与实际喷油规律的差异也愈大。同时,高压容积大,还会使供油开始时的压力上升速度和供油结束时压力下降速度缓慢,导致喷油持续时间延长,喷射质量变差。

高压燃油管一般采用厚壁无缝钢管(见图 6-26),其内径与喷油泵柱塞的直径比值为 36。高压燃油管外径为 $\phi10$ mm,壁厚 3.5 mm,管两端的锥形接头部分采用热墩成形,并经退火消除应力,管子成形后经酸洗磷化处理,所有内、外表面不得氧化或有其他杂物。

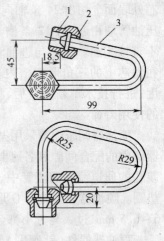

图 6-26　高压油管结构
1-螺母;2-压紧圈;3-高压油管

3. 喷油器大修、段修

(1)大修质量保证期

喷油器须保证运用 5 万 km 或 6 个月(即一个小修期)。

(2)大修技术要求

①解体、清洗,严禁碰撞。

②零部件不许有裂纹,精密偶件不许拉毛、碰伤。

③调压弹簧须符合设计要求。

④针阀升程为 0.45 ~ 0.55 mm。

⑤喷油器针阀偶件颈部密封性试验

喷油器针阀偶件颈部密封性试验:当室温与油温为 (20 ± 2) ℃,柴油与机油混合油粘度 $\nu = (1.013 \sim 1.059) \times 10^{-5}$ m^2/s,喷油器的喷射压力调到 35 MPa 时,油压从 33 MPa 降至 28 MPa 所需时间须在 9 ~ 55 s 范围之内,针阀体密封端面和喷孔处不许滴油。

喷雾试验:喷油器的喷射压力调至 26.0^{+1}_{0} MPa 时以每分钟 50 ~ 90 次的喷油速度进行喷雾试验,要求声音清脆、喷射开始和终了明显、雾化良好,不许有肉眼能见到的飞溅油粒、连续不断的油柱和局部密集的油雾。

喷油器针阀偶件座面密封性试验:当喷油器喷射压力为 26.0^{+1}_{0} MPa 时,以每分钟 30 次做慢喷射,在连续喷油 15 次后,针阀偶件头部允许有渗漏的油珠,但不许滴下。

⑥D 型机用喷油器检修要求

解体、清洗,偶件严禁碰撞。各零件不许有裂纹,精密偶件不许拉毛、碰伤。调压弹簧须符合设计要求,其自由高度须符合表 6-11 的规定。针阀升程(0.6 ± 0.05)mm。检查支座板表面厚度须光滑,可磨削去除表面压痕,但其厚度不许小于 16.8 mm,上、下表面不平行度不许大于 0.007 mm。

表 6-11　喷油器弹簧自由高度　　　　　　　　　　　　　单位:mm

厂家 弹簧名称	英国	南口厂	重庆红江厂
喷油器调压弹簧	≥54.3	55.0 ±0.6	55.0 ±0.6

⑦喷油器检修后的试验

喷油器针阀偶件颈部密封性试验:试验油为柴油与机油混合油,其 20 ℃时的运动黏度 $\nu = (1.02 \sim 1.07) \times 10^{-5}$ m²/s,试验室温和油温为(20 ±2) ℃,喷油器的喷油压力调到(34.5 ±0.5)MPa 后,油压从 30 MPa 降至 25 MPa 所需时间须为 6 ~ 30 s,针阀体密封端面和喷孔处不许滴油。

喷射性能试验:喷射压力调至(34.5 ±0.5)MPa,以每分钟 50 ~ 90 次喷射,声音须清脆、喷射开始和终了明显,雾化良好,不许有肉眼能见到的飞溅油粒、连续不断的油柱和局部密集的油雾。

喷油器针阀偶件座面密封性试验:当喷油器喷射压力调至(34.5 ±0.5)MPa 时,以每分钟 30 次做慢速喷射,在连续喷油 15 次后,针阀偶件头部允许有渗漏的油珠,但不许滴油。

(3)段修技术要求

①各零部件不许有裂纹,针阀偶件不得拉伤、剥离及偏磨。

②阀座磨修深度不大于 0.3 mm(16V240D 型柴油机为 0.1 mm)。

③针阀行程应为 0.45 ~ 0.60 mm(16V240D 型柴油机为 $0.6^{+0.05}_{0}$ mm)。

④16V240D 型柴油机检查支座板表面须光滑,可磨削去除表面压痕,但其厚度不许小于 16.8 mm,上、下表面不平行度不许大于 0.007 mm;喷油嘴偶件压紧螺帽的紧固力矩为 217 N·m。

⑤喷油器组装后须作性能试验。

严密度试验。在室温下,试验用柴油[D 型机用为柴油与机油的混合油,其 20 ℃时的运动黏度 $\nu = (1.013 \sim 1.059) \times 10^{-5}$ m²/s,试验温度为(20 ±2) ℃,当喷油器的喷射压力调整至 35 MPa(16V240D 型柴油机为 34.5 ±0.5 MPa)后,油压从 33 MPa 降到 28 MPa(D 型机为 30 MPa 降至 25 MPa)的时间不少于 5 s(D 型机为 6 ~ 30 s),针阀体密封端面和喷孔处不许滴油。

喷射性能试验。喷射压力为 $26^{+0.5}_{0}$ MPa[D 型机为(34.5 ±0.5) MPa],以每分钟 40 ~ 90 次(D 型机为 50 ~ 90 次)喷射,须雾化良好,声音短促清脆,连续慢喷(每分钟 30 次)15 次,喷油器头部无滴漏现象。

在运行中喷油器允许有回油量,但不超过 50 滴/min。

4. 故障分析

喷油器在燃油系统里是使燃油最终进入气缸内的控制装置,它工作状态的好坏,直接关系到柴油机运用的经济效率与使用寿命。机车运用中喷油器故障主要发生在结构性方面,其运用性故障多数情况均由结构性故障引起。其故障表象主要为雾化状态不良而引起的柴油机运用中冒黑烟,喷油器回量增大。高压燃油管故障表象为泄漏燃油。

(1)结构性故障

喷雾不良是喷油器结构性故障主要表象,形成的原因有多种,主要归属于针阀弹簧弹力过强(过弱)或其内部偶件的损坏,其次是燃油压力的波动过大,促使针阀的二次开启(俗称"二次喷射"),或间隔性喷射,引起的燃烧不良。高压油管多数情况下因结构性原因,引起的早期破损性损坏,造成高压燃油的泄漏。

①燃油不正常喷射

喷雾不良。正常喷油器向气缸内喷射的燃油应成细雾状,喷射声清脆,不发生喷射成线、成流的情况。当出现某种原因,使喷射质量变差,出现成线、成流或滴漏现象。使燃油不能与新鲜空气充分混合而达到良好的燃烧效果时,由此会产生下列不良后果:一是,喷雾质量变差,使部分喷入气缸内的燃油不能完全燃烧或根本未燃烧,这部分燃油会积存在活塞顶上,待到条件合适时,产生"燃爆"而出现"敲缸",将会加速缸套穴蚀,以及影响相关零部件的使用寿命。二是,不完全燃烧和未燃烧的燃油会沿着活塞与缸套内壁之间的间隙漏入曲轴箱,造成机油稀释。三是,喷雾质量不高,会使有关部件产生积碳,喷油器的积碳也相应更趋恶化,严重影响到燃油的喷射质量。四是,排气门的结碳加速了气门的下陷,非燃烧性的烟度大量排出,会使增压器喷嘴环的结碳加剧,导致增压器的喘振裕度变小等。五是,喷雾喷量的变差影响了良好的燃烧,使燃油消耗率增大,或功率下降。

引起燃油喷雾不良的原因。针阀弹簧弹力下降;针阀弹簧断裂损(见图6-27);针阀体喷孔发生裂纹;针阀偶件滑动性不良;喷油器各密封面有的不平,针阀支座板磨损,甚至有损伤(见图6-28);燃油不清洁;调试喷油器喷射压力和喷雾质量的试验方法不当。

图6-27　针阀弹簧断裂损

图6-28　针阀支座板磨损

预防与处理。在调试针阀时应按工艺规范标准进行,由于新针阀弹簧的刚度易在短时间中发生降低,因此当采用新的针阀弹簧时,喷油器的喷射压力可调至 $26\,500^{+500}_{\ 0}$ kPa 的技术要求范围内。在调试喷油器喷射压力和喷雾质量时,应作慢喷射检查,每分钟压油次数为 50 ~ 90 次,过高的压油速度会使调试的质量不真实(因此最好采用手压试验台)。针阀付研磨时。要保证针阀顶尖锥角大于针阀体的锥角,但也不应超过 1°20′,最好能保证在 25′ ~ 45′ 的最佳范围,按规定要求保证针阀偶件的滑动性和密封性。保证燃油的清洁,按时清洗喷油泵,喷油器和高压燃油管及燃油精滤器,加强燃油的滤清和沉淀。对发生变形(不平行、不垂直)或断裂的弹簧、出现凹坑的下弹簧座、裂纹的针阀体进行更换。

②二次喷射

现象与后果。当燃油系统的部件出现某种故障时,在针阀回座停止喷射后,由于高压油路中的燃油压力波动很大。当达到喷油器针阀付处的压力大于针阀开启压力时,使针阀再次开启,造成再次喷油。由于第二次喷射进入气缸的燃油,已超出最佳喷油提前角和最佳燃烧期,因此喷入的燃油不能充分发挥作用,使燃油消耗量增加,还会使燃烧不良带来一系列的副作用,如排气温度增高,后燃严重,积碳、敲缸,机油稀释等一系列问题都会接踵而来。

原因。喷射压力下降;喷油泵出油阀卸载不及时,使供油结束后,高压油路内的燃油压力不能迅速降低;喷油器喷孔因积碳局部堵塞,或高压燃油管管径偏小;喷油泵出油阀的卸压容积偏小,或高压燃油管管径偏大。

预防与处理。按前述要求解决喷射压力下降的因素;选用符合要求的高压燃油管;正确调整喷油泵的出油阀行程和出油阀弹簧压力;更换喷孔不良的喷油器。

③间隔喷射

现象。柴油机在空载低转速时,往往发生喷油器隔一次工作循环喷一次燃油,甚至在多次工作循环后才喷一次。隔次喷射会造成柴油机工作不稳定,敲缸,燃油燃烧不充分,机油稀释加快。

原因。一是,喷油泵每次循环的供油量偏小,经一次泵油后,紧接着的一个工作循环中,喷油泵柱塞压缩的燃油压力不足以打开喷油器的针阀,只有经2次或多次泵油后,油压才能达到针阀开启压力。当针阀一旦被打开,高压油路中的积油一涌而出,使高压油路内油压卸压过大,造成隔次喷射现象重复发生。二是,喷油泵出油阀不能及时回座,因高压燃油管本身裂损;喷油泵、喷油器进油接口与高压燃油管的连接处发生漏油,使高压油路内的油压受到损失;喷油泵柱塞大弹簧因裂损,柱塞上行后不能及时回座,减少了柱塞正常的工作行程。

预防与处理。同一台柴油机所装的喷油泵的供油量,除大油量须一致外,小油量也应通过挑选尽量接近,以免因小油量相差悬殊,造成小油量偏小的喷油泵,在空载低速时,实际供油量更趋偏小而造成隔次喷射。及时发现更换或处理高压油管系部分裂漏零部件。更换喷油泵不良的出油阀弹簧和柱塞。

④高压燃油管漏油

油管头根部截面处发生裂纹而漏油。造成该处裂纹的原因有多方面:管头根部与管身过渡处无圆根,造成应力集中;管材不符合质量要求,管体有轴向裂纹;压紧圈内孔两端面不符合要求,造成螺母把紧时,对管头根部造成应力集中;管头采用冷墩成型,发生先天性裂纹,或冷墩后没消除应力;油管煨弯成型后。形状尺寸不符合要求,造成往柴油机上组装时,有抗劲现象。另在组装高压油管时,挤压伤高压油管乳形接口,将锥形接口啃伤或挤压成台阶(见图6-29),使其与喷油泵出油口接触不良而泄漏燃油。

图6-29　高压油管挤压受损

预防与处理。对成品高压燃油管管身进行着色探伤,不许有裂纹和发纹等缺陷。或用轻柴油作油压试验,试验压力为85 MPa,5 min内不得渗漏。检查压紧圈的外形。与螺母接触端,应有0.5 × 45°的倒角,与管头接触端应有R2的圆角,压紧圈与管头的整个圆面之间用0.02 mm塞尺检查,不得塞入。机车运行中,如发现高压燃油管接口处漏油,可以用搬子拧紧,如仍漏油,或漏泄更大时,应先移动该缸喷油泵齿条至停油位,然后松开高压燃油管螺母,检查管接口,是否已被压出台阶,情况严重者,应更换。如已发现管头根部与管身裂损者,则应更换高压燃油管(条件不允许,可甩掉此缸,做好防火处理,维持机车运行至前方站停车,再做更换高压油管处理)。

运用缺陷。影响柴油机性能的缺陷,油管直径不符合要求,或大或小;管接口墩头部分内孔有缩颈或局部增大;管子内壁不光洁,或无防腐处理,由于燃油内含有硫及微量水分,会对管子内壁产生腐蚀,被腐蚀下来的金属微粒流到喷油器针阀副内,会影响针阀副的正常工作和使用寿命。有的高压油管表面为金黄色,这说明对油管表面只作了氧化处理,而未作防腐处理。

（2）运用性故障

喷油器属不可视性部件。机车运用中,喷油器的损坏,多数情况下为结构性故障引起。其故障表象主要呈现为柴油机冒黑烟,特别是处于柴油机大功率负荷段。一般情况下,非技能熟练作业人员不易检查出来,检查时可通过手摸高压油管的脉冲情况来判断。在疑似某气缸喷油器故障时,再通过运用气缸测爆器检查,或通过关闭相应故障气缸来判断。在气缸压缩压力正常的情况下,当爆发压力低于规定值时,或关闭相应故障气缸,柴油机不再冒黑烟,就为该缸喷油器故障。机车运行中,喷油器故障柴油机冒黑烟时,运行中一般进行甩缸处理即可,如机车运行中客观条件不允许,也可不作任何处理,并不影响维持机车运行。

机车运用中,240系列柴油机用高压燃油管的损坏属常见故障,其表象为泄漏燃油,由于高压油管处在喷油泵提升燃油压力后的末端,燃油压力很高（高达100 MPa）,泄漏燃油均呈现喷射状,其喷射后的雾状气体,弥漫着整个机械间及电气间,以致司机室均能嗅到很大的柴油特殊气味。对此类泄漏故障,如不能及时发现处理,将有可能导致机车火灾事故发生。对高压油管的损坏,一般采用更换高压油管的方式即可。如机车在牵引运行中,可采用甩掉（关闭）该缸的方法,将该高压油管泄漏处缠绕起来（避免燃油喷射引起机车火灾事故发生）的应急处理方法,待进入站内在有条件的情况下再进行更换高压油管处理。如机车未有备用的高压油管,可在上述应急处理的情况下,维持机车牵引运行,待机车返回段内再做处理。

注：机车运行中,柴油机作甩缸处理后,应视机车牵引运行客观条件,在柴油机高负荷区适当降低功率运转,以利于柴油机运用寿命的延长。

二、280 型柴油机喷油器与高压油管

280 型与 240 系列柴油机用喷油器与高压油管结构基本相同,其用途也相同。

1. 喷油器、高压油管结构

（1）喷油器

280 型柴油机用喷油器也属多孔、闭式、非冷却和低惯性形式,它主要由喷油器体、喷油嘴偶件、调压弹簧、调压螺钉、支座板和进油管接头等组成（见图6-30）。

喷油器装在气缸盖中央,由气缸盖的压板压紧喷油器体上部,其下部用铜垫压紧喷油器套,用以密封燃气,在喷油器体上装有橡胶密封圈,用以密封气缸盖漏下的机油。进油管接头从气缸盖侧面穿入,拧入喷油器体,其头部用铜垫圈密封高压燃油,在后部用橡胶圈压紧气缸盖侧面,用以密封喷油器的回油。

支座板上、下平面分别与喷油器体和喷油嘴偶件针阀体贴合。用以密封燃油,故配合平面加工精度很高,不得有损伤。设置支座板不仅为便于加工和检修,亦有利于喷油器弹簧的下移,实现低惯性结构。

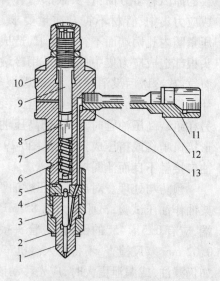

图 6-30　喷油器

1-喷油嘴偶件;2-垫圈;3-压紧螺堵;4-支座板;5-弹簧下座;6-调压弹簧;7-喷油器体;8-弹簧上座;9-调压螺钉;10-O 形密封圈;11-进油管接头;12-矩形橡胶垫圈;13-密封垫圈

启喷压力由调压弹簧的特性和调压螺钉的调整确定。启喷压力即针阀开启压力,若其值过低,则雾化不良,且易引起燃气回窜,烧坏喷油嘴,但启喷压力过高,会加速针阀座面的磨损和引起调压弹簧的折损,启喷压力由试验最终选定。在新制和检修中。不得随意调换调压弹簧。并须按规定调整启喷压力。

280 型喷油器的工作原理与 240 系列柴油机用喷油器相同。高压燃油从高压油管经进油接口进入喷油器体,带有压力的高压燃油由直油孔流到支座板的顶面凹槽,然后经斜油孔流到喷油嘴针阀体的顶面凹槽,经 3 个斜油孔流入针阀锥面上方的高压油腔。当油压达 25.51 ~ 26 MPa 时,压力燃油顶开针阀,经压力室再由 8 个直径 $\phi 5$ mm 喷孔向气缸喷射。由于喷射压力高、喷孔小,故喷出的燃油速度高,进入气缸里受到空气的阻力和扰动,便被粉碎成雾状。在喷油泵停止供油后,出油阀落座。由于出油阀卸载容积的作用,使喷油器里的燃油压力迅速下降,当压力降到 15 MPa 时,调压弹簧迫使针阀落座,喷油停止。

(2)高压油管

280 型柴油机用高压燃油管因其通过燃油压力要大于 240 系列柴油机用高压燃油管。所以,其管壁与管长均要大于后者用高压燃油管,其用途相同。喷油泵的高压燃油经高压油管送往喷油器,在燃油系统的高压容积中,高压油管所具有的弹性较为显著。油管的胀缩会影响燃油压力的传递,导致供油始点与喷油始点及供油规律与喷油规律间的差异。这种影响,随着柴油机的转速、高压油管的长短、高压容积等的增加而加大。因此,在运用中,不可随便更改高压油管的规格及长度。

高压油管处于周期脉动变化的油压作用下,最高油压达 100 MPa,故要求它有高的疲劳强度和低的表面粗糙度,并避免会引起应力集中的表面缺陷。为此,高压燃油管采用合金钢的无缝纲管并经热处理,管子两端的锥形部位采用热墩成形,管套接合圆角经过机械加工。

2. 喷油器大修、段修

(1)大修质量保证期

喷油器须保证运用 5 万 km 或 6 个月(即一个小修期)。

(2)大修技术要求

①解体、清洗,严禁碰撞。

②零部件不许有裂纹,精密偶件不许拉毛、碰伤。

③调压弹簧须符合设计要求,其自由高度见表 6-12。

表 6-12 喷油器弹簧自由高度

单位:mm

弹簧名称	柱塞弹簧	出油阀弹簧	喷油器调压弹簧
自由高度	104.0 ± 1.5	43.6 ± 1.0	47.0 ± 0.5

④针阀升程为 0.60 ~ 0.03 mm[座面为 90°的喷油器针阀升程为(0.50 ± 0.03) mm]。

⑤更新密封件。

⑥喷油器检修后的试验要求

喷油器针阀偶件圆柱工作面密封性试验。试验用油为经过良好过滤和沉淀的柴油与机油的混合油[油温在 20 ℃时,运动黏度 $\nu = (1.02 ~ 1.07) \times 10^{-5}$ m²/s],当油温和室温为(20 ± 2) ℃,喷油器的喷射压力调到 34.3 MPa,油压从 32.4 MPa 降至 27.4 MPa,所需时间须在 20 ~ 50 s 范围之内,试验须连续进行三次,试验时针阀体密封端面和喷孔处不许滴油。

密封试验也可采用与标准喷油器针阀偶件比较的方法作油液降压试验。试验用油的温度和黏度可以不严格控制。试验时，油压须从 32.4～33.4 MPa 起下降到 29.4 MPa 时开始计时，待降至 21.6 MPa 时测得的允许偏差，须依照标准偶件在相同条件下试验时所测量的结果确定。

喷油器针阀偶件座面密封性试验。当喷油器喷射压力为 $25.5_{0}^{+0.5}$ MPa 时，以每分钟 30 次作慢速喷射，在连续喷油 30 次后，针阀体头部不许有滴油，但允许针阀头部有渗漏的油珠。

喷雾试验。喷油器的喷射压力调至 $25.5_{0}^{+0.5}$ MPa 时，以每分钟 50～60 次的喷油速度进行喷雾试验，要求燃油须成雾状，不许有肉眼能见到的飞溅油粒、连续的油柱和极易判别的局部浓稀不均匀现象，喷油开始和终了，不许有间断，声音须清脆，喷孔不许有漏油和滴油，喷油结束时，允许头部有轻微湿润。

喷油器在装车后试验时的回油量不许超过 25 滴/min。

（3）段修技术要求

①解体、清洗，严禁碰撞，各零部件不许有裂纹，针阀偶件不许拉伤、剥离及偏磨。

②调压弹簧须符合要求，其自由高度见表 6-13。

表 6-13　喷油器弹簧自由高度 单位:mm

弹簧名称	柱塞弹簧	出油阀弹簧	喷油器调压弹簧
自由高度	104.0±1.5	43.6±1.0	47.0±1

③阀座磨修深度不大于 0.1 mm。

④针阀行程应为（0.60±0.03）mm。

⑤喷油器组装后须作性能试验

针阀偶件颈部密封性试验。试验台须用标准针阀偶件定期校核。试验为柴油与机油的混合油，其 20 ℃时的运动黏度 $\nu = (1.02～1.07) \times 10^{-5}$ m^2/s，试验温度为 18～22 ℃，当喷油器的喷射压力调整至 34.3 MPa 后，油压从 32.4 MPa 降到 27.4 MPa，所需时间为 20～50 s，针阀体密封端面和喷孔处不许滴油（连续试验 3 次）。

雾化试验。喷射压力为 $25.5_{0}^{+0.5}$ MPa，以每分钟 50～60 次 速度喷射，雾化须良好，声音短促、清脆，喷孔口不许漏油和滴油。

偶件座面密封性试验。当喷油器喷油压力调整为 $25.5_{0}^{+0.5}$ MPa，以每分钟 30 次的速度，连续喷射 30 次后，喷油器头部不许滴油。

更新密封圈。

喷油器在运行中须有回油量，但不许超过 35 滴/min。

3. 故障分析

280 型与 240 系列柴油机用喷油器、高压油管结构基本相同。

（1）结构性故障

其结构性故障有支座板磨损（见图 6-31），造成回油量增大与燃烧不良，针阀弹簧断损，喷嘴被积碳堵塞，喷嘴烧死（见图 6-32）。

图6-31　支座板磨损

图6-32　喷嘴被积碳堵塞

除此之外,喷油器机械性损坏,主要发生在喷油器体端面密封平面止动销孔碎裂(见图6-33)。主要反映在该配件在组装前碰撞过,引起的隐裂,在柴油机高频振动下发生碎裂掉块。

280型柴油机用高压燃油管因结构性原因,与240系列柴油机用高压油管所发生的故障几乎相似。其故障表象均为泄漏燃油,泄漏处所主要在油管接口镦头锥面成啃伤穴蚀坑(见图6-34),或挤压成台阶(见图6-35)。其次是镦头接口在颈部断损与螺帽丝扣滑扣及紧固不牢引起的喷射性泄漏。

除此之外,喷油器外围附件油管接杆的损坏,主要发生在高压油管输出口与喷油器油管接口的螺丝扣损坏,造成此接口丝扣滑扣,接口松缓,引起的喷射性泄漏燃油。主要为机车检修工艺不到位遗留下后遗症。

图6-33　喷油器碎裂掉块

图6-34　高压燃油管镦头锥面啃伤

图6-35　高压燃油管镦头锥面挤压成台阶

（2）运用性故障

机车运用中发生喷油器损坏，与240系列柴油机用喷油器损坏情况基本相同，其故障表象主要为喷油器回油量增大，在柴油机高负荷区冒黑烟。机车运行中司乘人员难以判断确认某一气缸喷油器故障，一般无须处理。如能确认某气缸喷油器的故障，也可进行甩缸处理，维持机车运行，待返回段内后再作处理。机车返回段内后，司乘人员应及时反映此类故障现象，在段内查找出故障喷油器，进行及时更换，保证机车良好运用，避免机车隐患故障增大，造成其他类故障发生。

在机车运用（行）中，高压燃油管发生故障时，其故障表象为泄漏，此类故障并不妨碍机车的正常运行。其处理方法，为甩缸（在有条件的情况下，进行更换高压燃油管），并做好防火措施。

在机车运行中，如遇喷油器故障时，经过甩缸处理（特殊情况下可不作处理），机车可继续运行。但在任何情况下，对泄漏的高压油管，除做好甩缸处理外，并应做好缠漏的防火措施，避免机车火灾事故的发生。

4. 案例

（1）高压油管接口损坏

2008年3月28日，DF$_{8B}$型9011机车担当货物列车WJ712次重联机车的牵引任务，现车辆数38，总重3 257 t，换长45.6。运行在兰新线哈密至柳园区段的思甜至尾亚站间，司乘人员在机械间巡检中，发现柴油机第2缸高压油管漏油，发展到严重喷射燃油，以致12时36分途停于思甜站至尾亚站上行线1 299 km＋450 m处，经甩缸包扎处理后，于12时46分开车，区间总停时10分，构成G1类机车运用故障。待该台机车返回段内后，扣临修，解体检查，高压油管与喷油泵出油阀接口处漏油。经更换此高压油管后，该台机车又投入正常运用。

查询机车运用与检修记录，该台机车2008年3月20日完成第1次机车中修，修后走行1 871 km。机车到段解体检查，高压油管与喷油泵出油阀接口密封锥面磨损，造成密封面失效，燃油呈线状漏（喷）油。因该机车在中修时，检修作业者对高压油管接口密封面未仔细检查，就装车使用，致使机车中修交车后，仅走行了1 871 km该油管就发生泄露，按质量保证期定责机车中修部门。同时，要求机车中修部门加强对上车配件状态进行检查。

（2）喷油泵接口高压油管漏油

2008年7月18日，DF$_{8B}$型5351机车担当货物列车WJ708次重联机车的牵引任务，牵引吨数3 236 t，辆数37辆，换长44.7。运行在兰新线哈密至柳园区段的柳园站后，因柴油机第4缸高压油管泄漏燃油严重，要求更换机车。因此终止该台机车牵引运行，构成G1类机车运用故障。待该台机车返回段内后，扣临修，解体检查，为此高压油管出口与喷油器进油接杆管座接口螺丝滑扣，经更换此进油接杆管安装座，试验运转正常后，该台机车又投入正常运用。

查询机车运用与检修记录，该台机车2007年12月12日完成第1次机车大修，修后总走行122 278 km，于2008年6月11日完成第2次机车小修，修后走行24 534 km。机车到段检查为柴油机第4缸喷油器体进油管安装座孔内螺纹滑扣，油管紧不住而引起的泄漏。经分析，因机车小修更换喷油器时，此喷油器进油管安装不良，其丝扣被紧偏，而硬拧进去后，经过一段时间运用，由于柴油机振动逐渐松缓，造成此管接口滑扣漏油而紧不住。定责机车检修部门，同时，要求检修部门在管路安装过程中，按检修工艺要求安装配件与紧固到位，不能强行拆装。

（3）喷油器回油量严重

2008年7月27日，DF$_{8B}$型5493机车担当货物列车11092次重联机车的牵引任务，牵引吨

数 3 997 t,辆数 53 辆,换长 63.8。运行在兰新线哈密至柳园区段的柳园站后,因柴油机第 1 缸喷油器回油管漏油,司机要求更换机车。因此终止该台机车牵引运行,构成 G1 类机车运用故障。待该台机车返回段内后,扣临修,解体检查,为该喷油器回油严重。经更换喷油器,试验正常后,该台机车又投入正常运用。

查询机车运用与检修记录,该台机车 2007 年 9 月 12 日完成第 2 次机车中修,修后走行 205 083 km,于 2008 年 6 月 2 日完成第 3 次机车小修,修后走行 37 576 km。机车到段检查,发现柴油机第 1 缸喷油器回油严重,更换喷油器后正常,该喷油器为机车小修时更换的新品。试验台试验喷油器不能喷射燃油于雾状,解体检查故障喷油器针阀,偶件烧死,造成该缸喷油器回油量大。经分析,该喷油器属新品上车,属配件质量问题,定责机车配件厂产品质量。

(4)高压油管接口砂眼漏油

2008 年 8 月 17 日,DF$_{8B}$型 5417 机车担当货物列车 10106 次重联机车的牵引任务,现车辆数 46,总重 3 936 t,换长 69.1。运行在兰新线哈密至柳园的山口至思甜站间,司乘人员机械间巡检时,发现柴油机第 4 缸喷油泵高压油管接口漏油,经甩缸处理后,维持运行至柳园站。司机要求更换机车,构成 G1 类机车运用故障,待该台机车返回段内检查,为喷油泵出口的高压油管接口在根部有一砂眼,造成漏油。经更换高压油管,试验运转正常后,该台机车又投入正常运用。

查询机车运用与检修记录,该台机车 2008 年 6 月 30 日完成第 1 次机车大修,修后总走行 16 972 km。机车到段检查,该缸高压油管在柳园折返段更换,故障高压油管带回后检查,发现该高压油管在接口根部处有一砂眼而造成漏油。按机车大修质量保证期 6 万 km,定责机车大修厂。同时,要求加强日常机车整备动态检查。

(5)高压油管泄漏

2008 年 8 月 10 日,DF$_{8B}$型 5274 机车担当货物列车 11094 次本务机车的牵引任务,现车辆数 52,总重 3 756 t,换长 68.9。运行在兰新线哈密至柳园的柳园站,因柴油机第 3 缸高压油管裂漏,司机要求柳园入段(折返段)处理,构成 G1 类机车运用故障。待该台机车返回段内检查,为该缸高压油管接口螺帽松缓,经更换高压油管后,该台机车又投入正常运用。

查询机车运用与检修记录,该台机车 2008 年 7 月 2 日完成第 1 次机车中修,修后走行 17 836 km。该台机车所更换高压油管,外观检查良好,上试验台试验正常,无漏泄处所。经分析,漏泄原因为高压油管接口螺帽松动引起。该台机车出段时,机车整备部门未认真检查确认高压油管紧固状态,司乘人员在运用中发现泄漏未做紧固处理,定责机车整备与机车运用部门同等责任。同时,要求机车整备部门按规范进行机车部件检查,司乘人员对于能够处理的自检自修范围内的故障要进行及时处理。

思 考 题

1. 简述 240/280 型柴油机喷油器的故障表象。
2. 机车运行中喷油器发生故障如何处理?
3. 机车运行中高压油管发生喷射性泄漏如何处理?

第七章 调控系统

调控系统包括调节器(调速器)、控制机构、调控传动装置和极限调节器四大部分。调节器通过控制系统来控制柴油机的转速、功率,以适应外界负荷的变化,使柴油机在最佳状态下工作。240/280 型柴油机用调节器(下称调节器)有多种类型,也在不断改进完善中。控制机构是控制系统的执行机构。调控传动装置一般与柴油机凸轮轴一端相连,用以驱动调节器和极限调节器,使其在规定的转速范围内运转。极限调节器是一种保护装置,当柴油机转速超过规定值时起作用,通过控制机构将所有喷油泵齿条拉回停油位,以防柴油机超速运转损坏部件。对调控系统的要求是稳定、灵敏、安全、可靠,为了实现紧急情况下的停机要求,还设置了紧急停车按钮,并相应设置了复原手柄。同时,为了显示柴油机的转速,设立了柴油机转速表及其传动装置。为了使柴油机喷油泵的供油量不致过大,设置了最大供油止挡。本章主要叙述 240/280 型柴油机调节器、控制机构、调控传动装置、极限调节器的结构与修程要求,着重对其结构性与运用性故障进行了分析,并附有相应的机车运用故障事案例。

第一节 调节器结构与修程及故障分析

现代机车用调节器全部采用机械-液压驱动、电磁(或电子)控制,不仅对柴油机进行转速调节和稳定转速,还应对功率能进行调节控制,对机油系统和车轮进行空转保护,并根据增压空气压力的供给情况进行限制燃油量的供给,以及随海拔高度修正功率等多种功能。采用电子控制的调节器,增加了柴油机工作的可靠性,并向着发挥柴油机最佳效能和定值控制方向发展。机车用 240/280 型柴油机普遍采用 C 型(C_3、C_3X 型)、302 型(D-Z 型、302D-W 型)、PGMV型调节器。

一、240 系列柴油机调节器

现代机车柴油机运用的调节器均是在-B 型基础上,改进发展起来的 C 型产品与 C 型系列产品。现运用于 B 型机的 B 型调节器基本已淘汰,取而代之的为调节器 C 型及其改进的系列型,运用于 C/D 型柴油机普遍采用调节器 C_3(C_3X)型。它们与调节器 B 型作用及工作原理基本相同,不同之处在于配速系统的改变,即由有级调速的电磁阀等组件控制,更改为无级调速的电子驱动器与步进电机控制。因此而大大减化了控制系统机构,方便了操纵与检修作业。

1. C 型调节器

C 型调节器主要由调速系统、配速系统、供油系统等组成。

(1)调速系统

调速系统由敏感元件(调速弹簧、飞铁、匀速盘)、转速调节机构(柱塞、滑阀、套座及补偿系统)、执行机构(伺服马达、传动装置)等组成。

①敏感元件(调速弹簧、飞铁、匀速盘)。其中调速弹簧是重要的调控元件之一,它决定柴油机的平衡转速。飞铁的离心力是与转速平方成正比的,因此采用了弹簧力随压缩高度具有

仿二次抛物线变化特性的变刚度宝塔弹簧作为调速弹簧,以便在按挡位等距离压缩弹簧时,能得到转速的等差变值。

②转速调节机构。铸铁套座的外径,由于其下端与油泵主动齿轮紧固而被驱动,因此称为转套。套座与中体对应孔的配合间隙为 $0.01 \sim 0.045$ mm,套座上部的内孔直径为 $13^{+0.10}_{0}$ mm,下部的内孔直径为 $25^{+0.23}_{0}$ mm。套座的外表面上有五道环槽,上部的内孔面上开有三道环槽,在各道环槽上均开有沟通内外的两个油孔,自上而下各环槽内的油孔分别为 A、B、C、D、E 孔。其中,A 排孔从齿轮泵、恒压室来油;B 排孔通动力室下腔;C 排孔为泄油孔,通调节器槽;D 排孔经补偿针阀通至补偿活塞上腔;E 排孔为泄油孔。

③执行机构。执行机构由伺服马达和曲柄传动机构和贮气筒组成。伺服马达由伺服马达体、功调螺栓、作用顶杆、罩体、内外弹簧、弹簧座、动力活塞、隔板、伺服马达杆及补偿活塞等组成。

(2)配速系统

配速系统的作用是将柴油机的工作转速范围均匀地分配为一定数目的速度级,使其与司机控制手柄的挡位相对应。C 型调节器的配速系统比有级调速的调节器-B 型的配速系统要简单得多(见图 7-1)。它由步进电机和该电机带动的一对齿轮及一组梯形螺旋副—配速螺杆组成。当步进电机接到来自驱动电源的脉冲信号时,通过主、从动锥齿轮及螺旋副——配速螺杆的作用,把步进电机的旋转运动换为配速螺杆压缩宝塔弹簧的垂直移动,达到调整柴油机转速的目的。

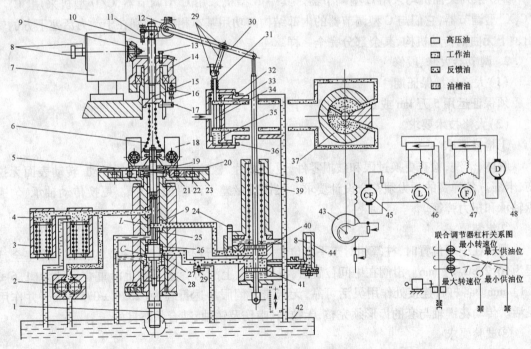

图 7-1 调节器 C 型结构原理图

1-传动轴;2-齿轮泵;3-蓄压弹簧;4-蓄压室;5-扭簧;6-宝塔弹簧;7-步进电机;8-手调转子旋钮;9-主动锥齿轮;10-最高转速止钉;11-功调安装座;12-功率调整轮;13-最高转速调整螺钉;14-从动锥齿轮;15-配速活塞螺杆;16-最低转速调整螺钉;17-最低转速止钉;18-飞块;19-调整垫;20-从动盘;21-轴承;22-固定挡块及螺钉;23-驱动盘;24-电磁阀;25-滑阀柱塞;26-缓冲弹簧;27-滑阀套;28-补偿针阀;29-悬挂点、连板、偏心轮;30-联合杠杆;31-弹簧;32-增载速度针阀;33-功率滑阀套;34-功率滑阀;35-定位套;36-减速针阀;37-功率伺服器;38-动力马达杆;39-动力伺服马达体;40-动力活塞;41-补偿活塞;42-油池;43-功率伺服器电阻;44-储气筒;45-测速发电机;46-励磁机;47-牵引发电机;48-牵引电动机最高工作转速的限止，由随从动锥齿轮一起旋转的螺钉与功率调整轮安装座上固定的最高转速止钉共同完成。最低转速的限止，由随从动锥齿轮一起旋转的螺钉阻挡，随配速螺杆一起上移的最低转速止钉来完成。柴油机最高及最低工作转速的调整，可分别通过变换螺钉在从动锥齿轮上方的安装位置，及变换螺钉在挡圈下方的安装位置来实现。当步进电机故障时，可用手调转子旋钮来调节柴油机的工作转速，作为应急处理用。

无级调速调节器的功率调节部分，与有级调速调节器的功率调节部分的结构及动作原理基本相同。所不同的是，为解决有级调速系统在柴油转速到 800 r/min 以后才有恒功率调节，及机车预期的牵引特性难以保证的问题，在无级调速的调节器中设有功率调整轮，该轮可在安装座中转动，其中滑槽的几何尺寸可按要求选择，当滑槽为直槽时，便可得到目前所规定的机车牵引特性。当柴油机工作转速升到 600 r/min（低于 520 r/min）时，功率调节部分的油马达即由其减载极限位开始转动，而当柴油机转速降至 500 r/min 时，油马达回复至减载极限位。这样一方面增宽了恒功率范围，另一方面由于油马达能回"0"位，机车起动时，不致引起冲击。

（3）供油系统

调节器的供油系统由设置在中体底部的齿轮油泵、中体的储油槽以及中体右侧的蓄压室组成。蓄压室内设有蓄压室活塞，其下方设有内、外弹簧，齿轮油泵的出油腔连通蓄压室的上部，通过齿轮油泵与蓄压室活塞的作用，可使工作油压力维持为 0.64～0.69 MPa。

（4）C 型调节器区别

240 系列柴油机均采用 C 型调节器。其中 B 型机采用 C 型调节器，C/D 型机采用"C₃"、"C₃X"型调节器，它们与 C 型调节器的内部结构与功用基本相同，区别在于动力活塞下方的输出轴上无曲柄传动机构，其余部分完全一样。

2. 调节器大修、段修

（1）大修质量保证期

须保证运用 5 万 km 或 6 个月（即一个小修期）。

（2）大修技术要求

①检修要求

解体、清洗，检查更换过限和破损零件，更换垫片、橡胶件与油封。各滑动、转动表面无拉伤、卡滞。各弹簧的弹力须符合设计要求。飞铁质量差不许超过 0.1 g。更换传动轴承、匀速盘轴承和扭力弹簧。

②组装要求

滑阀在中间位置时，柱塞相对于平衡位置，其上、下行程各为（3.2 ± 0.1）mm。柱塞全行程为（6.2 ± 0.1）mm。滑阀在中间位置时，滑阀圆盘上沿与套座下孔上沿重叠尺寸为（1.6 ± 0.1）mm。各杠杆连接处作用灵活可靠，无卡滞。伺服马达行程为（25.0 ± 0.5）mm，并作用灵活。传动花键轴与套的齿形须完整，无拉伤、啃伤及锈蚀，啮合状态良好。

③试验要求

转速允差：最低、最高转速与相应的名义差 ±10 r/min。工况变换时，伺服马达杆波动不许超过 3 次，稳定时间不许超过 10 s。在稳定工况下伺服马达杆的抖动量不许大于 0.4 mm，拉动量不许大于 0.3 mm。当手柄由最低转速位突升至最高转速位时，升速时间为 14～19 s；由最高转速位突降至最低转速位时，降速时间为 17～19 s。功率伺服器在 300° 转角内转动灵活，从最大励磁位到最小励磁位的电阻变化为 0～493 Ω。当油温不低于 50 ℃时，恒压室工作油压在所有工况下均不低于 0.65 MPa。在试验过程中，各部位不许渗油，合格后按规定铅封。

步进电机须转动灵活、无卡滞,扭矩不许小于 0.49 N·m。

(3)段修技术要求

①检修要求

体及各零件不许有裂纹,调速弹簧、补偿弹簧的特性应符合原设计要求。套座、滑阀、柱塞、配速滑阀、功率滑阀及套、储油室活塞、伺服马达活塞及杆等零件的摩擦表面应无手感拉伤及长痕。更换飞锤时,飞锤质量差不 0.1 g,其内外摆动的幅度应保证柱塞全行程为(6.2 ±0.1) mm。滑阀在中间位置时,滑阀活塞与套座第五排孔的上边缘应有(1.6 ±0.1) mm 的重叠,滑阀上、下行程均为(3.2 +0.1) mm。伺服马达杆的行程为(25 ±0.5) mm。各连接杆动作灵活、无卡滞。功率伺服轴在全行程范围内无卡滞。当油压为 0.6 MPa 时转动灵活。变阻器电刷接触良好,各电阻无烧损断路或短路。步进电机须转动灵活,无卡滞。静力矩不大于 0.49 N·m。

②组装后磨合试验要求

体的各接合面及油封无泄漏,油温达到 60 ~ 70 ℃ 时,储油室工作油压应为 0.65 ~ 0.70 MPa。

注:D 型机用,怠速时,检测限油调整杆两个 M4 螺帽下平面与浮动杆水平挡块之间须有 0.1 ~ 0.3 mm 间隙。

③装车后性能试验要求

油温达到正常时,复查柴油机转速。无级调节器:最低转速 430 r/min,最高转速 1 000 r/min,允差不大于 10 r/min。变换主控制手柄位置时,转速波动应不超过 3 次,稳定时间不超过 10 s。移动主控制手柄,使柴油机由最低稳定转速突升至标定转速时,升速时间:B 型机为 18 ~ 20 s(D 型机为 14 ~ 19 s);使柴油机由标定转速突降至最低稳定转速时,降速时间:B、D 型机为 17 ~ 19 s。

注:D 型机用调节器,柴油机启动时,齿条的拉出量须为 11 ~ 14 mm。

3. 故障分析

调节器属柴油机的精密机械控制设备,又是柴油机转速的调节控制机构,反映在机车运用中同样有结构与运用性故障,属内置式不可视性。与 240 系列柴油机配套运用的调节器有多种类型,其故障原因基本相同。即转速不升不降,柴油机输出功率低,柴油机"游车",与柴油机启不来机(或启动后又停机),启动后转速飞升等类故障。机车运用中所发生的故障多数情况下属调节器结构性故障。

(1)结构性故障

调节器-C 型(包括其系列型)发生的结构性故障,一般分为电子与机械性故障。电子故障一般发生在调节器的电子调速系统,与外在的电控制驱动机构(包括司机控制器)。在电子调速电机驱动系统内,因步进电机力矩较小(功率 0.76 kW),机车运用中柴油机振动较大,易引起步进电机安装位移,造成其动、从齿轮啮合不良而别劲,或安装不到位,造成动、从齿轮间稍有犯卡(如前期出厂机车因手调转子旋钮与上盖孔洞壁接磨犯卡,而使柴油机转速不能升降。因此,作者所在机务段将此类机车所装的该类型调节器的手调转子旋钮全部拆掉)。再者,电机本身故障烧损,导致电机不能旋转,使其驱动的配速系统不能工作,造成柴油机转速不能升降。同时,步进电机接线接触不良或断线,造成柴油机转速不升不降,故障表象也类似于调节器犯卡。功率调整电阻(油马达)上的电刷装置接触不良,造成电阻不能被短接,励磁电流不能增大,使机车功率不能得到有效调整,输出功率相应降低。同时,因油马达上的功率调整分电阻断线（路），在柴油机加载运行中引起的"游车"故障或输出功率低。

机械性故障一般发生在调节器内部滑阀犯卡，或传动轴花键发生滚键（见图7-2），因传动轴上的花键套与花键轴采用线槽键配合，同时花键套的材质硬度要大于花键轴，往往花键轴上的凸键被磨秃引起滑（滚）键（见图7-3）。前者其故障表象是造成柴油机转速失控，极限调节器起保护作用而停机；后者是调节器内部油泵及其调速系统不能工作，直接导致调节器不能工作，其表象是柴油机启不来机。

图7-2　传动轴花键滚键

图7-3　花键轴凸键被磨秃

其次，是调节器体泄漏，造成缺油，无液压力矩输出，而使柴油机停机。

（2）运用性故障

该类调节器所反映在机车运用中主要故障表象，柴油机转速不升不降，柴油机启不来机，柴油机启机后转速飞升，柴油机启机后马上又停机，机车运行中柴油机突然停机（包括保护性停机）。反映在柴油机不升不降的故障有电器（电子）电路与机械性故障，多数情况属电器（电子）电路故障，如线路断路，司机控制器触指烧损接触不良，其插座（头）接触不良，司机控制器至驱动器的电源线路断路，驱动器电子元件板老化引起的失控，电器柜内接触器开关电路时的电源干扰波，对驱动板电路的扰动发生的电子控制元件板"死机"而失控。

柴油机启机后又停机和启机后转速飞升，甚至导致极限调节器起保护作用，多数情况下为调节器内部机械性故障，即其配速系统的伞形齿轮上的最低转速与最高转限位螺钉脱落，不能限制稳定柴油机最低转速和最高转速。机车在运行中，此类故障一般司乘人员均无法进行修复处理。其应急处理的方法，当出现上述前者故障时，在启动柴油机后，立即将主手柄提至"保"位，能够在此种故障情况下防止柴油机启机后又停机。如此故障发生在机车运行中需加载时，先行闭合机车控制2K后，然后将主手柄退至"1"位加载，再提至"保"位，待柴油机转速稳定后，逐渐提升柴油机转速加载，可维持机车运行。柴油机减载或卸载时，减载时，按正常操纵进行，卸载时，主手柄按正常操纵回至"保"位后，待柴油机转速稳定在 500 r/min 及以下，主发电机输出电流、电压相对稳定时，断开机车控制2K，使柴油机卸载。运用此方法可维持机车运行。

对于电子、电器类故障，当电路断路发生在机车运行中时，可采取断开驱动器电源（即拔下插头），将司机控制器放置于"保"位，手动配速。即用调节器顶上的故障螺钉进行调速（司机室装有故障手轮调整控制器的，因这时断去了调节器上的驱动电源，其控制是失效的），见图7-4。机车运行中应在柴油机转速降至最低位时，再进行机车卸载，避免引起柴油机"飞车"事故的发生。当装有电子控制系统的电路发生故障"死机"时，可采取断开电源，再次闭合的方法进行处理。

除此之外,因电磁阀(DLS)作用不良,其故障表象主要为柴油机启不来机,或柴油机启动后又停机,多数情况下为电磁阀芯杆短、犯卡或吸合不良,使调节器内部配速系统不能工作而停机。这类故障在机车运行中,通常可采用顶死电磁阀芯杆的方法进行应急处理。在采取了此种应急处理方法后,柴油机将不能自动停机(包括保护性停机),需要停止柴油机运转时,应将柴油机转速降至最低转速后,再释放电磁阀铁芯杆,使柴油机停机,避免柴油机运动部件的破损。

图7-4　手动调整

机车运行中,发生在调节器故障主要为其内部的机械性损坏,与控制电路断路引起的对柴油机转速与功率调节失控,司乘人员应认真对待妥善处理。一旦调节器对柴油机控制发生失效,柴油机将无功率输出或输出异常而终止机车牵引运行,构成机车运用故障。在调节器发生此类故障时,虽然调节器失去了自动控制能力(包括控制紊乱),但该类型调节器上均备有故障处理装置(调节器上的故障调整螺栓以驱动柴油机的转速升降,电磁阀故障螺钉以保证调节器的正常控制,或后期改进的手动控制装置),应正确运用该类故障处理装置,保证调节器在上述失控情况下得到正常发挥。属调节器机械性故障,传动轴滑扣及油路堵塞引起的调节器失控。该类故障在机车运用中并不是陡然发生的,其故障均会有一过程,如柴油机加载时,转速不能上升(空载正常),可视列车运行情况,运行至前方站检查处理或站内换车,尽可能避免区间停车的请求救援行为,引起区间堵塞扰乱行车秩序的发生。调节器体泄漏引起的缺油失控属可预防性故障,通过加强日常的机车技术作业检查,可有效避免其发生。

机车运用(行)中,对调节器所存在的隐形故障,应以预防为主,即按机车段修技术作业工艺要求为主,辅以加强机车日常技术检查作业,并结合机车运行中司乘人员对相应故障应急处理为辅,来保证机车的正常运行,避免机车途停事故的发生。

机车运行中,调节器发生故障时,一般情况下,根据所发生故障的不同,经适当妥善处理后,不会影响到机车的正常牵引运行。

4. 案例

(1)步进电机烧损

2006年2月12日,DF$_{4C}$型5233机车担当下行货物列车本务机车牵引任务。运行在兰新线哈密至鄯善区段二堡至柳树泉站间,在缓和坡道运行中,降低柴油机输出功率回主手柄时,柴油机转速不能下降,反之,也不能上升。经司乘人员处理,用手动调速,将柴油机转速调下来,后续用手动配速维持机车进入柳树泉站内停车。经检查,也未发现异常情况,手动调速维持机车运行至目的地站。待该台机车返回段内后,司乘人员向机车整备质检人员反映这一故障现象,扣临修,经上机车水阻台试验,为调节器内步进电机烧损,因此不能转动引起柴油机转速不能升降而"卡死"。经更换步进电机,试验运转正常后,该台机车又投入正常运用。

查询机车运用与检修记录,该台机车2006年2月8日完成第4次机车辅修,修后总走行1 154 km。经分析,因步进电机绕组烧损而断电,不能旋转,因此造成调节器配速系统不能工作,使柴油机转速不能升降。查该台机车碎修记录,该台机车曾在上趟机车交路运行中发生过此类故障,但机车整备部门未引起重视,仅作了简单转速空载试验检查,就将该台机车放出段继续运用,因此在机车牵引运行中发生此故障。定责机车整备部门。同时,要求机车整备部门对发生过故障的机车,原因不消除,不能盲目放行机车出段上线牵引列车,必须进行彻底查找处理。

（2）功率调整电阻刷片接触不良

2006年4月9日，DF$_{4B}$型0150机车担当上行货物列车本务机车牵引任务。运行在兰新线鄯善至哈密区段间，机车输出功率低，最高输出功率仅1 300 kW左右。经乘人员检查，也未发现异常现象，只得运用故障励磁维持机车运行至目的地站。待该台机车返回段内后，司乘人员向机车整备质检人员反映这一故障现象，扣临修，经上机车水阻台试验，为调节器上的功率调整电阻R_{gt}（油马达）上的电刷刷架与刷片脱开，经更换功率调整伺服器（油马达）整体，试验运转正常后，该台机车又投入正常运用。

查询机车运用与检修记录，该台机车2006年4月6日完成第2次机车辅修，修后总走行1 045 km。经分析，因油马达电刷装置脱开接触不良，造成在对柴油机输出功率调节中，不能有效调节其励磁电路一级励磁的励磁电流，使其输出功率相应降低。而在机车运用中，对油马达的检查，其表象也工作正常（其整流子电阻正常旋起），司乘人员很难正确判断出这类故障。查该台机车检修记录，在机车辅修中，检修部门未按检修范围要求，对此装置进行检查检修，因此造成此故障隐患。定责检修部门。同时，要求检修部门严格按机车辅小修范围进行机车检查检修。

（3）调节器滑阀套卡滞在最大供油位

2006年10月17日，DF$_{4B}$型5230机车担当货物列车本务机车牵引任务。运行在兰新线哈密至柳园区段的天湖进站回主手柄时，柴油机突然发生极限调节器起保护作用而停机，停车后经检查无任何异状的情况下，启动柴油机时其转速就达最大值，而使极限调节器起保护作用。因此而终止牵引列车运行请求救援，构成G1类机车运用故障。待该台机车返回段内后，扣临修，解体检查，调节器内部滑阀套卡滞在最大供油位，使柴油机启机时极限调节器就起保护作用，经更换此滑阀套座，水阻试验运转正常后，该台机车又投入正常运用。

查询机车运用与检修记录，该台机车2006年9月25日完成第2次机车辅修，修后总走行19 823 km。经分析，因该滑阀套座内柱塞剥离，其碎块造成套座卡滞在最大供油位，因此造成柴油机启动后，燃油在最大供油位不能回位，柴油机转速飞升，使极限调节器起保护作用。查该台机车检修记录，机车中修后，因调节器未发生任何碎修，滑阀柱塞剥离属材质问题，定责材质。同时，要求整备部门加强机车日常检查。

（4）调节器下部传动花键轴滚键

2006年11月19日，DF$_{4C}$型5230机车担当上行货物列车本务机车牵引任务。运行在兰新线哈密至柳园区段的烟墩至山口站间，机车运行中柴油机突然发生停机，经检查无任何异状的情况下，启动柴油机时而启不来机。因此而请求救援，构成G1类机车运用故障。待该台机车返回段内后，扣临修，解体检查，调节器下部传动花键轴发生滚键，导致调节器内无动力输入，使柴油机启不来机，经更换此花键轴，试验运转正常后，该台机车又投入正常运用。

查询机车运用与检修记录，该台机车2006年10月10日完成第1次机车辅修，修后总走行35 268 km。经分析，因该传动轴花键磨损出现秃槽，无法传动力矩，不能带动调节器油泵及其工作部运转，使柴油机无法启动与调速。查该台机车检修记录，在机车中修中此花键轴才更换的新品，在品质量保证期内。定责花键轴生产厂家。同时，要求将此故障信息反馈该厂家。

（5）调节器体漏油

2008年10月4日，DF$_{4C}$型5226机车担当货物列车10 585次本务机车牵引任务，现车46辆，牵引3 280 t，换长56.5。运行在兰新线柳园至哈密区段的盐泉至红旗村站间下行线1 282 km＋897 m

处,因机车柴油机停机,1时08分在区间停车,经司乘人员处理后,1时15分区间开车,总停时7 min,构成G1类机车运用故障。待该台机车返回段内后,扣临修,解体检查,柴油机调节器油腔内缺油(加过柴油机油底壳运用的黑色脏机油),经更换该台调节器,试验运转正常后,该台机车又投入正常运用。

查询机车运用与检修记录,该台机车2007年4月9日完成第2次机车大修,修后总走行293 658 km,于2008年8月12日完成第1次机车中修,修后走行24 794 km。机车到段检查,调节器中体结合部漏油,缺调节器用油,现加油脂为柴油机油底壳润滑用的黑色机油(司乘人员作应急处理而加的柴油机运转时机油)。查前期碎修记录,调节器漏油提票3次,加"黑油"原因,为调节器运用中因体漏油造成缺油,柴油机停机,而临时应急处理而加柴油机油底壳工作油。经分析,调节器体漏油,油位过低,动力不足,供油杠杆不能到达有效供油位,造成柴油机停机。定责检修部门。同时,要求机车检修与整备作业人员要重视调节器碎修提票,对于漏油严重的调节器要及时扣修处理。

二、280型柴油机调节器

280型柴油机因制造厂家不同,其柴油机所装配的调节器也有所不同。现装配于280型柴油机的调节器有302型及302D系列(302D-W型,下称D-W型、302D-Z型,下称D-Z型)与PGMV型,其作用原理与用途相同。

1. 302型调节器

302型调节器自装配机车柴油机运用一来,一直在不断完善中,已成一系列产品。该产品同为全制液压式调节器(见图7-5),具有转速调节和功率调节两方面的功能。该调节器以电—液式配速系统实现有档无级调速,当柴油机在最低稳定转速至标定转速范围内工作时,无论是稳定负荷还是变负荷工况均能保证柴油机在给定的转速下恒速运转。与此同时,其功率调节系统能自动调节主发电机的励磁电流,使柴油机输出功率保持恒定,另外,调节器上装有有线控制断电停车装置和手动停车机械手柄,以保证机车运行安全可靠。

(1)结构

302型调节器由输入部分转速敏感系统、液压伺服机构、补偿系统、控制机构、供油系统、停车装置及功率调节系统等部分组成。

①输入部分

输入部分主要由下体和传动轴等部件组成,传动轴下端通过三角花键与柴油机传动机构的花键套相连接,传动轴由装在下体中的滚动轴承支承,以承受传动时产生的径向及轴向负荷。传动轴上端由渐开线花键与油泵主动齿轮相连接,而该齿轮又通过渐开线花键与滑阀座相连接,以带动飞铁旋转。下体上平面与中体下平面直接密合。

②转速敏感系统

敏感系统主要由飞铁、缓冲盘等部件组成。它安装在调节器的中体上,由滑阀座通过三角花键与其连接带动旋转。

③液压伺服机构

302型调节器的液压伺服机构由柱塞、伺服马达体、动力活塞、伺服马达弹簧、输出轴等部件组成。动力活塞采取单作用式,即一端受控制油的作用,而另一端则受伺服马达弹簧的作用。动力活塞下面的控制油是由柱塞、控制台控制的,从而动力活塞是随着柱塞上下运动而运动的。动力活塞的运动通过连杆带动输出转动,以足够的力矩调节柴油机的燃油控制机构。

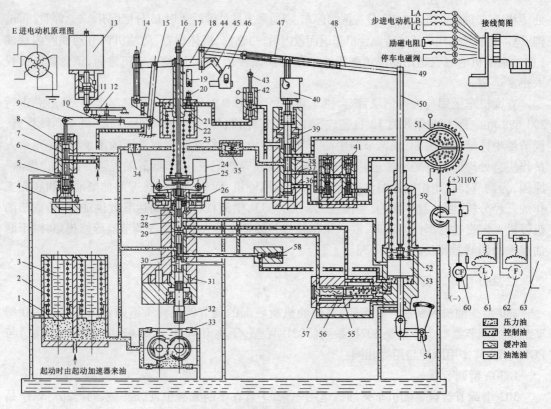

图 7-5　302 型调节器工作原理图

1-储油室活塞;2-储油室外弹簧;3-储油室内弹簧;4-齿轮;5-排油控制台;6-配速控制台;7-配速活塞;8-配速旋转套;9-配速调节浮动杠杆;10-温度补偿板;11-配速调速螺钉;12-配速板;13-步进电机;14-基准速度螺母;15-复原杠杆;16-停车螺杆;17-停车连杆;18-连接板;19-标牌;20-限位螺杆;21-配速活塞;22-配速油缸;23-调速弹簧;24-飞铁;25-推力轴承;26-缓冲盘;27-滑阀座;28-导阀柱塞;29-补偿台;30-控制台;31-油泵;32-传动轴;33-单向阀;34-滤清器;35-负荷控制单向供油阀;36-快速卸载;37-控制小孔;38-控制台;39-功率滑阀;40-偏心调节;41-流量调节球阀;42-停车调节器;43-停车手柄;44-连接杆;45-V 形杠杆;46-功率凸轮;47-调整螺杆;48-负荷控制浮动杠杆;49-销轴;50-动力活塞;51-功率伺服器;52-伺服马达弹簧;53-动力活塞;54-输出轴;55-旁通孔;56-缓冲活塞;57-缓冲弹簧;58-补偿调整针阀;59-变阻器;60-测速发电机;61-励磁机;62-牵引发电机;63-牵引电动机

④补偿系统

补偿系统是由缓冲活塞、左右弹簧、补偿调整针阀和与柱塞成一体的补偿等组成。补偿油路中的反馈油压的变化直接作用到柱塞的补偿台上,使柱塞返回到平衡位置。补偿量的大小是通过选用不同刚度的缓冲弹簧来调节,而补偿作用的速度则是由补偿调整针阀的开度来调节的,缓冲弹簧为非线性锥形弹簧,须成对装配组装。

⑤控制机构

控制机构包括操纵装置和配速系统两部分。其操纵装置是由步进电机通过带动传动螺杆及传动螺母无级地调节转速。配速系统中由配速伺服器、配速滑阀、配速旋转套及配速杆系等组成。配速滑阀的配速控制台与导向台间空腔内始终与压力油相通,传动螺母的往复运动通过配速杆系使配速滑阀上下移动,从而使压力油经过配速旋转套上的控制油孔进入(或流出)配速伺服器的油缸。因此配速伺服器内的配速活塞在控制油作用下向下(或向上)运动,按照运用的需要改变调速弹簧的预紧力,从而得到相应的给定转速。

⑥供油系统

调节器的供油系统是由主动齿轮与从动齿轮组成的齿轮泵、储油室、储油室活塞、储油室弹簧等部分组成,构成了调节器独立的给定转速。齿轮泵的主动齿轮传动轴带动旋转,从调节器油池中来的滑油,由齿轮泵输送到安装在中体上的储油室中,可使油压稳定在900 kPa以上。

⑦停车装置

302型调节器的停车装置同时采用两种方式:一是,用停车电磁阀便于遥控,司机断开操纵台上的有关开关(4K),即可使柴油机停机;二是,在调节器上装有手动停车手把,在特殊情况下,操作人员在柴油机旁可手动停车。

⑧功率调节系统

功率调节系统主要由功率滑阀、功率滑阀套、球阀、变阻器、功率伺服器、浮动杠杆及功率凸轮等部分组成。功率滑阀悬挂有负荷控制浮动杠杆上,浮动杠杆一端连在动力活塞杆的尾部,另一端连在V形杠杆上,而V形杠杆又与配速活塞尾端相连的连接板相连接。同时V形杠杆上的滚轮与功率凸轮接触。动力活塞和配速活塞二者或二者之一的运动都将引起功率滑阀相应的位移,而功率滑阀上有两个控制台,控制油流进或流出功率伺服器,推动回转板转动,从而带动变阻器旋转改变主发电机的励磁电流,进而起到功率调节的作用。功率凸轮的作用是保证动力活塞的位移量与转速间的正确关系,使柴油机完全按牵引特性工作(注:302型调节器功率调节系统可有两种形式,即带有功率凸轮和不带功率凸轮者)。

(2)302型调节器的工作原理

①柴油机工况调节过程

稳定工况:是指动力活塞和输出轴均保持在某一固定位置,柴油机供油量保持不变,此时,柴油机在给定的工况下稳定运行。

增高转速或负荷增加:当增加转速调节或在给定的转速下出现柴油机负荷增加,前者使调速弹簧预紧力增加,后者使飞铁转速降低。这两种情况均使飞铁离心力低于调速弹簧预紧力,导致飞铁向内收拢,使导阀柱塞向下移动,控制油口被打开,压力油进入补偿系统,迫使缓冲活塞向右(向动力缸方向)移动,由于缓冲活塞的移动,相当于动力缸内增加同量的压力油,使动力活塞上升,增加燃油量,达致柴油机增高转速或负荷增加的目的。

减转速或负荷减小:当减小速度调节或在给定的转速下出现柴油负荷减少时,前者使调速弹簧预紧力减小,后者使飞铁转速升高,这两种情况的结果均使飞铁离心力大于弹簧预紧力,而导致飞铁向外张开。使柱塞被提升,打开控制油口,补偿系统的油就流回到油槽,这时缓冲活塞向左(远离动力缸方向)移动,使同量的油从动力活塞下面流入补偿反馈系统,在伺服马达弹簧的作用下,使动力活塞下移,以减少燃油量的供给。达到柴油机减转速或负荷减小的目的。

快速反应:为适应柴油机转速或负荷在瞬间突变的需要,在缓冲缸内开有旁通油道。在调节器的转速进行大幅度的调高或调低,或当柴油机的负荷发生大幅度的增减,都将要求动力活塞有相应的大幅度位移,以便对燃油量进行足够量的调节,缓冲活塞仅向右或向左移动一定距离,就可打开旁通孔(使动力缸通向压力油或通向油池),而使油通过旁通油道直接流进或流出动力缸。这样,动力活塞就能够很快地对转速和负荷变化做出调节,达到快速反应的目的。

②转速调节过程

转速调节过程包括转速调高与调低两种方式。即利用配速缸内的配速活塞来改变与飞铁力相反的调速弹簧力,此配速缸的位置正好在调速弹簧之上。将调节器内压力油引入配速缸内的配速活塞上端,使该活塞向下移动,而达到转速调高。从配速缸内放出压力油,则配速活塞下端的弹簧就将活塞升起,而达到转速调低。

③功率调节过程

调节器在机车柴油机上使用的目的,是对进入柴油机气缸内的燃油量进行控制,使柴油机在变负荷情况下,保持一定的转速,然而在电力传动内燃机车用的调节器,虽然首要任务仍然是保持所需的柴油机转速,但还有第二个任务就是要在每一个调定的转速下,保持一个不变的燃油供给量,并使柴油机输出恒定的功率,这一任务由调节器功率调节系统通过调整过程来实现的。功率调节过程包括负荷增加、负荷减小、转速调高、转速调低、最小励磁启动或最大励磁启动、快速卸负荷几方面内容。

④正常停车

在调节器上设有一个停车电磁阀(DLS)。正常运转情况下,柴油机的停车是由司机室里的按钮来控制的。当需停机时,断开控制按钮,则停车电磁阀断电,此时,油路被打开,配速缸内的油流入油池,配速活塞在配速伺服器弹簧及调速弹簧的作用下向上移动,等配速活塞杆尾部接触停车螺母时,停车螺杆随之上升,将柱塞提起,打开控制油孔,使油从缓冲系统进油池。这样,在伺服马达弹簧的作用下,动力活塞将向下移动到停止供油位置,结果使柴油机停机。

302D 系列调节器是 302 型调节器的改进型,其改进点,外形主要在伺服马达杆的输出轴上,内部尺寸稍有变化,其他控制方式、用途、工作原理均相同。该型调节器除装配在 280 型柴油机上,也部分装配于资阳机车厂生产的 16V240ZJC 型柴油机上。

(3)PGMV 型调节器

工作原理与用途与调节器-C 型基本相同,在结构上稍有区别,机车运用中该型调节器更可靠,基本上属于免维护类,即该型调节器在一定运用时期内,无须检修,机车运用中的故障率较低。该型调节器为与国外生产制造商技术合作开发,普遍装配于南车集团戚墅堰机车厂生产的 DF$_{8B}$ 型、DF$_{11}$ 型机车的 280 型柴油机上。与同样运用于该类型机车上的 302 系列调节器结构区别,在于调节器内的调节配速控制系统有所不同:302 系列调节器调节配速采用步进电机—液压阻尼控制(见图 7-6);PGMV 型调节器采用步进电机直接刚性控制(与 C 型调节器相似,区别在于驱动方式,一为旋转式上、下传动压缩调速系统中的宝塔弹簧调速,见图 7-7;一为齿杆式上、下传动压缩调速系统中的宝塔弹簧调速,见图 7-8)。

图 7-6　302 型调速系统　　　图 7-7　C 型调速系统　　　图 7-8　PGMV 型调速系统

2. 调节器大修、段修

(1)大修质量保证期

须保证运用 5 万 km 或 6 个月（即一个小修期）。

(2)大修技术要求

①检修要求

解体、清洗，检查更新过限和破损零部件，更新垫片、橡胶件与油封。各滑动、转动表面须无拉伤和卡滞；各弹簧的弹力须符合设计要求。飞铁质量差：D-W 型调节器须不大于 0.1 g，D-Z 型调节器须不大于 1.5 g，并须成对更换。更新传动轴承、匀速盘轴承、配速机构滚针和扭力弹簧；更新配速机构的步进电机。

②组装要求

滑阀在中间位置时，柱塞相对于平衡位置，其上、下行程相等，其值为：D-W 型调节器为 (3.2 ± 0.1) mm，D-Z 型调节器为 $3 ^{+1.5}_{0}$ mm。柱塞全行程：D-W 型调节器须为 (6.2 ± 0.2) mm，D-Z 型调节器须为 $6 ^{+0.3}_{0}$ mm。D-W 型调节器滑阀在中间位置时，滑阀圆盘上沿与套座下孔上沿重叠尺寸为 (1.6 ± 0.1) mm，D-Z 型调节器滑阀在中间位置时，柱塞控制台与控制油孔重叠尺寸为 $0.01 \sim 0.05$ mm。各杠杆连接处作用须灵活可靠、无卡滞。D-W 型调节器伺服马达行程须为 (25.0 ± 0.5) mm，D-Z 型调节器转角式输出角度范围为 $46°$，动作须灵活。传动花键轴与套的齿形须完整，无拉伤、啃伤及锈蚀，啮合状态须良好。

③试验要求

转速允差：最低、最高转速与相应的名义转速允差 ± 10 r/min。工况变换时，伺服马达杆波动不许超过 3 次，稳定时间不许超过 10 s。在稳定工况下，伺服马达杆的作用顶杆在 1 000 r/min 时的活动量不许大于 0.4 mm，在 400 r/min 时的拉动量不许大于 0.3 mm。当手柄由最低转速位突升至最高转速位时，升速时间为 $16 \sim 18$ s；由最高转速位突降到低转速位时，降速时间为 $18 \sim 20$ s。D-W 型调节器功率伺服器在 $300°$ 转角内须转动灵活，从最大励磁位到最小励磁位的电阻变化为 $0 \sim 493$ Ω。D-Z 型调节器功率伺服器在 $300°$ 转角内须转动灵活，从最大励磁位到最小励磁位的电阻变化为 $0 \sim 487$ Ω。D-W 型调节器：当油温不低于 50 ℃时，恒压室工作油压在所有工况下均须不低于 0.65 MPa。D-Z 型调节器：当油温不低于 50 ℃时，恒压室工作油压在所有工况下均须不低于 0.88 MPa。在试验过程中，各部位不许渗油，出厂前按规定铅封。步进电机转动须灵活，无卡滞，静扭矩不许小于 0.49 N·m。

(3)段修技术要求

①检修要求

D-W 型调节器。解体、清洗，更换过限和破损零件及垫片、橡胶件、油封。配对更换飞铁时，飞铁质量允差为 0.1 g，其内外摆动的幅度须保证柱塞全行程为 (6.2 ± 0.1) mm。滑阀在中间位置时，滑阀活塞与套座第 5 排孔的上边缘须为 (1.6 ± 0.1) mm 的重叠，滑阀上、下行程均为 (3.2 ± 0.1) mm。伺服马达杆的行程为 (25.0 ± 0.5) mm。各连接杠杆动作须灵活、无卡滞。

D-Z 型调节器。解体、清洗，更换过限和破损零件及垫片、橡胶件、油封。各滑动、转动表面无拉伤、卡滞，柱塞在倾斜 45° 位置时须能自由滑下，各连接杠杆、销钉连接处作用灵活可靠、无卡滞。各弹簧的弹力须符合设计要求。飞铁块质量允差 3 g，配对更换飞铁时，飞铁质量允差 1.5 g。电器元件须良好。输出最大转角须为 $46°$。在垂直位时，两飞铁脚高度差不大于 0.10 mm。其内外摆动的幅度须保证柱塞全行程为 (6.2 ± 0.1) mm。当飞锤全开（柱塞在上面位置）及飞锤合拢（柱塞在下面位置）时，柱塞 5 mm 的控制台与滑阀装配 $\phi 5$ mm 孔的开启度须相等（可用螺母调整）。

②组装后的磨合试验和性能试验

D-W型调节器。体的各结合面及油封无泄漏。油温为 55～60 ℃,储油室工作油压在所有工况下均不低于0.65 MPa。最低转速(400 r/min)和标定转速(1 000 r/min)时转速允差为10 r/min。功率伺服器在300°转角范围内转动灵活,从最大励磁位至最小励磁位的电阻变化为0～493 Ω。变阻器电刷接触须良好,各电阻不许烧损及断路或短路。步进电动机转动须灵活,扭矩不小于0.5 N·m。

D-Z型调节器。调节器组装后须进行磨合试验和性能试验:调节器须能顺利启、停机。最低转速(400 r/min)和标定转速(1 000 r/min)时转速允差为10 r/min。工况变换时,伺服马达杆波动不超过3次,稳定时间不超过10 s。在稳定工况下,调节器转速波动不许超过6 r/min。在标定转速时,伺服马达杆抖动量不许超过0.1 mm,在最低转速时,伺服马达杆拉动量不许超过0.2 mm。功率伺服器在300°转角内转动须灵活,从最大励磁位到最小励磁位电阻变化值为0～487 Ω。当油温不低于50 ℃时,恒压室工作油压在所有工况下不低于0.88 MPa。步进电动机转动须灵活,扭矩不小于0.5 N·m。停车电磁阀在不低于30 V直流电压时须能吸合,吸力不许低于50 N,在(70±5) V直流电压时,须能在120 ℃正常工作,吸力不得低于100 N。试验过程中,各部分不许渗油。

③调节器装机后的试验要求

油温达到正常时,复查柴油机转速,在最低转速(400 r/min)和标定转速(1 000 r/min)时,转速允差为10 r/min。变换控制手柄位置时,转速波动不超过3次,稳定时间不超过10 s。手柄由最低转速升至标定转速时,升速时间为16～18 s。由标定转速突降至最低转速时,降速时间为18～20 s。

3. 故障分析

280型与240系列柴油机用调节器有所区别,装配 PGMV 型调节器的柴油机在机车运用中克服了许多调节器-C 系列的故障,如"游车",因机械性原因引起的操纵控制中柴油机转速不升不降,因限制作用引起的柴油机启机后又停机,以及柴油机启机后转速飞升,引起极限调节器起保护作用。在机车运用中故障率是较低的装配于 280 型柴油机的 302 系列中的 D-Z/W 型调节器所发生的运用故障,与 C 型系列调节器所发生的故障基本相同,几乎在该类调节器上所发生的故障在 302 系列调节器上均有过发生,其机车运用中发生故障的判断与处理方法与调节器-C 系列基本相同。机车运用中的常见故障主要是发生在配速系统,与电磁阀芯杆不能吸合或其铁芯吸合不到位。同时,因电磁阀为内置式,在顶电磁阀铁芯杆时,拧动故障顶丝时,不应用力过大,由于电磁阀中的铁芯杆较细小,过于用力,将会使此芯杆顶针弯曲变形(见图7-9)而不能达到顶死封闭油路的目的,使柴油机启不来机。另装有微机控制系统的机车,易引起柴油机转速不升不降,主要反映在微机控制系统发生"死机"。处理时,只要关闭微机控制系统的电源5～10 s,再行开启,就能恢复正常控制。

图7-9　DLS芯杆弯曲变形

4. 案例

(1)调节器 DLS 芯杆变形

2007年12月12日,DF$_{8B}$型 5353 机车牵引货物列车运行在柳园至哈密区段的红柳河至天湖站间,主手柄提至12位,柴油机转速720 r/min,输出功率1 000 kW 左右,其柴油机转速与功率再也不能上升。维持列车运行至天湖站停车处理,经检查,调节器工作正常,电磁阀 DLS 吸合正常,主机油泵工作也正常,其机油压力保护装置正常。在停车时间有限的情况下,司乘人员采用顶死电磁阀 DLS 的应急处理方法,继续机车牵引列车运行。待该台机车返回段内时,将该台机车扣临修。解体检查,发现调节器上的电磁阀 DLS 芯杆变形,造成控制工作油路部分泄漏,建立不起规定的油压,使其转速提升不到位。经更换电磁阀 DLS 芯杆后,该台机车又投入正常运用。

经分析,查询机车运用记录,该台机车于 2007 年 11 月 15 日完成机车大修,修后走行 1 184 km,按机车大修质量保证期,定责机车大修。同时,要求将此故障信息反馈给机车大修厂,作好后期服务。

(2)电磁阀 DLS 芯杆控制钢珠阀密封不良

2007 年 12 月 16 日,DF$_{8B}$型 5353 机车牵引货物列车运行在哈密至柳园区段的尾亚至天湖站间。柴油机转速由 940 r/min 缓慢下降至 900 r/min,功率从 2 400 降至 2 000 kW,柴油机转速与输出功率一直在此范围内徘徊。致使机车不能继续牵引运行,维持运行至天湖站,终止机车牵引运行,构成 G1 类机车运用故障。待该台机车返回段内时,扣临修。解体检查,发现调节器上的电磁阀 DLS 封油钢珠密封不良,造成调节器工作油泄漏,使其转速再也不能提升。经更换电磁阀 DLS 芯杆整套组件后,该台机车又投入正常运用。

查询机车运用与检修记录,该台机车于 2007 年 11 月 15 日完成机车大修,修后走行 2 313 km。同时,该台机车在 2007 年 12 月 12 日因电磁阀芯杆变形扣临修,因检查(修)处理不彻底,导致该项故障的再次发生。按机车日常检修质量保证要求,定责机车检修部门。同时,要求加强配件检修质量及上车前的检查。

(3)调节器内步进电机齿轮卡滞

2008 年 3 月 28 日,DF$_{8B}$型 5377 机车担当货物列车 11098 次本务机车的牵引任务,现车辆数 55,总重 3 929 t,换长 64.6。运行在兰新线哈密至柳园区段的盐泉至烟墩站间,发生柴油机转速不升,维持运行至烟墩站停车,经司乘人员检查,属调速内部故障,无法处理,请求更换机车,构成 G1 类机车运用故障。待该台机车返回段内后,经对联合调节器解体检查,发现调节器步进电机齿轮转动 1 圈后卡滞无法转动,外观检查步进电机有二个齿轮变形堆碾(调节器型号为 302D,编号为 6)。经更换步进电机齿轮后,水阻试验正常后,该台机车又投入正常运用。

查询机车运用与检修记录,该台机车 2007 年 12 月 20 日完成第 1 次机车大修,修后走行 4 536 km。经分析,由于步进电机齿轮变形碾堆,造成步进电机齿轮卡滞,柴油机转速在 480 r/min 时不能升速。按机车大修质量保证期,定责机车大修。同时,要求检修部门对机车大修后返段投入运用前的机车,加强对调节器范围的检查,及在日常机车整备技术检查作业中,对联合调节器运用信息应引起重视,发现问题及时整治。并要求将此故障信息及时反馈给相关机车大修厂。

(4)调节器花键套发生滚键

2008 年 4 月 3 日,DF$_{8B}$型 5487 机车担当货物列车 11014 次本务机车牵引任务,现车辆数 50,总重 3 707 t,换长 70.2。运行在兰新线哈密至柳园区段的天湖站,发生柴油机在回主手柄降低转速时突然停机,柴油机再也启不来机。21 时 30 分停于天湖站内,因此而请求更换机车,23 时 02 分开车,总停时 92 分,构成 G1 类机车运用故障。待该台机车返回段内后,经检查,柴油机不能正常启动,拆下调节器解体检查,发现调节器传动轴大端传动花键与调控传动装置,从动轴上的花键套内发生滚键。进一步解体调控传动装置,调控装置润滑机油进油口被密封生胶带部分堵塞。经更换调节器传动轴和调控传动装置从动轴,清除进油口生胶带,试验运转正常后,该台机车又投入正常运用。

查询机车运用与检修记录,该台机车 2007 年 6 月 27 日完成第 2 次机车中修,修后走行 187 011 km,又于 2008 年 3 月 27 日完成第 4 次机车小修,修后走行 3 525 km。经分析,因调控传动装置润滑机油进油管外接口螺纹上缠裹的生胶带脱落,将进油口部分堵塞,造成润滑机油压力和流量下降,对传动轴与花键套的飞溅润滑失效。传动轴与花键套无润滑油发生非正常性磨损而滚键,调节器不能工作,因此而启不来机。按该台机车在小修时,作业者处理润滑油管接口漏油,缠裹的接头螺纹生胶带不牢固,造成接头安装时生胶带脱落堵塞油孔,定责机车检修部门。同时,要求在机车检修作业中,要加强机车小修作业范围的落实;并对关键部位质检员和工长要加强现场盯控。

(5)调节器补偿针阀密封胶圈损坏漏油

2008 年 4 月 8 日,DF$_{8B}$型 5351 机车担当货物列车 11072 次本务机车的牵引任务,现车辆数 52,总重 3 951 t,换长 66.8。运行在哈密至柳园区段的天湖站至红柳河站间上行线 1 146 km+850 m 处,突然发生柴油机停机而停车,5 时 40 分停车,经司乘人员处理后 5 时 56 分开,区间停车总停时 16 分,构成 G1 类机车运用故障。待该台机车返回段内后,经对联合调节器检查,柴油机转速运转正常,调出机车运行记录监控文件查询,机车运行中回手柄时最低稳定转速过低(280 r/min)。进一步对调节器解体检查,调节器内补偿针阀密封胶圈漏油。经更换调节器,上机车水阻台试验调整正常后,该台机车又投入正常运用。

查询机车运用与检修记录,该台机车 2007 年 10 月 12 日完成第 1 次机车大修,修后总走行 54 650 km,于 2008 年 3 月 14 日完成第 1 次机车小修,修后走行 15 955 km。经分析,该台机车柴油机装配的调节器中补偿针阀密封胶圈漏油,引起滑阀柱塞转速调节补偿油量减少,导致调节速度缓慢,造成回手柄时最低稳定转速过低,机油压力随之下降,柴油机油压保护起保护作用而停机。该台机车前期因回手柄停机故障曾扣修达 3 次,主管技术人员未能及时发现故障原因,造成机车在运行途中发生问题。定责机车检查技术负责部门。同时,要求对多次发生故障扣修的机车,技术部门要引起足够重视,彻底查找原因,防止机车带有故障隐患投入运用。

(6)调节器滑阀套座下部传动花键套与滑阀体转动

2008 年 8 月 12 日,DF$_{8B}$型 5322 机车担当货物列车 11081 次本务机车的牵引任务,现车辆数 49,总重 3 243 t,换长 64.5。运行在柳园到哈密区段的小泉东站时,因调节器的极限调节器起保护作用,柴油机停机,启动柴油机时启不来机,站内请求更换机车,构成 G1 类机车运用故障。待该台机车返回段内后,对调节器解体检查,调节器滑阀套座下部传动花键套与滑阀体转动。经更换此滑阀套座,上机车水阻台试验运转正常后,该台机车又投入正常运用。

查询机车运用与检修记录,该台机车 2008 年 3 月 12 日完成第 1 次机车中修,修后走行 105 708 km,又于 2008 年 6 月 4 日完成第 1 次机车小修,修后走行 46 875 km。机车到段检查,为调节器滑阀套座下部传动花键套与滑阀体转动。经分析,该部位(件)为热盈装配,不应出现相对移动。当传动花键套与滑阀体转动后,致使柱塞犯卡,造成启动柴油机时转速飞升,无法正常使用。该部位(件)属热盈装配处理,因此在各修程时无检查范围要求,定责材质。同时,要求加强调节器备品在组装时对成品配件的检查。

(7)调节器上体护铁密封受损漏油

2008 年 8 月 14 日,DF$_{8B}$型 5181 机车担当货物列车 10581 次本务机车的牵引任务,现车辆数 53,总重 3 247 t,换长 66。运行在柳园到哈密区段的思甜站至山口站间下行线 12 26 km + 253 m 处,因柴油机调节器漏油严重,于 20 时 8 分停车,经司乘人员处理后,于 20 时 10 分区间开车,司机请求前方停站,要求更换机车,构成 G1 类机车运用故障。待该台机车返回段内后,对调节器解体检查,为调节器上体护铁密封不严。经对调节器内部进行清洗,更换上体护铁,重新注油,试验运转正常后,该台机车又投入正常运用。

查询机车运用与检修记录,该台机车 2008 年 5 月 29 日完成第 2 次机车中修,修后走行 53 558 km。机车到段检查,调节器油腔内的油为黑色(说明曾加过柴油机运用中的机油),调节器从上体及油马达引出线处漏油。经分析,调节器上体护铁密封不严,造成调节器漏油。因机车中修时调节器备品部门未对其护铁密封状态进行检查确认,定责机车中修检修作业。同时,要求调节器备品部门在组装时要确认护铁密封状态。

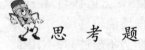 思 考 题

1. 简述 C 型系列调节器结构性故障表象。
2. 简述 C 型系列调节器运用性故障表象。
3. 302 型系列调节器在运用中得到了哪些改进?
4. 简述调节器传动轴键槽滑槽的主要故障表象。

第二节　控制机构结构与修程及故障分析

控制机构的作用是将调节器伺服杆的动作准确地传递给每个喷油泵齿条,使喷油泵的供油量适应柴油机工作的需要,并能在紧急停车机构动作时,迅速地将各喷油泵齿条拉至停油位。为此,从调节器伺服马达曲柄传动机构到喷油泵齿条之间布置有杠杆传动机构。为了防止柴油机超负荷,还设置了最大供油止挡。

一、240 系列柴油机控制机构

1. 结构

控制机构主要由弹性连接杆、横轴及左右供油拉杆、最大供油止挡及紧急停车拉杆等组成。控制拉杆结构的作用是:当伺服杆下移时,曲臂花键顺时针转动,带动弹性连接杆向柴油机后端方向移动,使弹性连接杆与横轴之间的传动臂连同横轴一起作逆时针转动(面对柴油机左侧)。横轴穿过机体,在机体的左、右侧顶板上设有两个滚针轴承座,轴承座与座体、座体与机体结合面之间设有耐油橡胶垫片,有朝下的左臂及朝上的右臂。左右臂与横轴之间用锥销固定,因而此时左臂亦作逆时针摆动,与左臂相连接的左侧供油拉杆(左侧调节杆)朝柴油机的后端方向移动,带动左排喷油泵齿条移向减油位;右臂上端与连杆上端为铰接,连杆的下端与右侧供油拉杆(右侧调节杆)为固接,当右臂逆时针摆动时,带动连杆朝柴油机的前端方向移动,连杆及右侧供油拉杆均前移,右排喷油泵齿条移向减油位。相反,当伺服杆上移时,弹性连接杆向柴油机的前端移动,横轴顺时针摆动,左侧供油拉杆前移,右侧供油拉杆向后移,左、右排喷油泵齿条均移向增油位。

(1)弹性连接杆

弹性连接杆将调节器和横轴连接在一起,它由调节杆、调节螺母、导杆、套筒、弹簧、叉头组

成。导杆一端制有凸肩，插入套筒内，另一端制有螺纹，与调节杆相连。弹性连接杆的长度可通过调节螺母进行调节（见图7-10）。

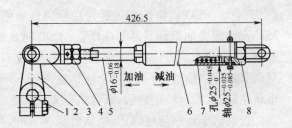

图 7-10　弹性连接杆
1-花键轴；2-传动臂；3-调节杆；4-调节螺母；5-导杆；
6-套筒；7-弹簧；8-叉头

当调节器伺服器杆下移时，花键轴顺时针方向转动，通过传动臂将调节杆、导杆向柴油机主发电机方向推动，导杆的凸肩又直接推动套筒和叉头，再通过传动臂，使横轴逆时针方向旋转，于是控制拉杆将油泵齿条向减油位移动。在传力过程中，弹簧不传递力，弹性连接杆作刚性传动。当调节器的伺服杆上移时，花键轴逆时针方向转动，通过传动臂，将调节杆、导杆向柴油机自由端方向移动，导杆凸肩通过弹簧把力传递给套筒和叉头，于是控制拉杆反向将喷油泵齿条向增油位移动。由于弹簧在套筒内安装时的压缩力为 $186.3^{+19.6}_{0}$ N，正常工作时杠杆系统的总阻力不超过 118 N，因此在传力过程中，弹簧不会被进一步压缩，所以也就不影响调节器对喷油泵油量的控制。

当紧急停车装置起作用时，横轴以很快的速度逆时针方向转动，并通过传动臂驱动左、右喷油泵控制拉杆，喷油泵齿条拉向停油位。弹性连接杆的叉头也被拉着向柴油机主发电机方向移动，此时弹性连接杆内的弹簧进一步被压缩，使弹性连接杆伸长，而调节器的伺服马达杆的位置并末变化，这样就保护了调节器不受损伤。

（2）紧急停车拉杆

紧急停车拉杆由传动臂、调节杆、拉杆、停车摇臂等组成，它的一端通过传动臂内齿或孔套在停车传动轴上，并用螺钉锁紧，另一端的停车摇臂套装在杠杆系统的横轴上，它的触头与用销子固定在横轴上的固定触头处于同一垂直平面上。当紧急停车器起作用时（手击紧急停车装置或极限调节器动作），停车传动轴逆时针方向转动，通过传动臂使调节拉杆向柴油机自由端方向移动（见图7-11），使停车摇臂迅速地按逆时针方向转动，停车摇臂上的触头迅速压在横轴的固定触头上，带动横轴逆时针方向转动，横轴通过传动臂驱动左、右喷油泵控制拉杆，将喷油泵齿条迅速推向停油位

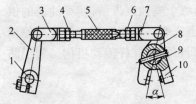

图 7-11　紧急停车拉杆
1-停车传动轴；2-传动臂；3、7-调节杆；
4、6-螺母；5-停车拉杆；8-停车摇臂；
9-横臂；10-固定触头

柴油机正常运转时，横轴沿顺时针方向（增大喷油泵油量方向）转动的幅度，应使喷油泵在最大供油位时，两触头不相接触，必须使喷油泵齿条在零刻线时，横轴上的两个触头角的夹角 $\alpha = 27°$，此角度可通过调整调节杆的长度来保证，调节杆两端的旋向相反，因此松动螺母拧转调节杆即可进行长度调整。

（3）喷油泵弹性夹头体

喷油泵弹性夹头体由调整螺母、锁销、夹头体、弹簧、夹头销等组成。它被紧固在控制拉杆上，夹头销前端扁平部分插入喷油泵齿条的拨叉座内，当控制拉杆移动时，弹性夹头体就带动喷油泵齿条移动，改变喷油泵的供油量。设置弹簧的目的是使夹头销紧紧地压向油泵齿条的拨叉座内，使其可靠工作。

当需停止某一气缸喷油泵工作时（如甩缸，或因喷油泵工作中发生柱塞副卡死时），就需将夹头体从齿条拨叉座内拔出（由于调整螺母已与夹头销相对固定成一体，因此只要用手抓

住调整螺母向外拔就行,见图 7-12),然后将其转 90°,将锁销卡在夹头体的浅槽内,使夹头体不能复位,以免与喷油泵齿条拨叉座相碰,而发生柴油机"飞车"事故。同时,应将喷油泵齿条固牢。夹头体上的横向槽如太浅,会造成因柴油机工作时的振动,而使卡在该槽内的弹性夹头的锁销震出,造成夹头销复位,与喷油泵齿条拨叉座相碰而造成柴油机"飞车",因此该槽深度至少为 1 mm。

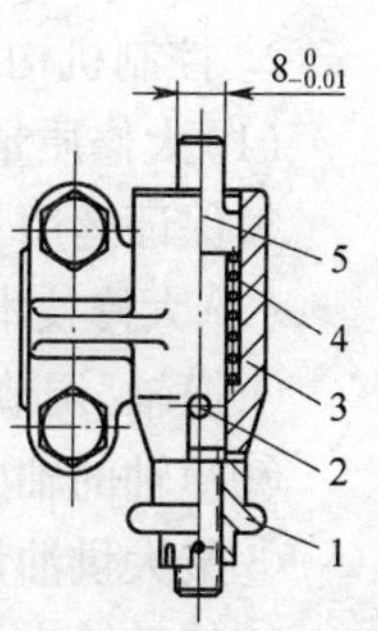

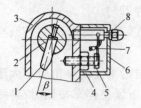

（4）最大供油止挡

图 7-13　最大供油止挡
1-止挡;2-横轴;3-轴承座;
4-螺母;5-调节螺钉;6-罩;
7-铅封;8-柱钉

最大供油止挡的作用是限制柴油机的最大供油量,以免柴油机超负荷工作。最大供油止挡由止挡、横轴、轴承座、调节螺钉等组成(见图 7-13)。止挡插在横轴上,当横轴转动,增加供油量达到一定程度时,止挡被调节螺钉挡住,阻止横轴继续转动,以防供油量继续增加。最大供油止挡调节螺钉在验收试验时进行调整,使柴油机转速为 1 000 r/min 时,输出功率 B 型机为 2 515 kW;C 型机为 2 760 kW;D 型机为 3 240 kW。

图 7-12　弹性夹头
1-调整螺母;2-锁销;
3-夹头体;4-弹簧;
5-夹头锁

（5）横轴与左、右控制拉杆

横轴是控制拉杆的中间联络站,它的两端分别与左、右侧控制拉杆相连,使左、右侧的喷油泵齿条同步移动。横轴上与柴油机左侧控制拉杆相连的传动臂(见图 7-14),向内就是与弹性连接杆相连的传动臂,再往内是紧急停车装置的触头和最大供油止挡。

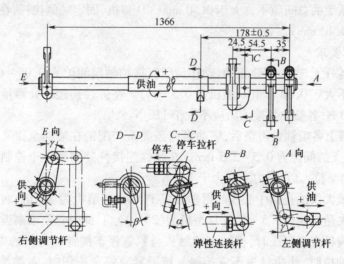

图 7-14　横轴

横轴的两端轴颈表面经过淬火,分别由 2 个滚针轴承进行支承轴承体被安装在机体的斜顶面上。

横轴安装后,转动必须灵活,横轴上的最大供油止挡中心线与横轴垂直线之间的夹角 β = 17°。当供油拉杆处于使喷油泵齿条为零刻线的位置时,横轴两端左、右臂中心线与横轴垂直线之间的夹角 γ = 13.5° ± 20′。左、右侧控制拉杆安装在滚轮支架上,滚轮应保证与供油拉杆相接触,为保证此要求,可在滚轮支架下面用垫片调整,同时不应使控制拉杆移动时有卡滞现象。

2. 控制机构大修、段修

(1)大修质量保证期

须保证运用5万km或6个月(即一个小修期)。

(2)大修技术要求

①横轴、调节杆须调直,控制机构各元件须安装正确,动作灵活。

②横轴的轴向窜动量不许大于0.30 mm(D型机用为0.05～0.30 mm)。

③最大供油量止挡的中心线与铅垂线间的夹角β为17°(D型机用为20°)。

④传动臂中心线与铅线间的夹角γ为13.5°±20′(C/D型机用为22°)。

⑤当喷油泵齿条位于0刻线时,横轴上的停车摇臂触头和横轴触头之间夹角α为27°;当喷油泵处于最大供油位置时,两触头不许接触。

注:D型机,当喷油泵齿条拉出量为3.5 mm时,横轴上的触头与铅垂线的夹角应不大于5°,通过调节器装配对紧急停车摇臂触头与铅垂线的夹角α调整,按下紧急停车按钮时,各喷油泵齿条拉出量须回到3.5 mm。

⑥按下停车按钮时,各喷油泵齿条须退到0刻线(D型机为3.5 mm),各喷油泵齿条刻线差不许大于0.5刻线(D型机为1刻线)。

⑦拉杆上弹性夹头窜销处于深沟槽时,其端部与喷油泵拨叉座径向间隙为0.5～2.5 mm;处于浅沟槽时,窜销与喷油泵任何部分不许相碰。

⑧在弹性连接杆端测量整个控制机构(包括喷油泵齿条)阻力,不许超过117.7 N(D型机不许大于30 N)。

⑨整个拉杆系统的总间隙不许大于0.50 mm((D型机,固定一侧拉杆,在弹性连杆上测量总间隙不许大于0.40 mm)。

(3)段修技术要求

①控制装置各杆无弯曲,安装正确,动作灵活。横轴轴向间隙为0.05～0.40 mm,整个杠杆系统的总间隙不大于0.60 mm(D型机为0.5 mm)。在弹性连接杆处测量整个控制机构的阻力,应不大于50 N,各喷油泵接入后应不大于120 N。

D型机在连接上各喷油泵齿条后,喷油泵齿条夹头装配销在喷油泵拨叉座内须能自由拉放,夹头销顶与拨叉的间隙为0.5～2.5 mm。在弹性连接杆处测量整个控制机构的阻力不许大于30 N,各喷油泵拉入后,阻力不许大于150 N。

②当横轴上最大供油止挡中心线与铅垂线成17°角(D型机为20°角)时,横轴左、右臂中心线与铅垂线之夹角应为(13.5±1)°[D型机为(20±1)°],此时各喷油泵齿杆应在0刻线。

③当喷油泵齿杆在0刻线时,横轴上的触头与紧急停车摇臂触头间的夹角为27°。当喷油泵处于最大供油位时,此两触头不应接触。按下紧急停车按钮时,各喷油泵齿杆须回到0刻线。

D型机当喷油泵齿条拉出量为3.5 mm时,横轴上的触头与铅垂线的夹角须不大于50°,通过调整紧急停车摇臂触头与铅垂线的夹角α,按下紧急停车按钮时,各喷油泵齿条拉出量须回到3.5 mm。

④各喷油泵齿杆刻线差应不大于0.5刻线(D型机为1刻线)。

⑤超速停车装置各零件不许有裂纹,组装后飞锤行程为(5±1) mm,摇臂滚轮与飞锤座间隙为0.4～0.6 mm,摇臂偏心尺寸为0.5～0.6 mm。当按下紧急停车按钮时,停车器拉杆须立即落下,其行程应不小于13 mm,此时摇臂滚轮与紧急停车按钮的顶杆不得相碰。

⑥超速停车装置的动作值:A 型机为 1 210 ~ 1 230 r/min;B、C、D 型机为 1 120 ~ 1 150 r/min。装车后,允许以柴油机极限转速值为准进行复查,并适当调整。

3. 故障分析

控制机构属柴油机控制执行机构,即通过司机控制器的操纵指令,经调节器放大传递,使喷油泵的供油量一定,调节柴油机转速的升降与功率输出,并使柴油机转速(输出功率稳定)。控制机构属外置式可视性部件。现时的柴油机控制机构是运用比较成熟的产品,在机车运用中,其结构性与运用性故障无严格的区别。多数情况下属运用性故障,柴油机在运转中停机,多数属自动保护装置起保护作用而停机。机车运用性故障,多数均发生供油拉杆装置上,因此引起的柴油机转速不能升(降),甚至引起柴油机"飞车"。

(1)结构性故障

在机车运用中,控制机构结构性故障主要发生在控制拉杆(供油拉杆)弯曲犯卡,引起的卡泵现象(本书第 6 章内有所叙述);供油拉杆上有异物或锈迹块,使供拉杆在传动力中受阻,其表象为柴油机转速不升不降,或有引起柴油机"飞车"的严重后果。弹性夹头与喷油泵拨叉座接触不良,或发生脱离,使所控制的喷油泵供油量失控,导致相应喷油泵最大,引起"敲缸",多缸发生相同情况时,可能导致柴油机"飞车"事故的发生。控制机构中的横轴与左右供油拉杆连接关节拐臂(转轴)销磨耗间隙过大引起松旷,形成供油拉杆沿轴线可左右摆动,当供油拉杆向外侧摆动时,使供油拉杆上的弹性夹头与喷油泵齿条上的拨叉座接触不良,甚至从拨叉座内脱落,使相应喷油泵供油量失控,发生多缸失控时,同样易导致柴油机"飞车"事故发生。

(2)运用性故障

机车运用中,控制机构发生故障相对较多的发生在紧急停车装置(极限调节器)起作用中,因自身故障失控的情况较少,多数情况下均属保护性的,此类故障情况的发生,一般均发生在柴油机卸负荷中(空载时,因供油小,不易发生,但柴油机在启动过程中,呈现的供油量最大,也是易发生柴油机"飞车"的运用时段)。当需减少柴油机供油量时,如供油拉杆被卡滞,不能向减油量位移动,相对增大供油量。其故障表象在柴油机减载降低转速时,其转速发生飞升,这时如硬性将司机控制主手柄回至"0"位时,将会使柴油机发生"飞车"。因从柴油机结构与工作原理而言,柴油机空载时的转速越高其供油刻线越小,当柴油机在最低转速(如 B 型机 430 r/min)时,供油刻线约在 2 ~ 3 刻线间,当柴油机在最高转速(1 000 r/min)时,供油刻线约为 1 ~ 2 刻线间。

在机车运行中,当紧急停车装置起保护装置起作用后,有部分司乘人员自误认为柴油机发生"飞车"故障了,未经仔细检查,盲目途停于站内或区间,请求换车或救援,因此造成行车秩序的扰乱,给运输生产带来不必要的损失。这类错误的处置,多数情况下是对控制机构及柴油机性能的不了解。柴油机运转中正常呈现 4 种转速,即柴油机最低转速(因机型不同,其转速也有所不同,如 B 型为 430 r/min),最高转速(本书所涉及的柴油机机型普遍为 1 000 r/min),最大转速 1 100 r/min),超速运转转速(本书所涉及柴油机机型普遍为 1 115 ~ 1 150 r/min)。

此外,超过柴油机超速运转转速紧急停车装置起保护作用后,而停不了机才视为柴油机"飞车"。因技术认识问题,部分司乘人员往往将柴油机超速运转即极限调节器起保护性作用下的停机,视为柴油机"飞车"。因此技术认识问题,如机车在运行中,导致错过处理故障的最佳时机,列车因此停车堵塞正线,造成运输秩序的混乱,带来的经济损失和社会影响,有时也是一天文数字。柴油机"飞车"后的表象,当紧急停车装置自动起保护作用后,柴油机还不能因此而停机，其转速继续攀升，有的柴油机发生"飞车"故障后，其转速高达 1 500 r/min 及以上，其转速表指针到头，并将其指针在止挡上碰弯曲。这类情况多数情况下是因司乘人员处置不利而造成的，因发生柴油机超速运转，一般发生在供油拉杆犯卡（如异物脱落卡滞、供油拉杆自身弯曲后的滞后性移动）。或某气缸喷油泵受所控制的拉杆夹头销出槽，成自由状后碰挡在该喷油泵供油齿条的调整锁紧螺母上，导致柴油机在卸载过程中发生"飞车"。一旦柴油机发生"飞车"后，对于四冲程柴油机而言，在任何情况下，柴油机在未得到技术部门全面检查前是禁止继续运用。因现我国装配机车用的四冲程柴油机其配气机构为松散配置（见第 4 章配气机构结构），与其他运动部件无铰链接，其气阀门的开启与关闭是靠其驱动机构的顶压和弹簧伸张来进行。因这样的物理性结构在柴油机一定转速（惯性）下，其顶压与伸张力矩会成有规律的运动。当柴油机超过一定转速（1 250 r/min 及以上），其驱动机构的顶压与气阀弹簧的伸张会发生滞后，这样带来的直接后果是活塞上行至上止点时，气阀还不能回座，直接造成气阀被碰撞性损坏失控，气阀装置损坏部分会掉入气缸内，在运动部件活塞上下冲程作用下，将气缸盖、气缸套及相应气阀造成碰撞性损坏，甚至其破损的碎块经废气道到达增压器，将增压器打坏。发生过"飞车"后的柴油机，这些内部损坏情况在机车运行中很难立即检查出来（需待机车返回段内后的解体拆检）。现场判断柴油机"飞车"最有效的方法为，检查前、后通风机的尼龙传动轴是否断崩，正常情况下（非机械性损坏），柴油机发生"飞车"后，此类尼龙传动轴均会断崩，因按设计，前、后通风机尼龙轴的扭矩力约为 60 t（柴油机转速 1 300 r/min 左右，通风机转速 3 400 r/min 左右）。所以，柴油机发生过超速运转，紧急停车装置起保护作用后，柴油机未停机，其后的检查认证，只要是前、后通风机尼龙传动软轴崩断，均可视为柴油机发生过"飞车"。

在机车运行中，一般情况下，属控制机构的故障，如处理故障正确及时，并不会影响机车的正常运行。当发生柴油机超速运转，紧急停车装置起保护作用停机后，属柴油机正常运转。发生柴油机"飞车"，在任何情况下，机车不得继续运用。而发生柴油机"飞车"的时段，主要在柴油机卸载（包括各种自动保护装置起作用的卸载）降低柴油机转速时，即对喷油泵的供给油量大于其需求量时而发生。多数情况属供油拉杆在移向减油量时被卡滞，其原因有供油拉杆弯曲、拉杆某段锈蚀或缠有废旧棉丝杂物被支承滚轮所卡滞，柴油机上体辅助附件中掉下的异物（如示功阀体，螺栓，遗留检修工具等）卡在供油拉杆与泵体供油齿条间，阻滞了供油拉杆整体回移（减油）。存在上述此类故障，应以预防为主，在严格按机车检修工艺要求作业的基础上，应重视加强日常机车整备技术检查作业。这一类调控控制机构的故障，均能在日常机车技术检查作业中被检查出来。

在机车运行中，柴油机发生"飞车"在绝大多数情况下均是可控的（即发生柴油机"飞车"多数因素均为操纵不当所引起）。遇柴油机减载引起转速不降等类故障时，在未判明故障原因前，不能盲目使柴油机卸载，应缓慢降低柴油机转速（机车输出功率），在最低转速位应有所停顿，视情况再行卸载。同时，在机车运行中，应加强对喷油泵齿条控制的检查，发现弹性夹头串销与拨叉座接触不良时（串销底面与拨叉座径面应有 0.5 ~ 2.5 mm 的间隙），应及时进行适当调整，必要时，可临时停止（关闭）个别气缸供油，维持机车运行，避免柴油机"飞车"事故的发生。

4. 案例

（1）供油拉杆滑动槽上有异物

2007 年 11 月 8 日，DF₄C 型 5227 机车担当货物列车本务机车牵引任务，运行在兰新线乌鲁木齐西至鄯善区段的芨芨槽子至三葛庄站间。机车运行在缓和坡道回主手柄中，突然发生柴油机转速飞升，极限调节器起保护作用，柴油机停机，机车被迫停于区间（经司乘人员检查，未发现异状现象，启动柴油机运转正常，继续运行至目的地站）。构成 G1 类机车运用故障，待该台机车返回段内，司乘人员向机车地勤地检人员反映这一故障现象，经检查启动柴油机试验也未发现异常现象。查询当趟的机车的列车运行记录数据，在上述区间运行中，确实发生过柴油机转速飞升，极限调节器起保护作用的记录。为慎重起见，将该台机车扣临修作进一步检查，经检查极限调节器，司机控制器驱动器（WJTS）及供油拉杆控制系统均属正常，仅发现柴油机右侧（1~8 缸）供油拉杆与支承滚轮处有被遗留的棉丝。经分析，该棉丝在回位主手柄，减少供油量供油拉杆右移时，被此棉丝卡滞在支承滚轮处不能移动，而使柴油机转速发生飞升，极限调节器起保护作用。经清除供油拉杆上的异物，启动柴油机运转试验正常后，该台机车又投入正常运用。

查询机车运用与检修记录，该台机车于 2007 年 9 月 5 日完成第 5 次机车小修，修后走行 31 966 km。经分析，该台机车当天由乌鲁木齐机务段整备出段牵引列车，因整备机车检查不到位，供油拉杆上的异物未清除，给该台机车发生故障留下了隐患。因此定责机车整备部门。并要求日常加强对供油拉杆的检查，杜绝此类故障的发生。

(2) 供油拉杆卡滞

2008 年 6 月 11 日，DF$_{4B}$ 型 1001 机车担当货物列车 26021 次本务机车的牵引任务，现车辆数 53，总重 2 952 t，换长 69.2。运行在哈密至鄯善区段的瞭墩至红层站间，柴油机调节器突然发生故障停机，列车 0 时 34 被迫停于该区间下行线 1 445 km + 315 m 处，经司乘人员检查，无法处理，请求救援。构成 G1 类机车运用故障。待该台机车返回段内后，扣临修，检查燃油供油拉杆抗劲。经对供油拉杆整修，试验控制正常后，该台机车又投入正常运用。

查询机车运用与检修记录，该台机车 2008 年 2 月 16 日完成第 5 次机车大修，修后总走行 53 728 km。机车到段检查，据司乘人员运用反映，该台机车空载柴油机转速升降正常，加载时转速不能上升，在转换备用转速控制装置无效的情况下，使用人工配速，柴油机转速也不能上升，喷油泵齿条刻线未能被拉出，柴油机启机正常。供油拉杆无法拉出，检查柴油机第 16 缸下方供油拉杆有锈蚀沉积斑块，相应该处拉杆产生铁锈，支承滚轮处将拉杆卡滞抗劲，造成柴油机转速不升。经分析，柴油机第 16 缸出水支管前期漏水，水滴漏到相应此处的供油拉杆上，产生铁锈，淤积在第 16 缸支承滚轮处，将供油拉杆卡滞，使供油拉杆无法拉出，造成柴油机转速不升。属机车日常整备技术检查作业不到位，定责机车整备部门。同时，要求加强对司乘人员提票故障点的检查、确认。

二、280 型柴油机控制机构

1. 结构

280 型与 240 系列柴油机控制机构结构与用途基本相同（其控制拉杆装置中的传动机构稍有区别），也是传递调节器及超速停车装置的动作，拉动各缸喷油泵供油齿条以控制供油量。控制拉杆装置的结构见图 6-17。它由弹性拉杆、紧急停车机构、最大供油止挡、油压保护装置、左、右转臂、横拉杆、左右纵拉杆、夹头和定位托架等组成。

(1) 弹性拉杆

弹性拉杆由拉杆、套、弹簧和叉头等组成。调节器的动作通过它传给左、右纵拉杆。增加供油时，通过叉头和套推压弹簧。再由弹簧推压拉杆。由拉杆传动左、右纵拉杆。此时拉杆作

弹性移动,减少供油时,叉头通过套使拉杆作刚性移动。当超速停车装置动作时,由于紧急停车机构的传动,使弹性拉杆上与右纵拉杆连接的拉杆移动,并压缩弹簧,而此时与调节器一头连接的叉头则不动,即调节器输出轴的转角未变化。

（2）油压保护机构

油压保护机构由支架、上盖、下座及行程开关等组成。其主要用途是当柴油机达到转速为 720 r/min 的拉杆位置时,紧固在右纵拉杆上的上盖斜面参与工作。此时,若机油压力正常,则柴油继续运转,若油压不足,则司机控制台指示灯显示,并降速减载。

（3）动作过程

调节器操纵控制拉杆装置的动作过程:当调节器的动力活塞上移时,曲臂传动机构的花键轴转动,并通过摇臂带动弹性拉杆向柴油机输出端方向移动。此时,弹性拉杆一方面带动右纵拉杆向输出端推进;另一方面经左右转臂和横拉杆带动左纵拉杆移向柴油机自由端。上述左、右纵拉杆的动作,带动了装在其上的 16 个夹头推动柴油机 16 个缸的喷油泵齿条向增加供油方向移动。当调节器的动力活塞下移时,控制拉杆装置则进行与上述方向相反的动作,使喷油泵齿条向减油方向移动。

超速停车装置的作用过程:当超速停车装置的飞块动作时,停车轴带动紧急停车机构的叉头、调节杆、转轴,由长臂打击安装在右纵拉杆上的限止块,使左、右纵拉杆回至停机时的位置。此时喷油泵齿条即被推至停油位,使柴油机停机。

（4）最大运用功率限止

在柴油机试验中,在最大运用功率时,使调节螺栓顶到装在右纵拉杆上的限止块端面（并进行铅封）,由此实现最大运用功率的限止。

2. 控制机构大修、段修

（1）大修质量保证期

须保证运用 5 万 km 或 6 个月（即一个小修期）。

（2）大修技术要求

①将左、右纵拉杆装配安装于支架滚轮上,须使各支架的下滚轮弧面与纵拉杆均匀接触,并保证拉杆移动灵活。

②控制拉杆转臂座的上转臂与横拉杆垂直连接上、下转臂与齿条拉杆垂直连接时,所有喷油泵齿条刻线须处于第 7 刻线,各泵齿条刻线在 0.7 格内。

③当喷油泵齿条刻线在 0.7 格以内,调节器动力活塞处在下极限位置时,安装输出臂和弹性拉杆,扳动输出臂至最大转角时,须使喷油泵齿条行程大于刻线。

④根据柴油机最大运用功率封定供油止挡距离 M 值。

⑤调整超速停车装置长臂和拉杆限止块距离 H,使 H 略大于 M,调整试验时,紧急停车手柄起作用,须使喷油泵齿条回到不供油位,最后确定 H 值。

⑥左、右拉杆轴向总间隙须小于 0.5 mm。与喷油泵齿条连接后,在弹性拉杆处检查整个拉杆系统的灵活性,总阻力须小于 117 N。

⑦按下停车按钮时,各喷油泵齿条须退回 −2 ~ 0 刻线。

⑧装在控制拉杆上的弹性夹头串销端部与喷油泵叉座底部的间隙须为 0.5 ~ 2.5 mm。

（3）段修技术要求

①控制装置各拉杆不许弯曲,安装正确,动作灵活。左右拉杆轴向总间隙不大于 0.5 mm。与喷油泵齿条连接后,在弹性拉杆处检查整个拉杆系统须灵活,总阻力须小于 118 N。

②左右转臂与拉杆垂直时,各泵齿条刻线均须在额定供油量的中间位(即第 7 刻线),各喷油泵齿条刻线差须小于 0.7 刻线。

③当喷油泵齿条刻线在 −2 格以内,调节器动力活塞处在下极限位置时,安装输出臂和弹性拉杆,扳动输出臂至最大转角时,须使喷油泵齿条行程大于此刻线。

④根据柴油最大运用功率封定供油止挡。

⑤当柴油机转速达到 1 120 ~ 1 150 r/min 时,超速停车装置须动作,喷油泵齿条须回到停油位。

⑥超速停车装置各零件不许裂损,组装后飞锤行程为 6.0 ~ 6.5 mm,摇臂滚轮与飞锤座间隙为 0.7 ~ 1.0 mm。摇臂偏心尺寸为 0.8 ~ 2.5 mm,当按下紧急停车按钮时,停车位杆须立即落下,其行程须不小于 20 mm,摇臂滚轮与紧急停车按钮的顶杆相碰,各泵齿条须退到 −2 ~ 0 刻线。

⑦超速停车装置的动作值为 1 120 ~ 1 150 r/min(柴油机转速),装车后,允许以柴油机极限转速值为准进行复查、调整。

3. 故障分析

280 型与 240 系列柴油机调控控制机构结构原理与用途基本相同,其所发生的故障也基本相同,主要存在于拉杆系统的犯卡。机车运用中应加强日常机车整备作业的检查,遇机车运行中,发生柴油机转速不升不降时,也不能盲目回主手柄卸载,应在判明故障情况后再作处理,避免柴油机"飞车"事故的发生。

思 考 题

1. 简述 240/280 型柴油机控制机构故障表象。
2. 简述柴油机最低、最高转速空载中供油刻线的区别。
3. 简述柴油机各转速的定义,其转速各为多少。
4. 简述柴油机"飞车"的定义。

第三节　调控传动装置、极限调节器结构与修程及故障分析

调控传动装置由调节器传动部分、停车器装配和转速表传动装配组成;极限调节器是独立自动保护控制机构。

一、240 系列柴油机调控传动装置与极限调节器

调控传动装置与极限调节器为一体式结构,经柴油机的凸轮轴传动,通过齿轮(或花键盘与拨叉连接器,将柴油机的转矩传递给调控传动装置与极限调节器。并经调控传动装置上的伞齿轮垂直传递于其花键套,带动调节器的输入花键轴旋转,使调节器获得动力而工作。因装配柴油机机型不同,其结构也稍有区别,主要在凸轮轴传动输入动力的连接方式上,B 型机采用齿轮啮合,C/D 型机采用拨叉式连接器。

1. 结构

(1)B 型机结构

①调控传动装置

调控传动装置用螺栓紧固在柴油机左侧自由端机体端板上,并用2个定位销定位。在调控传动箱中,传动轴上靠柴油机的一端上装有齿轮,它与凸轮轴上的齿轮啮合,传动比为2:1,啮合间隙为0.05~0.17 mm,这是调控传动装置的动力源。传动轴的另一端装有驱动联合调节器的伞齿轮,并与转速表的转动轴相连,通过转速表传动箱中的伞齿轮、尼龙轴、尼龙绳传动转速表,转速表显示柴油机的转速(见图7-15)。

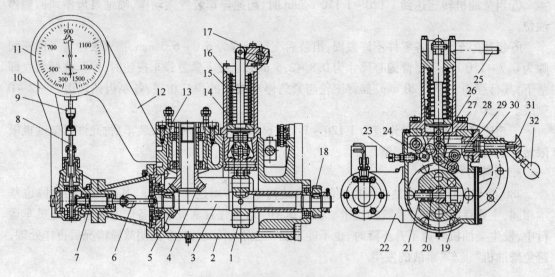

图7-15   B型机调控传动装置

1-飞锤座;2-箱体;3-传动轴;4-从动齿轮;5-主动齿轮;6-轴;7-转速表传动箱;8-转速表传动轴;9-尼龙轴装配;10-支板;11-转速表;12-转速表支架;13-轴承箱;14-弹簧座;15-杆;16-停车器弹簧;17-摇臂;18-齿轮;19-飞锤;20-限速弹簧;21-调节螺母;22-启动加速器(现已取消);23-调整螺栓;24-复原弹簧;25-停车传动轴;26-连接臂;27-摇臂;28-滚轮;29-顶杆;30-推杆;31-停车按钮;32-复原手柄

转速表传动的主、从动伞齿轮的传动比为1:1,啮合间隙为0.1~0.3 mm,此间隙由水平轴左边的调整环与垂直轴下部的轴承盖和壳体间的垫来调整。转速表轴和转速表传动轴的同轴度不得超过0.6 mm,此值如过大,不仅会造成转速表指针摆动大,而且会影响表的使用寿命。

传动轴的伞齿轮驱动垂直方向的空心轴伞齿轮,联合调节器的传动轴插装在空心轴伞齿轮内孔的花键槽内。驱动联合调节器的主、从动螺旋伞齿轮的传动比为0.92:1,啮合间隙为0.05~0.15 mm,此间隙可以通过轴承座和箱体间的垫片与轴承和箱体之间的垫片进行调整。此间隙的保证,有利于防止联合调节器游车。传动轴中部装有飞锤座,其上方装有超速停车装置,箱体前方设有复原手柄。

传动轴的前、后端各装用1个滚动轴承进行支承。

②极限调节器

当柴油机转速达到1 120~1 150 r/mm时(因机型不同,其动作值稍有差别),极限调节器动作,通过转动控制杆系统的横轴、左、右控制拉杆,把喷油泵齿条迅速推向停油位,柴油机停机。

极限调节器由飞锤座、飞锤、限速弹簧、调节螺母等组成。传动箱内传动轴中部的飞锤座内装有离心式飞锤、其杆部穿过传动轴上的孔道,杆尾上套装着限速弹簧,杆尾端的螺纹部位上拧有调节螺母,限速弹簧被压缩在传动轴和螺母之间,用螺母调整预紧力,飞锤头部和弹簧分置于传动轴的两侧。

在飞锤上方装有拐臂,拐臂的下端装有滚轮,滚轮与飞锤间的距离 $a = 0.4 \sim 0.6$ mm,拐臂上端与连接臂为铰连接,连接臂与装有停车弹簧的停车器拉杆相连接,停车器拉杆上端伸出体外,通过摇臂与传动轴相连接。

滚轮与飞锤间的距离 $a = 0.4 \sim 0.6$ mm,这样,既能保证飞锤在旋转中不与摇臂上的滚轮相碰,又能在规定转速下,飞锤飞出时有效地作用在摇臂滚轮上,使停车器动作。

停车器的连接臂和摇臂连接销的中心对整体机构的垂直轴线的偏心距 $b = 0.5 \sim 0.6$ mm,它由紧急停车按钮顶杆支撑。当柴油机运转时,飞锤的离心力大于限速弹簧的预紧力时,飞锤压缩弹簧,其头部伸出,撞击拐臂滚轮(飞锤行程为 $5^{+1}_{\ 0}$ mm),使拐臂失去平衡,偏心距 b 无法保持,连接臂随拐臂倒向另一侧,停车弹簧将停车器拉杆压下,拉杆上部的摇臂摆动,从而拉动齿条,使喷油泵迅速停止供油,柴油机停机。停车器杆的行程不得小于 13 mm,以确保停车器动作时,供油齿条能全部回零刻线。

③紧急停车按钮

紧急停车按钮是手动停车的一种应急装置,它由按钮头、按钮轴、复原弹簧、推杆体、螺套及锁紧螺母等组成。按钮部分由推杆和顶杆两部分组成,顶杆的端部支撑着拐臂,拧转螺套可以调节拐臂偏心 b 的大小。

在紧急情况下,用手击动按钮头而压缩复原弹簧,使顶杆推动拐臂,拐臂因而失去平衡状态,拐臂和连接臂向右侧倒伏,停车弹簧将停车器拉杆向下压,使喷油泵齿条拉向停油位,柴油机的紧急停车会影响柴油机的正常使用寿命,因此不宜无故打击紧急停车按钮。

④复原手柄

当极限调节器动作,或手击紧急停车按钮后,如需将柴油机重新启动时,必须使拐臂和连接臂的铰接点恢复到原偏心位置,使喷油泵齿条拉杆和联合调节器重新建立直接关系,这个复原工作依靠复原手柄来完成。

当复原手柄上抬时,传动臂带动拐臂逆时针回转。复原后放下手柄,使传动臂后端置于箱体右侧的调节螺钉头部。当复原手柄的杆部处于水平位置时,复原传动臂滚轮与调节螺钉头部的距离为 (3 ± 1) mm。由于拐臂在倒伏时置于传动臂上,因此复原手柄的搁置位置与停车器拉杆的行程(下移量)有关,可通过螺钉伸入箱体内的长度进行调整。

(2)C 型机结构

①调控传动装置

C 型机上的调控传动箱在机体上的安装,相对 B 型机转过 90°角,因而取消了调节器下部的曲臂装置,由 B 型机的旋转输出改为往复输出。凸轮轴通过挠性联轴器,直接驱动调控传动装置,取消了一对增速齿轮。调控传动箱与机体的安装孔由原"8"字形改为圆孔,使大、小过轮装配的支架孔均布,增压了支架的刚性。调控传动比由原 B 型机的 1:0.92 改为 1:1.105,以适应 C 型机最低稳定转速降低的要求。其他部件与 B 型机调控装置相同(见图 7-16)。

②极限调节器

调控传动装置的中部为极限调节器和停车器装配,极限调节器由飞锤、飞锤座、限速弹簧、卡簧、调速螺母、止动片组成。它们套装在轴装配的齿轮轴中部,齿轮轴的右端为右旋伞齿轮与轴装配上的大伞齿轮相啮合。当飞锤转速达到 1 235 ~ 1 270 r/min(相当于柴油机转速

1 120～1 150 r/min.)时,飞锤的离心力大于限速弹簧的压力而向外伸出,推动停车器装配的摇臂的滚轮向上移动,摇臂倾倒,离开平衡位置,停车器杆在弹簧力的作用下,拉动输出臂,通过杠杆系统和控制拉杆的横轴,将控制拉杆推到喷油泵的停油位。

③其他

极限调节器、联合调节器、转速表安装中心与端板的距离均比 B 型机有所缩短。停车器上的联接臂、联接板、复原手柄等可使停车杆、摇臂复位,使控制拉杆复位到正常工作状态下。上述结构和动作过程与 B 型机相似。

(3)D 型机结构

D 型机的调控传动装置与极限调节器的结构,基本上与 C 型机相同,其控制与动作过程也相同。

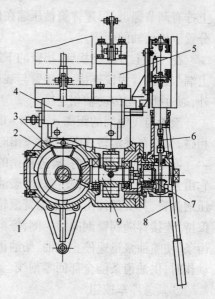

图 7-16 C 型机调控传动装置

1-轴装配;2-体;3-轴承箱装配;4-支架装配;
5-停车器装配;6-尼龙轴装配;7-转速表传动
轴装配;8-复原手柄;9-轴装配

2. 调控传动装置与极限调节器大修、段修

(1)大修质量保证期

须保证运用 5 万 km 或 6 个月(即一个小修期)。

(2)大修技术要求

①各运动部件须动作灵活、准确。

②停车器杆行程不许小于 13 mm。

③摇臂滚轮与飞锤座间隙为 0.4～0.6 mm,在振动条件下,其间隙应无变动。

④超速停车装置在柴油机转速为 1 120～1 150 r/min 时起作用。

注:D 型机,主动齿轮与传动调节器从动齿轮的齿隙为 0.05～0.15 mm,与传动飞锤齿轮轴的齿隙为 0.05～0.30 mm。

(3)段修技术要求

①控制装置各杆无弯曲,安装正确,动作灵活。横轴轴向间隙为 0.05～0.40 mm,整个杠杆系统的总间隙不大于 0.60 mm(D 型机为 0.5 mm)。在弹性连接杆处测量整个控制机构的阻力,应不大于 50 N,各喷油泵接入后应不大于 120 N。

注:D 型机,在连接上各喷油泵齿条后,喷油泵齿条夹头装配销在喷油泵拨叉内须能自由拉放,夹头销顶与拨叉的间隙为 0.5～2.5 mm。在弹性连接杆处测量整个控制机构的阻力不许大于 30 N,各喷油泵拉入后,阻力不许大于 150 N。

②当横轴上最大供油止挡中心线与铅垂线成 17°角(D 型机为 20°角)时,横轴左、右臂中心线与铅线之角应为(13.5±1)°[D 型机为(20±1)°],此时各喷油泵齿杆应在 0 刻线。

③当喷油泵齿杆在 0 刻线时,横轴上的触头与紧急停车摇臂触头间的夹角为 27°。当喷油泵处于最大供油位时,此两触头不应接触。按下紧急停车按钮时,各喷油泵齿杆须回到 0 刻线。

D 型机当喷油泵齿条拉出量为 3.5 mm 时,横轴上的触头与铅垂线的夹角须不大于 50°,通过调整紧急停车摇臂触头与铅垂线的夹角 α,按下紧急停车按钮时,各喷油泵齿条拉出量须回到 3.5 mm。

④各喷油泵齿杆刻线差应不大于 0.5 刻线(D 型机为 1 刻线)。

⑤超速停车装置各零件不许有裂纹,组装后飞锤行程为(5±1)mm,摇臂滚轮与飞锤座间

隙为 0.4 ~ 0.6 mm,摇臂偏心尺寸为 0.5 ~ 0.6 mm。当按下紧急停车按钮时,停车器拉杆须立即落下,其行程应不小于 13 mm,此时摇臂滚轮与紧急停车按钮的顶杆不得相碰。

⑥超速停车装置的动作值:A 型机为 1 210 ~ 1 230 r/min;B、C、D 型机为 1 120 ~ 1 150 r/min。装车后,允许以柴油机极限转速值为准进行复查,并适当调整。

3. 故障分析

调控传动装置与极限调节器分别担负调节器的动力输入与柴油机的超速保护,该系统发生故障的表象多数情况下为柴油机停机后启不来机,与极限调节器发生非正常性保护作用。

(1)结构性故障

在机车运用中,调控装置所发生的故障,多数情况下属结构性故障。为凸轮轴动力输入中,主、从动齿轮啮合不良(磨损过限而发生的滚齿);极限调节器的飞锤测控装置组装配合不良(飞锤盘轴向及径向间隙过大与过小)。其故障表象主要引起柴油机停机后启不来机,柴油机转速飞升,使极限调节器起非正常性保护作用。

(2)运用性故障

该装置在机车运用中所发生的故障,主要为其结构性故障引起,运用性故障是结构性故障的反映。一般如柴油机停机后启不来机,多数情况下发生在 B 型机装配的调控装置,因该传动机构装配的传动连接器为伞齿轮,当该主、从动伞齿轮因材质不良发生非正常磨损时,易发生滚齿故障,或崩齿、传动轴断损、阻尼块螺钉断损而失效,导致调节器无动力输入而不能工作,使柴油机停机后启不来机。其表象为柴油机曲轴旋转而不能发火,柴油机转速表不起。C/D 型柴油机因此传动连接器采用的是拨叉型结构,因此而不易发生此类故障。

柴油机转速达不到超速运转转速(1 120 ~ 1 150 r/min),而极限调节器起保护作用,为飞锤及配合装置发生组装性问题,多数情况下为飞锤轮盘轴向、径向间隙过大或过小而引起。机车运用中如发生极限速调节器起保护作用使柴油机停机后,尤其是极限调节器起作用后柴油机还不能停机,应立即查明故障原因,做出相应处理。同时,严禁在柴油机停机后,未查明停机原因,盲目启动柴油机,造成柴油机"飞车"的发生(特别是如上章节所述,供油拉杆被卡滞)。柴油机发生转速飞升现象时,一般在降低柴油机转速卸载时发生此类故障,应缓慢回主手柄,特别是主手柄回至"保"位时要有所停顿,待柴油机转速稳定后,再行卸载。即在小供油时使柴油机卸载,以避免大供油量时,调节器内部发生故障引起调节滞缓,造成的柴油机转速飞升,极限调节器起保护作用而停机,或柴油机"飞车"事件发生。同时,应加强机车出段前的检查,将调控传动装置连接器故障问题,消除在机车出段之前,避免行车事故的发生。

机车运行中,调控传动装置与极限调节器发生故障时,一般情况下,经适当妥善处理后,不会影响到机车牵引列车的继续运行(发生柴油机"飞车"除外),待机车返回段内后再做处理。

4. 案例

(1)极限调节器主动齿轮滚键

2007 年 4 月 4 日,DF$_{4B}$ 型 2009 机车担当货物列车本务机车的牵引任务,运行在兰新线的哈密至柳园区段的天湖至红柳河站间,柴油机突然发生停机。多次启动柴油机而启不来机,柴油机曲轴转动而不能发火,经司乘人员检查,曲轴转动时,柴油机转速表不起(尼龙传动轴不转),其他未发现任何异常现象,估计为调节器传动装置失效(控)故障。因此终止机车牵引运行,请求救援,构成 G1 类机车运用故障。待该台机车返回段内后,检查联合调节器,其内部配速机构不能旋转,扣临修作进一步检查,解体极限调速检查,极限调节器传动装置中的主传动齿轮滚齿,经更换此主、从动齿轮,运转试验正常后,该台机车又投入正常运用。

查询机车运用与检修记录,该台机车2007年3月21日完成第1次机车中修,修后检测数据正常,检查主动齿轮,因此主动齿轮磨损严重,造成主、从动齿轮啮合不良而发生滚齿,使调节器无动力输入而不能工作。属材料质量问题,定责材质。

(2)极限调节器飞锤轮盘轴向及径向间隙过大

2007年3月8日,DF$_{4D}$型0422机车担当客运列车重联机车的牵引任务,运行在兰新线的哈密至柳园区段间,极限调节器多次起保护作用,造成柴油机停机。经司乘人员检查,也未发现任何异常现象,在机车运行中,恢复复原手柄,启动柴油机继续维持机车运行,因多次停机耽搁,引起区间运缓,列车晚点,构成G1类机车运用故障。待该台机车返回段内后,检查联合调节器极限动作试验值为1 150 r/min,动作值属正常,经查询机车运行记录仪数据,极限调节器有动作多次的记录。扣临修作进一步检查,解体极限调节器,极限飞锤盘轴向及径向间隙过大,经更换飞锤轮盘并选配相应传动轴,运转试验正常后,该台机车又投入正常运用。

查询机车运用与检修记录,该台机车2007年2月2日完成第2次机车中修,修后总走行17 952 km;经分析,机车中修所更换的极限调节器,因未按检修工艺要求,进行飞锤轮盘的选配与组装后的规定范围检测,定责机车中修部门。同时,要求加强机车日常技术作业检查及信息反馈。

(3)极限调节器作用自动停机

2008年2月14日,DF$_{4B}$型1016机车担当货物列车85201次本务机车牵引任务,现车辆数55,总重1 213 t,换长60.5。运行在兰新线柳园至哈密区段的红旗村至红光站间,柴油机在加载运行中,突然发生极限调节器动作,柴油机停机。13时34分被迫停在红旗村站至红光站间下行线1 291 km+0.80 m处,经司乘人员检查处理后,13时42分由区间开车,区间停时8 min,构成G1类机车运用故障。待该台机车返回段内后,扣临修,检查极限动作值1 130 r/min,极限装置各部均属正常,查询机车运用记录器记录数据分析,柴油机转速由1 000 r/min转速降为零,检查极限传动装置及试验,各部正常。未作任何处理,该台机车又投入正常运用。

查询机车运用与检修记录,该台机车2007年2月7日完成第3次机车中修,修后走行214 380 km,又于2007年12月27日完成第4次机车小修,修后走行26 176 km。经分析,属偶然性作用,定责其他。同时,要求加强机车日常技术作业检查,作好后期跟踪检查工作。

(4)极限调节器飞锤轮盘间隙调整过小保护性停机

2008年3月18日,DF$_{4C}$型5271机车担当货物列车28003次重联机车的牵引任务,现车辆数39,总重3 254 t,换长46.8。运行在南疆线吐鲁番至鱼儿沟区段的红山渠站至托克逊站间,因极限调节器起保护作用,造成柴油机停机,13时10分停于区间,13时25分处理完故障开车,在继续运行中,又因该台机车同样的故障引起柴油机停机。13时27分再次停于区间,13时34分处理好故障再次开车,区间总停时22 min,构成G1类机车运用故障。待该台机车返回段内后,检查联合调节器极限动作值为1 150 r/min,动作值属正常。解体检查极限调节器及传动装置,检测极限摇臂滚轮与极限飞锤轮盘间隙为0.36 mm(标准要求值为0.4~0.5 mm),其值偏小。原因为极限摇臂滚轮与极限飞锤轮盘间隙小于标准值造成极限动作。经更换极限传动装置,运转试验正常后,该台机车又投入正常运用。

查询机车运用与检修记录,该台机车2007年1月30日完成第2次机车大修,修后总走行205 924 km;于2008年2月26日完成第4次机车小修,修后走行15 895 km。经分析,机车小修时,未按检修范围进行检测,定责机车检修部门。

(5)极限调节器传动齿轮崩齿保护性停机

2008 年 10 月 31 日，DF$_{4B}$型 0729 机车担当货物列车 11035 次本务机车的牵引任务，现车辆数 57，总重 2 518 t，换长 70.0。运行在兰新线鄯善至乌鲁木齐西区段的火焰山至七泉湖站间，因极限调节器起保护作用，造成柴油机停机而停车，23 时 55 分停于区间，0 时 22 分处理完故障开车，区间总停时 27 分。影响本列与后续列车 85191 次晚点，构成 G1 类机车运用故障。待该台机车到达乌鲁木齐段内后，检查柴油机各部件良好，极限调节器连接凸轮轴齿轮一周崩齿 2/3，调节器传动轴断损，调节器套座阻尼块 2 枚螺钉头部全部断损。经更换极限传动装置，运转试验正常后，该台机车又投入正常运用。

查询机车运用与检修记录，该台机车 2008 年 5 月 27 日完成第 2 次机车中修，修后走行 96 567 km；又于 2008 年 9 月 16 日完成第 1 次小修，修后走行 33 363 km。经分析，凸轮轴齿轮一周崩齿 2/3，调节器传动轴断损，调节器套阻尼块 2 枚螺钉全部断损掉头，造成柴油机停机，其破损属主动齿轮材质不良，在检修质量保证期内，定责机车检修部门。同时，要求加强机车小修范围检查。

二、280 型柴油机调控传动装置与极限调节器

280 型与 240 系列柴油机用调控传动装置和极限调节器工作原理、用途相同，其结构基本相同。其区别主要在凸轮轴传动输入动力的连接方式上，采用花键与花键套连接，极限调节器飞锤与齿轮比稍有区别，并在此基础上增设了一套超速保护装置。

1. 结构

调控传动装置的转动部分用于传动调节器、超速停车装置、转速表和测速发电机。调控传动装置设有超速停车装置，用于柴油机超速自动停车和手动停车，它还设有转速表，便于在机械间监视柴油机转速。

调控传动装置安装于柴油机前端右侧（见图 7-17）。

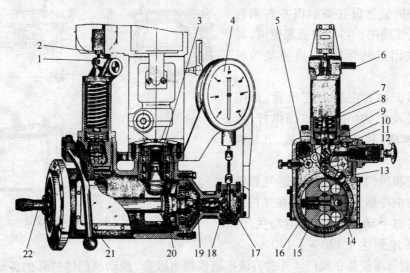

图 7-17　　调控传动装置

1-转动轴摇臂；2-行程开关；3-从动轴；4-转速表；5-转轴；6-停车轴；7-停车弹簧；8-停车杆；10-连接臂；11-摇臂；12-停车按钮；13-摇臂滚轮；14-飞块；15-飞块轮盘；16-飞块弹簧；17-垂直轴；18、20-伞齿轮；19-水平轴；21-复原手柄；22-传动轴

传动轴端花键与柴油机右凸轮轴齿轮花键套啮合。传动轴及与其前端连接的水平轴驱动超速停车装置、调节器传动、转速表和测速发电机传动。

(1)超速停车装置

传动轴由键连接超速停车装置的飞块组件,飞块轮盘的一端装有飞块,另一端装有飞块弹簧。当柴油机转速升至 1 120 ~ 1 140 r/min 时,飞块的离心力大于飞块弹簧的预紧力,飞块的头部伸出,飞块轮盘撞击摇臂滚轮,使摇臂的一个臂往上翘,摇臂的另一臂带动连接臂倒向另一侧,停车弹簧将停车杆压下,通过控制拉杆装置迫使喷油泵停止供油,柴油机停机。另外,当停车杆下移时,压在停车杆顶部的行程开关的触头与停车杆脱开,由机车控制回路使超速保护装置的电磁铁得电吸合,迫使风门关闭。同时由机车电路使燃油泵停止运转,中断供油。

手动紧急停车按钮置于超速停车装置箱体的侧面,手推停车按钮,可使摇臂带着连接臂倒向另一侧,停车杆下移,迫使柴油机停机。

复原手柄的转轴置于手动紧急按钮的对面。当飞块动作或用手按压停车按钮时,摇臂和连接臂倒向复原手柄的转轴一侧。将复原手柄上抬,复原手柄可通过转轴和复原臂将摇臂和连接臂回转复位。

(2)调节器传动

调节器安装在调节器安装座上,传动轴上的伞齿轮带动从动轴上带有花键套的伞齿轮。调节器转轴上的花键插入从动轴的花键套内,由此带动调节器的转轴旋转。

(3)转速表和测速发电机传动

传动轴的前端用销与水平轴连接。水平轴端头的伞齿轮带动两个垂直相置的伞齿轮,由其中一个伞齿轮带动置于垂直方向的一套传动轴,从而带动柴油机转速表,通过另一个伞齿轮带动水平方向的一套传动轴,最后传动测速发电机。

(4)超速保护装置

超速保护装置设在柴油机左右两列气缸的进气管路中。当柴油机超速时,其风门立即关闭进气管通道,迫使柴油机停机。

超速保护装置主要由连接管、风门体、风门、传动机构(由转轴、操纵杆、连杆、拉板等构成)和电磁铁等组成,其结构见图7-18。

连接管和风门体作为一段进气管于增压器与中冷器之间,风门装在风门体内。风门可以手动关闭,也可电动关闭。当柴油机转速到达 1 120 ~ 1 140 r/min

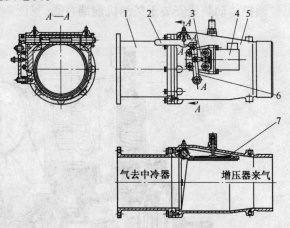

图 7-18　超速保护装置
1-连接管;2-操纵杆;3-拉板;4-电磁铁;5-风门体;6-连杆;7-风门

时,机车控制回路使装在风门体外的直流电磁铁得电吸合,拉动风门体外部的传动机构,迫使风门关闭,迅速切断各个气缸的进气,使柴油机停机,此时操纵杆处于铅垂位。当风门复原时,操纵杆处于水平位。

2. 调控传动装置与极限调节器大修、段修

(1)大修质量保证期

须保证运用 5 万 km 或 6 个月(即一个小修期)。

（2）大修技术要求

①各运动部件动作须灵活、准确。

②停车杆行程不许小于 20 mm。

③摇臂滚轮与飞锤间隙须为 0.7 ~ 0.9 mm。

④超速停车装置须在柴油机转速为 1 120 ~ 1 150 r/min。

（3）段修技术要求

①控制装置各拉杆不许弯曲,安装正确,动作灵活。左右拉杆轴向总间隙不大于 0.5 mm。与喷油泵齿条连接后,在弹性拉杆处检查整个拉杆系统须灵活,总阻力须小于 118 N。

②左右转臂与拉杆垂直时,各泵齿条刻线均须在额定供油量的中间位（即第 7 刻线）,各喷油泵齿条刻线差须小于 0.7 刻线。

③当喷油泵齿条刻线在 -2 格以内,调节器动力活塞处在下极限位置时,安装输出臂和弹性拉杆,扳动输出臂至最大转角时,须使喷油泵齿条行程大于此刻线。

④根据柴油机最大运用功率封定供油止挡。

⑤当柴油机转速达到 1 120 ~ 1 150 r/min 时,超速停车装置须动作,喷油泵齿条须到停油位。

⑥超速停车装置各零件不许裂损,组装后飞锤行程为 6.0 ~ 6.5 mm,摇臂滚轮与飞锤座间隙为 0.7 ~ 1.0 mm。摇臂偏心尺寸为 0.8 ~ 2.5 mm,当按下紧急停车按钮时,停车位杆须立即落下,其行程须不小于 20 mm,摇臂滚轮与紧急停车按钮的顶杆相碰,各泵齿条须退到 -2 ~ 0 刻线。

⑦超速停车装置的动作值为 1 120 ~ 1 150 r/min（柴油机转速）,装车后,允许以柴油机极限转速值为准进行复查、调整。

3. 故障分析

280 型与 240 系列柴油机用调控装置结构与用途基本相同,区别在于凸轮轴输入传动连接方式为鼓形花键套与花键连接,其可靠性更强。发生在极限调节器的故障与 240 系列柴油机用极限调节器所发生的故障基本类似。其故障表象也是引起柴油机转速飞升,使极限调节器起保护作用。其判断处理方法也相同。

4. 案例

（1）极限调节器传动轴花键滚键

2006 年 4 月 12 日,DF$_{8B}$型 5179 机车担当货物列车 10850 次本务机车牵引任务,运行在兰新线哈密至柳园区段的烟墩至山口站间,因极限调节器起保护作用,造成柴油停机而停车于区间,在继续运行中,又因同样的故障引起柴油机停机,再次停于区间。此故障多次重复,构成 G1 类机车运用故障。待该台机车返回段内后,检查联合调节器极限动作试验值,为 1 150 r/min,动作值属正常,柴油机转速表运转正常（正常显示柴油机转速值）,解体检查极限传动装置,该传动装置的滑阀套座与调节器传动轴连接花键发生滚键盘,因此造成极限调节器超速动作。经更换极限传动装置,水阻台运转试验正常后,该台机车又投入正常运用。

查询机车运用与检修记录,该台机车 2006 年 4 月 4 日完成第 3 次机车辅修,修后总走行 3 282 km。经分析,技术部门修订检修范围没有考虑到修程连贯衔接问题,检修部门对超期运用机车进行检查时,无检修依据,使该台机车在辅修中没有对调节器进行检修,导致此类隐患故障没有及时得到检修,使应避免发生的事故而未能避免,定责机车检修部门。同时,要求加强各修程的工艺范围,并严格按标准要求执行。

（2）极限调节器飞锤轮盘松

2006 年 6 月 10 日，DF$_{8B}$ 型 0080 机车担当货物列车本务机车牵引任务。运行在兰新线哈密至柳园区段的盐泉至烟墩站间，因极限调节器起保护作用，造成柴油停机而停车于区间，在继续运行中，又因同样的故障引起柴油机停机。再次停于区间。构成 G1 类机车运用故障，待该台机车返回段内后，检查联合调节器极限动作试验值，为 1 150 r/min，动作值属正常，解体检查极限传动装置，检测极限调节器内的飞锤盘与主动伞型齿轮松动，因此造成极限调节器超速动作。经更换极限传动装置，运转试验正常后，该台机车又投入正常运用。

查询机车运用与检修记录，该台机车 2006 年 5 月 9 日完成第 5 次机车辅修，修后总走行 18 979 km。经分析，该台为外段调拨机车，按段检修规定，外段调拨机车在零次修程时应全部检查调控装置与极限调速，而检修部门漏检，定责机车检修部门。同时，要求加强各修程的工艺范围，并严格按标准要求执行。

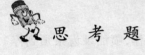 思 考 题

1. 简述 240/280 型柴油机调控装置大修质量保证期。
2. 简述 240/280 型柴油机调控装置故障表象。
3. 240/280 型柴油机转速飞升时一般发生在何种情况下？

第八章　机油与水及空气循环系统

240 系列与 280 型柴油机机油与冷却水及空气滤清循环系统,属于柴油机的辅助系统。机车运用中的跑、冒、滴、漏故障就易发生在油、水循环系统中。本章主要叙述 240/280 型柴油机机油、冷却水及空气循环系统的结构与修程要求,着重阐述了其结构性与运用性故障分析,并附有相应的机车运用性故障案例。

第一节　机油循环系统结构与修程及故障分析

机油系统在柴油机辅助系统的作用:润滑、导热、清洗、密封、缓冲。另外还有防锈、防腐、减少杂音与承载等作用。润滑的种类:飞溅润滑、压力润滑、高压注油润滑、混合式润滑。根据机油集存的位置不同,柴油机的机油系统又可分为湿式曲轴箱润滑系统和干式曲轴箱润滑系统,240/280 型柴油机机油系统均采用湿式曲轴箱润滑系统。

一、240 系列柴油机机油循环系统

1. 结构

(1)机油系统组成

240 系列柴油机中的 B、C、D 型机均采用混合润滑方式的湿式曲轴箱机油系统。机油系统分为机内系统与机外系统,机油内循环系统是指柴油机内部循环通路;机油机外循环系统是指柴油机机体外循环通路。机油系统按照机油循环顺序,由柴油机油底壳、主机油泵、机油热交换器、机油滤清器、柴油机内部各润滑和冷却处所,及机油离心精滤器、阀、管路等组成。为了保证柴油机运动部件可靠润滑,在机油系统设有油压继电器,当柴油机主机油道末端油压降到一定值后,油压继电器动作,使柴油机进行自动卸载或停机。

(2)机内、外机油系统

柴油机机内机油系统,是指机油经主机油道进入机体内到出口,经过其内部(包括附属件及保护装置)所有润滑通道及管路。240 系列柴油机机内机油系统构成基本相同,它们均是在 B 型机的基础上稍有改进,B 型机机内机油系统见图 8-1。

B 型机机体外机油系统,是指主机油泵出口机油至柴油机进口(主机油道输入机油)的所有管路。即主机油通路所属的部件及管路(包括离心精滤器旁通通路及管路),启动机油泵所属的部件通路及管路,辅助机油泵所属的部件通路管路等。

C/D 型柴油机的机油系统基本上与其相同。但有两点不同。增压器进口管路上无旁通的保压阀;无 3YJ 和 4YJ 的卸载油压继电器,在柴油机的前、后端虽然仍挂着 4 个油压继电器。但均为停机油压继电器。

为了防止主机油泵出口管路的强烈高频振动,B 型机、C 型机和 D 型机均在主机油泵出口管路处设置了旁通管路,旁通管路的另一端,B 型机接在泵支承箱侧面的检查孔盖上,并装用了一个与主机油泵上的减压阀完全相同的阀,开启压力调整到 550$^{+20}_{0}$ kPa。C 型机由于泵支承

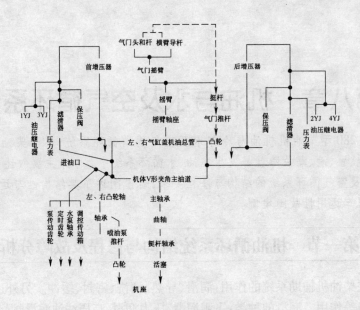

图 8-1　柴油机内部机油系统

箱较扁平,因此旁通管路的另一端接往机体侧面,离心精滤器安装位置的上方也装有减压阀(与 B 型机主机油泵上的减压阀尺寸略有不同)。开启压力调整到 670^{+20}_{0} kPa(D 型机与此开启压力相同)。

(3)机油系统的主要部件

240 系列柴油机机油系统主要部件,由主机油泵、启动机油泵、机油滤清器、机油热交换器、机油离心精滤器、增压器机油滤清器、油压继电器及各类阀等固定部件组成。

①主机油泵

240 系列柴油机用主机油泵分为齿轮机油泵与螺杆型机油泵。齿轮型主机油泵装配在 B/D 型机上(其中 D 型机所装配主机油输出流量与出口压力均要大于 B 型机),螺杆型主机油泵装配在 C 型机上,其特点是泵输出流量与出口压力要大于齿轮型机油泵。

齿轮泵结构: B 型柴油机采用齿轮机油泵,外形尺寸为:轴向长度 430 mm、(不包括减压阀),从机油进口至出口法兰端面的距离为 560 mm,总高 306 mm(见图 8-2)。D 型机也采用齿轮机油泵,其结构与此泵相同,区别在于结构尺寸大于此泵,其机油输出量与压力均要大于此泵,其型号为 105 机油齿轮泵。

泵传动从动齿轮用键并以 0.03 ~ 0.05 mm 的过盈量装配在传动轴上,用螺母压紧,传动轴的另一端制成连接齿,插在齿形联轴套内,传动轴的中部支承在两个滚动轴承内,滚动轴承之间装有隔套。在联轴套的两端与滚动轴承之间装有挡盘,以防止油泵运转时,轴套与滚动轴承的端面发生擦伤。

为了使机油进入联轴套内润滑齿轮,在传动轴的连

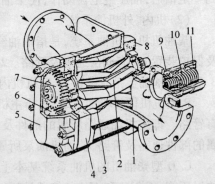

图 8-2　齿轮泵

1-泵体;2-主动人字齿轮;3-从动人字齿轮;4-外轴承座板;5-泵盖;6-从动同步齿轮;7-主动同步齿轮;8-内轴承座板;9-调压阀;10-调压阀弹簧;11-调压阀体

接齿轮上开有两个缺口。联轴套和传动轴均采用钢结构,用齿式连接,从动轴和连接齿轮均采用钢结构。泵体用铸铁制成,泵体下方钻有回油孔,润滑同步齿轮的机油,可由此孔返回曲轴箱,以保证油压稳定,及防止因过载而引起故障。为防止出现齿封现象,在内,外轴承座板端面的中部铣出特殊形状的凹槽。

B 型机用的齿轮油泵的工作齿轮在结构上有两种,即人字齿轮式和斜齿式(人字齿轮式油泵,由于运用中存在定位销从齿轮窜出,造成油泵卡死的故障,已被淘汰)。

螺杆泵:C 型机采用的双螺杆机油泵,由泵体、主动螺杆装配、从动螺杆装配、传动齿轮、主从动齿轮、前后盖板、轴承套装配和球轴承等零部件组成(见图 8-3)。

主动螺杆螺旋头数为 2,螺旋方向为左旋,从动螺杆旋头数为 3,螺旋方向为右旋。主、从动齿轮装在泵体内,它们的外圆柱面与泵体内腔形成间隙密封。从动螺杆只起密封作用,与主动螺杆一起将进油腔隔开。进油腔与油泵的进油口相通,出油腔与油泵的出油口连接。主动螺杆两端用轴承套装配(一)和(二)支承,从动螺杆两端用轴承套(二)和(三)支承。轴承套装配由内、外轴承套组成,外轴承套材料为钢结构制成,

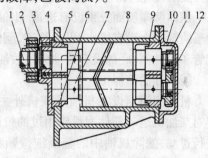

图 8-3　螺杆泵结构

1-主动螺杆;2-传动齿轮;3-后盖;4-球轴承;5-轴承套(一);6-轴承套(三);7-从动螺杆;8-泵体;9-轴承套(二);10-前盖板;11-主动螺杆;12-从动齿轮

内轴承套的材质为铜套,主动螺杆通过主、从动齿轮传动从动螺杆。泵体与柴油机泵支承箱结合处,以凸台与泵支承箱定位。传动齿轮与曲轴齿轮啮合,柴油机在标定转速 1 000 r/min 时,螺杆泵的转速为 2571 r/min。

主动螺杆与传动齿轮采用 1:50 锥度配合,螺杆中心有 1 个 $\phi13$ mm 的孔,与螺杆位于出油腔及前端轴承套处的 $\phi6$ mm 的横向小孔相通,从出油腔引入压力机油到前端轴承套的油沟内进行润滑。

当螺杆转动时,在螺纹的作用下,进油腔处的机油沿轴向被压到出油腔,就像螺母在螺杆旋转时向前移动一样,由于机油在螺杆泵内作均匀直线运动,机油间彼此没有相对运动,因此压出的机油均匀平稳,不存在困油现象。

②启动机油泵

启动机油泵为柴油机启动时使用,其结构形式与燃料泵相仿,同为齿轮泵,其体积容量大于燃料泵。在 3 000 r/min 时,吸入真空度 0.02 MPa,出口压力 0.5 MPa,输出供油量 60 L,油泵驱动直流电动机功率 2.2 kW。启动机油泵及附属管路在机车机油系统中属独立管系,由管道逆止阀将其与主机油管路分离,该系统仅在柴油机启动与停止时起作用,以保证柴油机运动部件在柴油机未启动前,有润滑油供给或停机时其运动部件惰力运转中不间断供油。

③机油热交换器

机油热交换设在机油系统机外主机油道上,即将对柴油机运动部件润滑作用过的机油通过该装置经水隔离冷却,以保证其化学稳定性,符合柴油机运动部件的润滑要求。240 系列柴油机机油系统采用了两个完全相同的机油热交换器,上、下并联,每个热交换器由前盖、后盖、胴体、隔条、固定管板、活动管板、大隔板、小隔板、铜管、密封圈及紧固件组成(见图 8-4)。胴体内装有 258 根铜管,它与活动管板和固定管板焊在一起,在活动管板与固定管板之间交叉布置 7 块横隔板,使机油在其内部流动,以增加其散热效果,另外还起到支撑作用。固定管板边缘

是通过螺栓与胴体法兰、进水盖法兰紧固在一起,活动管板可在胴体内伸缩活动。为保证热交换器中油路和水路的密封,在出水法兰、胴体法兰和活动管板之间设有压环和O形橡胶圈。压环上还钻有一些径向孔,当O形橡胶圈的密封受到破坏时,水或油能从此孔溢出,以便及时发现予以修理,防止油、水互窜。

胴体两端侧面分别设有进油、出油管道。在前、后盖的轴向上设有进水、出水管道,胴体上部设有放气管和放气阀,底部设有放油管及放油阀。

④机油滤清器

机油滤清器设在机油系统机外主机油道上,即将对柴油机运动部件润滑作用过的机油通过该装置进行过滤,滤除机油中的金属细微颗粒与非金属杂质,保证其纯净性,以符合柴油机运动部件的润滑要求。机油滤清器由滤器体、内滤芯、外滤芯、安全阀和下盖等组成(见图8-5)。机油滤清器分为上、中、下三腔,上腔和出油管相连,中腔与进油管相通,下

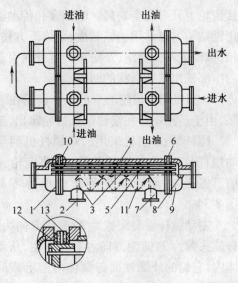

图8-4　机油热交换器

1-出水盖;2-进油口;3-大隔板;4-放气阀;5-铜管;6-固定管板;7-出油口;8-螺堵;9-进水盖;10-活动管板;11-小隔板;12-O形密封圈;13-压环

腔的一端与离心精滤器滤清油路相连。筒形体内装有三个结构相同的滤芯,滤芯分为内、外两层,外层滤芯为缝隙过滤。它是用0.45 mm直径的钢丝绕在螺纹铸铝骨筒上,从而在钢丝之间形成0.05 mm的缝隙,机油经外层过滤后,即可除去大于0.05 mm的机械杂质;内层滤层是由15个串联的筛片式过滤元件组成,筛片元件的过滤层是200目钢纱网。整个滤芯通过六根支承轴和压芯盖固定在滤芯盖上。当油泵工作时,机油从进油管以一定的压力进入滤芯筒(外层)内腔,再经内层滤芯进入滤板内,最后从内部通道上升进入上腔经出油管流出。

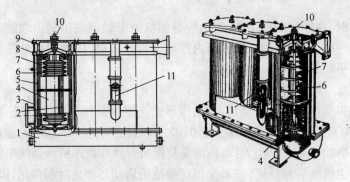

图8-5　机油滤清器

1-下盖;2-刷子;3-滤器体;4-滤芯组;5-支承轴;6-内层滤芯;7-外层滤层;8-隔板;9-上法兰;10 芯轴;11-安全阀

⑤机油离心精滤器

机油离心精滤器由转子、外体、外盖、轴承、检查孔盖等组成,240系列柴油机用机油离心精滤器的工作原理基本相同,其结构根据机型不同结构也有所区别。B型机用机油离心精滤器结构见图8-6。

转子轴与转子体及转子盖之间采用半圆键传动。转子轴下半部为中空管状，由 3 个径向孔沟通进油管和转子内腔，由主机油泵来的压力机油进入转子内腔后，经 2 个对称布置向内偏斜 5°的集油管，由上而下流至 2 个反向布置的喷嘴孔，然后高速喷出，由此产生的反作用力偶驱使转子高速旋转，这时转子内腔内的机油，在高速旋转时的离心力作用下，杂质被分离甩出，附在转子内壁的衬纸上。集油管向内倾斜 5°的目的，是使集油管上端离转子内壁较远，以尽量减少进入集油管的杂质。

为了防止机油离心精滤器在工作时，曲轴箱内的正压气体进入精滤器腔内，将转子体向上托起，造成转子轴轴端与上轴承内端面相磨擦，使转子转速下降的故障，现在新造的精滤器紧固玻璃检查孔盖的螺钉，由 4 个改成 5 个，其中有 1 个螺钉钻有 $\phi 3$ mm 的通气孔，使进入腔内的曲轴箱正压气体及时放出。注意该螺钉应位于靠近精滤器中心的位置，以免机油由此向外渗出。

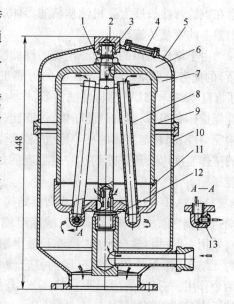

图 8-6　B 型机用机油离心精滤器
1-盖顶；2-上轴承；3-转子轴；4-检查孔盖；5-上盖；6-转子盖；7-固定片；8-集油管；9-衬纸；10-圆筒；11-转子体；12-下轴承；13-喷嘴

C/D 型机用机油离心精滤器结构。C 型机采用 2 个流量为 18 L/m 而的机油离心精滤器，每个滤器由座、转子、喷油头、轴承、钢球、弹簧、螺塞等组成（见图 8-7）。D 型机采用与此相同的机油离心精滤器系统。

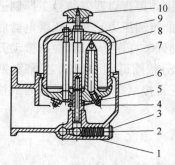

图 8-7　C 型机用机油离心精滤器
1-钢球；2-弹簧；3-内六角螺塞；4-喷油头；5-单向推力球轴承；6-滤清器座；7-外罩组成；8-转子组成；9-转子轴；10-捏手螺帽

外罩与滤清器座构成滤清器的外壳，滤清器座底部设有减压阀，它由钢球、弹簧、减压阀座组成。转子外壳与转子体通过铸入在转子体上的 2 个螺柱紧固，转子体下方有单向推力轴承作轴向支承。由主机油泵出口旁通来的机油从滤清器下部的进油孔进入，克服弹簧压力，推开减压阀上的钢球进入到转子轴的内腔。然后向上经过两个对称布置的向内倾斜 5°的集油管，自上而下流至两个反向布置的喷嘴孔中高速喷出，其作用与 B 型机用相同。

⑥增压器机油滤清器结构

240 系列柴油机装配的增压器机油滤清器滤清工作原理基本相同，因机型不同，其滤清器的结构也有所不同，有盘式铜网滤清器、复合滤材液压滤器及纸介滤清器。B 型机所用的增压器机油滤清器为盘式铜网滤清器，由滤芯元件、芯杆、体和盖组成（见图 8-8）。

滤器体的外径为 $\phi 102$ mm，内装 20 ~ 21 个盘式滤芯元件，滤芯的组装高度可用垫圈调整。滤芯由滤网、网架和护板等组成，滤网为 260 目的铜网。各滤芯元件串叠在一个空心的长螺钉（芯杆）上，它的一端设有支承台肩，另一端借螺纹将滤芯元件压

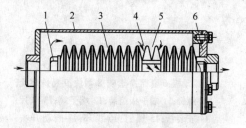

图 8-8　B 型机用增压器机油滤清器
1-芯杆；2-滤清器体；3-滤芯元件；4-滤网架；5-滤网；6-盖

紧在盖的管接头座上。机油从精滤器体的进油孔进入体内。经滤芯元件进入芯杆内部,然后由盖上的管接头流出。

由于增压器用的机油滤清器的性能(滤清精度、平均过滤比、流动阻力、容污能力、使用寿命)的优劣已直接影响到增压器的可靠工作,因此为了提高增压器运行的可靠性。后期开发了 YFL-A80×15LW 型机油滤清器,作为增压器机油进油系统专用。表征机油滤清器优劣的性能指标有很多,诸如过滤精度、过滤比、纳垢能量、流量压降特性。多次通过性能、滤芯的结构完整性、滤材与液体的相容性、滤芯承受轴向负荷的能力、滤芯耐流动疲劳能力。允许油液的工作温度以及压降差到达一定程度后是否能自动报警、拆装及放油、更换滤芯是否方便等性能指标。

YFL-A80×15LW 型机油滤清器结构。滤芯元件由通端盖、止端盖、多孔筒形、骨架、滤筒组成(见图8-9)。滤筒采用4层材料叠合而成,最外和最里层为铜网,第二层为无纺布(作保护用),第三层为复合滤材。止端盖起到两个作用,一是作为滤筒头安装座,二是使进入滤器的机油不直接冲射到滤筒上。

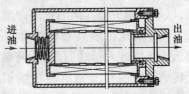

图 8-9　YFL-A80×15LW 型滤清器

⑦油压继电器结构

油压继电器是柴油机机油压力的一种保护装置,包括测量机构和执行机构两部分。测量机构主要由调节杆、弹簧等组成。执行机构由微动开关承担。

机车柴油机运用的油压继电器主要由西安信号工厂(见图8-10)和永济电机厂(见图8-11)生产的产品,两种产品略有不同,但原理是一致的。其工作原理以西安信号工厂制造的油压继电器为例。柴油机末端的机油压力(即进入增压器前的机油压力),从油压继电器底部的管接头进入底座内腔,当机油压力超过弹簧的弹力时,推动调节杆向上移动,触压微动开关的压板,使电触头闭合,通过电路使联合调节器的电磁阀(DLS)线圈得电,DLS 阀芯下移,断开联合调节器的动力活塞上、下油腔的油路,使联合调节器能正常控制柴油机工作,此时的油压值称为油压继电器的吸合值。

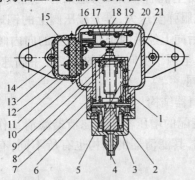

图 8-10　西安厂制造的油压继电器

1-底座;2-弹簧;3-调节杆弹簧组装;4-保护帽;
5-滑动板;6-套筒;7-套碗;8-滑块;9-特殊螺栓;
10-螺钉;11-端子板组装;12-端子端;13-卡片;
14-安装板;15-螺钉;16-线环;17-微动开关;
18-连接线;19螺母;20-铆钉;21-弹簧

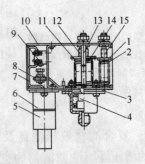

图 8-11　永济厂制造的油压继电器

1-微调螺母;2-微调弹簧;3-垫圈;4-支托;
5-触头;6-插座;7-塑料电线;8-传动板;9-微动开关;10-安装板;11-调整螺母;12-调整螺钉;13-防转架;14-弹簧;15-微动螺杆

当柴油机工作中,由于某种原因,使进入油压继电器的油压力不足以顶住弹簧的弹力,而使调节杆与微动开关压板脱开时,微动开关的触头松开(即常开触头断开)切断了联合调节器的DLS线圈电路,动力活塞上、下油腔油路沟通,在动力活塞弹簧的作用下,动力活塞下移,通过杠杆系统使柴油机供油齿条拉到停油位,柴油机停机。此时的机油压力值称为停机油压继电器的释放值(吸合值为 100^{+10}_{0} kPa,释放值为 80^{+10}_{0} kPa,B、C、D 型机均同值)。称之谓停机油压继电器,在柴油机前、后端各装 1 只 (1YJ、2YJ),如机油压力低于其中某一个的释放值时(注:1、2YJ 所处的柴油机机油出口压力值是不同的,前端机油出口压力要高于后端),此油压继电器将切断联合调节器上的 DLS 线圈电源,使柴油机停机。

在 B 型机以前的 A 型机上,柴油机前、后端还各装 1 个卸载油压继电器(吸合值为 180^{+10}_{0} kPa,释放值为 160^{+10}_{0} kPa,C、D 型机无此油压继电器),称之谓 3YT、4YJ。当柴油机转速 >735 r/min 时,如机油压力低于其中某一个的释放值,此油压继电器将切断励磁接触器 LLC、LC 线圈电源,使柴油机卸载。

⑧机油

机车柴油机用机油有其特殊要求,在大功率运用情况下,润滑承载能力要强;能对燃油燃烧高温起到冷却作用,并能对其燃烧中易析出的硫成分起到清洗作用,避免对燃烧室及其他零部件产生的腐蚀;尽可能减少因燃烧不良生成积碳,侵入机油后形成油泥,造成对滤清器的堵塞;减小柴油机运动部件的非正常磨损量,以适应对机车检修周期延伸的要求。具体对机车柴油机用机油的要求有:高温清净性与热安定性,抗磨、抗擦伤性能,碱值碱性保持性能,氧化定性,分散性好等指标。现代大功率机车用柴油机均采用了国外技术生产的超性能的第四代机油,与长寿命的第五代机油,基本上满足了上述要求。

2. 机油系统主要部件大修、段修

(1)大修质量保证期

机油系统中的主机油泵及其传动装置、机油热交换器,须保证运用 30 万 km 或 30 个月(包括中修解体);机油系统的管路及其他零部件,须保证运用 5 万 km 或 6 个月(即一个小修期)。

(2)大修技术要求

①主机油泵

机油齿轮泵(B 型机用)检修要求:解体、清洗,去除油污,泵体、轴承座板、泵盖、轴及齿轮不许有裂纹,齿轮端面及轴承座板轻微拉伤允许修理。主、从动轴 $\phi55$ 对 $\phi45$ 轴线的径向跳动为 0.05 mm(C1-64-00A 型泵)。组装后须转动灵活。

主机油泵试验须达到表 8-1 的要求。

表 8-1 主机油泵试验要求

名称	油温 (℃)	转速 (r/min)	压力 (kPa)	真空度 (kPa)	流量 (m³/h)	减压阀作用压力 (kPa)	安全阀作用压力 (kPa)
主机油泵	70~80	1 510	500	33	95	550~570	650~680

主机油泵在上述油温、转速条件下,当油压为 0.7 MPa 时,运转 5 min,检查各结合面及壳壁不许渗漏。

机油齿轮泵(D 型机用)检修要求:解体、清洗,去除油污,泵体、轴承座板、泵盖、主动齿轮及传动齿轮不许有裂纹,齿轮端面及轴承座板轻微拉伤允许修理,轴承须更新。主、从动轴齿顶对齿轮轴轴线的径向跳动为 0.02 mm。用油压或加热方法把传动齿轮装入主动轴上,齿轮内端面与前座板安装面之间的距离为(50.5 ± 0.5) mm。组装后须转动灵活,泵的进、出口须密封。

主机油泵试验须达到表 8-2 的要求。

表 8-2　主机油泵试验要求

名称	油温(℃)	转速(r/min)	压力(MPa)	真空度(kPa)	流量(m^3/h)
机油齿轮油泵	70~80	1 420	0.9	30.7	≥105

主机油泵在上述油温、转速条件下,当油压为 1.125 MPa 时,运转 5 min,检查各结合面及壳壁不许渗漏。

机油螺杆泵检修要求(C 型机):解体、清洗,去除油污,泵体、轴承套、前盖板、后盖板、主动螺杆、从动螺杆及齿轮不许有裂纹,齿轮端面和后盖板轻微拉伤允许修理,螺杆泵轴承套不许有拉伤。组装后须转动灵活,泵的进、出口须密封。

机油螺杆泵试验须达到表 8-3 的要求。

表 8-3　机油螺杆泵试验要求

名称	油温(℃)	转速(r/min)	压力(kPa)	真空度(kPa)	流量(m^3/h)
机油螺杆泵	70~80	2 571	900	33.2	105^{+2}_{-3}

机油螺杆泵在上述油温、转速条件下,当油压为 0.9 MPa 时,运转 5 min,检查各结合面及壳壁不许渗漏。

②机油管路

检修要求:去除油污,经磷化处理后封口。管路开焊允许焊修,焊后须经磷化处理并进行 0.8 MPa 油压试验,保持 5 min 不许漏泄。更换垫圈及密封件。

③机油热交换器

检修要求:热交换器须分解,油水系统须清洗干净,体、盖不许有裂纹。热交换器油水系统须单独进行水压试验。油系统水压 1.2 MPa,保持 5 min 不许泄漏;水系统水压 0.6 MPa,保持 5 min 不许泄漏。热交换器铜管泄漏时允许堵焊,堵焊管数不许超过 8 根。

(3)段修技术要求

①主机油泵

齿轮泵检修要求:泵体、轴、齿轮及轴承座板不许有裂纹,泵体内壁、齿轮端面及轴承座板允许有轻微拉伤,但应修整光滑。主机油泵轴承座板擦伤时允许磨修,但磨修后轴承座板厚度应不小于 42 mm。

检修后的试验:主机油泵限压阀须进行试验,其开启压力为 $0.55^{+0.05}_{0}$ MPa。加装减压装置后,限压阀的开启压力应为 $0.65^{+0.03}_{0}$ MPa。各泵组装后须转动灵活。主机油泵检修后须进行磨合试验和性能试验,其性能应符合表 8-4 规定。

表 8-4　主机油泵的磨合与性能试验

名称	介质	温度(℃)	转速(r/min)	出口压力(MPa)	入口真空度≤(kPa)	流量(m^3/h)	密封性能
主机油泵	机油	70~80	1510	0.5	A 型 25	95	各部无泄漏
				0.7	B 型 33		

机油螺杆泵（C 型机）检修要求：解体、清洗，去除油污，泵体、轴承套、前盖板、后盖板、主动螺杆、从动螺杆及齿轮不许有裂纹，齿轮端面和后盖板轻微拉伤允许修理，螺杆泵轴承套不许有拉伤。主机油泵传动齿轮，主、从动齿轮的轴向装入量为 4～5 mm。

检修后的试验要求：组装后须转动灵活，泵的进、出口须密封，机油螺杆泵试验须达到表 8-5 的要求。

表 8-5　机油螺杆泵试验要求

名称	油温（℃）	转速（r/min）	压力（kPa）	真空度（kPa）	流量（m³/h）
机油螺杆泵	70～80	2571	900	33.2	105^{+2}_{-3}

机油螺杆泵在上述油温、转速条件下，当油压为 0.9 MPa 时，运转 5 min，检查各结合面及壳壁不许渗漏。

D 型机用主机油泵检修要求：解体、清洗，去除油污，泵体等部件及齿轮同螺杆泵要求。主机油泵主、从动齿轮齿顶对齿轮轴线的径向跳动为 0.04 mm。齿轮内端面与前座板安装面之间的距离为（50.5±0.5）mm。

主机油泵检修后进行性能及密封试验，须符合表 8-6 的规定。

表 8-6　性能密封试验要求

名称	油温（℃）	转速（r/min）	压力（kPa）	真空度（kPa）	流量（m³/h）	密封性能
主机油泵	70～80	1420	900	30.7	≥105	试验过程中各处不许渗油

②机油管路

检修要求：各管路接头无泄漏，管卡须安装牢固，各管间及管路与机体间不得磨碰。各管路法兰垫的内径应不小于管路孔径，每处法兰垫的内径应不小于管路孔径，每处法兰橡胶石棉垫片的厚度不大于 6 mm，总数不超过 4 片。各连接胶管不许有腐蚀、老化、剥离。各阀须作用良好。

3. 故障分析

机油系统是柴油机的三大辅助系统之一，对柴油机内部运动部件起到重要的润滑、减磨、承载、冷却、清洗、密封作用。机油系统的工作好坏直接关系到柴油机工作质量与运用寿命，在柴油机装用内燃机车以来，机油系统的跑、冒、滴、漏的问题，一直是缠绕机车正常运用的问题。随着技术进步与检修工艺增强，新型零配件的投入使用，在机车柴油机机油系统中上述问题有所改善，但在机车运用中还存在实质性的问题得不到解决。即机车振动与柴油机震动不能减小与消失，其在机油系统所发生的故障就难以避免。机油系统发生的故障主要分为两方面。一是机油内循环系统故障，主要表象在机油通路被堵引起的机油压力低，不流畅造成的润滑不良，对运动部件及相关机件造成缺油性磨损与烧蚀；二是机油外循环系统故障，主要表象机油通路泄漏，此泄漏包括外漏与内漏，外漏主要指管路的裂损泄漏，内漏主要指管路阀的开启回油（即管路各回油阀的开启与止回阀故障后的开启），这类故障称为通路性管路不畅损坏现象。这类故障虽然在机车运用中不能直接构成对柴油机的危害，但将直接危及到机车的安全正常运用，因此必须引起重视。

（1）结构性故障

机油系统的泄漏发生在结构性方面的故障，表现在柴油机内部运动部件的损坏堵塞机油道通路,使运动部件烧损,差示压力计起保护作用。反映在连杆瓦、主轴承瓦剥离碾瓦堵塞油道,气缸活塞因缺少润滑油而抱缸;滤清元件因结构性问题引起机油通过率较低,引起机油系统起保护作用,使柴油机停机。

机油管路接口不良,硬口或软接口(包括软胶管连接带)泄漏。这类故障的发生,多数情况下为组装时未按要求进行装配,组装中发生抗(扭)劲时强行装配,机车运用中的振动与柴油机的振动,使这些部件易引起应力集中,发生疲劳性裂损或接口松缓造成的泄漏机油。铁(钢)质管路焊波裂损,该类故障分为原发性与陈旧性。机油系统管路中有许多支管路与弯管为焊接而成,无论是原发性与陈旧性裂损,均为机车在长期运用中,机车振动与柴油机振动在机油管路引起的共振,造成管路焊波或管路管壁的疲劳性裂损。属原发性焊波裂损,是指管路焊波或管壁第一次裂损;陈旧性裂损,是指管路焊波在补焊过的基础上再次发生的裂损。而在机车运用中发生在机油管路上的裂损,主要表象在管路焊波陈旧性裂损泄漏,因机车运用中条件所限,不能严格地按工艺要求进行补焊,往往是应付式的。尤其是发生在机车运用短缺时的紧交路,不能按焊接工艺要求进行补焊,即裂损口不能打磨成坡口,管路中存留的液体不能放出,只能在原焊波裂漏处进行堆焊(有的机车这样的堆焊点成了蛹虫形的窝巢),使管壁更加脆性化,应力更为集中,这将更易发生疲劳性裂损。虽然解决了当趟的机车运用问题,这样给机车长久(期)运用留下很大的隐患,致使机车运用中屡次发生管路裂损泄漏的机车运用故障。因柴油机机油是循环运用的,在柴油机机油系统内的总储存量是一定的。当泄漏到一定程度,主机油泵不能从油底壳吸取机油需要量时,柴油机机油保护装置将迫使其停机。

为了改善因机车振动与柴油机振动对机油管路中支路的影响,将机油支管路均更换为软质接口的软胶性连接,大大地改善了支管路接口因材质疲劳裂损泄漏问题。但在运用中也存在着该类胶管中金属接口与胶管的模压处剥离泄漏机油故障问题,也是需要解决的问题之一。

其次是机油系统中的零、部件故障。如机油滤清器、机油离心精滤器、机油精滤器、管路各独立循环系统内的逆止阀故障,引起的不能供油或供油不足(包括装置的泄漏)问题。各类机油滤清器主要发生在滤清通过率不足,与输出入管路(主要为支管路)的裂损泄漏。在这些滤清器的裂损泄漏中,因离心精滤器的工作强度较大,所以其管路与滤罐体(尤其是 C、D 型机装配的铝质体)及体内易发生裂损(见图 8-12)而泄漏。逆止阀发生故障主要发生在机油循环支路上,为不能闭锁,使主循环油路的机油压力向侧向支管路释压,使柴油机进口压力降低。当柴油机处于一定负载下运转时,因得不到规定机油压力润滑而卸载或停机。

图 8-12　机油离心精滤器体内部裂损

(2)运用性故障

机油系统在机车运用中发生的故障,一般为其结构性故障的反映,主要表象为机油管路泄漏机油引起的缺油,零、部件的故障,使机油输出、输入压力降低,或机油保护装置中的信号反馈控制系统出现故障,导致柴油机卸载或停机。运用中引起柴油机卸载或停机由多方面故障因素造成,机油管路裂损泄漏属可视性故障,无须费劲去判断。机、部件故障属机油系统内循环隐形类故障,可通过间接判断的方法去解决。即可通过"手触温度检视法"来检查机油外管路中逆止阀的故障;可通过"听诊鉴别法"来检查主机泵内部的故障;可通过"点击振动"来检查机油外管路焊波处的隐裂故障;可通过"机油进出口压力差分析法"来检查柴油机内机油通路是否发生非正常性泄漏故障。

当发生管路裂损泄（渗）漏，一般情况下，不做实质性处理（也无条件），仅做一些防护性处理，即将裂损泄漏处用软性物质缠绕起来，避免因机油喷射引起机车火灾与污染工作场所环境（对于渗漏性故障，可不做任何处理），待机车返回段内后，再作处理。当输出、输入机油压力低而发生柴油机停机时，可通过查巡各止阀的关闭情况来判断处理，对于逆止阀的损坏判断可通过手摸止阀所控制管路进出口管壁的温度来判断其作用的好坏；对于柴油机内部泄漏量大或主机油泵的故障，可通过柴油机机油进口与出口压力差与主机油泵出口压力来判断。当其系统内发生零、部件故障时，可通过关闭相应的止阀进行处理。如离心精滤器体或管路泄漏，可通过关闭进油止阀进行应急处理。当机油滤清器过脏发生机油压力输出下降时，在条件允许的情况下，可采取柴油机停机后轻微敲击壳体振动方法，使机油滤清器畅通，并结合降低柴油机转速（功率）维持机车运行。

在机车运用中，根据经验，无论是机油系统零部件的损坏与管路的裂损，均不可能在瞬间发生，尤其是疲劳性裂损，而是存在一定过程，即隐裂初始的渗漏到裂损后的泄漏，其系统内零、部件的损坏也同样存在这样的一个过程，与零、部件损坏的初始期机油压力的降低到保护装置的作用，只要认真仔细地检查，是有规律可循的。应该将此类故障通过一定的检查手段，将其消除在萌芽状态。即通过机车出段前的检查，将其故障隐患查找出来，以保证机车的安全运用。

4. 案例

（1）离心精滤器进油管裂损漏油

2007 年 10 月 19 日，DF$_{4B}$型 2009 机车牵引下行货物列车，运行在兰新线哈密至鄯善区段的柳树泉至雅子泉站间。司乘人员在机械间巡视中，发现离心精滤器进油管座处漏机油，经检查确认，为此进油管的接口处漏机油，在机车运行中，无法对此处裂管进行处理，就将此进油管的止阀进行了关闭处理，也就停止了此精滤器的运转工作，继续机车的牵引运行。待该台机车返回段内后，司乘人员及时向机车地勤质检人员反映了这一故障现象。经检查确认属此进油管接头焊波裂漏引起。将该台机车扣临修，解体拆下该油管接头焊波处已成蛹虫状堆集，无法再进行补焊，将此接头切割后，再换上一新接口管对接焊上，启动柴油机运转试验后，该台机车又投入正常运用。

该台机车于 2007 年 9 月 27 日完成第 1 次小修，修后走行 6 514 km。经分析，由于此接头经多次补焊，被焊接处成蛹虫状堆集，所焊堆处成脆性连接。而该处振动相对也大，极易引起振动性撕裂。属疲劳性裂损，定责材质，同时要求机车整备与运用部门加强机车日常的技术作业检查。

（2）离心精滤器下方回油总管里侧上根部裂损

2007 年 11 月 7 日，DF$_{4B}$型 7186 机车牵引下行货物列车，运行在兰新线哈密至鄯善区段的柳树泉至二堡站间。司乘人员在机械间巡视中，发现离心精滤器进油管座处漏机油，经检查，为此离心精滤下方漏机油，在机车运行中，无法仔细确认泄漏点，就将此进油管的止阀进行了关闭处理，继续机车的牵引运行。待该台机车返回段内后，司乘人员及时向机车地勤质检人员反映了这一故障现象。经检查确认此离心精滤器下方泄漏机油。将该台机车扣临修，解体检查，为离心精滤器下方回油总管里侧上根部裂损泄漏。将此管拆下，对破口进行打磨后焊修，试验运转正常后，该台机车又投入正常运用。

经分析，该台机车于 2007 年 9 月 24 日完成第 2 次小修，修后走行 17 694 km。检查离心精滤器转子铜套间隙，产生的振动是否过大，均属正常，其原因为外部振动较大，此管路属疲劳性裂损,定责材质。同时,要求对机油管路焊波根部做到重点检查,消除隐患,保证机车正常运用。

（3）主机油道旁通软胶管漏油

2007 年 10 月 20 日,DF$_{4C}$ 型 5052 机车牵引上行货物列车,运行在兰新线鄯善至哈密区段的瞭墩至雅子泉站间。司乘人员在机械间巡视中,发现主机油道旁通软胶管渗漏机油,经检查确认,为此油管的压装处泄漏机油,在机车运行中,无法对此进行处理,但也不影响机车继续牵引运用。待该台机车返回段内后,司乘人员及时向机车地勤质检人员反映了这一故障现象。经检查确认,属此进油管压装处泄漏机油。将该台机车扣临修,解体拆下检查,该压装处有剥离现象,因此而引起泄漏。将此管更换一新品软胶管换装上,试验运转正常后,该台机车又投入正常运用。

该台机车于 2007 年 8 月 28 日完成第 2 次小修,修后走行 28 742 km。经分析,此管在生产过程中,压膜不到位,在装车运用中,由于机油的侵蚀作用,加上机油运转流动中的高温,形成了软胶管压接层的剥离而渗漏。属疲劳侵蚀剥离,定责材质。

（4）机油离心精滤器进油管截止阀焊波裂漏

2008 年 1 月 2 日,DF$_{4C}$ 型 5225 机车担当货物列车 41024 次本务机车牵引任务,现车辆数 55,总重 3 587 t,换长 69.6。运行在兰新线的哈密至鄯善区段的雅子泉至柳树泉站间。司乘人员巡检机械间中,发现机油精滤器进油管裂损泄漏油,列车于 21 时 38 分停于区间。处理后 21 时 41 分开,区间总停时 3 min。列车运行至前方柳树泉站司机要求在该站停车,并请求更换机车。22 时 05 分到达柳树泉站,22 时 52 分由该站开车,本列运行总晚点 58 min,构成 G1 类机车运用故障。待该台机车返回段内后,扣临修,解体检查,机油离心精滤器进油管截止阀前接头焊波处裂损 40 mm,更换此节管路后,试验运转正常后,该台机车又投入正常运用。

查询机车运用与检修记录,该台机车 2007 年 9 月 11 日完成第 2 次机车大修,修后总走行 49 663 km,同年 12 月 19 日完成第 1 次机车小修,修后走行 6 675 km。机车到段检查,为机油离心精滤器进油管截止阀前段管路原焊波裂损(无法关闭截止阀处理),查该台机车碎修记录,在此机车运用期间,此管未发生任何检修记录,按机车大修质量保证期,定责机车大修。该台机车在运用中,由乌鲁木齐段内进行技术整备作业后出段,对此处故障未检查到位,定责乌鲁木齐段机车技术作业整备同等责任。同时,要求在机车小修作业时,按范围加强管路的检查,与日常机车整备技术检查作业中加强油水管路的检查。

（5）主机油泵出油胶管移位漏油

2008 年 8 月 3 日,DF$_{4B}$ 型 0746 机车担当货物列车 11047 次本务机车牵引任务,现车辆数 57,总重 3 238 t,换长 67.4。运行在兰新线的哈密至鄯善区段,23 时 14 分到达红旗坎站内停车,司机检查机车,发现柴油机输出端增压器故障,无法处理,要求更换机车,终止该台机车的继续牵引运行,构成 G1 类机车运用故障。待该台机车返回段内后,扣临修,检查主机油泵出油胶管移位漏油,使增压器供油量不足而形成缺油性损坏。经吊修自由端、输出端增压器,整修机油道胶管,试验运转正常后,该台机车又投入正常运用。

查询机车运用与检修记录,该台机车 2008 年 5 月 28 日完成第 2 次机车中修,修后总走行 37 276 km。机车到段检查,柴油机油底壳机油油位在油尺下刻线 5 mm 以下,机油油位偏低,主机油泵出油胶管移位 60 mm,胶管下方泄漏有大量机油油污。经分析,因主机油泵出油胶管移位漏油,导致后增压器机油供给不足,造成增压器发生润滑缺油性故障。机车中修时对主机油泵出油胶管卡子安装不良,机车运用中司乘人员未按要求准确提供故障信息。定责机车中修与机车运用部门。同时,要求机车整备应加强对机车油水管路泄漏状态的检查,机车检修部门应加强对主机油泵出油管紧固卡子的检查。

(6)机油热交换器进油管法兰漏油

2008年8月3日,DF$_{4B}$型7261机车担当货物列车85077次本务机车牵引任务,现车辆数54,总重1 172 t,换长59.4。运行在兰新线哈密至鄯善区段的雅子泉站停车(计划待避客车)。司乘人员检查机车时,发现机油热交换器进油管漏机油,无法处理,机车不能牵引列车继续运行,构成G1类机车运用故障。待该台机车返回段内后,扣临修,检查机油热交换器进油管法兰垫漏机油。经更换法兰垫紧固法兰螺丝,试验运转正常后,该台机车又投入正常运用。

查询机车运用与检修记录,该台机车2008年2月25日完成第3次机车大修,修后总走行66 723 km。于2008年7月17日完成第1次机车小修,修后走行8 088 km。机车到段检查,机油热交换器进油管法兰螺丝松动2条。经分析,机油热交换器进油管法兰螺丝松动,造成法兰垫密封不严,泄漏机油。机车检修部门检修作业不到位,机车小修时,未能及时检查发现此进油管法兰螺丝松动。定责机车检修部门。并要求加强机车小修作业范围的检查。

二、280型柴油机机油循环系统

1. 结构

机油系统向柴油机运动件提供洁净的机油,起到润滑作用,使摩擦表面不致产生损伤,减少摩擦表面的磨损,延长零部件的使用寿命,降低摩擦所消耗的功率。另外,用机油冷却活塞顶及其他运动件。从摩擦副中带走热量及清洗燃烧产物和摩擦面的磨粒。机油各摩擦副的润滑方式,大部分采用压力润滑,只是齿轮及活塞裙等少部分采用飞溅润滑。

机油系统由机油泵,机油离心滤清器、增压器滤清器、安全阀、调压阀和机油管路等组成(见图8-13)。为保证柴油机在正常机油压力下运行。在控制拉杆装置中设有油压保护机构。为保证增压器在正常机油压力下运转,后期出厂的DF$_{8B}$、DF$_{11}$型机车装配的柴油机还增设了两个油压继电器。

(1)机油回路

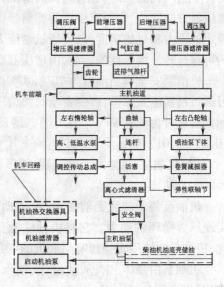

图8-13 机油系统方框图

机油泵将油底壳里的机油经滤网和吸油道吸入,然后泵入油道。安全阀安装在与出油腔相通的油底壳前端板内壁,当机油泵出口压力超过0.785 MPa时,安全阀开启,以保护机油泵和出油管路。四组离心式滤清器分别装在左、右侧靠前端的第一个曲轴箱观察孔盖上,部分机油从油底壳出油腔的左、右侧分别接入离心式滤清器,滤清后的机油流回油底壳。在机车回路中设置启动机油泵,在柴油机油底壳左侧设有启动机油泵的吸油口,机车的机油管路从吸油口接入启动机油泵的进口。启动机油泵泵出机油,经机油滤清器、机油热交换器和机油精滤器或是经机油热交换器、机油滤清器进入柴油机机体主油道,再送往各润滑点。

机油从主油道经机体各立板钻孔进入主轴承,由曲轴油道进入卷簧减振器、弹性联轴节和连杆大头轴承,由连杆杆身油孔进入连杆小头轴承,经由活塞销内孔进入活塞的活塞销座孔,再进入活塞冷却油腔。机油吸收活塞顶的热量后,从活塞体中部油孔流出,回落入油底壳。靠后端的机体左、右凸轮轴孔,由机体内铸入的钢管与主油道相通,机油沿钢管内孔进入凸轮轴轴承,并进入凸轮轴中空油道,再进入各凸轮轴轴承。靠后端的机体左、右凸轮轴孔,由机体上的钻孔与喷油泵下体进油总管相通,机油从凸轮轴孔经该孔、总管和各支管进入各喷油泵下体,去润滑滚轮等运动件。靠前端的机体左、右凸轮轴与机体侧面的一个钻孔相通,机油从凸轮轴孔经该孔引出。右侧分出三路,分别接入调控传动装置的轴承、中冷水泵轴承和经机体侧面钻孔进入右侧配气惰轮轴承。左侧分出两路,分别接入高温水泵轴承和经机体侧面钻孔进入左侧配气惰轮轴承。

由一根带有接头体的油管从主油道后端盖板上引出三路机油。其中一路进后增压器进油管路,另两路分别进入左、右列气缸盖进油总管。

主油道前端由机体前端板顶面的钻孔与分油器接通。机油从分油器分出 4 路,其中一路由管子接到机体齿轮箱左侧顶面的螺孔,机油由此孔喷入齿轮箱,用以润滑各传动齿轮的齿面,另一路进入前增压器进油管路,其余两路分别进入左、右列气缸盖进油总管。

综上所述,主油道的前、后端均引出两路机油分别送入左、右列气缸盖进油总管,再由各支管接到各缸盖外侧,去润滑摇臂、摇臂轴等摩擦面。由摇臂油孔经其头部出来的一路机油,顺挺杆中空内孔流入配气推杆,去润滑推杆各摩擦面和凸轮表面,再经机体流入油底壳。前、后增压器进油管路,均设有增压器滤清器,调压阀和油压继电器,以保证供给增压器的机油满足规定的压力和过滤精度,以及当机油压力低于规定值时,迫使柴油机卸载、停机,以保护增压器的可靠运转。增压器的回油,由增压器底部经油管从机体顶面接入机体内,再流入油底壳。

机油泵安全阀当油温为 70 ~ 80 ℃时。安全阀在油压为 $0.8^{+0.05}_{0}$ MPa 时开启。压力调整可通过松紧压紧螺母,改变安全阀弹簧压力来实现。调压阀机油压力(进入增压器)在柴油机标定转速时为 0.4 MPa。油压继电器动作值设定为:卸载继电器 $0.2^{+0.01}_{0}$ MPa,停车继电器 (0.07 ± 0.01) MPa。

(2)机油泵、机油离心滤清器、增压器机油滤清器

①机油泵

机油泵装于油底壳前端面,由传动齿轮带动,是机油系统实现压力循环的动力。它将机油输送到柴油机各摩擦面。因此,机油泵的故障直接影响柴油机的可靠性。

机油泵由泵体、主、从动齿轮、轴承座板、轴套和端盖等组成(见图 8-14)。

机油泵是一种齿轮式油泵,其排量由机油散热量来确定。由于柴油机功率大,故要求机油的散热量也大,因而其排量要大。为此,采用两个机油泵,并且采用大模数、高线速度、大齿宽、小端面和小的径向间隙的主、从动齿。这种油泵,其供油均匀。使用可靠,结构简单,重量轻,便于制造与维修。当一个泵出现故障时,另一个泵仍然可以维持柴油机的正常运行。

主、从动齿轮由合金钢制成,齿面经氮化处理。主动齿轮一端为花键轴,插入驱动机油泵工作的传动齿轮轴的花键槽内。主、从动齿轮轴两端支承在由铸造青铜制成的滑油轴承上,滑动轴承分别设置在泵体和轴承座板中。

②机油离心式滤清器

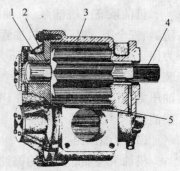

图 8-14 机油泵
1-轴承座板;2-轴套;3-泵体;
4-主动齿轮;5-从动齿轮

机油离心式滤清器,利用离心力分离机油中的机械杂质,实现滤清效果。对密度大而体积小的微粒,有很强的滤清能力,它阻力小,在使用中阻力不会增加。4组机油离心式滤清器,分别装在机体左、右侧的曲轴箱观察孔盖上,主要由转子、外罩壳、滤清器座和转子轴等组成。

由机油泵来的机油,从滤清器座中孔经转子轴内孔进入转子内腔。压力油经转子下部两个对称布置的喷油头高速喷出。由此产生反作用力偶,驱动转子高速旋转,使转子内腔机油中密度较大的机械杂质在离心力作用下甩向转子内壁,粘附到贴在内壁的衬纸上。滤清后的机油从喷油头喷出后,由滤清器座内腔排出,经曲轴箱流入油底壳。

③增压器机油滤清器

曾经采用过铜网元件(铜网规格为500目)叠合而成的滤芯,其外壳是一个圆筒,圆筒两端的螺纹接头分别为进出油口。

现采用不锈钢网滤芯,其外壳也是一个圆筒,圆筒两端的螺纹接头与原滤清器一样。机油从圆筒一端的接头进入滤芯与外壳之间的空腔。杂质被阻于不锈钢滤网外面,干净的机油通过滤网进入滤芯内孔,经圆筒的另一端接头流出。

④J9025 机油精滤器纸介滤芯

现装车于 DF_{8B}、DF_{11} 型机车 280 型柴油机的增压器机油精滤器经改进,在其外壳(胴体)不变的基础上,将原滤芯改为整体纸介滤芯。其滤芯主要由外滤芯罩,内纸介滤芯与铁丝网罩组成(见图8-15)。该滤芯为一次性用品,为避免机油过滤后浸涨失去滤清作用,其纸介滤芯是在密集的铁网丝的裹捆褶叠成扇筒形,整体组装在滤清器胴腔内,其内机油滤清通路不变,与原滤芯相同。在机车运用规定的实际时期内(或走行规定的公里数),便于整体替换,因此提高了滤清质量与效率及方便清洗维修。

图 8-15　J9025 纸介型滤清器滤芯

⑤机油

机油对柴油机的可靠性、经济性和耐久性有很大影响。高强化的增压柴油机尤其要选择性能良好的机油,并注意在运用中定期检验,更换失效的机油。否则对柴油机的运用将会产生严重不良影响。

280 型柴油机对机油的要求与 240 系列柴油机用机油相似。其黏度和抗磨性、抗氧化和碱性保持性、高温清净性与分散性是主要指标。

2. 机油系统主要部件大修、段修

(1)大修质量保证期

机油系统中的主机油泵及其传动装置、机油热交换器不发生折损和裂纹,须保证运用30万km或30个月(包括中修解体);机油系统的管路及其他零部件,须保证运用5万km或6个月(即一个小修期)。

(2)大修技术要求

①主机油泵

检修要求:解体、清洗,去除油污,各零件不许有裂纹,齿轮端面及轴承座板和泵体的对应端面不许有严重拉伤,轻微拉伤允许修理。更新轴套,轴颈不许有严重拉伤。组装后须转动灵活。

主机油泵性能及密封试验须达到表 8-7 的规定要求。

表 8-7　主机油泵性能及密封试验要求

名称	介质	温度(℃)	转速 (r/min)	出口压力 (MPa)	入口真空度 ≤(kPa)	流量 (m³/h)	密封性能
主机油泵	机油	70~80	1 110	0.83	22.7	≥50	油压为 0.85 MPa 时,运转 10 min,各部不许泄漏

主机油泵试验时,轴承温度不许比出口平均油温高 15 ℃。

②机油滤清器

检修要求:机油离心滤清器座焊修后须进行 0.8 MPa 的水压试验,保持 5 min 不许泄漏。增压器机油滤清器体焊修后须进行 1 MPa 的水压试验,试验保持 5 min 不许泄漏。机油离心滤清器转子轴承与轴颈的配合间隙须符合原设计。

检修后的试验要求:转子组装后须进行动平衡试验,不平衡量不大于机油离心滤清器组装后须转动灵活、运转平衡,并进行流量试验,当油温为 75~85 ℃,油压为 0.75~0.80 MPa,转速不低于 4 750 r/min 时,喷孔流量须为 2.04~2.28 m³/h。增压器机油滤清器检修后,在试验台上须进行油压为 0.6 MPa 的密封试验,保持 5 min 不许泄漏。

③机油热交换器

检修要求:热交换器须分解,油水系统须清洗干净,体、盖不许有裂纹。

机油热交换器油水系统须单独进行水压试验:油系统水压 1.2 MPa,保持 5 min 不许泄漏;水系统水压 0.6 MPa,保持 5 min 不许泄漏。热交器铜管泄漏时允许堵焊,数量不超过 24 根。

④机油管路

检修要求:去除油污,进行发兰处理后封口。管路开焊允许焊修,焊修后须进行发兰处理。更新垫片、密封件及橡胶管。清洗增压器进油调压阀,高压阀。

检修后的试验要求:机油管路进行 0.9 MPa 油压试验,保持 3 min 不许泄漏。高压阀开启压力为 0.30~0.40 MPa。

(3)段修技术要求

①主机油泵

检修要求:解体、清洗,更换密封件。泵体、轴、齿轮及轴承座板不许裂损,齿轮端面及轴承座板和泵体对应端面的轻微拉伤须修整光滑。组轴套不许松缓,轴套和轴颈不许严重拉伤。

检修后的试验:泵组装后转动须灵活,进行性能及密封试验,须符合表 8-8 的规定要求。

表 8-8　主机油泵性能及密封试验要求

名　称	介质	温度(℃)	转速 (r/min)	出口压力 (MPa)	入口真空度 ≤(kPa)	流量 (m³/h)	密封性能
主机油泵	机油	70~80	1 110	0.83	22.7	≥50	油压为 0.85 MPa 时,运转 10 min,各部无泄漏
启动机油泵	机油	70~80	2 2000	0.25	26.7	≥12	油压为 0.80 MPa 时,运转 5 min,各部不无泄漏

主机油泵试验时,轴承温度不许比出口平均油温高15 ℃。

②机油滤清器

检修及检修后的试验要求:更换不良滤芯。机油离心滤清器座焊修后须进行0.8 MPa的水压试验,保持5 min不许泄漏。增压器机油滤清器体焊修后须进行1 MPa的水压试验,机油滤清器体进行1.2 MPa水压试验,保持5 min不许泄漏。机油滤清器装车后,当柴油机转速为1 000 r/min、油温为(75 ±5)℃,其滤清前、后压力差须不大于0.04 MPa。

③机油滤清器

检修及检修后的试验要求:解体、清洗,更新密封件。更换转子组总成零件后须进行动平衡试验,不平衡量不大于5 g·cm。轴承不许松缓,轴承和轴颈不许拉伤,组装后转动须灵活、无异音。

④机油热交换器

检修及检修后的试验要求:分解、清洗,体、盖不许有裂纹。更新密封胶垫。堵焊管数不得超过36根。组装后,对油和水系统分别进行1.2 MPa和0.6 MPa的水压试验,保持5 min不许泄漏。

⑤机油管路

检修及检修后的试验要求:各管路中橡胶件、垫片须良好。各管路接头无泄漏,管卡安装须牢固,各管间及管路与车体间不许接磨。各管路法兰垫的内径须大于管路孔径,每处法兰石棉橡胶片的厚度不大于4 mm,总数不超过2片。各阀作用须良好。

3. 故障分析

280型与240系列柴油机的机油系统的机械结构基本相同,其区别在于280型柴油机采用了两台主机油泵,其驱动结构也有所改变,当机车运用中其中一台机油泵发生故障时,仅凭一台主机油泵也能维持机车运行。其机油系统的循环回路也基本相同,区别在于在机油系统中增设了微机保护监控系统(机油压力信号传感器),另为适应增压器润滑压力机油的需求,其机油精滤器比C/D型机用有所增大,相应提高了机油滤清的通过率,达到其增压器润滑机油的需求。其故障主要反映在结构性与运用性故障,故障表象为机油管路泄漏与机油压力降低,引起的柴油机卸载或停机。

(1)结构性故障

其结构性故障与240系列柴油机用机油系统相同。即存在于机油管路外漏与内堵性,引起机油系统缺油或压力降低等类故障,泵结构性损坏。外漏性故障,各种类型的机油管路(金属及有色金属管路或软胶管)引起的外漏,因其原材料结构问题,如发生在比较细小的压力机油有色金属管(包括软胶管);机油管路砂眼细孔或管路刚性折(裂)损引起的喷射性泄漏;装配的软管因两端金属模压剥离或胶管龟裂引起泄漏;各种主机油管道上的软胶性连接管卡箍松缓,或管路接口与支管路的焊波被振裂,泵体端盖及垫损坏,引起的渗性泄漏。内堵性故障,发生在机体内部及机油滤清器元件的内堵性与泄漏过大的故障,与240系列柴油机基本相同。

除此之外,280型柴油机所采用的转速控制方式为有挡无级调速,与240系列柴油机机油系统压力保护装置相比,增设了高手柄位机油压力卸载保护。因此,还存在于微机机油压力保护的传感器油路及自身故障问题,引起柴油机自动卸载与停机保护。

(2)运用性故障

280型柴油机运用性故障与240系列柴油机基本相同,主要由其结构性故障引起。即发生在机油管路的泄漏和柴油机内部的非正常性泄漏,或滤清装置的内堵,其故障表象也为管路

泄漏或机油压力逐渐降低,甚至于柴油机发生保护性卸载或停机。在机车运用中应加强机车出段前的技术检查作业,避免机油"跑、冒、漏"故障发生在机车运行途中。

在机车运行中,面对机油系统所发生的跑、冒、漏及内堵故障,只要发现及时,处理正确果断,一般不会影响机车的正常运行。当巡检发现机油外管路发生渗(泄)漏(包括主机油泵端盖及垫泄漏)时,尽可能不采取检修紧固的方法处理,因这些泄漏故障点基本上属隐裂性的,一旦经紧固处理,往往泄漏点会更大,机车不能维持运行。可采取防护性处理措施,如泄漏处发生呲漏,用布或棉丝将裂损泄漏处捆绑缠绕起来,避免其机油的呲漏污染环境或引起机车火灾。当主机油泵损坏一台,可不作处理,仅凭一台主机油泵维持机车运行返回段内处理。关于机车在出段前的检查方法,可参照240系列柴油机机油系统的检查方法进行。

除此之外,对该型机车所装配的微机机油压力保护系统发生故障后的检查处理。因该系统在机车运行中发生故障,柴油机将不能加载或停机,其机车运行中的应急处理,可甩掉该系统维持机车运行,即从微机控制箱上将机油压力保护装置切除(断开此传感器输入信号),待机车返回段内再作处理。

4. 案例

(1)自由端齿轮箱介轮端盖板机油管泄漏

2007年10月13日,DF$_{8B}$型5320机车牵引下行货物列车,运行在兰新线柳园至哈密区段的小泉东至大泉站间。司乘人员在机械间巡视中,发现柴油机第1缸处有泄漏机油处所。经检查,为一润滑机油管泄漏。因该管所处位置不易处理,就运用布带简单捆扎处理,泄漏并不能阻止(但经此处理,能避免机油呲喷现象,因而避免火灾事故发生)。维持机车运行至目的地站,待该台机车返回段后,司乘人员向机车地勤质检人员反映了这一故障现象,经检查,为柴油机第一缸处的惰(介)轮润滑油管泄漏。扣临修,经解体检查,卸下此油管,发现该油管中有一孔砂眼,为油管制造中遗留的,属油管材料质量问题,定责材质。经更换此油管,运转试验正常后,该台机车又投入正常运用。

(2)通增压器机油(软)管裂漏

2007年10月19日,DF$_{8B}$型5320机车牵引下行货物列车,运行在兰新线柳园至哈密区段的盐泉至红旗村站间。司乘人员在机械间巡视中,发现柴油机第1缸处有泄漏机油处所。经检查,为一通前增压器的润滑机油软胶管泄漏。因机车运行中无法作更换处理,就运用布带简单捆扎处理,泄漏并不能阻止(但经此处理,能避免机油呲喷现象,因而避免火灾事故发生)。维持机车运行至目的地站,待该台机车返回段后,司乘人员向机车地勤质检人员反映了这一故障现象,经检查,为此软胶管纵向裂损。扣临修,经拆下检查,并查该台机车的检修纪录,该软胶管为2007年9月3日生产的软胶管,同年10月15日才装车使用。装车运用几天就发生裂损故障。为慎重起见,将此软胶管换用铁管替代(注:原该类润滑油管就装用的铁管),并将后增压器的润滑软胶管也换装为铁管。经更换此油管,运转试验正常后,该台机车又投入正常运用。

经分析,该油管属配件生产质量问题,定责某机车配件厂。同时,要求加强机车检查与信息反馈,向生产厂家反馈信息,并停止使用该厂家的同类产品,避免机车运用故障的发生。

(3)右侧主机油泵端盖垫漏机油

2007年10月22日,DF$_{8B}$型0198机车牵引下行货物列车,运行在兰新线柳园至哈密区段的照东至红柳河站间。司乘人员在机械间巡视中,发现柴油机右侧主机油泵端盖处有泄漏机油处所。经检查,端盖上的紧固螺栓也紧固到位无松缓现象,估计为端盖垫被呲损故障。因该处泄漏机油量也不大,同时该类型机车属双主机油泵,仅一台机油泵也能维持柴油机运转。因此机车继续牵引列车运行至目的地站,待该台机车返回段后,司乘人员向机车地勤质检人员反映了这一故障现象,经检查确认,扣临修。经拆下检查,该台主机油泵的端盖垫被呲损坏,经更换此端盖垫,运转试验无泄漏后,该台机车又投入正常运用。

经分析,该泵端盖垫有垫渣现象,即在组装此泵时,原垫与端盖接口处未清理干净,形成的垫渣,在该机油泵运转中机油发生渗透,加上柴油机振动与主机油泵的工作振动,更利于机油的渗漏,长久运转中,此垫容易遭到侵蚀性损坏。该台机车为新出厂机车,在质量保证期内,定责机车大修。同时,要求在组装此类泵后端盖时,要求接触面必须清理干净,防止遗留垫渣发生漏油现象。

(4)主机油泵出油总管焊波下方裂漏

2007 年 11 月 4 日,DF$_{8B}$型 5504 机车牵引下行货物列车,运行在兰新线柳园至哈密区段的烟墩至盐泉站间。司乘人员在机械间巡视中,发现柴油机左侧主机油泵出油总管下方有泄漏机油。经检查,估计为该出油总管的焊波裂损引起的泄漏,视其泄漏量也不太大,因此机车继续牵引列车运行至目的地站。待该台机车返回段后,司乘人员向机车地勤质检人员反映了这一故障现象,经检查确认,扣临修。解体检查,该台主机油泵的出油总管焊波裂损,更换该出油总管,运转试验正常后,该台机车又投入正常运用。

经分析,该台机车 2007 年 10 月 16 日完成第 3 次机车小修,修后走行 8 904 km。因该油管所处柴油机自由端的侧面,振动较大,加之属悬空状安置,其管路焊波裂损为一种贯性故障,属材料质量问题,定责材质。同时,要求机车整备部门日常加强对机油管路焊波处的检查,并及时排除管路振动的故障原因,保障机车的正常运用。

(5)凸轮轴机油管裂损漏油

2008 年 1 月 5 日,DF$_{8B}$型 5418 机车牵引货物列车 11072 次,现车辆数 46,总重 3 889 t,换长 69.1,运行在兰新线哈密至柳园区段的尾亚至天湖站间。该机车凸轮轴润滑机油管裂损漏油,司机要求站内停车处理。天湖站 1 时 55 分到,经司乘人员处理后,2 时 24 分开,本站非正常停车 29 分,本列到达目的地站,总晚点 50 分,构成 G1 类机车运用故障。待该台机车返回段内后,扣临修,解体检查,发现柴油机第 1 缸处的过轮润滑油管软管中部裂损,造成严重漏油。经更换此油管,运转试验正常后,该台机车又投入正常运用。

查询机车运用与检修记录,该台机车 2007 年 4 月 24 日完成第 2 机车中修,修后走行 158 310 km,于同年 12 月 11 日完成第 3 次机车小修,修后走行 13 433 km。经分析,该管路裂漏原因为软管质量达不到规定要求,从此软管内部发生裂漏。该软管为某配件厂 2007 年 9 月生产,2007 年 9 月 29 日装配该台机车使用,按质量保证期定责该机车柴油机配件厂。同时,及时将故障信息反馈该机车配件生产厂家,并下通知要求将所装配的此过轮润滑金属软油管,全部更换为纯铁管。

(6)机油压力传感器失效

2008 年 1 月 22 日,D$_{F8B}$型 5177 机车牵引货物列车 89031 次,现车辆数 24,总重 589 t,换长 36.3。运行在兰新线柳园至哈密区段的照东至红柳河站间。突然发生柴油机停机,被迫在照东站至红柳河站间下行线 1 128 km +700 m 处停车,停车时间 8 时 17 分,经司乘人员处理后,8 时 23 分开车,区间停车 6 分。列车起动运行后在照东站至红柳河站间下行线 1 129 km +300 m 处再次发生柴油停机,8 时 24 分再次停车。经检查判断估计为机油压力传感器发生故障,引起微机保护系统起保护作用,经确认机油压力正常的情况下,切除微机机油压力保护后,柴油机运转正常,8 时 36 分再次开车,区间总停时 18 分,构成 G1 类机车运用故障。待该台机车返回段内后,扣临修,解体检查,发现后增压器机油压力传感器故障,造成微机系统采集后增压器机油压力信号偏低,微机报警后增压器机油压力低停机。经更换此机油压力传感器,运转试验正常后,该台机车又投入正常运用。

查询机车运用与检修记录,该台机车 2006 年 8 月 10 日完成第 1 次机车中修,修后走行 272 539 km,于 2007 年 12 月 26 日完成第 5 次机车小修,修后走行 14 299 km。因小修范围只能通过机油压力的显示来判断机油压力传感器是否良好,无法判断器质性的变化,定责材质。同时,要求机车整备部门加强机油压力微机显示的日常检查。

(7)增压器润滑油管裂损

2008 年 1 月 24 日,DF$_{8B}$型 5379 机车,担当货物列车 11030 次重联二位机车的牵引任务,现车辆数 49,总重 3 984 t,换长 68.5。运行在兰新线哈密至柳园的盐泉至烟墩站间,司乘人员机械间巡检时,发现输出端增压器润滑管处泄漏机油,并于 16 时 22 分向烟墩站报告,请求在烟墩站停车处理机车故障,列车于 16 时 24 分停于烟墩站,经司乘人员检查,为该增压器润滑油管裂损,机油泄漏严重,现有条件无法处理,于 16 时 32 分请求更换机车。烟墩站 17 时 50 分开车,延误 1 时 26 分开车,构成 G1 类机车运用故障。待该台机车返回段内后,扣临修,解体检查,为输出端增压器滤清器通安全阀座机油管接头焊波处裂损,造成的严重漏油。经更换此油管,运转试验正常后,该台机车又投入正常运用。

查询机车运用与检修记录,该台机车 2008 年 1 月 4 日完成第 1 次机车大修,修后仅走行了 924 km。按机车大修质量保证期,定责机车大修。同时,及时向该机车大修厂反馈此故障信息。

(8)增压器机油进口压力低

2008 年 3 月 5 日,DF$_{8B}$型 5353 机车牵引货物列车 83150 次,现车辆数 47,总重 3 969 t,换长 56.2。运行在兰新线哈密至柳园区段的小泉东至柳园站间,柴油机突然发生停机,被迫在小泉东至柳园站间上行线 1 062 km+234 m 处 13 时 32 分停车,经司乘人员检查处理后,13 时 39 分开车,区间停车总停时 7 分,构成 G1 类机车运用故障。待该台机车返回段内后,扣临修,测试检查,为柴油机输出端增压器机油压力低于保护值而停机,原因为该增压器前的机油滤清器脏堵,引起的机油通过率下降。经更换增压器滤清器后,柴油机恢复正常运转,该台机车又投入正常运转。

查询机车运用与检修记录,该台机车 2007 年 11 月 15 日完成第 1 次机车大修,修后总走行 50 084 km;于 2008 年 2 月 27 日完成第 1 次小修,修后走行 837 km。经分析,该台机车小修时按检修范围更换此滤清器,经对此滤清器检查,洁净度良好,属过滤材料质量问题,定责材质。同时,要求小修机车交车时,要加强各有关数据的检查,确认相关配件是否正常。

(9)前增压器进口机油表管内堵造成机油压力低

2008 年 3 月 5 日,DF$_{8B}$型 5319 机车,11046 次,现车辆数 47,总重 3 988 t,换长 68.2。运行在兰新线哈密至柳园区段,多次发生柴油机突然停机。15 时 50 分列车运行到达柳园站后,司乘人员要求更换机车。更换机车后,柳园站 16 时 28 分开车,晚点 18 分,构成 G1 类机车运用故障。待该台机车返回段内后,扣临修,解体检查,原因为前增压器机油压力表管太细,长时间运用造成油路内部胶质性堵塞,原表管铜管路直径 ϕ6 mm,致使输往微机控制系统的机油压力低,造成微机多次起保护性停机。经改表管铜管路直径 ϕ8 mm,运转试验机油压正常后,该台机车又投入正常运用。

查询机车运用与检修记录,该台机车 2007 年 8 月 28 日完成第 1 次机车大修,修后总走行 114 144 km,于 2008 年 2 月 21 日完成第 2 次机车小修,修后走行 7 948 km。经分析,属机油压力表管形成的机械性堵塞,定责材质。同时,要求机车检修、整备加强日常技术检查作业。

(10)气缸盖过缸机油管泄漏

2008 年 3 月 9 日,DF$_{8B}$型 5153 机车牵引上行货物列车,运行在柳园至嘉峪关区段的地窝铺-玉门站间,柴油机突然发生停机,经司乘人员检查,为柴油机第 2 缸气缸盖过缸机油润滑油管接口处漏油严重。柴油机停机后启不来机,因此而请求救援,构成 G1 类机车运用故障。待该台机车返回段内后,扣临修,检查柴油机第 2 缸气缸盖过缸机油管无漏油,当加足机油量,进行水阻试验,无其他泄漏处所。该台机车又投入正常运用。

查询机车运用与检修记录,该台机车 2007 年 3 月 13 日完成第 1 次机车中修,修后走行 229 314 km,于 2008 年 1 月 24 日完成第 4 次机车小修,修后走行 31 624 km。经分析,机车在运用中,柴油机第 2 缸气缸盖机油过缸管接口因振动大,螺帽松动引起的机油泄漏,造成柴油机机油大量泄漏,使柴油机油底壳内机油总储量不足,而使柴油机启不了机。被救援后,司乘人员用搬手对此油管接头紧固后,机油不再漏泄。因机车运用中,司乘人员未能够按照规定巡检,造成机油泄漏严重,柴油机启不来机,定责运用部门。同时将此信息及时反馈该机务段。

(11)油压继电器进油管裂损漏油

2008 年 5 月 17 日,DF$_{8B}$型 5500 机车担当货物列车 WJ702 次重联机车的牵引任务,牵引吨数 3 242 t,辆数 38 辆,计长 45.2。运行在哈密至柳园区段的烟墩至山口站间,司乘人员在机械间巡检中,发现柴油机油压继电器(2YJ)的进油管接口发生泄漏机油,用搬子紧固后也不起作用,司机通知前方站,要求站内停车处理。3 时 46 分到达山口站停车,处理好后,4 时 10 分开车,总停时 24 分,构成 G1 类机车运用故障。待该台机车返回段内后,扣临修,检查发现 2YJ 进油管金属接口模压处漏油,经更换此油管,运转试验正常后,该台机车又投入正常运用。

查询机车运用与检修记录,该台机车 2007 年 12 月 25 日完成第 2 次机车中修,修后走行 90 282 km,于 2008 年 5 月 4 日完成第 1 次机车小修,修后走行 10 392 km。经分析,该台机车于第 2 次机车中修更换新品 2YJ 进油管,该油管配件生产日期为 2007 年 11 月,该软管在机车中修后仅运用走行了 90 282 km。按与该油管配件厂达成的协议,金属软管质量保证期运用为 30 万 km,定责该油管生产配件厂。并向该配件厂进行质量反馈。

(12)主机油泵齿轮轴承破损

2008 年 5 月 17 日,DF$_{8B}$型 5181 机车担当货物列车 11094 次的任务,现车辆数 52,总重 3 728 t,换长 57.2。运行在哈密至柳园区段的思甜至尾亚站间,突然发生柴油机机油出口压力下降,司乘人员检查机油管路无泄漏,检查主机油泵时,一侧主机油泵内侧有异音,判断为该机油泵内部损坏,通知前方站,要求停车检查处理。在一台主机油泵工作的情况下,维持运行,13 时 19 分到达尾亚站内停车,经检查确认为一侧主机油泵故障,请求更换机车,构成 G1 类机车运用故障。待该台机车返回段内后,扣临修,检查为该主机油泵主动齿轮轴承破损,齿轮轴向窜动,齿轮被啃伤严重,不能带动主机油泵转动,造成该泵无机油压力输出。经更换该主机油泵,运转试验正常后,该台机车又投入正常运用。

查询机车运用与检修记录,该台机车 2007 年 4 月 4 日完成第 1 次机车中修,修后走行 253 273 km,于 2008 年 4 月 14 日完成第 5 次机车小修,修后走行 21 342 km。经分析,机车在运用时,因轴承先期破损,泵主动齿轮轴向窜动,齿轮啮合偏移,造成泵主动齿轮被啃伤严重,不能带动主机油泵转动,造成无机油压力输出。该轴承为 NSK 轴承,在机车中修时装车使用,修后走行 253 273 km。按新造轴承 30 万 km 的运用保质期规定,定责 NSK 生产厂家。同时,要求加强日常机车小修柴油机齿轮箱内各部件的检查,及时反馈机车动态信息,发现自由端有异音及时反馈有关部门,并向厂家反馈此质量信息。

（13）主机油管回油阀开启

2008 年 6 月 2 日,DF$_{8B}$ 型 0087 机车担当货物列车 11080 次本务机车的牵引任务,现车 52 辆,牵引吨数 3 929 t,换长 68.7。运行在哈密至柳园区段红柳河站前的区间内,该台机车多次出现机油压力低卸载。维持运行至柳园站前,司机要求在柳园站更换机车,影响本列晚点到达安北（交口）站交车,构成 G1 类机车运用故障。待该台机车返回段内后,扣临修,检查机油回油阀未关闭造成机油压力低,关闭主机油管回油阀,运转试验正常,该台机车又投入正常运用。

查询机车运用与检修记录,该台机车 2007 年 10 月 30 日完成第 2 次机车中修,修后走行 13 1444 km,于 2008 年 5 月 8 日完成第 2 次机车小修,修后走行 15 385 km。机车到达柳园折返段检查各部正常,机油压力正常,检查柴油机转速 400 r/min 时,机油温度 50 ℃时,主机油泵出口压力 200 kPa,柴油机进口压力 170 kPa,输出端增压器精滤前机油压力为 130 kPa,检查发现机油管路回油阀未关闭。经分析,该台机车 2008 年 5 月 29 日,因低温安全阀进油管焊波裂损扣修,交车时,检修人员未确认此回油阀的关闭状态。定责机车检修部门。同时,要求加强机车整备技术检查作业中对机油管路各阀关闭状态的确认。

（14）主机油泵盖螺栓滑扣漏油

2008 年 6 月 20 日,DF$_{8B}$ 型 5352 机车担当货物列车 11080 次重联机车牵引任务,牵引吨数 3 960 t,现车辆数 50,换长 62。该台机车非常备入后,计划牵引 11080 次由哈密 10 时 35 开车,在哈密段内进行机车整备技术检查作业时,发现该机车柴油机主机油泵端盖漏油,因此而更换机车。影响该列车哈密晚开 33 分,构成 G1 类机车运用故障。扣临修,检查为主机油泵垫安装孔与其端盖栽丝孔错位,挤压不良造成渗漏。经更换此主机油泵端盖垫,运转试验正常后,该台机车又投入正常运用。

查询机车运用与检修记录,该台机车 2007 年 1 月 29 日完成第 1 次机车大修,修后总走行 135 763 km。于 2008 年 4 月 24 日完成第 2 次机车小修,修后走行 41 004 km。对机车检查,柴油机左侧主机油泵端盖高手柄往外渗漏,端盖螺丝无松动,解体检查主机油泵纸垫安装孔与其端盖栽丝孔错位。经分析,该泵垫安装孔与主机油泵端盖栽丝孔错位,挤压不良造成渗漏。该台机车在大修后未对此处进行过处理,按机车大修质量保证期,定责机车大修。同时,要求机车整备部门加强机车日常检查,杜绝类似故障发生。

（15）主机油泵出油胶管崩裂

2008 年 8 月 8 日,DF$_{8B}$ 型 5385 机车担当货物列车 11082 次重联机车牵引任务,现车辆数 56,总重 3 953 t,换长 68.8。运行在哈密至柳园区段的红柳河至照东站间,司乘人员在机械间巡检中,发现调节器下方机油大胶管崩裂,机车运行中无法处理,要求在前方站停车。7 时 08 分到达照东站,7 时 47 分开车,到达柳园站列车总运缓 32 分,造成本列晚点,构成 G1 类机车运用故障。待该台机车返回段内,扣临修,检查为主机油泵出油胶管通大热交换器侧胶管与法兰连接处崩裂 1/3。经更换此胶管,柴油机油底壳补满机油,运转试验正常后,该台机车又投入正常运用。

查询机车运用与检修记录,该台机车 2008 年 1 月 1 日完成第 1 次机车大修,修后总走行 128 952 km,于 2008 年 5 月 27 日完成第 1 次机车小修,修后走行 51 125 km。机车到段检查,主机油泵出油胶管通大热交换器侧胶管与法兰连接处崩裂 1/3,球形胶管无拉抻现象,管路无

扭曲变形,柴油机机油油位在下刻线以下,为慎重见,吊下前、后增压器解体检查,对柴油机相关部件也进行了重点检查,均属正常。经分析,胶管崩裂原因为质量问题,在长期运用中机油管路振动下胶管与法兰磨损后崩裂。该胶管为河北固安橡胶元件制造厂生产,无生产日期,该胶管在机车大修时装车。因此胶管已超出机车大修质量保证期6万km,定责材质。同时,要求机车小修加强检查,并将此故障信息反馈厂家,要求在胶管上标注生产日期,便于配件跟踪检查。

(16)机油压力表管断裂漏油

2008年10月15日,DF$_{8B}$型5319机车担当货物列车11055次本务机车牵引任务现车54辆,牵引2 265 t,换长66.1。运行在嘉峪关至柳园区段石板墩至峡口站间下行线1 014 km+349 m处,因机油压力表管断,5时42分区间停车,经处理后,6时29分区间开车,总停时47分,构成G1类机车运用故障。待该台机车返回段内,扣临修,运转试验正常后,该台机车又投入正常运用。

查询机车运用与检修记录,该台机车2008年7月23日完成第1次机车中修,修后走行57 894 km。机车到段检查,主机油泵输出压力表管(铁管)从接口根部焊接处断裂,接口处焊接应为氧焊焊接,该台机车采用电焊对该处进行了堆焊,造成管体破坏,在运用一段时间后断裂。该台机车2008年9月16日因此表管漏油,机车整备部门进行了更换表管处理,2008年10月9日又提票该处漏油,只进行了紧固处理。同时,该台机车中修时,因此表管组装抗劲,造成在2008年9月16日此表管漏油。按机车中修质量保证期,定责机车中修与整备部门。同时,要求机车检修部门按工艺要求组装此类表管,机车整备作业要按工艺要求对此类表管路进行(氧)焊接。

思考题

1. 简述240/280型柴油机机油系统主要部件大修质量保证期。
2. 简述240系列柴油机机油系统结构性故障。
3. 简述240系列柴油机机油系统运用性故障表象。

第二节　冷却水循环系统结构与修程及故障分析

柴油机机工作时,产生的高温,如不能对其进行及时的、适度的冷却,将使其相关零部件的材料机械性能下降,在严重的热应力作用下会发生变形、裂损,引起摩擦副的强烈磨损,甚至咬死。并会使工作介质润滑机油老化变质黏度下降,破坏润滑油膜的建立,同时柴油机中有相当量的零部件是靠循环机油来冷却的,如果没有可靠的冷却系统的支持,柴油机将失去可靠运转保障。

一、240系列柴油机冷却水循环系统

1. 结构

240系列柴油机的冷却水均采用半密闭式循环系统,由高温、低温、预热循环系统和高、低温冷却水泵及相关部件组成。冷却水循环系统方框图见图8-16。

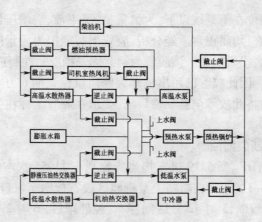

图 8-16　冷却水系统方框图

（1）高温水系统

高温水系统是用于冷却缸套、气缸盖和增压器用的,它的正常工作水温65～75 ℃.由高温水泵泵出的冷却水经柴油机左、右侧进水总管后,分两路,一路通过各气缸的进水支管到达气缸套和气缸盖的水腔,另一路分别进入前、后增压器,然后两路汇集到出水总管,进入散热器散热后回到高温水泵。在高温水进散热器前,引出一部分高温水分别到燃油预热器加热燃油,到司机室热风机供取暖后,再回到高温水泵。

（2）低温水系统

低温水系统是为冷却中冷器的增压空气而设置的,它由柴油机上另一个被曲轴齿轮驱动的产量较小的冷却水泵作动力,由于进入中冷器的水温需控制在45 ℃左右,因此水温相应较低,而得名为低温水系统。

由低温水泵将水泵入前、后中间冷却器,然后进入机油热交换器后进入中冷散热器组散热,散热后的冷却水首先经静液压系统的静液压油热交换器,冷却静液压油,然后经 逆止阀回到低温水泵。

（3）膨胀水箱

膨胀水箱承担着分别为高、低温水系统进行补水的任务,补水管连在逆止阀后水泵前。膨胀水箱还承担着高温水系统的放气任务,放气管设在高温水系统的柴油机出水总管后,高温散热器组前。

（4）预热系统

预热系统是为柴油机启机前,使油、水温度预热到规定值,或在停机较长时间后,为保持一定的油水温度而设置的。系统的预热锅炉循环水泵分别从高、低温两个系统的逆止阀前吸水,经截止阀汇合在一起进入预热锅炉出口,再分别经截止阀进入高、低水泵出口到两水系统进行循环预热。

（5）冷却水泵

冷却水泵由叶轮、水泵体、吸水盖、水泵座、轴、齿轮、油封和水封组成。240 系列柴油机冷却水系统装配的高、低温水泵结构基本相同,仅零部件尺寸大小有所区别,具体分为 B、C 型机用冷却水泵。

①B 型机水泵

B 型机采用高效的 7 片扭叶片的离心式水泵。高温水泵与低温水泵除叶轮、泵体、吸水壳不同外,其他零件完全相同。高温水泵叶轮外径为 214 mm,吸水口直径为 132 m,叶轮出口宽

度为 26^{+1}_{0} mm。低温水泵分别为 200 mm,120 mm 和 27 mm。因此,高温水泵的流量与水压均要大于低温水泵。

该型水泵用 8 个 M12 螺栓装在柴油机自由端的泵支承箱上(见图 8-17)。

②C 型机水泵

C 型机的高温水泵和低温水泵仍由曲轴上的泵主动齿轮直接驱动,但驱动齿轮与轴的配合改为锥度配合连接(见图 8-18)。由于 C 型机的泵支承箱与 B 型机相比,有了较大的变化,因此水泵的泵座体也有较大的变化,总体结构基本相似。C 型机的高低温水泵的主要性能参数完全相同,但在高、低温水泵最高转速时(2 750 r/min),水压为 350 kPa,高温水泵的流量为 135 kL/h,低温水泵的流量为 105 kL/h。

③D 型机水泵

D 型机所用高、低水泵结构完全相同,均为单级离心式水泵,由曲轴上的泵主动齿轮直接驱动。由叶轮、泵体、蜗壳、水泵轴、轴承和传动齿轮等组成(见图 8-19)。水泵在转速 2 750 r/min、水温 70~80 ℃、出水口压力为 350 kPa 时,流量不低于 135 kL/h。

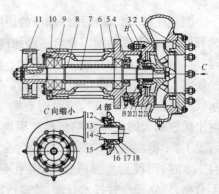

图 8-17 B 型机冷却水泵

1-吸水盖;2-水泵体;3-密封环;4-锁夹套;5、9-滚动轴承;6-水泵座;7-水泵轴;8-中间套筒;10-水泵体套;11-驱动齿轮;12-密封座;13-密封环;14-静环;15-动环;16-密封环;17-弹簧座;18-弹簧;19-密封座;20-密封环;21-橡胶封圈;22-调整垫;23-弹簧

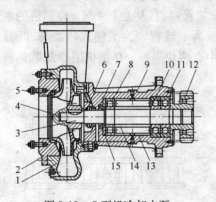

图 8-18 C 型机冷却水泵

1-蜗壳;2-盖;3-轴;4-盖形螺母;5-叶轮;6-水封;7-油封;8、10-滚动轴承;9-泵体;11-压盖;12-齿轮;13-挡套;14-间隔套;15-板

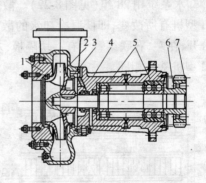

图 8-19 D 型机冷却水泵

1-盖;2-叶轮;3-蜗壳;4-泵体;5-滚动轴承;6-轴;7-齿轮

(6)冷却液

冷却液(水)品质的好坏,对柴油机性能和寿命有直接影响,不符合要求的冷却液会在柴油机冷却水系统中产生水垢,降低了冷却水系统的冷却能力,此时尽管在机车仪表中显示出冷却液在正常工作的温度范围内,但实际上柴油机的有关零部件已在超出正常的冷却状态下工作。随着水垢的产生、增长,水垢层加厚,当水垢层厚度达到一定程度后,又会发生脱落,如此反复循环,不但会妨碍冷却系统的畅通,甚至会堵塞通道。这样就会使有关零件在更为恶劣的条件下工作而造成非正常报废。不符合要求的冷却液所引起的缸套穴蚀和腐蚀,会使缸套在正常磨损到限前提前报废更换。

因此在机车柴油机用冷却液的使用中应注意到,无论厂修或架修机车,从柴油机上台架试验开始,即需不断地使用含合格添加剂的冷却液。当机车在返回机务段途中需要补充冷却液时,应补加规定的冷却液,不得随意上自来水,机车到段后应及时检验水质,调整药量浓度或更换新水。机车每次检修时,应检验一次冷却液。当水质不符合标准要求时,应及时查明原因加以处理,对水质波动大的机车要缩短检验周期。在日常运用清况下,不得注加没有添加剂的水,在中途需上少量自来水时,回段后应及时报告,并作好水质检验,如不合格,应立即作好技术处理,或进行彻底更换。

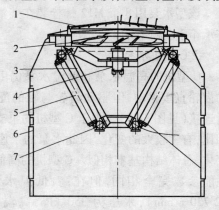

图8-20 冷却装置
1-顶百叶窗;2-冷却风扇;3-冷却装置钢结构;
4-静液压马达;5-散热器;6-侧百叶窗;7-联结管

(7)冷却装置

冷却装置主要由冷却水散热器、膨胀水箱、冷却风扇、顶百叶窗、侧百叶窗、逆止阀等部件组成(图8-20)。

①冷却散热器组

240系列柴油机采用的强化型散热器,因机型不同所采用的冷却器结构、组数与布置也有所不同。B型机采用管片式共56组,其中高温冷却水系统用24组,低温水系统用32组(见图8-21)。散热器分左、右布置在上下8根联结管上。C型机采用管带式共44组,高温水系统用16组,低温冷却水系统用28组(见图8-22)。散热器安装的联结管左、右及上下4根。C型机的水流程较B型机有所改变,即低温冷却水的散热器中每七组为一流程。为了使散热器高、低温水流程分开,在左、右联结管中有一块隔板,左、右下联管中有两块隔板。D型机用冷却散热器装置与C型机基本相同。

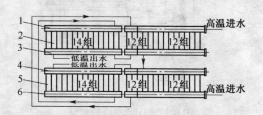

图8-21 B型机车散热器布置
1-左上联结管;2-左侧散热管;3-左下联结管;
4-右下联结管;5-右侧散热器;6-右上联结管

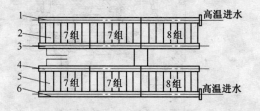

图8-22 C型机车散热器布置
1-左上联结管;2-左侧散热管;3-左下联结管;
4-右下联结管;5-右侧散热器;6-右上联结管

散热器把冷却水从柴油机带出的热量传给空气散入大气中,是靠流动的空气通过散热器一定的散热面积,流动的空气和冷却水之间的一定温差,与散热器所采用材料的传热性能及散热面的结构形状等进行散热。当散热器材料传热性能越好时,各种因素要互相配合协调好,则散热器的性能越好。

②冷却风扇

240系列柴油机冷却风扇均采用八叶片轴流式风扇。冷却风扇主要由轮载、叶片、流线罩等组成(见图8-23)。除叶片为优质钢板外(后期采用铝质制品),其余均为普通钢板制造。轮载由上、下辐板、外圆圈、轮心及支撑焊接加工而成。叶片冲压成型后经过加工,检查其外形,合格后均布焊在轮毂上。

冷却风扇组装后，经过严格检查，各叶片之间的距离、风扇直径、半径、叶片高度及安装角等均应符合要求。冷却风扇还要进行静平衡试验，其不平衡度超过标准，允许焊平衡块调整。在专门的试验台上，对冷却风扇进行超速试验，以便检查冷却风扇各处焊接质量。

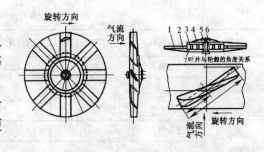

图 8-23　冷却风扇
1-叶片;2-支架;3-轮毂;4-流线罩;5-盖;
6-防松铁丝;7-平衡块

240 系列柴油机冷却装置中驱动冷却风扇的传动方式，采用静液压传动。由温度控制感温元件自动控制，区别在于 B 型机低温冷却水系统冷却风扇的工作是受机油温度控制，温度控制安装在机油管路上，C/D 型机控制低温冷却风扇的温度控制阀安装在低温水进散热器的主管路上。左、右侧百叶窗的控制，均为电磁阀控制，低压风缸驱动。因此改(该改装装置将在第 9 章介绍)善了原液压自动控制的液压油缸驱动装置卡滞与管路裂损泄漏等惯性故障。

③安装位置不同

B 型机冷却装置采用左、右各 3 个座安装在机车车体上，用螺栓紧固。座承受重量，螺栓定位并承受左、右及前后振动冲击力，属刚性连接。C/D 型机冷却装置采用橡胶弹性座和侧振器与机车车体连接。4 个橡胶弹性座支承重量，安装在机车车体内冷却间前、后隔墙上的 V 形角上边。4 个侧减振器分左右两侧，安装在冷却装置上部与车体之间，承受前、后及左、右振动冲击力。

2. 冷却水循环系统主要部件大修、段修

(1)大修质量保证期

冷却水系统的冷却单节、冷却风扇不发生折损和裂纹，须保证运用 30 万 km 或 30 个月(包括中修解体)；机油、冷却系统的管路及其他零部件，须保证运用 5 万 km 或 6 个月(即一个小修期)。

(2)大修技术要求

①水泵

检修及检修后的试验要求:解体、清洗,去除水垢,泵体、主轴、水泵座、中间套筒、吸水盖不许有裂纹。泵体允许焊修,焊修后进行 0.7 MPa(C 型机用 0.6 MPa)水压试验,保持 5 min 不许泄漏。叶轮不许有裂纹、损伤,允许焊修,叶轮须做静平衡试验,不平衡量不许大于 50 g·cm(C 型机用 20 g·cm)。$\phi30$、$\phi38$ 轴段对轴承挡公共轴线的径向跳动为 0.05 mm(C 型机用水泵装配好后叶轮水封环外圆对轴线的跳动不许大于 0.06 mm)。更新密封件。水泵组装后须转动灵活。

水泵组装性能试验须达到表 8-9 要求,泄漏试验须达到表 8-10 要求。

表 8-9　水泵性能试验要求

名称	转速(r/min)		出水压力(kPa)		进水真空度(kPa)		水温(℃)		流量(m³/h)	
	B 型	C/D 型	B 型	C/D 型	B 型	C/D 型	B 型	C/D 型	B 型	C/D 型
高温水泵	2 050	2 570	≥200	350	>10	/	60~80	70~80	115	≥135
低温水泵	1 865	2 570	180±10	350	18.7~19.3	/	60~80	70~80	100	≥135

表 8-10 水泵泄漏试验要求

名称	转速(r/min)	出水压力(kPa)	水温(℃)	运转时间(min)	要求
高温水泵	2 200	280	60~80	10	各接合面及蜗壳不许渗漏
	2 150	29	60~80	10	泄水口漏水不许超过 8 滴/min,装机后不许超过 15 滴/min
低温水泵	2 060	200	60~80	10	各接合面及蜗壳不许渗漏
	1 965	200	60~80	10	泄水口漏水不许超过 8 滴/min,装机后不许超过 15 滴/min

注:表内为 B 型机用水泵。

C/D 型机用水泵进行磨合试验,磨合试验要求见表 8-11。

表 8-11 水泵磨合试验要求

转速(r/min)	1 000	2 100	2 570	备注
水压(MPa)	0.50	0.30	0.35	水温试验温度为 70~80 ℃
时间(min)	5	5	20	

注:在柴油机运转中,水泵泄水孔滴水不许超过 15 滴/min。

②中冷器

检修及检修后的试验要求:解体、清洗,去除油污、脏物,更换密封件。变形的散热片须校正。允许锡焊堵塞泄漏的冷却管,每个冷却组不许超过 4 根(D 型机用不许超过 5 根),每个中冷器不许超过 14 根。更换的冷却组须进行 0.5 MPa 的水压试验;保持 5 min 不许泄漏;中冷器须进行 0.3 MPa 的水压试验,保持 10 min 不许泄漏。

③冷却管路

检修及检修后的试验要求:清洗管路,去除水垢。管路开焊允许焊修,焊修后须进行 0.5 MPa水压试验,保持 3 min 不许泄漏。更换橡胶密封件。

④冷却单节(散热器)

检修及检修后的试验要求:清洗干净,去除油污、水垢,校正变形的散热器。每个单节须进行 0.5 MPa(C/D 型机 0.4 MPa)水压试验,保持 5 min 不许泄漏。每个单节须按表 8-12 进行水流时间试验。

表 8-12 散热器单节水流时间试验

容水器容积(m³)	容水器与散热器进出水口间						流完所需时间(s)	
	高度差(mm)			连接管内径(mm)				
	B 型	C 型	D 型	B 型	C 型	D 型	B/C 型	D 型
0.11	2 500	2 300	2 300	≥35	≥35	≥35	55	60

注:每个单节堵焊管数不超过 4 根(D 型机用不超过 2 根)。散热器组装后进行 0.5 MPa 水压试验(C 型机为 0.4 MPa,D 型机为 0.6 MPa),保持 5 min 不许泄漏。

⑤冷却风扇

冷却风扇有裂纹允许焊修,焊修时须符合的要求:焊接须符合原设计技术要求;叶片根部 40 mm 范围内,单面裂纹长度不超过 168 mm;除根部之外,单面、单根裂纹不超过 168 mm 或

双面各有一条不超过 126 mm 的裂纹;原制造焊缝脱焊,须铲除旧焊痕后重新补焊;由焊缝脱焊引起的裂纹,各叶片上裂纹总长度不超过 168 mm;所有修补缝,均须进行探伤处理;焊修片再次发生裂纹时,须更新叶片。

当叶片损坏严重或不符合焊修要求时,须更新叶片。冷却风扇检修后须进行静平衡试验,不平衡量不大于 200 g·cm,冷却风扇轮心安装孔与轴配合接触面须均匀,接触面积不小于 70%。

(3)段修技术要求

①水泵

a. 检修要求

吸水壳、蜗壳、泵座、轴、叶轮不许有裂纹。叶轮焊修后须作静平衡试验,不平衡度应不大于 50 g·m。泵轴的圆跳动不大于 0.05 mm。键槽宽度允许扩大,但扩大量不得超过 2 mm。齿轮、叶轮与轴的配合过盈量应为 0.01~0.03 mm。叶轮与吸水壳,蜗壳的径向间隙应为 0.68~1.08 mm(C 型机为 0.26~0.60 mm)。油封、水封状态良好,组装后叶轮转动灵活。

b. 水泵检修后须进行密封试验,其性能应符合表 8-13 规定。

表 8-13　性能密封试验要求

名称	介质	温度(℃)		转速(r/min)		出口压力(MPa)		入口真空度(kPa)		流量(m³/h)		密封性能
		B/C 型	D 型	B/C 型	D 型	B/C 型	D 型	B/C 型	D 型	B/C 型	D 型	
高温水泵	水	60~80	70~80	2 050 2 200	2 570	0.2±0.01 0.28	0.35	10	10	≥115	135	泄水孔漏水不超过 8 滴/min
低温水泵		60~80	/	1 965 2 060	/	0.10±0.01 0.2	/	18.7~19.3	/	≥100	/	泄水孔漏水不超过 8 滴/min

注:水泵运用中水封滴漏,每分钟不超过 15 滴。

②中冷器

检修及检修后的试验要求:中冷器的散热片应平直,其内部须清洗干净。中冷器水腔须进行 0.3 MPa(D 型机用为 0.5 MPa)水压试验,保持 5 min 无泄漏。中冷器内每个冷却组堵管数不超过 6 根(D 型机为 7 根),整个中冷器堵管数不超过 20 根(D 型机无此规定)。

③水管路系统

检修及检修后的试验要求:各管路接头无泄漏,管卡须安装牢固,各管间及管路与机体间不得磨碰。各管路法兰垫的内径应不小于管路孔径,每处法兰橡胶石棉垫片的厚度不大于 4 mm,总数不超过 2 片。各连接胶管不许有腐蚀、老化、剥离。各阀须作用良好。

④散热器(冷却单节)

a. 检修要求

散热器的内外表面须清洗干净,其散热片应平直。散热器须进行 0.4 MPa(D 型机 0.6 MPa)水压试验,保持 5 min 无泄漏。每个单节堵焊管数不超过 6 根(D 型机 4 根)。运用中,每个单节散热片倒片面积不得超过 10%(D 型机 5%)。

b. 试验要求

中修时,每台机车的散热器清洗检修后,应任意抽取其中 4 个单节进行流量试验,用 0.1 m³(D 型机 0.11 m³)水从 2.3 m 高处,经内径不小于 φ35 mm 的管子流过一个单节,所需时间应不大于 60 s;4 个单节中有 1 个不合格者,允许再抽 4 个检查,如仍有不合格者,散热器单节应全部进行流量试验。流量试验不合格的单节,须重新清洗或修理。

⑤冷却风扇

冷却风扇裂纹允许焊修,焊修后须进行静平衡试验,不平衡度不大于 200 g·cm。冷却风扇轮毂锥孔与静液压马达主轴承配合接触面积不少于 70%。冷却风扇叶片与车体风道单侧间隙不小于 3.0 mm(C 型机辅助装置为 3.0~10 mm;D 型机辅助装置为 3.0~5 mm)。

3. 故障分析

240 系列柴油机冷却水循环系统与机油循环系统一样,同属柴油机的三大辅助系统之一。在机车运用中,存在结构性与运用性故障,破坏了与燃气直接接触的柴油机零部件及其润滑机油和增压空气的正常冷却,使柴油机不能正常运转。因此,冷却水系统的工作好坏直接关系到柴油机的工作的质量与寿命。在柴油机装配于内燃机车以来,冷却水系统"跑、冒、滴、漏"引起的缺水与水温过高,使柴油机卸载,一直是机车运用中存在的问题。随着技术进步与检修工艺增强,新型零配件的投入使用,这些问题已有很大的改善。但在机车运用中还存在实质性的问题得不到解决,即机车振动与柴油机振动不能减小与消除,其在冷却系统所发生的故障,特别是管路系统所发生的裂损泄漏性故障就难以避免。

冷却水系统发生的故障主要分为两方面,一是,柴油机冷却水内循环系统(包括冷却水泵、机油热交换器、静液压油热交换器与燃油预热器)故障,主要表象为冷却水系统油(水)温度持续上升;通路中的被冷却部件(如气缸水套及相关部件、气缸盖等)裂损与冷却管系内贮存有空气,造成泄漏及从膨胀水箱溢水引起的缺水或循环不良,不能有效对柴油机有关部件的正常冷却,使柴油机保护装置作用,造成柴油机的卸载或停机。甚至将柴油机运动部件及相关机件造成热抱性损坏,这类故障在机车运用中称之为部件裂损与内堵性不良现象。二是,冷却水外循环系统故障,主要表象为冷却水管路焊波裂损、管路接口(包括支管与软管接口)泄漏,此泄漏有外漏与内漏。外漏,主要指管路焊波裂损与管路各接口接触不良或破损,与各类止阀开启的泄漏;内漏,主要指柴油机气缸盖水腔、气缸水套、中间冷却器、机油热交换器、静液压油热交换器、燃油预热器管路内部裂损泄漏,与各管路逆止阀泄漏(即高温、低温、预热系统管路各止回阀故障后的开启),这类故障称为通路性裂损与关闭不严的损坏现象。这类故障虽然在机车运用中不能直接构成对柴油机的危害,但会危及到机车的安全正常运用,也是值得重视的机车运用性故障。

(1)结构性故障

240 系列柴油机冷却水循环系统的泄漏发生在结构性方面的故障,多数情况下属内置式不可视性部件。表现在部件结构性方面有:柴油机内部固定部件的损坏,即气缸盖和气缸水套裂损泄漏;固定部件的媒介体(如中间冷却器、机油热交换器、静液压油热交换器、燃油预热器及其管路)内部管路裂损泄漏。其故障表象为,柴油机因缺水水温骤燃上升,水温继电器起保护作用。或反映在膨胀水箱水表柱内窜水或溢水管溢水,使冷却水循环系统贮水总量减少,迫使机车终止牵引列车运行。同时,媒介体内部的通路裂损泄漏,虽然在短时内不能对柴油机运转造成破损,如不能及时发现与处理,将会严重地破坏柴油机的正常运转。此类故障如发生在中冷器内部,将造成其水路向空气路窜流,若不能及时发现,将会引起柴油机大部件的破损(轻者造成气缸套与各运动部件非正常磨损与拉伤,重者,将造成气缸内"水锤")。若发生在其他媒介体内,将造成油(机油、燃油)与水互窜,严重地污染了水(油)内部循环管路,使柴油机运转中不能得到正常冷却,或燃油系统内进入大量冷却水后,柴油机将会因此被迫停止工作。早期部分媒介体内部裂损泄漏,造成的油水互窜,其故障表象在膨胀水箱内会出现乳化油。

冷却水管系泄漏故障与机油系统相似,管路接口不良,硬口或软接口(包括软胶管连接带)泄漏,气缸水套进水管接口,气缸水套与气缸盖水腔接口,增压器水腔进出水管接口,中间冷却器进出水管的法兰接口泄漏。这类故障的发生,多数情况下为组装时未按要求进行装配,组装中发生抗(扭)劲时强行装配,机车运用中的振动与柴油机的振动,使这些部件易引起应力集中,发生疲劳性裂损或接口松缓造成泄漏。铁(钢)质管路焊波裂损,该类故障也分为原发性与陈旧性。冷却水系统管路中也有许多支管路与弯管为焊接而成,无论是原发性与陈旧性裂损,均为机车在长期运用中,机车运行振动与柴油机振动引起的应力集中,造成管路焊波或管路管壁的疲劳性裂损。属原发性焊波裂损,是指管路焊波或管壁第一次裂损;陈旧性裂损,是指管路焊波在补焊过的基础上再次发生的裂损。而在机车运用中发生在冷却水管路上的裂损,主要出现在管路焊波陈旧性裂损泄漏,因机车运用中条件所限,不能严格地按工艺要求进行补焊,尤其是发生在机车运用短缺时的交路,不能按焊接工艺要求进行补焊,裂损口不能打磨坡口,管路中存留的液体不能放出,只能在原焊波裂漏处进行堆焊(有的管路这样的堆焊点成了蛹虫形的窝巢),使管壁更加脆性化,应力更为集中,这将更易发生疲劳性裂损。虽然解决了当趟的机车运用问题,这样给机车运用留下很大的隐患,致使机车运用中屡次发生管路裂损泄漏的故障。

在冷却水系统中,为了改善机车振动与柴油机振动对冷却水管路中支路连接的影响,将这些支管路均更换为铁(钢)质接口的软胶性连接,因此而大大地改善了支管路接口因材质疲劳裂损而泄漏的问题,但也存在着该类胶管中金属接口与胶管的模压处剥离泄漏故障问题。

其次是冷却水系统中的工作零、部件故障。如高、低冷却水泵故障、散热器裂损、温控阀故障、风动百叶窗犯卡、管路各独立循环系统内的逆止阀故障,循环管路内(主要指散热器管路内)储存有空气,引起冷却水温过高,膨胀水箱溢水,柴油机卸载等问题。冷却水泵在 240 系列柴油机上装配的有多种,结构基本相同,区别在于流量的大小不同,其所发生的故障是相似的,主要为水封损坏泄漏,泵齿轮及轴损坏。可通过"手触温度鉴别法、听诊鉴别法、直接检视法、点击振动法"等多种间接检查方法来判断确认。

(2)运用性故障

240 系列柴油机冷却水系统及所属部件多数属不可视性,在机车运用中所发生的故障,一般为其结构性故障的反映。如冷却水管路裂损泄漏,引起的缺水,主要表象为柴油机油、水温度偏高,起保护而卸载;温度控制阀故障,主要表象是不能自动调节冷却风扇的转速,使冷却风扇转速下降(或不能转动),抽吸风量减少,引起散热器表面热阻增大,柴油机卸载;高温(或低温)水泵损坏故障,引起冷却水不能循环,主要表象为水温高起保护,柴油机卸载,可通过手摸高(低)温冷却水泵进出口水管管壁的温度差来判断;冷却水循环系统逆止阀故障,造成冷却水不能进行大循环,而进行小循环,因此得不到有效散热,同样能通过手摸相应管路管壁的温度差来判断;冷却水循环系统管路内储存有空气时,其主要表象为油水温度上升较快,膨胀水箱水位呈缓慢下降,如柴油机加载过高过快,会发生膨胀水箱溢水现象,这种故障情况可通过打开散热器上的排气阀进行排气检查,如排出有大量的空气或空气与水分的混合物,就为此系统内储存有大量空气。否则,为正常。

因冷却水温高造成柴油机卸载或停机的因素是多方面的。冷却水管路裂损(气缸套、气缸盖、增压器、中冷器进出水管通路)泄漏,与百叶窗不能自动开启(包括液压与风动驱动)及冷却风扇不能转动,均属可视性故障。零、部件故障属冷却水系统内循环隐形类故障,可通过间接识别判断的方法去解决。

对于上述故障在机车运行的应急处理,当发生管路裂损泄漏,一般情况下,不做实质性处理,尤其是管路的各类管接口与法兰螺栓等,只做象征性的紧固,并且不能用力过猛,否则会引起大漏,仅做一些防护性处理,即将裂损泄漏处用软性物质缠绕起来,待机车返段后再作处理。当管路出现大漏时,应视膨胀水箱水位情况,尽量维持机车运行到前方站处理,避免堵塞正线的机故发生。当温度控制阀自动位故障时,可换为人工手动调整维持运行。当百叶窗自动驱动装置故障不能开启时,可进行手动调节,人为打开百叶窗并卡牢维持机车运行。当机车加载运行中发生油、水温度骤然上升,膨胀水箱溢水时,可能有多种故障情况,判断时,可先易后难,逐步进行。目视冷却风扇与百叶窗(包括顶百叶窗)的开启情况,如属风扇转速不正常,可判断为温度控制阀故障,可进行手动人工调整,维持机车运行;打开散热器上的排气阀检验,如属管路内储存有空气,可在降低柴油机转速的情况下,进行全面排气,当空气被排尽,油、水温度自然恢复正常;手摸高(低)温水泵进出水口(包括各逆止阀)管壁温度差来判断水泵(逆止阀)是否故障,当无温差时,为水泵(逆止阀)运转正常,否则为水泵(逆止阀)故障。水泵(逆止阀)故障因条件限制,无法处理。对于这类故障,应加强机车出段前检查,来防止该类故障的发生。

在机车运用中,根据经验,无论是冷却水系统机、部件的损坏与管路的裂损,均不会在瞬间发生,尤其是疲劳性裂损,而是存在一定过程,即隐裂初始的渗漏到裂损后的泄漏。其系统内机、部件的损坏也同样存在这样的一过程,机、部件损坏的初始期水温继电器起保护作用,只要认真仔细地检查,是有规律可循的。应将此类故障通过一定的检查手段,将其消除在萌芽状态。即通过机车出段前的检查,将其故障隐患查找出来,以保证机车的安全运用。

4. 案例

(1)温度控制阀故障

2007 年 11 月 11 日,DF$_{4B}$型 1278 机车牵引下行货物列车,运行在兰新线哈密至鄯善区段的小草湖至红旗坎站间,柴油机发生水温高卸载。经司乘人员检查确认,水箱水位正常,水管路也无泄漏处,但冷却间高温侧进风量小,冷却风扇转速低,估计为温度控制阀失控。按机车故障应急处理,将此冷却风扇液压管路的温度控制阀故障螺钉顶死,冷却风扇开始正常运转。经此处理维持运行至目的地站。待该台机车返回段内后,司乘人员及时向机车地勤质检人员反映了这一故障。检查确认,将该台机车扣临修,解体拆下检查,该温度控制阀内的恒温元件失效,经更换此恒温元件装配上车,运转试验正常后,该台机车又投入正常运用。

查询机车运用与检修记录,该台机车于 2007 年 10 月 15 日由某机车大修厂才完成第 4 次大修,修后走行 251 km,在机车大修质量保证期内,属检修质量原因,定责机车大修,并将此信息反馈机车大修厂。

(2)低温安全阀卡滞

2007 年 11 月 17 日,DF$_{4B}$型 1278 机车牵引上行货物列车,运行在兰新线鄯善至哈密区段的雅子泉至柳树泉站间,柴油机发生油温过高,经司乘人员检查确认,膨胀水箱水位逐渐减少,水管路无泄漏处,冷却风扇转速正常,进风通道也正常,未发现其他异状。在膨胀水箱水位允许运行的情况下,降低柴油机负荷,使油温维持在上线状态,维持运行至目的地站。待该台机车返回段内后,司乘人员及时向机车地勤质检人员反映了这一故障。检查确认,将该台机车扣临修,解体拆下检查,低温安全阀内部犯卡,在液压油压力未超值时,此阀一直处于开启状态,液压油走小循环,使静液压马达动力不足,导致冷却风扇不能全速运转,油温上升。经更换此安全阀,运转试验正常后,该台机车又投入正常运用。

查询机车运用与检修记录,该台机车于 2007 年 10 月 15 日由某机车大修厂才完成第 4 次大修,修后走行 1 771 km,其间无碎修记录,在机车大修质量保证期内,属大修质量原因,定责机车大修,并将此信息反馈机车大修厂。

(3)低温温控阀进油高压软管缩口漏油

2007 年 11 月 26 日,DF$_{4B}$型 1275 机车牵引上行货物列车,运行在兰新线鄯善至哈密区段的小草湖至红台站间。司乘人员在机械间巡视中,发现低温控制阀处有流淌的机油,经司乘人员检查确认,为低温控制阀体上的一软管渗漏,其他处所并无泄漏处。冷却风扇运转正常,油水温度也显示正常,未发现其他异状。机车继续牵引列车运行。待该台机车返回段内后,司乘人员及时向机车地勤质检人员反映了这一故障现象。检查确认,将该台机车扣临修,解体拆下检查,为此软管缩口金属模压处剥离,而产生渗漏。经更换铁管,运转试验正常后,该台机车又投入正常运用。

查询机车运用与检修记录,该台机车于 2007 年 10 月 22 日完成第 1 次小修,修后走行 1 194 km,小修时才更换的新品软管,属此配件质量原因,定责该软管生产厂,并将此信息反馈此生产厂家。同时,要求在机车整备日常检查作业中,加强对静液压系统各部软管压装处的检查,发现不良状况及时更换。

(4)高温温控阀进油管裂损泄漏

2007 年 12 月 5 日,DF$_{4B}$型 1325 机车牵引下行货物列车,运行在兰新线哈密至鄯善区段的小草湖至红旗坎站间。司乘人员在机械间巡视中,发现高温温度控制阀处有流淌的机油,经司乘人员检查确认,为高温温度控制阀体上的一软管渗漏,其他处所并无泄漏处。冷却风扇运转正常,油水温度也显示正常,未发现其他异状。机车继续牵引列车运行。待该台机车返回段内后,司乘人员及时向机车地勤质检人员反映了这一故障现象。检查确认,将该台机车扣临修,解体拆下检查,为此软管缩口金属模压处剥离,而产生渗漏。经更换此管为铁管,运转试验正常后,该台机车又投入正常运用。

查询机车运用与检修记录,该台机车于 2007 年 11 月 19 日完成第 1 次中修,修后走行 283 km。原因为高温温控阀进油软管模压处的内部胶管,在压塑时存在缺陷,造成软管中体漏油,按该产品质量保证期,定责此软管配件厂。同时,要求加强对新品配件上车组装时的检查。

(5)中间冷却器出水管焊波裂漏

2007 年 12 月 12 日,DF$_{4B}$型 1015 机车牵引下行货物列车,运行在兰新线鄯善至乌鲁木齐西区段的火焰山至七泉湖站间。司乘人员在机械间巡视中,发现柴油机输出端中间冷却器体上的输出水管法兰处漏水,经司乘人员检查确认,为该输出管法兰焊波处裂漏,泄漏随之逐渐增大,致使机车因缺水而无法运行,而被迫停车,终止机车牵引运行而等待救援,构成 G1 类机车运用故障。待该台机车返回段内后,将该台机车扣临修,经对此焊波裂漏处进行打磨,按工艺进行焊修,管路重新注水,运转试验正常后,该台机车又投入正常运用。

查询机车运用与检修记录,该台机车于 2007 年 11 月 26 日完成第 3 次机车中修,修后走行 331 km。按质量保证期,定责机车中修配件厂。同时,要求加强对新品配件上车组装时的检查。

(6)高温温度控制阀瞬间犯卡

2008 年 3 月 16 日,DF$_{4B}$型 7190 机车担当货物列车 11051 次本务机车牵引任务,现车辆数

32,总重 1 909 t,换长 68.7。运行在兰新线柳园至哈密区段的柳园至小泉东站间下行线 1 168 km+900 m 处,因冷却水温高机车卸载,15 时 29 分在区间停车,经司乘人员处理后,15 时 35 分开车。当运行到红柳河至天湖站间下行线 1159 km+300 m 处,又因水温高机车卸载,17 时 02 分在区间再次停车,经司乘人员处理后,17 时 07 分开车,区间总停时 11 min,构成 G1 类机车运用故障。待该台机车返回段内后,扣临修,检查为冷却水高温温度控制阀失效。经更换温度控制阀,运转试验正常后,该台机车又投入正常运用。

查询机车运用与检修记录,该台机车 2007 年 5 月 6 日完成第 1 次机车中修,修后走行 155 339 km,于 2008 年 2 月 19 日完成第 3 次机车小修,修后走行 13 238 km。经分析,冷却水高温温度控制阀失效,此阀内的滑阀在瞬间卡滞,造成相应冷却风扇不能正常投入工作,致使水温高,机车因此而卸载。经司乘人员运行中处理,顶死此温度控制阀后,柴油机循环水温正常。定责材质。同时,要求加强整备技术检查作业中的机车日常检查试验,并提高备品质量的检查。

(7)低温水泵故障

2008 年 3 月 29 日,DF$_{4C}$型 5273 机车担当货物列车 11066 次重联机车的牵引任务,现车辆数 41,总重 3 221 t,换长 50。运行在兰新线哈密至柳园区段的烟墩至山口站间,司乘人员巡检机械间时,发现膨胀水箱有溢水现象,司机请求在山口站停车检查处理。11 时 19 分到达山口站停车,经司乘人员检查,因膨胀水箱缺水严重,其原因暂时查不出来,机车不能继续运行,要求更换机车,构成 G1 类机车运用故障。待该台机车返回段内后,扣临修,检查为低温水泵内部故障。经更换此水泵,运转试验正常后,该台机车又投入正常运用。

查询机车运用与检修记录,该台机车 2008 年 3 月 14 日完成第 4 次机车小修,修后走行 6 390 km。机车到段检查,进行水阻试验 5 min 后,膨胀水箱溢水,检查低温水泵时,其进出口水管壁温度温差较大,水泵体无温升迹象,将低温水泵解体检查,发现其内的叶轮压帽脱落,叶轮出槽,并磨损严重。该水泵是在 2008 年 2 月 10 日扣临修中,装配更换检修过的新品。经分析,由于此水泵叶轮压帽滑扣,造成压帽脱落,叶轮出槽后,此水泵不能工作,造成低温冷却水系统不能循环,致使水温高而溢水。按水泵在检修作业时,未检查确认水泵叶轮压帽的压装状态,定责检修部门。同时,要求检修部门按工艺范围解体和组装水泵,并以此故障为典型案例,加强职工教育。

二、280 型柴油机冷却水循环系统

280 型与 240 系列柴油机冷却水循环系统结构基本相同,主要区别在于为适应柴油机功率增大,所散发的热量增加的需要,冷却装置采用了双流道铜散热器,其冷却单节的结构有所变化冷却水流程方向(式)有所不同。

1. 结构

280 型柴油机冷却水循环系统也是采用的半密闭式强迫循环形式。它由高温水泵、低温水泵、中间冷却器、冷却装置、膨胀水箱、阀类及仪表组成(见图 8-24)。按柴油机结构布置的要求及各部件冷却温度的不同,冷却水系统采用高、低 2 个独立的循环系统。高温冷却水系统冷却柴油机、增压器;低温冷却水系统冷却增压空气及柴油机润滑机油。

(1)冷却水循环系统

280 型与 240 系列柴油机冷却水系统相同,也由高温、低温两冷却水系统和预热系统组成。采用半闭式压力循环的冷却方式,对各受热零件进行冷却,消耗和泄漏的冷却水通过膨胀

水箱贮水补充,并与大气相通,以排出水中的少量空气。

①高温水系统

高温水系统用于冷却气缸套、气缸盖和增压器。高温冷却水系统工作时,冷却水由高温水泵吸入,泵入位于机体 V 形夹角内的冷却水腔。水腔两侧对应各个气缸开有进水孔,对左右两排的各个气缸进行强制冷却,然后通过机体上的 4 个出水孔,经由导管进入气缸盖进行冷却。高温水由气缸盖出水孔汇集到气缸盖上方的两出水支管,再通过总出水管送到机车冷却单节进行散热冷却。在柴油机的前、后端,还有两条支管,分别将冷却水接到前、后增压器,对其进行冷却。通过增压器的冷却水也分别汇入两侧气缸盖出水总管。在增压器出水管的最高部位,接有一条放气管路,在机车上它与膨胀水箱接通。此外,在机体的后端面上,位于第 8、16 气缸底部钻有两个放水孔,装上塞门,以便在冬季停车存放时,将柴油机内的水排出,防止冻坏柴油机,高温冷却水循环系统流程见图 8-25。

②低温水系统

低温水管路系统是为冷却由增压器压气机出来的增压空气而设置的。低温冷却水系统工作时,冷却水由中冷水泵吸入,泵入铸在前稳压箱内的水道中,通过一个分路接头,分别进入前、后中冷器,对增压空气进行冷却。从两个中冷器出来的水汇集于一根总管后,进入机车上机油热交换器,再送到冷却单节,低温冷却水循环系统流程见图 8-25。

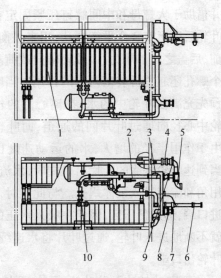

图 8-24　280 型柴油机冷却水系统

1-冷却装置;2-低温水系统进水管;3-膨胀水箱;4-高温水系统止回阀;5-高温水系统柴油机出水管;6-低温水系统出水管;7-低温水系统排气管;8-高温水系统进水管;9-高温水系统排气管;10-低温水系统止回阀

③预热水系统

柴油机高、低温水和机油的预热依靠机车的预热系统。其作用是满足柴油机起动时的最低油、水温度的要求,停机时保温,防止在高寒环境下造成油水管(腔)冻裂。

(2)冷却水泵

高温、中冷水泵为单吸、单节、封闭式叶轮的低压离心泵,主要由叶轮、泵体、吸水盖、水泵轴、齿轮、油封和水封组成(见图 8-26)。

水泵叶轮是具有 6 个工作叶片的封闭式叶轮,由球墨铸铁铸造而成,叶轮依靠花键传动,

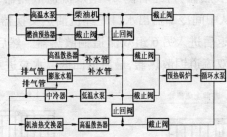

图 8-25　冷却水系统冷却水循环流程

并借助于大螺母和中间螺钉压紧固定在水泵轴上。叶轮后壁上有 2 个平衡螺孔，用来平衡叶轮工作时前、后盖之间的压力，以减轻轴向载荷。同时，这两个螺孔还起着拆装工艺孔的作用。当叶轮转动时，预先充满在叶轮中的水，在离心力的作用下，自叶轮中心径向通过叶片间的通道，向叶轮外缘流动，由于作用半径的增大，水的运动速度也越来越大。当到达叶轮外缘的叶片出口端时，水流以一定的作用角和流速进入泵体蜗壳。与此同时，在叶轮叶片进口端，形成低压区，因此在吸入水压的作用下，水就不断地进入叶轮，通过叶片将水连续不断地送出叶轮出口端。

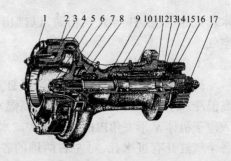

图 8-26 冷却水泵

1-泵体前盖；2-泵体；3-镶套；4-叶轮；5-螺栓；6-螺母；7-轴；8-机械密封装置；9-油封；10-滚动轴承；11-轴套（一）；12-滚动轴承；13-压盖；14-轴套（二）；15-垫片；16-水泵齿轮；17-螺母

高温、中冷水泵除叶轮、泵体、泵体前盖不同外，其他零件完全相同，因此零部件具有较高的通用性。

（3）冷却装置

冷却装置是由 V 形的钢结构、双流道铜散热器、集流管、顶百叶窗及冷却风扇等组成。冷却装置经弹性橡胶垫用螺栓固定在机车冷却室顶弦杆上的冷却装置安装座上。V 形的钢结构内中间有隔板，将其分隔为两部分。每一部分两侧有上、下集流管各一根，双流道铜散热器以单层固定于上、下集流管之间，从而使冷却装置形成各自独立的两个封闭的冷却风腔。每个风腔各自在顶部装有一个冷却风扇，它们以吸风的形式，从车体外经侧百叶窗吸入冷却空气，完成对冷却水的冷却作用。

冷却装置共设有 48 组双流道铜散热器，前、后半部各为 24 组。高温冷却水从柴油出水口先流经左侧 24 组双流道铜散热器，再经右侧 24 组双流道散热器，最后返回高温水泵进水口（见图 8-27）。低温冷却水从中间冷却器出水口先经机油热交换器后分两部分进入左侧前、后各 6 组双流道铜散热器，折返后进入另 6 组双流道铜散热器。然后进入右侧各 6 组双流道铜散热器，再折返进入另 6 组双流道铜散热器，最后返回低温水泵进水口（见图 8-28）。

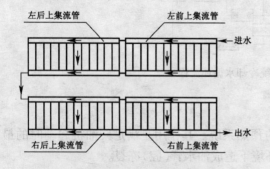

图 8-27 高温冷却水系统散热器内流程

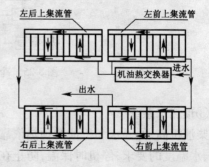

图 8-28 低温冷却水系统散热器内流程

①双流道铜散热器

双流道铜散热器由联接箱、隔板、管板、补强板、冷却管、侧护板、散热片及拉筋组成（见图

8-29）。双流道铜散热器的冷却管沿通风方向对应排成 7 排，每排有冷却管 11 根，第 4 排（迎风侧）与第 5 排之间，用隔板将管板与联接箱形成的内部腔道分割成高、低温两部分。双流道散热器在外观上除进、出口与单流道散热不一样外，其余部分完全一样。双流道铜散热器的每个联接箱都有两个进出水通道，冷却芯子分为前后两部分，前部四排管（迎风侧）通低温冷却水，后部三排管（出风侧）通高温冷却水。冷却空气先经过前部低温冷却芯子，然后再经过后部高温冷却芯子，从而使冷却空气进一步得到利用。这样既提高了散热器的效率，又减少了冷却风扇所消耗的功率及散热器单节的数量。

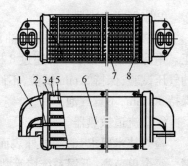

图 8-29　双流道铜散热器

1-联接箱；2-隔板；3-管板；4-补强板；

5-冷却管；6-侧护板；7-散热板；8-拉筋

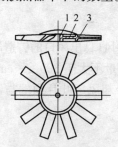

图 8-30　整体铸造成
冷却风扇

1-轴套；2-流线罩；

3-铸铝风扇

②冷却风扇

280 型柴油机冷却装置风扇均采用整体铸造，由轴套、风扇及流线罩组成（见图 8-30）。风扇为整体铸铝件，轴套用钢加工制成，流线罩用钢板制成。风扇组装时，轴套与风扇、风扇与流线罩用螺栓紧固。

③顶百叶窗

顶百叶窗安装于冷却风扇上方，其结构与 240 系列柴油机冷却装置的冷却风扇完全相同。冷却风扇工作时，对冷却水进行冷却后的热空气将百叶窗的叶片吹开，但由于止挡的作用，叶片不能完全吹开。冷却风扇不工作时，百叶窗叶片靠自重自动关闭，可防止雨水及污物进入机车。

（4）冷却水

280 型柴油机用冷却液与 240 系列柴油机完全相同，其要求也相同。

2. 冷却水循环系统及主要部件大修、段修

（1）大修质量保证期

冷却系统中的高、低温水泵及传动装置；冷却单节、冷却风扇不发生折损和裂纹，须保证运用 30 万 km 或 30 个月（包括中修解体）；冷却系统的管路及其他零部件，须保证运用 5 万 km 或 6 个月（即一个小修期）。

（2）大修技术要求

①水泵

检修要求：解体、清洗，去除水垢，各零件不许有裂纹，泵体、泵体前盖允许焊修，焊后须进行 0.6 MPa 水压试验，保持 5 min 不许泄漏。叶轮不许有裂纹、损伤，允许焊修，焊修后叶轮须进行静平衡试验，不平衡量不许大于 41 g·cm。更新密封件。水泵组装后，须转动灵活。

水泵性能试验，须达到表 8-14 的规定。

表 8-14　性能密封试验要求

名称	介质	温度（℃）	转速（r/min）	出口压力（MPa）	吸入真空度（kPa）	流量（m³/h）
高温水泵	水	60~70	2 355	0.38	≥13.3	≥130
低温水泵		60~70	2 355	0.33	≥13.3	≥95

注：水泵试验时排水口溢水泄漏不许超过 5 滴/min，且机油泄漏不许超过 1 滴/min。检查各连接处不许泄漏。

②胀管式中冷器

检修要求:解体、清洗去除油污、脏物,更新密封件和有裂纹的箱体。变形的散热片须校正。中冷器堵塞管数不许超过8根。中冷器水腔须进行0.5 MPa的水压试验或进行0.4 MPa的气压试验,保持5 min试验,不许泄漏,整个中冷器的气道进行0.4 MPa的气密性试验,至少保持30 min,不冒气泡。

③双流道散热器

检修技术要求:清洗内外表面,散热片须分别进行0.5 MPa水压试验,保持5 min不许泄漏。每个单节高、低温系统堵管数均不超过2根。散热器清洗、检修后,须分别进行高、低温系统的流量试验。用0.1 m³的水从2.3 m高处,经椭圆形(长边为44 mm,短边为19 mm)连接管子流过一个单节高温系统或低温系统所需的时间:高温系统须不大于81s;低温系统须不大于67 s。流量试验不合格的单节,须重新清洗、修理或更换。机车运用中,每个单节散热片倒片面积不超过5%。

④冷却风扇

整体铸造式冷却风扇。冷却风扇整体探伤,叶片根部有裂纹须报废;导风口\出风口的铸造缺陷(包括延伸缺陷)允许补焊。冷却风扇检修后须进行静平衡试验,不平衡量不大于300 g·cm。冷却风扇轮心安装孔与轴配合接触面须均匀,接触面积不小于75%。冷却风扇叶片顶端与钢结构装配中风筒之间的配合间隙须控制在3.0~8.0 mm范围。

⑤冷却水管路

检修要求:清洗管路,去除水垢。管路开焊允许焊修,焊修后须进行0.5 MPa水压试验,保持15 min不许泄漏。更新各种垫片、橡胶密封件和橡胶管。

(3)段修技术要求

①水泵

检修要求:解体、清洗,去除水垢,泵体、前盖、轴、叶轮不许裂损。泵体及前盖焊修后须进行0.5 MPa水压试验,保持5 min不许泄漏。叶轮焊修后须进行静平衡试验,不平衡量不许大于41 g·cm。泵组装后须有0.06~0.12 mm的轴向间隙,叶轮与泵体及泵体前盖在镶套处的单侧径向间隙须为0.6~1.0 mm;锥面配合的叶轮压装行程为3.0~3.5 mm。更新油封、水封及密封垫,组装后转动须灵活。

水泵检修后须按表8-15进行性能及密封试验。

表8-15　性能密封试验要求

名称	介质	温度(℃)	转速(r/min)	出口压力(MPa)	吸入真空度(kPa)	流量(m³/h)	密封性能
高温水泵	水	60~70	2 355	0.38	≥13.3	≥130	警告孔处允许有不超过5滴/min的水或不超过1滴/min的油泄漏
中冷水泵		60~70	2 355	0.33	≥13.3	≥95	

注:机车运行中,水泵在警告孔处漏水不许超过15滴/min。

②中冷器

检修要求:清洗,校正变形的散热片。堵塞管数不超过10根。水腔和气腔须进行0.5 MPa的水压试验,保持5 min试验,不许泄漏。

③双流道散热器

检修要求:清洗内外表面,散热片须平直。高、低温系统须分别进行0.5 MPa水压试验,保

持 5 min 不许泄漏。每个单节高、低温系统堵管数均不超过 2 根。散热器清洗、检修后,须分别进行高、低温系统的流量试验。用 0.1 m³ 的水从 2.3 m 高处,经椭圆形(长边为 44 mm,短边为 19 mm)连接管子流过一个单节的高温系统或低温系统所需的时间:高温系统须不大于 81 s;低温系统须不大于 67 s。流量试验不合格的单节,须重新清洗、修理或更换。机车运用中,每个单节散热片倒片面积不超过 5%。

④冷却风扇

不许裂隙及变形。风扇轮毂锥孔与静液压马达主轴配合接触面积不少于 70%。风扇叶片与车体风道单侧间隙为 3 ~ 8 mm。

⑤冷却水管路

检修要求:各管路中橡胶件、垫片须良好。各管路接头无泄漏,管卡安装须牢固,各管间及管路与车体间不许接磨。各管路法兰垫的内径须大于管路孔径,每处法兰石棉橡胶垫片的厚度不大于 4 mm,总数不超过 2 片。各阀作用须良好。

3. 故障分析

280 型与 240 系列柴油机冷却水循环系统除冷却装置采用了双道流道铜散热器外,其他结构基本相同。与 240 系列柴油机冷却水系统的所发生的故障基本相似,也存在跑、冒、滴、漏引起的缺水与水温过高,使柴油机卸载的故障。主要故障表象为:冷却水管路裂损,各管路接口松缓或装配不良(包括各机件法兰接口及进出口管路裂损)引起的泄漏性缺水;控制装置温度控制阀、自动百叶窗驱动装置故障,引起风扇转速低或不转与通风量减少,使散热装置散热量不足;高温(或低温)水泵损坏,引起冷却水系统循环不良或不能循环,使冷却水温度持续升高得不到冷却,造成保护装置起作用。另外,采用双流道散热器其内流程方向不同,尤其是低温冷却水系统,在对该系统检修后重新注水时,由于现时的地面注水设施与机车要求不配套(其水压高于柴油机冷却水系统驱动压力),在机车检修后注水时,容易引起此系统的虚水位,即膨胀水箱满水表位时,其系统内因有大量空气未被排出(即使是打开冷却单节排水阀时),在系统内被压缩,当柴油机加负荷温度升高时,空气膨胀,推动水管路内循环水涌向膨胀水箱,使膨胀水箱溢水,当空气因此排净后,冷却水系统就呈现缺水(膨胀水箱水表水位下降或无水位显示)。

对于上述故障机车运行时的应急处理,与 240 系列柴油机冷却系统处理故障的方法相同。对于这类故障,凭司乘人员现有条件,处理好此类故障是困难的。应加强机车出段前检查,来防止该类故障的发生。应以预防为主,将此类故障通过一定的检查手段,将其消除在萌芽状态。即通过机车出段前的检查,将其故障隐患查找出来,以保证机车的安全运用。

4. 案例

(1)燃油预热器冷却水管路裂漏

2007 年 10 月 10 日,DF₈B 型 5483 机车牵引上行货物列车,运行在兰新线哈密至柳园区段的思甜至尾亚站间,柴油机突然发生水温高卸载,经司乘人员检查,膨胀水箱已无水,顺循环冷却水系统管路检查,发现燃油预热器处的地板下淌有大片的水迹,当司乘人员将预热器的防寒层剥离掉时,发现此预热器来水管与预热器胴体相焊接的根部焊接处裂漏,当即将此预热器的来水阀关闭,因这时膨胀水箱已无水位显示,而且冷却水管路内也部分缺水(因打开冷却单节处的排气阀已无水排出)。机车因此而终止牵引货物列车运行,途停于区间,请求救援,构成 G1 类机车运用故障。待该台机车返回段后,扣临修,将该焊波裂漏处焊修好,运转试验正常后,该台机车又投入正常运用。

经查机车运用与检修记录,该台机车于 2007 年 7 月 30 日完成第 3 次机车小修,修后走行 51 390 km。在机车日常整备作业中忽视了对此处的检查,同时在入冬前对机车冷却水管道进行了防寒包扎,也未对水管路的重点突出检查,未能及时发现此隐裂处。按机车日常检查作业不到位,整备未检查燃油预热器管路,机车技术防寒时,未能及时发现该故障点,属机车日常地勤整备作业检查责任,定责机车整备部门。

(2)冷却水系统管路内储存有空气

2007 年 10 月 12 日,DF$_{8B}$ 型 5180 机车牵引下行货物列车,运行在兰新线柳园至哈密区段的照东至红柳河站间,司乘人员在机械间巡视中,发现膨胀水箱水位缓慢下降,经检查,各部均未发现有泄漏痕迹。而且在柴油机高手柄位时,膨胀水箱水位有明显下降,柴油机低手柄位时,膨胀水箱水位又有明显上升,并不影响到柴油机功率的发挥和水温的非正常升高。在未作任何处理的情况下,机车继续牵引本列货物列车运行至目的站。

待该台机车返回段后,司乘人员向机车地勤质检人员反映了这一故障现象,检查确认,扣临修,水阻台试验检查正常。经查机车碎修记录,该台机车于 2007 年 10 月 10 日整修静液压系统管路后,进行水管路排水。因此冷却水系统中吸入大量空气,在重新注水时未被排干净,导致冷却水系统内储存有大量空气,机车投入运用后,就出现上述故障现象。经排出循环冷却水系统管路内的空气,重新补注冷却水,运转试验正常后,该台机车又投入正常运用。

(3)冷却单节进水总管焊波裂漏

2007 年 10 月 14 日,DF$_{8B}$ 型 5350 机车牵引下行货物列车,运行在兰新线柳园至哈密区段的大泉至照东站间,司乘人员在机械间巡视中,发现膨胀水箱水位有所下降,经检查,冷却单节高温侧的右上部发生泄漏水的痕迹。经进一步检查,初步确定为进水总管泄漏,机车运行中无法仔细确认泄漏处,视膨胀水箱储水情况维持运行至照东站内停车。经检查,该处的高温进水集流(总)管焊波裂损而发生泄漏,这时膨胀水箱水位逐渐下降至最低允许柴油机运转水位(水箱水表柱 1/3)以下,机车不能继续运行,因此而终止牵引列车运行,构成 G1 类机车运用故障。待该台机车返回段后,司乘人员向机车地勤质检人员反映了这一故障现象。检查确认,扣临修。吊下 V 形架,对进水总管焊波处进行破口打磨,重新焊修后,该台机车又投入正常运用。

经分析,该处进水总管处于冷却散热器的上端,在机车长期运用中,振动扭曲的摆动性较大,进水总管处容易引起疲劳裂损,定责材质。同时,要求加强机车日常检查,并相应提高焊修工艺,以延长维修使用周期。

(4)低温单节进水管法兰根部裂漏

2007 年 11 月 4 日,DF$_{8B}$ 型 5492 机车牵引下行货物列车,运行在兰新线柳园至哈密区段的红旗村至红光站间,司乘人员在机械间巡视中,发现冷却机械间的低温单节进水总管四方法兰处漏水。经检查确认此处的法兰与总管处的焊波处漏水,因无法处理,也不影响到机车的正常运行,继续机车运行至目的地站。待该台机车返段后,司乘人员向机车地勤质检人员反映这一故障情况,检查确认,扣临修。放出柴油机循环冷却水,更换此节进水总管,重新注满水,运转试验正常后,该台机车又投入正常运用。

查询该台机车检修记录,该进水总管在机车中修中更换的新品水管,修后仅走行 18 852 km,按机车中修配件质量保证期,定责机车配件厂。同时,要求机车中修后,对冷却水系统管路焊波处进行重点检查,尤其是易发生隐患的部位,以确保机车的检修质量。

(5)冷却单节出水总管焊波裂漏

2007年11月15日，DF$_{8B}$型5272机车牵引下行货物列车，运行在兰新线柳园至哈密区段的烟墩至红旗村站间，司乘人员在机械间巡视中，发现冷却单节右侧出水总管焊波处漏水。经检查确认此处的法兰接口处漏水，因无法处理，也不影响到机车的正常运行，继续机车运行至目的地站。待该台机车返段后，司乘人员向机车地勤质检人员反映这一故障情况，检查确，扣临修。此管为铝制U形管，裂缝从法兰根部裂漏，经更换U形出水总管。重新注满水，运转试验正常后，该台机车又投入正常运用。

查询该台机车检修记录，该进水总管在2007年7月30日第2次机车小修时更换，修后走行39 033 km，属材料疲劳性损坏，定责材质。

(6) 水箱水表柱内浮子损坏

2007年11月27日，DF$_{8B}$型5203机车牵引下行货物列车，运行在兰新线柳园至哈密区段的小泉东至大泉站间，司乘人员在机械间巡视中，发现膨胀水箱溢水。经检查膨胀水箱并不缺水，排气检查也未发现管路内储存有空气，但就呈现水温高，因此机车维持运行至前方站停车，终止机车牵引列车运行，构成G1类机车运用故障。待该台机车返段后，司乘人员向机车地勤质检人员反映这一故障情况，经检查，也未发现异常之处。将该台机车扣临修。解体检查，为水箱水表浮子损坏引起的故障，经更换水表，重新注满水，运转试验正常后，该台机车又投入正常运用。

经分析，水箱水表内部浮子脱开，分成两半，一部分将水箱上截止阀堵死，另一部分沉底，造成虚水位，查询检修记录，该台机车于2007年11月6日完成第1次机车中修，修后走行2 542 km，在质量保质期内，定责机车中修。同时，要求对新品配件使用前，要提前做好预防性的检查，防止故障隐患的发生。

(7) 高温水泵漏水

2007年11月27日，DF$_{8B}$型5178机车牵引上行货物列车，运行在兰新线哈密至柳园区段的盐泉至烟墩站间，冷却水温度骤升，伴随着柴油机卸载，膨胀水箱溢水。经司乘人员检查，冷却风扇转动正常，通风量输入正常，排气检查也未发现管路内储存有空气。当检查高温冷却水泵时，水泵蜗壳两端的进出水管壁温度有所差异，通过听诊检查，发现内部有异音，因此判断为高温水泵故障。机车维持运行至前方站停车，终止机车牵引列车运行，构成G1类机车运用故障。待该台机车返回段内后，司乘人员向机车地勤质检人员反映这一故障情况，将该台机车扣临修。解体检查，为高温水泵内部轴承碎。更换此高温水泵，重新注满水，运转试验正常后，该台机车又投入正常运用。

经分析，因此水泵轴承破碎而卡死，轴不能带叶轮转动，高温冷却水因此不能循环冷却而增高，最终造成柴油机卸载，膨胀水箱溢水故障。查询检修记录，该台机车于2007年11月14日完成第2次机车小修，修后走行6 446 km，属轴承材料质量问题，定责材质。同时，要求加强对传动机构配件的检查，发现隐患及时处理。

(8) 机油热交换器通冷却单节的三通水管内侧裂漏

2007年12月9日，DF$_{8B}$型5494机车牵引上行货物列车，在到达柳园站对机车作技术检查作业时，发现机油热交换器底部流淌有大量的水渍，经进一步检查确认，为机油热交换器水路通冷却单节的三通水管漏水，但也未发现管路有明显的裂漏处所，根据此故障情况，机车入折返段作进一步检查。待该台机车返回段内时，将该台机车扣临修，解体检查，发现此三通管内侧有一砂眼而引起漏水。经更换此三通管，重新注满水，运转试验正常后，该台机车又投入正常运用。

经分析，该三通属制造时留下的缺陷，故障发生在三通水管的内侧，不易检查到位，考虑到该台机车为机车中修后的第一趟运用交路，按机车中修质量保证期，定责机车中修。同时，要求在机车中修修程完工，启动柴油机后，加强对冷却水管路的检查。

（9）热交换器内漏

2007 年 12 月 11 日，DF$_{8B}$型 5494 机车牵引下行货物列车，运行在柳园至哈密区段的照东至红柳河站间，司乘人员在机械间巡视检查中。发现膨胀水箱（低温侧）冷却水被乳化，经判断估计为机油热交换器内部发生泄漏，机车维持牵引列车至前方站停车，为避免机车柴油机内部造成大的损坏，因此而终止机车牵引运行，构成 G1 类机车运用故障。待该台机车返回段内时，将该台机车扣临修。经将机油热交换器吊下解体，打水压试验检查发现内部有两处水（铜）管裂漏。经更换热交换器，重新注满水，运转试验正常后，该台机车又投入正常运用。

经分析，该台机车于 2007 年 11 月 27 日完成机车中修，修后走行 356 km（修后担当第一趟机车交路）。按机车中修质量保证期，定责机车配件厂。同时，要求加强机车配件厂工艺检修。

（10）冷却单节排气阀阀芯冻结裂损泄漏

2008 年 1 月 22 日，DF$_{8B}$型 0206 机车牵引货物列车 11028 次，运行在兰新线柳园至嘉峪关区段的石板墩至安北站间。现车辆数 52，总重 3 943 t，换长 61.8。司乘人员巡检机械间时，发现冷却单间有泄漏水现象，经查为冷却单节一排气阀裂漏，司机向安北站报告，请求在该站停车，检查处理机车故障，8 时 18 分到达安北站停车，经司乘人员检查为机车冷却单节排水裂损漏水，无法处理，8 时 23 分请求救援，安北站 13 时 14 分开车，安北站为交口站，本列晚交 3 时 34 分，构成 G1 类机车运用故障。待该台机车返回段内后，扣临修，解体检查，冷却单节一排气阀从阀头处冻裂脱开，造成单节漏水。经更换此冷却单节排气阀，重新注水，运转试验正常后，该台机车又投入正常运用。

查询机车运用与检修记录，该台机车 2007 年 10 月 22 日完成第 5 次机车小修，修后走行 39 697 km。经分析，为此排气阀阀芯处结冰造成阀头涨裂而损坏，检查阀芯内无冰雪残迹，属运用中原创性冻裂，列机车整备检查作业责任，定责机车整备作业不到位。同时，要求加强机车日常动态检查。

（11）气缸盖出水管上垫漏水

2008 年 4 月 4 日，DF$_{8B}$型 5317 机车担当牵引货物列车 11066 次的本务机车，现车辆数 51，总重 3 993 t，换长 65.4。运行在兰新线哈密到柳园区段的思甜至尾亚站间，司乘人员巡检机械间时，发现柴油机第 16 缸出水支管上垫漏水在区间被迫停车，经检查，无法处理，膨胀水箱水位已无显示，不能维持机车牵引运行，而请求救援，构成 G1 类机车运用故障。待该台机车返回段内后，扣临修，解体检查，为柴油机第 16 缸出水管上垫漏水，解体检查发现出水管上法兰胶圈装偏，被挤压破损。经更换此出水支管胶圈后，柴油机重新注水，运转试验正常后，该台机车又投入正常运用。

查询机车运用与检修记录，该台机车 2008 年 4 月 1 日完成第 1 次机车中修，修后走行 283 km。经分析，此出水支管上法兰胶圈在更换组装时装偏，经紧固挤压破损造成漏水。按机车中修质量保证期，在机车投入运用后的第一趟交路就发生此故障，定责机车中修。同时，要求加强机车中修检修质量，在机车水阻试验时，加强对油水管路的检查，发现故障隐患及时处理。并要求机车中修在柴油机组装该部位时，验收、质检要加强对该部位的检查。

（12）冷却单节穿孔

2008 年 6 月 5 日，DF$_{8B}$型 5490 机车担当货物列车 41006 次本务机车牵引任务，现车 33 辆，牵引吨数 2 567 t，换长 42.9。运行在哈密至柳园区段的烟墩至山口站间，司乘人员在机械间巡检中，发现冷却单节漏水，维持运行至天湖站内停车（23 时 29 分停车），请求更换机车后,3时20分开车,站内总停时3小时51分,构成G1类机车运用故障。待该台机车返回段内后,扣临修,解体检查,为左侧冷却单节第11节扁管根部有一个针尖大的小孔漏水。经更换此漏水的冷却单节,重新注水,运转试验正常后,该台机车又投入正常运用。

查询机车运用与检修记录,该台机车2008年4月8日完成第3次机车小修,修后走行41 293 km。机车到段检查,左侧冷却单节第11节扁管根部有一个针尖大的小孔呲水,无异物碰伤痕迹。该冷却单节为焊接式。经分析,该冷却单节扁管壁厚度不一致,长期使用后,壁薄处疲劳形成侵蚀性渗漏,随着机车运用逐渐形成穿孔漏水,将膨胀水箱的储存水漏完,机车无法运行,造成换车。该台机车2008年6月5日整备技术检查作业时,未能发现该单节已存在的渗漏,检查作业不到位。定责机车整备技术检查作业。同时,要求机车整备部门加强对冷却单节的检查,杜绝类似的故障情况发生。

(13)单节内部窜气

2008年6月20日,DF$_{8B}$型5490机车担当货物列车11094次重联机车牵引任务,牵引吨数3 921 t,现车辆数49,换长59.7。运行在兰新线哈密至柳园区段的柳园站内时,因该台机车柴油机冷却循环水系统发生泄漏水,膨胀水箱水位下降,不能继续运行,在柳园站司机请求更换机车,构成G1类机车运用故障。待该台机车返回段内后,扣临修,解体检查,发现高低温水互窜,判定为单节窜水,打水压试验,冷却间高温左侧第9单节漏气。经更换此节单节,重新注水,运转试验正常后,该台机车又投入正常运用。

查询机车运用与检修记录,该台机车2008年4月8日完成第3次机车小修,修后走行51 433 km。机车到段检查情况,询问司乘人员,反映机车在哈密整备出段时,膨胀水箱满水位。运行至天湖站,高温水箱水位下降2/3,低温水箱水位正常,水箱无溢水现象,冷却水系统各部管路及阀无漏泄处所。机车继续运行中,柴油机满载时,高温水箱水位已显示无水位,经将高、低温水箱连通阀打开,将低温水箱匀至高温水箱继续运行至柳园站,机车到段检查高温水箱水位剩30 mm左右,低温水箱水位剩2/3,冷却水系统外部检查,除膨胀水箱溢水管有往外溢水痕迹外,未发现其他泄漏处所。经补水启动柴油机检查,发现高、低温水系统互窜,判定为某单节窜水。打水压试验,冷却间高温左侧第9节单节漏气,在拆卸下此单节时,发现冷却单节内法兰垫因组装不当,造成"V"字型裂纹。经分析,因第9节单节法兰垫因组装不当,造成"V"字型挤压裂损,在此导致高、低温水系统互窜,引起高温膨胀水箱溢水性缺水。查机车整备技术检查作业碎修记录,该单节2008年6月19日因法兰垫漏水而更换此单节,在更换中组装不当,造成此法兰垫成"V"字形损坏,定责机车整备部门。

(14)冷却单节内堵

2008年7月4日,DF$_{8B}$型5179机车担当货物列车11080次重联机车牵引任务,牵引重量3 208 t,辆数53辆,换长68.2。运行在兰新线哈密至柳园区段的柳园站,因油水温度高卸载溢水,司机要求入折返段补水,构成G1类机车运用故障。待该台机车返回段内后,扣临修,为冷却单节内堵。进行冷却单节内部化学清洗处理。

查询机车运用与检修记录,该台机车2007年10月23日完成第2次机车中修,修后总走行162 644 km,于2008年4月21日完成第2次机车小修,修后走行58 615 km。机车到段检查,高、低温水箱满水表,水阻检查,当机车满载时,大风扇转速正常,冷却间百叶页窗开启正常,10 min后水温88 ℃,油温87 ℃,机车卸载。抽验两节冷却单节进行流量试验,高温系统流量分别为100 s、450 s,均不符合工艺要求。经分析,因冷却单节流量不足,散热能力降低,导致油水温度偏高。因已超出机车中修质量保证期,定责材质。

（15）水温继电器失效

2008 年 8 月 5 日，DF$_{8B}$型 5546 机车担当货物列车 11096 次本务机车牵引任务，现车辆数 49，总重 3 865 t，换长 69.8。运行在哈密至柳园区段的思甜至尾亚间 1 194 km + 164 m 处 19 时 39 停车，因柴油机水温持续升高卸载，处理后，19 时 42 分开车，区间停车 3 分，构成 G1 类机车运用故障。待该台机车返回段内后，扣临修，拆检水温继电器失效而误动作。经更换水温继电器，运转试验正常后，该台机车又投入正常运用。

查询机车运用与检修记录，该台机车 2007 年 07 月 18 日完成第 2 次机车中修，修后总走行 266 441 km，于 2008 年 06 月 03 日完成第 4 次机车小修，修后走行 40 618 km。机车到段检查，水阻台柴油机加载试验，油、水温度均正常，冷却水系统循环工作正常。将水温继电器下车效验，当水温 91 ℃时动作。经分析，由于机车机械间内环境温度较高，水温继电器毛细管由于材质稳定性不良，受外界温度等因素的影响，在冷却水温未达到 88 ℃时就提前动作，以致柴油机水温在 82 ℃时，水温度继电器就起保护作用，机车柴油机卸载。定责材质。

思 考 题

1. 简述 240/280 型柴油机冷却水系统结构性故障。
2. 简述 240 系列柴油机冷却水系统运用性故障表象。
3. 简述双流道冷却器突出的故障表象。
4. 简述反映在机车运用中柴油机水温高的故障表象。

第三节　空气滤清系统结构与修程及故障分析

空气滤清系统是保证柴油机耐久可靠地工作必不可少的。进入柴油机气缸中的空气，如有灰尘、砂或其他杂物，不仅污染中间冷却器，降低效率，而且还会造成柴油机气门、气门座、活塞、活塞环和气缸套等部件严重磨损，甚至破坏柴油机的正常工作。因此，在保证柴油机进气压力的情况下，过滤后的空气越清洁越好。

一、240 系列柴油机空气滤清系统

240 系列柴油机空气滤清器，采用两级过滤，即第一级为旋风滤清器，第二级为钢板网式滤清器，滤清元件分别装在空气滤清器的壳体中。现时，特别是运用于干燥风沙大地区的机车，经改进普遍采用三级滤清，即在原一级与二级滤清器间增加了一级纸介滤清元件。

1. 结构

空气滤清器根据柴油机的布置，分前后及左右两侧各一组滤清器，分别与柴油机的两个增压器进气口相连，为防止振动与安装的差异，与增压器连接处采用帆布软管。

空气滤清器的箱体为普通钢板及型钢焊接结构，并与机车车体形成空气通道。旋风滤清器安装在一个箱体上，后再组装在机车车体侧壁上，钢板网滤清器安装在滤清器壳体上，并以本身的弹簧片压靠在壳体边框上。

旋风滤清器由尼龙压注成型，由内、外两个圆柱筒组成（见图 8-31）。

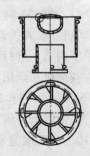

图 8-31　旋风滤清器

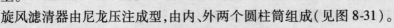

外圆柱筒内有八个扭曲叶片,内圆柱筒起进风口作用,两圆筒分别嵌在箱体的钢板上。旋风滤清器的各部分尺寸是有严格比例关系的,否则,会影响过滤效果。

钢板网空气滤清器,每组内装有四组滤芯。装入滤芯后,两侧用螺钉将角钢形板固定好,以防搬运或拆卸时掉出来。两个 W 形弹簧固定在边框上,边框均用普通薄板冲压成型后焊接而成。钢板网滤芯是用两种不同规格的钢板网制成,最外两层为粗钢板网,里边四层为细钢板网,相邻两层按网孔冲制方向相错 180°角组装。粗、细钢板网分别用 0.5 mm 和 0.2 mm 的普通钢板,经特殊加工而成(见图 8-32)。

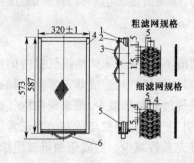

图 8-32　钢板网空气滤清器
1,4-框;2-L 形弹簧;3-W 弹簧;
5-滤芯;6-手把

空气滤清器,在柴油机工作时,从机车车体外吸入空气,先通过旋风滤清器。因空气在旋风滤清器中有一定速度,按叶片方向旋转,因离心作用,重量大的杂质在离心力作用下,碰撞旋风滤清器壁而掉下去,干净空气从内筒进入,再进入钢板网滤器。经钢板网滤清器中的曲折迂回的孔道,并与钢板网接触,脏物及大颗粒杂质分别粘在滤器上或滞留孔道内,清洁空气进入柴油机增压器内,经增压、冷却后进入柴油机气缸与燃油混合燃烧。

在运用中,注意观察柴油机燃烧情况及增压器的工作状况。空滤器太脏不仅进气阻力增加,而且也降低过滤效果。所以,对空气滤清器必须根据本地区的特点,制定相应的检修制度,按时对空滤器进行清洗保养,旋风滤器裂纹损坏应更换新品。

运用于风砂地区的机车,因两级滤清远远不能满足柴油机对清洁空气的要求。因此在此基础上又增设了两级滤清,即在旋风滤清器的进风口增设了一层蒙罩的钢丝网,并用铁边框经螺栓镶压在车体上,以阻挡粗质的砂粒进入(后由钢丝网改进为无纺布,过滤效果更佳);在原一、二级滤清器间增设了一道纸质滤清器,这样就形成了四级空气滤清。即外界空气→防砂粒网(一级滤清)→惯性式空气滤清器(二级滤清)→纸质滤清(三级滤清)→钢板网滤清器组(四级滤清)→增压器。

纸质空气滤清器由矩形橡胶密封圈、前端盖、滤芯总成、后端盖等组成。为了增大过滤面积,滤芯的滤纸摺成手风琴腔壁状,支持 0.7 mm 厚的镀锌钢板制成的保持架内。保持架既保证了滤芯件的形状和刚性,又便于安装和检修操作。纸质空气滤清器依靠滤清器箱内的托架装配压紧在构架装配的进气口上。纸质空气滤清器上端有矩形橡胶密封圈,通过上端的矩形橡胶封圈压紧在构架装配的进气口上,从而起到密封作用,然后拧紧锁紧螺母。当需要拆卸纸质空气滤清器时,先松开锁紧螺母,再转动调节螺母退下托板,就可取下纸质空气滤清器。

2. 空气滤清器大修、段修

(1)大修质量保证期

须保证运用 5 万 km 或 6 个月(即一个小修期)。

(2)大修技术要求

空气滤清器组装时,各结合面处须密封,严禁让空气未经滤清进入增压器吸气道。中冷器大修质量保证与技术要求见第五章第三节有关内容。

(3)段修技术要求

空气滤清器的旋风筒和钢板网(含无纺布滤芯,纸质滤芯),以及风道帆布筒应无破损和

严重变形。更换滤芯时,须把滤清器体内清扫干净。钢板网滤芯清洗后应用干净的柴油浸透,滴干(不滴油为止),并防止沾染灰尘。组装时,各结合面必须密封,防止未经滤清的空气进入增压器吸气道。运用中,空气滤清器的滤芯须根据其状况和脏污程度,严格进行定期更换。

3. 故障分析

空气滤清系统属柴油机的辅助系统,该系统工作的好坏,直接关系到柴油机的经济效率与功率输出。在机车运用中,空气滤清系统的故障主要存在于结构性,其运用性故障也来自于结构性。其故障原因主要来自于环境不洁,即机车运用于沙漠与戈壁的风砂(沙)区段的大风季节的侵蚀,其他路况条件下影响较小。所发生的故障表象为,柴油机输出功率低,冒黑烟,反映在机车检测时,气缸内的压缩压力低于规定值。

(1)结构性故障

在机车运用中,空气滤清系统结构性故障主要是空气滤清不足,使进入柴油机气缸内的空气带有微尘砂粒,会对柴油机的相关部件构成危害:对增压器压气机叶片造成非正常性磨耗或打坏;对中冷器冷却芯子散热孔堵塞,引起散热不良,并使空气过充系数减少,带来柴油机气缸内燃烧不良的后果,当带有微尘沙粒的空气进入气缸后,会引起气缸套内壁与活塞的非正常磨损。其次是进气道的破损造成漏气,使进入气缸内的空气过充系数减少。造成柴油机冒黑烟,输出功率下降,严重时,分别从呼吸道与排气烟囱喷机油。但这些并不会直接危及柴油机的运转,它的危害具有潜在性。当外界尘埃随空气进入气缸内,在柴油机润滑机油的清洗作用下,将对其润滑机油形成污染,加快了机油滤清器的堵塞,使机油通路不畅和机油内夹带的杂质带来润滑不良,加快了运动、固定部件的非正常磨损,影响到柴油机的功率正常发挥与运转。一般情况下,因空气滤清器过脏,并不会直接影响到柴油机的短时运用,关键是造成滞后性的危害,缩短机车的运用期,加速了润滑部件的磨耗,缩短了其使用寿命。所以要求机车在实际运用中,根据空气滤清器的脏、洁程度进行随时清除。

如上所述,机车运行中空气滤清系统发生故障,通过现有的检查手段,会很难被直接检查出来,因受损件均为内置式不可视部件,只能用间接检查判断的方法,如通过柴油机冒黑烟,柴油机功率下降,增压器喘振等间接检查判断手段来判别。空气滤清系统所发生的故障主要造成对柴油机运转状况恶化,虽然不会直接危及到机车的运行,但其危害的后果是较大的。所以,除了进行必要的设备增改措施外,处理空气滤清系统的故障,主要以预防为主。保证空气滤清系统的严密性,避免空气滤清系统的滤清器因安装不良的泄漏,或元件破损的泄漏。处于风沙地区的机车运用部门,每年在春秋两季风沙季节来临前,应对运用机车进行防风沙的整备,对空气滤清器进行彻底的密闭性整修与滤清器的更换与清洗,对每趟经过大风天气牵引运行返回段内机车的空气滤清器进行清扫。对风沙季节过后的运用机车,进行一次全面的检查与整修。通过这样的整修措施,因沙尘带来对柴油机运用的危害将会得到有效扼制。

(2)运用性故障

在机车运用中,空气滤清系统的运用性故障多数情况均由结构性故障引起。其运用性故障表象,主要为柴油机输出功率下降(加载时相应柴油机转速达不到额定功率),个别或多个气缸发生"敲缸",柴油机加载时冒黑烟,增压器喘振。该类故障,是在机车运用中日积月累积聚而成,并不能在某趟乘务交路中陡然发生,既使是大风季节也是如此。空气滤清系统的故障主要是因过滤效果所限引起,使空气中夹带的微尘砂粒,进入空气道与气缸内(并混入润滑机油里),造成机车运用性故障,加速运动部件与其配合偶件的损坏,引起冷却器(中冷器)的内堵,柴油机润滑部件的磨损,因此缩短了使用寿命。在发生此类故障的初期,柴油机运转中会发生某个或多个气缸"敲缸",其原因为活塞与气缸套内壁间的磨耗增大,导致其间隙增大,活塞在气缸内往复运动中发出非协调性声响(该类异音在柴油机低速运转中可听出,或用示爆器检测其气缸压缩压力会低于规定值)。严重时,增压器烟囱与柴油机呼吸道会喷出大量机油斑点。当增压器喘振严重时,空气滤清器出气口的帆布通道将会因空气收敛鼓胀被撕裂。当发生此类故障情况时,一般为柴油机进气系统(稳压箱)内窜入了大量非氧的废气成分,如某气缸进、排气阀损坏,在该气缸工作恶化的情况下,其废气经进气支管进入稳压箱内,因此使进入柴油机气缸内的空气含氧量减少而引起。遇此类故障情况,可降低柴油机主手柄,在维持列车运行中,通过分别甩缸,将故障气缸查找出来,将其甩掉,增压器喘振故障就会缓慢消失,维持机车运行回段更换处理。

机车运行中,因空气滤清系统发生故障,一般不会直接危及到机车的牵引运行。可通过其发生的故障表象,检视出故障所在,进行适当处理,维持机车运行,待机车返回段内再作处理。如属空气滤清器内堵,可适当降低柴油机输出功率维持机车运行;如属空气系统(稳压箱)内因气阀损坏窜入了废气,使空气过充系数减小引起的增压器喘振,可将故障气缸通过甩缸查找出来甩掉,维持机车运行。

二、280 型柴油机空气滤清系统

1. 结构

280 型柴油机空气滤清系统是其重要装置之一,其作用是给柴油机提供经滤清后的清洁空气,防止灰尘、砂或其他杂质进入柴油机内污染、堵塞中间冷却器及加剧柴油机气门、气门座、活塞、活塞环和气缸套等部件的磨耗,从而保证柴油机正常工作。因此,空气滤清系统在满足柴油机进气量、进气阻力及空气清洁度要求的情况下,空气滤清系统的滤清效率越高越好。

280 型柴油机空气滤清系统与 240 系列柴油机空气滤清系统稍有区别,因其柴油机增压器进气口的特点,为左右人字型进气。所以在机车车体壁上按前右侧、后左侧各一组布置,并分别与柴油机的 2 个增压器进气口相连。为隔振及补偿安装的误差,在增压器进气口处采用帆布套软管连接。

柴油机空气滤清系统由构架装配、帆布套、风道、惯性式空气滤清器及铝板网滤清器组等组成(见图 8-33)。空气滤清时的途径为:外界空气→一级滤清(惯性式空气滤清器)→二级滤清(铝板网滤清器组)→增压器。

(1)一级滤清

280 型柴油机有两种一级滤清方式,随装配机车使用时环境条件的不同分别采用。

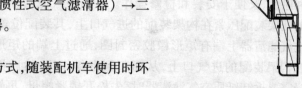

图 8-33　空气滤清系统

1-弯头装配;2-帆布套;3-直管装配;4-构架装配;5-内进风小门;6-铝板网滤清器组;7-集尘箱;8-惯性式空气滤清器;9-滤网装配

①外进风方式

机车在一般的环境条件下运用时,采用外进风,一级滤清采用惯性式空气滤清器,其结构与 240 系列柴油机一级空气滤清器相同(见图 8-34)。外界空气进入惯性式空气滤清器的旋风筒后,由于叶片的作用,使空气产生旋转,干净空气由中间进入空气滤清系统腔道,而灰尘等质量大的杂质在离心力作用下,碰撞旋风筒壁面进入排尘腔,再从排尘口排入车体

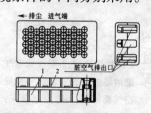

图 8-34　280 型机惯性式空气滤清器

1-进气箱;2-出气箱

侧壁上的积尘箱中,从而达到滤清空气的目的。惯性式空气滤清器安装在动力室侧壁上,每侧安装 4 个,每个上面有 54 个旋风筒。滤清器侧面有 3 个排尘口,以便将灰尘、杂质排入积尘箱中,可定期清除积尘箱中的灰尘、杂质。

②内进风方式

当机车在空气严重污染或长大隧道的环境条件下运用时,运用人员可打开车体侧壁腔道上的小门,采用内进风。此时,一级滤清采用安装在车体侧壁百页窗内侧的毛棕海绵滤清器。外界空气经毛棕海绵滤清器后进入车体内,从车体侧壁腔道上的小口直接进入空气滤清系统的二级滤清器。

(2)二级滤清

二级滤清采用铝板网滤清器组,每组空气滤清系统的钢结构内装有 8 块铝板网滤清器组,每块铝板网滤清器组内有 4 块滤网装配,每块滤网装配由 2 层横纹铝板网和 2 层纵纹铝板网相间重叠,再加装边框组成(图 8-35)。边框四角上各有一孔,以便于清洗时清洗液的流出及铝板网滤清器组浸油后油渍的流出。

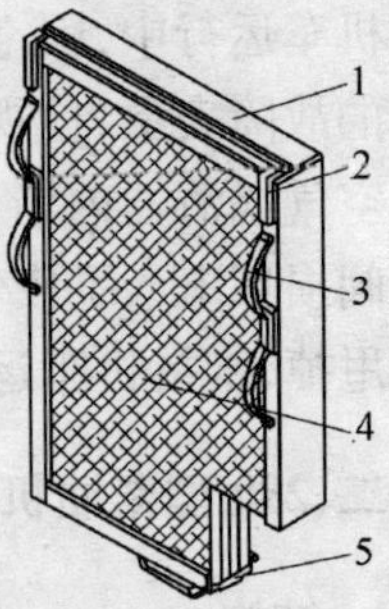

(3)风砂地区空气滤清系统改进

与 240 系列柴油机空气滤清系统同样,机车运用于风季的风砂区段运行时,为避免沙(尘)、砂粒对柴油机运用中的侵害,保证空气的清洁。机车制造厂家为适应 280 型柴油机装配机车在风沙地区运用,在原二级空气滤清的基础上又增设了两级滤清器,即在原一、二级滤清器之间增设了一级纸质滤清器,在原一级滤清器(旋筒式滤清器)进风面罩了一层钢丝网,增加其过滤砂粒的强度,统称为空气四级滤清。即外界空气→防砂粒网(一级滤清)→惯性式空气滤清器(二级滤清)→纸质滤清(三级滤清)→钢板网滤清器组(四级滤清)→增压器。

①纸质滤清器

纸质空气滤清器由矩形橡胶密封圈、前端盖、滤芯总成、后端盖等组成。为了增大过滤面积,滤芯的滤纸摺成手风琴腔壁状,支持 0.7 mm 厚的镀锌钢板制成的保持架内。保持架既保证了滤芯件的形状和刚性,又便于安装和检修操作。纸质空气滤清器依靠滤清器箱内的托架装配压紧在构架装配的进气口上,其装配位置见图 8-36。纸质空气滤清器上端有矩形橡胶密封圈,通过上端的矩形橡胶封圈压紧在构架装配的进气口上,从而起到密封作用,然后拧紧锁紧螺母。当需要拆卸纸质空气滤清器时,先松开锁紧螺母,再转动调节螺母退下托板,就可取下纸质空气滤清器。

经惯性式空气滤清器组滤清后的洁净空气从纸质空气滤清器的滤芯四周通过,滤纸过滤进入滤芯内腔,进行第三级滤清。经滤纸过滤后的洁净空气,从滤芯内腔向上经前端盖上的长孔流入构架装配的进气腔道。

②排尘通风机

排尘通风机为离心式通风机,它的进气口与惯性式空气滤清器组的排尘道相连,依靠通风机产生的负压把灰尘带走。排尘通风机

图 8-35　铝板网滤清器组

1-框;2-L 形弹簧;3-W 形弹簧;4-滤网装配;5-手把

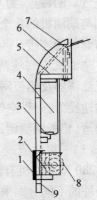

图 8-36　纸质滤清器的安装位置

1-防沙网装配;2-惯性式空气滤清器组;3-托架装配;4-纸质空气滤清器;5-防尘罩装配;6-铝板网滤清器组;7-活接螺栓装配;8-排尘通风机装配;9-车体

可根据风沙大小定时排尘,也可保持常开状态排尘(厂家建议保持在常开状态)。

③差示信号装置

差示信号装置由两个差示压力计和两个信号灯组成,组装在表盒内,称之为表盒组装。表盒组装装置在动力室左侧墙上两个进气构架之间,分别反映前、后空气滤清器的工作状况。弯头装配上有一个接口与差示压力计相连,利用弯头内和外界大气之间的压差来反映纸质空气滤清器和铝板网的脏污状况。当差示压力计旁的红灯亮时,表示增压器吸气真空度过大,应该及时清扫或更换各级滤清元件。

2. 空气滤清系统大修、段修

(1)大修技术要求

①质量保证期

须保证运用 5 万 km 或 6 个月(即一个小修期)。

②大修技术要求

与 240 系列柴油机用空气滤清系统大修检修要求相同。

(2)段修技术要求

与 240 系列柴油机用空气滤清器系统段修技术要求相同。

3. 故障分析

280 型与 240 系列柴油机用空气滤清系统工作原理相同,其结构稍有区别,在柴油机运转中,所发生的故障也基本相同,其检查方法也相同。机车运行中多数情况下也可用间接判断的手段判别。但该型柴油机的空气滤清系统均装有空气差示信号报警装置,可通过此装置来判别空气滤清器的脏与洁的程度,此装置反映进气阻力大小,当压差(阻力)过大时,红灯报警。同时在该型柴油机装配于风沙地区的机车,也装配有排尘装置,可随时对滤清箱内的残留尘沙粒进行排除清扫,这样也大大降低尘沙粒进入柴油机气缸的概率,保证了柴油机的正常运转。

机车运行中,空气滤清器可视性故障主要发生在通道出气口与增压器压气机端的进气接口,收敛胶管发生老化性破损(见图 8-37)。机车运行中 图 8-37 收敛管破损
如此管破裂,无须做处理,维持牵引列车运行。待返回段内,再行更换。

思 考 题

1. 简述 240/280 型柴油机空气滤清系统结构性故障。

2. 简述空气滤清系统运用性故障表象。

3. 280 型柴油机空气滤清器过脏如何显示报警?

第九章 辅助传动装置

辅助传动装置主要由机械传动、静液压传动和直流电动机驱动三种形式组成（在 DF$_8$ 型部分机车中其机械传动、液压传动改交流电力传动,本章第三节将介绍）。由辅助传动装置传递动力的辅助设备有励磁机、启动（辅助）发电机、前通风机、后通风机、冷却风扇及由电动机直接驱动的空气压缩机等。本章将介绍 240 系列与 280 型柴油机装配机车的辅助传动装置（包括交流电力辅助传动装置）的结构、修程要求,着重阐述了其结构性与运用性故障分析。并附有相应的机车运用故障案例。

第一节 机械传动装置结构与修程及故障分析

240/280 型柴油机所装配机车的辅助传动装置中的机械传动结构基本相似,均是采用前、后输出轴带动前、后变速箱,通过前、后变速箱齿轮的放大作用,经半刚性联轴节与尼龙绳软轴带动相应的辅助电机和通风机。区别在于机车类型不同变速箱的齿轮传动比有所不同。

一、240 系列柴油机机械传动装置

该机械传动装置主要由启动变速箱、静液压变速箱和输入、输出轴及联轴器等组成（见图9-1、图9-2）。

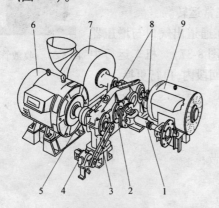 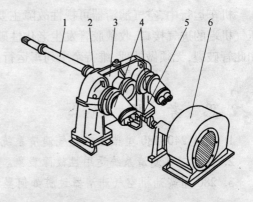

图 9-1 启动变速箱传动机构

1-万向轴;2-启动变速箱;3-三角皮带;4-测速发电机;5-弹性柱销联轴器;6-启动发电机;7-前通风机;8-绳联轴器;9-励磁机

图 9-2 后变速箱传动机构

1-传动轴;2-组合联轴器;3-静液压油变速箱;4-静液压泵;5-绳传动轴;6-后牵引电动机通风机

1. 结构

(1)变速箱

变速箱包括启动变速箱（或称前变速箱）与静液压变速箱（或称后变速箱）。

①启动变速箱

启动变速箱主要由上、下箱体,主动轴,过轮轴、两根输出轴及各轴齿轮、轴承、法兰等组成(见图9-3)。其结构形态是按所带动的各辅助设备的需要设定的。当启动柴油机时,启动电动机由蓄电池供电运转,经启动变速箱的轴通过万向轴带动柴油机发火启动。柴油机启动运转后,将部分功率由辅助传动装置分配给各辅助设备工作。

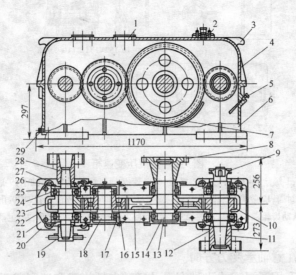

图 9-3　启动变速箱

1-检查孔盖;2-通气器;3-吊钩;4-上箱体;5-油尺;6-下箱体;7-挡油板;8-法兰;9-皮带轮;10-从动齿轮;11、21-输出轴;12、28-弹性柱销法兰;13-主动轴;14-弹性挡圈;15-主动齿轮;16-过轮;17-端盖;18-中间轴;19-绳传动法兰;20、22-定位销;24-滚动轴承;25-密封盖;26-迷宫圈;27-挡圈;29-放油堵

各轴承在变速箱中的轴向位置,由变速箱端盖与轴承外圈定位。各轴伸处与箱体之间的油封,均以逆转向螺旋式和迷宫式双道油封密封。启动变速箱内齿轮采用浸浴式飞溅润滑,简化了启动变速箱内各摩擦副润滑结构,只要油位在油尺最高、最低油位之间(油位原则上按过轮浸入 1~2 个模数高度),各部位即可得到充分润滑,为防止大齿轮搅油过热,箱体内铸有半月形挡油板。运用中要密切注意油位情况,油位过高会引起箱内高热,油位过低会造成润滑不足。变速箱正常温度一般不应高于 80 ℃。为确保油位准确,各变速箱油尺不得互换。变速箱中注入与柴油机用相同牌号的润滑油。齿轮如有轮齿裂纹、断齿或齿面点蚀超过 20%,应予更换。

B 型机车启动变速箱与 C 型机车启动变速箱结构完全相同,可以互换。

②静液压变速箱

静液压变速箱主要由上下箱体、主动轴、三根输出轴及各轴齿轮、轴承和法兰等组成(见图9-4)。

柴油机启动后,静液压变速箱随之运转,其主动轴将功率经两侧结构完全相同的输出轴传递给两个静液压泵,为静液压传动系统提供动力源。主动轴下方的输出轴,通过尼龙绳传动轴带动后通风机。

静液压变速箱内主动齿轮、两侧输出轴齿轮、轴承与法兰等与各轴之间均采用热装过盈配合。由于结构上的需要,与齿轮间采用花键配合,考虑到所带负载是用具有轴向力的尼龙绳传动轴传递,故在轴的输出端采用了向心推力轴承支承,因该轴承只能承受单向轴向力,因此,要

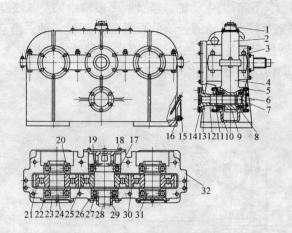

图 9-4　静液压变速箱

1-通气器；2-箱体；3-螺栓；4-下箱体；5、22-螺栓；6-端盖；7-通风机传动轴；8-轴承；9-通风机传动齿轮；
10-迷宫套；11-密封环；12-密封圈；13-法兰；14-圆螺母；15-油尺；16-放油堵；17、20-止挡；18、23-端盖；
19-轴承；21、30-从动齿轮；24、31-从动轴；25-主动齿轮；26-密封盖；27-迷宫套；28-主动轴；29-密封圈

求装配该轴时要特别注意轴承受力方向。

静液压变速箱也采用了浸浴式飞溅润滑及逆转向螺旋式和迷宫式双道油封。轴承轴向定位方式基本与启动变速箱相同。当静液压泵骨架式橡胶油封严重磨损漏油时，会造成静液压变速箱内油量增多，产生箱体高温或由排气器冒油故障。一经发生上述情况，可采取临时措施，打开变速箱放油堵，将余油放掉，待回段后更换油封。箱内采用与柴油机同一牌号的润滑油。

B 型机车静液压变速箱在结构上除输入法兰外，其余零部件与 C 型机车静液压变速箱结构完全相同。

（2）传动轴

①万向轴

万向轴用以传递柴油—发电机组与启动变速箱之间的动力。它由两端叉头法兰，中间轴及万向节总成等零部件组成（见图9-5）。

早期万向轴中的万向节总成为滑动体结构，现已改为双排滚动体结构，其寿命提高一倍以上。该轴在结构上与 C 型机车万向轴可以完全互换。

根据万向节运动学原理，万向轴滑动叉与花键轴叉组装时，必须保证两端叉头安装十字轴孔中心线在同一平面内。否则，将产生冲击载荷导致中间轴及花键副过早损坏。

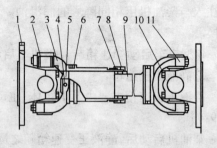

图 9-5　万向轴

1-突缘叉；2-万向节总成；3-滑动叉；4-端盖；5-油杯；
6-平衡块；7-防脱螺母；8-衬瓦；9-花键轴叉；10-螺栓；
11-轴承盖

滑动叉与花键轴叉组装后必须把防脱螺母紧固。否则，既影响花键副密封，更会在起吊时，轴套脱开发生事故。

万向轴出厂前做过严格的动平衡。因此，平衡块的位置不得随意移动，如需更换万向节

时,应重新进行动平衡。

万向轴各滑动副均采用滚动轴承工业锂基脂润滑。轴上共有10个可供注油的油杯,其中每个十字轴4个,花键轴套2个。注油时可向每组油杯之一加注,加至每个十字轴4个端部同时冒油即可。运转中如发现万向节处有严重甩油,并伴有轴承碗端部温度增高,则可能是万向节轴承烧损,应及时拆检处理。

②传动轴

传动轴用以传递柴油机与静液压变速箱之间的动力。它由带有弹性联轴器的叉头法兰、万向节及花键轴等组成(见图9-6)。早期万向节总成为滑动体结构,现为双排圆柱滚动体结构,其寿命比以前提高一倍以上。

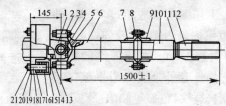

图9-6 传动轴

1-十字销;2-叉头;3、8-螺栓;4-轴承;5-轴承盖;6-管子;7、9-中间法兰;10-花键轴;11-钢丝;12-帆布套;13-圆螺母;14-挡套;15-叉头法兰;16-橡胶圈;17-垫圈;18-柱销;19-花键套法兰;20-止动垫;21-螺母

传动轴的花键轴端插入柴油机自由端的花键套内,另一端法兰以过盈热套于静液压变速箱输入轴轴伸上。整个传动轴与柴油机的花键套叉之十字轴形成万向轴—弹性套柱销联轴器复合结构。弹性套柱销联轴器将吸收部分柴油机传导之扭振,以降低齿轮传动的冲击载荷。

C型机车采用万向轴来传递柴油机与静液压变速箱间的动力,其万向节总成与B型机车传动轴结构相同。

(3)联轴器

①绳联轴器

绳联轴器是靠绳来保证联轴器扭矩传递,它能充分地调节传动环节的扭振性能,可以补偿相连机械轴线的径向、轴向位移和角度位移,当两相连轴线同轴度公差太大,也会导致绳与串联轴之间严重摩擦生热,使绳熔断。

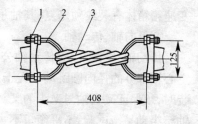

图9-7 后绳传动轴

1-螺母;2-U形螺栓;3-尼龙绳

静液压变速箱传动后通风机所用的绳联轴器(绳传动轴),见图9-7。

两U形螺栓分别固定在变速箱和通风机的相对应法兰上。直径为14 mm的尼龙绳在两个U形螺栓间缠绕4圈。结头应采用起重钢丝绳结口联结方式,插扣编结,以防脱扣。

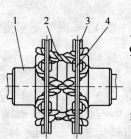

图9-8 前绳联轴器

1-法兰;2-尼龙绳;3-柱销;4-钢丝

变速箱输出轴与通风机轴的同轴度公差应小于$\phi 4$ mm,启动变速箱至前通风机的绳联轴器(见图9-8)直径14 mm的尼龙绳,采用起重钢丝绳结口联结方式,插扣编结成圆环型,往复挽绕在两个法兰上,两法兰同轴度公差为$\phi 1$ mm。尼龙绳具有较高的抗拉强度和良好的吸

振能力,但易被利物割断和受热熔断。因此,无论U形螺栓还是柱销及法兰等与绳接触之表面,都必须光滑。在与绳接触的部位,可涂少量润滑油以减少摩擦,提高寿命。发现绳中有断丝状况,应及时更换新绳。

②弹性柱销联轴器

启动变速箱与启动电动机和励磁机联结的弹性柱销联轴器见图9-9。

两主动法兰分别以过盈配合热装于启动变速箱带动启动电动机的输出轴轴伸和励磁机输出轴轴伸上。弹性柱销联轴器具有一定的减振性能,工作温度不应超过70 ℃。同轴度公差应控制在0.3 mm范围内。否则,橡胶弹性套磨损快,使寿命缩短,并会由此而引起振动。橡胶弹性的物理、机械性能不得低于规定要求,弹性套外形要光滑平整,内部组织要严密,不得有杂质、气泡、裂纹、龟裂等缺陷。

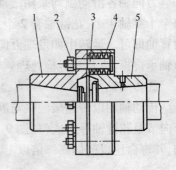

图9-9 弹性柱销联轴节
1-从动法兰;2-螺母;3-柱销;4-橡胶圈;5-主动法兰

2. 辅助机械传动装置大修、段修

(1)大修质量保证期

辅助机械传动装置中的通风机、传动轴不发生折损和裂纹;所有滚动轴承不发生裂纹、折损和剥离。须保证运用30万km或30个月(包括中修解体);辅助机械传动装置的其他零部件,须保证运用5万km或6个月(即一个小修期)。

(2)大修技术要求

①前、后变速箱

变速箱各轴的径向圆跳动不大于0.08 mm。变速箱各法兰、齿轮与各轴的配合过盈须符合设计要求。变速箱组装后各轴须转动灵活,试验时不许有不正常的噪声和撞击声,分箱面处不许漏油(各迷宫油封处在启动和停止时允许有微量渗油),变速箱体温度不许超过80 ℃。变速箱箱体有裂纹须修复,其轴承座孔拉伤、磨耗须修整,使配合尺寸符合原设计要求。

②万向轴、传动轴

传动轴叉头端面对传动轴公共轴心线在$\phi160$ mm处的端面圆跳动不大于0.1 mm,传动空心轴部分的径向圆跳动不大于1 mm,花键轴部分的径向圆跳动不大于0.08 mm。万向轴组装时,须保证叉头轴与叉头的叉头部分在同一平面上,组装后须灵活,不许有卡紧现象。万向轴整组动平衡试验,不平衡量不大于120 g·cm。

注:C/D型机辅助传动装置用万向轴、传动轴整组动平衡试验,在1 000 r/min时不平衡量不大于150 g·cm。

③牵引电动机通风机

叶片不许有松动和裂纹,叶片检修后须进行动平衡试验,不平衡量不大于25 g·cm,叶轮与吸风孔间隙为1~5 mm,组装后进行2 600 r/min运转试验,历时30 min,轴承盖最高温度不大于80 ℃,温升不大于40 ℃,性能试验要求在转速为2 600 r/min,流量为330 m³/min时,全压不小于3.92 kPa(D型机辅助传动装置为4 kPa)。两滚轮轴承的外端面与两端轴承盖之间的轴向间隙须控制在0.3~0.8 mm范围内。

(3)段修技术要求

①前、后变速箱

箱体裂纹及轴承座孔磨耗后允许修复,修复后轴承座孔的同轴度不大于 φ0.10 mm。各传动轴、齿轮不许有裂纹,轴与齿轮为过盈配合,外观检查良好者,允许不分解探伤。变速箱组装后须转动灵活,并做空转磨合试验。变速箱装车后应运转平稳无异音,分箱面无泄漏,箱体温度不超过 80 ℃,油封在启、停机时允许有微量渗油。

②牵引电动机通风机

叶片不许松动、裂纹,更换叶片时须做静平衡试验,不平衡度不大于 25 g·cm。叶轮与吸风口间隙为 3 ~ 5 mm(C/D 型机为 1 ~ 5 mm)。

组装后转动灵活,装车后运转平衡,油封无泄漏,在转速为 2 600 r/min 时,历时 30 min 轴承盖温度不大于 80 ℃。进风滤网须清扫干净。

③万向轴、传动轴

万向轴、传动轴的花键轴、套、法兰、十字头、叉头不许有裂纹,花键不得有严重拉伤,十字头直径减少量不大于 1.5 mm。传动轴的叉头对轴线的端面圆跳动在半径 80 mm 处不大于 0.1 mm,花键部分的径向圆跳动不大于 0.08 mm,传动轴中间的径向圆跳动不大于 1.00 mm。锥度配合的法兰孔与轴的接触面积不少于 70%,传动轴法兰结合面间用 0.05 mm 塞尺检查应塞不进。万向轴换修零件时,应做动平衡试验(在转速 1 000 r/min 下,不平衡度应不大于 120 g·cm;D 型机辅助装置用为 150 g·cm)。传动轴、万向轴组装时,两端的叉头应在同一平面内(包括柴油机的输出花键套)。弹性联轴器的法兰、柱销不许有裂纹,橡胶弹性套无老化及破损。连接法兰与底座的轴向间隙不大于 3 mm,径向间隙为 0.14 ~ 0.55 mm。

3. 故障分析

辅助传动装置是机车与柴油机的主要配属系统,对于电力传动启动柴油机的机车而言,启动柴油机需求于启动电动机;前、后转向架牵引电动机负载时散热通风需求于前、后通风机;主发电机的励磁需求于励磁机的工作,励磁机的励磁需求于测速发电机和启动发电机;柴油机油水的循环温度降低,需求冷却风扇的散热,而这一切均是通过柴油机前、后输出轴带动的前、后变速箱来驱动的。如果没有辅助装置良好的运转工作,柴油机将得不到正常工作的保证。传动装置也同样存在着结构性与运用性故障,而发生在辅助装置系统的这类故障中主要属部件疲劳性损坏。

(1)结构性故障

机车运用中,辅助机械传动装置系统中结构性故障存在于各运动部件中。前、后输出轴的断裂,万向轴叉头的裂损,前、后变速箱内齿轮磨损与掉齿,尼龙绳轴断损,半刚性联轴器内连接螺栓橡胶圈老化裂损,后通风机摆幅不正,引起的尼龙绳轴非正常断损,前、后通风机内叶片脱落打坏,后变速箱因静液压泵油封损坏窜油,使后变速箱体温度升高超限,造成后变速箱齿轮烧蚀及齿轮掉齿。这类结构性故障给机车运用均会带来一定负面影响。

这些故障在该类型机车不同时期运用中均有发生,属机车运用中的常见故障,经机车运用不同时期的攻关改进与检修工艺的提高,这些常见故障在一定程度上得到了抑制。而在这些结构性故障中,现时少有发生的为前、后输出轴的断裂,这类故障会直接导致机车终止牵引运行的技术性破损故障。防止这类故障的发生,一般可通过加强机车出段前的整备作业检查。机车运用中辅助机械装置中运动部件的损坏,绝大多数情况下属部件疲劳性裂损,凡属疲劳性裂损的物件,均有一个缓慢的过程,作者在观察这类损坏物件时,基本上能找到旧的裂痕,属钢铁质物件,发生裂痕时有两个特征,一是透锈(属可视性),二是敲击声音反常(锤检)。如后输出轴发生裂损,该轴属整体空心轴,遮挡与防护性部件较多,可视性检查较为困难,可通过锤检

听音的方法检查。又如万向联轴器的叉部裂损,从该部件的结构而言,就不易锤检了,该部件属分散结合性结构部件(见图9-5、图9-6),对于此类部件仅凭锤检听声检查出裂损是很困难的,对于该类组合性部件,当结合部发生疲劳性裂隙时,锤击时它是不能将裂损的声响传递出来的。所以,应采用锤检振动加可视性检查,可通过锤检的振动观察易裂损处(万向轴叉部受力处)是否有透锈来鉴别。

(2)运用性故障

机车运用中发生在辅助传动装置的故障相对而言是较少的,所发生的机车运用性故障,多数情况下均由结构性故障引起。发生在辅助传动装置中常见的机车运用故障有:前、后尼龙轴断折,这类故障属可视性故障,其故障主要表象为前、后绳联轴节处断绳,造成的原因为U形螺栓或弹性柱销联轴节上的柱销金属表面粗糙或毛刺,引起非正常磨损性抻断;或后通风机摆幅不正,引起的扭矩力加大疲劳性抻断,及弹性联轴节柱销绳轴缠绕松缓(锁紧铁丝松脱),造成绳轴脱落而抻断(柴油机"飞车"造成前、后尼龙轴断损仅是在特殊情况下发生)。前、后输出轴刚性扭断,主要发生在后输出轴,为陈旧性裂损,即轴焊波出现裂痕,使其承载的扭矩力减弱,属疲劳性损坏;后变速箱内齿轮掉齿卡滞,使后输出轴力矩加大,引起的超负荷疲劳性损坏;轴键槽和轴套、键槽滑键(或滑槽),造成的后输出轴无扭矩力输出,使后变速箱不能工作。后输出轴的损坏故障表象为轴刚性扭断,后输轴会发生拧麻花,或"耍大刀"。万向轴主要发生在连接部(叉头)断损,属疲劳性裂损,一般不会发生马上断脱,其故障表象为柴油机运转中,万向轴发生摆幅不正,严重时,会发生"吱吱…"声响。通风机因安装摆幅不正,主要发生在后通风机,其故障表象,在柴油机运转中,造成后尼龙轴抻断;通风机内叶片扫膛,通风机轴承破碎,进入异物卡滞,个别叶片脱落而引起。后变速箱窜油,主要为两台静液压泵油封有破损时向变速箱窜油,其故障表象为通气孔冒蓝烟,变速箱箱体温度增高,或从油尺口溢油;其次,变速箱内齿轮掉齿,其故障表象为柴油机运转中,该箱体内有异音。

在机车运行中,辅助装置发生疲劳性破损故障时,一般情况下,机车不能继续牵引运行,否则,将会造成机车大部件的破损。如上所述,发生这类故障前,均有一过程,通过加强机车的日常技术作业检修检查(特别是机车返回段内后的技术作业检查),均能通过"间接识别"方法将此类故障隐患检查出来。后输出轴及轴键(套)槽的损坏,属看不见摸不着的部件,但可通过"间接识别"检查的手段,即锤击、手晃(锤击听声音,手晃验键槽间隙)可将其隐形故障检查出来。万向轴叉部的裂损,虽属刚性物体,但它的连接体配合间隙松散,锤击不易辨别出裂损声响,可通过柴油机启动运转后,观察万向轴运动的摆幅来判别。即裂损后的叉部连接处受力弱,会出现非圆形的椭圆性运转,并会发出非正常的运转声响,通过视、听结合的检查方法,可将此类故障隐患检查出来。

机车运行中,尼龙绳轴的断损,与静液压泵油封损坏向后变速箱窜油等类故障较为常见。这一类故障在机车运用中,基本上不能直接导致机车终止牵引运行,通过适当的处理方法,均能维持机车运行至目的地站。

4. 案例

2008年8月8日,DF$_{4C}$型5233机车担当货物列车11046次本务机车牵引任务,现车辆数46,总重3 952 t,换长62.2。运行在兰新线乌鲁木齐西至鄯善区段的三葛庄至柴窝堡站间1 836 km+620 m处,因柴油机自由端输出轴(后输出轴)断,于7时08分区间停车,请求救援。8时25分开车,区间总停时77 min,影响本列及X184次晚点。构成G1类机车运用故障。待该台机车返回段内后,扣临修,检查自由端输出轴(后输出轴)断损。经更换此输出轴,试验运转正常后,该台机车又投入正常运用。

查询机车运用与检修记录,该台机车 2008 年 1 月 25 日完成第 2 次机车大修,修后总走行88 887 km,于 2008 年 6 月 3 日完成第 1 次机车小修,修后走行 26 481 km。机车到段检查,自由端万向轴花键套叉头断裂,十字头压盖螺丝断,靠柴油机侧十字头压盖螺丝断。检查两侧十字头压盖螺丝断裂处为新痕迹,花键套叉头断裂处有 70 mm 的旧裂痕,其余为新裂痕。经分析,该台机车大修时,该万向轴已存在裂纹,机车在运用中,裂纹逐渐扩大,导致断裂,摆动大,造成两侧十字头压盖螺丝断裂。按机车大修质量保证期,定责机车大修,并及时将此故障信息反馈机车大修厂,以提高大修机车大修质量。

二、280 型柴油机机械传动装置

1. 结构

主发电机输出端弹性柱销法兰通过万向轴(一)与前变速箱输入法兰相联,在前变速箱上的两根输出轴分成四个法兰输出端,输入法兰一侧的两只输出法兰分别经两只弹性柱销联轴节与启动发电机和感应子励磁机联接;另一侧的两只输出法兰分别经两只尼龙绳联轴节与两只通风机相联,并通过三角皮带与测速发电机相联。在柴油机自由端,柴油机曲轴经橡胶弹性联轴节、万向轴(二)与后变速箱输入法兰相联,后变速箱输入法兰的另一侧有三个输出端,两边输出轴的内花键分别带动两只静液压泵,中间下部输出轴经尼龙绳联轴节与后通风机相联,带动后通风机(见图 9-10)。

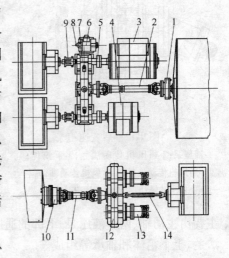

图 9-10 传动机构

1、5、10-弹性联轴节;2-万向轴(一);3-启动发电机;4-感应子励磁机;6-测速发电机;7-前变速箱;8-防护罩;9、14-尼龙绳联轴节;11-万向轴(二);12-后变速箱;13-静液压泵

机械传动装置主要由前变速箱、后变速箱、万向轴、弹性联轴节、弹性柱销联轴器及尼龙绳联轴节等组成。它安装在动力室主发电机输出端和冷却装置下靠柴油机自由端一侧。辅助传动系统采用了多种结构形式的弹性联轴节来提高传动机构的隔振和抗振性能。在主发电机输出和万向轴之间,在前变速箱与启动发电机和感应子励磁机之间采用了弹性柱销联轴节;在通风机和前、后变速箱之间采用了尼龙绳联轴节;在柴油机自由端与万向轴之间采用了大柔度橡胶弹性联轴节。这些弹性联轴节不仅用来调整传动机构的扭转振动性能,而且还有效地补偿了相联机械设备轴线之间的径向、轴向和角度等方面的位移,降低了机械设备安装的位置要求,起到改善扭转振动频率、缓和冲击振动、吸收高频振动、降低噪声的作用。

(1)变速箱

装配于 DF$_{8B}$、DF$_{11}$ 型机车的前变速箱为单级对称型带惰轮圆柱直齿齿轮传动变速箱,主要由主传动齿轮轴组装、两根惰轮轴组装、两根从动齿轮轴组装、主动轴传动法兰、启动发电机传动法兰、励磁机传动法兰、两个通风机传动法兰、和上、下箱体等组成。

①前变速箱

前变速箱(图 9-11)有 5 根传动轴。主动轴与万向轴(一)刚性连接,经两根惰轮轴分别带动左、右两根从动轴。左从动轴前端经传动法兰(尼龙绳联轴器)与前转向架牵引电动机通风机相连,后端经传动法兰(弹性柱销联轴器)与启动发电机相连。右从动轴前端经传动法兰(尼龙绳联轴器)与同步主发电机、主硅整流柜通风机相连,且通过传动法兰上的皮带轮带动测速发电机;后端经传动法兰(弹性柱销联轴器)与感应子励磁机相连。前变速箱设置两根惰轮轴是为了加大输入、输出轴之间的中心距。

前变速箱中的各输入、输出轴与箱体的密封,均采用逆转向式螺旋密封与迷宫式两道油封密封。这种密封形式具有密封可靠、体积小、无磨损、寿命长等优点。

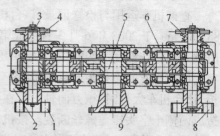

图 9-11　前变速箱

1-励磁机传动法兰;2-箱体;3-从动齿轮轴组装;4-主发和1ZL柜通风转动法兰;5-主动齿轮轴组装;6-惰轮轴组装;7-前通风机传动法兰;8-启动发电机传动法兰;9-主传动法兰

为防止润滑油在轴承处阻滞,造成密封泄漏或轴承过热,在各轴承安装孔的正下方的下箱体上均设有回油沟,相应的轴承盖上也设有回油口。

在前变速箱刚启动或停机时,螺旋密封允许有微量油滴渗,这是由螺旋密封的结构所决定的。前变速箱采用浸浴式飞溅、油雾润滑,只要前变速箱的油位在最高及最低油位之间即可。这时,两个惰轮作为主润滑件,前变速箱中各摩擦副均能得到充分润滑。

②后变速箱

后变速箱(见图9-12)为单级、增速圆柱直齿齿轮箱,主要由主动轴、两个液压泵、下部的通风机传动轴以及相应的传动齿轮、通风机传动法兰、主动法兰、上下箱体和轴承等组成。

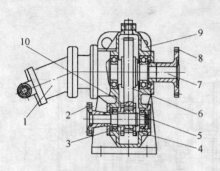

图 9-12　后变速箱

1-液压泵;2-通风机传动法兰;3-下箱体;4、10-通风机传动齿轮;5-通风机传动轴;6-主动齿轮;7-主动轴;8-主传动法兰;9-上箱体

后变速箱主动齿轮轴经主传动法兰直接与万向轴(二)刚性连接,主动齿轮与主动轴为过盈连接,且经左、右两从动齿轮轴的内花键直接驱动静压系统中的两个液压泵。主动齿轮经通风机传动齿轮中的花键带动通风机传动轴,通过通风机传动法兰(尼龙绳联轴节)与后转向架牵引电动机通风机相连。由于受机车冷却室位置及冷却装置结构的限制,后转向架牵引电动机通风机传动轴设在主传动轴的正下方。因为该后变速箱的体积和重量相对较小,利用通风机传动齿轮甩油已经很困难,为此在该变速箱中,在该通风机传动齿轮的两侧各增加了一个12 mm 厚的甩油齿轮。此两齿轮仅起帮助润滑作用,其内孔形式与通风机传动齿轮相同,同为内花键。

后变速箱的密封形式为逆转向式螺旋密封与迷宫式两道油封密封,这与前变速箱基本相同。后变速箱也采用了浸浴式飞溅、油雾润滑方式。与前变速箱不同的是,润滑用的齿轮不参与后变速箱的动力传递。

(2)万向轴

采用万向轴联接是因为柴油-发电机组安装在 4 个橡胶支承上,总体布置上柴油机和前、后变速箱距离较远,在柴油机工作或机车运行时,柴油机机体振动和车体振动会引起柴油机曲轴中心线和前、后变速箱输入轴线之间产生较大的相对偏移。万向轴(一)、(二)均由花键轴、叉头套、万向节总成和突缘叉等组成(见图9-13)。早期装配于机车用的万向轴(一)用滑动式万向节总成,后期出厂机车均改用滚动式万向节总成。万向轴的安装必须使输入和输出角速

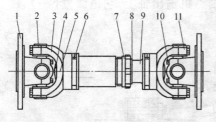

图 9-13 万向轴
1-突缘叉;2-万向节总成;3-叉头套;4-端盖;
5-油杯;6-平衡块;7-防脱螺母;8-衬瓦;9-花
键轴;10-螺栓;11-轴承盖

向轴法兰螺栓和叉头盖螺栓及平衡块是否松动。

（3）联轴节

①橡胶弹性联轴节

橡胶弹性联轴节安装在柴油机曲轴的自由端,它是一种柔度较高、阻尼因子较大的联轴节,具有良好的降振和隔振性能,由连接体、外体、弹性元件、滚动轴承等组成（见图9-15）。

弹性元件由连接板、内体和丁腈橡胶组成。丁腈橡胶硫化在连接板和内体上,抗拉强度不小于16 MPa,丁腈橡胶与金属的结合强度不小于3.5 MPa。弹性元件组成以大约2 mm的过盈量压入外体内,从而组成了一个橡胶弹性环。外体及6块连接板经12个M14的螺栓与连接体相联,连接体经8个M20的内六角螺钉紧固在柴油机曲轴的自由端,内体法兰与万向轴（二）的突缘叉法兰连接,连接体和内体用两只滚动轴承定心,并把万向轴（二）的垂向重力传递给连接体。从结构上看,本橡胶弹性联轴节定心条件好,只改变轴系扭转刚度,具有改变轴系低频固有频率、吸收高频扭转振动能量的特点。应用中应经常检查弹性元件有无脱胶、剥离、老化和紧固螺栓松脱现象。由于本弹性联轴节滚动轴承不承受工作负荷,注油腔又较大,拆检时在滚动轴承内涂匀3号锂基润滑脂后,应用中一般可以不再注润滑脂。

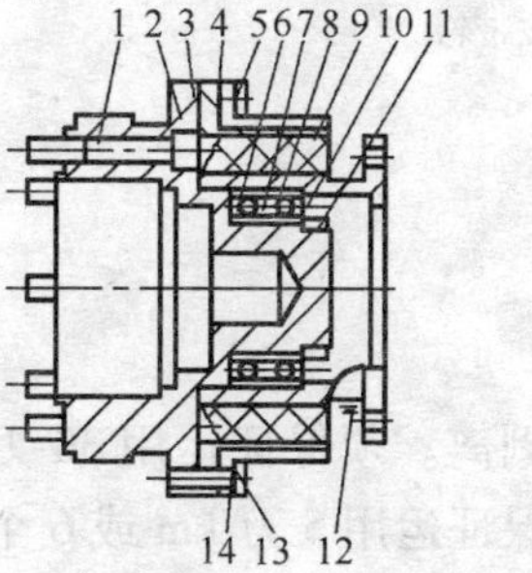

度相等,否则将产生附加冲击载荷,导致万向轴过早损坏。

万向轴万向节总成由密封圈架、尼龙垫、轴承体、滚子、十字销头等组成（见图9-14）。由于万向轴折角较小,十字销头摆角也较小,轴承工作在不完全油膜脂润滑区,接近边界润滑,因此该轴承应经常注油,保持其良好的润滑状态,延长工作寿命。

万向轴工作时的离心力会引起变速箱的周期性振动和噪声。日常运用中,应经常检查万

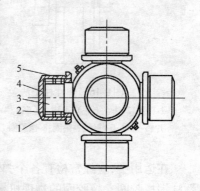

图 9-14 滚动式万向节总成
1-轴承体;2-滚子;3-十字销头;4-尼龙垫;
5-密封圈架

②弹性柱销法兰

在主发电机输出轴与万向轴（一）之间安装了弹性柱销法兰,由挡圈、法兰（一）、柱销、螺母、橡胶圈、法兰（二）和垫圈等组成（见图9-16）。

法兰（二）以过盈量套装在主发电机主轴后端锥面上,法兰（一）与法兰（二）之间轴向间隙应保证在0～2.8 mm。12个柱销和螺母把它们固定在法兰（二）上,传递扭矩。由于本弹性柱销法兰轴向定位性能好,工作中又由于橡胶圈与柱销孔的摩擦阻力大于花键副的轴向运动阻力,因此橡胶圈一般无轴向运动而产生的磨损。

③弹性柱销联轴节

弹性柱销联轴节（一）安装在启动发电机和前变速箱输出轴之间,法兰（二）以0.9～1.3 mm的压入行程压装在启动发电机输出轴上。弹性柱销联轴节（二）安装在感应子励磁机和前变速箱输出轴之

图 9-15 橡胶弹性联轴节
1-螺钉;2-弹簧垫圈;3-联接体;4-外体;5-毛毡;6-滚动轴承;8-调整元件组成;10-螺母;11-垫圈;12-油杯;13-螺栓;14-垫圈

间,法兰(二)以0.9～1.1 mm的压入行程压装在感应子励磁机输出轴上,它由法兰(一)、柱销、螺母、橡胶圈、法兰(二)和垫圈等组成(见图9-17)。

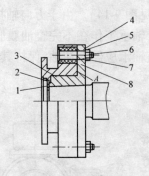

图9-16　弹性柱销法兰

1-挡圈;2-法兰(一);3-法兰(二);4-止动垫片;5-螺母;6-柱销;7-垫圈;8-橡胶圈

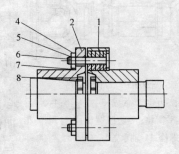

图9-17　弹性柱销轴节

1-法兰(一);2-挡圈;3-法兰(二);4-止动垫片;5-螺帽;6-柱销;7-橡胶圈;8-螺母

在运用中,应经常检查各个弹性柱销联轴节法兰螺栓是否松动,及时更换磨损、破碎的弹性柱销橡胶圈。橡胶圈的物理机械性能,橡胶圈外形要光滑平整,内部组织要严密,无杂质、无气泡、裂纹、龟裂等。

④尼龙绳联轴节

280型柴油机装配机车辅助传动装置用尼龙绳联轴节,与240系列柴油机装配机车辅助传动装置用尼龙轴结构和用途相同。

(4)测速发电机座

测速发电机座是用来安装测速发电机,并能调整皮带张紧力的装置,由Z_2-12直流电机、底架组装、调整板组装、座、垫块、螺栓、皮带轮、调整螺母等组成(见图9-18)。

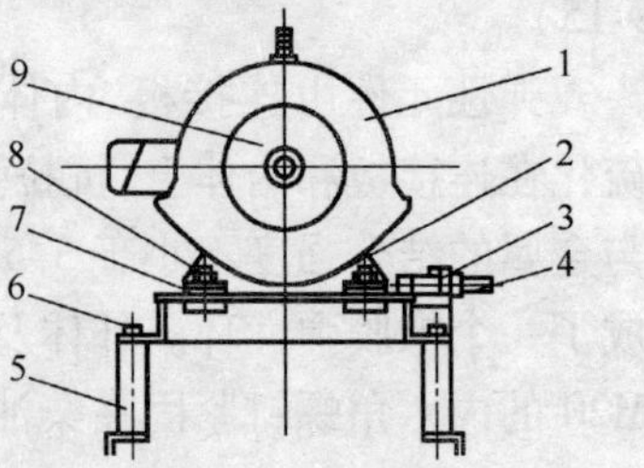

运用中应经常检查各个紧固螺栓是否松动,座的焊脚是否振裂,三角皮带张紧力不够时,应旋紧调整螺母,三角皮带磨损或断裂时,使用备用带。运用中应经常检查传动机构各防护罩壳是否安装牢固,以免振落发生意外。

图9-18　测速发电机安装座

1-Z_2-12直流电机;2-底架组装;3-调整螺母;4-调整板组装;5-座;6-螺栓;7-垫块;8-弹簧;9-皮带轮

2. 辅助机械传动装置大修、段修

(1)大修

①大修质量保证期

通风机、传动轴不发生折损和裂纹;所有滚动轴承不发生裂纹、剥离。须保证运用30万km或30个月(包括中修解体);辅助机械传动装置的其他零部件,须保证运用5万km或6个月(即一个小修期)。

②大修技术要求

牵引电动机及主发电机通风机。叶片不许有松动和裂纹。叶轮检修后须进行动平衡试验,不平衡量不大于25 g·cm,平衡块总重不大于30 g,数量不超过两块。叶轮与吸风口间隙为1.5～5.0 mm。组装后须进行运转试验,历时30 min,轴承盖最高温度不大于80 ℃,温升不大于40 K,性能试验在转速2 600 r/min、流量330 m³/min时,全压不小于4 kPa。两滚动轴承的外端面下两端轴承盖之间的轴向间隙之和,须控制在 0.3 ~ 0.8 mm 范围内。

前、后变速箱。变速箱各轴的径向圆跳动不大于 0.08 mm。变速箱各法兰、齿轮与轴的配合过盈须符合设计要求。变速箱组装后各轴须转动灵活,试验时不许有异常噪声和撞击声,分箱面处不许漏油(各迷宫油封处在启动和停止时允许有微量渗油),变速箱箱体温度不许超过 80 ℃。变速箱体有裂纹须修复,其轴承座孔拉伤、磨耗须修整,使配合尺寸和形位公差符合原设计要求。

万向轴。万向轴装配时,须保证万向轴叉部轴与叉头套、滑动叉与花键轴叉的十字轴孔轴线在同一平面上,组装后须灵活,不许有卡紧现象。万向轴整组进行动平衡试验,不平衡量不大于 120 g·cm。

(2)段修技术要求

①前、后变速箱

箱体裂纹及轴承座孔磨耗修复后,轴承座孔的同轴度允差为 φ0.10 mm。各传动轴、齿轮不许裂损。轴与齿轮为过盈配合时,外观检查良好者,允许不分解探伤。组装后转动应灵活,并进行空转磨合试验。装车运转须平衡无异音,分箱面无泄漏,箱体温度不超过 80 ℃,油封处在启、停机时允许微量渗油。

②牵引电动机及主发电机通风机

叶片不许松动、裂损,更换叶片后须进行动平衡试验,不平衡量不大于 25 g·cm。平衡总重不大于 30 g,数量不超过 2 块。叶片与吸风口单侧间隙为 1 ~ 5 mm。组装后转动灵活,装车后运转平稳,油封无泄漏,在柴油机标定转速(1 000 r/min)下,历时 30 min,轴承盖温度不大于 80 ℃。进风滤网须清扫干净。

③万向轴

万向轴的叉头轴、叉头套、十字叉头、叉头法兰不许裂损,花键不许严重拉伤。锥度配合的法兰孔与轴的接触面积不少于 70%,万向轴法兰结合面间用 0.05 mm 塞尺检查不能塞入。万向轴换修零件后,须进行动平衡试验,不平衡量不大于 120 g·cm。万向轴组装时,各零部件须按原位组装,两端叉头安装十字轴孔的中心线须在同一平面内。

3. 故障分析

280 型与 240 系列柴油机配套的辅助机械传动装置功用基本相同,因柴油机输出功率的增大,也增加了相应设备,如主发电机通风机等,其结构也有所变化。发生在 240 系列柴油机辅助机械传动装置的故障,如前、后输出轴的裂损,万向轴的损坏,前、后变速箱齿轮掉齿,变速箱内窜油,前、后尼龙绳轴断折,前、后通风机内部叶片脱落扫膛等,在 DF$_{8B}$、DF$_{11}$ 型机车的辅助机械传动装置中均存在。除此之外,因主发电机通风机内部叶片脱落故障,其残片进入通风道,进而进入主发电机内部,造成主发电机的损坏也有发生。

如上所述,虽然存在于该传动装置的故障有诸多方面,但在机车运用中发生在该传动装置的故障相对而言是较少的,所发生的机车运用性故障,多数情况下均由结构性故障引起。在机车运行中,辅助机械传动装置发生疲劳性破损故障时,一般情况下,机车不能继续牵引运行,否则将会造成机车大部件的破损。与 240 系列柴油机辅助机械传动装置预防方式与处理措施相同,可通过加强相应的技术检查作业措施,将该类故障消除在机车出段牵引列车之前,即通过视、听、敲击相结合的检查方法,可将此类故障隐患检查出来。

4. 案例

(1)后变速箱轴承装反

2007 年 10 月 3 日,DF$_{8B}$型 9012 机车牵引下行货物列车,运行在兰新线柳园至哈密区段的烟墩至盐泉站间,司乘人员在机械间巡视中发现后变速箱异音相当大。外观检查也未发现异状,待该台机车返回段后,及时向机车地勤质检人员反映了这一故障现象,检查确认,后变速箱内部发出有异音声响。因此将该台机车扣临修,解体检查,为该变速箱下轴 7311 轴承装反,造成下轴径向跳动量大,U 型环脱出,而发出的噪声。因此更换下轴、轴承及齿轮,后变速箱恢复正常运转,该台机车又投入正常运用。

查询机车运用与检修记录,该台机车 2007 年 8 月 22 日完成机车大修。厂修后才完成第 1 次机车小修,修后走行 1 130 km,就发生此故障而扣临修,按机车大修保证期,定责机车大修。并将此故障反馈机车大修厂,要求加强机车大修质量。

(2)后变速箱轴承破损

2007 年 10 月 12 日,DF$_{8B}$型×××机车牵引下行货物列车,运行在兰新线柳园至哈密区段的红柳河至天湖站间,司乘人员在机械间巡视中发现后变速箱噪声大,手摸伴随有较大振动脉冲。外观检查也未发现异状,待该台机车返回段后,及时向机车地勤质检人员反映了这一故障现象,检查确认,为后变速箱内部发出的异音声响。因此将该台机车扣临修,解体检查,为该变速箱下轴承损坏剥离,造成下轴径向跳动量大,而发出的噪声。因此更换后变速箱下轴组,试验运转正常后,该台机车又投入正常运用。

查询机车运用与检修记录,该台机车 2007 年 9 月 26 日完成的第 2 次机车小修,在小修中更换该变速箱下轴组时,在装配中检修人员未严格按工艺装配,用锤敲击轴承内圈的方法装配此下轴组。因此引起轴承内圈隐伤,在后变速箱加负荷运转中,造成轴承内圈损坏,在此内圈损坏的同时,也波及到轴承的损坏。按机车检修保证期,定责机车检修部门,并严格要求按工艺装配此轴,同时在装配此轴时,严禁用锤敲击。

(3)前通风机尼龙绳断

2007 年 10 月 24 日,DF$_{8B}$型 5493 机车牵引下行货物列车,运行在兰新线柳园至哈密区段的尾亚至思甜站间,司乘人员在机械间巡视中发现前通风机噪声大,外观检查也未发现异状,待该台机车返回段后,及时向机车地勤质检人员反映了这一故障现象,检查确认,为通风机内部发出的声响。因此将该台机车扣临修,解体检查,通风机摆幅正常,下轴承箱检查轴承及间隙正常,发现轴承柱销法兰有凹坑,拉伤。因此故障在通风机运转中,而引起的噪声。经更换损坏的轴承及柱销法兰,试验运转正常后,该台机车又投入正常运用。

查询机车运用与检修记录,该台机车 2007 年 9 月 14 日完成第 2 次机车中修,修后走行 21 626 km。按机车检修保证期,定责机车检修部门。并要求在装配新品配件时,加强质量检查。

(4)后输出轴十字头压盖螺丝断

2007 年 12 月 22 日,DF$_{8B}$型 5268 机车牵引上行货物列车,运行在兰新线柳园至嘉峪关区段的玉门镇至低窝铺站间,司乘人员在机械间巡视中,发现后变速箱处噪声较大,经检查,手摸后变速箱处的高温静液压泵振动相对较大,外观检查也未发现异状,高温冷却风扇相应转速有所下降,降低柴油机转速(机车功率)维持运行至目的地站,扣临修。待该台机车返回段后,解体检查,发现高温静液压泵内传动柱塞断,后传动轴十字头压盖螺丝别断。经更换高温液压泵及传动轴,试验运转正常后,该台机车又投入正常运用。

经查询机车运用检修记录,该台机车 2007 年 12 月 4 日完成第 4 次机车小修,修后走行 7 749 km。经分析,柴油机运转中因静液压泵内的柱塞断,造成抗劲,使后输出轴的传动十字头压盖螺丝别断,静液压泵内柱塞断损,属材料质量问题,定责材质。并要求加强机车配件动态时的检查,对易发生故障的项点要提前预防。

思 考 题

1. 简述 240/280 型柴油机辅助机械传动装置结构性故障。
2. 简述 240 系列柴油机后输出轴的故障表象。
3. 简述后变速箱窜油后的故障表象。
4. 简述万向轴的故障表象。
5. 简述 280 型柴油机前通风机损坏的故障表象。

第二节 静液压传动系统结构与修程及故障分析

机车上的静液压传动系统主要为驱动冷却风扇而设置,其驱动装置采用了静液压传动技术。静液压马达通过温度控制阀的自动控制,使冷却风扇的转速实现了无级变速,从而使柴油机滑油和冷却水的温度达到了自动恒温控制,这样不仅降低了冷却风扇的功率消耗,而且提高了内燃机车柴油机的经济性和使用寿命及其运动件的耐磨性。

一、240 系列柴油机静液压传动系统

1. 结构

240 系列柴油机静液压传动系统主要装配于 DF₄ 系列内燃机车。在该型装置中装有两个冷却风扇,每个风扇各自具有一套独立的静液压传动系统。除了系统内的感温元件温度有差异外,两个系统内的部件完全一样,均由静液压泵、温度控制阀、静液压马达、安全阀、热交换器、静压油箱、高压软管、百叶窗油缸及其管件组成(见图 9-19)。

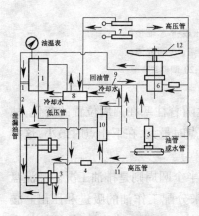

图 9-19 静液压传动系统
1-油箱;2-泄流油管;3-静液压泵;4-高压软管;5-温度控制阀;6-静液压马达;7-侧百叶窗开关油缸;8-热交换器;9-回油管;10-安全阀;11-高压油管;12-冷却风扇

当柴油机运转时,柴油机曲轴自由端经传动轴带动静液压变速箱,通过静液压变速箱两侧输出轴的内花键直接带动静液压泵从油箱把油吸入后,通过压力管路将油送至静液压马达,液压马达在压力油的作用下进行旋转,从而带动冷却风扇工作,高压油在静液压马达里释放能量后,通过回油管路返回至静液压油箱。当柴油机的机油、冷却水温度分别低于规定的 55 ℃和 74 ℃时,并联在静液压马达管路中的温度控制阀处于开启状态,静液压泵压出的工作油从此阀经旁通回油管路流回油箱。此时,高压油路将建立不超压力,冷却风扇不能转动,静液压泵处于无负荷的工况下运转,所以消耗的功率很小。反之,随着柴油机负荷的增加,机油温度和冷却水温度上升并达到规定值时(机油 55 ~ 65 ℃,冷却水 74 ~ 82 ℃),各自系统温度控制阀中感温元件里的石蜡、铜粉混合物受热从固态转化为液态,体积膨胀,而推动温度控制阀体内的滑阀,逐渐将阀体内的旁通口关闭,有压力的工作油大部或全部进入静液压马达,从而冷却风扇相应从低速至全速旋转。当

柴油机负荷减少,机油和冷却水温度下降时,这一过程又逆回至低温状态,如此周而复始由温度控制阀自动控制冷却风扇的工作。

(1)静液压泵与静液压马达

东风₄系列内燃机车上采用的静液压泵(ZB732)、静液压马达(ZM732)均为轴向柱塞式,除前泵体外形、主轴伸出端结构略有不同外,两者内部结构完全一致。在该类型内燃机车上静液压泵将柴油机的机械能转换成工作油的压力能。而静液压马达则把工作油的压力能转换成冷却风扇旋转形式的机械能,所以静液压泵的作用好似发电机,而液压马达的作用好似电动机。

液压泵主轴端部的花键是由传动齿轮的内花键来驱动的,当主轴旋转时,使与主轴连在一起的压板也转动。这时与压板相连的七根球头连杆也随着转动起来,7根连杆的大端球头用压板压靠在主轴的球窝里,小端球头则靠柱塞薄壁处的滚压变形而套装在柱塞的球窝里,连杆两端的球头均可在各自的球窝里自由转动,但无轴向间隙。7个外径为32 mm的柱塞装入沿圆周方向均匀分布的油缸体内,当主轴旋转时,连杆通过柱塞的外壁推动油缸体旋转(见图9-20)。

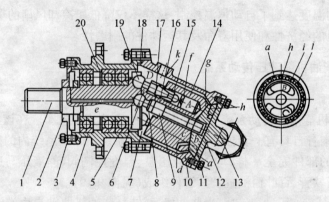

图 9-20　ZB732 静液压泵

1-主轴;2-油封;3-端盖;4-前泵体;5-轴承;6-芯轴;7-压板;8-芯轴垫;
9-芯轴球套;10-后泵体;11-配流盘;12-芯轴套;13-后盖;14-油缸体;
15-活塞;16-弹簧座;17-弹簧;18-O形密封圈;19-连杆;20-调整垫

由于油缸体的轴线与主轴的轴线具有25°的倾斜角,因此随着柱塞在圆周位置的变化,柱塞端面与油缸体内孔间形成的容积也随之发生变化。在上止点时最大,在下止点时最小,这样就产生了吸油与排油作用(液压马达的作用是液压泵的逆过程)。

柱塞由下止点到上止点的半个圆周过程,是吸油工况,另半个圆周则是排油工况。配流盘固定在后盖上,它并不转动,在其上开有两个腰形的油槽,用来分配工作油的吸进和压出。腰形槽通过后盖的油腔道分别与液压系统的吸油管和排油管相接。在油缸体旋转时,油缸体上的7个柱塞油缸孔依次与这两个腰形槽相连,完成吸油和排油过程。油缸体与配流盘采用球面接触,用带有球套的芯轴定位,可以自动调心,这样排除了由于加工和组装误差引起的接触不良,保证了油缸体和配流盘球面配合的密封性。

(2)温度控制阀

为了实现冷却风扇的无级调速,在静液压泵与液压马达的油路中并联着一个温度控制阀,温度控制阀是静液压系统的控制元件,起着自动控制冷却风扇变速的作用,使柴油机机油、冷却水的温度保持在规定的范围内。

东风₄系列机车上所用温度控制阀均采用蜡质元件来感温,该阀即是机油、冷却水温度的传感元件,又是液压系统阀动作的执行元件。因此和其他类型的自动控制温度控制阀元件相比,它结构简单、动作灵敏、工作可靠。温度控制阀主要由感温元件(又称恒温元件)、阀体、滑阀、阀盖和调节螺钉等组成(见图9-21)。

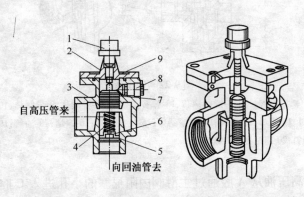

图9-21　温度控制阀
1-感温元件;2-阀盖;3-阀体;4-弹簧;5-挡圈;6-弹簧座;7-滑
阀;8-调节螺钉;9-伸缩杆

温度控制阀中的感温元件安装在机油和冷却水系统的管路中,它被冷却水(或机油)所包围。感温元件应用石蜡从固态到液态体积发生膨胀的特点制造的,元件的外壳也是铜的,具有很好的传热性。感温元件是温度控制阀的关键件,由温包蜡室、膨胀剂、橡胶膜片、导套和推杆等组成。

当安装在机油和冷却水系统管路的感温元件,随着油、水温度的升高达到其石蜡熔化的温度时,石蜡开始从固态逐步熔化变成液态,此时石蜡体积显著膨胀,感温元件的伸缩推杆就推动温度控制阀内的滑阀,逐步关小甚至堵死阀口的通道,使得由静液压泵来的工作油流向回油管路的油量逐步减少,而流向静液压马达的油量逐步增加,使得冷却风扇逐步加速。反之,当机油和冷却水温度降低时,石蜡固化,体积收缩,弹簧就推动滑阀复位,敞开阀口,从而实现对油路的开关控制。

(3)安全阀

为了避免静液压系统中的液压泵、液压马达及各液压元件因过载或压力冲击而损坏,在静液压系统中装有特殊的安全阀。该安全阀是根据液压系统中液压泵的特殊要求而设计和制造的,安全阀的开启压力不是定值,它将随着静液压泵转速的变化(即液压泵输出流量的变化)而自动调节。安全阀由阀体、滑阀、锥阀体、锥阀、导阀、减振器体、减振器阀、调节螺钉及弹簧等组成(见图9-22)。

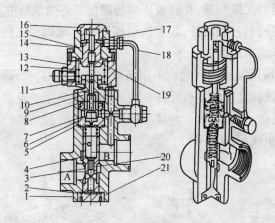

图 9-22　安全阀

1-阀体；2、8-密封圈；3-滑阀；4、7、12-弹簧；5-锥阀；6-锥阀体；9-导阀体；10-导阀；11、17-螺母；13-下体；14-减振器体；15-减振器阀；16-螺堵；18-油管；19-调节螺钉；20-阻尼塞；21-螺堵

　　自静液压泵来的高压油从 A 腔通过主滑阀内阻尼塞的小孔进入 C 腔，作用在锥阀上。无论何时，当高压管路中的油压超过安全阀的调定压力时，锥阀被打开，滑阀 C 腔中之压力油由锥阀孔排入回油管路中，滑阀另一端在高压油作用下克服其弹簧压力迅速向 C 腔方向移动，使高压油腔与回油腔相通，部分高压油得以从回油管流回油箱。当高压管路中油压下降到正常压力后，锥阀又回复原位，遮断锥阀孔，滑阀两端压力又重新趋于平衡，在滑阀弹簧作用下又回复原位，切断 A 腔至 B 腔的通路，液压系统恢复正常工作。

　　安全阀的开启压力受作用在锥阀上的弹簧作用，与在减振阀上的弹簧的压缩力及 D 腔回油压力的综合控制，它随静液压泵的变化而变化，开启压力值可以通过调节螺钉来进行调定。

　　（4）静液压油箱

　　静液压系统油箱是由钢板焊接的特殊箱体，由油箱箱体、磁性滤清器和喷嘴组成。油箱箱体分上、下两腔为一密封压力腔，其顶部安装有磁性滤清器。它是由具有永久磁性的磁铁芯和 56 片磁钢片组成，用其来清除工作油液内的脏物（见图 9-23）。

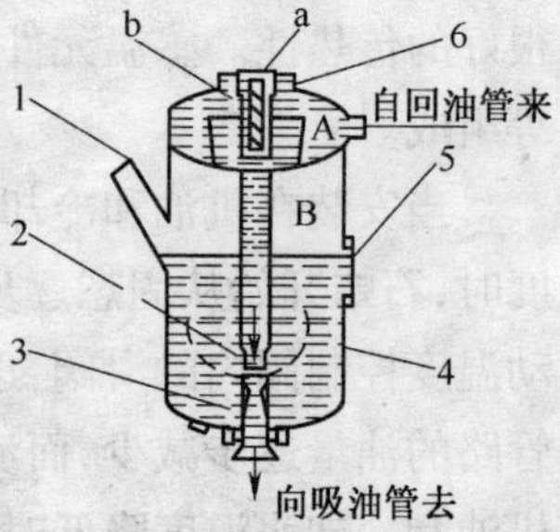

　　箱体下腔底部安装一对有扩压作用的喷嘴，喷嘴内孔具有一定的锥度，它在油箱底部与静液压泵的进油管路相连。当静液压系统正常工作时，具有一定压力的回油自回油管路先进入上油腔，流经磁性滤清器后，从上喷嘴高速喷入下喷嘴，经下喷嘴扩压后进入静液压泵的吸油管。这种特殊作用的喷嘴使得静液压泵由一般的自吸油成为压力供油。这样不仅改善了静液压泵的自吸性，免除了空穴现象，而且还节省了一个辅助供油泵，提高了静液压泵的功率和液压系统的效率。在油箱的下腔装有一定液面的工作油液通过油表玻璃的刻线可以观察油位的高度。在上喷嘴和下喷嘴间有 (4.6 ±0.2) mm 的间距，当工作油自上腔经上喷嘴向下喷嘴高速喷射的时候，下腔油箱的油有一小部分从喷嘴向隙处被带进静液压泵的吸油管内，用以补充静液压泵和液压马达等因压力油泄漏而造成的容积损失。同时，静液压系统基本上是属于封闭

图 9-23　静液压油箱

1-加油口；2-上喷嘴；3-下喷嘴；4-箱体；5-油表；6-磁性滤清器

循环式的,因此在向液压系统初次注油时,液压管内的空气可以通过此间隙排入油箱下油腔的大气中。

（5）静液压油热交换器

为了提高静液压系统的工作稳定性,应使系统在适宜的温度下工作,并保持其热平衡。采用油水热交换器来控制液压系统工作油的油温,不仅能保证液压系统的正常工作,而且也提高了液压油使用寿命。油温过低,则静液压泵启动时吸油有困难。因此在每个静液压系统中,从静液压马达回油箱的管路上串联着一个静液压油热交换器,利用从散热器回低温水泵的冷却水,在这里冷却液压工作油,使其在 15 ℃ ~65 ℃ 的范围内工作。反之,当液压油温过低时,热交换器起着加热液压油的作用。静液压油热交换器由连结盖、胴体、隔板和铜管等零件组成（见图9-24）。它是一种水管式的油水热交换器,冷却水在热交换器铜管内流动,液压油在铜管外流动,通过铜管外壁进行热交换,达到冷却和加热液压油的目的。热交换器胴体由钢板卷制而成,经加工后,胴体两端焊以法兰,侧面焊有进、出油管接口,前、后连结盖由铸钢件加工而成。

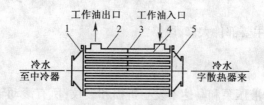

图 9-24　静液压油热交换器
1、5-端盖;2-胴体;3-隔板;4-铜管

（6）高压软管

内燃机车上为了消除静液压系统高压油管路由于受机车振动和由于带有脉冲性的高压油在油管转弯处造成交变的伸直力而使管子疲劳破坏,在静液压系统的高压管路上安装了高压软管,用以吸振和吸收压力脉冲。

早期出厂的机车,其高压软管接头的连接采用三瓣卡式,由接头芯、钢丝缠绕橡胶软管、三瓣管卡、卡环和琐紧环组成。橡胶软管是用夹有三层钢丝的耐油橡胶制成,钢丝采用缠绕方法与胶管相连,其耐压力很高,最高使用工作压力可达 35 ~ 40 MPa。三瓣卡瓦式软管对软管外径尺寸要求很严,尺寸过小将会影响管卡对软管的夹紧力,以致造成软管从管卡处脱落等恶性事故。因此后期出厂的机车,其高压软管接头连结采用整体扣压,由螺母、接头芯、钢丝缠绕橡胶管和外套组成（见图9-25）。

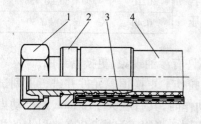

图 9-25　扣压式高压油管
1-螺母;2-外套;3-接头芯;4-高压胶管

（7）百叶窗开关油缸

在静液压系统中,作为自动恒温控制油（水）温度的一部分,在该系统中设置了自动控制百叶窗开启装置,即百叶窗开关液压油缸。该开关油缸在运用中存在管系和油缸漏油与推进杆卡滞故障,给机车运用带来环境污染与行车事故。现时,将该百叶窗液压驱动装置改为压力空气驱动装置。

百叶窗开关油缸。为了使冷却室两侧上百叶窗的开、

关与冷却风扇工作同步,在静液压马达并联的油路上安装一个百叶窗开关油缸。当静液压系统的温度控制阀起作用,高压油路的工作油压开始升高时,百叶窗开关油缸将先于静液压马达动作。在压力油的作用下,推动百叶窗油缸内的活塞,活塞杆将百叶窗打开,为冷却风扇的工作做好准备。反之,当高压管路油压降低,静液压马达停止工作后,借助百叶窗关闭弹簧的拉力,使百叶窗油缸的活塞杆复位,关闭百叶窗。油缸活塞的行程为 90 mm,通过球头螺母可以调节活塞杆的作用范围。它主要由缸体、活塞、端盖、轴套和球头螺母等组成(图 9-26)。

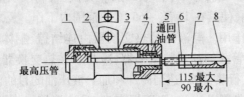

图 9-26　侧百叶窗控制油缸
1、4-端盖;2-缸体;3-活塞;5-轴套;6-螺母;7-球窝螺母;8-钢球

2. 静液压传动系统主要部件大修、段修

(1)大修修程

①大修质量保证期

静液压热交换器、静液压泵和马达不发生折损和裂纹;所有滚动轴承不发生裂纹、折损和剥离。须保证运用 30 万 km 或 30 个月(包括中修解体);静液压系统的其他零部件,须保证运用 5 万 km 或 6 个月(即一个小修期)。

②大修技术要求

管路检修与试验要求。管路系统全部解体,新制管子和旧管烤红后须进行酸洗,管系组装后(进行 0.55 MPa 压力试验,保持 5 min)不许有渗漏。高压管焊接时不许采用对焊形式,管接头螺纹不许有断扣、毛刺、碰伤。清洗油箱及滤清器,校正磁性滤清器变形的磁钢片,组装后 0.8 MPa 液压试验,保持 5 min 不许泄漏。热交换器须分解,油水系统须清洗干净,油腔 0.9 MPa 水压试验,水腔进行 0.4 MPa 水压试验,保持 5 min 不许泄漏,铜管泄漏时允许堵焊,堵焊管数不许超过 2 根。更换胶管,软管接头装配须进行 20 MPa 液压试验,保持 15 min,不许渗油,胶管和管卡不许有相对移动。百叶窗油缸须解体、清洗,更换 O 形密封圈,油缸体内孔及活塞不许有拉伤。组装后动作须良好,不许有卡滞及漏油现象,活塞行程须符合设计要求。

安全阀检修与试验要求。滑阀、锥阀、导阀、减振器阀以及与其配合的各阀孔接触面不许有拉伤,阀体不许有裂纹。锥阀与阀座接触面磨耗时须修整,接触线须良好。组装后各阀须转动灵活,不许有卡滞现象,并按表 9-1 要求进行调压试验。

表 9-1　高压试验　单位:MPa

背压	高压调整值
0.10	4.50 ±0.75
0.40	16.50 ±0.50

在压力油为 16.50 MPa 的条件下,保持 10 min,各处不许有渗油现象,更换密封圈。

温度控制阀检修与试验要求。阀与阀体接触面不许有拉伤。更换恒温元件并进行下列试验:低温恒温元件在水温(55 ±2)~(65 ±2)℃的范围内动作时,其行程大于 7 mm,始推动力为 160 N;高温恒温元件在水温(74 ±2)~(82 ±2)℃的范围内(当用于海拔 3 000 m 以上的机车时,水温在(66 ±2)~(74 ±2)℃动作时,其行程大于 7 mm,始推动力为 160 N。温度控制阀组成后,低温控制阀阀口位置须符合设计要求,高温控制阀须预先关闭 1.0 ~ 1.5 mm,拧紧调整螺钉时,阀能轻松地落下,不许有卡滞现象。

静液压泵及静液压马达检修与试验要求。泵及马达须解体,更新密封件,并将其清洗干净,主轴、心轴、活塞连杆组须探伤(禁止用电磁探伤),不许有裂纹,前后泵体须进行 0.8 MPa 液压试验,试验保持 5 min 不许泄漏、冒汗,马达轴与油封结合处磨耗严重或影响密封时须更新。油体与配流盘的球形接触面不许拉伤,接触面积不少于 85%。活塞在油缸体中做往复螺旋运动时松紧须均匀,无卡滞现象。油缸体球窝、心轴球套与心轴弹簧座的球面不许拉伤,接触面积不少于 60%,用手压紧弹簧座时,心轴球套须在其间转动灵活,不许有卡滞现象。轴向窜动量须为 0.05 ~ 0.10 mm。主轴 8 个球窝与心轴、连杆球头接触面积不少于 60%,7 个连杆球窝尝试差不超过 0.05 mm,相对中间球窝深度差不超过 0.10 mm。压盖球窝与连杆球头、心轴球头接触面积不少于 50%,组装后连杆心轴须转动灵活自如,不许有卡滞现象,轴向窜动量为 0.05 ~ 0.10 mm。马达主轴锥度状态良好,锥面与冷却风扇轮毂毂心接触面积不少于 70%。前泵体、主轴、轴承调整垫及 2 个并列径向止推轴承中的任一零件更换时,须保证 7 个球窝的中心所在面与前后泵体结合面在同一平面上,允差 0.1 mm。组装后进行试验,试验时用油为柴油机油(HCA-14),工作油温不低于 10 ℃,泵和马达按表 9-2 进行工况试验。

表 9-2   工况试验

工况	转速(r/min)	工作油压(MPa)	运转时间(min)
1	400	4.0 + 0.5	30
2	600	6.0 + 0.5	15
3	800	8.0 + 0.5	15
4	1 000	10.0 + 0.5	15
5	1 220	13.5 + 0.5	20

在整个运转过程中,不许有泄漏及不正常现象出现,油温不许超过 50 ℃,泵体温升不许超过 50 ℃。

(2)段修技术要求

①静液压马达及静液压泵

前、后泵体及盖、主轴、各柱塞、连杆、芯轴等不得有裂纹(禁止用电磁探伤)。油缸体与配流盘接触面不得有手感拉伤,其高压部分接触面积不少于 80%。芯轴球套与油缸体球窝、弹簧座球窝、主轴球窝与芯轴及连杆球头不得有手感拉伤,接触面积不少于 60%。前泵体、主轴、轴承调整垫及两个并列向止推球轴承中之任一零件更换时,应保证连杆球头的中心与前后泵体结合面的偏差不大于 0.1 mm。静液压泵、静液压马达组装后应进行空转试验,无异音,油封及各结合面不应泄漏。

②静液压管路系统

静液压胶管不得老化、腐蚀,胶管接头组装后须进行 21.5 MPa(C/D 型机 20 MPa,保持 5 min 无泄漏)液压试验,试验保持 10 min 无泄漏。安全阀经检修后须按表 9-3 进行高压试验,保持 10 min,各部无泄漏。

表 9-3   高压试验

背压(MPa)	0.10	0.20	0.30	0.40
高压调整值(MPa)	4.5 ±0.5	8.5 ±0.5	12.5 ±0.5	16.5 ±0.5

③温度控制阀

滑阀与阀体接触面须研配，允许有手感无深度的拉痕，其间隙应为 0.015～0.03 mm，滑阀应能在自重下沿阀体内孔缓缓落下。组装时，感温元件推杆与滑阀部相接触，并压缩滑阀移动至其外径圆柱部露出阀体 0.5～1.0 mm。调节螺钉安装正确，拧紧调整螺钉时，滑应能自由移动。感温元件须进行性能试验，水感温元件在 (66 ± 2)～(74 ± 2) ℃ 范围内，油感温元件在 (55 ± 2)～(65 ± 2) ℃ [D 型机感温元件进行性能试验的条件，在 (56 ± 2)～(64 ± 2) ℃ 或 (84 ± 2)～(94 ± 2) ℃] 范围内动作时，其行程应大于 7 mm，始推力不小于 160 N。

3. 故障分析

东风$_4$系列机车用柴油机辅助液压传动系统通常主要指其散热与散热驱动系统。而该系统又由内、外系统组成，即内系统冷却水循环系统与外系统静液压驱动系统所组成。而现时所用柴油机辅传系统，无论是 240 系列和 280 型，其冷却水循环系统均采用的是半封闭、低压力、大流量水泵。尽管 280 型柴油机设有全封闭冷却水循环系统，但在现时机车运用中，因某些原因不能得到运用。而其散热驱动系统现基本上均采用的是静液压传动系统。

在机车运用中，该系统存在的故障有结构性与运用性故障，主要为结构性故障。结构性故障分为系统内部与外部故障。其故障表象均会引起冷却风扇在高负荷时不能全速运转（除恒温控制系统的恒温阀失控外）。在该系统所发生的运用性故障基本上均由结构性故障引起。其结构性故障主要分为两方面，即系统内部机械性损坏故障与管路裂损泄漏。机械性损坏包括：静液压泵、马达柱塞断裂，配流盘擦伤、裂损、内轴承内圈剥离、油缸体磨损、油缸体裂损掉块，泵油封损坏；高、低温温度控制阀温包失控；安全阀内部卡滞；造成阀永久性开启与关闭；冷却风扇机械性裂损等。管路裂损（包括原发性与陈旧性）泄漏包括：高、低温温度控制阀相连接各类型管路接口裂损泄漏；各类油管路接口及焊波裂损泄漏；高、低温静液压油热交换器泄漏。这类故障在机车运用中均为常发故障，一直影响机车的正常运用。

（1）结构性故障

静液压系统结构性故障主要存在于内部与外部机械性损坏与管路裂损。其内部有静液压泵（马达）和管路各控制阀的机械性损坏引起的内漏，使其内部液压驱动压力保持不住或降低；与外部管路（包括软管）及各类接口发生的裂损泄漏，使静液压系统缺油。这两类故障情况均无法驱动冷却风扇运转，造成柴油机油、水温度不能恒定，而使柴油机无功率输出。而其内部的机械故障主要有：静液压泵柱塞断裂，静液压马达油缸体擦伤（见图 9-27），油缸体裂损（见图 9-28），配流盘擦伤、配流盘胴体裂损，安全阀卡滞于开启（或关闭）位，温度控制阀温包失效。

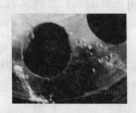
图 9-27　静液压马达油缸体擦伤

图 9-28　静液压马达油缸体裂损

造成这类机械性故障损坏多数情况下是传动媒介液压油油脂脏，内含有大量的机械杂质与砂尘颗粒。这些机械杂质的来源，一是，日常注补油时跟进的颗粒性杂质（尘埃与砂粒），其原因为器具性注（带）入，即所被注油的油脂露天存放刮进砂粒尘埃，注油时油箱口未进行清扫带进的砂粒尘埃；机车运行中发生泄漏而缺油，补进的柴油机运转机油（黑油）内含有一定金属微颗粒。二是，该系统因缺油运转，导致机械性磨损，特别是静液压马达干摩擦磨损下的金属颗粒。由于这些金属颗粒与尘埃杂质滞溜于液压油脂中，得不到有效滤清（该系统油箱上的磁性滤清器只能对钢铁金属物质进行滤清，对砂尘粒与有色金属不起滤清作用）。这些杂质尘埃除加剧对运动机械的磨损外，其杂质随液压油在管道内的流动积淤于安全阀或温度控制处，造成卡滞与堵塞。当安全阀被堵塞卡滞于关闭位（阀不能开闭），相应控制的管路内压力超高，将会造成静液压泵内油缸柱塞别断或油封损坏，向后变速箱窜油，或使配流盘胴体（油缸体）裂损。如安全阀被堵卡滞在开启位，静液压泵泵出的动力油走小循环路径回到油箱，使静液压马达（冷却风扇）失去大部分动力，达不到额定转速，柴油机因温度升高而卸载。同时，这些存于系统油脂内的杂质，周而复始的恶性循环，不断加剧运动部件的磨蚀性损坏。该类油脂内的杂质除造成上述部件的损坏与故障外，还能造成温度控制阀的卡滞与堵塞，使静液压泵输出的动力液压油经小循环回油箱，造成冷却风扇低速运转或不能运转，导致柴油机因水（油）温超高而卸载。

该系统的泄漏，包括内漏与外漏。内漏，主要指管路内各控制阀关闭不严引起的回流性泄漏，或静液压泵（马达）内部磨损性损坏，引起密封不严。使泵（马达）内储压降低，动力不足，冷却风扇转速降低。外漏，主要指管路裂损泄漏。而在该系统的结构性故障中，管路泄漏占主要因素，主要发生在管路的焊波与接口处。如高、低温安全阀进出油管接口丝座裂损；高、低温温度控阀进出油管接口焊波处裂损；静液压油循环系统的高、低温热交换器进出油管与胴体的焊接根部裂漏。发生的原因有管路组装时抗劲，硬性装配引起的应力集中，造成该部件疲劳性裂损而泄漏。或在柴油机运转与机车运行中的综合振动下，使焊波处产生疲劳性裂损而泄漏，焊波处砂眼或焊渣充填性砂眼（同处裂损多次焊修，焊渣夹插形成针孔形空穴而成砂眼）。管路软管金属模压接口处剥离性泄漏。

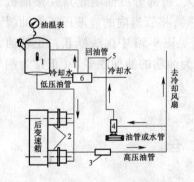

图9-29　温控阀开启后的小循环通路
1-油箱；2-静液压泵；3-高压软管；4-温度控制阀；5-回油管；6-热换器

机车运用中该系统内结构性故障的主要表象为，静液压泵内部柱塞折断损坏（管道内液压油压力超高），相应的泵体振动，并发出非正常运转异常声响，冷却风扇转速有所下降，静液压泵油封损坏，后变速箱体会发热，并从其通气孔内冒蓝烟，而且从加油口有机油溢出，静液压油箱缺油，冷却风扇转速下降。

在机车运行中，对于该类故障，如属静液压油箱因泵窜油引起的缺油时，可进行部分补油，并相应排出部分后变速箱的润滑油，维持机车运行至前方站停车处理或待援。如属安全阀堵塞卡滞在开启位，静液压泵工作正常，相应被驱动的冷却风扇转速低，机车运行中可用检查锤敲击相应管路上的安全阀，用外部的振动使其内部阀关闭，维持机车运行至前方站站内处理与待援。对管路焊波及管路接口裂损与部分软管金属模压处剥离引起的泄漏，机车出段前应做好预防性检查，可运用"锤击检视法"检查所属有关管路的焊波与接口处是否存在隐裂性泄漏。机车运行中如发生渗漏性泄漏，一般情况不应做处理，仅作好预防性措施，避免机油喷射引起的火情，可维持机车运行至前方站内处理与待援。

（2）运用性故障

静液压系统运用性故障主要由结构性故障引起，多数因素是机车振动、柴油机振动带来的管路悬置振动，与系统管路内的脉冲振动下的综合振动和空穴磨损，造成的疲劳性损坏。造成该类损坏有其内部与外部的因素，其内部主要有：来自管道内的脉冲振动与管路内储存空气下的空穴磨损。即静泵（马达）吸油输送中的叠加高频脉冲波振动，与安全阀开闭时的脉冲振动。次之，静液压油管道内储存有空气，极大地阻碍着静液压工作油的流通，使马达在吸油过程中出现空穴，导致马达内部的干摩擦，造成马达体内的配流盘、缸体和活塞磨损过大而损坏，随之其漏泄量也增大，其后果使冷却风扇达不到额定转速。外部主要有：在其内部安全阀正常开启与管道内储存有空气，形成的"空气弹簧"作用下，由管道内部产生的脉冲振动，加上机车运用（行）中的综合振动，引起管道焊波疲劳性裂漏（特别是多次焊修过的处所）。小百叶窗油管道的裂损泄漏，与小百叶窗油缸泄漏油或油缸推杆犯卡，打不开小百叶窗的故障，均是在上述综合振动下，再加上静液压马达的工作振动而造成的疲劳性损坏泄漏与卡滞。

该系统是在后变速箱的驱动下，利用机油介质经静泵的驱动，在去密封的管道内叠加传递，形成高压液压油驱动马达旋转，从而带动冷却风扇运转（见图9-30）。该系统在管道内产生的静液压油工作压力，240 柴油机最高为 17.0 MPa（280 型柴油机最高为 19.5 MPa）。同时在不同转速下，根据不同的回油压力系统安全阀有不同的释放压力值见表9-4。这样就导致了在此处开关频率增加，也就是脉冲频率的增大，由此引起管道振动量的加大。

表 9-4 静液压系统安全阀调压试验值

回油压力（MPa）	安全阀开启压力（MPa）
0.1	4.5
0.2	8.5
0.3	12.5
0.4	16.5

该系统管路内储存的空气多数情况下是在系统检修作业中，需放油时，跟进了大量的空气，在重新补油时，其跟进的空气又不能有效排出。其表象，当柴油机运转时，静液压油箱会出现缺少机油就得立即进行补油（管道中空气被压缩留下的空穴，被部分机油填充），在柴油机停机后，管道内被压缩的空气将释放其能量（俗称"空气弹簧"），将管道内的静液压工作油缓慢地挤进油箱，最终从静液压油箱加油口盖处流淌至地板上（见图9-30中虚线框Ⅱ），也就通常所说的油箱"黑油表"。这样往往给司乘人员一个错觉，认为油箱的油加注多了（正常为油

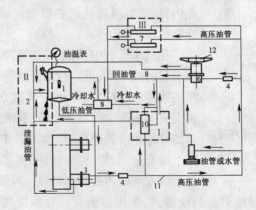

图 9-30 静液压油传动系统

1-油箱；2-泄流油管；3-静液压泵；4-高压软管；5-温度控制阀；6-静液压马达；7-侧百叶窗；8-热交换器；9-回油管；10-安全阀；11-高压油管；12-冷却风扇

图9-31 磁性滤清器
芯片上被吸的铁屑

表中间），实质是该系统管道内缺油，给机车运用带来故障隐患。这时，当机车运行中柴油机提升转速加负荷时，静液压系统管路内储存空气被压缩，并随送至静液压马达内，将会出现吸筒（柱塞）与油缸体间的干摩擦。严重时，磨损下大量的有色金属颗粒与铁屑，见图9-31。因此加剧了系统内运动部件的磨损。当磨损到一定程度后，冷却风扇运转中会发出"咔嚓、咔嚓"的声音。同时冷却风扇的转速大幅度降低，致使水（油）温度不能有效下降。这时，只能降低柴油机转速（输出功率）来降低负荷温度。

另外，该系统管道内的非铁性杂质不能被磁性滤清器所吸附，它们在管道内高压液压油流动离心力的长期作用下，形成胶泥状非铁性金属与杂质尘埃的软积块，引起管道内狭窄处阀体的堵塞（而此管道中最容易引起堵塞的处所为安全阀，见图9-30中虚线框 I）。当管道内的静液压油的工作压力超过额定值（17.0 MPa）而不能释放时，在超高压的驱使下，使静液压泵体内的油封损坏，同时向后变速箱部分"窜油"，引起变速箱内润滑油过多，造成箱体内零部件散热不良，温度过高，严重时，将烧损变速箱内的轴承与齿轮。静液压泵输出的工作油压力超高时，所产生的高频脉冲振动更高，易造成管路中的薄弱环节焊波处裂漏。同时，杂质在运动中也会造成静泵与马达体内的油缸筒体拉伤。

温度控制阀失控是机车运行中常见故障之一。原因为水（油）温冷却系统的感温元件老化失控，或感温元件之橡胶膜片在老化后破裂导致温控阀失灵所致。感温元件内装石蜡与300目以下固体铜粉的化学物质受热膨胀，主要是长期运用温包内的化学元素老化，或橡胶模板破裂起不到支撑作用，引起温度控制阀不能自动打开与关闭。这时静液压泵输出的传动油经小循环通路回到油箱，造成静液压马达动力不足，冷却风扇转速降低，柴油机油（水）温度超高，迫使柴油机卸载或降功运转。机车运用中如发现冷却风扇不转或大大低于正常转速时，在排除其他故障原因的情况下，可判定为温度控制阀失控。此时可顺时针转动阀体上的手动调整螺钉，利用调整螺钉的90°锥面，使滑阀向下移动，逐步关闭旁通油路，维持冷却风扇的正常运转。若需要冷却风扇停止运转，则可将调整螺钉旋回，滑阀回复原位即可。在机车维持回到机务段后，应立即更换失控的温度控制阀。

注：由于感温元件对温度感应有一些滞后现象（大约1~2 ℃左右），因此当发现司机室温度表的温度超过正常规定的温度，可暂不必过早动用手动调整螺钉，只有在柴油机的机油和冷却水温度超过正常范围一段时间，确实判定感温元件失灵后再进行手动调整。

同时，静液压系统基本上是属于封闭循环式的。因此，在向静液压系统初次灌油（或检修管道后重新补注油）时，应缓慢注入，必要时，应对柴油机进行甩车，使液压油管道内的空气可以通过油箱内上、下油腔缓慢排入大气中，以消除管道内的空气。由于静液压系统工作油的滤清是通过磁性滤清器来进行的，这样在系统工作时，对非铁磁性的杂物如铜屑、焊渣、棉线等就起不到滤清的作用。因此在注油时，油液一定要经过过滤，以清除各种非铁磁性杂质，保持液压系统的洁净）。

机车运行中，静液压系统所发生的故障表象，多数情况下属冷却风扇不能全速运转，使柴油机油（水）温度超过规定值，导致柴油机卸载。对待静液压系统中发生的结构性故障，如静液压泵与马达磨损性损坏，一般情况下无须处理，也无法处理，可视冷却风扇运转情况维持机车运行至前方站停车或目的地站，待机车返回段内再作处理。对在该系统中发生的运用性故障，遇管路裂损泄漏，可不作实质性处理（可视油箱油位情况，维持机车运行至前方站停车处理),特别是管路或管路接口处隐裂引起的渗漏。否则,本可以维持机车运行的,经处理后裂漏处会加大,而造成泄漏缺油,不能维持机车运行的途停机故发生。

静液压传动系统属机车柴油机的重要辅助传动装置,其系统工作的好坏,直接关系到机车的安全正常运用。因其系统内的主要部件及管路阀装置均属不可视性,管路的安装多数又处于物体遮闭下,给机车运行中处理此类故障带来一定的难度。应以加强机车技术检查作业为主,并以"静液压油箱油位鉴别法"、"油水密度鉴别法""锤击检视法"、小百叶窗开启检视法"的间接识别检视方法,将该系统内隐形故障查找出来,保证机车所担当交路的安全正常运用。

4. 案例

(1) 低温温度控制阀进油金属软胶管漏

2007 年 10 月 1 日,DF$_{4B}$型 3632 机车牵引上行货物列车,运行在兰新线乌鲁木齐西至鄯善区段的二宫至乌鲁木齐站间,发生静液压系统中的静液压管漏油,司乘人员无法处理,因此而终止牵引列车运行,构成 G1 类机车运用故障。待该台机车回段后,经段内机车地勤质检人员上车检查确认,裂漏处为低温温度控制阀进油金属软胶管漏,裂损部位为管路硬管与软胶管压模处,属于管路本身质量问题。但机车地勤质检也存在着检查不到位,造成该机车从乌鲁木齐西站开出,仅运行了一个多区间十多分钟的时间,到达乌鲁木齐南站后就发生了该处泄漏,致使静液压油箱循环油泄漏完,冷却风扇不能运转,而终止机车继续牵引列车运行。经更换此管,试验运转正常后,该台机车又投入正常运用。

查询机车运用与检修记录,该台机车 2007 年 9 月 20 完成中修,修后仅走行 3 204 km,静液压系统此管路更换的是某机车配件厂生产的新品金属软胶管,因此管的压装工艺缺陷,在运用中的一定压力与温度作用下(达不到规定要求),致使金属硬管与软胶管模压处剥离,造成管路裂漏,定责其机车配件厂。同时,要求机车地勤质检人员加强机车出段前的跟踪检查,把好机车技术检查作业质量关。

(2) 静液压泵柱塞滚压处断裂

2007 年 10 月 7 日,DF$_{4C}$型 5225 机车牵引上行货物列车,运行在兰新线鄯善至哈密区段的头堡至火石泉站间,发现后变速箱上的左侧静液压泵有异音,手摸振动异常。此故障无法判断,在无明显破损的情况下,司乘人员维持运行至目的地站。待该台机车回段后,司乘人员及时向机车地勤质检反映这一故障现象,检查确认,将该台机车扣临修,解体检查发现该静液压泵内的柱塞滚压处断裂,相应的油箱内存有大量的铜铁磨损颗粒,造成传动介质(液压油)内杂质多,加剧了静液压系统内运动件的磨损。同时也促使柱塞在作抽吸筒的圆周运动中发出异常的响声。经更换此静液压泵,并将相应的管路进行了清洗整修,试验运转正常后,该台机车又投入正常运用。

查询机车运用与检修记录,该台机车 2007 年 6 月 20 完成机车中修,中修后的第 1 次小修,走行 2 917 km,按中修质量保证期,定责机车中修部门。

(3) 静液压系统低温热交换器进油管处裂损

2007 年 10 月 11 日,DF$_{4B}$型 1189 机车牵引上行货物列车,运行在兰新线鄯善至哈密区段的瞭墩至雅子泉站间,司乘人员在机械间巡检中,发现静液压油热交换器处的地板上淌有大量的机油油迹,经进一步检查,确认为静液压油循环系统的低温热交换器进油管与胴体的焊接根部裂漏。经司乘人员的简单包扎处理,并向相应的静液压油箱内补足机油后,适当降低手柄位及柴油机功率,维持运行至目的地站。待该台机车回段后,司乘人员及时向机车地勤质检部门

反映这一故障现象,经检查确认,将该台机车扣临修,解体检查发现该油管路抗劲,在柴油机运转与机车运行中的综合振(震)动下,使此焊波处产生疲劳性裂损而泄漏。经整修,将管路抗劲处消除,并更换静液压油热交换器,试验运转正常后,该台机车又投入正常运用。

查询机车运用与检修记录,该台机车2007年7月24完成机车中修,修后走行45 311 km。经分析,机车中修对该部件未按工艺要求检修,机车投入运用后又未跟踪检查,按机车中修质量保证期,定责机车中修部门。

(4)静液压油管路焊波裂漏

2007年10月24日,DF$_{4B}$型1275机车牵引上行货物列车运行,在兰新线鄯善至哈密区段的红层至大步站间,司乘人员在机械间巡检中,发现静液压油热交换器处的地板上淌有大量的机油油迹,经进一步检查,确认为静液压油循环系统的高温小热交换器出油软管接头上方铁管焊波处漏油。经司乘人员的简单包扎处理,并向相应的静液压油箱内补足机油后,适当降低手柄位及柴油机功率,维持运行至目的地站。待该台机车回段后,司乘人员及时向机车地勤质检反映这一故障现象,经检查确认,将该台机车扣临修,解体检查该焊波处呈现焊渣性砂眼。将此管拆下,打磨焊波砂眼处,进行焊修。装配好此管路,试验运转正常后,该台机车又投入正常运用。

查询机车运用与检修记录,该台机车2007年7月30完成机车中修,修后走行30 935 km,中修中未按检修工艺要求焊修此管路,按机车中修质量保证期,定责机车中修部门。并要求提升高压管路的焊修质量,对修后柴油机运转试验时,应重点对管路的焊波处进行检查。

(5)低温静液压油箱铜沫粒多

2007年10月7日,DF$_{4B}$型0593机车牵引上行货物列车,运行在兰新线鄯善至哈密区段的雅子泉至柳树泉站间,发现低温冷却风扇运转有异音,管路无泄漏。估计此故障发生在静液压马达内部,在无明显破损的情况下,司乘人员维持运行至目的地站。待该台机车回段后,司乘人员及时向机车地勤质检反映这一故障现象,经检查确认。将该台机车扣临修,解体检查发现静液压马达内轴承内圈剥离。更换此静液压马达,并将相应的管路进行了清洗整修,试验运转正常后,该台机车又投入正常运用。

查询机车运用与检修记录,该台机车2007年10月3日完成第3次小修,修后走行1 595 km。从破损的轴承内圈剥离情况分析研究,相应的油箱内存有大量的铜磨沫粒,造成传动介质(液压油)内杂质多,加剧了静液压系统内运动件的磨损。当液压马达轴承内圈破损时,在其圆周运动中发出异常的响声。属材质质量问题,定责材质。同时,要求在对静液压机油管路组装试验备品配件时,必须按照工艺要求进行。

(6)高温静液压油箱回油管接头焊波漏油

2007年11月19日,DF$_{4B}$型7265机车牵引上行货物列车,运行在兰新线鄯善至哈密区段的雅子泉至柳树泉站间,司乘人员在巡检中,发现高温侧静液压油箱回油管接口焊波处漏油。经检查,泄漏处未成放射性泄漏,而成喷射式,司乘人员用胶皮将其泄漏处裹扎住,维持运行至目的地站。待该台机车回段后,司乘人员及时向机车地勤质检反映这一故障现象,经检查确认。将该台机车扣临修,解体检查发现该焊波处有一砂眼,由于该处被多次焊修,焊渣的夹插形成了针孔形空穴而成砂眼。经将该处重新打磨,进行焊修,试验运转正常后,该台机车又投入正常运用。

查询机车运用与检修记录,该台机车2007年11月6日完成第3次小修,修后走行535 km。该处因多次焊修后,油管管壁材料发生变化,随着机车运用中的振动,该管路焊接处极易发生疲劳性裂损,与针孔形砂眼。属材质质量问题,定责材质。同时,要求对静液压机油管路陈旧焊波处进行焊修作业时,应严格按照工艺要求进行补焊修。

(7)低温静泵油缸体磨损,轴承内圈剥离

2007 年 12 月 1 日,DF$_{4B}$型 0279 机车牵引上行货物列车,运行在兰新线鄯善至哈密区段的雅子泉至柳树泉站间,司乘人员在机械间巡视中,发现后变速箱低温静液压泵处有异音。经检查,后变速箱运转正常,估计为低温静液压泵内部故障,在无明显破损的情况下,司乘人员维持运行至目的地站。待该台机车回段后,司乘人员及时向机车地勤质检部门反映这一故障现象,经检查确认。将该台机车扣临修,解体检查发现静液压泵油缸体磨损,轴承内圈剥离。更换此静液压马达,并将相应的管路进行了清洗整修,试验运转正常后,该台机车又投入正常运用。

经分析,该台机车 2007 年 10 月 8 日完成第 2 次小修,修后走行 28 903 km。从磨损的油体与轴承内圈剥离情况分析研究,由于轴承的剥离,形成的碎沫磨粒,在液压油的清洗作用下,使油箱内的循环中存有大量的铜磨沫粒,造成传动介质(液压油)内杂质多,加剧了静液压系统内运动件(油缸体)的磨损。属材质质量问题,定责材质。同时,要求机车在小修保养时,加强对静液压系统油箱内液压油脂的化验检查。

(8)低温静液压泵上的均衡管裂漏

2007 年 12 月 16 日,DF$_{4B}$型 0594 机车牵引下行货物列车,运行在兰新线鄯善至乌鲁木齐西区段的火焰山至七泉湖站间。司乘人员巡视机械间时,发现低温静液压泵上的均衡压力泄油管发生泄漏,司乘人员即刻用扳手将其紧固,但越紧固泄漏量越大(其实质为此管的焊波裂漏)。以致无法处理,因此而终止机车牵引运行,等待救援,构成 G1 类机车运用故障。待该台机车回段后,将该台机车扣临修,更换低温静液压泵上的此均衡泄油管,试验运转正常后,该台机车又投入正常运用。

查询机车运用检修记录,该台机车 2007 年 11 月 28 日完成第 1 次小修,修后走行 8 922 km。经分析,此类管属疲劳性裂损,定责材质。同时,要求司乘人员在机车运行中对此类管发生泄漏时,应缓劲拧动,否则会加剧其损坏,使机车不能维持运行。并要求加强在日常机车技术检查作业中,对静液压系统管路焊波处的检查。

(9)静压油箱盖螺栓滑扣

2008 年 2 月 4 日,DF$_{4B}$型 7209 机车担当货物列车 80911 次本务机车牵引任务,现车辆数 56,总重 2 272 t,换长 67.2。运行在兰新线哈密至鄯善区段的柳树泉至雅子泉站间,司乘人员在机械间巡检时,发现冷却间高温侧静液压油箱上盖漏油,司机报告前方站,请求停车处理,2 时 08 分到达雅子泉站(计划待避客车 T197 次),经检查,高温侧静液压油箱上盖漏油,司乘人员用扳手紧固其上盖螺栓,发现有 2 条螺栓滑扣,紧固不了,泄漏仍旧存在。改用胶皮捆绑处理,2 时 42 分处理完毕,司机报告故障处理完毕,可以继续运行,在又待避客车 1067 次后,3 时 05 分开车,总站停时 57 min,影响本列运行晚点,构成 G1 类机车运用故障。待该台机车返回段内后,扣临修,解体检查高温静液压油箱上盖 6 条螺丝有 2 条螺丝滑扣。经更换此 2 条螺丝后,该台机车又投入正常运用。

查询机车运用与检修记录,该台机车 2007 年 12 月 15 日完成第 5 次机车小修,修后走行 34 765 km。经分析,该处螺栓滑扣,属机车运用日常故障,因机车整备部门技术检查作业不细与处理不当,该车 2008 年 2 月 3 日在机车整备技术作业中处理过该部位故障。定责机车整备部门。同时,要求机车整备技术检查作业在日常处理故障完毕后,要加强对处理故障部位的检查确认

（10）静液压泵损坏

2008 年 3 月 27 日，DF$_{4C}$ 型 5233 机车担当货物列车 11031 次本务机车牵引任务，现车辆数51，总重 2 545 t，换长 61.9。运行在兰新线嘉峪关至柳园区段的柳沟至安北站间，司乘人员在机械间巡检时，发现冷却间高温侧静液压油箱油位减少，同时高温侧静压泵内有异音，手摸泵体震动较大，并从后变速箱油尺口向处溢油，明显表象静液压泵内油封损坏，向后变速箱内窜油。司机通报车站机车故障，要求在安北站停车检查处理。14 时 16 分停于安北站，经司乘人员检查，确认为高温静液压泵内部损坏而向变速箱窜油，静液压高温油箱这时已无储存机油，机车因此终止牵引列车，请求更换机车。构成 G1 类机车运用故障。待该台机车返回段内后扣临修，解体检查高温静液压泵内油缸体与油封损坏。经更换高温静液压泵，重新向高温静液压管路系统注满静液压机油，试验运转正常后，该台机车又投入正常运用。

查询机车运用与检修记录，该台机车 2008 年 1 月 25 日完成第 2 次机车大修，修后总走行23 594 km。该高温静液压泵为机车大修厂装配的 ZB732 型静液压泵，编号为 5233，修理日期2007 年 12 月。机车返回段内检查，高温静液压泵油箱内无油，后变速箱向外溢油，经解体高温静液压泵，发现油缸体顶面与配流盘接触面磨损严重，油缸体裂损掉块，静泵油封破损 1/3。经分析，因静液压泵内油缸体裂损掉块，造成高温静液压泵泄油量大，将静液压泵油封唇口处呲破后，导致静液压泵向变速箱窜油。按机车大修质量保质期，定责机车大修。同时，要求将此故障信息及时反馈机车大修厂，并要求机车技术整备作业加强日常静液压系统管路的检查。

（11）高温静液压系统油管裂损

2008 年 5 月 14 日，DF$_{4B}$ 型 7210 机车担当货物列车 11042 次本务机车的牵引任务，现车辆数44，总重 3 262 t，换长 54.7。运行在兰新线哈密至柳园区段的天湖至红柳河站间，司乘人员在机械间巡检中，发现静液压系统高温侧的油管裂漏，机车运行中无法处理，通知前方站，请求停车检查处理。22 时 20 分到达红柳河站停车，经检查因管路裂漏较严重，司机请求更换机车，在该站更换机车后，23 时 45 分开车，总停时 85 min，比计划晚到柳园站 1 时 40 分，构成 G1类机车运用故障。待该台机车返回段内后，扣临修，解体检查高温温控阀进油管接口焊波处裂损 30 mm，经更换此高温温度控制阀进油管，试验运转正常后，该台机车又投入正常运用。

查询机车运用与检修记录，该台机车 2008 年 5 月 8 日完成第 6 次机车小修，修后走行2 379 km。经分析，机车到段检查，属高温温度控制阀进油管接口焊波处裂损 30 mm，管路安装无抗劲、振动。该台机车于 2008 年 5 月 14 日因功率低曾扣临修，机车在水阻试验及交车过程中该管路曾发生渗漏，未能及时发现。定责机车检修部门。同时，要求加强机车检修部门交验人员对静液压系统管路的检查。

（12）静液压马达泄油量大，将油封呲破

2008 年 5 月 26 日，DF$_{4C}$ 型 5277 机车担当货物列车 11029 次本务机车牵引任务，现车辆数46，总重 3 164 t，换长 57.2。运行在鄯善至乌鲁木齐西区段的火焰山至七泉湖站间，司乘人员在机械间巡视中，发现液压油管漏油，13 时 56 分到达七泉湖站停车，经司乘人员检查，反映机车静液压管漏油，要求更换机车。15 时 45 分七泉湖站开车，总站停时 111 min，构成 G1 类机车运用故障。待该台机车返回段内后，扣临修，解体检查，静液压马达油缸体有三处裂损，相应温度控制阀、安全阀均有不同程度的损坏。经更换低温静泵、马达、温控阀、安全阀，试验运转正常后，该台机车又投入正常运用。

查询机车运用与检修记录，该台机车 2007 年 12 月 29 日完成第 2 次机车大修，修后总走行 70 841 km，于 2008 年 5 月 21 日完成第 1 次机车小修，修后走行 1 822 km。经分析，静液压低温系统加过柴油机润滑黑机油,低温冷却单节内部油污过多,启机检查,低温马达油封漏油。解体低温马达,发现马达油缸体沿柱塞孔处有三处30 mm的裂纹。造成马达泄油量增大,将油封呲破。按机车大修静液压马达质量保证期要求,定责机车大修。同时,要求加强静液压系统管路的检查,提高对静液压系统配件产生异音的防范意识。

(13)低温安全阀进油管接口丝座裂损

2008年5月31日,DF$_{4C}$型5227机车担当货物列车26003次本务机车的牵引任务,现车辆数37,总重2 660 t,换长56.1。运行在兰新线鄯善至乌鲁木齐西的天山至达坂城站间,司乘人员在机械间巡检中,发现静液压系统低温侧的油管路开焊漏油,请求前方站停车检查处理,21时29分到达达坂城站停车。经检查,无法处理,请求更换机车。22时22分达坂城站开车,总停站时53分,构成G1类机车运用故障。待该台机车返回段内后,扣临修,静液压油系统低温安全阀进油管接口丝座裂损圆周长的1/2。经更换静液压油系统低温安全阀进油管接口丝座,试验运转正常后,该台机车又投入正常运用。

查询机车运用与检修记录,该台机车2008年5月21日完成第1次机车小修,修后走行4 335 km。机车到段检查,发现低温安全阀进油管接口丝座裂损1/2,检查管路无抗劲,该处属疲劳性裂损。因该台机车于2008年5月30日经整备技术检查作业完成后投入运用,作业人员对该部位检查不到位。同时,2008年5月28日机车检修对该台车在整修过程中未能及时发现此故障点,技术人员盯控把关不到位。定责机车整备、检修、技术部门,并要求加强对静液压系统管路接口的检查。

(14)静液压系统安全阀卡滞

2008年8月3日,DF$_{4B}$型1015机车担当货物列车11014次重联机车的牵引任务,现车辆数53,总重3 936 t,换长61.5。运行在兰新线哈密至柳园区段的瞭墩至雅子泉站间,因机车柴油机水温高机车卸载,在区间15时19分停车,膨胀水箱缺水,机车无法继续运行,司机请求救援。16时25分被救援开车,区间总停时66 min。影响客车K544次晚点21 min到达哈密站,客车2662次晚点22 min到达哈密站。影响货物列车11014次、85181次、85386次、11092次、11043次、26031次运行晚点。构成G1类机车运用故障,待该台机车返回段内后,扣临修,解体检查,静液压系统I号安全阀卡滞。经更换该安全阀与相应的温度控制阀,试验运转正常后,该台机车又投入正常运用。

查询机车运用与检修记录,该台机车2008年6月30日完成第1次机车大修,修后总走行2 476 km。机车到段检查,膨胀水箱无水,补水启机检查各部正常。上机车水阻台试验检查,柴油机加载运转10 min后,水温90 ℃,油温70 ℃,机车卸载。查I号冷却风扇转速低,顶死静液压系统温度控制阀故障螺钉,冷却风扇转速仍然低。打开静液压系统安全阀后盖检查,滑阀卡滞在开启位,造成静液压传动机油泄油量增大,静液压系统压力不足,导致冷却风扇转速低,冷却水温度升高。解体此安全阀检查,在此阀接口内涂有大量树脂胶。经分析,静液压系统安全阀接口涂有大量树脂胶,此树脂胶进入安全阀体内,导致安全阀滑阀卡滞,使此滑阀不能有效关闭,大量的传动媒介液压油经此流回油箱,静液压马达动力不足,冷却风扇转速不到位,从而使柴油机冷却水温度升高。按质量保证期,定责机车大修,并将此故障信息反馈机车大修厂。

二、280型柴油机静液压传动系统

1. 结构

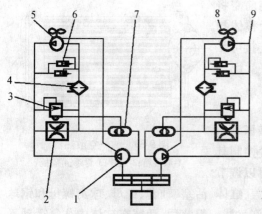

图 9-32 液压系统原理图

1-液压泵；2-温度控制阀；3-油-空散热器；4-安全阀；
5-液压马达；6-油缸；7-油箱；8-冷却风扇；9-高压橡胶管

280 型柴油机冷却系统驱动装置与 240 系列柴油机基本相同，也采用液压传动技术，其工作原理相同，应用与液压马达并联的温度控制阀的节流调速原理，调节温度控制阀节流口的旁泄液流量来控制流入液压马达的工作介质的流量，从而实现冷却风扇的无级调速，保证柴油机润滑油和冷却水的温度在要求的范围内。液压系统主要由液压泵、液压马达、温度控制阀、安全阀、油-空散热器、空气滤清器、油缸和油箱等组成（见图 9-32）。

其主要区别在于 280 型柴油机所装用静液压装置因其冷却循环水的流向有所不同，所以其冷却风扇驱动系统不区分高、低温。同时，液压传动油的冷却方式也有所改变，280 型柴油机装用的静液压传动装置中，冷却液压油的装置为油-空交换器（后期出厂的 DF$_4$ 系列机车也改装为此装置）。

(1)液压泵和液压马达

两个液压泵分别安装在后变速箱同侧两端上，两个液压马达分别安装在 V 形架前、后端的液压马达安装座上，液压泵和液压马达除轴伸结构与外部联结的方式（前端采用花键联结，后端采用锥度过盈联结），除壳体外形不同外，内部结构和尺寸完全一致。

A2F225Q$_1$、A2F225Q$_2$ 是双向液压泵、液压马达，其进、出油口与主轴转速方向的判定关系：面对液压泵、液压马达轴伸端方向，后盖朝下，当轴顺时针方向旋转时，左边为进油口，右边为出油口。液压泵进油侧为低压，出油侧为高压；液压马达进油侧为高压，出油侧为低压。

(2)温度控制阀

东风$_{8B}$、东风$_{11}$ 型机车所用的温度控制阀的结构与东风$_4$ 系列机车相同，区别在于控制温度范围有所差异。由恒温元件、阀盖、阀体、弹簧、弹簧座、挡圈、滑阀、调节螺钉等组成。恒温元件安装在机油热交换器冷却水出口管路上，被冷却水所包围，并随着柴油机低温冷却水温度的变化自动地调节温度控制阀。

(3)安全阀

东风$_{8B}$、东风$_{11}$ 型机车所用安全阀的结构与东风$_4$ 系列机车相同，区别在于控制压力值有所差异。由阀体、滑阀、锥阀、锥阀体、导阀、导阀体、减振器体、减振器阀、下体、弹簧、调节螺钉等组成。安全阀的特点是开启压力也是随液压泵转速的升降而升降。

(4)液压油箱

液压油箱是由钢板焊接而成具有特殊结构的容器，由箱体、油表、温度表、磁性滤清器、上喷嘴、下喷嘴和加油口组成。

(5)油—空散热器

液压系统在工作过程中，由于能量损失而导致工作油温升高，因此必须对液压油进行冷却，才能保证液压系统正常工作。液压油油—空散热器串联在液压马达的出口管路上，它采用铝板翅式结构形式，由连接箱、翅片、封条、隔板等组成（见图 9-33）。

(6)高压软管

液压系统高压油管路采用高压软管，以消除管路受机车振动而产生的交变应力和吸收管

路中液压油的高频压力脉动。该软管接头在组装前需将高压钢丝编织橡胶软管外层胶皮剥去，然后进行整体扣压，软管扣压量为 2～2.5 mm。这种软管接头的连接可靠性不受胶管外径的影响，只要将软管的扣压量选好就行。

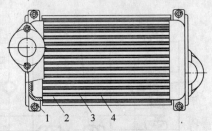

图 9-33 油—空散热器
1-联接箱；2-翅片；3-封条；4-隔板

(7)小百叶窗自动控制

①液压驱动自动控制小百叶窗

液压系统中有两个油缸与液压马达并联，与液压马达同步工作，控制百叶窗的开启；百叶窗由复原弹簧控制其关闭。油缸行程为 82 mm，通过带钢珠球的螺母可以调节活塞杆的有效作用范围。侧百叶窗控制油缸由端盖、缸体、活塞、轴套、螺母、球窝螺母和钢球组成。缸体组装前应进行 20 MPa 的耐压试验，不许渗漏。组装后，活塞在缸体内往复运动不得有任何卡滞现象发生。

②改进型风动自动控制百叶窗

液压自动控制小百叶窗的开启与关闭，在机车实际运用中存在诸多的故障，即静液压油是通过 ϕ10 mm 油管直接接在液压油输送管路的高压端。风扇运转中，常发生此管路裂漏与驱动小百叶窗的油缸漏泄。针对此种情况，现部分机车在厂修或机车所属段，均将此驱动装置由液压油驱动改为压力空气驱动(包括 DF$_4$ 系列机车的静液压辅助传动系统)。

该装置由截止阀、调压阀(650 kPa)、电空阀(110 V)、温度继电器、故障脱扣开关、管路(包括软胶管)、驱动风缸等组成。安装在辅助室与冷却间的墙壁上，其电路控制盒(故障脱扣开关)安装在柴油机自由端，靠机械间右侧墙壁上通风机下方的壁盒内。

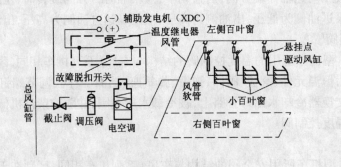

图 9-34 小百叶窗油压改风动驱动

空气压力管路直接接在机车冷却间右侧，靠辅助室地板底下的总风缸管上，由一个截止阀控制(故障时，可通过此阀关闭风源)。通过调压器调整为 650 kPa 的风压，经温度继电器的控制(根据油、水温度调整值决定)电空阀驱动风缸供风，开启冷却间小百叶窗。同时与温度继电器并联的故障脱扣开关(正常在断开位)，使电空阀得电开启风路。

2. 静液压系统主要部件大修、段修

(1)大修质量保证期

静液压油热交换器、静液压泵和马达不发生折损和裂纹；所有滚动轴承不发生裂纹、折损和剥离；须保证运用 30 万 km 或 30 个月(包括中修解体)；静液压系统的其他零部件，须保证运用 5 万 km 或 6 个月(即一个小修期)。

(2)大修技术要求

①管路系统

管路系统全部解体,清洗干净新制管子和有磷化层剥离的管子须进行酸洗磷化处理,管系组装后须进行 0.55 MPa 的压力试验,保持 5 min 不许泄漏。高压管焊接时不许采用对焊形式,管接头螺纹不许有断扣、毛刺、碰伤。清洗油箱及滤清器,校正磁性滤清器的磁钢片,组装后进行 0.8 MPa 压力试验,保持 5 min 不许泄漏。

②油空散热器

油空散热器内外表面的油垢、水垢须彻底清洗,散热片须平直;油空散热器须进行 1.0 MPa 水压试验,保持 5 min 不许泄漏;原制造焊缝脱焊或裂纹,须重新补焊;空滤器各层滤网须彻底清洗,滤网如有破损须更新。

③高压软管

更新高压软管,软管装配须进行 32 MPa 压力试验,保持 5 min 不许渗油,胶管和管卡不许有相对移动。百叶窗油缸须解体清洗,更换 O 形密封圈,油缸体内孔及活塞不许有拉伤,缸体不许有裂纹。组装后动作须良好,不许有卡滞及漏油现象,活塞行程须符合设计要求。

④安全阀

滑阀、锥阀、导阀、减振器阀以及与其配合的各阀孔接触面不许有拉伤,阀体不许有裂纹。锥形阀与阀座接触面磨耗时须修整,接触线须良好。组装后各部须转动灵活,不许有卡滞现象,并按表 9-5 要求进行调压试验。在压力为 (19.0 ± 0.5) MPa 下,保持 10 min,各处不许有渗漏。更新密封圈。

表 9-5　调压试验　单位:MPa

背压	高压调整值
0.10	4.0 ± 0.5
0.45	19.0 ± 0.5

⑤温度控制阀

阀与阀体接触面不许有拉伤,阀体须进行 21 MPa 油压试验,保持 5 min 不许泄漏。更新恒温元件并进行下列试验:恒温元件在 (50 ± 2) ~ (60 ± 2) ℃ 的范围内动作时,其行程大于 7 mm,始推动力为 160 N;温度控制阀组装后,控制阀阀口位置符合设计要求,拧紧调整螺钉体时,阀能轻松落下,不许卡滞。

⑥静液压泵及静液压马达(A2F22Q1、A2F225Q2)

泵及马达须解体,更新密封件,并将其清洗干净,主轴、心轴、柱塞连杆组须探伤(禁止用电磁探伤),不许有裂纹,马达轴与油封接合处磨耗严重时须更新。油缸体与配流盘的球形接触面不许有拉伤,接触面积不少于85%。活塞在油缸体中进行往复螺旋运动时松紧须均匀、无卡滞。主轴 8 个球窝与心轴、连杆球头接触面积不少于70%,主轴部件安装时,其组装尺寸须按规定尺寸调整组配。压板球窝与连杆球头、心轴球头接触面积不少于60%,组装后连杆芯轴须转动灵活自如,不许有卡滞。马达主轴锥度状态良好,锥面与冷却风扇轮毂毂心接触面积不少于70%,组装后按要求进行试验。工作油温在升速时不低于 20 ℃,泵和马达按表9-6进行工况试验。

表 9-6　工况试验

工况	转速(r/min)	工作油压(MPa)	运转时间(min)	工况	转速(r/min)	工作油压(MPa)	运转时间(min)
1	400	4.0	40	4	1 000	10.0	15
2	600	6.0	15	5	1 220	14.0	15
3	800	8.0	15	6	1 342	17.5	20

当测量转速为 1 342 r/min、工作油压为 17.5 MPa 时,容积效率不小于97%,在整个运转

过程中,油温保持在(50±2)℃,不许有泄漏及异常现象出现。当油温为50℃时,泵及马达壳体温度不许超过70℃。

(3)段修技术要求

①静液压泵、静液压马达

解体、清洗,更新密封件。主轴、各柱塞、连杆、芯轴等不许裂损(禁止电磁探伤)。油缸体与配流盘接触面无手感拉伤,其高压部分接触面积不少于80%。主轴8-φ35球窝与连杆球头接触面积不少于60%,无手感拉伤。更换主轴部件的任一零件时,须按主轴部件装配尺寸调整规定表组装。静液压泵、马达组装后进行空转试验,须无异音,油封及各结合面不许泄漏。

②静液压系统

静液压胶管不许老化、腐蚀,胶管接头装配须进行26 MPa油压试验,保持10 min不许泄漏。安全阀经检修后须按表9-7进行调压试验,在最大压力下,保持10 min不许泄漏。

表9-7   调压试验   单位:MPa

背压	高压调整值
0.10	4.5±0.5
0.45	19.0±0.5

③温度控制阀

滑阀与阀体接触面须研配,允许手感无深度的拉痕,其间隙须为0.015～0.030 mm,滑阀须能在自重下沿阀体内孔缓缓落下。组装时,感温元件推杆与滑阀端部相接触,并压缩滑阀移动至其外径圆面积柱塞部露出阀体0.5～1.0 mm。调节螺钉安装正确,拧紧调整螺钉时,滑阀须能自由移动。感温元件须进行性能试验,在(50±2)～(60±2)℃时,其行程须大于7 mm,始推力不小于160 N。清洗油空散热器内外表面,其散热片须平直,进行1.0 MPa压力试验,保持5 min不许泄漏。清洗油空散热器的空气滤网。清洗检修油缸各零部件,更新橡胶圈。

3. 故障分析

280型柴油机辅助液压传动系统与240系列的该系统结构相同,不同之处,该系统内静液压泵与马达的功率加大,转速提高,更换了油空散热器与改进了小百叶窗的控制方式。其结构性与运用性故障与240系列该系统相似。

(1)结构性故障

机车运用中,280型柴油机辅助液压传动系统所发生在结构性故障比240系列该系统频繁,因在同样系统结构情况下,系统内功率(运转转速)提升,而设备并无大的改进,所以在机车运用中,同样的部件(如静液压泵、马达,控制阀类),其故障率在某些方面要高于240系列柴油机。

图9-35   油—空散热器安装位置

其次,油空散热器的裂损引起的泄漏,因其装配在冷却散热器V形夹角(见图9-35),震动源较大,结构材料又比较单薄,内部通过液压油的压力又高。当静液压系统工作在柴油机高手柄位区,静液压油压力增大,温度升高,加上机械装置的振动,油空散热器体的隐裂易表现出来,而呈现泄漏,这类故障很难用打压的方法鉴定出来(因打压试验的压力远小于液压油通过的压力)。只能是根据机车运用情况,采用更换散热体的方法加以处理,并加强日常机车运用检查。

(2)运用性故障

机车运用中所发生的运用性故障与240系列柴油机相似。在机车运行中其内部故障无法处理,这类故障表象反映在机车运用中,冷却风扇转速降低与管路泄漏,使油(水)温降不下来，致使柴油机因此卸载，静液压泵（马达）发出异响，或其体表面振动较大，如泵油封损坏窜油，会导致后变速箱箱体温度升高与溢油等系统缺油故障。管路泄漏分为内漏与外漏，内漏其故障表象反映为冷却风扇转速降低，外漏属可视性故障，主要发生管路的焊波与接口处泄漏油。在机车运行中，面对这类运用性故障，一般无须作实质性处理，应视故障情况维持机车运行至前方站站内停车或目的地站返回段内处理。同时对于这类故障，在机车日常运用中应以预防为主，即加强机车出段前的检查，以杜绝在机车运行中发生此类故障带来的行车事故。

4. 案例

(1) 油空散热器体裂漏

2007 年 10 月 14 日，DF$_{8B}$型 5271 机车牵引上行货物列车运行在兰新线哈密至柳园区段的思甜至尾亚站间。司乘人员在机械间巡视中，发现冷却间相应静液压油低温油空散热器下的地板上有泄漏机油，顺油迹检查发现为油空散热器体泄漏滴下的油迹，但未发现具体的泄漏点，机车运行至前方站停车检查也未查出故障泄漏点。因暂不影响机车牵引列车运行，机车继续牵引货物列车运行至目的地。待该台机车返回段后，司乘人员向机车地勤质检人员反映了这一故障现象，经检查，也未发现油空散热器的泄漏点。将该台机车扣临修。经解体拆下打压检查，也未发现油空散热器破裂泄漏处，经分析研究更换此油空散热器，机车投入观察运用。经更换此散热器试验运转正常后，该台机车又投入正常运用，并未发生机油泄漏的故障现象。

查询机车运用与检修记录，该台机车 2007 年 9 月 28 日完成第 1 次机车小修，修后走行 3 122 km。经分析，估计属油空散热器发生隐裂或散热器个体装配不严密引起的泄漏，属材料质量不良，当静液压系统工作在柴油机高手柄位区，静液压油压力增大，温度升高，加上机械装置的振动，油空散热器体的隐裂易表现出来，而呈现泄漏，这类故障很难用打压的方法鉴定出来。只能是根据机车运用情况，采用更换散热体的方法加以处理，并加强日常机车运用检查，及时反馈故障信息，减少机车运用故障的发生。

(2) 低温马达油缸体裂

2007 年 10 月 17 日，DF$_{8B}$型 0197 机车牵引上行货物列车运行在兰新线哈密至柳园区段的思甜至尾亚站间。司乘人员在机械间巡视中，发现冷却机械间低温马达有异音，经检查外部及静液压管路也未发现有任何异状，因暂不影响机车牵引列车运行，在机车柴油机运转油水温度正常的情况下，机车继续牵引货物列车运行至目的地。待该台机车返回段后，司乘人员向机车地勤质检人员反映了这一故障现象，经检查确认，将该台机车扣临修。经解体检查，低温马达油缸体破裂，相应的轴承内外圈剥离，经化验检测静液压循环机油内杂质较多，经对低温静液压马达检修，对相应损坏部件进行更换，并对静液压传动机油进行了彻底更换，并对相应的管路内部进行了清洗。经此整修后，该台机车又投入正常运用。

查询机车运用与检修记录，该台机车 2007 年 8 月 20 日完成中修，修后走行 24 797 km。经分析，所加静液压传动机油未经严格的滤清过滤，使传动油内呈现有过多的杂质，在静液压机油流动中，带入静液压马达内，造成静液压马达内的碾压性非正常摩擦，伤及马达体内油缸裂损，并波及到轴承内外圈剥离。此机车部件破损故障按质量保期定责中修部门，并要求机车中修后，在进行静液压系统注油时，除加注清洁的液压传动用机油外，并在向系统内加注机油时，必须经滤清机（器）过滤后加注。并加强日常机车运用检查，及时反馈故障信息，减少机车运用故障的发生。

(3) 高温冷却风扇油封漏油

2007 年 11 月 15 日，DF$_{8B}$型 5153 机车牵引下行货物列车运行在兰新线柳园至哈密区段的烟墩至盐泉站间。司乘人员在机械间巡视中，发现冷却间高温马达有异音，并伴随有漏油，经检查外部及静液压管路也未发现有任何异状，因暂不影响机车牵引列车运行，在机车柴油机油水温度正常的情况下，机车继续牵引货物列车运行至目的地。待该台机车返回段后，司乘人员向机车地勤质检人员反映了这一故障现象，检查确认，将该台机车扣临修。解体检查，高温马达轴磨损，在此马达轴转动中失去平衡而产生的噪声，同时将油封损坏而漏油。经对高温静液压马达更换，并对静液压传动机油进行了彻底更换。经此整修后，该台机车又投入正常运用。

查询机车运用与检修记录，该台机车 2007 年 11 月 7 日完成第 3 次机车小修，修后走行 1 444 km。经分析，该静液压马达在这次检修中未发现运用异状记录，经解体检查未发现组装不到位等情况，因此定材料质量问题。应加强日常机车运用检查，对发现异音及漏油的部位要及时反馈故障信息，排查处理故障，减少机车运用故障的发生。

(4)高温安全阀均衡软管漏油

2007 年 11 月 16 日，DF$_{8B}$型 5545 机车牵引下行货物列车运行在兰新线柳园至哈密区段的照东至红柳河站间。司乘人员在机械间巡视中，发现冷却间高温安全阀处有泄漏机油痕迹，此处相应的地板上均有流淌的机油，经检查为高温安全阀处的回油软管接头处泄漏，因该管的金属接头为压模型，无法处理，司乘人员视泄漏与静液压高温油箱的储油情况，维持运行到前方红柳河站停车，终止牵引列车运行，构成 G1 类机车运用故障。待该台机车返回段后，将该台机车扣临修。经解体检查，为该阀处的橡胶回油管一端的金属模压处发生剥离而泄漏。经更换此橡胶软管，试验运转正常后，该台机车又投入正常运用。

查询机车运用与检修记录，该台机车 2007 年 9 月 28 日完成机车大修后的第 1 次机车小修，修后走行 32 642 km。经查机车运用碎修记录，该处未发现运用异状记录，属材料质量问题。但作为日常运用机车，按《段细》整备检查作业规定，出库机车应保证安全运行一个交路的规定，定责机车整备部门。

(5)低温静液压油箱铜铁磨损颗粒

2007 年 11 月 19 日，DF$_{8B}$型 5385 机车牵引下行货物列车运行在兰新线柳园至哈密区段的照东至红柳河站间。司乘人员在机械间巡视中，发现后变速箱处有异音，手摸低温静泵体，振动比较大，检视冷却风扇运转正常，管路无泄漏处，油水温度也在正常范围内。因不影响机车正常运行，司乘人员在加强机械间巡视的情况下，继续机车牵引运行。待该台机车返回段后，及时将此故障现象反映给机车地勤质检人员，检查确认，将该台机车扣临修。解体检查，为低温静泵轴承剥离，同时，在相应的低油箱内存在大量铜铁磨(颗)粒。经更换低温静泵，彻底清洗低温系统所属管路后，重新装配，在水阻台调试好后，该台机车又投入正常运用。

该台机车 2007 年 9 月 18 日完成第 3 次机车小修，修后走行 9 478 km。经查机车运用记录，该处未发现运用异状记录，属材料质量问题。定责材质。

(6)低温油空散热器进油管裂漏

2007 年 11 月 25 日，DF$_{8B}$型 5155 机车牵引下行货物列车运行在兰新线柳园至哈密区段的尾亚至思甜站间。司乘人员在机械间巡视中，发现低温油空散热器相应的地板上有油迹流淌，经检查，未发现油空散热器进出油管有裂漏处，估计为此油空散热器体裂漏。因不影响机车正常运行，司乘人员在加强机械间巡视的情况下，继续机车牵引运行。待该台机车返回段后，及时将此故障现象反映给机车地勤质检人员，经检查确认，将该台机车扣临修。解体检查，为低温散热器进油管焊波处裂损造成的泄漏。将此件拆下，对此焊波处进行打磨，再进行补焊修,重新装配,试验正常后,该台机车又投入正常运用。

该台机车 2007 年 9 月 12 日完成第 2 次机车中修,修后走行 41 059 km。经查机车运用记录,该处未发现运用异状记录。定责其他。

(7)静液压泵内油缸体掉块

2007 年 12 月 8 日,DF$_{8B}$ 型 0089 机车牵引下行货物列车运行在兰新线柳园至哈密区段的大泉至照东站间。司乘人员在机械间巡视中,发现后变速箱处有异音,手摸高温静液压泵体,振动比较大,检视高温冷却风扇运转正常,管路无泄漏处,油水温度也在正常范围内。因不影响机车正常运行,司乘人员在加强机械间巡视的情况下,继续机车牵引运行。待该台机车返回段后,将此故障现象反映给机车地勤质检人员,检查确认,将该台机车扣临修。解体检查,为高温静液压泵内油缸体掉块。同时,在相应的高温静液压油箱内存在大量铜铁磨(颗)粒。经更换高温静液压泵,彻底清洗高温系统所属管路,重新装配,在水阻台调试好后,该台机车又投入正常运用。

该台机车 2007 年 12 月 15 日完成第 3 次机车小修,修后走行 875 km。经查机车运用记录,该处未发现运用异状记录,属材料质量问题。定责材质。同时,要求加强对静液压系统各部件的检查,提高静液压系统液压油脂的清洁度。

(8)高温静液压泵内部油缸体镀层剥离

2007 年 12 月 8 日,DF$_{8B}$ 型 0090 机车牵引上行货物列车运行在兰新线哈密至柳园区段的尾亚至天湖站间。司乘人员在机械间巡视中,发现后变速箱处有异音,手摸高温静液压泵体,振动较大,检视高温冷却风扇运转正常,管路无泄漏处,油水温度也在正常范围内。因不影响机车正常运行,司乘人员在加强机械间巡视的情况下,继续机车牵引运行。待该台机车返回段后,将此故障现象反映给机车地勤质检人员,检查确认,将该台机车扣临修。解体检查,为高温静液压泵内油缸体镀层剥离,同时,在相应的高温静液压油箱内存在大量铜铁磨(颗)粒。经更换高温静液压泵,彻底清洗高温系统所属管路,重新装配,在水阻台调试好后,该台机车又投入正常运用。

该台机车 2007 年 11 月 7 日完成第 3 次机车小修,修后走行 20 152 km。经查机车运用碎修记录,该处未发现运用异状记录,属材料质量问题。定责材质。同时,要求加强对静液压系统各部件的检查,提高静液压系统液压油脂的清洁度。并加强对静液压系统配件动态时的检查,防止故障隐患的发生。

(9)低温风扇旷量大

2007 年 12 月 18 日,DF$_{8B}$ 型 5495 机车牵引下行货物列车运行在兰新线柳园至哈密区段的烟墩至盐泉站间。司乘人员在机械间巡视中,发现低温风扇转动噪声较大,并出现风扇摇晃振动较大,检视其静液压管路无泄漏,低温冷却风扇运转正常,油水温度也在正常范围内。因不影响机车正常运行,司乘人员在加强机械间巡视的情况下,继续机车牵引运行。待该台机车返回段后,将此故障现象反映给机车地勤质检人员,检查确认,将该台机车扣临修。解体检查,为低温静液压马达轴承磨损严重,引起的轴旷动量大。经更换低温静液压马达,彻底清洗低温系统所属管路,重新装配,在水阻台调试好后,该台机车又投入正常运用。

该台机车 2007 年 11 月 20 日完成第 2 次机车中修,修后走行 9 607 km。经查机车运用碎修记录,该处未发现运用异状记录,按机车中修质量保证期。定责机车中修部门。同时,要求加强静液压系统配件及管路内部的清洁度,防止异物进入静液压油油脂内,造成配件拉伤磨损。

（10）静液压马达出油管焊波裂

2008年3月2日，DF$_{8B}$型5385机车担当牵引货物列车11042次的本务机车，现车辆数57，总重3 974 t，换64.1。运行在兰新线哈密至柳园区段的思甜至尾亚站间，司乘人员在机械间巡检中，发现冷却单节静液压马达严重漏油，机车不能继续运行，被迫停车，16时02分区间停于1 195 km＋849 m处，即刻向前方站请求救援。被救援后开通线路18时09分，区间总停车时分127 min。构成G1类机车运用故障，待该台机车返回段内后，扣临修，解体检查，为高温静泵出油管通温控阀管座处原管路焊波径向裂损，裂损程度达管径1/2。将此管路打磨焊修。该台机车又投入正常运用。

查询机车运用与检修记录，该台机车2008年1月1日完成第1次机车大修，修后总走行17 906 km。经分析，管路焊波裂损，拆下检查，管路无抗劲现象。原因该管路为机车大修时焊修的管路，因管路在机车大修中焊接不良，造成管路共震性裂损。按机车大修质量保证期保修6万km要求，定责机车大修。同时，机车整备技术检查作业中，没有有效预防该故障，列机车整备部门技术检查作业不到位同等责任。并及时反馈相应机车大修厂，要求机车整备部门技术检查作业中，加强静液压管路日常检查。

（11）静液压马达油封泄漏

2008年3月18日，DF$_{8B}$型0202机车担当牵引货物列车41006次的重联机车，现车辆数51，总重3 561 t，换长69.9。运行在兰新线哈密至柳园区段的尾亚至天湖站间，司乘人员在机械间巡检中，发现冷却单节静液压马达严重漏油，即刻向天湖站报告，请求在天湖站停车检查处理，12.30分到达天湖站停车，经司乘人员检查后，机车不能继续运行，在该站更换机车。天湖站14时55分开车，站停2时25分，影响本列到达柳园站晚点。构成G1类机车运用故障，待该台机车返回段内后，扣临修。解体检查，为Ⅱ号冷却风扇马达油封漏油，解体马达发现油封破损40 mm，并且相应对低温安全阀解体，发现此阀滑阀卡滞在关闭位，造成系统内压力过高，将马达油封憋漏。经更换低温侧静液压马达与相应的低温安全阀后，通过水阻试验调整正常后，该台机车又投入正常运用。

查询机车运用与检修记录，该台机车2008年3月6日完成第1次机车中修，修后走行1 409 km。经分析，引起静液压马达油封破损泄漏的直接原因，为该系统内的低温安全阀滑阀发生故障，滑阀卡滞在关闭位，造成系统内静液压油压力过高，将马达油封憋漏。按中修质量保证期定责机车中修部门。同时，要求加强传动备品检修，按工艺要求范围执行。

（12）低温静液压马达进油胶管压装接口剥离

2008年3月25日，DF$_{8B}$型5268机车担当牵引货物列车11055次的牵引任务，现车辆数32，总重2 290 t，换长46。运行在兰新线嘉峪关至柳园区段的柳沟至安北站间，司乘人员在机械间巡检中，发现冷却间的低温侧泄漏油严重，机车运行中无法作检查处理，维持运行至前方站，列车于16时19分到达安北站2道停车，经司乘人员检查，为低温冷却风扇静液压马达机油管断裂，无法继续运行，请求救援。安北站20时58分开车，造成本列在安北站晚开4小时42分，柳园站到达晚点5小时13分。构成G1类机车运用故障，待该台机车返回段内后，扣临修。解体检查，为低温马达进油胶管从金属压装接口处剥离脱开，经更换此软管，重新注油，试验运转正常后，该台机车又投入正常运用。

查询机车运用与检修记录，该台机车2007年4月9日完成第2次机车大修，修后总走行194 012 km，于2008年3月12日完成第4次机车小修，修后走行7 503 km。经分析，该软管为机车大修时安装的软管，无软管生产厂家铭牌，因软管在制造中金属与胶管接口模压不良，造成软管在运用中从金属接口处剥离脱开。该新产品已过机车大修质量保证期,定责材质。同时,要求加强机车日常技术整备作业检查。

(13) 高温静液压泵出油管接头焊波裂

2008 年 4 月 3 日,DF$_{8B}$ 型 5157 机车担当货物列车 11043 次本务机车的任务,现车辆数 42,总重 2 637 t,换长 54.6。运行在兰新线嘉峪关至柳园区段的峡口站进站前,司乘人员在机械间巡检中,发现高温侧静液压油管漏油,机车运行中无法处理,要求在前方站停车处理,15 时 12 分到达峡口站停车,经司乘人员检查,为静液压泵出油管接头焊波处裂漏,机车现有条件无法处理,15 时 25 分司机要求更换机车。构成 G1 类机车运用故障,待该台机车返回段内后,扣临修。解体检查,为高温静液压泵出油管接头焊波处裂损泄漏,裂损程度达管周长的 1/2。经更换此出油管,重新注油试验运转正常后,该台机车又投入正常运用

查询机车运用与检修记录,该台机车 2007 年 12 月 26 日完成第 2 次机车中修,修后走行 37 774 km。经分析,机车到段检查,高温静液压泵出油管接头焊波处裂损达管周长的 1/2,检查管路无抗劲、振动。因机车中修焊接管路时,保温不良,造成焊波处存在内应力,运用中造成管接头焊波处裂损。该台机车在完成第 2 次中修的质量保证期内;同时,机车整备作业检查不到位与技术部门前期检修方案不到位。主要责任为机车中修部门,次要责任机车整备作业与技术部门。并要求机车中修时,焊接管路后应及时做好保温措施。

(14) 油空散热器体裂漏

2008 年 4 月 4 日,DF$_{8B}$ 型 5270 机车担当货物列车 WJ703 次牵引任务,现车辆数 42,总重 950 t,换长 47.4。运行在兰新线柳园至哈密区段的天湖站,进行调车作业,18 时 20 分调车作业完毕,司乘人员巡视检查机车机械间时,发现冷却单节的高温侧油空散热器体裂漏,因泄漏机油严重,无法处理,司机请求更换机车。该列车从天湖站 21 时 10 分开出,造成本列在天湖站晚开 50 min,哈密站到达晚点,构成 G1 类机车运用故障。待该台机车返回段内后,扣临修。解体检查,为高温侧静液压系统油空散热器进油法兰螺纹孔钢丝脱出,造成法兰垫密封不良而漏油。经更换此油空散热器,试验运转正常后,该台机车又投入正常运用。

查询机车运用与检修记录,该台机车 2007 年 12 月 13 日完成第 3 次机车小修,修后走行 49 716 km。经分析,此故障机车在整备技术检查作业时,未检查到此油空散热器进油法兰漏油。定责机车整备部门。同时,要求机车整备技术检查作业中,应加强对静液压系统的检查,发现漏油及时处理。

(15) 低温静液压泵柱塞断裂

2008 年 4 月 27 日,DF$_{8B}$ 型 0084 机车担当货物列车 11054 次牵引任务,现车辆数 48,总重 3 996 t,换长 67.1。运行在兰新线哈密至柳园区段尾亚至天湖站间,发生冷却水温高,柴油机卸载,经司乘人员检查,低温冷却风扇转速低,应急处理,顶死低温侧温度控制阀也不起作用,判断为静液压马达或静液压泵内部发生故障,司机请求在天湖站停车作进一步检查处理。14 时 33 分到达天湖站停车,经检查,14 时 50 分司机反映属静液压泵内部故障,无法处理,机车终止牵引列车运行,请求更换机车。15 时 12 分天湖站开车,站内总停时 39 分,构成 G1 类机车运用故障。待该台机车返回段内后,扣临修,对该静液压泵进行解体检查,为静液压泵内部柱塞疲劳性断裂。更换低温静液压泵、静液压马达,并对相应管路及安全阀、温控阀进行清洗,试验运转正常后。该台机车又投入正常运用。

查询机车运用与检修记录,该台机车于 2008 年 2 月 2 日完成第 1 次机车小修,修后走行 57 666 km。机车到段后检查低温静液压泵运转中内部有异音,人为顶死低温温度控制阀检

查,低温侧冷却大风扇也不能转动,卸下低温侧液压油箱上的磁芯滤清器检查,该静液压油箱内有大量的铁屑磨粒,解体低温静液压泵,发现静液压泵内柱塞断裂。静液压泵柱塞属疲劳性断裂,定责材质。同时,要求加强机车整备日常技术检查作业。

(16)静液压系统低温安全阀卡滞失效

2008年5月9日,DF$_{8B}$型5546机车担当货物列车83158次本务机车的牵引任务,现车辆数38,总重3 266 t,换长45.8。运行在兰新线哈密至柳园区段的柳园站时,16时44分到达柳园站停车,司机反映,机车运行中柴油机加载水温高,造成多次卸载,要求入库检查,因此而更换机车,更换机车后本列17时21分从柳园站开出,影响本列晚点17 min,构成G1类机车运用故障。待该台机车返回段内后,扣临修,对该静液压系统进行检查,将低温温控阀故障螺钉顶死试验,启动柴油机检查低温风扇转速偏低,机车顶百叶窗叶片不能直立,进风量小,进一步解体低温安全阀,发现安全阀滑阀卡滞在开启位,以致静液压泵泵出的工作油不能全部到达静液压马达,而使冷却风扇转速偏低,循环冷却水水温升高。经更换低温系统安全阀,试验运转正常后,该台机车又投入正常运用。

查询机车运用检修记录,该台机车2008年2月19日完成第3次机车小修,修后走行56 264 km。经分析,解体静液压系统低温安全阀,发现安全阀滑阀卡滞在开启位,造成泄油量大,冷却风扇转速偏低,导致水温高。因此系统安全阀属状态修,机车中修时,未更换过该安全阀,该安全阀已过中修质保期6万km,定责材质。同时,要求在日常机车整备技术检查作业中,加强对水温高故障机车的判断检查。

(17)低温静液压泵油缸体内掉块

2008年5月23日,DF$_{8B}$型5483机车担当货物列车11080次重联机车牵引任务,牵引吨数3 973 t,辆数54辆,计长67。运行到兰新线哈密至柳园区段的山口站至思甜站间上行线1 215 km+285 m处,因柴油机水温高卸载,9时58分区间停车,经司机检查处理后,10时00分开车,区间总停时2分。10时45分司机向尾亚站报告,高温冷却风扇故障,请求在尾亚站更换机车,11时08分到达尾亚站,区间停时加运缓共13分。该列车在更换机车后,12时31分开车,站停1小时23分,构成G1类机车运用故障。待该台机车返回段内后,扣临修,对该静液压系统进行检查,低温静液压泵内油缸体裂损掉块。经更换静液压泵,整修低温静液压系统,试验运转正常后,该台机车又投入正常运用。

查询机车运用与检修记录,该台机车2008年5月7日完成第4次机车小修,修后走行8 631 km。机车回段后,检查低温静泵油缸体裂损掉块。经分析,低温静液压泵油缸体裂损掉块(该静液压泵在机车小修时更换),造成静泵内部泄油量大,将静泵油封压坏,静液压油窜入后变速箱,使静液压系统缺油,造成冷却风扇转速低,柴油机冷却水温度升高。按质量保证期30万km,定责静液压泵配件厂。同时,要求加强对静液压泵油缸体的日常检查,将该故障信息反馈厂家,提高配件质量。

(18)高温静液压泵出油管接头裂漏

2008年5月31日,DF$_{8B}$型5492机车担当货物列车81043次本务机车牵引任务,现车辆数36,总重2 637 t,换长53.1。运行在嘉峪关至柳园区段的安北站,17时39分到达站内停车,待避客车,司乘人员检查机车时,发现静液压管漏油,经确定无法处理,不能继续牵引列车运行,请求更换机车,构成G1类机车运用故障。待该台机车返回段内后,扣临修,解体检查,高温静泵出油管接头处横向裂损30 mm。经更换高温静液压泵出油管接头,试验运转正常后,该台机车又投入正常运用。

查询机车运用与检修记录,该台机车 2008 年 5 月 29 日完成第 3 次机车小修,修后走行 292 km。经分析,因高温静液压泵出油管接头处横向裂损 30 mm,漏油严重,经检查管路安装无抗劲,无振动现象。按该台机车小修质量保证期要求,定责机车检修。同时,要求加强机车小修交车时,对静液压系统管路接头的检查。

(19)温控阀温包失效

2008 年 5 月 31 日,DF$_{8B}$ 型 0200 机车担当货物列车 11098 次重联机车牵引任务,现车辆数 48,总重 3 993 t,换长 63.4。运行在哈密至柳园区段的山口至思甜站间 1 210 km + 374 m 处,因重联机车 DF$_{8B}$ 型 0200 机车水温高卸载,17 时 23 分区间停车,司乘人员检查处理后,17 时 25 分开车,区间总停车时 2 分,构成 G1 类机车运用故障。待该台机车返回段内后,扣临修,解体检查,高、低温温度控制阀温包均失效。经更换高、低温温控阀,试验运转正常后,该台机车又投入正常运用。

查询机车运用与检修记录,该台机车 2008 年 01 月 15 日完成第 1 次机车中修,修后走行 88 253 km。又于 2008 年 05 月 05 日完成第 1 次机车小修,修后走行 14 298 km。机车到段检查,顶死高、低温温度控阀故障螺钉,大风扇转速正常,百页窗开启正常。经分析,当高、低温温度控制阀温包失效,大风扇转速不足,导致水温高。该台机车中修后走行 88 253 km,因温控阀温包失效导致水温高,已超出机车中修质量保证期 6 万 km,定责材质。并要求制订加强对油水温度高故障现象的应急防范措施。

(20)静液压油空散热器进油口体裂损

2008 年 6 月 3 日,DF$_{8B}$ 型 5385 机车担当货物列车 11050 次重联机车的牵引任务,现车辆数 41,总重 3 099 t,换长 58.8。运行在兰新线哈密至柳园区段的烟墩至山口站间,上行线 1 248 km + 202 m 处,19 时 02 分重联机车反映辅助系统的静液压油管裂损,不能继续运行,要求区间停车,请求救援。19 时 11 分封锁区间,20 时 03 分被救援后开车,20 时 12 分区间开通,堵塞区间正线总共 61 分。影响本列、WJ702 次、81111 次、41003 次晚点,构成 G1 类机车运用故障。待该台机车返回段内后,扣临修,为Ⅱ号静液压油泵的油空散热器进油口体裂损,经更换该油空散热器,试验运转正常后,该台机车又投入正常运用。

查询机车运用与检修记录,该台机车 2008 年 01 月 01 日完成第 1 次机车大修,修后总行 82 924 km,于 2008 年 05 月 27 日完成第 1 次机车小修,修后走行 5 097 km。机车到段检查Ⅱ号静液压泵的油空散热器进油口体部裂损 200 mm,Ⅱ号静液压油箱内已无油。经分析,检查管路无堵塞异物,该油空散热器的裂损,属疲劳性裂损。该处因疲劳而产生裂损,定责材质。同时,要求加强冷却单节内部静液压系统配件的预防性检查。

(21)高温静液压泵内部油缸体裂损

2008 年 6 月 28 日,DF$_{8B}$ 型 5495 机车担当货物列车 41007 次重联机车的牵引任务,现车 45 辆,牵引吨数 3 271 t,换长 57.3。运行在兰新线柳园至嘉峪关的石板墩至峡口站间时,因机车后变速箱漏油,司机请求前方停车检查。18 时 15 分到达峡口站内停车,经司乘人员检查,无法继续运行而终止牵引列车运行,请求更换机车,构成 G1 类机车运用故障。待该台机车返回段内后,扣临修,解体检查,静泵油缸体沿柱塞孔多处裂损。经更换该静液压泵,整修高温静液压系统油管路,重新注油,试验运转正常后,该台机车又投入正常运用。

查询机车运用与检修记录,该台机车 2007 年 11 月 28 日完成第 2 次机车中修,修后总走

行 146 517 km,于 2008 年 5 月 19 日完成第 2 次机车小修,修后走行 27 264 km。机车到段检查高温静液压泵油箱内已无油,后变速箱从油尺与通气孔往外溢油,判断为高温静液压泵向变速箱内窜油。拆卸下高温静液压泵,解体检查,发现高温静液压系统传动油为黑色,静液压泵油缸体沿柱塞孔多处裂损,并且有一处掉块,造成静泵泄油量增大,将静液压泵内部油封呲破 30 mm,导致高温静液压泵向后变速箱窜油。查该静液压泵检修记录为 2007 年 11 月 19 日,为大连静液压泵厂生产,因油缸体孔超限,更换该静液压泵制造厂生产的新品油缸体,由传动备品组检修完毕后,于 2007 年 11 月 29 日装于该台机车上运用。经分析,因 DF$_{8B}$ 型机车静液压泵的实际转速为 1 342 r/min,额定转速为 1 340 r/min。该静液压泵装在 DF$_{8B}$ 型机车上,已达到其额定转速与超负载运用,易造成油缸体磨损及裂损故障。按机车大修质量保证期,定责大连静液压泵、马达制造厂。同时,要求 DF$_{8B}$、DF$_{4C}$ 型机车今后装用上海厂家生产的静液压泵及马达,DF$_{4B}$ 型机车装用大连厂家生产的静液压泵及马达。

(22)低温安全阀泄油软管剥离

2008 年 7 月 5 日,DF$_{8B}$ 型 0089 机车担当货物列车 85184 次重联机车的牵引任务,牵引吨数 3 215 t,辆数 40 辆,换长 44.4。运行在兰新线哈密至柳园区段的柳园站时,因静液压系统漏油,要求柳园更换机车,构成 G1 类机车运用故障。待该台机车返回段内后,扣临修,解体检查,静液压系统的低温安全阀泄油软管漏油。经更换此软管,试验运转转正常后,该台机车又投入正常运用。

查询机车运用与检修记录,该台机车 2007 年 9 月 7 日完成第 2 次机车中修,修后总走行 195 622 km,于 2008 年 4 月 21 日完成第 4 次机车小修,修后走行 287 km。机车到达检查情况,据司乘人员反映,该台机车在照东站巡检中发现低温单节内静液压系统管路漏油,具体漏油处所不清楚,泄漏量不大,可维持运行,到达柳园中继站后,要求更换机车。该台机车入段(折返段)检查为静液压系统低温安全阀泄油软管漏油,更换该软管后,机车投入正常运用返回哈密。经分析,泄漏的此软管为 2007 年 5 月 24 日某机车专业配件厂生产的金属软管,漏泄点为该软管的中部,外观检查其软管金属网套有被电焊打伤的痕迹。该台机车于 2008 年 7 月 4 日因水泵漏水扣修,交车后头一趟交路。检修作业人员对扣修机车单节内部管路检查不彻底,定责机车检修部门。同时,要求在对冷却单节内部进行焊修作业时,注意对金属软管的防护,并要求机车整备部门对金属软管网套表面存在油污的现象,要提前进行更换,预防此类故障发生。

(23)静液压泵内柱塞断裂

2008 年 8 月 2 日,DF$_{8B}$ 型 5272 机车担当货物列车 10100 次本务机车的牵引任务,现车辆数 49,总重 3 722 t,换长 69.9。运行在兰新线哈密至柳园区段的尾亚站,14 时 38 分到达,继承接班司乘人员接车检查时,发现本务机车柴油机辅助传动系统的冷却风扇转速低,无法继续牵引列车运行,请求更换机车,16 时 09 分开车,造成本列在局交口安北站未交出,构成 G1 类机车运用故障。待该台机车返回段内后,扣临修,解体检查,低温静液压泵内部损坏。经更换静液压泵与相应的温度控制阀、安全阀、油空散热器,重新注油,试验运转正常后,该台机车又投入正常运用。

查询机车运用与检修记录,该台机车 2008 年 7 月 30 日完成第 1 次机车中修,修后总走行 263 km。机车到段检查,低温冷却风扇不转,拆吊下低温静液压泵,解体检查泵柱塞断裂 1 枚,静液压油脂中存有杂质。经分析，因静液压油脂中存在杂质，造成静液压泵柱塞在旋转往复运动被卡滞别断，导致低温系统静液压油压力不足，冷却风扇不能正常运转。按质量保证期定责，主要责任机车中修部门，设备部门未能按时清洁试验台静液压油，次要责任定责设备部门。同时，要求加强机车中修时对静液压系统油脂的检查。

(24)高温静液压泵出油管接口裂损

2008 年 8 月 16 日，DF_{8B}型 5500 机车担当货物列车 11086 次本务机车的牵引任务，现车辆数 55，总重 3 957 t，换长 60.5。运行在兰新线哈密至柳园区段的天湖至红柳河站间，司乘人员巡检机械间时，发现冷却间左侧静液压泵出油管接头漏油，无法处理，维持运行至柳园站停车，要求更换机车，入段检查处理，构成 G1 类机车运用故障。待该台机车返回段内后，扣临修，为高温静液压泵出油管接口裂损，更换此出油管接口。重新注油，试验运转正常后，该台机车又投入正常运用。

查询机车运用与检修记录，该台机车 2007 年 12 月 25 日完成第 2 次机车中修，修后总走行 149 910 km，于 2008 年 7 月 17 日完成第 2 次机车小修，修后走行 17 907 km。机车到段检查，高温静液压泵油箱无油，该泵出油管接头处向下滴油，拆除管路检查，无抗劲现象，氧气(焊)熘火检查，发现高温静液压泵出油管接口处，横向裂纹 20 mm。经分析，属此管接口材质问题造成，因此管接口长时间使用而产生疲劳裂损。定责材质。同时，要求机车小修与整备部门加强对静液压系统管路接口的检查，提高其预防手段。

(25)高温静液压油系统安全阀进油管接口裂损

2008 年 9 月 10 日，DF_{8B}型 5346 机车担当货物列车 10106 次重联机车的牵引任务，现车辆数 46，总重 3 720 t，换长 69。运行在兰新线哈密至柳园区段的尾亚至天湖站间，司机要求进站停车，检查处理机车故障。0 时 30 分到达天湖站，经司乘人员检查，静液压油系统的高温安全阀进油管接口漏油，处理后 1 时 09 分从天湖站开车，站内总停时 39 分。构成 G1 类机车运用故障，待该台机车返回段内后，扣临修，解体检查，高温静液压油系统安全阀进油管接口裂损，更换此出油管接口。重新注油，试验运转正常后，该台机车又投入正常运用。

查询机车运用与检修记录，该台机车 2008 年 8 月 13 日完成第 1 次机车中修，修后走行 13 517 km。机车到段检查，静液压系统高温油箱无油，冷却间的地板上淌满机油。查故障点，为该系统高温安全阀进油管接口焊波沿焊缝处裂损 1/2，此系统内加补过柴油机运用过的机油(黑油)。管路在拆解过程中无抗劲，但该管路接口体与管路之间有补焊现象，补焊面为 1/2，裂损点从未补焊处延伸裂损 1/2。经分析，因该管路补焊面未焊全，存在焊接应力，造成未焊接面的裂损。定责机车检修作业不到位。同时，要求机车中修严格执行静液压系统管路的检查标准，并对此类裂损管路执行内、外双面焊修的工艺要求。

思 考 题

1. 简述 240 系列柴油机静液压传动系统结构性故障。
2. 简述 240 系列柴油机静液压传动系统运用性故障表象。
3. 简述造成静液压系统内部磨损性故障原因。
4. 机车运行中发生静液压系统管路泄漏应如何处理？

第三节　交流电力辅助传动装置

随着科学技术的进步,在机车上已开始运用交流电力传动技术。将交流电力传动技术运用于内燃机车的辅助传动装置,将克服辅助传动装置的诸多缺陷,保证机车的正常安全运行,避免行车事故的发生。本节以改装的 DF_{8B} 型机车交流变频电力辅助传动装置为蓝本予以叙述。

电力传动内燃机车辅助传动装置普遍采用"机械传动 + 静液压驱动"模式。即前、后转向架牵引电机通风机和主发电机通风机均采用机械传动,这种传动方式易造成辅助传动装置振动,尼龙绳折断,检修维护工作量大,且不方便;冷却风扇采用静液压驱动,静液压系统效率低,只能在有限范围内控制冷却风扇转速而且调节精度不高,静液压管路易泄漏造成工作环境的污染(静液压油泄漏有时可能被牵引电机吸入,造成严重后果),温控阀故障率高,检修维护不便。因此,这种传统的辅助传动模式必将逐渐被交流电力辅助传动装置所替代。

另外,采用变频交流电力辅助传动装置将大大提升内燃机车整体性能,从而大幅度地提高内燃机车运用效率和大幅度降低运用成本。主要体现在解决了液压驱动系统故障率高、漏油、维护工作量大(特别是高风沙地区),维修时间长等难题,成功实现了辅助功率向牵引功率转移,柴油机的功率得到充分利用,大幅度地节省燃油,降低运用成本。

一、结　构

交流电力辅助传动装置由一台 400 kV·A 的交流辅助发电机(简称交流辅发)、三台 45 kW 的通风机交流电动机 (简称通风机电机),两台 75 kW 的冷却风扇交流电动机 (简称冷却风扇电机)和一台 TGF42-4C 型辅助变流柜(简称辅变柜)及相关的控制机构所组成。目前,该系统逐渐在机车上装用,下面以改装机车为例进行说明。

1. 改装部分

(1)机械部分

①去掉部分。将原前变速箱取消,换用专门设计的前变速箱 ;将全套静液压系统(油空散热器、液压泵、液压马达、高压橡胶管、冷却风扇等)取消;将原后变速箱取消,换用专门设计的后变速箱。

②增加部分。一台 400 kV·A 的交流辅助发电机、一台 45 kW 的通风机电机 、三台 75 kW 的冷却风扇电机和一台 TGF42-4C 型辅变柜。

③增改部分。第三台牵引电机的制动电阻带改造。将一组电阻带由 0.541 Ω 改为 0.731 Ω。

(2)电气部分

电阻制动工况下由制动电阻供电,为前、后转向架通风机电机提供电源。前、后转向架通风机电机 根据加载信号投入/切除。电阻制动工况下,柴油机转速维持在 440 r/min,制动力可根据司机控制手柄级位提升而增加。冷却风扇根据柴油机冷却水温,由辅变柜内的变流器进行变频调速,以达到精确控制水温的目的。系统的冗余设计,在一般故障下 (如接触器故障,系统能自动切换到备用电路供电)增设了冷却风扇手动功能。

2. 设备在机车上的布置

增设改换的前、后变速箱均安装在原变速箱的位置,所不同之处,因设备增置,将原测速发

电机安装于前变速箱上,由前变速箱驱动(后期更改,前变速箱不变,其机械驱动设备不变,仅对后变速箱进行改造及增设设备)。增设的交流辅发安装在前输出轴左侧,即原励磁机安装位置(将原励磁机移后变速箱处),由后变速箱驱动。增设的三台通风机电机,其中两台均由交流辅发供电驱动,设置在原主发通风机与前通风机位置,并取代其功能(后期更改,仅增设一台通风电机,用于 DF_{8B} 型机车的主发电机通风机与前转向架通风机机械传动方式不变);另一台(后通风机及电机)设置在原后通风机位置,由交流辅发供电驱动,取代原机械传动功能。增设三台冷却风扇电机取代原静液压马达的功用,由交流辅发供电。增加一台 TGF42-4C 型辅变柜,设置在冷却单节底部左侧(后期更改,即将其卧式柜的安置改立式柜安置在冷却室与辅助室的隔墙上),用以控制该套交流变频电力传动装置的电机、电器设备(见图9-36)。

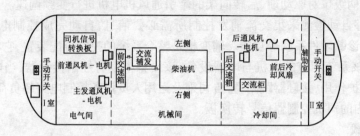

(a)初期改造交流辅助传动系统

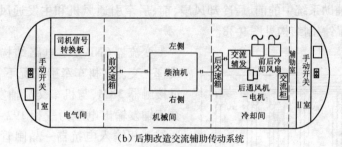

(b)后期改造交流辅助传动系统

图 9-36 增改交流电力辅助传动装置

辅变柜设在冷却单节底部左侧,根据机车类型不同,此柜所安置的位置也有所不同(本图为 DF_{8B} 型机车改造后所安置的位置)。交流辅发设置在前变速箱右侧,前台转向架通风机电机设置在微机柜下(后期取消,恢复机械传动方式),后台转向架通风机电机设置在冷却单节原通风机处,主发通风机电机设置在原硅整流柜下(后期取消,恢复机械传动方式),司机控制器信号转换板装置在低压电器柜内右上侧,交流辅发励磁转换开关与冷却风扇转换开关设置在操纵台上右侧电流(压)表下。

二、系统工作原理

由该套装置完全代替了静液压驱动系统与原绝大部分机械传动装置,即取代了前、后通风机和主发通风机,均改由三台交流电动机驱动。整个交流辅助传动系统由辅变柜内的逻辑单元(PLC)控制。根据不同机车工况,PLC 会自动控制各台交流电动机的取(供)电方式。牵引或惰转工况时,辅变柜由交流辅发供电。根据柴油机冷却水水温分别对前、后冷却风扇电机进行变频调速。电阻制动工况时,辅变柜内的变流器(INV)从第三台牵引电机制动电阻端取电,根据司机控制器主手柄的级位对前、后架通风机电机进行变频调速。

1. 辅变柜

图9-37 TGF42-4C
型机车辅变柜

TGF42-4C 型机车辅变柜(见图9-37)是针对内燃机车辅助系统中负载控制特性而设计的。其负载由两台牵引通风机、一台主发通风机和两台冷却风扇电机,一台变流器(INV)、PLC 控制系统以及低压电器构成。在机车牵引工况时,变流器 INV 由交流辅发供电,对相关电机、电器进行控制。驱动冷却风扇的电机根据柴油机冷却水温度变化经变流器(INV)进行变频调速。在机车电阻制动(一级制动)工况下,变流器(INV)由第三台牵引电机的制动电阻供电,根据手柄级位对驱动前、后转向架的牵引通风机电机进行变频调速。

该系统能够自动检测采集交流辅发控制所需必要信息,自动完成控制电器转换,具有控制、保护和故障诊断硬件系统等功能。辅变柜是整个系统的控制分配装置,它将交流辅发输出的电源分配给该系统相应的电机与电器设备,该设备中设有控制接触器,当电机电路超负荷时,该装置起保护作用,接触器跳闸,警告乘及运用人员该条控制电路超负荷,该装置受控于装设在电器柜内的司机控制器信号转换板。

2. 系统负载

该系统由交流辅发供电(电阻制动工况下为第三台牵引电动机),受变流器(NIV)控制。负载为驱动机车辅助系统中的前、后冷却风扇,前、后牵引通风机和主发通风机运转的 5 台交流电动机 。主电路控制结构见图9-38。

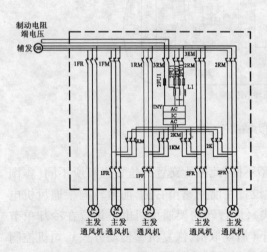

图9-38 系统主电路控制图

变流器(NIV)主电路结构采用交—直—交或直—交。在机车牵引工况下,变流器(NIV)通过接触器 3KM,与机车交流辅发(图9-39)相连,交流辅发输出电压为三相 192 ~ 480 V。该电压通过三相输入电抗器—晶闸管整流桥—变流器(NIV)后最终变换为三相 120 ~ 480 V/30 ~ 101.6 Hz 电压供给冷却风扇电机(见图9-40)。在机车电阻制动工况(一级制动)下,辅变柜内通过接触器 3KM,与第三台牵引电机的制动电阻相连。辅变柜内变流器(NIV)从制动电阻(见图9-41)上获电,根据手柄级位输出218 ~ 408 V/45 ~ 86 Hz 电压对前、后转向架通风机电机进行变频调速。

图9-39 交流辅助发电机

图9-40 冷却风扇电动机

图9-41 制动电阻带

变流器(NIV)输入电压经过整流之后先通过充电回路给直流环节电容充电,控制电路检测到直流环节电压上升到高于DC200 V,且有外部的启动信号时延时1 s,开通晶闸管,再延时3 s,变流器(NIV)启动。当外部启动信号消失或中间直流电压低于DC200 V,晶闸管关闭,系统回到预充电状态。

变流器(NIV)的频率输出受两个条件的制约。一是柴油机冷却水温,二是交流辅发的输出电压。控制系统(PLC)将转速值计算转换成交流辅发频率下达给变流器(NIV),当计算频率小于或等于变流器自身中间直流电压计算的参考频率时,变流器 INV 输出频率与 PLC 给定的频率一致。当计算频率大于变流器自身中间直流电压计算的参考频率时,频率等于变流器的参考频率。

前、后转向架通风机电机的工作参考机车加载信号。当加载信号有效时,前、后转向架通风电机投入运转。当加载信号撤出后,延伸6 min,前、后转向架通风电机切除。主发通风电机通过断路器直接由交流辅发供电,交流辅发通电,该电机工作。前、后转向架通风机与主发通风机采用相同型号的交流电动机(见图9-42)。

图9-42 通风机交流电动机

交流辅发在直接供电情况下通过断路器进行保护,在变流器(NIV)供电情况下,由其提供保护。变流器(NIV)自身具有完善的保护功能。当器件出现故障时(如某接触器不吸合或某断路器跳闸

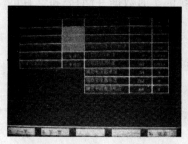

图9-43 彩屏状态显示

等),控制系统自动根据设定的程序转换到备用线路供电。同时通过通信和硬连线将具体的故障代码,在机车操纵台彩屏上显示(见图9-43)。交流辅发由前变速箱驱动,输出的交流电供整个系统电动机及电器设备的电源,受控于辅变柜。该台设备设置在前变速箱处。

前、后冷却风扇电机分别由变流器(NIV)从交流辅发供电,实现变频启动。根据从微机采集的柴油机冷却水水温信号控制冷却风扇电机转速(从而控制冷却风扇转速)。当冷却风扇达到满转速后,改由交流辅发满转速直接驱动(在转换时对冷却风扇转速有冲击,但冲击持续时间和冲击电流幅度比直接启动要小得多)。然后,由变流器(NIV)启动,并持续控制冷却风扇转入变频运转。冷却风扇驱动源为型号相同的两台交流电动机,分别驱动高、低温冷却风扇。该电机由交流辅发供电,受控于司机室操纵台的手动开关(见图9-44),即可受控于自动位(微机辅变柜),又可受控制于手动位(手动辅变柜)。该设备设置在冷却单节原静液压马达处。

图9-44 手动开关

控制系统在司机室操纵台备有手动调节开关(图9-44),当自动控制装置发生故障时,可以改手动调节(通过手动调节开关控制)。司机可操纵手动开关直接控制风扇的启停。当手动开关置于"自动"位,交流辅发由 PLC 自动控制。当手动开关离开自动位,PLC 电源将通过中间继电器(2KD$_1$)直接切除。同时前、后牵引通风机电机接触器(IKM$_1$、IKM$_2$)通过中间继电器(2KD$_4$、2KD$_5$)直接吸合,通风电机直接由交流辅发供电。当手动开关置于"手动Ⅰ",2KM$_1$吸合,前冷却风扇电机投入工作。当手动开关置于"手动Ⅱ",延时10 s,2KM$_2$吸合,后冷却风扇电机投

入工作。

当变流器(INV)检测到散热器温度达到 40 ℃,驱动控制板上继电器输出控制信号,PLC 得到此信号后驱动散热风扇继电器($1KD_{14}$、$1KD_{15}$),散热风机 M_1、M_2、M_3 工作,对散热器进行冷却散热。

3. 控制装置

控制单元系统(PLC-CPU226)由电源模块($2A_5$)、CPU 模块($2A_1$)、模拟量扩展模块 EM231($2A_3$)和 PROFIBAS 模块组成。

(1)电源模块

将蓄电池供应的 DC110V 电源变送成 PLC 控制单元所需要的 24 V 电源。电源模块采用 DC/DC 变换并且其输入输出采用隔离设计,可保证输出始终为一稳定的电压,而且使控制单元不会受到直流输入电压(DC72V~144V)波动的影响。

(2)CPU 模块

该模块上 24 个数字输入点和 18 个数字输出点,能很好的对硬件系统的各种信号进行处理,其对应的指示灯(LED)使输入输出状态一目了然。两个 RS485 通信口,能同时与变流器(INV)和车载微机进行通信,将硬件系统的各种工作状态记录并传送至车载微机。CPU 模块主要处理的工程:控制整个硬件系统的输入输出的工作状态;实时监测各种电器结点的状态,并做相应的处理;对来自硬件系统的 FAULT 信号做相应的处理;从车载微机采集温度信号,控制变流器的启停和工作频率的给定及相应的转换;采集硬件系统的实时数据并储存;将储存的资料传送至车载微机。

(3)模拟量扩展模块

主要将电压变送器($2SV_1$、$2SV_2$)的信号送与 CPU,CPU 在不同的工况下根据电压信号采用不同的控制策略。

(4)PROFIBAS 模块

主要用于 CPU 与触摸屏(TP170)的通信。

4. 交流辅发控制流程

控制系统实时对机车工况进行检测,在不同的机车工况下对交流辅发采取不同的控制方式。

(1)牵引工况或惰转工况

在此两种工况下,变流器 INV 对冷却风扇进行变频调速,通风电机直接由交流辅发供电。

(2)冷却风扇电机的控制

当冷却系统中冷却水温度达到设定值,高温水出口温度(74 ± 1)℃ 或热交换器进口水温度(63 ± 1)℃时,前冷却风扇电机 M_1 变频启动运行;当高温水出口温度(76 ± 1)℃ 或热交换器进口水温度(66 ± 1)℃时,前冷却风扇电机 M_1 全速运行;当高温水出口温度(79 ± 1)℃ 或热交换器进口水温度(68 ± 1)℃时,前冷却风扇电机 M_1 转为交流辅发直接供电。同时,后冷却风扇电机 M_2 变频启动变频运行;当高温水出口温度(72 ± 1)℃ 或热交换器进口水温度(58 ± 1)℃时,前冷却风扇电机 M_1 切除;当高温水出口温度(69 ± 1)℃ 或热交换器进口水温度(55 ± 1)℃时,变流器(NIV)停止输出,后冷却风扇电机 M_2 停止工作;或者,反之。

(3)牵引通风机电机的控制

该台电机(与后转向架通风机电机)可由双向供电驱动,即在机车电阻制动工况时由第三

图 9-45　前通风机电机

台牵引电动机的电阻带供电,在机车牵引加载时由本系统交流辅发供电,与前、后通风机直接刚性偶合驱动,受控于微机—辅变柜控制,一台设置在微机柜下(见图 9-45),另一台设置在原后通风机相应位置。当加载信号(JJS)有效时,两台通风机电机投入工作。当加载信号撤除后,延时 30 s,通风机电机被切除。

根据主手柄级位对牵引通风机电动机进行调速。各级位下通风机的转速见表 9-8。

表 9-8　主手柄各级位下的通风机转速

实际手柄位	柴油机额定转速 (r/min)	变流器输出频率 (Hz)	交流辅发直接驱动下牵引 通风机工作频率(Hz)	牵引通风机转速 (r/min)
2	440	45	44.7	1 320 ± 12
3	480	49	48.8	1 440 ± 12
4	520	53	52.8	1 559 ± 12
5	560	57	56.9	1 680 ± 12
6	600	61	60.96	1 800 ± 12
7	640	65	65.0	1 919 ± 12
8	680	69	69.1	2 040 ± 12
9	720	73	73.2	2 164 ± 12
10	760	77	77.2	2 279 ± 12
11	800	81	81.3	2 400 ± 12
12	860	85	85.3	2 515 ± 12

(4)主发通风机电机

因该型机车设有单独的通风系统,由交流电动机直接刚性偶合驱动,与上述交流电动机通风机相似,受控于微机辅变柜控制。该台设备设置在原硅整流柜下 (见图 9-46)。在任何工况下,主发通风机电机通过断路器($1FR_1$)由交流辅发供电(后期更改为前变速箱驱动的机械传动方式)。

图 9-46　主发通风机电机

(5)节能工况

当机车处于电阻制动工况,辅变柜将由制动电阻供电,对前、后转向架通风电机供电变频调速。车载微机控制柴油机转速为 440 r/min,而制动力随手柄级位调整。冷却风扇电机根据柴油机冷却水温的不同,进行自动投入或切除工作。

(6)司控器信号转换板

该设备是整套装置的控制系统,即将司机控制器的控制开关信号经此装置转换成执行该系统的电信号,使该系统相应电机、电器投入运转或切除,保护装置起作用,卸载或停止运转。该套电器设备装置在低压电器柜内右上侧(见图 9-47)。

（7）交流辅发励磁转换开关

该设备由两掷置（转换）开关组成，一个控制交流辅发的励磁（交流辅发励磁开关），一个控制冷却风扇的运转（冷却风扇控制开关），它们分别通过司控器信号转换板控制辅变柜内变流器（INV），使交流辅发与两台冷却风扇电机投入/切除运转，或进入故障位运转。该电器设备设在操纵台上右侧电流（压）表下。

图 9-47　司控信号转换板

（8）前变速箱与测速发电机

前变速箱取消了驱动前通风机与主发电机通风机。向励磁机励磁的测速发电机安装在变速箱的上端（见图 9-48）。

图 9-48　前变速箱与测速发电机

（9）散热风机控制

变流器 INV 实时检测散热器温度，当散热器温度达到 40 ℃，驱动 R01，给出风机驱动信号。当 CPU 模块得到此信号后，驱动 $1KD_{14}$、$1KD_{15}$ 散热风机工作，同时判断 220 V 电源的状态。

三、安装与主要部件技术参数

1. 安装技术参数

工作环境温度	− 25 ℃ ~ +45 ℃
湿度	小于 95%，最湿月月平均最大相对湿度不大于 90%（该月月平均最低温度为 25 ℃）
海拔高度	不超过 2 000 m
安装方式	安装脚螺栓固定
防护等级	IP54

2. 交流辅助传动系统主要部件技术参数

（1）交流辅助发电机

电机型号：	JF417C2
额定容量	400 kV · A
额定电压	480 V
额定功率因数	0.85
额定电流	481 A
额定转速	3 048 r/min
额定频率	101.6 Hz
极对数	2
接线方式	Y
绝缘等级	H/H
防护等级	IP23
工作制	连续
相数	3

冷却方式	自通风
励磁方式	他励（无刷励磁）主绕组输出恒压/频比控制
励磁电压	≤80 V 直流电源
最大励磁电流	5 A
外形尺寸	680 mm×1150 mm
重量	1 080 kg

(2)通风机异步电动机

电机型号	JD355B
额定功率	50 kW
额定电压	480 V
额定电流	72 A
额定转速	3 008 r/min
额定频率	101.6 Hz
额定效率	92.9%
功率因数	0.901
极数	4
接线方式	Y
防护等级	IP23
绝缘等级	F
通风方式	自通风
供电方式	PWM 或交流辅发供电
转向	顺时针（面对轴伸端）
安装方式	机座带凸缘卧式安装（B35）
质量	≤225 kg
带转速传感器	T03 转速传感器，齿盘齿数 24 齿

(3)冷却风扇异步电动机

电机型号	JD356B
额定功率	75 kW
额定电压	480 V
额定电流	110 A
额定转速	1 508 r/min
额定频率	101.6 Hz
额定效率	94.5%
功率因数	0.874
极数	8
接线方式	Y
防护等级	IP23
绝缘等级	H
通风方式	自通风
供电方式	PWM 或交流辅发供电

转向	顺时针（面对轴伸端）
安装方式	V3（立式）
质量	≤400 kg
带转速传感器	T03 转速传感器，齿盘齿数 24 齿

（4）TGF42 - 4C 辅变柜

额定功率	90 kW
输入电压	AC160 ~ 700 V
输出电压	3 相 AC0 ~ 400 V
额定输出电流	150 A
短时过载电流	225 A（1 min）
效率	≥98%（额定负载）
重量	<200 kg

四、维护操作及故障处理

1. 普通维护

（1）控制单元（PLC）灯显意义

控制单元面板上的指示灯，各指示灯与系统内部各开关量有着一定的对应关系及意义，通过观察面板指示灯的显示状态，可判断出硬件系统的正常运行与故障状态，具体意义及显示状态见表9-9。

表9-9　各开关量的意义及对应指示灯状态

名称	含义	监视器软件 灯熄灭含义	监视器软件 绿灯含义	对应软件控制 单元指示灯	对应硬件系统
$1KM_1$ STATE	前牵引通风机辅发供电接触器状态	断开	闭合	CPU226/I0.0	
$1KM_2$ STATE	后牵引通风机辅发供电接触器状态	断开	闭合	CPU226/I0.1	
$1KM_3$ STATE	前牵引通风机 INV 供电接触器状态	断开	闭合	CPU226/I0.2	
$1KM_4$ STATE	后牵引通风机 INV 供电接触器状态	断开	闭合	CPU226/I0.3	
$2KM_1$ STATE	前冷却风扇辅发供电接触器状态	断开	闭合	CPU226/I0.4	
$2KM_2$ STATE	前冷却风扇 NIV 供电接触器状态	断开	闭合	CPU226/I0.5	
$2KM_3$ STATE	后冷却风扇辅发供电接触器状态	断开	闭合	CPU226/I0.6	
$2KM_4$ STATE	后冷却风扇 INV 供电接触器状态	断开	闭合	CPU226/I0.7	

名称	含义	监视器软件灯熄灭含义	监视器软件绿灯含义	对应软件控制单元指示灯	对应硬件系统
3KM$_1$ STATE	INV 交流输入接触器状态	断开	闭合	CPU226/I1.0	
3KM$_2$ STATE	INV 直流输入接触器状态	断开	闭合	CPU226/I1.1	
1FR$_1$ STATE	断路器 1FR$_1$ 状态	闭合	跳闸	CPU226/I1.2	
1FR$_2$ STATE	断路器 1FR$_2$ 状态	闭合	跳闸	CPU226/I1.3	
1FR$_3$ STATE	断路器 1FR$_2$ 状态	闭合	跳闸	CPU226/I1.4	
2FR$_1$ STATE	断路器 2FR$_1$ 状态	闭合	跳闸	CPU226/I1.5	
2FR$_2$ STATE	断路器 2FR$_2$ 状态	闭合	跳闸	CPU226/I1.6	
INV-FAULT	变流器 INV 状态	故障/无电	正常	CPU226/I1.7	INV/D01(0 对应监视器软件绿灯
INV-READY	变流器 INV 运行状态	无输出	有输出	CPU226/I2.0	
220V-D	散热风扇驱动信号		变流器散热器稳定达到设定值(40℃)	CPU226/I2.1	
220V-STATE	220V 状态	故障	正常	CPU226/I2.3	
BAAKE	制动接触器	未动作	动作	CPU226/I2.5	
JJS	加载接触器	未动作	动作	CPU226/I2.4	
1KM$_1$-D	接触器 1KM$_1$ 驱动指令	未动作	驱动	CPU226/Q0.1	
1KM$_2$-D	接触器 1KM$_2$ 驱动指令	未驱动	驱动	CPU226/Q0.2	
1KM$_3$-D	接触器 1KM$_3$ 驱动指令	未驱动	驱动	CPU226/Q0.3	
1KM$_4$-D	接触器 1KM$_4$ 驱动指令	未驱动	驱动	CPU226/Q0.4	
2KM$_1$-D	接触器 2KM$_1$ 驱动指令	未驱动	驱动	CPU226/Q0.5	
2KM$_2$-D	接触器 2KM$_2$ 驱动指令	未驱动	驱动	CPU226/Q0.6	
2KM$_3$-D	接触器 2KM$_3$ 驱动指令	未驱动	驱动	CPU226/Q0.7	
2KM$_4$-D	接触器 2KM$_4$ 驱动指令	未驱动	驱动	CPU226/Q1.0	

名称	含义	监视器软件灯熄灭含义	监视器软件绿灯含义	对应软件控制单元指示灯	对应硬件系统
3KM$_1$-D	接触器 3KM$_1$ 驱动指令	未驱动	驱动	CPU226/Q1.1	
3KM$_2$-D	接触器 3KM$_2$ 驱动指令	未驱动	驱动	CPU226/Q1.2	
FAULT-R	故障提示	未驱动	驱动	CPU226/Q1.3	
JN-R	节能提示	辅变柜处在非节能工况	辅变柜处在节能工况	CPU226/Q1.4	
M5-R	主发通风机工作提示	未驱动	驱动	CPU226/Q1.5	
220V-D	220V 散热风扇驱动	未驱动	驱动	CPU226/Q1.6	
24V-D	24V 风扇驱动	未驱动	驱动	CPU226/Q1.7	
INV START	变流器 INV 启动控制信号	未给启动信号	给出启动信号	CPU226/Q0.0	

注:软件控制单元(PLC)指示小灯亮与监视器软件绿灯相对应。

(2)硬件系统的日常维护

正常运用条件下,应对所属设备与部件做好定期检查。检查柜体外部各部分有无紧固螺丝松动和明显机械损伤,检查门板有无明显松动;打开门板,检查内部各部件有无明显松动,尤其需检查接线端头处有无松动。拆除变流器散热风机的防护罩,用干燥清洁的高压风仔细清理翅片部分和风机叶片上的尘埃。

(3)故障处理

当辅变柜内硬件出现故障,PLC 将当前故障信息通过通信传送给微机,微机彩屏主界面上的故障信息栏会给出当前故障的提示。运用(或检修)人员可根据彩屏显示的故障提示进行相应的处理。

(4)辅变柜原理图

辅变柜由变流器(INV)控制原理图(见图9-49)及系统控制原理图1(见图9-50)和系统控制原理图2(见图9-51)组成。

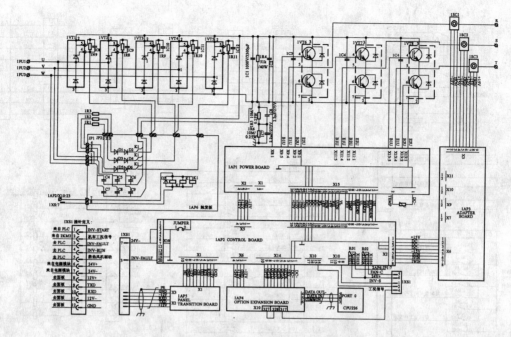

图 9-49　辅变柜(INV)控制原理图

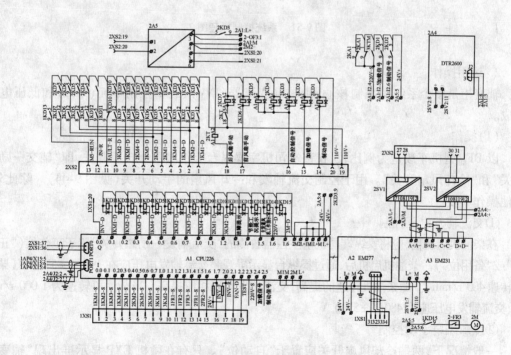

图 9-50　系统控制原理图1

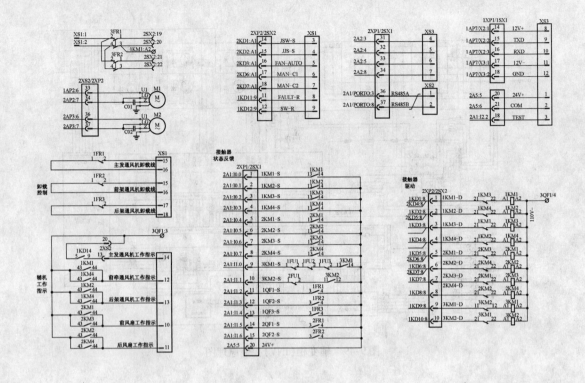

图 9-51　系统控制原理图 2

2. 运用操作

辅变柜是整个系统的控制核心,由辅助变流器(INV)、逻辑控制单元(PLC)和低压电器组成。

(1)操作

以 DF$_{8B}$型机车改造为例比较,在每端司机室操纵台上新增两个转换开关,即"辅交—励磁开关"和"冷却风扇开关"。用于控制交流辅发和冷却风扇的手动开关(见图 9-44)。除此外,其他操作不变。

①交流辅发电压控制

在柴油机启机前,应将操纵端司机室主控器右侧的"交流辅发—励磁开关"置于工作位("正常位"或"备用位")。柴油机启机后,通过操纵台显示屏观测交流辅发电压应在 192(1±5%) V(柴油机转速 400 r/min)。随柴油机转速的提高,交流辅发电压相应提高。当柴油机转速为 1 000 r/min时,交流辅发电压应为 480(1±5%) V。

②冷却风扇手动控制

一般情况下,两端冷却风扇开关应置于"自动位"。只有在微机 EXP 显示屏出现"辅变柜通信故障或冷却水温过高"警告后,司机才需手动控制冷却风扇的投入。"手动Ⅰ",前冷却风扇投入运转;"手动Ⅱ",前冷却风扇和后冷却风扇均投入运转。

③柴油机转速控制

与普通 DF$_{8B}$型机车比较,在电阻制动工况下新增节能控制,即前、后通风机电机电源通过变流器从第三台牵引电机制动电阻上取电带动。随着司机控制器手柄级位变化,会出现制动力随司机控制器手柄级位变化而变化,而柴油机转速维持在 440 r/min。在牵引工况和非节能电阻制动工况,柴油机转速变化同普通 DF$_{8B}$ 型机车。

④辅机控制

各辅机的投入与切换,由 PLC 根据控制与反馈信号自动控制完成。

主发通风机电机通过断路器 1FR,直接由交流辅发供电驱动。

前、后通风电机:LLC 闭合,前、后转向架通风电机投入运转;LLC 断开,延时 180 s,前、后转向架通风电机被切除。

前、后冷却风扇电机当冷却系统中冷却水温度达到设定值时,电机自动投入运转(或切除)工作。

⑤辅机转速的显示

在微机 EXP 显示屏中新增"辅助系统"页,可在此页中观测到辅助系统中通风电机和冷却风扇电机的转速以及辅助变流器的相关状态参数。

(3)故障应急处理

①辅变柜通信故障

检查:两端司机室操纵台上"冷却风扇开关"应在"自动位";低压柜中的辅变柜断路器"FR$_1$"应闭合;辅变柜中的 110 V 电源保护断路器 (3FR)应闭合。

处理:若以上均属正常,可将司机室操纵台冷却风扇开关转换到"0"位,视柴油机冷却水温进行手动控制前、后冷却风扇电动机的投入(或切除)运转工作。

②通风机电机故障

通风机电机指主发与前、后通风电机。其故障主要为断路器(1FR$_1$、1FR$_2$)因电路负载大而跳闸断路。其次,为辅变柜中相应通风电机的断路器跳闸。为保护负载电机,当某条负载电路超负荷时,断路器跳闸,相应负载电机卸载。这时,可打开辅变柜右侧的柜门,手动将断路器复位。

若复位无效,可判定相应通风机电机故障,可通过短接低压电气柜 19 排 6 号和 9 号接线端子,解除保护,但需切除相应供风冷却的牵引电机(例如,当切除后转向架通风机后,相应的第 4~6 台牵引电动机也得切除。否则,将造成这几台电机负载过高而损坏)。

③前、后冷却风扇电机故障

前、后冷却风扇电机故障主要为负载电路超负荷时,引起的断路器 (2FR$_1$~2FR$_2$)起保护作用而跳闸。这时,辅变柜中的相应冷却风扇电机断路器跳闸,可打开辅变柜右侧的柜门,手动将断路器复位。

④接触器故障

机车加载运行中,若在司机室操纵台屏显上出现接触器故障提示,司机无需处理。该控制系统有热备装置,会自动转换到备用装置,待机车返回段内后,将此信息反馈到机车检修整备部门再作处理。

⑤变流器(INV)故障

机车运行中,若在司机室操纵台屏显上出现变流器(INV)故障提示,司机无需处理。控制系统有热备装置,会自动换到各用装置,待机车返回段内后,将此信息反馈到机车检修整备部门再作处理。

⑥交流辅发无电压

机车运用中,若交流辅发励磁开关在"正常位"时,发生交流辅发无电压输出,可将此开关扳到"备用位"。

⑦前(后)转向架架通风机—电机转速低并使机车卸载

机车在加载运行中,司机室操纵台屏显显示前(或后)转向架通风机转速低时,主要原因为交流辅发电压超过 580 V,辅变柜内 PLC 自动起保护作用,强制停机,可通过操纵"冷却风扇转换开关"进行复位。先将开关扳到"0"位,停顿 3 ~ 5 s,然后再扳回到"自动"位。

注:当需要将交流辅发—励磁开关从"正常位"切换到"备用位",应将司机控制器主手柄级位回至"0 位"后进行。经转换后,适当提高柴油机转速,即可建立交流辅发电压。(操作端交流辅发—励磁开关置于"工作"位时,应保证非操作端的交流辅发—励磁开关置于"0"位,否则,可能造成交流辅发电机励磁控制器故障)

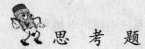

思 考 题

1. 简述辅助交流变频电力传动装置结构。
2. 简述辅助交流控制柜故障表象。

参 考 文 献

[1] 大连机车车辆有限公司. 东风₄型内燃机车[M]. 大连:大连理工大学出版社,1993.8.

[2] 大连机车车辆有限公司. 240/275 系列柴油机[M]. 大连:大连理工大学出版社,1993.8.

[3] 大连机车车辆有限公司. 东风₄D型内燃机车[M]. 1999.7.

[4] 戚墅堰机车车辆有限公司. 东风₈B内燃机车[M]. 北京:中国铁道出版社,1999.11.

[5] 陈纯北. 对机车用柴油机运用中保护装置存在几点问题的探讨[J]. 铁道机车车辆,2003 学术年会论文集(增刊).

[6] 陈纯北. 电传动内燃机车运用中柴油机辅助传动系统存在的问题与建议[J]. 柴油机,2005 学术年会论文集(增刊).

[7] 陈纯北. 增压器在机车柴油机运用中的故障分析[J]. 船舶工程,2007 学术年会论文集(增刊).

[8] 戚墅堰机车车辆有限公司. 16V280 柴油机[M]. 北京:中国铁道出版社,2005.7.

[9] 陈纯北. 内燃机车技术检查作业与故障处理[M]. 北京:中国铁道出版社,2007.12.

[10] 陈纯北. 东风₈B型内燃机车电路解析与故障处理[M]. 北京:中国铁道出版社,2008.5.